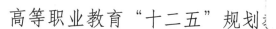

自然科学基础

主 编 余 翔 黄跃华

副主编 黄晓雷

撰 稿：(按姓氏笔画顺序)

万永红 卢 春 卢 霖 余 翔

余期洪 何小凤 罗保平 徐新麒

梁 芳 黄晓雷

北京理工大学出版社

BEIJING INSTITUTE OF TECHNOLOGY PRESS

内 容 提 要

本书以自然科学的基础知识、基本概念、基本原理和基本方法为基础，以人与自然的关系协调为主线，以学生的发展为核心，紧密联系小学科学教育教学实际，培养具有一定科学素质的合格师范毕业生。每节内容都是从提出问题入手，介绍相关知识，然后解答或解释问题。此外，还选用与小学科学教育有关的小制作和小实验等内容，构建了一个重基础、有层次、实践性强的综合理科课程结构。本书既可作为高校小学教育专业所有方向学生的通识类专业必修课教材，也可作为其他专业方向大学生的科学素质类通选教材，还可供广大在职小学教师阅读。

图书在版编目（CIP）数据

自然科学基础/余翔，黄跃华主编 . —北京：北京理工大学出版社，2013.8（2020.8重印）

ISBN 978 – 7 – 5640 – 7985 – 7

Ⅰ.①自…　Ⅱ.①余…②黄…　Ⅲ.①自然科学 – 高等师范院校 – 教材　Ⅳ.①N

中国版本图书馆 CIP 数据核字（2013）第 172237 号

出版发行 / 北京理工大学出版社有限责任公司
社　　址 / 北京市海淀区中关村南大街 5 号
邮　　编 / 100081
电　　话 / （010）68914775（总编室）
　　　　　 82562903（教材售后服务热线）
　　　　　 68948351（其他图书服务热线）
网　　址 / http://www.bitpress.com.cn
经　　销 / 全国各地新华书店
印　　刷 / 三河市华骏印务包装有限公司
开　　本 / 787 毫米×1092 毫米　1/16
印　　张 / 25
字　　数 / 756 千字
版　　次 / 2013 年 8 月第 1 版　2020 年 8 月第 15 次印刷
定　　价 / 42.00 元

责任编辑/王俊洁
文案编辑/王俊洁
责任校对/周瑞红
责任印制/王美丽

图书出现印装质量问题，请拨打售后服务热线，本社负责调换

前　言

　　小学教师担负着科学启蒙教育的重任，他们的工作对于培养学生对科学的兴趣和科学探究能力，形成科学志趣和理想起奠基性、决定性的作用。因此，小学教师掌握和了解自然科学的基础理论和知识具有非常重要的意义。

　　高等院校小学教育专业的培养目标是培养德、智、体等诸方面全面发展，具备高素质的大学学历的小学教师。《自然科学基础》是高等师范院校文科类大学生的一门通识类专业必修课。本课程的教学目标在于使文科生获得一些自然科学基础知识，学习一些自然科学的基本思想、方法，提高分析问题和解决问题的能力，开阔眼界，完善知识结构，培养科学态度，提高科学素质，以适应小学教师文理兼教的需要。

　　本教材以自然科学的基础知识、基本概念、基本原理、基本方法为基础，以人与自然的关系协调为主线，以学生的发展为核心，紧密联系小学科学教育教学实际，培养具有一定科学素质的合格师范毕业生。每节内容都是从提出问题入手，介绍相关知识，然后解答或解释问题。此外，还选用与小学科学教育有关的小制作和小实验等内容，构建了一个重基础、有层次、实践性强的综合理科课程结构。考虑到此教材主要是文科类大学生使用，因此尽量避免过于高深和专业化的知识，既保留了经典自然科学的基础知识、理论和方法，又增加了新技术和新成果，基础理论知识占主要篇幅。注重打破学科间的人为界限，不追求物理、化学、生物、地理学科知识的系统性和完备性，但还是有相对的独立性。尽可能介绍比较前沿的自然科学研究和高新技术基本知识，拓宽学生了解现代社会的视野。

　　本书由南昌师范高等专科学校余翔、黄跃华担任主编，黄晓雷担任副主编。编写的具体分工是：第一篇第一章（徐新麒），第二章（余翔）；第二篇第一章第一节（余翔），第二、第三节（卢春）；第二篇第二章第一、第二节（余期洪），第三、第四节（梁芳）；第二篇第三章第一、第二、第三、第四节（罗保平），第五节（余期洪）；第三篇第一、第二、第三章（徐新麒）、第四、第五章（梁芳）；第四篇（黄晓雷）；第五篇（梁芳）；第六篇第一章第一节（卢霖），第二、第五节（万永红），第三节（何小凤），第四节（卢春）；第六篇第二章第一节（万永红），第二节（卢霖），第三节（余翔），第四节（卢春）。全书由余翔统稿、徐新麒审稿。

　　本书在编写过程中参考了大量的文献资料，引用了许多学者的成果，谨向原作者致以诚挚的谢意。

　　由于编者水平有限，加之编写时间仓促，不妥之处在所难免，恳请各位专家、老师和同学批评和指正，以便修订时进一步完善。

编　者

2013 年 6 月

目　录

第一篇　绪论

第二篇　多姿多彩的物质世界

第三篇　奇妙的生命世界

第四篇　地球科学

第五篇　环境与我们

第六篇　科学技术与人类

第一篇

绪　论

第一章　自然科学概述

第一节　科学概念

本节学习要点

- 掌握自然科学的基本概念；
- 了解自然科学的研究领域及相互关系。

本节学习意义

- 通过本节学习，学生了解自然科学的基本概念；
- 能分辨科学与伪科学，从而树立辩证唯物主义观点，提高分析问题和解决问题的能力。

一、科学

科学一词在中国古汉语中意为"科举之学""学问""物理"，自明代时称为格致，即格物致知。英文单词是"science"，"science"一词来源于拉丁文"scientia"，意为"知识""学问"。明治时代日本启蒙思想家西周使用"科学"作为"science"的对应译词。到了1893年，康有为引进并使用"科学"二字。此后，"科学"二字便在中国被广泛运用。

提出问题

什么是科学？

相关知识

许多哲学家和科学家都曾试图给科学下一个准确的定义，但似乎都不是很成功，如下面几种定义：

1888年，达尔文："科学就是整理事实，从中发现规律，做出结论。"

《辞海》1979年版："科学是关于自然界、社会和思维的知识体系，它是适应人们的生产斗争和阶级斗争的需要而产生和发展的，它是人们实践经验的结晶。"

《辞海》1999年版："科学：运用范畴、定理、定律等思维形式反映现实世界各种现象的本质规律的知识体系。"

法国《百科全书》："科学首先不同于常识，科学通过分类，以寻求事物之中的条理。此外，科学通过揭示支配事物的规律，以求说明事物。"

苏联《大百科全书》："科学是人类活动的一个范畴，它的职能是总结关于客观世界的知识，并使之系统化。'科学'这个概念本身不仅包括获得新知识的活动，而且包括这个活动的结果。"

《现代科学技术概论》："可以简单地说，科学是如实反映客观事物固有规律的系统知识。"

解释问题

综上所述，科学就是能正确地反映自然、社会、思维等领域的客观规律的知识体系。

二、自然科学

科学按研究对象的不同可分为自然科学、社会科学、思维科学以及总结和贯穿于三个领域的哲学和数学。

"社会科学"通常指研究社会现象及其规律的科学，它是一个以社会客体为对象，包括经济学、政治学、法律学、社会学等学科的庞大知识体系。"思维科学"是研究人的意识与大脑、精神与物质、主观与客观的综合性科学。思维学有三个组成部分：抽象（逻辑）思维学、形象（直感）思维学和灵感（顿悟）思维学。

提出问题

什么是自然科学？

相关知识

自然科学是研究无机自然界和包括人的生物属性在内的有机自然界的各门科学的总称。认识的对象是整个自然界，即自然界物质的各种类型、状态、属性及运动形式。认识的任务在于揭示自然界发生的现象以及自然现象发生过程的实质，进而把握这些现象和过程的规律性，以便解读它们，并预见新的现象和过程，为在社会实践中合理而有目的地利用自然界的规律开辟新的途径。自然科学的根本目的在于发现自然现象背后的规律。

自然科学涵盖了许多领域的研究，包括基础科学、技术科学和工程科学。

（一）基础科学

基础科学是以自然现象和物质运动形式为研究对象，探索自然界发展规律的科学。包括天文学、地球科学、生物学、物理学、化学五大基础学科及其分支学科、边缘学科。

1. 天文学

天文学主要研究天体的结构、运动、起源和演化。它一般分为天体测量学、天体力学、天体物理学、射电天文学、恒星天文学、天体演化学等分支学科。

2. 地球科学

地球科学是研究地球的组成、结构、演化和运动规律的学科。它一般分为地球物理学、气象学、海洋学、地理学和地质学等主要分支学科。

3. 生物学

生物学是研究生命运动形式的本质特征和规律的学科。生物学分支学科主要有植物学、动物学、微生物学、生物分类学、形态学、解剖学、生理学、组织学、胚胎学、细胞学、分子生物学、遗传学、生态学、古生物学、进化论等。

4. 物理学

物理学是研究自然界物质的结构、相互作用及运动规律的学科。它一般分为力学、热学、声学、光学、电磁学、分子物理学、原子物理学、原子核物理学、波动学和粒子物理学等。其中每一个分支学科又细分为若干子学科。

5. 化学

化学是在原子和分子层次上研究物质的组成、结构、性质及变化规律的学科。根据研究的对象和研究方法的不同，化学又分为五大分支学科，即无机化学、有机化学、高分子化学、分析化学和物理化学。其中每一个分支学科又细分为若干子学科。

基础科学有以下一些特点：

（1）基础科学是物质运动最本质规律的反映，与其他科学相比，抽象性、概括性最强，是由概念、定理、定律组成的严密的理论体系。

（2）基础科学与生产实践的关系比较间接，需通过一系列中间环节，才能转化为物质生产力。

（3）基础科学的一些成果的重大作用易被人们忽视。

（4）基础科学的研究具有长期性、艰苦性和连续性。

（5）基础科学的研究成果具有非保密性，一般公开发表，成为全人类共同的精神财富。

（二）技术科学

技术科学是研究生产技术和工艺过程中的共同性规律的科学。技术科学的任务是把认识自然的理论转化为改造自然的能力。

技术科学一般包括应用数学、计算机科学、材料科学、能源科学、信息科学、空间科学、应用光学、环境科学，等等。

1. 应用数学

应用数学就是利用数学的方法去解决实际问题的科学。它是联系数学与自然科学、工程技术及信息、管理、经济、金融、社会和人文科学的重要桥梁。

2. 计算机科学

计算机科学是一门包含各种各样与计算和信息处理相关主题的系统学科。

3. 材料科学

材料科学是研究材料的组织结构、性质、生产流程和使用效能，以及它们之间相互关系的科学。

4. 能源科学

能源科学是研究能源结构、性质、能源安全、能源的转换以及开发应用的科学。

5. 信息科学

信息科学是以信息为主要研究对象，以信息的运动规律和应用方法为主要研究内容，以计算机等技术为主要研究工具，以扩展人类的信息功能为主要目标的一门新兴的综合性学科。

6. 空间科学

空间科学是指利用航天器研究发生在日地空间、行星际空间乃至整个宇宙空间的物理、天文、化学及生命等自然现象及其规律的科学。

7. 环境科学

环境科学是研究人类生存的环境质量及其保护与改善的科学。

（三）工程科学

工程科学具体研究把基础科学和技术科学转化为生产技术、工程技术和工艺流程的原则和方法。

工程科学领域广泛，主要有水利工程学、土木建筑工程学、机械工程学、农业工程学、矿山工程学、电力工程学、化学工程学、生物工程学、宇航工程学、海洋工程学、仪器仪表工程学、冶金学、半导体科学、自动化科学，等等。

工程科学与生产领域最为接近，研究目的十分明确，其宗旨是解决产业中生产技术的一系列理论问题。例如，怎样制造出特定的机器、绘制出图纸、制定出合适的工艺流程，等等。

基础科学、技术科学、工程科学的相互关系：

（1）三者相辅相成、密不可分。

（2）基础科学是技术科学、工程科学的先导。

（3）技术科学推动工程科学的迅速进步。

（4）工程科学的发展，必将丰富、完善技术科学和基础科学。

⟲ 解释问题

自然科学是研究无机自然界和包括人的生物属性在内的有机自然界的各门科学的总称。包括五大基础科学、技术科学和工程科学三个领域。

⟲ 练习与思考

1. 什么是自然科学？它的研究对象和研究任务是什么？

2. 自然科学包括哪几个领域？试述它们之间的相互关系。

第二节　自然科学发展历程

本节学习要点

- 了解古代、近代自然科学发展的成就；
- 了解现代自然科学技术的发展趋势。

本节学习意义

通过学习本节内容，学生能够了解一些自然科学的发展情况，知道近代特别是现代我国与发达国家之间在自然科学技术发展方面存在的巨大差异，从而激发学生科学强国的精神。

自然科学知识萌芽于古代。人类历史有 300 多万年，原始人类主要的生产工具是石器，因此当时很长一段时间被称为石器时代。其中 99% 以上的时间是以打制石器为主的旧石器时代，直到距今约一万年前才进入以磨制石器为主的新石器时代。也就是一万年前人类才有了第一个"发明"——弓箭。弓箭这种远距离杀伤性武器大大地提高了生产效率，古人因此有了猎物剩余，也才有了"家畜"的驯养，人类才由狩猎生活进入了畜牧生活。也是在一万年前，人类有了一个更伟大的发明——钻木取火。火的使用使人类能够吃熟食、取暖、防卫、照明，使人类的生存环境得到了实质性的改善，也使人类彻底从动物中分离出来。"钻木取火"是人类最早的一项技术革命。一万年前人类还发明了制陶技术，这是人类制造的第一种非自然产物，大约 6 500 年前，人类发明了高温冶炼技术，人类进入了青铜器时代，大约 4 000 年前，人类发明了炼铁技术，人类进入了金属时代，制造金属农具，是人类生产技术的一次革命。从此结束了一万多年迁徙不定的畜牧生活，进入了"自给自足"的农业社会。以金属农具为代表的整套农业技术的推广应用，形成了人类史上的"第一次浪潮"，成为人类社会发展的第一个转折点。从此人类文明得以大踏步前进。

一、古代科技成就

（一）中国古代自然科学成就

中国是世界文明发展最早的国家之一，在长期的发展中，创造了灿烂的古代文化。中国古代自然科学创造了辉煌的历史和卓越的成就，对整个人类文明做出了不可估量的贡献。

提出问题

中国古代自然科学成就主要有哪些？

相关知识

1. 天文学方面

（1）我国历法的精密度一直名列世界前茅。早在 4 000 多年前的夏朝，就开始有了历法，而南北朝的祖冲之（429—500 年）（如图 1 - 1 - 1 所示）在制定《大明历》时，最早将"岁差"引进历法，经他推算出的回归年长度为 365.242 814 8 日，与今日推算值只差 46 秒。

（2）我国古代在大量观测恒星、行星、日月和异常天象等方面积累了世界上最丰富、最完整的天象资料。《尚书·胤征》中记载了公元前 2137 年的一次日食，这是世界上最古老的日月食记录。殷商（前 1600—前 1046 年）甲骨文中有与太阳黑子、新星、超新星和日食、月食有关的记载。商代甲骨卜辞中记载着大约公元前 13 世纪出现于天蝎座 α 星（我国称作心宿二）附近的一颗新星："七日己巳夕……新大星并火。"殷商卜辞中还有多次关于日食、月食的记录，例如："癸未卜争斗，翼甲申易日？之夕月有食，甲寅，不雨。"《竹书纪年》中记录周昭王十九年（公元前 1034 年），"有星孛于紫微"，这是世界公认的

张衡　　　　祖冲之　　　　一行　　　　郭守敬

图 1－1－1　中国古代天文学家

对哈雷彗星最早的记载。《汉书·五行志》记载了公元前 43 年，"日黑居仄，大如弹丸"，这是目前公认的世界上最早的太阳黑子记载。

（3）我国古代的天文观测仪器也独具特色。中国远在五六千年前的葛天氏、黄帝、尧、舜时代，就已创制了测天仪器"浑仪"。东汉著名科学家张衡（78—139 年）制作了演示实际天象的浑天仪、预测地震的候风地动仪。宋代天文学家苏颂（1020—1101 年）设计建造的水运仪象台，被认为是世界上最早的天文钟。元代科学家郭守敬（1231—1316 年）制造的圭表、简仪等既准确又精致。

（4）我国古代也曾提出过"盖天说""浑天说"和"宣夜说"等宇宙结构理论，这对后来的天文观测和天文仪器的制作影响较大。

2. 农学方面

（1）最早的农学著作《吕氏春秋》成书于公元前 239 年前后。两汉时期氾胜之的《氾胜之书》、北魏贾思勰所著的《齐民要术》、南宋初年陈敷的《农书》、元代王祯的《王祯农书》等涉及农业生产的不同地区、不同环节和不同方面。

（2）明末杰出的科学家徐光启编写的《农政全书》，汇总了祖国历代农学各方面的经验知识，是一部我国古代农业科学的百科全书。全书共 60 卷，50 多万字，分为《农本》《田制》《农事》《水利》《农器》《树艺》《蚕桑》《蚕桑广类》《种植》《牧养》《制造》和《荒政》共 12 大门类。《农政全书》不仅吸取了历代著名农书的精华，而且更加侧重农政方面，它把保证农业生产的农业政策，如田地制度、开垦荒地、兴修水利、灭除蝗虫、赈济灾荒放在突出的地位。

3. 中医药学方面

（1）在墓葬于公元前 168 年的马王堆汉墓出土了我国至今最早的医学类著作，但均无标题。流传至今的《黄帝内经》则是最早的医学经典，共收录 162 篇古代医学论义。它表明了两千年前中国古代医学的博大精深。

（2）《神农本草经》是中国最早的药物学专著，其成书年代不确切，史学家多认为出自东汉。该书是我国本草学的经典。

（3）《伤寒杂病论》是中国医圣张仲景（2 世纪中—3 世纪初）所著。此书是理、法、方、药俱全的经典著作。与此同时，神医华佗已经开始使用"麻沸散"施行全身麻醉来进行外科手术。

（4）公元 610 年，巢方编纂的《诸病源候论》，虽不涉及治疗，但专对疾病症状进行分类描述，比西方同类著作早 1 000 年。

（5）中药学方面的代表作是明朝李时珍所著的《本草纲目》，如图 1－1－2 所示。全书共 52 卷，分 16 部、62 类，190 万字，共记载药物 1 892 种，附方 11 096 个，配有插图 1 160 幅。书中对每种药物的名称、产地、形态、气味及药物采集、栽培方法和炮制过程都有详细叙述，并附有药方。本书规模宏大，内容准确严谨，是我国中药学的集大成之作。不仅如此，由于此书还涉及生物学等方面的知识，在世界上影响很大。

（6）中国在 16 世纪中叶，就首先应用人痘接种来预防天花；从北宋初期起，我国就可以从尿中提取激素。

《本草纲目》

图 1－1－2　李时珍与《本草纲目》

解释问题

中国古代自然科学成就除了大家耳熟能详的"四大发明"（造纸术、印刷术、指南针和火药）以及制瓷技术、丝织技术外，中国古代在天文学、农学、中医药学等自然科学领域也长期领先于世界。

（二）外国古代自然科学成就

提出问题

世界上有哪几个文明古国？

相关知识

1. 古埃及

古埃及人创造了人类历史上最早的太阳历，把1年确定为365天。埃及在公元前两千多年修建的国王陵墓——金字塔是古代建筑的奇迹，是古埃及人聪明智慧的象征。

2. 古印度

在自然科学方面，古印度最杰出的贡献是发明了目前世界上通用的计数法，创造了包括"0"在内的10个数字符号。

3. 巴比伦

巴比伦有着较为发达的数理天文学体系。他们发明了阴历历法，并且编制了日月运行表，可计算月食出现的周期。他们还发明了最早的冶铁技术，建造了世界上最雄伟气派的城市——新巴比伦城和"空中花园"。

4. 古希腊、罗马

著名天文学家托勒密（如图1-1-3所示）写出了13卷的《天文学大成》，使"地心说"成为一套完整而严密的理论体系。天文学家阿利斯塔克还提出了太阳中心说的思想。学者留基伯和德漠克利特提出了构成事物更为本质的学说——原子论。他们认为，组成物质的最小单位是原子，原子不可分，但数量无限，它们在宇宙中处于漩涡运动，由于结合和分离，造成事物的生灭，也带来了事物的大小、形状等方面的差异。阿基米德（前287—前212年）（如图1-1-4）创立的力学原理是古希腊力学的高峰。其代表作有《论浮体》《论平板的平衡》《论杠杆》《论重心》，等等。他提出的杠杆原理、浮体定律最著名。阿基米德在力学研究中所开创的把科学研究与实验和数学相结合、把自然科学与技术发明应用相结合的方法和途径，对近代科学的发展有重大的方法论意义。古希腊早在公元前1200年时，就掌握了较高的造船技术，挂有帆的大船已能航行到非洲。古希腊的建筑别具一格，在公元前500年，古希腊就已采用高大华丽的列柱技术建造高大的神庙，对日后整个西方建筑的发展有着重要的影响。罗马帝国时期，相继建成了宏伟和豪华多姿的大剧场、大神殿、大浴池、凯旋门、竞技场等，这使古罗马的建筑著称一时。古希腊、罗马的科学技术成就，尤其是科学成就，对近代西方科学技术的兴起和发展有着极为重要的影响。

图1-1-3 托勒密

图1-1-4 阿基米德

解释问题

世界上有古代中国、古印度、古埃及、巴比伦、古希腊五大文明古国，是人类文明最早诞生的地区，也是现代文明的发源地。在天文学、历法、数学、医学、文学和文字学方面，在建筑、水利、冶炼等自然科学技术方面都为人类做出了巨大贡献，成为古代生产力发达的进步代表。

二、近代自然科学成就

近代自然科学首先在天文学和医学生理学两大领域取得了突破性成就。1543 年出版的哥白尼（1473—1543 年）的《天体运行论》和维萨里（1514—1564 年）的《人体的结构》，成为近代自然科学革命的开端。

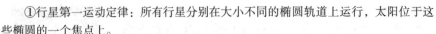

提出问题

近代自然科学成就主要有哪些？

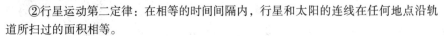

相关知识

（一）近代自然科学的发展

1. 天文学

（1）"日心说"的创立：波兰天文学家哥白尼（如图 1 - 1 - 5 所示）经过数十年的观察和研究，终于建立了以太阳为中心的宇宙体系——"日心说"。日心说认为，地球并非静止不动，也不处于宇宙中心，地球是一颗普通的行星，它既绕自转轴自转，又与其他行星一起围绕宇宙中心——太阳旋转。这就使得以前看来极不协调的种种天象变得简单而和谐。哥白尼的日心说彻底推翻了古希腊、罗马的托勒密和亚里士多德的"地心说"，动摇了神学宇宙观的支柱，成为把自然科学从神学中解放出来的宣言书。

图 1 - 1 - 5　哥白尼

（2）开普勒建立行星运动三定律：德国著名天文学家、数学家开普勒（1571—1630 年）（如图 1 - 1 - 6 所示）利用第谷·布拉赫（1546—1601 年）长达 20 年观测行星运动的精确记录，通过计算后创立了行星运动三定律。

①行星第一运动定律：所有行星分别在大小不同的椭圆轨道上运行，太阳位于这些椭圆的一个焦点上。

②行星运动第二定律：在相等的时间间隔内，行星和太阳的连线在任何地点沿轨道所扫过的面积相等。

③行星运动第三定律：太阳系中任何两颗行星公转周期的平方与其轨道半径的立方成正比。

开普勒的行星运动三定律，正确地描绘了行星运动的轨迹、时间、速度及与太阳的关系，揭示了天体的基本运动规律，为天体力学的诞生奠定了坚实的基础，因此，开普勒获得了"天空的立法者"的美誉。

图 1 - 1 - 6　开普勒

（3）康德—拉普拉斯星云假说：1755 年德国哲学家康德（1724—1804 年）在《宇宙发展史概论》一书中，首先提出太阳系起源于原始星云的假说。他认为太阳系起源于原始星云；原始星云一开始弥漫于太空，并不停旋转，在引力作用下，星云中的微粒不断聚集，其中心部分形成太阳，边线部分受斥力作用逐渐形成绕中心旋转的较大团块，最终演变成绕太阳旋转的行星。1796 年，法国科学家拉普拉斯（1740—1827 年）在《宇宙系统论》一书中，也提出了一个类似的星云假说。康德的星云假说尽管有不少缺陷，但它使自然科学摆脱了宇宙不变论的束缚，把演化的思想带进了自然科学领域。

2. 物理学

（1）运动力学的创立。

意大利著名的天文学家和实验物理学家伽利略（1564—1642 年）（如图 1 - 1 - 7 所示）开创了近代科学的实验研究方法，强调科学认识必须来自观察和实验，并接受实验的验证。他除了用自制的天文望远镜给日心说提供了一系列确凿的证据外，还用自己设计制造的实验仪器，揭示了地面物体运动的基本定律。

①自由落体定律：物体下落的速度与时间成正比，它下落的距离与时间的平方成正比。

图 1 - 1 - 7　伽利略

②惯性定律：当物体不受外力作用（或外力合力为零）时，运动的物体做匀速直线运动。

③加速度定律：力是产生加速度的原因。

伽利略在运动力学上的一系列开创性工作，打破了亚里士多德运动学思想对物理学的束缚，把近代物理学推上了历史舞台，因此，他被誉为近代"物理学之父"。

（2）经典力学体系的创立。

①牛顿三大定律。

第一定律：任何物体都保持静止或匀速直线运动状态，直到其他任何物体所作用的力迫使它改变这种状态为止。

第二定律：物体受到外力时，物体所获得的加速度的大小与合外力的大小成正比，而与物体的质量成反比，加速度的方向与合外力的方向相同。

第三定律：作用力和反作用力大小相等，方向相反，分别作用于不同的物体上。

②万有引力定律：任何两个物体间都存在着相互作用的吸引力，引力的方向沿着两个物体连线的方向，力的大小与两个物体质量乘积成正比，与两个物体之间的距离的平方成反比。万有引力定律的发现，使天体的运动与地面的运动统一起来，可以统一地加以研究。牛顿将万有引力定律应用于研究天体的运动，也就诞生了天体力学。牛顿（如图1－1－8所示）的工作，实现了近代科学史上的第一次重大综合。他的成就就鼓舞了18世纪的法国科学家和数学家，他们引入新的数学工具，从而丰富和发展了经典力学体系。

图1－1－8 牛顿

（3）热力学两大定律的发现。

法国青年军事工程师沙第·卡诺（1796—1832年）于1824年发表了《关于火的动力的考查》一书。他在书中指出：热机做功的必要条件是它必须工作在"热源"和"冷源"之间；一部热机所能产生的机械功的大小，在原则上决定于热源与冷源的温度差，而与热机的工作物质无关。这就是以后所谓的"卡诺原理"，实质上也就是热力学第二定律。能量守恒定律（即热力学第一定律）的发现，揭示了热、力学、电、化学等各种运动形式之间的统一性，说明了自然界物质间能量转化的规律性。这是牛顿建立力学体系以来物理学上的第二次理论大综合。能量守恒原理是由六七种不同职业的几十个科学家先后在4个国家，从不同的侧面独立地发现的。热力学第一定律和第二定律的建立，从几个方面表明了热运动及其转化的规律，奠定了经典热力学的理论基础。

（4）电动力学的建立。

意大利解剖学家伽伐尼（1737—1798年）于1780年在解剖青蛙时偶然发现电流。以后意大利物理学家伏打（1745—1827年）制成了世界上第一个能产生稳恒电流的装置——伏打电池。丹麦物理学家奥斯特（1777—1851年）于1820年年初发现电和磁之间的联系。1822年，法国物理学家安培（1775—1836年）（如图1－1－9所示）发现了电流产生磁力的基本定律，奠定了电磁学的基础。1831年实验物理学家法拉第（1791—1867年）发现了电磁感应现象，提出"磁力线"和"场"的概念，认为空间不是虚空的，而是布满磁力线的"场"。法拉第发现的电磁感应定律是发电机的理论基础，为人类开辟了新的能源，电力时代的大门从此被打开了。

图1－1－9 安培

（5）经典电动力学的确立。

1858年，英国青年物理学家麦克斯韦（1831—1879年）（如图1－1－10所示）把法拉第的思想用数学语言表述出来，建立了经典电动力学的基本运动方程——麦克斯韦方程组。麦克斯韦预言了电磁波的存在，预言电磁波传的速度就是光传播的速度，并进而认为光不过是波长在一定范围内的特殊的电磁波。这样，光学、电学和磁学就融合为一体，实现了经典物理学的第三次大综合。

经典理论物理学经过众多物理学家三个多世纪的努力，到19世纪末，已发展成为一个极为严密的科学体系，使经典物理学的大厦得以落成。经典物理学的众多研究成果既带来了科技史上的第一次技术革命（蒸汽机革命），又推动了第二次技术革命（电力革命）的发展。

图1－1－10 麦克斯韦

3. 化学

（1）化学元素概念的提出：英国化学家玻义耳（1627—1691 年）给"元素"下了一个科学定义。玻义耳认为，化学的主要任务是研究万物由什么组成、万物分解成什么。他认为，组成万物的元素不是古代自然哲学家或炼金术人士所说的元素，而是用一般化学方法不能再分解为更简单的实物。玻义耳为元素概念提出了一个科学的定义，为化学研究指出了正确的方向。玻义耳对化学的另一个重要贡献是奠定了化学研究中定量的分析。在实验中，他特别要求对化学变化做定量的研究分析。玻义耳所进行的大量实验使他做出了众多重要的发现。

（2）氧化理论的建立：氧化理论是在否定燃素说的基础上发展起来的。法国化学家拉瓦锡（1743—1794 年）对燃烧的过程进行了严格的定量研究。他于 1777 年向巴黎科学院提交了一篇名为《燃烧理论》的报告。他指出，燃烧是有氧参加的发出光和热的化学反应，物质燃烧时会吸收氧，因而重量会增加，所增加的重量等于吸收氧的重量，一般物质燃烧后会变成酸，金属燃烧后会变成金属氧化物。拉瓦锡建立的科学燃烧理论，否定了统治人们思想长达 100 多年的燃素说，给化学树立了一个里程碑。

（3）原子—分子论学说的提出：英国化学家、物理学家道尔顿（1766—1844 年）（如图 1 - 1 - 11 所示）提出了建立在科学的基础之上的原子论。道尔顿科学原子论的主要内容有：

①原子是组成物质或元素的最小粒子，它们极其微小，是看不见的，是既不能创造，也不能毁灭和不可再分的。它们在一切化学变化中保持其本质不变。

②同一元素的原子，其形状、质量和各种性质相同；不同元素的原子，其质量和性质不同。每一种元素以其原子的质量为最基本的特征。

③不同元素的原子以简单数目的比例相结合，形成了化学中的化合现象。

科学原子论在化学的发展史上具有划时代的意义，它阐明了物质不灭定律的内在含义。但道尔顿的原子论还存在着两个重要缺陷：一是把组成化合物的最小粒子

图 1 - 1 - 11　道尔顿

称为"复杂原子"，否定乃至废弃"分子"的概念；二是认为原子是不可再分割的。1811 年意大利化学家阿佛伽德罗（1776—1856 年）提出了分子学说。他的学说有三个要点：第一，无论是化合物还是单质，在被进行分割时，必有一个最小并且保持该物质特性的单位，这个单位就是分子；第二，单质的分子可以由多个原子组成；第三，处于同样温度和压力下的气体，无论是单质还是化合物，相同的体积中必有相同数目的分子。阿佛伽德罗分子学说的确定，使道尔顿原子论发展成为完整、全面的原子—分子论。

原子—分子论是近代化学发展史上首次重大的辩证综合，它揭示了物质结构存在原子、分子这样的层次，近代物质结构理论由此取得了重大突破。因此，随着原子—分子论的形成，整个近代化学发展的基础也就奠定了。

（4）有机化学的兴起：18 世纪后期，德国著名化学家舍勒亲自提取了大量纯净的有机酸。1824 年，德国化学家维勒（1800—1882 年）合成了尿素，开辟了有机物人工合成的新天地。德国化学家凯库勒（1829—1896 年）提出了"碳链学说"，由此建立了有机立体化学结构理论。

（5）元素周期律的发现：1869 年，俄国化学家门捷列夫（1834—1907 年）（如图 1 - 1 - 12 所示）和德国化学家迈尔（1830—1895 年）各自独立地发现了元素周期律。制成了一个化学元素周期表，并预言了一些还未被发现的元素。后来，这些预言都被证实。周期律的发现表明，自然界的元素不是孤立的偶然堆积，而是有机联系的统一体。同时也表明元素性质的发展变化的过程是由量变到质变的过程，是由低级到高级、由简单到复杂的过程。周期律的发现，拉开了无机化学系统化的序幕，为现代化学系统发展奠定了重要的理论基础。

4. 生物学

（1）细胞学说的建立：德国植物学家施莱登（1804—1881 年）和动物学家施旺（1810—1882 年）于 1838 年和 1839 年先后创立了细胞学说。其中心内容是：

图 1 - 1 - 12　门捷列夫

一切动植物都是由细胞构成的，细胞是生命的基本单元。这一学说标志着细胞学这门学科的兴起，也促进了生物学各学科较快的发展。

（2）血液循环的发现：西班牙医生塞尔维特（1511—1553 年）首先发现了人体中血液的肺循环。塞尔维特是在与伪科学斗争中献出生命的伟大科学家之一，他被宗教裁判所处以火刑。英国生理学家哈维（1578—1657 年）在他的《心血运动论》书中准确地说明了血液在人体中的循环过程。血液循环的发现，给生物学中的传统观念"盖伦的灵气说"以致命的打击，成为生物学和生理学发展的里程碑。

（3）生物分类学的形成：生物分类学的代表人物是瑞典生物学家林耐（1707—1778 年），他提出了著名的植物 24 纲。1735 年，林耐出版了他的名著《自然系统》。在《自然系统》中，他系统地说明了生物分类的原则和见解，建立了一套比较完整的分类体系，把当时已知的 1.8 万种植物分为纲、目、科、属、种。林耐提出的分类体系和原则，结束了分类学中的混乱状态，使分类学发展到了新的阶段。

（4）达尔文的进化论：英国著名博物学家、生物学家、进化论的完成者达尔文（1809—1882 年）（如图 1 - 1 - 13 所示）于 1859 年出版了震惊世界的名著《物种起源》，建立了科学进化理论。后来他又发表了《动物和植物在家养下的变异》《人类起源及性的选择》等，进一步充实了进化论的内容。达尔文的进化论给唯心主义在物种起源方面的神创论和目的论以沉重的打击，也给了关于物种不变的形而上学自然观以沉重打击。

5. 生理学与遗传学：

19 世纪以后，生理学和遗传学有了较快的发展，经过许多科学家的努力，奠定了现代生理学和遗传学的基础。

（1）生理学：博雷利（1608—1697 年）对人的生理的解释是：生理是一种单纯的机械运动，博雷利是医学物理学的奠基人。格列森（1597—1677 年）提

图 1 - 1 - 13　达尔文

出生理活动是机体的应激反应，建立了生理学的"应激理论"。18 世纪的哈尔波夫（1668—1738 年）和他的学生哈勒著有《实验生理学》，开拓了实验生理学的新领域。1777 年，拉瓦锡用"氧化说"解释动物的呼吸。19 世纪，化学家维勒（1800—1882 年）在 1828 年合成了尿素，在有机界和无机界之间架起了一座桥梁。贝尔纳（1813—1878 年）提出了"内环境恒定"的生理学概念，他的《实验医学研究导论》成了生理学发展史上的一个里程碑。

（2）遗传学：在遗传学上作出重大贡献的是奥地利人孟德尔（1822—1868 年）（如图 1 - 1 - 14 所示），他被称为"现代遗传学之父"。1865 年他发表了《植物杂交实验》的论文，从而提出了相当于现代科学所说的"基因"的"遗传单位"的概念。孟德尔通过豌豆的实验，发现了遗传三定律：①显性定律；②分离定律；③自由组合定律（独立分配定律）。孟德尔的发现，在遗传学上有着划时代的意义。德国生物学家魏斯曼（1834—1914 年）在《作为遗传理论基础的物质连续性》的论文中指出：遗传是由具有一定分子性质的物质（染色体），从亲代向子代传递实现。魏斯曼的研究成了现代分子生物学的基础。

6. 地质学

（1）"水成论"与"火成论"：18 世纪末，德国矿物学家维尔纳主张"水成论"，指出地球表面最初是一片汪洋，所有岩层都是在海水中经沉淀、结晶而形

图 1 - 1 - 14　孟德尔

成，后来由于全球水位突然下降，才使岩层露出水面，形成高山和陆地。苏格兰地质学家赫顿（1726—1797 年）则极力主张火成说。他认为地心是熔融的岩石，当能量达到一定程度时，熔融的岩石就会冲破地壳喷发出来，固化为新岩层。

（2）"灾变论"与"渐变论"：灾变论的主要代表是法国地质学家居维叶（1769—1832 年）。1825 年，他在《论地球表面的变动》一书中把地质变化的形式看成是突发的灾变。因为地质考察发现，不同的地层中，有各种不同的化石，并且地层越深，其动植物化石的构造越简单，和现在的动植物形态差别也越大，有的种属已灭绝。据此，居维叶指出，由于发生过多次洪水灾变，才出现了不同的地层。他认为这种洪水的进退是大规模的激变，每一次洪水都把地球上的生物扫荡净尽，造成化石，而最后一次洪水即是《圣经》上所说的"摩西洪水"，它退却后才出现了现今这种地层的基本轮廓。居维叶的灾变论，由于把神学引进地质学中，得到宗教的支持而盛行一时。渐变论的主张者是英国著名的地质学家赖尔，他经过长期的

地质勘察和对前人的学说的研究，于 1830—1833 年完成了《地质学原理》一书。赖尔在书中指出，地质的变迁，不必用什么神奇的、超自然的力量来解释，就从现在不断发生着的自然作用，如风、雨、河流、海浪、潮汐、冰川、火山和地震等自然力，不断地侵蚀搬运以及沉积，就能改变地层表面的状况。从古至今，这种微弱的地质作用是均一的，因而过去的地质变化过程是缓慢的。赖尔还指出，如果把地球的年龄估计过短，就看不出这种缓慢的变化。赖尔的渐变论有力地驳斥了灾变论的观点，把地质学引向了进化、科学的道路。

🔘 解释问题

近代自然科学成就主要有以下几个方面：
(1) 天文学方面："日心说"、行星运动三定律、星云假说等。
(2) 物理学方面：运动力学、经典力学、热力学、电动力学的创立等。
(3) 化学方面：氧化理论、原子—分子论、有机立体化学结构理论、元素周期律的发现等。
(4) 生物学方面：细胞学说、血液循环理论、生物分类学、进化论、应激理论、内环境恒定理论、遗传二定律等。
(5) 地质学方面：渐变论等。

(二) 近代技术革命

18 世纪以来，人类社会经历了三次技术革命，每一次技术革命都使得社会生产力得到了极大的提高，并推动着社会的变革。

🔘 提出问题

人类自然科学史上的三次技术革命指的是什么？

🔘 相关知识

1. 第一次技术革命

第一次技术革命也叫第一次产业革命，发生于 18 世纪 60 年代的英国，主要标志是蒸汽机的发明。这场革命首先从棉纺织业开始，以蒸汽机的发明为基础，从而带动各个产业部门实现了从手工生产向机器生产的转化，最终用机器代替了人的部分体力劳动，使人类社会从农业社会跨进了工业社会。

(1) 纺织技术：1733 年，织布工人凯伊发明了织布用的飞梭，提高了织布效率一倍，因而引起严重的"纱荒"，导致了纺织技术不断革新的局面。1765 年，纺织工人哈格里沃斯发明了多轴纺纱机，即"珍妮机"，揭开了第一次技术革命的序幕。1769 年，理发匠阿克莱特发明了使线更结实的水力纺纱机。1779 年，工人克伦普顿综合了珍妮机与水力机的优点，发明了纺线既匀称又结实的走锭精纺机，即自动"骡机"，大大提高了纺纱的数量和质量，初步完成了纺纱机的革新，却引起了纺纱与织布新的不平衡。1785 年，牧师卡特莱特发明了用水力推动的卧式自动织布机，提高效率 40 倍，基本解决了纺纱与织布的矛盾。随之而来的是一系列与纺织配套的机器发明，先后出现了净棉机、梳棉机、轧棉机、自动卷布机、漂白机、整染机等机器，实现了纺织行业的机械化，并带动相关的行业，如毛纺织业、造纸业、印刷业等出现机械化浪潮。

(2) 蒸汽机技术：1765—1784 年，瓦特（如图 1 - 1 - 15 所示）对纽可门蒸汽机进行了一系列根本性的改革，首先成功研制了与汽缸分离的单独的冷凝器，大幅度提高了蒸汽机的热效率。然后采用一套曲柄连杆传动机构，把蒸汽机的直线运动转变为圆周运动，使蒸汽机带动其他机械做功成为可能。接着，他还设计了飞轮、进气阀门、离心调速器等，解决了蒸汽机连续而稳定的向外输出动力的问题。经瓦特改革的蒸汽机，通过传动装置，成为大工业普遍应用的动力机。

图 1 - 1 - 15　瓦特

(3) 机器制造技术：各种机器的出现，带动着机器制造技术的发展。1775 年工程师威尔金森改革了斯米顿制造的镗床，提高了加工精度，用它加工的汽缸内径的误差只有1mm。1797年，英国机械师亨利·毛兹利制造出了全金属的大型车床，车床上装有滑动刀架，改变了以往用手拿工具进行加工作业的方式，克服了手工操作很难按尺寸要求加工的缺陷，使得一般工人也能迅速而准确地加工部件。这两项发明在机床发展史上占有重要地位，标志着金属加工技术发生了质的飞跃。到19世纪50年代，龙门刨床、铣床、钻床、打孔机、开槽机等机床先后问世，机器制造业完成了从手工向机器操作的过渡，并且进入了用机器制造机器的时代。

（4）钢铁冶炼技术：1735年，英国人达比首先发明了把煤炭炼成焦炭，再用焦炭炼铁的方法。燃料问题的解决使英国的铁产量迅速增长。到1750年，钟表匠享兹曼发明了用坩埚炼钢的方法，炼出的钢相当纯净。1784年，工程师亨利·科待又发明了搅炼法，让铁水在不停地搅动中脱碳，冷却后锻压即成熟铁。搅炼法的出现为精炼优质铁开辟了一条广阔的道路。到18世纪末，英国已成为欧洲重要的钢铁出口国，率先进入钢铁时代。

（5）交通运输技术：1807年，美国工程师富尔顿（1765—1815年）发明了轮船。船长40m，宽4m，所用蒸汽机是13.4kw。1836—1838年，"天狼星"号和"大西洋"轮船完成了横渡大西洋的航行，以后轮船的航速不断加快，到1860年，"格利特伊斯坦"号横渡大西洋只用了11天，水上航行开始进入蒸汽机时代。与此同时，陆路运输的蒸汽机车也逐渐成熟并投入使用。1814年，英国煤矿工人斯蒂芬逊（1781—1848年）建造出了第一台可供实际使用的蒸汽机车，1825年，他又制造出了第一台客货混合运输的蒸汽机车。此后，火车作为重要的交通工具进入实用阶段。1836年，从利物浦到曼彻斯特的铁路正式通车，仅10年时间，英国和爱尔兰铁路就增加到1 350km，到19世纪40年代，世界铁路总长达9 000km。

（6）化工技术：1746年，英国医生罗巴克发明铅室制造硫酸的方法。1791年，法国医生路布兰发明了以氯化钠为原料的制碱方法。到19世纪40年代，德国、英国等欧洲国家陆续建立了磷肥厂、氮肥厂、钾肥厂，使化肥工业获得发展。1845年，德国化学家霍夫曼在煤焦油中首先发现苯胺，英国化学家用苯胺合成奎宁时，意外地发现了优良染料——苯胺紫。1856年英国人帕金建成了世界上第一个合成煤焦油染料工厂。不久，人们从煤焦油中已能提取大量芳香族化合物，并以这些物质为原料，制成种类繁多的香料、杀菌剂、炸药、药品等。

2. 第二次技术革命

第二次技术革命也叫电力技术革命，也发生于19世纪中叶的西方，它的主要技术标志是电气化。以电机和电力传输、无线电通讯等一系列发明为代表，实现了电能与机械能等各种形式的能量之间的相互转化，给工农业生产提供了远比蒸汽动力更为强大而方便的能源，并由此发展了电力、电化工、汽车、航空、电子等一大批技术密集型新兴产业，原有的资本密集型工业开始向技术密集型工业转移，人类社会从蒸汽时代进入电气时代。

（1）电力技术：1866年，德国的发明家、沃纳·西门子（1816—1892）（如图1-1-16所示）制造出了第一台能提供强大电流的自激式发电机，从而打开了近代强电的技术大门。1873年，德国人阿尔特涅克又研制成功了鼓状转子，使发电机能产生更加均匀的电流，从此发电机得以广泛推广而进入实用阶段。19世纪80年代后，法国物理学家、德普勒研制出了第一条高压输电线路，采用英、美、德、俄等国电气工程技术人员发明的三相发电机、电动机、变压器，最终建立了三相交流供电系统。使电力很快成为整个工业部门普遍使用的强大动力。

图1-1-16　西门子

（2）电信技术：1838年美国的莫尔斯（1781—1872年）发明了由点、划组成的电报电码，制造出了第一台有发展前途的电报机。1876年，美国人贝尔（1847—1922年）（如图1-1-17所示）发明了电话。不久美国人爱迪生又解决了长距离通话的问题，电话很快得到普及。1895—1901年，意大利发明家马可尼（1874—1937年）逐步将无线电信号收发距离加大到从英国跨越大西洋，传送到加拿大，为无线电在全球的应用打开了大门。

图1-1-17　贝尔

（3）内燃机技术：1860 年，法国人雷诺研制出了第一台电点火的煤气内燃机，但热效率只有 4%。1876 年，德国工程师奥托依据罗沙斯提出的原理，研制出了第一台四冲程往复活塞式内燃机。1883 年，德国工程师戴姆勒，制成了第一台汽油内燃机。1892 年，德国工程师狄塞尔成功地研制出了完全靠压缩点火燃烧的柴油内燃机，成本降低，而热效率和输出功率进一步提高，为柴油机电力工业的发展提供了更强大的动力机。

（4）钢铁冶炼技术：1855 年，英国发明家贝塞麦（1813—1898 年）发明了"吹气精炼法"，将炼钢炉从固定式的结构改为可转动的形式，这种转炉炼钢法大约用 10 分钟时间，就可把十吨左右的生铁炼成熟铁或钢，且费用减少 10 倍。1864—1868 年，法国人马丁（1824—1915 年）和德国人威廉·西门子（1823—1883 年）发明了"西门子—马丁炼钢法"，又称平炉炼钢法。平炉炼钢法与转炉炼钢法相比较，点燃熔炼的时间长些，但产量高，一炉能炼出上百吨钢水，钢的质量较稳定均匀，能生产优质钢。

3. 第三次技术革命

第三次技术革命开始于 20 世纪 50 年代，它的主要技术标志是原子能、微电子技术、电子计算机、遗传工程等领域取得的重大突破。由此兴起的新兴产业有：电子工业、核工业、航天工业、激光工业、高分子合成工业等。

🔧 **解释问题**

18 世纪以来，人类社会经历了三次技术革命：以机械为主导的第一次技术革命，以电力为主导的第二次技术革命和以信息为主导的第三次技术革命。

三、现代自然科学技术的发展趋势

第二次世界大战以来，科学技术发展速度之快、发展规模之大、发生作用范围之广、影响之深远，是历史上前所未有的。20 世纪的后 50 年，科学技术的发展经历了 5 次伟大的变革。

第一个 10 年，是以原子能的释放与利用为标志，人类开始了利用核能的时代。

第二个 10 年，是以人造地球卫星的发射成功为标志，人类开始摆脱地球引力向外层空间进军。

第三个 10 年，是以 1973 年重组 DNA 实验的成功为标志，人类进入了可以控制遗传和生命过程的新阶段。

第四个 10 年，是以微机处理机的大量生产和广泛使用为标志，揭开了扩大人脑能力的新篇章。

第五个 10 年，是以软件开发和大规模产业化为标志，人类进入了信息革命的新纪元。

当今，世界各国都把加快发展科技事业放到国家全局战略位置上，强化决策，调整政策，增加投入，营造环境，出台重大科技计划，全力进行科技领域攻关，抢占世界高科技的制高点。世界科技正是以这种强势，推动着世界经济加速重组和全球化。知识与资源、资本更加紧密结合，全球数字化的进程在加快，以发展高科技为核心的知识经济正成为全球的最强音。这就是当今世界科技发展的总趋势。21 世纪的自然科学技术正以它从未有过的力量改变着世界面貌，主导着社会文明的进步。特别是以计算机技术、通信技术为主体，以微电子技术为核心的现代信息技术的出现和快速发展，更是日新月异地改变着人们的日常学习、工作、生活和思维方式。现在全世界上万千米的光缆把世界各国紧紧地联系在一起，全球网络化一天 24 小时不停地传递商业、金融、教育、科技、医药卫生等信息资源；居住在世界各地的人们有如隔咫尺，"天涯若比邻"已成为事实；几张小小的光盘可以储存一部百科全书的全部信息；通过信息高速公路，数十秒钟内可将两年的《人民日报》信息全部传输完，等等。世界变得如此日新月异，人类社会生活如此丰富多彩，这一切都是高技术发展之故，更是信息快速发展的结果。显然，用"一日千里"早已不能形容当代高科技发展的速度。特别是现代高新技术对国家的政治、经济、文化、军事以及整个社会的进步都具有重大的影响，具有很强的渗透力和扩散性，具有很强的态势和巨大的潜力。

🔧 **提出问题**

什么是现代高新技术？现代高新技术主要体现在哪几个领域？

相关知识

1. 引领时代潮流的信息技术

信息技术主要是指信息的获取、传递和处理等技术。它是现代高新技术（如图 1-1-18 所示）的前导。信息技术以微电子技术为基础，包括通信技术、自动化技术、微电子技术、光电子技术、计算机技术和人工智能技术等。其中，计算机技术与现代通信技术是构成信息技术的核心内容。信息科学技术是世界上发展最快、应用最广、经济潜力最大的技术领域。现代信息技术的迅猛发展，大大推进了人类社会的信息化进程，在全球范围内引发了一场极其深刻的信息革命。与此同时，建立在现代信息技术基础上的信息技术（IT）产业也取得了十分惊人的发展。从目前的发展态势看，信息产业将发展成为全球规模最大的支柱产业和主导产业。人类在 21 世纪将要实现的以数字化、网络化为标志

（a）大规模集成电器　　（b）3G通信技术

图 1-1-18　高新技术

的重大产业革命，必将深刻地改变人类的生产、交换和生存方式，人们将生活在数字化地球和全球经济一体化的世界里。

2. 扮演上帝角色的生物技术

生物技术（如图 1-1-19 所示的生物克隆技术）是指人们以现代生命科学为基础，结合先进的工程技术手段和其他基础学科的科学原理，按照预先的设计，改造生物体或加工生物原料，为人类生产出所需产品或达到某种目的的综合性新兴学科。现代生物技术包括五大工程技术：细胞工程技术、发酵工程技术、酶工程技术、基因工程技术和蛋白质工程技术，核心是基因工程技术。基因工程技术是以分子遗传学为技术层面，对基因进行剪切、拼装、组合等操作，然后将这种人工重组的基因植入宿主细胞，使之随宿主细胞的繁殖而大量复制，进行高效表达（生产）。通过基因重组，打破了物种之间遗传物质转移交换的天然屏障，跨越生物远缘不能杂交的鸿沟，使人们有计划、有目的地进行在物种间，甚至在动物与植物、动物与微生物之间的基因杂交，达到有选择性和定向性改变生

图 1-1-19　生物克隆技术

物的某些性状，或在其中融合进人们所需的优良性状，从而获得新的生物制品或制造出新的物种，在人们为生存而进行的生产上，用以提高农、林、牧、渔的产量和质量；在医药、保健和环保业上获得新医、新药、新的健康食品和生态环境，用以提高人们的健康水平和生活质量。

3. 促进新技术革命的新材料技术

所谓新材料，是指新近开发或正在开发的、具有比传统材料更为优异性能的材料。新材料技术是高新技术的基础，包括对超导材料、高温材料、人工合成材料、陶瓷材料、非晶态材料、单晶材料、纤维材料、超微材料、高性能材料、特种功能材料等的开发利用。按材料性能分，新材料可分为结构材料和功能材料两大类。结构材料主要是利用材料的力学和理化性能，以满足高强度、高刚度、高硬度、耐高温、耐磨、耐蚀、抗辐照等性能要求；功能材料主要是利用材料具有的电、磁、声、光热等效应，以实现某种功能，如半导体材料、磁性材料、光敏材料、热敏材料、隐身材料和制造原子弹、氢弹的核材料等。新材料一般都具有多学科交叉、知识密集和技术含量高的特点，而且是一类品种繁多、结构性好、功能性强、附加值高、更新换代快的材料。

4. 保障人类生存和发展的新能源技术

新能源是和长期广泛使用的常规能源（如煤、石油、天然气、水能、核裂变能等）对比而言的能源。新能源主要包括太阳能、海洋能、风能、地热能、生物能、氢能、核聚变能等，具有可再生性、天然性、不易枯竭、基本无环境污染等特点。关于新能源的研究、开发、生产、转换、输送、贮存、分配和利用的

技术就是新能源技术。过度开发和使用化石燃料，已给人类的生存环境带来了严重的危害和后果。地球只有一个，大自然为人类留下的地下能源和森林资源毕竟有限。社会要发展，人类要进步，就必须依靠自己的智慧探索新型节能技术和未来的新能源。

5. 探索宇宙的航天技术

航天技术（如图 1 – 1 – 20 所示）亦称空间技术或宇航技术，是人类如何飞出大气层在太空飞行，以及如何开发和利用太空的一门高度综合的尖端科学技术。航天技术主要由空间飞行器技术、运载器技术和地面测控技术等组成。航天技术已广泛地应用于通信、遥测、气象、导航、科研等领域。未来的航天技术还将向探测宇宙空间的纵深方向发展，扩大空间应用领域，研制可重复使用的低成本运输系统，并在太空建造能适应生物生长、有人类居住条件的太空城和卫星太阳能电站，实现太空加工、制造产业化，开辟太空信息服务、太空旅游等新型项目。

图 1 – 1 – 20　航天技术

6. 造福人类的海洋技术

海洋技术也叫海洋工程，包括深海挖掘、海水淡化以及对海洋中的生物资源、矿物资源、化学资源、动力资源等的开发利用。海洋占据地球表面积的 70%，它是一个巨大的资源宝库，海洋中蕴涵的石油、天然气、海洋矿藏、海洋生物、可再生能源等极为丰富。它可以为人类提供食物、能源、矿物、水源、化工原料乃至居住空间，当今社会所面临的许多问题，几乎都可能从海洋中找到出路。因此，发展海洋高新技术，开发利用海洋资源，大力发展海洋经济，已成为当今世界许多沿海国家的发展战略。

🔊 解释问题

现代高新技术是指对当代科学技术领域里带有方向性的最新、最先进的若干技术的总称。它的主要特征是知识密集程度高，属于高智力、高投入、高效益、高竞争、高势能、高影响力的技术。目前得到世界各国公认并被列入 21 世纪重点研究开发的高新技术领域的有现代信息技术、现代生物技术、现代新能源技术、现代新材料技术、现代空间技术、现代海洋技术等。

🔊 练习与思考

1. 中国古代自然科学有哪些成就？
2. 近代自然科学有哪些主要成就？
3. 人类自然科学史上经历了哪三次技术革命？
4. 阐述现代自然科学技术的发展趋势。

第二章　自然科学研究方法

本章学习要点

● 理解自然科学研究的基本方法及特点；
● 领会科学研究的任务就是要在大量感性认识的基础上，经过一系列的理性思维活动，使感性的、经验的材料上升为理性的认识。

本章学习意义

● 掌握自然科学研究的基本方法，进一步提高逻辑思维能力；
● 学会用"由感性到理性"的认识规律去认识各种自然事物和现象。

"书山有路勤为径，学海无涯苦作舟"。这是我国的一句有关做学问的名言警句。的确，刻苦勤奋是科学研究的基本途径，科学的明珠从不赐予懒惰者。然而，并非不懒惰者都能获取科学的明珠，这里还有一个方法问题。

所谓科学研究的方法，从字面上看，就是科学工作者在从事科学研究时所采用的方法。由于自然科学研究活动的复杂性，决定其研究本身要有科学的方法，而不能一味地下死工夫。有这样一句谚语："我不要你的金子，我要你点石成金的指头。"这神奇珍贵的"指头"，在科学研究中就是研究方法，自然科学与科学方法是相互促进的。当代大学生应该自觉地学习和掌握科学研究方法，它给你的可能不是现成的知识宝库，但却是挖掘宝库的工具。

第一节　观察、实验方法

提出问题

在科学探索中，观察与实验的研究方法有什么不同的特点？

相关知识

一、观察法

（一）观察的含义

观察是科学研究的起点，科学研究始于观察。

观察是人们在自然状态下，不加任何控制条件，通过感觉器官直接地或借助某些科学仪器，有目的、有计划地考察和描述客观对象的一种研究方法。它不仅指看、摸、听、尝、嗅等活动，还指理解或从理性上去领会；它既包括信息的输入，又包括信息的初步加工过程。

科学观察与通常意义下的感性知觉有本质的不同，它是在理性知识的参与下去感知我们所需要的东西。如在天文观察中，我们并非只是仰望布满苍穹的千万颗星星，而是观察各个星座的分布和位置变化，等等。

（二）观察的分类

观察法也有许多不同的分类。了解这些不同的分类和每一类的特点，有助于我们更深入地了解观察法的各个方面，以便在研究中根据实际情况和需要，灵活、恰当地使用。

1. 定性观察与定量观察

定性观察是考察自然界事物是否具有某种特征以及事物之间是否有某种联系。通过定性观察，人们对观察对象的性质、特征以及事物现象之间的联系就会有大致的、粗略的认识。例如比较两个人哪一个高，两杯水的冷热程度，污水的颜色和浑浊程度等。

由于定性观察获得的有关观察对象的性质、特征是大致的，有的可能是错觉，所以需要进一步定量观察。有时看起来甲比乙高，用尺测量的结果却是乙比甲高；有的水看起来很浑浊，通过对杂质的成分分析，却没有对人体有害的的物质，而有的水看起来像清水，通过分析却含有剧毒物质。因此需要定量观察。

一般说来，定量观察是借助科学仪器来测量观察对象的各种数量关系，刻画对象数量特征，因而定量观察又称为观测或测量。例如，两杯温度不同的水，用手摸一下，分出一杯水热，另一杯水冷，这只能定性地说出冷热；如果用温度计测量，就可以定量地把温度读出来。

2. 直接观察与间接观察

按观察时研究者是否借助于仪器，观察可分为直接观察与间接观察。直接观察中研究人员凭借的"工具"是自己的自然器官，直接观察的效果与人的感官功能直接相关。人们利用自己的感官直接观察外部世界，接受外部对象发出的信息，形成关于自然现象的直接经验知识。我国古代有"神农尝百草"的记载。以前中医都是靠直接观察对病人诊断，医术高明的人有"起死回生"的本领。可见直接观察是一种重要的经验认识方法。

但直接观察有一定的局限性，有时会有错觉。图 1－2－1 和图 1－2－2 中表示的是几种视错觉。

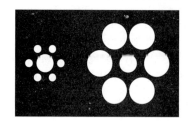　　　　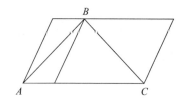

图 1－2－1　两处中心的圆大小相等吗？　　　　图 1－2－2　线段 *AB* 长还是 *BC* 长？

错觉的原因复杂、多样，但人的感官的局限性是产生错觉的重要原因。为了克服直接观察的局限性，可以借助观测仪器来观察事物对象，此时直接观察转化成间接观察。间接观察就是观察者使用仪器对事物进行观察。

间接观察的作用与直接观察相比，主要有以下优越性：

（1）扩大观察范围，例如在我们用肉眼看太空时，我们能看到的东西非常有限。有了望远镜之后，情况立刻改变。过去我们看到月亮是那么明亮，和其他天体一起都发着亮光，认为月亮以及其他天体都是"完美无缺"的，并猜测它们是由比地球上的物质更高级的物质构成。但在望远镜之下，这些古人的教条被打得粉碎。月亮以及其他一些天体与地球上的事物相比并没有什么根本的不同。月亮跟地球一样，它的表面有大块的平原，也有绵延陡峭的山脉，密布着大大小小的坑穴……

（2）提高观察的精确性，克服感官造成的错觉。例如对直接观察时的视错觉，通过用尺测量一下，就可以知道两个位于中心的圆其实是一样大的；线段 *AB* 与线段 *BC* 其实也一样长。

（3）提高观察速度。例如基本粒子寿命极短，有的只有 10^{-28} s，这是肉眼无法分辨的，但借助高能探测器和其他仪器，观察者就能看到它的踪迹。

二、实验法

（一）实验的含义

实验是人们根据研究的目的，利用科学仪器、设备，人为地尽可能控制或模拟自然现象，排除干扰，突出主要因素，以便在最有利的条件下进行观察的一种重要的研究方法。

在实验中必须观察，这是实验与观察相联系的一方面，但实验方法是较观察方法更主动的行为、更高一级的科学研究方法。

单纯的观察只能在自然条件下进行，有局限性。不利于认清现象后面最本质的、起决定作用的内部规律。实验可以让我们人为地去干预、变革和尽可能地控制自然对象，再现最本质的方面，揭露自然现象的本质。实验的一个重要的特点是具有可重复性，可以使实验现象有规律地再现。能接受公众的检验，使人们相信实验的结果。

（二）实验法的主要特点

1. 实验有简化和纯化自然现象的作用

自然现象纷纭复杂、纵横交错，使人们不容易直接认识其本质。运用实验方法，可以排除偶然因素加以纯化，从而抽出简单的、确定的方面，从自然过程表现得最确实、最少受干扰的地方加以考察。例如，糖尿病与胰腺有什么本质联系？这就需要做如下实验：结扎胰管使胰腺细胞遭到破坏，剩下胰岛细胞；然后将这种细胞的抽出物注射给摘除胰腺而患糖尿病的狗，这可使其血糖降低、尿糖消失；这就揭示了糖尿病与胰腺中胰岛细胞分泌的激素缺乏有着本质的联系。

2. 实验有强化与深化的作用

自然界的一些物质在常态下一般都不易暴露其特殊性质及其规律，只有在一些极端条件下，某些特性和规律才得以显示出来。这在自然界是一种罕见的现象，但在实验室里却往往可以做到。在由实验造成的某种极限条件下，如超高温、超低温、超高压、超高真空、超强磁场等，才能把在一般条件下隐蔽的现象和性质诱发和显现出来。这样在外力的强大作用下，使物质变化的过程向指定方向强化，可以获取在生产实践中不易或不可能得到的新发现。

例如：在接近绝对零度的超低温条件下，我们几乎能够把所有的气体液化，并研究超流体和超导现象。用快达 $10^7℃/s$ 的超快速冷却法制造的非晶体材料，如玻璃合金，比传统金属具有更优良的力学性质与电磁性质。在超高温的条件下，物质处于由离子、电子及未经电离的中性粒子组成的"等离子体"态，它和气体有大不相同的运动规律，因此有人称它为"物质第四态"，以区别于固态、液态、气态。这种对物质性质更深入的认识，大大扩展了人们改造自然的能力。对此，若离开实验，人们一般不能深知更多新的东西。

3. 实验有再现、延缓和加速的作用

在自然界，有些自然现象的发生过程十分短暂，转瞬即逝；有些自然现象的发生过程却又十分缓慢，旷日持久。这都给人们认识自然现象的规律带来不便。模拟实验是一种间接实验的方法，即先以某自然现象或过程为原型，然后设计模型，通过模型来研究原型的规律性。

例如，在模拟雷电、地震、滑坡等自然现象的实验中，人们就可以延缓这些变化迅速的过程，从而给研究带来极大的方便。对于变化缓慢的自然现象，如地球上生命起源的进化过程，可在实验室中短时间内模拟再现。1952 年，米勒用甲烷、氨、氢混合成一种与原始地球大气基本相似的气体，把它放进真空的玻璃仪器中，并连续施行火花放电，以模拟原始大气层的闪电。结果，只用了八天八夜的时间，居然在这种混合气体中得到了五种构成蛋白质的重要氨基酸。而在自然界，完成这种转化则需要几十亿年的时间。这为研究生命起源开辟了一条新途径。

由于实验方法具有这些突出的特点，这使得它适应于现代科学的需要而不断提高其在现代科学中的地位。实验方法是科学研究中普遍应用和不可缺少的方法。

> **解释问题**

观察是一种感性认识活动，观察与实验不同，观察所考察的对象处于自然状态，不施加人工干预。实验方法源于观察，又高于观察，是人们根据研究的目的，利用科学仪器、设备，人为地尽可能控制或模拟自然现象，排除干扰，突出主要因素，以便在最有利的条件下进行观察的一种重要的研究方法。

> **练习与思考**

1. 观察与实验有何区别？又有怎样的联系？
2. 实验法有什么特点？

第二节 自然科学研究中的理性思维

提出问题

人们如何将感性认识上升为理性认识？

相关知识

通过观察和实验得到的是感性认识，而人们要认识世界、改造世界就不能停留在感性认识的基础上，必须深入地掌握客观事物的本质及其运动规律。科学认识的任务就是要在大量感性材料的基础上，通过人们的思维去把握客观世界的本质，也就是要经过一系列的科学抽象理性思维活动，使感性的、经验的材料，上升为理性的认识。恩格斯说："一个民族想要站在科学的最高峰，就一刻也不能没有理性思维。"

理性思维的方法常有以下几种。

一、比较—分类法

比较和分类，是科学研究中的两种基本的逻辑方法。一般来说，人们通过比较来区分事物。在比较的基础上，再进一步分类，以便进一步把握其特殊的性质。比较是分类的前提，分类是比较的结果。

比较是确定对象之间差异点和共同点的逻辑方法。比较有纵比和横比：纵比是历史的比较，即比较同一事物在不同时间内的具体形态；横比，即不同的具体事物在同一标准下的比较。

科学研究中的比较，能够推进对事物的认识。冥王星的发现，可以说是比较方法的胜利。1930 年 3 月，美国天文学家汤仓把相隔儿大拍摄的两张星空照片进行详细比较，发现照片上有一个光点的位置有了较明显的改变。进而确定了这个光点正是人们早就推论到，并且找寻了几十年的冥王星。

光谱分析的方法，就是通过光谱的比较来确定被测物体的化学成分及其含量的。实验证明，各种化学元素都有一定波长的特征谱线，就像不同的人各有自己特殊的指纹一样。因而，用已知化学元素的标准谱线与被测物体的光谱线相比较，就可以认证出其含有哪些元素。同时，由于每种化学元素特征谱线的强度与它在物体中的含量有关，也就可以通过强度的比较，确定各种元素的含量。1859 年，基尔霍夫首先使用这一方法，认证出太阳中的元素种类，并测定出其中氢占 78%。这一定性定量的分析，对认识太阳的活动具有重要的价值。

分类就是对已经发现的大量的研究对象进行分析和整理，或是根据其共同点将事物归合为较大的类，或是根据其差异点划分为较小的类，从而将事物区分为具有一定从属关系的系统。

在科学研究中，分类主要起着整理资料的作用，使繁杂的材料条理化、系统化。这样，就可以为进一步的研究提供条件。据统计，已发现的元素有 100 多种，已定下名称的化合物达 480 万种，已知的基本粒子（包括共振态）有 300 多种，已知的植物（包括灭绝了的）共 55 万种、动物共 800 万种。如果没有分类，任何科学研究都将如坠烟海，无从下手。

> **科学实践活动**
> 生活中人们常常要将物品分类整理。在家里，也有许多需要分类整理的内容，请你检查家里的抽屉和柜子，看看它们是怎样分类排列的，然后和家人讨论这些排列是否合理。

由于分类是按照研究对象的本质属性或重要特性将它们分门别类、编组排队，因而，可以从中推测或找出研究对象的一般的、规律性的联系。在以往漫长的岁月中，医学上存在着一个极为困难的问题：许多失血的病人，如果不及时输给血液，就很可能丧身。但给予输血，又会经常发生血液混合后凝集起来阻塞血管的更糟糕的后果。直到 19 世纪末 20 世纪初，奥地利病理学家兰斯坦纳通过分类发现了人的血液有四种类型，才把握了给病人输血的规律性——每个类型的血液都可以输给血型相同的人；而不同的血型之间，有些是不能相容的，有些是可以相容的；O 型血可以安全地输给其他血型的人，A 型血和 B 型血也可以安全地输给 AB 型的人。兰斯坦纳因此项研究成果获得了诺贝尔医学与生理学奖。

二、分析—综合法

分析和综合是抽象思维的基本方法，也是科学研究中的一个科学思维方法。

分析就是把整体分解成部分，如把复杂的事物分解成简单的要素。综合是分析方法的发展，把对象的各部分、各方面和各种因素结合起来，按照事物各部门间本质的、有机的联系，从整体或更高的层次，从动态发展的观点来说明事物本质及其运动的规律。

牛顿认为："从结果到原因，从特殊原因到普通原因，一直论证到最普遍的原因为止，这就是分析的方法；而综合的方法则假定原因已经找到，并已把它们立为原理，再用这些原理去解释因它们发生的现象，并证明这些解释的正确性。"

分析的方法，使人们的认识不断深入事物内部的层次，从而有利于认识其内在本质。俗话说："种瓜得瓜，种豆得豆。"这个似乎简单、其实十分复杂的遗传现象的"庐山真面目"是经过长期的深入分析才揭示出来的。而其中第一个具有决定意义的突破，是人们把动植物有机体分解为最基本的单位——细胞，并继续考察细胞的复杂结构和功能，于是人们又进一步将细胞分解，分别研究了细胞膜、细胞核、细胞质等各个部分的生理功能。经过一层又一层的分析，人类终于掌握了遗传密码的复制和转录的过程，初步揭示了遗传之谜。这个认识过程表明，分析的方法使人们了解事物的细节，深入搞清楚事物的内部结构和联系，从而可以排除假象，在纯粹的形态上进行研究，抓住决定事物本质和发展过程的东西。

综合方法，就是在思想上将认识对象的各个组成部分或属性联系起来，作为一个统一整体加以考察的逻辑方法。当然，综合并不是各个部分的机械相加，也不是把各个因素加以形式的堆砌。综合是根据对象本身的客观联系，从内在的相互关系中把握事物的本质和整体的特征。因此，综合的实施运用，能够取得科学上的新进展。开普勒曾经猜测，太阳是行星运动的力量的来源。伽利略曾经提出，行星和卫星在轨道上运行，而不是沿直线向空间飞去，其原因是力在起作用。但这个力是否存在，并未得到证明。后来胡克等人在实验室发现了引力。这些"科学的巨人"，只是把辛劳求得的"彩贝"撒在了"沙滩上"。而牛顿却综其大成，把这些"彩贝"缀成科学的"宝环"，综合为万有引力定律，成了"站在巨人肩膀上"的经典物理学的完成者。

茂密的森林，是由各种树木所组成的；而森林这个概念，则从整体上反映了各种树木。只见"树木"，只讲分析，将失之于片面；而只见"森林"，只讲综合，也流于空洞。离开分析，认识不能深入；而离开综合，认识就只停留于经验；分析综合是辩证的关系，偏向任何一方都会导致认识上陷于盲目和泛于肤浅。认识的过程，是一个不断分析、不断深入，又不断综合、不断提高的过程。分析与综合的相辅相成，也正是现代科学发展的客观要求。

三、归纳—演绎法

人们认识过程的普遍程序，是由特殊到一般，又由一般到特殊。归纳和演绎，就是进行这个认识过程的两种推理形式，也是两种常用的科学研究方法。

所谓归纳，就是从个别事实中概括出一般原理的思维方法。

归纳的方法，首先要求积累大量的经验材料。科学史表明，任何自然科学的发展，都需要积累事实。在不断积累经验材料的同时，不断加以归纳，使认识由浅入深、由片面到全面。只有当经验材料积累到一定程度，才能归纳概括出一般规律，上升到理性认识。

在 16—19 世纪的 400 年中，自然科学研究中应用的逻辑方法基本上是归纳方法。作为这个时期的自然科学最辉煌成就的牛顿力学，即是运用归纳方法提出和建立的科学理论。牛顿研究的方法是，在天上，地球和月球之间，太阳和地球、行星之间，是互相吸引的；在地上，地球与地面上的物体（如苹果）之间也是互相吸引的，这种引力与质量、距离有一定的关系。根据这些具体事例，牛顿得出了"任何两个物体之间都互相吸引"的结论。后来，经过多年的深入研究，他科学地论述了引力与质量、距离的关系，提出了万有引力定律。

20 年后，牛顿倾全力写作了一本书，系统总结了他关于动力学和引力问题的研究，这就是科学史上最伟大的著作之一《自然哲学的数学原理》。对自然科学发展的这个阶段，爱因斯坦认为："经验科学的发展过程，就是不断的归纳过程。""科学家必须在庞杂的经验事实中间抓住某些可用精密公式来表示的普遍特征，由此探求自然界的普遍真理。"

在科学研究中采用的归纳法，一般是不完全的归纳法，我们不可能把某类自然现象全部列举出来，只能进行不完全归纳。如果根据已经把握的一部分事物，以偏概全，得出的结论往往不是完全可靠的。比如，在常温下，金、银、铜、铁、锡都具有固体的特征，于是就由此归纳出"一切金属都是固体"的一般结论，这种逻辑结论是不充分的，水银可不是固体。

归纳推理具有尝试的性质，既然是尝试，就有可能成功，也有可能失败，结果不够肯定。但是我们如果不进行尝试，就不可能获得科学发现。因此，即便归纳方法有局限性，它仍然是人们认识世界的基本方法之一。

在近代科学的发展中，曾经以海克尔为代表，形成了所谓的全归纳派，他们认为，归纳法是不会出错误的方法，是万能的。其实不然，仅仅依赖于归纳法是很不够的。归纳和演绎是相互依赖和相互促进的，不应加以割裂。例如，门捷列夫从许多化学元素的混乱关系中"清理"出了元素周期律，这是从个别到一般的归纳过程；然后又根据周期律推出当时未被发现的新元素，这则是从一般到个别的演绎过程。由于新元素不断发现，又会要求作出新的归纳。这说明，归纳为演绎准备条件，演绎为归纳提供理论基础，从而进一步扩大了归纳的范围。

所谓演绎，就是从一般到个别的推理形式。演绎也是从某些概念、公理或法则出发，运用逻辑推理（包括数学演算）得出新结论的思维方法。例如，一切化学元素都在一定条件下发生化学反应，惰性气体是化学元素，所以，惰性气体能在一定条件下发生化学反应。这个逻辑推理，就使人们获得了关于惰性气体的新知识。

传统的亚里士多德三段论法，最好地说明了演绎法的特征：即用大前提及小前提来推论。

例如：凡人都要死。（大前提）

苏格拉底是人。（小前提）

所以苏格拉底也要死。（结论）

显然，只要大前提被人们接受，小前提又包括在大前提之中，因之所得的结论必被人们所接受。这些逻辑知识，一直沿用到今天。亚里士多德的《工具论》等著作，为形式逻辑奠定了牢固的基础。因此，人们尊称他为"逻辑之父"。

亚里士多德由于历史的局限性，也有不少错误的认识。比如，亚里士多德关于"物体越重，落得越快"的观点就是错误的。

意大利科学家伽利略从理论上对这个观点的否定，用到的推理方法就是三段论逻辑。

伽利略的推理是这样的：

①大前提：物体越重，落得越快。

　小前提：将重球、轻球拴在一起下落，拴在一起的球的重量大于原来的重球、轻球单个的重量。

　结论：拴在一起的球在三者中最先落地。

② 大前提：物体越重，落得越快。

　小前提：重球、轻球拴在一起，重球带动轻球落得要快一些，落得慢的轻球又连累重球使其落得也慢一些。

　结论：联合球的下降速度在单个重球和轻球的下落速度之间，即三者中它不先不后地落地。

伽利略认为，如果出发点（大前提）正确，推理应该一致，但以上两种答案，都同出于一个大前提，而得出了两个相矛盾的结果，三段论的推理是严密的，那么这个大前提一定是错了。判断一个结论的正确与否，除了用实验验证，还可以分析它是否符合逻辑，若不符合逻辑，那肯定是错误的。

最后还要指出，归纳和演绎虽然在认识过程中起着重要的作用，但绝不能夸大其作用。因为归纳和演绎都有其"先天不足"。归纳的弱点在结论，演绎的弱点则在前提。为了揭示事物的本质，还需要同时运用其他的方法。

四、假说

假说既是一种科学方法，也是科学研究的成果。

科学发展的一般途径是：观察、实验——（经过科学思维）——提出假说——（经过实验、观察的检验与修正）——形成科学理论，如此循环往复而不断深入。在这里，假说是科学发展的必由之路。

在我们的地球上，七大洲、四大洋是怎样形成的？人类一直在苦苦思索着这个问题。在长长的思索者行列里，德国物理学家魏格纳提出了他的真知灼见。

有一闪，魏格纳在瞧着世界地图时，发现非洲西部的海岸线和南美洲的海岸线之间，居然如此的吻合，就像是一块月饼裂开了一样。这个具有丰富想象力的科学家产生了一个想法：各个大洲是由原来一整块的大陆经过断裂、分离而形成的。魏格纳分析了当时的地球物理学、地质学、古生物学、古气候学、大地测量学的材料，于 1910 年提出了"大陆漂移"的假说。他认为：在远古时，大陆只是一整块土地，周围则是广阔的海洋。由于天体的引力和地球自转所产生的离心力，使这块完整的古代大陆分崩离析了。漂浮于硅镁层之上的硅铝层地壳，在大海中漂移，形成了现在的陆海状况。这个假说，尽管被冷落了 20 多年，但终于被承认是一种比较合理的科学假说。所以牛顿说："没有大胆的猜测，就做不出伟大的发现。"

假说的基本特征是：

（1）具有一定的科学根据，因为它是以观察或实验得到的感性材料为依据的。

（2）具有一定的猜测性，因为它没有严密的推导。因而它有可信的一面，但还有待检验的一面。科学假说虽然对于自然科学的发展有着巨大的作用，但假说毕竟是假说，其真理性尚未得到实践的证明，它们有可能包含错误的成分，甚至基本上就是错误的。如果一个假说具有科学价值或经验内容，它必须能被相应的观察或实验所检验。

例如：在分子生物学研究中，原来普遍认为遗传信息只是从脱氧核糖核酸（DNA）流向核糖核酸（RNA），称为中心法则。但是，美国科学家梯明的实验打破了传统的看法。他证明，同时存在着 RNA 到 DNA 的反转录。实验的发展说明，所谓中心法则是有片面性的。

假说是未经实践证明的理论，理论则是经过实践证明了的假说。牛顿力学刚提出来的时候，又何尝不是假说？后来运用它的公式去计算木星对地球椭圆形轨道的影响时，计算结果和测量结论完全一致。牛顿力学还对地球上的运动形式做了圆满的解释，它所得到的关于地心引力、摆的往复运动等的数学规律与伽利略事先从量度上发现的定律完全符合；它还能解释如潮汐、摆平面的转动、旋转轴的旋进等现象。由于如此多的大量事实的验证，牛顿力学才由假说变成公认的科学理论。爱因斯坦的相对论，也并没有否定牛顿力学的正确性，只是严格区分了它的适用范围——低速宏观的物理现象。假说，必须经得起检验，才能成为科学的理论。因此，对待假说必须慎重。玛丽·居里在谈到皮埃尔·居里时写道："虽然他做假说从不犹豫，但他从不允许不成熟的作品发表。"

五、数学方法

科学研究的对象——客观的具体事物——无不通过一定的形式与数量表现出来，任何事物的特殊本质也都具有一定的量的关系。因而，作为研究关于现实世界中的空间形式和数量关系的数学，在科学研究中也就具有极其重要的地位和作用。无论是表述观察、实验的情况，还是形成简明精密的理论，以及进行确切的理论预见，都需要数学方法的帮助。再说，数学思维本身就是一种精巧的科学思维方法。

数学，是人类文化中最古老的一门科学。

近代科学开始时，当时的一些军事家根据经验知道当炮筒与地面成 45°夹角时，炮弹的射程最远，可这些人都不知道为什么是如此，伽利略通过计算竟推出了这一结果。

大科学家牛顿也看到了数学的重要性。他运用数学推导的方法发现了自然界的一个最伟大的定律：万有引力定律，用数学表示即为：

$$F = G\frac{m'm}{r^2}$$

这个公式虽简单，但却形式悦人，包罗万象，反映着自然界深刻的美。牛顿的伟大著作的名字叫做《自然哲学的数学原理》，这充分反映了牛顿对数学的重视。

电磁学大师麦克斯韦更胜一筹，他运用数学方法建立了第一个完整的电磁理论，把众多的电磁运动规律概括在4个方程里面。这4个方程简洁、优美，但却揭示了光、电、磁的本质和统一性。

在计算机日益普及的今天，数学方法的作用越来越大，但数学方法终究只是一种科学研究的方法，它不能代替科学，也不能离开事实依据。因此不能寄托用它来解决一切问题。

六、直觉和灵感

直觉，在一些场合又称为灵感，这是在任何高度脑力劳动中都会碰到的一种突然爆发性的创造性想象活动，是另一类思维途径。直觉是人们一种突发性的对出现在人们面前的新事物或现象的极为敏锐的、准确的判断和对其内在本质的理解。灵感是一种有意识或下意识的思考，忽然间得到领悟。灵感与直觉的出现都带有突发性，这是它们的共同点，思维者本人一般说不清它们的来源，但它们却给科学家和工程技术专家带来极大的创造性。

在科学研究中，由于直觉灵感而引起的科学发现是多种多样、数不胜数的。据说，古希腊科学家阿基米德是在澡盆里顿悟"如何在不损坏王冠的前提下辨别其是否是用纯黄金做的"。与此同时，他还发现了物理学中的浮力定律，也就是著名的阿基米德定律。后人认为，是阿基米德的突如其来的灵机一动，即灵感导致了这一定律的发现。

在直觉的种种形式中，最令人"莫名其妙"的要属"梦境中的发现"了。被誉为"现代科学之父"的笛卡尔，他的数学和物理学的一些概念，就是在一个夜间三次不连贯的梦境中构思成功的。剑桥大学对在各种科学中有创造性的学者的工作和习惯作过一次调查，结果其中有70%的科学家从梦中得到过启示。难怪在梦中发现苯环结构的凯库勒说："先生们，让我们大家都学会做梦，这样也许我们会发现真理。"凯库勒的希望正成为今天受到重视的课题。

为什么科学家的头脑总是那么灵活，很容易迸发出灵感，头脑中总是有新发现，而有些人的头脑却总不开窍，灵感与他无缘呢？灵感到底从何而来？

科学研究结果表明，灵感的诱发和捕捉可以归纳为三个方面：积累、转移、刺激。

积累：灵感是知识的长期积累。一位哲人说得好："长期积累，偶然得知。"灵感不是天生的，而在于平日的多问、多学、多思、多实践。只有那些有准备的头脑，才会在梦境中幻觉出新的发现。

转移：长时期地思考某个问题，特别是当百思不得其解的情况下，人们的思维往往就像钻进了"牛角尖"一样出不来。这时，应当把问题暂时放置在一边，有意识地使思维离开主题，去转移、放松一下。

刺激：经过长时间的紧张思维之后，问题的大部分已得到澄清和解决，但在某些关键环节上却卡住了。大脑的工作经过转移之后，一旦接受到偶然诱因的刺激，就会立刻接通"电路"。这种偶然的诱因对科学家能起到一种启发、提示作用。

显然，不花功夫，达不到一定的程度，灵感之神是不会光临的。

解释问题

人类在与大自然作斗争的过程中，通过观察和实验的方法得到感性材料，然后经过逻辑推理、数学抽象等科学方法，提出科学假说。如果科学假说能经得起实践的检验，就会随着实践的发展逐步转化为科学理论。

练习与思考

1. 假说的意义及其基本特征是什么？
2. 直觉和灵感从何而来？

第二篇

多姿多彩的物质世界

第一章　物质结构

茫茫玉宇，寥廓江天；沧海桑田，巍巍山峦。仰望太空，斗转星移；俯察大地，声、光、热、电，这就是展现在我们面前的物质世界。世界是由物质构成的，没有物质也就没有世界。可是，世界上那形形色色、千变万化的物质，又是由什么构成的呢？它的结构层次怎样？本源是什么？千百年来，人类一直在思考着、探索着。物质结构科学自古以来是人们最为关注的重大科学命题之一。

第一节　物质微观结构的探索

本节学习要点

- 19 世纪末物理学史上的三大发现及其重要意义；
- 原子模型的形成、作用及各模型的特点。

本节学习意义

- 通过学习科学家对物质基本构成探索过程中的一些思路和方法，学生形成用微粒的观点看世界的微粒观；
- 要让学生明白，事物是不断发展的，认识是无止境的，人类对粒子世界的探索还有漫长的征程。

一、物质世界的最小砖石

提出问题

构成物质世界的砖石中，有没有最小的砖石（即再也不能分割它们）存在？物质能不能永远分割下去？

相关知识

自古以来，人类祖先对于物质结构的探讨就十分活跃。水受热化成气，遇冷凝成冰；木材燃烧后成为炭；花香四处飘散……这些物质的变化和扩散现象使古代的哲学家们推测到，物质是由少数的基本元素所组成。古希腊人认为水、火、泥土和空气是构成世间万物的基本元素。中国古代也有"五行说"，即世界是由金、木、水、火、土五种元素组成。他们的共同想法都是：由少数的基本元素构成了世界万物。

到底构成物质世界的砖石中，有没有最小的砖石存在？

为了找到答案，让我们取一张纸，先将其撕成一半，然后再一分为二撕成四部分，再按上述方法撕成八部分。

你认为这张纸是可以永远撕下去而变得无穷小，还是撕到一定程度，达到了其最小的组成后就不能再继续撕了？

事实上，哲学家和科学家对这些问题已思考了整整 2 000 多年。一种意见是，物质可以永远分割下去。古希腊的哲学家柏拉图（约公元前 427—前 347 年）、亚里士多德（约公元前 384—前 322 年）、我国战国时期的公孙龙（约公元前 320—前 250 年）等人认为：物质是无限可分的，不存在最小单元。最典型的例证就是《庄子·天下篇》中所载的公孙龙等人的观点："一尺之棰，日取其半，万世不竭。"意思就是，一尺长的短棍，每天截取一半，永生永世也不能将其截完。

　　另一种意见是，世界上万物均由不可分割的最小的部分组成。我国战国时期著名哲人惠施（庄子的好朋友）认为："至小无内，谓之小一。"即最小的物质单元没有内部结构，叫做"小一"。古希腊的哲学家德谟克里特（公元前 460—前 370 年）接受了他的老师留基伯（公元前 490—？）的观点，认为物质的碎片迟早会达到不可能再将它分割得更小的地步，并最早提出了著名的"原子论"。原子（atom），希腊文的原意，就是不可再分的意思。

　　但随着岁月的流逝，尤其是近代科学的兴起，人们感到上述两种观念似乎都有道理，但都有不足。

　　近代以来的物理学研究发现，物质是由不同层次的微粒构成的，就微观结构来说，呈现"梯级结构"模式。二三百年前，人们发现物质是由分子构成的，分子是由原子构成的。到 19 世纪末，在科学实验基础上，科学家认识到原子由原子核和核外电子构成。20 世纪 30 年代，人们发现原子核又是由质子和中子组成的。到此，曾有人以为找到了构成物质的最小"砖石"，这就是微观世界的终极。然而，不久人们就发现了这种认识的局限性。

　　对来自更外层空间的宇宙射线的观察分析以及通过高能加速器的一系列实验，比上述微粒更小、更基本的大批新粒子，如介子、中微子、反粒子、夸克等，接二连三地猛然撞进人们的眼帘。人们发现物质结构更深的层次——质子和中子等所谓基本粒子大都是由叫做夸克的更小的粒子组成的。许多人相信，随着实验手段的改进，有可能发现更为基本的微观层次。这种认识的深化和递进，永远不会有终结。

　　🔲 解释问题

　　事物是不断发展的，认识是无止境的，对构成物质结构的最小单元的了解是不断深化的。从现代物理学观点来看，物质的最小构成单元已经不再是分子、原子，也不是中子和质子，而是夸克和轻子。夸克和轻子是否有结构等问题，正待人们进一步去探索研究。这种"无限分割下去"的思路是否对？看来，摆在人们面前的还是一片未知的海洋，粒子世界的探索还有漫长的征程。

　　🔲 练习与思考

　　1. 根据所学知识，你能用最简单、最通俗的语言回答小学生关于"如果一颗糖分给许多许多人吃，最后会不会分得一点都不剩"的提问？

　　2. 在 J·阿西莫夫所写的科幻小说《梦幻航行》中，人们被缩小到了一个细胞般大小，他们在一个正常人体内的经历是一种"梦幻般"的体验。试想，如果人能被缩小到一个原子般大小时，将会是怎样的一番情形呢？

二、揭开原子微观世界的神秘面纱

　　🔲 提出问题

　　人们是如何发现原子存在内部结构的？

　　🔲 相关知识

　　古代的原子观只不过是少数哲学家的思辨性观点，19 世纪初道尔顿等人在科学实验基础上建立起来的原子说才是科学的原子论。人们曾经以为"原子"是不可再分的构成物质世界的最小砖石。19 世纪末物理学史的三大发现——X 射线（1895 年）、放射性（1896 年）、电子（1897 年），揭示了原子存在内部结构，从此人们开始真正步入了对原子微观世界的研究。

（一）X 射线的发现

　　1895 年 11 月 8 日夜晚，德国著名的物理学家伦琴（W·K·Rontgen，1845—1923 年）又和往常一样，独自一人来到实验室做阴极射线管中气体放电的实验，如图 2－1－1 所示。实验室里一片漆黑，为了防止漏光，伦琴又用黑纸将阴极射线管包裹严实。当接通电路以后，他意外地发现，放在 1m 外的一块荧光屏（涂有荧光材料铂氰酸钡）在闪光。

接下来，伦琴迅速展开了对这一射线的专门研究。对于这种看不见的射线，伦琴开始认为是穿透了玻璃管壁跑了出来的阴极射线。他用磁铁试了一试，但这种看不见的射线没有偏转，说明它不是阴极射线。他又猜想可能是一种光线，便让这种射线通过三棱镜，结果证明它和普通的光线不同，三棱镜不能使它发生折射。真是一种性质未知的奇妙射线！他发现这一射线有极强的穿透力，能够穿透书本、木板、衣料，还能够透视人体。因为伦琴弄不清它的本性，就称它为 X 射线。为了纪念这位科学家的发现，后来人们也称其为"伦琴射线"。

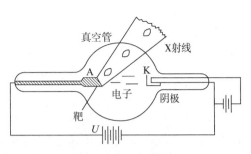

图 2 - 1 - 1 　阴极射线管中气体放电实验

伦琴把他的发现写成论文，于 1895 年 12 月 28 日在德国的科学杂志上发表。伦琴的发现立刻震动了世界，不仅在科学界，在社会上也引起了轰动，各种报纸和杂志都在讲 X 射线，有的还刊载第一张 X 射线照片——伦琴夫人的手骨，如图 2 - 1 - 2 所示。X 射线在医学上有很高的价值。据说传到美国才 4 天，美国外科医生就用 X 射线为一名伤员找出了腿上的子弹。

伦琴因此获得了世界上第一个诺贝尔物理学奖，成为科学史上光彩夺目的科学明星。

值得一提的是，在伦琴发现 X 射线前，已经有人在做阴极射线实验时发现阴极射线管壁上会发出一种特殊的辐射，使管内的荧光

图 2 - 1 - 2 　伦琴夫人的手骨 X 射线照片

屏发光，放在阴极射线管旁的照相底片会发黑。但这些并未引起人们的重视，因而错失了发现的良机。伦琴之所以能抓住机遇，是和他一贯的严谨作风分不开的。

后来经过进一步的研究，发现 X 射线原来是阴极射线轰击到物质上的时候产生的。伦琴在高真空放电管中正对着阴极安装了一个金属靶子，当阴极射线集中射到靶子上的时候，就会发出很强的 X 射线。这种装置就叫做 X 射线管，又称伦琴管。这一新射线的本质，直到 1912 年才找到，德国物理学家劳厄（M・Laue，1879—1960 年）通过晶体衍射的实验判定：X 射线是频率极高的电磁辐射，波长范围在 0.01 ~ 10nm。

（二）天然放射性现象的发现

1896 年，法国物理学家贝克勒尔（A・H・Becquerel，1852 —1908 年）在研究荧光矿物的性质时，发现铀盐会导致黑纸包裹着的照相底片感光。进一步的实验使贝克勒尔逐渐明白，促使底片感光的是一种人们从未研究过的新射线，其射线源就是铀。这是人类第一次发现某些元素自身具有自发辐射现象，这种现象被称为天然放射性，具有放射性的元素称为放射性元素。贝克勒尔的发现是 19 世纪末最伟大的发现之一，成为人类打开原子世界大门的钥匙。

1898 年，居里夫妇又发现了放射性元素"钋"（Polonium，波兰的意思）和"镭"（Radium，放射线的意思）。

放射性现象发现后不久，经过科学家们的精确分析，弄清了放射性元素发出的射线中包含着 α、β、γ 三种射线。如：放射性元素 $^{238}_{92}\text{U}$ 发生核衰变时会产生这三种射线，发生 α 衰变时，产生 α 射线，$^{238}_{92}\text{U} \rightarrow ^{234}_{90}\text{Th} + ^{4}_{2}\text{He}$，α 射线为带正电氦原子核（$^{4}_{2}\text{He}$ 称 α 粒子）；发生 β 衰变时，产生 β 射线，$^{234}_{90}\text{Th} \rightarrow ^{234}_{91}\text{Pa} + ^{0}_{-1}\text{e}$，β 射线为带负电的电子流（$^{0}_{-1}\text{e}$ 称 β 粒子）；在上述发生 α 衰变、β 衰变时，处于激发态的原子会以发光的形式释放过多的能量，放出高能光子（$^{0}_{0}\gamma$），产生 γ 射线，γ 射线为电中性的波长极短的电磁辐射（$^{0}_{0}\gamma$ 称 γ 粒子），比 X 射线的波长还要短。这三种射线均可用它们在电场或磁场中的不同轨迹来区分，如图 2 - 1 - 3 所示。

强烈射线的来源问题是极为吸引人的。研究的结果表明：α 射线只能从原子核中放射出来，因为带负电的、极轻的核外电子，不可能转变成带正电的、几千倍于电子质量的 α 粒子。至于 β 和 γ 射线，从表面

上看来似乎可以来自核外，其实也不可能，因为核外电子的能量比较低，而β和γ射线的能量都很高，它们也只能从核中放射出来。既然从原子核内部可以放射出α、β、γ射线，这说明原子核是有结构的。

贝克勒尔和居里夫妇一起，因为放射性现象的发现和研究，于1903年获得了科学界的最高荣誉——诺贝尔奖。放射性现象的发现，不仅进一步揭示了微观世界的奥秘，为原子物理学的建立奠定了基础，而且放射性在现代各项科学技术领域中有着广泛的应用，可以造福于人类。

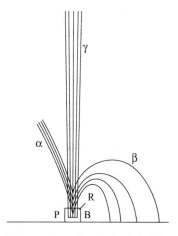

图2-1-3 三种射线在磁场中发生不同的偏转

（三）电子的发现

电子的发现是和阴极射线的研究密切相关的。

在充有稀薄气体的玻璃管两端加上高压电后，玻璃管内就发生放电现象。如果提高真空度，玻璃管内的光线反而逐渐消失，在阴极对面的管壁上却会出现荧光。经研究，这荧光是从阴极发出的某种射线，因而命名为"阴极射线"。

阴极射线是什么？在19世纪末的20～30年内，对阴极射线的认识形成了完全对立的两种观点：一种是德国学派主张的射线波动说，一种是英国学派主张的带电微粒说。

1878年，英国科学家克鲁克斯研究发现，当管内阴极前面放有障碍物时，对面发光的玻璃上便会出现阴影，如图2-1-4所示；若放一个可以转动的小叶轮，那叶轮就会转动起来，如图2-1-5所示。这就证明，从阴极发射出来的是一束看不见的、具有一定质量和速度的粒子流。

图2-1-4 阴极射线可以生成影子

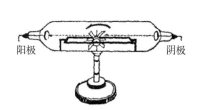

图2-1-5 阴极射线使叶轮转动

人们从实验中还发现，阴极射线在电场或磁场中会发生偏转，如图2-1-6所示。在电场中，射线偏向正极。这就进一步说明，阴极射线是带负电的微粒流。

对阴极射线进行了精细研究，并取得卓越成就的，是英国著名的物理学家汤姆逊。

1897年，英国科学家汤姆逊（1856—1940年）设计了新的阴极射线管，成功测得了组成阴极射线的带电粒子的电荷和质量的比值，

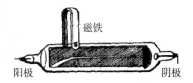

图2-1-6 阴极射线在磁场中偏转

发现这种带电粒子的质量非常小，大约是氢原子质量的1/2 000。到此，汤姆逊证实了的确存在着比原子更小的单位，称为"微粒"，并把这种微粒命名为电子。这是第一个被发现的基本粒子。

阴极射线实际是高速的电子流。后来人们又发现，炽热发光的电灯丝也会发射电子，光照在某些物质上也会发出电子，电子在各种物质中都有，它是原子的组成部分。后来人们更精密地测定了电子的质量，它是氢原子质量的1/1 837。

由于汤姆逊发现了电子，他于1906年荣获诺贝尔物理学奖。

电子是人们在探索微观世界奥秘时最早发现的基本粒子，电子的发现打破了认为原子是组成物质的最小单元的传统观念。汤姆逊被称为是"最先打开通向基本粒子物理学大门的伟人"。

解释问题

1895 年伦琴发现了 X 射线，1896 年贝克勒尔发现了放射性，1897 年汤姆逊发现了电子，19 世纪末的这三大发现，揭示了原子存在内部结构。

练习与思考

1. X 射线发现的意义是什么？
2. 电子是怎样发现的？这一发现的意义是什么？
3. 放射性现象发现的意义是什么？

三、原子结构模型探索

提出问题

电子是怎样"安置"在原子里面的？

相关知识

19 世纪末的三大发现揭开了研究微观世界的序幕。

人们在确认电子是原子的一个组成部分之后自然就想到，既然原子可分，那么它就存在着内部结构的问题，电子是怎样"安置"在原子里面的呢？原子的外部表现为呈电中性，它的一个组成部分既然是带负电的电子，那么它的内部必定还有带正电的部分，其电荷的数值应与其中所有的负电相等。这些带正电的东西是什么呢？电子与这些带正电的东西在原子内部又是如何分布的呢？在 20 世纪初期，人们对原子的结构进行了探讨。

（一）汤姆逊的葡萄干蛋糕模型

1903 年，也就是发现电子 6 年以后，汤姆逊总结了已经发现的事实，第一个提出了原子结构的理论。他给原子王国描绘了这样一幅图像：原子是一个均匀的带正电的球，在这个球里面，飘浮着许多电子。这许多电子带的负电，正好和这个球所带的正电相等，所以整个原子是中性的。如果失掉了几个电子，这个原子的正电荷就过多了，形成阳离子；如果多了几个电子的话，这个原子的负电荷就过多了，形成阴离子了。在汤姆逊提出的这种原子模型中，电子镶嵌在正电荷液体中，就像葡萄干点缀在一块蛋糕里一样，如图 2-1-7 所示，所以又被人们称为"葡萄干蛋糕模型"。

图 2-1-7　汤姆逊葡萄干蛋糕模型

从经典物理学的角度看，汤姆逊的模型是很成功的。它不仅能解释原子为什么是电中性的，电子在原子里是怎样分布的。而且，从汤姆逊模型出发，还能估计出原子的大小约为一亿分之一（10^{-8}）cm，这也是一项惊人的成就。

并且，汤姆逊还得出一个结论：原子中电子的数目等于门捷列夫元素周期表中的原子序数，这个结论是正确的。因此，在一段时间里，汤姆逊的原子模型得到了广泛的认可。然而，葡萄干蛋糕模型存在理论上的困难，如对多电子原子要找到他们的平衡位置是极不容易的。因而在十多年后，汤姆逊的葡萄干蛋糕模型终于被他的学生卢瑟福的有核原子模型所代替。

（二）卢瑟福的有核原子模型

卢瑟福是英籍新西兰物理学家，1895 年他来到英国，成了汤姆逊的一名研究生。由于在放射性研究方面的出色成果，早在 1908 年他就获得了诺贝尔化学奖。

1909 年，卢瑟福指导他的学生盖革、马斯登等进行了著名的 α 粒子散射的研究。他们用 α 粒子去轰击很薄的金箔做的靶子（4×10^{-7} m 厚的金箔）的实验时，从大量的观察记录中发现：绝大多数 α 粒子直接穿过了金箔，居然约有 1/8 000 的 α 粒子偏转 90°，甚至有少数被弹回来（约占总数的 1/20 000），如图 2-1-8 所示。卢瑟福为此苦想了好几个星期，他说："这是我一生中从未有过的最难以置信的事件，它的难以置信好比你对一张白纸射出一发 15 英寸的炮弹，结果却被顶了回来打在自己身上一样。"

经过严谨的理论推导，卢瑟福于 1911 年提出了原子的"有核结构模型"，如图 2-1-9 所示。卢瑟福所设想的原子模型是这样的：原子内部并不是均匀的，它的大部分空间是空虚的，它的中心有一个体积很小、质量较大、带正电的核，原子的全部正电荷都集中在这个核上。带负电的电子则以某种方式分布于核外的空间中。

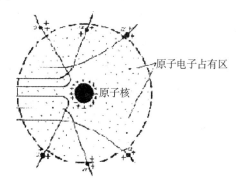

图 2-1-8　α 粒子的散射图像

图 2-1-9　卢瑟福的有核结构模型

有核模型能够很好地解释 α 粒子的散射现象。由于原子核的个头儿很小，与原子相比，就好像一颗芝麻放在一幢大厦的中心一样。然而，它却占有了原子的几乎全部的质量（原子质量的 99% 以上），所以根据计算，这样的一个核心堡垒将有足够的力量抵抗"入侵"的 α 粒子，并把那些敢于直接进攻核心的"入侵者"——α 粒子弹回去。按照卢瑟福的原子模型，只要 α 粒子是正对着原子核撞过去的，它们就有可能被原路弹回。而按照汤姆逊模型，这是不可思议的。

原子不像葡萄干蛋糕了，而像有核的桃子或杏子。但是这个比喻也不够恰当，因为和原子中的情况相比，核在整个果子中所占的体积就显得太大了。更恰当一点的比喻是像个小小的太阳系，"太阳"是带正电的原子核，绕着"太阳"转的"行星"就是带负电的电子。只是在这个太阳系里，支配一切的是强大的电磁力，而不是万有引力。

从汤姆逊模型发展到卢瑟福模型，标志着人类对原子结构的认识又迈出了一大步。尤其是原子具有带正电的核心这个结论被其后所有的实验所证实。但是这种简单的类似太阳系的原子模型仍然面临着一系列事实的挑战——这就是原子的稳定性问题。

（三）玻尔的原子结构模型

20 世纪初期，在物理学的发展史上是一段魔术般的、令人生畏而又振奋的时期，到处充满着似乎是互相矛盾的事情：不但光既像粒子又像波动——具有波粒二象性，而且原子里面电子绕核旋转的现象也与事实统一不起来。而这一切，正是预示重大变革即将来临的象征。在卢瑟福原子模型遇到极大困难时，一位丹麦青年物理学家使这种原子模型转危为安，他的名字叫尼尔斯·玻尔。

卢瑟福的有核原子模型，其主要困难是不能解释原子的稳定性。根据已经知道的电磁运动的规律，电子在运动的时候会放出电磁波（能量）。因此，绕着原子核旋转的电子，因为能量逐渐减小，应当沿着一条螺旋形的轨道转动，离中心的原子核越来越近，最后碰在原子核上，如图 2-1-10 所示。这样一来，原子就被破坏了。实际上，原子很稳定，有一定大小，并没有发生这种电子同原子核碰撞的情况。这该怎样解释呢？

作为卢瑟福学生的玻尔，他相信原子有核结构的想法是正确的，但又认为建立在实验基础上的卢瑟福模型同当代的物理学说是水火不相容的，这种矛盾

图 2-1-10　电子轨道半径不断缩小

并不表示卢瑟福模型不行，而是预示着在原子世界中存在着全新的物理规律，这种规律是经典物理学所不能解释的，必须从根本上另找出路。于是，他毅然决定不应该再把经典电磁理论的规律强加于原子。他想到了普朗克的能量子假说，他把有核结构的思想与能量子假说结合起来，对卢瑟福的模型加以修正，于1913 年提出了他的原子结构能级模型，如图 2 – 1 – 11 所示，迈出了革命性的一步。

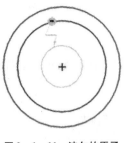

图 2 – 1 – 11　波尔的原子结构能级模型

玻尔的假设是在卢瑟福原子有核模型的基础上提出的，内容有以下两点：

（1）原子内部的电子在绕原子核旋转时，只能在一些特定的轨道上运行，不能在其他轨道上运行；并且"规定"，电子在这些轨道上作加速运动时，既不吸收能量也不辐射能量。所以电子不会掉到原子核上去。一个轨道对应一个能量值，所以电子在原子内不能具有任意能量，只能具有特定能量。原子的能量是不连续的，这些分立的能量被称为"能级"。并且在离核较近的轨道上，电子的能量较低；在离核远的轨道上，电子的能量则较高。

（2）当电子从较高能级（能量为 E_1）跃迁到较低能级（能量为 E_2）时，它将会放出一个能量为 $h\nu$ 的光子；反之，电子若吸收一能量为 $h\nu$ 的光子，将从能级 E_2 跃迁到能级 E_1，且其光辐射的能量（$h\nu$）恰好等于这两能级的差值。即

$$h\nu = (E_1 - E_2)$$

其中 $h = 6.63 \times 10^{-34}$ J·S，h 为普朗克常数，ν 为光子的频率。

玻尔的假设保留了卢瑟福模型的合理部分，挽救了卢瑟福模型。按照玻尔的上述假设，可以很自然地解释原子的稳定性这一客观事实。

玻尔理论提出 10 年后，人们认识到原子里面的电子就其运动的基本特征来讲，完全不同于绕着太阳旋转的行星。此模型还没有完全摆脱经典物理学概念的束缚，把微观粒子（电子、原子等）看作是经典力学的质点，即与宏观世界的实物粒子等同看待。实际上根据量子力学理论，就电子运动的基本特征来讲，电子同其他微观粒子一样，具有波粒二象性，微观粒子的运动轨道我们不可能确切地知道，只能知道它们在核外某区域出现的可能性（即概率），按照这种描述方式，电子像"云"一样地存在于核外空间中，形成"电子云"，根本没有运行轨道的概念。

解释问题

卢瑟福的原子有核模型比汤姆逊的模型更接近真理，但它却不能解释原子的稳定性，于是有了玻尔原子模型。量子力学发展以后，又有了更接近事实的电子云模型。科学不是一成不变的理论，而是人们对自然规律不断探求的记录。

练习与思考

1. 简述关于原子结构的三种模型及其成功与缺陷所在。
2. 结合原子模型的建立，谈谈你对假说在科学发展中的作用的认识。

探究与实验

做一做：摩擦起电现象，亲身证明一下原子是可分的。

用塑料笔（或塑料尺）与头发摩擦后，去靠近碎纸屑，你发现了什么？

拓展阅读

原子由原子核与电子组成，通常情况下，原子核所带的正电荷与核外电子总共所带的负电荷在数量上相等，整个原子呈中性，由原子组成的物体也呈中性。当两个物体互相摩擦的时候，不同物质的原子核束缚电子的本领不同，哪个物体的原子核束缚电子的本领弱，它的一些电子就会转移到另一个物体上，失去电子的物体因缺少电子而带正电，得到电子的物体因为有了多余电子而带等量的负电。带电体具有吸引轻

小物体的性质，能吸引轻小的纸屑。

塑料的原子核束缚电子的本领比头发强，在它们相互摩擦的时候，塑料因获得电子而带上负电，头发因失去电子而带正电。

摩擦起电的实质：电子发生了转移。

四、质子、中子的发现

提出问题

原子已是很小的微粒，在原子中的原子核这个小中之小的天地里，还会有什么更小的东西吗？

相关知识

（一）质子的发现

天然放射现象表明，原子核也是可以发生变化的。但是除了少数放射性元素，一般原子核并不发生变化。那么，能否用人工的方法使原子核发生变化，以便了解它的组成和规律呢？

1919 年，卢瑟福首先做了用 α 粒子轰击氮原子核的实验，实验装置如图 2－1－12 所示，容器 C 里有放射性物质 A，从 A 射出的 α 粒子射到铝箔 F 上，在 F 后面放一荧光屏 S，用显微镜 M 来观察荧光屏上是否出现闪光。适当选取铝箔的厚度，使容器 C 抽成真空后，α 粒子恰好被 F 吸收而不能透过，于是在显微镜 M 中看不到荧光屏上的闪光。然后通过阀门 T 往容器 C 里通入某种气体，看看 α 粒子能不能从气体的原子核中打出什么粒子。卢瑟福曾用不同的气体做了相同的实验。当容器 C 里通入氮气后，卢瑟福从荧光屏 S 上观察到了闪光，他断定这闪光一定是 α 粒子击中氮核后从核中飞出的新粒子透过铝箔打到荧光屏上引起的。卢瑟福把这种粒子引进电场和磁场中，根据它在电场和磁场中的偏转，测出了它的质量和电量，确定它就是氢原子核。

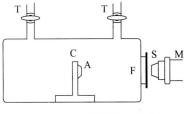

图 2－1－12　卢瑟福人工核反应
实验装置图

是不是还可以打破一些别的元素的原子核呢？他们改装了仪器，又做了不少实验。结果发现，用 α 粒子射击氟、镁、硅、硫、氯、氩和钾，都会打出高速的氢原子核来。

原子核被打破了！在各种元素的原子核里面，都打出了氢原子核。这说明氢原子核是各种元素的原子核的重要组成部分。卢瑟福给氢原子核起了一个专门的名字——质子，用符号 $_1^1H$ 表示。

α 粒子射中氮原子核，放出质子，那么氮原子核变成什么了呢？α 粒子又到哪里去了呢？这些问题，在当时人们还不太清楚。又过了几年才通过科学实验证明：α 粒子打到氮原子核里去了，在放出高速质子的同时，氮原子核变成了氧原子核。核反应方程为：

$$^{14}_{7}N + ^{4}_{2}He \rightarrow ^{17}_{8}O + ^{1}_{1}H \qquad (2-1)$$

这是第一次实现的人工核反应。古时候的炼金术士早就想把一种元素转变成另一种元素，希望能点石成金，他们始终没做到。而如今，在卢瑟福的实验室中，第一次实现了这个古老的幻想。

卢瑟福成了质子的发现者。

（二）中子的发现

发现了电子和质子之后，人们开始猜测原子核是由电子和质子组成的，因为 α 粒子和 β 粒子都是从原子核里放出来的。但原子核所带正电荷数与原子序数相等，而原子量却比原子序数大，这说明，如果原子核只由质子和电子组成，它的质量将是不够的，因为电子的质量相比起来可以忽略不计。基于此，卢瑟福早在 1920 年就猜测可能还有一种电中性的粒子存在。

卢瑟福的学生英国物理学家查德威克（J·Chadwick，1891—1974 年），一直在设计一种加速办法使质子获得高能，从而撞击原子核，以发现有关中性粒子的证据。

与此同时，德国物理学家波特及其学生贝克尔从 1928 年开始，他们就在做对铍原子核的轰击实验，结果发现，当用 α 粒子轰击它时，它能发射出穿透力极强的射线，这种射线能将质子从原子核里撞出来，而且该射线呈电中性，但他们断定这是一种特殊的 γ 射线。在法国，居里夫人的女婿和女儿约里奥·居里夫妇（F·Joliot – Curie，1900—1958 年；I·Joliot – Curie，1897—1956 年）也正在做类似的实验，他们把这种新射线解释为重（高能）光子，但这种光子的能量高到无法令人相信。卢瑟福对此激动地说：“我不相信他们的解释。”

这一年是 1932 年，见到德国和法国同行的实验结果后，查德威克意识到这种新射线很可能就是多年来苦苦寻找的中子。他指出，γ 射线没有质量，根本就不可能将质子从原子核里撞出来，只有那些与质子质量大体相当的粒子才有这种可能。其次，查德威克想办法测量了这种粒子的质量，还确证了它确实是电中性的。中子就这样被发现了，核反应方程为：

$$_{4}^{9}\text{Be} + _{2}^{4}\text{He} \rightarrow _{6}^{12}\text{C} + _{0}^{1}\text{n} \qquad\qquad (2-2)$$

查德威克因发现中子而荣获了 1933 年的诺贝尔物理学奖。约里奥·居里则大为懊恼，错过了发现中子的机会，他们说：“一只煮熟了的鸭子，飞掉了。”

虽然原子的大门被打开只有几十年，但它引起的变化却胜过了人类历史的几千年。它标志着科学技术的发展进入了新的时代。

由原子中第一个分出来的是电子。自从掌握了电子运动规律，人类生活发生了巨大的变化！没有电子管就不会有无线电广播，更不用说电视了；还有电子计算机、自动控制、宇宙导航……这都是 1897 年发现电子以后的丰硕果实。因此，人们常说，20 世纪是电子时代。

原子核被打开了，在原子的心脏里取得了更为宝贵的财富——原子核能。这将是用之不竭的新能源。所以人们又说，20 世纪又是原子能时代。

解释问题

从 1920 年起，物理学家开始对原子核的结构进行探索，确认原子核由质子和中子组成。质子和中子的发现使人类对物质结构的认识深入到了核子阶段。质子和中子除了所带电荷不同外，其他各方面都很相像，因此物理学家把它们统称为核子。

练习与思考

1. 下列微粒被发现的先后顺序排列正确的是（　　　）。
　　A. 电子、中子、原子核、质子　　　　　　　B. 原子核、电子、中子、质子
　　C. 电子、原子核、质子、中子　　　　　　　D. 原子核、电子、质子、中子
2. 卢瑟福用 α 粒子轰击氮原子核发现质子并实现原子核人工转变，在近代物理上有什么重要意义？

五、基本粒子大家族

提出问题

我们知道，原子是由电子、质子和中子构成的，电子、质子和中子是不是构成物质的基本粒子？质子或中子有没有内部结构？比质子或中子更小的微粒还有没有？

相关知识

“基本粒子”原意是表示构成物质的最简单的质点，是不能被分割为更小微粒的粒子。但是，随着新的粒子层出不穷地涌现，“基本粒子”中的“基本”二字已失去了它本来的含义。物理学家们把被称为物质基元的基本粒子打开、拆散，总能发现里面有更小、更基本的物质微粒。

前面介绍了电子、质子和中子，而且一切实物都是由这三种粒子组成。除此以外，电磁理论的发展结

果还使我们知道有另一种粒子——光子，它是构成电磁场的基本单元。人们便将这四种粒子——质子（p）、中子（n）、电子（e）、光子（γ），统称为"基本粒子"，由它们构成物质世界中的一切实物与场，物质世界的构成如图 2 – 1 – 13 所示。

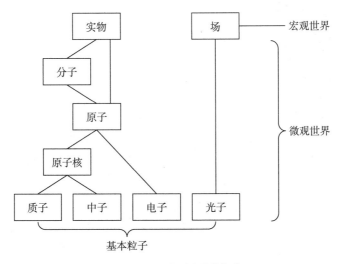

图 2 – 1 – 13　物质世界的构成

当人们正满足于欣赏物质世界的基本结构蓝图的时候，20 世纪 30 年代初开始的一系列新粒子的发现为人们展示了粒子层次丰富的物理内容，宣布了粒子物理学的降生。人们先后从宇宙射线中发现了电子的反粒子，即正电子、缪（μ）子、派（π）介子和一些奇异粒子。40 年代中期之后，打碎基本粒子的有力工具——粒子加速器陆续发明和建成。物理学家们从此能在实验室里用人工方法实现各种各样的粒子的反应过程。从 1953 年发现反中微子起，陆续又发现了反质子、中微子、反中子、反西格马负超子、多种介子以及很多基本粒子的变种（术语称共振态）等一大批新粒子，这些粒子都被称为"基本粒子"。几十年来，人们发现"基本粒子"的总数已达到 300 多种，它们组成了庞大的基本粒子家族。

（一）　几种重要基本粒子的发现

1. 正电子的发现

正电子（e^+）的发现和电子不同，它是先有理论预言，然后才被实验证实。

1931 年，英国剑桥大学年轻的理论物理学家狄拉克导出了一个描述电子运动的方程。他发现，这个方程有两个解，也就是说，这一方程除了可以用来描述电子以外，还可以用来描述另一个同电子一模一样而只是带正电荷的粒子。这样狄拉克就从理论上第一次预言了一种与平常粒子截然不同的粒子，他把带正电荷的电子叫反电子。在那时候，谁也没有听说过反电子，人们半信半疑，这反电子在哪里呢？

一年后，1932 年，美国物理学家安德森（1905—1991 年）为了探索宇宙射线的本性，利用云室研究宇宙射线，在宇宙射线中发现了正电子，狄拉克的预言很快被实验所证实。

云室是卢瑟福的同事威尔逊发明的。这是一个圆盒子，盒子中的空气含有过饱和的水蒸气，当带电粒子穿过盒子里的空气时，沿途就会产生一串离子，而水蒸气就会围绕这串离子结成小水珠，形成一条白色的云雾，因此可以很清楚地显示出带电粒子飞过的径迹。安德森想弄清楚进入云室的宇宙射线在强磁场作用下会不会转弯。他在云室中拍摄了一张照片，这张照片使他一夜没合眼。他发现，宇宙射线进入云室穿过铅板后，轨迹确实发生了弯曲，而且，在高能宇宙射线穿过铅板时，有一个粒子的轨迹和电子的轨迹完全一样，但是弯曲的方向却"错"了。这就是说，这种前所未知的粒子与电子的质量相同，但电荷却相反，而这恰好是狄拉克所预言的反电子。当时安德森并不知道狄拉克的预言，他把所发现的粒子叫做"正电子"。

正电子的发现，引起了人们极大的兴趣。很快就查明，正电子不但存在于宇宙射线中，而且在某些有放射性核参加的核反应过程中，也可以找到正电子的踪迹，如：居里夫人的女婿和女儿约里奥·居里夫妇用 α 粒子轰击铝箔，即：${}^{27}_{13}\text{Al} + {}^{4}_{2}\text{He} \rightarrow {}^{30}_{15}\text{P} + {}^{1}_{0}\text{n}$，其中 ${}^{30}_{15}\text{P}$ 是人工转变的放射性元素，会抛出正电子：${}^{30}_{15}\text{P} \rightarrow {}^{30}_{14}\text{Si} + {}^{0}_{1}\text{e}$，小居里夫妇由于在实验室发现了正电子，终于抓住了一只"鸭子"，获得了诺贝尔物理学奖。实验发现，利用能量高于 1 兆电子伏的 γ 射线辐射铅板、薄金属箔、气态媒质等都有可能观察到正电子的出现。而且正电子总是和普通电子成对地产生，它们所带的电荷相反，因而在磁场里总是弯向不同的方向，此外，电子对湮灭成光子（${}^{0}_{-1}\text{e} + {}^{0}_{1}\text{e} \rightarrow 2\gamma$）的说法也得到实验证实。

电子对的产生及湮灭使人们对基本粒子的认识发生了重大变化，人们不得不重新考虑究竟什么是基本粒子这一问题。本来基本粒子意味着这些粒子是构成物质最基本的、不可再分的单元，像电子这样的基本粒子既不能产生，也不会消灭。但现在发现在适当的条件下，正、负电子对可以成对地产生或湮灭，也就是说可以相互转化。物质的各种形态可以相互转变，这在认识上无疑是个巨大的飞跃。在这以后，又发现了更多的反粒子，因而更多的事实反复证实了这一规律。

正电子在基本粒子物理学史上起着特殊的作用。正电子的发现，把通向反粒子世界的大门打开了一条缝。它向我们展示了物质的又一个特性，即物质可以从有质量的实体变为能量的形式！

由于实验证实了理论，所以在诺贝尔奖金获得者的名单上又增添了安德森、狄拉克。

2. 诸多反粒子的发现

凡是质量、寿命等性质与某种粒子完全相同，但电荷以及一些量子数与这种粒子异号的粒子，称为这种粒子的反粒子。比如正电子就是电子的反电子。

早在正电子发现之前，科学家们就在考虑这样一个问题：对称性在自然界里是普遍存在的，可是为什么只有带负电的电子而没有带正电的电子？为什么只有带正电的质子而没有带负电的质子？正电子的发现部分地解答了这些问题，同时也启发人们去寻找其他基本粒子的反粒子。如果我们把狄拉克方程用于质子身上的话，那么这个理论也就预言了应当存在反质子。

但是，由于质子的质量是电子质量的 1 836 倍，产生反质子所需的能量是产生正电子所需能量的 1 836 倍，因此，要想通过两个质子的碰撞而产生一个反质子，就需发明一种仪器来把质子加速到足够高的能量，所以寻找反质子的工作花费了将近 1/4 个世纪的时间。在这段时期内，尽管一些著名的物理学家开始怀疑是否普遍地存在着反物质，但是实验工作仍在积极地进行着。在 18 世纪 50 年代，宇宙线物理学家做了大量的工作来搜寻反物质的踪迹，与此同时，加速器物理学家们努力使自己的机器达到产生反质子所要求的能量标准。终于在 1955 年，美国加利福尼亚大学的物理学家张伯伦和西格雷连续几小时用 6.2 千兆电子伏的质子轰击铜靶后，观测到了反质子（事实上共发现了 60 个反质子）。就这样，反质子的存在被证实了。他们由于这项发现而获得 1959 年诺贝尔物理学奖。

像正电子一样，反质子也是一瞬即逝的（至少在地球上是如此）。在它产生后极短的时间内，它就被正常的带正电的原子核吸收了。这时，反质子就同核内的一个质子发生"质湮"，并转化成能量和较小的一些粒子。1965 年，人们曾经集中了足够大的能量使整个过程颠倒过来，从而产生了一对质子和反质子。

1959 年，我国物理学家王淦昌发现了"反西格马负超子"。在这之前（1958 年），人们发现了反中子，现在，物理学家已相继发现了许多种类的反粒子，可以想象自然界中一切粒子都有与其相对应的反粒子。

既然物质是由电子、质子、中子组成的，那么把反电子、反质子、反中子配成套，就应该组成反物质了。物理学家根据物质组成的理论，进行反物质的设计，并付诸实现。美国科学家莱德曼在用七千兆电子伏的质子轰击铍靶时，产生了一种由反质子和反中子结合成的"反氘核"，后来物理学家又得到了反氦核，又有报道称英国科学家合成了"反氢原子"。无疑，如果再下功夫，还能组成更复杂的反核。这说明宇宙中确实存在着反物质。人们提出这样的问题：既然存在反物质，那么反太阳、反地球、反宇宙……在哪里？我们应该到哪里去寻找反物质？为什么反物质不能长期存在？

原来在我们的周围世界，反物质只要一露头，就会与正物质相结合，并迅速湮灭。因此，在我们这个物质世界里，是很难找到反物质的。狄拉克说过，在宇宙空间，有的星球可能是反物质构成的。相信狄拉克这一大胆预言的大有人在，而不相信狄拉克的预言的人也不是少数，他们坚持，只有找到了反物质组成的星球，才能相信狄拉克的预言是正确的。

3. 中微子的发现

原子核的 β 衰变现象被发现以后，物理学家对它进行了认真的研究，发现衰变后的总能量比衰变前少。奥地利物理学家泡利 1931 年大胆提出一个假设：如果 β 衰变遵守能量守恒定律的话，那么在衰变过程中应当还有一种质量极小又不带电荷的粒子存在。

泡利的假设提出后不久，1933 年费米就在此基础上提出了 β 衰变理论，并把泡利预言的这样一种不带电的、质量极小的粒子命名为"中微子"，以区别中子，并用 ν 表示。他认为根据中微子假设，β 衰变实际上是中子转变为质子、电子和中微子的过程。后来人们知道，费米所说的中微子其实是"反中微子"。

中微子的假设非常成功，但是要观察它的存在却非常困难。由于它质量小又不带电荷，与其他粒子间的相互作用非常弱，因而它总是顽固地不愿意表露自己。如果 1 000 亿个中微子与地球相遇，它们几乎能全部顺利地穿透地球，然后再进入茫茫的宇宙之中，但只有 1 个中微子才可能与地球上的原子发生作用（这一性能现在已被人们用来研究穿透地球的"中微子通讯"的可能性），显然，中微子的这种个性使得确认它的存在成了一件极困难的事情。

1953 年，美国洛斯阿拉莫斯科学实验室的物理学家爱莱因斯和柯万领导的物理学小组着手进行这种几乎不可能成功的探测。他们在美国原子能委员会所属的佐治亚州萨凡纳河的一个大裂变反应堆进行探测。终于到 1956 年，也就是泡利提出这种粒子假设整整 1/4 世纪以后，探测到反中微子 $\bar{\nu}_e$，1962 年又发现了另一种反中微子 $\bar{\nu}_\mu$，中微子的发现说明，能量守恒定律在微观领域里也是完全适用的。

4. 介子的发现

20 世纪前期，物理学家们接受了原子核是由质子和中子构成的观点。但是，同时向物理学家提出一个新的难题，就是把质子和中子保持在 10^{-13} cm 这么小的范围以内，靠一种什么力？

如果只考虑电磁相互作用，那么质子 – 中子结构的核中唯一能被感觉到的力便是每个质子与其他所有质子间极强的斥力。也就是说，不带电的中子既不吸引质子也不排斥质子。质子与质子间强大的排斥力足以使原子核在瞬间爆炸成单个的质子。然而，这种现象并没有出现，原子核依然平静而又稳定地待在各自的位置上。

由此，人们自然而然地得出这样一个结论：除了引力相互作用和电磁相互作用外，还存在着另一种相互作用，正是这种相互作用把核聚合在一起。当时物理学家把这种力叫做"核力"，但是，这种力没有人研究过。

第一个考虑到强相互作用的人是海森伯，他首先提出交换力的概念。设想质子和中子之间在不断地交换着某些东西，假设它们交换的是电荷，这就是说，核内的正电荷被不断地由带正电荷的粒子转移给不带正电荷的粒子。也就是说，质子、中子以极快的速度交替变换着。因此，没有一个质子会受到排斥，因为它还没有来得及对排斥力作出反应就已经变成中子了。这就好像一只烫手的马铃薯在两只手之间被迅速地扔来扔去，以免将手烫伤。这种交换力会形成一股强大的吸引力，把核聚合在一起。但遗憾的是，海森伯的观点还不够充分。

日本物理学家汤川秀树（1907—1981 年）盯住了这个物理学的前沿问题，进行了锲而不舍的研究，从 1932 年起，他就着手研究核力。汤川通过巧妙的推理，模仿着电磁力的传递机制，得到了一个惊人的结论：核力是质子与中子交换一种粒子而引起的。如果利用各种已知的粒子都不能解释核力的话，那么这里面很可能隐藏着我们尚未认识的新粒子。就这样，汤川预言了一种传递核力的粒子的存在。为了能够用这种粒子来解释关于核力的实验资料，汤川还进一步推算出这种粒子的质量约为电子的 200 多倍，约为质子质量的 1/7。由于这种粒子的质量介于质子和电子之间，因此称之为"介子"。介子像胶水一样，牢牢地把质子和中子粘在一起。汤川还详细地分析了这种交换力的性质，并于 1935 年发表了他的学说。

1936 年，安德森在研究宇宙射线时，发现一种具有中等质量的粒子，它只比汤川所预言的介子轻一点点。当时大家以为这就是期待已久的介子，但是进一步的研究表明，这种粒子并没有汤川所预言的性质。对此，日本理论物理学家坂田昌一等人在 1942 年又提出了"两种介子"的假说：汤川所预言的是一种介子，它是核力的携带者，参与强作用。而安德森发现的则是另一种介子，它与原子核几乎不发生相互作用（即"μ 子"）。到 1947 年，英国物理学家鲍威尔终于在宇宙射线中发现了汤川所预言的介子，即 π 介子。为此，汤川于 1949 年、鲍威尔于 1950 年获得了诺贝尔物理学奖。

（二）基本粒子的重要性质

1. 质量

在基本粒子家族中，除了最轻的光子的质量为零外，每种粒子都具有一定的质量。粒子的质量是指它们静止时的质量。

基本粒子的质量比起宏观物体小得多，不可能用 kg（千克）做单位，一般也不以 g（克）做单位，往往以 GeV（吉电子伏特）、MeV（兆电子伏特）、KeV（千电子伏特）做单位。

所谓电子伏特，原意是指一个电子通过 1 V 的电压所获得的能量，故是能量单位，但根据相对论 $E = mC^2$，可知用能量单位也可以表示质量。中子与质子的质量往往写作 0.939 吉电子伏与 0.938 吉电子伏，大致相当 1 吉电子伏，但用普通质量单位分别是 $1.672\,6 \times 10^{-27}$ kg 与 $1.672\,8 \times 10^{-27}$ kg，$1 GeV = 10^3 MeV = 10^6 KeV = 10^9 eV = 1.783 \times 10^{-24}$ g。

2. 寿命

在已发现的几百种基本粒子中，只有质子、电子、中微子等 59 种是稳定的，其余都要在或长或短的时间内衰变为其他的粒子。粒子在衰变前的平均存在时间叫做粒子的寿命。粒子的寿命差别很大，如一个自由中子的寿命约为 15min，而 μ 子的寿命只有 2×10^{-6} s，"共振态"都是短命的，一般在 10^{-23} s 左右。

3. 自旋

每个粒子都有自旋运动，好像是永不停息的旋转着的陀螺，绕着自身轴线快速旋转。自旋的角动量是量子化的，已发现的粒子中，自旋为整数的，最大自旋为 4；自旋为半奇数的，最大自旋为 3/2。电子的自旋是 1/2，光子的自旋是 1。

4. 电荷

电子具有电荷 -e、质子具有电荷 +e，中子不带电，所有已发现的基本粒子，电荷都取 e 的整数倍。

以上四点是基本粒子最重要的性质。前面所谈到的反粒子，就是质量、寿命、自旋等性质完全相同、而电荷却相反的粒子。如果是中性粒子，也有反粒子，但仍是中性的，只有个别中性粒子，如光子的反粒子是它本身。

（三）基本粒子的相互作用

一般来说，基本粒子不是孤立的，它们之间存在相互作用。所谓相互作用，从通俗的意义上说就是力。世界万物的基本变化，可归结为四种基本力，即万有引力、电磁力、强力、弱力。

任何两个宏观物体之间相互吸引的力，称为万有引力，例如太阳对地球的作用，地球对物体的作用等都是万有引力，在微观世界中，基本粒子之间也有万有引力，但十分微小，完全可以忽略不计。无论是宏观带电体之间，还是微观带电粒子之间，都有电磁力起作用，它是把电子和原子核结合在一起形成原子、分子的基本作用力。引力和电磁力都属于长程力。

强相互作用与弱相互作用直到 20 世纪初才逐渐被人们认识，它们在宏观世界不能直接被观察到，只有在极小的范围内才能起作用，属于短程力。原子核内部的质子与中子之间的作用力主要为强力；今兒之间的作用力也是强力，其强度在四种作用力中最大。弱力非常微弱，它一般只存在于中子及其他粒子的衰变过程中。有些原放射性元素原子核不稳定，会放出 α、β、γ 三种射线。β 射线是电子，这电子是原子核内中子在转变为质子的过程中放出来的，这过程叫 β 衰变过程。在这过程中除放出电子外，还放出反中微子。中微子和反中微子都是中性粒子，穿透能力很强，即使千万个地球排在一起它也能毫不费力地穿过去，这说明它和物质的作用非常微弱，故 β 衰变过程是一种弱作用过程，这个过程中起作用的是弱相互作用。强相互作用、电磁相互作用和弱相互作用是微观世界中的三种基本相互作用。

（四）基本粒子的分类

在人类无止境的微观世界的探索中，科学家们对微观粒子进行了分类、整理和简化，将基本粒子（一般称为粒子）按照它们之间相互作用分为三大类。

1. 强子

具有强相互作用的粒子，称为强子。强子的名字来源于希腊语的"粗重"一词，已发现的基本粒子中 95% 是强子，它们为基本粒子中最强大的家族。强子除具有强相互作用外，一般也有电磁作用和弱相互作用。强子又分为两类：重子和介子。重子除了包括前面讨论过的两种核子（质子和中子）外，还有几种质量超过核子的重子，这些重子又称超子。介子是传递核力的重粒子，最常见的介子是 π 介子和 K 介子。

2. 轻子

具有弱相互作用，而没有强相互作用的，称为轻子。轻子这个名字来源于希腊语的"轻量"一词。电子、μ子、中微子以及它们的反粒子都属于轻子。带电的轻子间有电磁相互作用。

3. 传播子

只具有传递相互作用的粒子称为传播子。正如前面提到过的：电磁力的传播子是光子，基本电磁作用就是吸收和放出光子；强力的传播子是胶子；引力的传播子由于作用太弱，极难探测到，至今尚未发现。

（五）基本粒子结构的探索

迄今为止，人们已发现 300 多种基本粒子，而且还在不断增加。这么多粒子会不会都是"基本"粒子呢？近 20 年来大量的实验结果和理论研究都认为：基本粒子并不基本，是有内部结构的。然而，探索基本粒子结构并不是一件轻而易举的事情。目前，对基本粒子结构的探索仍然限于提出一些模型的阶段。

早在 1956 年日本的板田昌一曾经提出强子是由质子、中子、超子及它们的反粒子组成的模型，能解释很多现象，但是他在解释重子的一些性质方面遇到了困难。为此，美国物理学家盖尔曼和奈曼在 1961 年提出了八重态模型。盖尔曼为了说明多重态结构的形成，提出强子由三种夸克组成的"夸克模型"（上夸克 u，下夸克 d，奇夸克 s），认为介子由正反夸克组成，重子由三种夸克组成。我国则习惯把"夸克"叫"层子"，意思是比电子、质子、中子这些基本粒子更下层的粒子。

利用夸克模型，能够较好地说明许多现象，而且还预言了一些未知粒子。比如夸克模型预言存在着一个新的粒子 Ω−，以后的实验果真找到了这个粒子。1974 年，美籍华裔物理学家丁肇中领导的一个小组和斯坦福加速器中心的 B·里克特领导的另一个小组同时独立地发现一个新的粒子，称为 J/Ψ 粒子，这个粒子的发现证实了夸克的确存在。

既然夸克存在，那它在哪里呢？有人认为夸克像蹲监狱一样，被关在强子里面。强子就像一个口袋，夸克被关在里面，它可以在口袋里自由运动，但不允许离开口袋，要想把夸克从口袋里弄出来，必须提供极大的能量，但在目前还办不到。

尽管夸克还处在假设阶段，有些物理学家又开始考虑比夸克更下一层的粒子了。提出了许多可能的"亚夸克"模型，并引起许多学者对这类模型的广泛讨论。这是一个诱人的方向，但是，朝这个方向、究竟能有多大的突破？

30 年代以来，因与粒子物理研究成就有关而获诺贝尔奖的科学家就有 30 多位，其中包括华裔物理学家李政道、杨振宁和丁肇中。

🔖 **解释问题**

随着高能加速器的迅速发展、宇宙射线观测技术的不断提高，人们发现了越来越多的新粒子。新的发现告诉我们，质子和中子不是基本粒子，质子和中子还有内部结构，它是由几种称为夸克的更基本的（简单的）粒子所构成。

🔖 **练习与思考**

1. 小学科学教育活动中，我们需要让学生感受"木柴燃烧转换成能量"，根据此章所学知识分析，物质能否转化成能量？

2. 古希腊哲学家亚里士多德曾对德谟克里特的原子说有不同的看法。他反问道："如果物质是由单个的粒子组成的，那么把这些粒子聚合在一起的是什么？"你能对亚里士多德的问题作出回答吗？

第二节　化学上最伟大的发现之一——元素周期律

📋 **本节学习要点**

● 知道元素、核素和同位素的含义；

- 了解元素周期律发现的曲折历程；
- 掌握元素周期表的结构。

本节学习意义

- 完善化学认知结构，学会科学的思维方法，树立实事求是的科学态度。

如果你步行通过一个城镇，请留意所有的建筑物。它们的形状、大小和用途是不一样的。你肯定不会混淆机场上的跑道和指挥塔，也不可能分不清50层高的办公楼与其旁边的一个加油站，但是，这些看似完全不同的建筑物，却都是由砖块、混凝土、玻璃等几种最普通的建筑材料建成的。正如少数几种材料可以组成截然不同的建筑物一样，世界上所有不同的物质都是由大约100种不同的单元所组成，这些单元称为元素。

提出问题

什么是元素周期律？

相关知识

我们知道，氧分子是由氧原子构成的，二氧化碳分子是由氧原子和碳原子构成的。无论氧分子中的氧原子，还是二氧化碳中的氧原子，都是同一类的原子，核电荷数都是8，即核内质子数都为8，我们将其统称为氧元素。氧气和二氧化碳两种物质中，都含有氧元素，通常所说的氮肥，如尿素、硝酸铵等，都是含有氮元素的肥料，钢铁、动物内脏、蔬菜中都含有铁元素。

（一）元素

元素就是具有相同核电荷数（即核内质子数）的一类原子的总称。

我们周围的世界里，物质的种类非常多，已超过3 000多万种。但是，组成这些物质的元素并不多。到目前为止，已发现的元素有100多种，这3 000多万种的物质都是由这100余种元素组成的。

元素可以分为金属和非金属两类。元素中约有1/5是非金属，如图2－1－14所示，包括所有的气体，一种液体（溴）和数种固体（如碘）；4/5是金属，金属元素除了汞（Hg）以外，全部都是固体，如图2－1－15～图2－1－17所示。

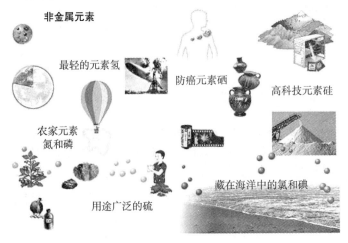

非金属元素

最轻的元素氢
防癌元素硒
高科技元素硅
农家元素氮和磷
藏在海洋中的氯和碘
用途广泛的硫

图2－1－14 非金属元素

图 2-1-15　溴

图 2-1-16　金属汞

图 2-1-17　硅

在周期表中，梯形分界线附近的元素同时拥有金属和非金属的性质，称为半金属，例如硼和硅。

不同的物质，组成不同。地壳是由沙、黏土、岩石等组成的，其中含量最多的元素是氧，其他元素含量从高到低依次是硅、铝、铁、钙等，如图 2-1-18 所示。

海洋占地球表面的 71 %，其中含量最多的元素也是氧，其次是氢，这两种元素约占海水总量的 96.5%。

水占人体体重的 70% 左右。组成人体的元素中含量最多的是氧，其次是碳、氢、氮。人体的元素组成与海水很接近，这也许是"海是一切生命的发源地"的一种证明，如图 2-1-19 所示。

太阳中最丰富的元素是氢，其次是氦，还有碳、氮、氧和多种金属元素。

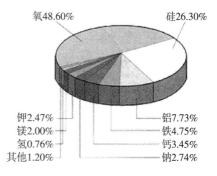

图 2-1-18　元素在地壳中的分布

人体中化学元素含量的多少直接影响人体健康。健康的生命所必需的元素称为生命必需元素，这些元素在人体中的功能往往不能由别的元素来代替。大量的研究表明，人体必需的元素有 30 多种，除了含量较高的元素碳（C）、氢（H）、氧（O）、钙（Ca）等外，还有铁（Fe）、铜（Cu）、锰（Mn）、锌（Zn）、钴（Co）、碘（I）等微量元素。人体中缺少某些元素，会影响健康，甚至引起疾病。例如，缺钙有可能导致骨骼疏松、畸形，易得佝偻病；缺锌，会使儿童发育停滞，智力低下，严重时会得侏儒症；缺铁，易得贫血症；缺碘会得甲状腺疾病等。

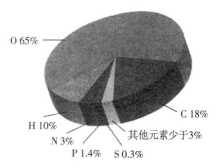

图 2-1-19　元素在人体中的分布

但某些元素过量，也会导致疾病。如钙吸收过多，容易引起白内障、动脉硬化等；微量的硒可以防癌，但过量时则可能引发癌症。

人体里有这么多化学元素，就好像是一座化学工厂。这些元素主要是从食物中获得，所以，我们平时要注意饮食多样化，不挑食、偏食，才能保持身体健康。

（二）同位素

你一定听说过重水吧。普通的水分子，是由一个氧原子和两个氢原子组成的。重水的分子，也是由一个氧原子和两个氢原子组成的。但组成重水的氢原子不是普通的氢原子，而是重氢，学名叫做"氘"。普通氢原子的原子核里只有一个质子，而重氢的原子核里除了有一个质子外，还有一个中子。可见，同种元素原子的原子核中，中子数不一定相同。

人们把质子数相同而中子数不同的同一元素的不同原子互称为同位素。把具有一定数目的质子和一定数目的中子的一种原子叫做核素，如$_1^1H$、$_1^2H$、$_1^3H$，是氢元素的三种不同的核素，这三种核素均是氢的同位素。这里的"同位"是指这几种核素的质子数（核电荷数）相同，在元素周期表中占据同一个位置的意思。

许多元素都具有多种同位素。同位素有的是天然存在的，有的是人工制造的，有的有放射性。氧元素有$_8^{16}O$、$_8^{17}O$、$_8^{18}O$三种同位素；碳元素有$_6^{12}C$、$_6^{13}C$、$_6^{14}C$三种同位素；铀元素有$_{92}^{234}U$、$_{92}^{235}U$、$_{92}^{238}U$多种同位素等等。许多同位素在日常生活中、工农业生产和科学研究中具有很重要的用途。例如，利用$_1^2H$、$_1^3H$可制造氢弹；$_{92}^{235}U$是制造原子弹的原料，也是核反应堆的燃料；放射性同位素还用于金属制品探伤、抑制马铃薯和洋葱等发芽、延长贮存保鲜期等；在医疗上，可以利用某些核素放出的射线治疗癌肿等。

用放射性同位素的半衰期作为"时钟"来测定发掘物的年代是考古研究中的一种重要的方法。自然界中的碳主要是碳$_6^{12}C$，也有少量的碳$_6^{14}C$。$_6^{14}C$是碳的放射性同位素，能够自发地进行β衰变，变成氮，半衰期为5 730年，$_6^{14}C$原子在大气中的含量是稳定的。活的动植物通过与环境交换碳元素，体内$_6^{14}C$的比例与大气中的相同。动植物死后，遗体内的$_6^{14}C$仍在进行衰变而不断减少，但是不再得到补充。因此，根据$_6^{14}C$的放射性减小的情况就可以推算出动植物死亡的时间。

我国考古工作者利用这一方法对长沙马王堆一号汉墓外棺的杉木盖板进行测量，结果表明该墓距今2 130（±95）年，通过历史文献考证，该古墓的年代为西汉早期，约在2 100年前，两者非常吻合。

（三）元素周期律

有一则流传甚广的灯谜：谜面是"金银铜铁"，打一地名，谜底是"无锡"。"金银铜铁锡"是人们最熟悉，也是发现最早、应用最早的金属元素，此外，汞、铅、碳、硫等也是最早为古人所知的元素。炼金术兴起时，人们发现了锌、砷、锑、铋等元素。18世纪，舍勒、拉瓦锡借助天平这一工具，定量的研究化学反应，用燃烧实验法先后发现了氧、氮、氢等元素。1807年，戴维借用电解的方法先后发现了钾、钠，后来又发现了镁、钙、锶、钡、硅、硼等；1860年，本生和基尔霍夫用光谱分析法发现了铯、铷、锂；1861年、1863年化学家用同样的方法又先后发现了铊、铟。到19世纪60年代，化学家已经发现了63种元素，并积累了一些关于这些元素的物理、化学性质的资料。63种元素，说多不多，说少不少。这些元素之间的联系是什么？有没有统一的逻辑规律？这是化学家的疑问，也是化学家迫切想知道答案的研究课题。可以说，寻找规律是人类的天性。自从道尔顿原子理论问世以来，化学家对于元素的性质与原子量间的关系就不断加以注意。1829年，德国人德贝莱纳根据元素性质的相似性提出了"三元素组"学说。他归纳了5个"三元素组"：

Li Na K　　　　Ca Sr Ba　　　　P As sb　　　　S Se Te　　　　Cl Br I

在每个"三元素组"中，中间元素的相对原子质量大致等于其他两种元素相对原子质量的平均值，有些性质也介于其他两种元素之间。但是，在当时已经知道的54种元素中，他却只能把15种元素归入"三元素组"，因此，不能揭示出其他大部分元素间的关系。但这却是探求元素性质和相对原子质量之间关系的一次富有启发性的尝试。

1864年，德国人迈耳发表了《六元素说》。在表中，他根据相对原子质量递增的顺序把性质相似的元素六种、六种地进行分组。但《六元素表》包括的元素并不多，不及当时已经知道的元素的一半。

1865年，英国人纽兰兹把当时已知的元素按相对原子质量由小到大的顺序排列，发现从任意一种元素算起，每到第八种元素就和第一种元素的性质相似，犹如八度音阶一样，他把这个规律叫做"八音律"。但是，由于他没有充分估计到当时的相对原子质量测定值可能有错误，而是机械地按相对原子质量由小到大排列，也没有考虑到还有未被发现的元素，没有为这些元素留下空位。因此，他按"八音律"排的元素表在很多地方是混乱的，没能正确地揭示出元素间内在联系的规律。

1869年，门捷列夫在继承和分析了前人工作的基础上，对大量实验事实进行了订正、分析和概括，成功地对元素进行了科学分类。他依据元素的性质和与其他元素的关系大胆的修正了某些元素的相对原子质量，还在根据性质排列元素时留下了几个空位，这样，元素性质随原子量递增而周期性变化的规律就非常清晰了。由此，他总结了"元素性质随着相对原子质量的递进而呈周期性的变化"的规律，这就是元素周期律。他还根据元素周期律编制了第一张元素周期表，把已经发现的63种元素全部列入表里。他预言了和硼、铝、硅相似的未知元素（门捷列夫把它们称为类硼、类铝和类硅元素，即以后发现的钪、镓、锗）的性质，并为这些元素在表中留下了空位。他指出当时测定的某些元素的相对原子质量数值可能有错误，根据周期律修正了铟（In）、铀（U）、钍（Th）、铯（Cs）等九种元素的相对原子质量。若干年后，他的预言和推测都得到了证实。门捷列夫的成功，引起了科学界的震动。人们为了纪念他的功绩，就把元素周期律和周期表称为门捷列夫元素周期律和门捷列夫元素周期表。

但由于时代的局限，门捷列夫未认识到形成元素周期律的根本原因。20 世纪以来，随着科学技术的发展，人们对于原子的结构有了更深刻的认识。人们发现，引起元素性质周期性变化的本质原因不是相对原子质量的递增，而是核电荷数（原子序数）的递增，也就是核外电子排布的周期性变化。这样才把元素周期律修正为现在的形式，同时对于元素周期表也作了许多改进，如增加了 0 族等。

人们把元素的性质随原子序数的递增而呈周期性变化的规律叫做元素周期律。

根据元素周期律，把电子层数目相同的各种元素，按原子序数递增的顺序从左到右排成横行，再把不同横行中最外层电子数相同的元素，按电子层递增的顺序由上而下排成纵行，就可以得到一个表，这个表就是元素周期表。

具有相同的电子层数的元素按照原子序数递增的顺序排列的一个横行称为一个周期。周期的序数就是该周期元素具有的电子层数。元素周期表有 7 个横行，也就是 7 个周期。除第一周期只包括氢和氦，第七周期尚未填满外，每一个周期的元素都是从最外层电子数为 1 的碱金属元素开始，逐渐过渡到最外层电子数为 7 的卤族元素，最后以最外层电子数为 8 的稀有气体元素结束。前三周期含有的元素较少，称为短周期；后三周期含有的元素较多，称为长周期；最后一个周期还没排完，称为不完全周期。

第 6 周期中，57 号元素镧（La）到 71 号元素镥（Lu），共 15 种元素，它们原子的电子层结构和性质十分相似，总称为镧系元素。第 7 周期中，89 号元素锕（Ac）到 103 号元素铹（Lr），共 15 种元素，它们原子的电子层结构和性质也十分相似，总称为锕系元素。为了使周期表的结构紧凑，将全体镧系元素和锕系元素分别按周期各放在同一个格内，并按原子序数递增的顺序，把它们分两行另列在表的下方。在锕系元素中 92 号元素铀（U）以后的各种元素，多数是人工核反应制得的元素，这些元素又叫做超铀元素。

周期表中有 18 个纵行。除第 8、9、10 三个纵行叫做第Ⅷ族外，其余 15 个纵行，每个纵行标作一族。族有主族和副族之分，由短周期元素和长周期元素共同构成的族，叫做主族；完全由长周期元素构成的族，叫做副族。主族元素在族序数（习惯用罗马数字表示）后标一个 A 字，如ⅠA、ⅡA……副族元素在族序数后标一个 B 字，如ⅠB、ⅡB……

稀有气体在周期表中最右方的第 18 纵行，除氦外，其他元素的原子最外层都是 8 个电子的稳定结构，化学性质非常不活泼，在通常情况下难以与其他物质发生化学反应，故称为稀有气体或惰性气体，把它们的化合价看作为 0，因而叫做 0 族。

虽然稀有气体不活泼，但是它们的用途非常广。氦气的比重比空气小，可被填充在飞船和气球中。氦、氖、氩还被用在激光器里。氩气还可以用在电弧焊接上。深海潜水员呼吸的气体是氦气和氧气的混合气体，可防止呼吸压缩空气的深海潜水员经常发生的"潜水病"，即血液中出现氮气的小气泡的现象。灯泡内充入惰性气体，可防止灯丝氧化烧断，广泛用于彩灯、广告牌、灯塔、相机的闪光灯等。炼钢炉内充入惰性气体，能避免钢水氧化，炼出优质钢。

元素周期表是元素周期律的具体表现形式，它反映了元素之间的相互联系的规律，是对元素的一种很好的自然分类，是我们学习和研究化学的一种工具。我们可以利用元素的性质，它在周期表中的位置和它的原子结构三者之间的密切关系，来指导我们对化学的学习和研究。

解释问题

人们把元素随着原子序数的递增而呈现周期性变化的规律称为元素周期律。

练习与思考

1. 以第三周期元素为例，分析元素的金属性和非金属性在同一周期中的递变规律。

2. 把一小块金属钠放置在空气中数天后，最终产物是什么？请写出相关的化学反应方程式。

第三节　化学反应

本节学习要点

- 化学反应时发生了什么现象；
- 能够描述化学反应；
- 学会控制化学反应。

本节学习意义

- 能够区别化学变化和物理变化；
- 认识到化学反应在生活中的作用，形成积极对待科学的态度。

在我们的周围，一切都在发生变化。例如，同学们在成长，工厂把原料转变为所需要的产品，铁制的银色栅栏表面生锈，一杯水放到冰柜里一段时间后变成冰等。

在这些变化中，有的是物理变化，有的是化学变化。本节中我们将讨论的物质变化主要指的是化学变化。在化学变化中发生的反应叫做化学反应。人们研究化学反应是想知道以下一些主要问题：

(1) 化学反应时发生了什么现象？

(2) 如何描述化学反应，会失去什么吗？

(3) 如何根据人们的需要控制化学反应？

(4) 根据化学变化，能够合理灭火吗？

一、物质的变化

提出问题

如果将 2~3 勺小苏打加到干净的塑料杯里后再加入半杯醋，盖上一块塑料片，轻轻摇动，观察杯内物质的变化。这种变化是物理变化还是化学变化？

相关知识

一架超音速喷气式飞机停在跑道上，准备飞越海洋。当接到控制塔信号后，飞行员发动飞机。飞机发出隆隆声响，启动并加速。乘客们看着窗外，跑道往后越移越快。突然飞机离开了地面，引擎的推动力使它飞向天空，乘客们好像感到被推回到了自己的座位上。喷气式飞机的大型发动机把物质从一个城市运送到另一城市。在飞机的大功率发动机里，物质变化提供飞机飞行必需的能量，燃料和空气中的氧气发生反应生成新的物质，释放出巨大的能量，使大型飞机获得足够快的速度，在空中飞行。

化学是研究物质的性质和变化的一门学科。有的化学变化比较剧烈，如在飞机发动机内为飞机提供能量的化学变化。有的则比较温和，如在炉中烤烧饼。然而不论反应如何，总有物质发生了变化。

（一）物质的变化

给花园带来雨水的云，植物的种子，发动机的汽油，一盒火柴，所有这些都是物质，它们各有各的用途，然而它们的用途只有在发生化学变化时才能体现。

1. 物理变化

并不是所有的变化都会产生新物质。仅在外形和状态上发生变化，但没有生成物质的变化称为物理变化（physical change）。

你看到的水的状态变化，就是物理变化。把水放在冰柜里，液态水慢慢变成固态的冰，把冰从冷柜中拿出，它又慢慢融化成液态的水；如果把一杯水放在炉子上用太阳能加热，液态水就会变成气体——水蒸气；天空中的水蒸气转变为雨落到地面，重新变成液态水。这些都是物理变化，因为无论水处在哪种状态，都是同一种物质，即由 2 份氢和 1 份氧组成的水（H_2O）。水分子并没有发生变化，只是水分子间的距离不同而已。用木板做成桌子，用布做成衣服，整块的玻璃碎成小块也都是物理变化，因为这些过程中木板、衣料、玻璃的分子并没有改变。

2. 化学变化

物质在变化时生成了新物质的变化称为化学变化（chemical change）。新物质与原物质相比，元素种类和原子总数相同，但其组合不同，因为元素的原子重新排列而产生了新物质。单质可以组成化合物，化合物既可以分解为单质，也可转变成其他化合物。

若把字母和单词比作元素和化合物，每个单词由确定的字母按一定顺序组合，物理变化就像同一单词的不同字体：

$$Stampedes \longrightarrow Stampedes$$

化学变化则是这个单词中的字母重新排列组合成新的单词：

$$Stampedes \longrightarrow made + steps$$

你已看到很多化学变化的结果。本来牢固的金属铁生锈变成氧化铁后，你就能在上面戳一个洞。坚硬的木头燃烧时，和空气中的氧气反应生成了二氧化碳和水，留下松软的灰。

【想一想】

物理变化和化学变化有哪些不同？

（二）观察化学反应

如果在篝火上烧烤，你就能感觉到发生了化学变化：你能看到燃烧使干柴从坚硬的固体变为松软的木灰，你能听到火焰发出的嘶嘶的声音，你能闻到烟味，你能感到燃烧发出的热量，你甚至还能品尝到化学反应的产物。这些都是化学变化时所伴随的现象。

通过观察物质性质的变化，可以检验化学反应。化学变化的结果是新物质的生成，但你怎样知道生成了新物质呢？有时，产生气体，你可在液体中看到气泡；有时，两种溶液混合，出现了固体，产生气体、沉淀、颜色或者其他性质发生了变化，这些都表明可能生成了新物质。在反应过程中，能量也会发生变化，通常能量变化以温度变化的形式表现出来。

但仅凭表面现象，我们还不能断定一定发生了化学反应，因为某些物理变化也有类似现象产生。例如，前面提到的水的变化。水沸腾时，有气泡产生；当水冻结时，固态冰出现；水在固、液、气态时的性质也不完全相同。冰是坚硬的，有时呈奶白色；液态水则是无色透明的。当然，尽管它们的性质有所不同，但是水蒸气、冰和液态水都是 H_2O。化学反应的主要特征是生成了与原来物质化学性质不同的新物质。

解释问题

如果将 2~3 勺小苏打加到干净的塑料杯里后，再加入半杯醋，盖上塑料片轻轻摇动，这时会看到有大量气泡产生，生成了一种新物质——CO_2 气体，这样的变化属于化学变化。

练习与思考

试举例说明生活中常见的物理变化和化学变化。

二、探索化学反应的证据

提出问题

在两个塑料杯中分别加入 5mL 石灰水和清水，然后向这两个杯中各加入 5mL 碳酸钠溶液，你认为哪一杯中发生了化学反应？哪些证据支持你的推断？

相关知识

（一）化学反应的现象

化学反应产生新的物质，尽管反应的现象各不相同，但许多反应都有以下一个或几个现象。

1. 沉淀生成

两种透明溶液混合，生成沉淀，沉淀的出现表明化学变化已发生。

2. 颜色改变

颜色的改变常常是化学反应发生的标志。落叶色彩鲜艳是由于叶子里的叶绿素被破坏后，叶子中其他物质的颜色呈现了出来；往米饭上滴上一滴碘酒，米饭往往会变成深蓝色，这是因为米饭中的淀粉遇到碘酒中的碘单质发生了化学反应，生成了一种深蓝色的化学物质。

3. 气体产生

在光合作用过程中，植物的叶子上有氧气气泡生成，氧气是由二氧化碳和植物细胞内的水反应得到的。厨房里的小苏打和白醋混合后也会产生大量的二氧化碳气体。

4. 温度变化

天然气燃烧产生的热量使水沸腾。反应过程中的能量变化使温度升高或降低。

5. 性质变化

把面粉、水和其他配料烤成一个光亮的面包，嚼时发出吱吱声响的表皮，和当初放进炉中的柔软面团已经完全不同。

（二）化学反应的微观认识

沿着海滩行走，沙滩上会留下一串串脚印，但潮水很快就会把它抹掉。波浪从海中带来新的沙子，同时带走一些岸上的沙子，海滩持续不断地变化着，尽管有时猛烈的风暴几小时就能改变海滩的轮廓，但多数情况下，海滩每次只被风和海水移动了一点儿沙。

化学反应也是这样，每次只发生一小步。你观察到的一个化学变化，实际上是无数次小的变化的总和。这些变化涉及物质的微观粒子。

1. 原子和分子

所有的物质都是由肉眼看不见的粒子组成的。元素的最小单元是原子（atom）。一种元素的所有原子具有相同的化学性质，不同元素的原子具有不同的化学性质。原子小得令人难以置信，海滩上一粒沙子所含有的原子数就远远超过整个海滩上的沙粒颗数！

两个或两个以上的原子组成分子（molecule）。有的分子由相同的原子组成，如我们吸入的氧气（O_2）；大部分的分子则由两种或更多种类的原子组成。水分子（H_2O）由 1 个氧原子和 2 个氢原子组成。

2. 化学键和化学反应

把原子和原子结合在一起的力称为化学键（chemical bond）。你可把化学键当作使原子结合起来的力，化学键决定物质的性质。化学反应就是一些化学键断裂和另一些化学键的生成。当旧的化学键断裂、新的化学键生成时，原子重新组合，就得到了性质不同的新物质。

某些化学键很牢固，难以断裂，有些则很容易断裂。比如建筑物中的玻璃窗，虽历经上百年的风雨冲刷也完好无损，而窗子周围的木框却早已腐烂掉了。这是因为玻璃中原子之间的化学键很牢固，而木头是由容易和环境中的物质发生反应的化合物组成的，它能被水泡胀，被细菌侵蚀或在火中燃烧。

解释问题

当石灰水和碳酸钠溶液混在一起时，石灰水中钙离子和碳酸钠中的碳酸根离子结合，有白色碳酸钙沉淀生成，证明发生了化学反应；而清水中加入碳酸钠溶液没有任何变化，未发生化学反应。

1. 利用方形铝箔折成一个小盘，然后在盘中加入半勺糖，记录下糖的外观。接着点燃一支蜡烛，预测用蜡烛加热糖会发生什么现象，并记录下来。最后用钳子钳住铝盘在火焰上轻轻加热糖，观察糖在加热过程中的变化。当你认为不再发生化学变化时，熄灭蜡烛，让盘冷却后再观察盘中物质。

2. 运用你的观察技能，找出厨房里有关食物发生化学反应的证据，如气体的产生、颜色的改变和沉淀的生成等，和同学们分享你的发现。

三、描述化学反应

提出问题

在烧杯中加入少量的小苏打粉和少量的白醋后，有气泡产生，也就是发生了化学反应，那么我们该如何描述这个化学反应呢？

相关知识

假如你在一个陌生的国家旅行，尽管语言不通，但看到一些通用标记，比如厕所标志、垃圾桶标志等，你肯定不难猜出它们的含义。借助符号，我们可以用一种简短的形式表示一个概念。"氢气分子与氧气分子反应生成水分子"这句话描述氢气和氧气的反应显得繁琐。如果用化学方程式（chemical equation）表示就简便多了。

（一）化学方程式的书写

要写出正确的化学方程式，你必须先知道化学反应中的反应物是什么，生成了什么新物质，然后你才能用符号来表示反应中的单质和化合物。

1. 化学式

大多数元素的符号是它们英文名称的前一个或两个字母，也有一些是希腊文、拉丁文或阿拉伯文名称的缩写。化学式是用元素符号表示的化合物分子中各元素的原子种类及个数。如双氧水这种化合物，一般药箱里都有，它有杀菌作用，常用于清洗伤口。其化学式为 H_2O_2，注意该式中的下标 2 表示一个二氧化碳分子中氢元素或氧元素原子的个数。如果没有下标则认为原子个数为 1，如 CO_2 表示一个二氧化碳分子中有一个碳原子和两个氧原子。

2. 化学方程式的结构

一个化学方程式概括了化学反应中的变化，它可以表明你用来反应的物质和最后得到的物质。开始反应的物质称为反应物（reactant），反应后生成的新物质就是产物（product）。

化学方程式的书写方法：用化学式描述化学反应中的反应物与产物。反应物写在方程式的左边，产物写在方程式的右边。

$$反应物 + 反应物 \longrightarrow 产物 + 产物$$

箭头可以读成"生成"，反应物或生成物的数目也不是一成不变的，有些反应只有一种反应物或一种产物；有些反应可能有两种或两种以上的反应物或产物。

3. 质量守恒

不管有多少反应物或产物，所有参与反应的原子在反应结束时仍然全部存在。原子虽以与开始时同样的原子形式存在，但它们相互组成分子的方式发生了变化。由于化学反应中物质的总量没有发生变化，所以反应物的总质量等于产物的总质量，这一定律称为质量守恒定律。这一定律表明，在化学反应中，物质的总质量不会发生变化。

如图 2-1-20 所示，铁屑与硫粉混合加热，生成硫化亚铁。推断，在这一反应中，如何知道物质的质量守恒？

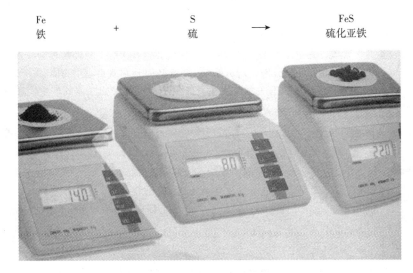

Fe	+	S	→	FeS
铁		硫		硫化亚铁

图 2 - 1 - 20　质量守恒

　　表面上看来，某些反应似乎违背了质量守恒定律。如木材的燃烧，当木材燃烧时，它与空气中的氧气反应，为验证质量守恒，在燃烧前后应测量哪些物质的质量？如果只称冷却后的灰烬，如图 2 - 1 - 21 所示则其质量与原先的木材相比减少了。那么"损失"了的那些质量到哪儿去了呢？实际上是反应中还同时生成了二氧化碳和水，它们释放到了空气中。如果把它们收集起来，你就能发现质量还是守恒的。

图 2 - 1 - 21　木材燃烧后剩下的灰烬

4. 化学方程式配平

　　对于化学方程式来说，质量守恒定律意味着什么呢？化学反应中，反应物的总质量等于生成物的总质量，这是因为反应前后，元素的原子个数保持不变。因此，要准确反映一个化学反应，化学方程式两边同种原子的数目必须相等，化学上称之为配平。

　　要配平方程式，需要使用化学计量数。化学计量数是指方程式中化学式前面的数字。它表明在化学反应中有多少反应物和产物的分子参与反应，如果化学计量数是 1，则可省略。

【例题】金属镁（Mg）与氧气（O_2）反应，产物是氧化镁（MgO）。试写出配平的化学方程式。

解：写出化学方程式：　　　　　　　　$Mg + O_2 \longrightarrow MgO$

数出方程式两边各类原子数目：　Mg　　O　　　　　　Mg　　O

　　　　　　　　　　　　　　　　1　　2　　　　　　1　　1

调整系数配平方程式：　　　　　　$2Mg + O_2 = 2MgO$

（二）化学反应分类

化学反应可以根据反应物与产物的变化情况进行分类。在化学反应中，某些物质可以合起来生成一种更复杂的物质；也可以分解，生成更简单的物质；还可以通过相互间交换成分形成新物质等。在所有这些化学反应中，均有新物质产生。一般化学反应可以分为四类：化合反应、分解反应、置换反应和复分解反应。请大家注意比较这些反应的反应物与产物，看看它们究竟是如何变化的。

1. 化合反应

你听到过合成器发出的音乐吗？它可以发出各种音符和各种不同乐器的声音。合成器将这些声音合成，形成交响乐。我们再来看化学反应。两种或两种以上的物质（单质或化合物）反应，生成一种较复杂物质的反应就是化合反应（combination reaction），化合的意思就是把物质合起来。如氢气和氧气作用生成水的反应，就是一种化合反应，它由两种物质合成一种化合物。

如图 2 - 1 - 22 所示镁条在空气中燃烧实际上是镁与氧气反应，生成 MgO。

酸雨也是化合反应的产物。在大气中，二氧化硫、氧气、水反应生成硫酸，其化学方程式可表示成：

$$2SO_2 + O_2 + 2H_2O = 2H_2SO_4$$

SO_2 主要是在汽车发动机、火力发电厂燃料燃烧的过程中排放出来的，氧气与水蒸气本来就存在于空气中，它们化合产生硫酸。酸雨具有腐蚀性，会腐蚀石头、金属，破坏生物组织。

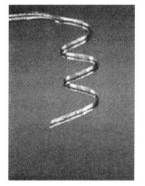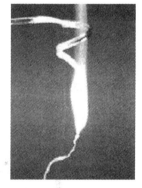

图 2 - 1 - 22　镁条在空气中燃烧

2. 分解反应

与化合反应相反，分解反应（decomposition）是把复杂的化合物分成几种较简单的化合物或单质。还记得用来清洗伤口的双氧水吗？如果双氧水在瓶中放置时间过长，最后就会变成水。

$$2H_2O_2 = 2H_2O + O_2 \uparrow$$

如图 2 - 1 - 23 所示，汽车中的安全气囊是根据分解反应的原理制成的。当汽车撞击时，气囊中的雷管发生爆炸，引起一种由钠与氮组成的化合物快速分解，产生大量的氮气。

3. 置换反应

在化学反应中，一种单质与一种化合物反应生成另一种单质和另一化合物，这类反应称为置换反应（replacement reaction）。例如，纯铜是通过加热含氧化铜的矿石和焦炭制得的，其化学方程式为：

$$2CuO + C \triangle 2Cu + CO_2 \uparrow$$

4. 复分解反应

在化学反应中，还有一类反应是两种化合物相互交换成分生成另外两种化合物，这种反应称为复分解反应。其实质

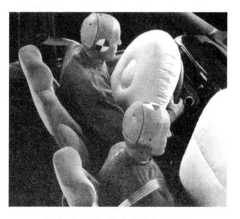

图 2 - 1 - 23　汽车中的安全气囊

是：发生复分解反应的两种物质在水溶液中相互交换离子，结合成难电离的物质——沉淀、气体、水，使溶液中离子浓度降低，化学反应即向着离子浓度降低的方向进行。可简记为 AB + CD = AD + CB。例如：往少量的氢氧化钠溶液中加入适量的盐酸，会发生酸碱中和反应，生成盐和水，其化学方程式为：

$$HCl + NaOH = NaCl + H_2O$$

解释问题

小苏打和白醋混合在一起时，发生复分解反应，放出二氧化碳气体，这个反应可以用化学方程式表示为：

$$NaHCO_3 + CH_3COOH \longrightarrow CH_3COONa + CO_2 \uparrow + H_2O$$

练习与思考

1. 要知道一个化学方程式，我们应该知道哪些信息？
2. 配平以下化学方程式，并指出属于哪种反应类型？
（1）$Fe_2O_3 + C = Fe + CO_2 \uparrow$
（2）$MgCl_2 + K_2S = MgS + 2KCl$

四、控制化学反应

提出问题

不同的化学反应进行的快慢不一样，有些反应进行得很快，如爆炸；而有的反应进行得较慢，如铁生锈。人们能根据需要去加快或减慢化学反应进行的速率吗？

相关知识

假设你在一个工程爆破小组工作，正在炸一座大楼。"3、2、1，起爆！"15 秒后，一座大楼变成一堆废墟。在这次爆炸过程中，为了不影响大楼周边的建筑物，爆炸力度大小的控制是关键之处。假如爆破专家不懂得如何控制化学反应的速率，就可能会影响到他人的生命财产安全。

虽然你从来没有摧毁过一幢大楼，但实际上，你每天都在做控制化学反应的事。例如，通过吃饭获得能量，通过运动、骑车消耗能量，这就是你控制化学反应，维持人体能量平衡的实例。

（一）化学反应中的能量

能量有很多形式，如光也是其中一种。每一个化学反应都伴随着能量的变化。有的释放能量，有的吸收能量。

在汽车发动机中，汽油与氧气反应生成二氧化碳、水和其他产物，同时释放出大量的能量。

这些释放出来的热能会使汽车的发动机发热。如果此时你去碰发动机，可能会被灼伤。以热的形式释放能量的化学反应称为放热反应。而另一种反应在进行时会吸收能量，这样的反应称为吸热反应。

（二）化学反应速率

化学反应并不总是以同样的速率发生。有些反应很快，比如爆炸；而有些反应就相当慢，比如铁的腐蚀。同一个反应，由于条件的不同，反应速率也会不一样。化学反应速率的大小取决于反应物粒子相互结合的难易程度。

如果想加快一个化学反应，就应使反应物粒子有尽可能多的机会碰撞；反之，应尽可能减少反应物粒子碰撞的机会。化学家可以通过控制反应条件达到控制化学反应速率的目的。影响化学反应速率的因素有浓度、表面积和温度。

1. 浓度

增大反应速率的途径之一是提高反应物的浓度。浓度是指某一物质在特定体积的另一物质中的百分比。如一小勺糖放在一杯柠檬水中会让人觉得甜，而一大勺糖会让人觉得更甜，柠檬水中糖越多，则糖分子的浓度就越大。

反应物浓度的增加，使更多的粒子参加反应。例如，取两支试管分别加入相同质量的镁和等体积不同浓度的盐酸，从试管中产生气泡的数量可以看出化学反应速率的大小。

2. 表面积

当固体与气体或液体反应时，只有固体表面上的粒子与其他反应物接触。假设将固体研碎，情况会怎样呢？固体的表面积增大了。

反应物的表面积越大，反应速率就越大。如果你在吃东西时，没咀嚼就吞下，消化就困难；食物嚼碎后，消化液可以与食物快速反应，将食物转化为身体可以吸收的营养。

3. 温度

提高反应速率的第三种方法是加热。当你加热某物质时，它的粒子运动加快，快速运动的粒子可以通过两种途径提高反应速率。①接触机会增加，使它们有更多可能参加反应的机会；②高速运动的粒子有更高的能量，这些能量使反应物较容易克服活化能垒。比如你上学时匆匆忙忙忘了将牛奶放在冰箱里，等回家时牛奶变酸了。是因为里面的细菌快速繁殖，在它们生长、繁殖的过程中，细菌发生了无数的化学反应，其中一些反应使食物变质，而冷藏食物能降低这些反应的速率，从而减缓细菌的繁殖，保持食物的新鲜。

4. 催化剂

控制反应速率的又一途径是改变化学反应的活化能。如果能降低反应活化能，则反应速率加大。催化剂就是一种通过降低反应活化能来提高化学反应速率的物质。催化剂可以加快化学反应，但其本身在化学反应前后不会发生改变。

许多化学反应要在生命体不能承受的温度下进行，而有些反应则必须在适合生命体的温度下进行。与所有的生命一样，人体内有一种特别的物质——酶，它的表面是进行化学反应的好场所。酶可以降低化学反应的活化能，从而降低了反应所需的温度。通过这种方式，酶可以有效地提高生命必需的化学反应的速率，而在反应前后，酶本身并没有发生化学变化。

5. 阻化剂

有些时候，我们需要使用一些物质使反应缓慢进行。这种降低化学反应速率的物质称为阻化剂。

阻化剂的发现曾对建筑行业产生了重要影响。硝酸甘油是一种能快速分解并释放出巨大能量的烈性炸药。纯净的硝酸甘油只要轻轻一摇就可能爆炸。19世纪70年代，诺贝尔尝试在其中加入某些固体，比如木质纤维，这些固体物质吸收了硝酸甘油后，不经点燃，炸药就不易发生爆炸。这样，这种混合物就能安全地使用。他发明的这种易于控制的物质就是达纳炸药。

🔘 **解释问题**

不同的化学反应进行的快慢不一样，有些反应进行得很快，如爆炸；而有的反应进行得较慢，如铁生锈。人们能根据需要去加快或减慢化学反应进行的速率，因为反应速率的大小取决于反应物接触的表面积、反应温度、反应物的浓度或有没有催化剂等。

🔘 **练习与思考**

1. 简述可以提高化学反应速率的三种途径。

2. 比较放热反应和吸热反应的能量变化。

3. 一块铁片，称出质量，让它生锈后再称质量，你会发现铁片质量增加了，这是否违背了质量守恒定律？

4. 当厨房里的油锅起火时，你拾起一盒小苏打，倒入锅内，马上产生大量气泡，火被扑灭了。怎样证明发生了化学反应？请解释。

5. 列举三种化学反应类型，并写出定义。

6. 把下列过程分成化学变化或物理变化：冰淇淋融化；糖溶解于水中；汽油燃烧；洗澡时浴室里的镜子起雾。

第二章　物体的运动

自然界是由物质组成的，一切物质都在运动之中。我们身边的物体都在运动：车辆在路上行驶，鸟儿在空中飞翔，机器在运转……就连我们通常认为不动的物体，比如高山、桥梁、房屋等也随着地球一起自转和公转。实际上，宇宙间一切物体都处于永恒的运动中，运动是绝对的，是物质存在的唯一形式，是物质的固有属性。物质的运动形式多种多样、千变万化，有机械运动、天体运动和电、磁、光、热等物理运动；物质的分解、化合等化学运动；生物的进化、遗传、变异等生命运动。

物体或物体的一部分相对于其他物体的位置变化，叫机械运动，简称为运动。

力学是研究机械运动规律及应用的科学，也是研究物理其他部分的基础。在力学中，研究描述运动规律的部分叫运动学，研究运动与力的关系的部分叫动力学。

第一节　运动与力

本节学习要点

- 学习运动学的基础知识，知道如何描述物体的运动状态；
- 学习动力学的基础知识，了解物体运动与力的关系。

本节学习意义

- 懂得力学是物理学的基础，也是学好其他物理知识的基础；
- 通过学习本节内容，学生能够解释生活中的一些运动现象。

一、运动的描述

提出问题

在没有浮云的夜空，月亮好像停在天上不动；而在有浮云的夜空，却感到月亮在移动。为什么会有两种不同的感觉？

相关知识

（一）运动的相对性

在日常生活中，运动的物体比静止的物体更能引起我们的注意，觉察运动是人类的一种本能。而人类要研究运动，就需要了解运动的两种属性：运动的绝对性和运动的相对性。毛主席的诗词"坐地日行八万里，巡天遥看一千河"，就深刻地反映了运动的两种属性，运动既是绝对的，又是相对的。要描述运动的相对性，就需要用到参考系和坐标系。

1. 参考系

宇宙间一切物体都在不停地运动，要描述一个物体的运动，需要以某个物体作为参考，这个被选作参考的物体叫做参考系。参考系的选取可以是任意的，许多被认为"不动"的物体，是因为选取的参考系不同而产生的。同一个物体的运动，参考系不同，运动描述的结果也不同。如坐在行驶着的火车里的人，以火车为参考系，人是静止的；以地面为参考系，人是运动的。通常，在研究地面上物体的运动时，可以用地面作为参考系。虽然参考系的选取可以是任意的，但是我们在描述物体的运动时，常常选取有利于简化物体的运动的物体为参考系，否则会使简单的运动复杂化。如坐在教室里的人，如果以太阳为参考系，人随地球自转，地球又绕太阳公转，人的运动就非常复杂。

2. 坐标系

在选定参考系以后，为了定量地描述物体的位置和位置随时间的变化，必须在参考系上选择一个坐标系。

（1）直线坐标系。研究物体沿直线运动时，可用直线坐标系来确定物体在各个时刻的位置。如运动员在平直的跑道上赛跑，选起跑点为坐标原点 O，从原点 O 沿跑道作一坐标轴 Ox。这样，运动员在某一时刻的位置 A，就由他距原点 O 的距离，即坐标 $x = OA$ 来确定。

（2）平面直角坐标系。研究物体在平面上的运动时，可用平面直角坐标系来确定物体在各个时刻的位置。如在湖面上航行的游船，用直线坐标系就难以确定它的位置，用平面直角坐标系 (x, y) 可以标定它在各个时刻的位置。

（3）空间直角坐标系。研究物体在空间里的运动时，可用空间直角坐标系来确定物体在各个时刻的位置。如神舟飞船在宇宙空间航行，用平面坐标系就难以确定它的位置，而用空间直角坐标系 (x, y, z) 却可以标定它在各个时刻的位置。

（二）质点

任何物体都具有一定的形状和大小。物体上各点在空间位置不同，在运动中，物体上各点在空间位置变化一般来说也不相同，所以要详细地描述物体的位置及位置变化并不是一件简单的事情。但是在某些情况下，可不考虑物体的形状和大小，从而简化问题，把物体看作一个有质量的点，这个代替物体有质量的点叫质点。如可不考虑跑步的人的手臂和腿的运动，而只要观察他身体中心的某一点的运动轨迹，把他作为一个具有质量的点来处理，就能更方便地知道他的运动情况。

一般来说，在两种情况下可把物体作为质点来处理：一是作平动的物体，物体平动时物体上各点的运动情况完全相同，如商场里站在自动扶梯上的人的运动是平动，魔天轮的吊箱的运动是平动；二是物体的大小必须比运动的距离小得多，如一列火车由北京开往天津，当我们研究火车的运行速度或运行时间时，由于火车的长度比北京到天津的距离小得多，就可以不考虑火车的大小，可把整列火车作为质点来处理。再如，地球很大，但当我们研究地球公转时，由于地球的直径比地球到太阳的距离小得多，并且不涉及地球的自转，也可以不考虑地球的形状和大小。一个物体能不能看做质点，要视问题的具体情况而定。如果研究火车通过某一标志所用的时间时，就不能忽略火车的长度，不能把火车作为质点来处理。如果研究地球自转时，就不能忽略地球的形状和大小。

质点是一种科学抽象，是一种理想化的模型。在科学研究中暂时忽略起作用小的次要因素，突出主要因素，建立模型，简化问题，是科学研究过程中的一种常用的方法。

（三）路程和位移

研究物体时，通常要知道物体经过的路程，路程是物体运动轨迹的长度。例如，计算从北京运往上海的货物运费时，就要知道火车从上海到北京运动轨迹的长度。这个轨迹的长度，就是它的路程。

但是，研究物体的运动时，有时更关心物体到达的位置与初始位置间的直线距离。例如，在测量运动员的跳远成绩时，不测量他的路程，而是测量起跳点到落地点的距离。研究飞机的航线时，也不研究它的路程，而是关心它到达的位置与起飞点的距离，并且还要知道它的飞行方向。因为如果不知道飞行方向，只知道飞行距离，同样不能确定飞机到达的位置。因此，物理学中引入了位移的概念，来表示物体的运动，从物体的初始位置指向末位置的有向线段，叫做物体的位移。在国际单位制中，位移的单位是米，符号是 m，如果运动员起跳位置在 A 点，末位置在 B 点，由 A 点指向 B 点的有向线段 AB 就是他跳远的位移。如图 2-2-1 所示，如果跳远成绩为 5m，以 1cm 长的线段表示 1m 的长度，跳远的位移可以用一条有向线段表示，线段的长度代表位移的大小，箭头的方向代表位移的方向。

一般来说，运动物体的路程不等于位移，物体只有沿一条直线且朝同一方向运动时，路程才等于位

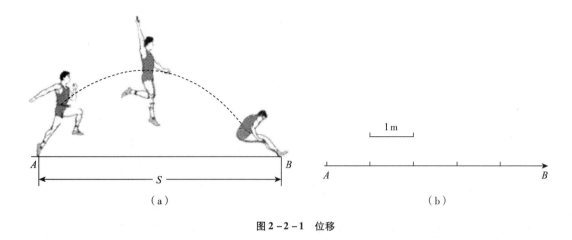

图 2 - 2 - 1 位移

移。物理学中把只有大小没有方向的物理量叫标量，如路程、质量、时间等。把既有大小又有方向的物理量叫矢量，如位移、力、速度等。

【想一想】
　　为什么在已有路程概念的情况下还要引入位移的概念？

（四）速度

　　大家都知道兔子比乌龟跑得快，但是在龟兔赛跑的故事中兔子却输了。到底它们谁运动得快呢？要说清楚这个问题，必须研究运动快慢的描述方法。大家已经知道，物理学中用速度表示运动的快慢。物体的位移跟发生这一位移所用的时间的比值，叫做物体运动的速度，即

$$v = \frac{s}{t} \qquad\qquad (2-3)$$

　　式中 v 表示质点的速度，s 表示质点的位移，t 表示发生这个位移所用的时间。

　　在国际单位制中，速度的单位是米每秒，符号是 m/s。常用的单位还有 km/h（千米每小时）、cm/s（厘米每秒）等。

　　速度不但有大小，而且有方向，是矢量。速度的大小叫速率。

　　实际上，物体的运动速度往往是变化的。例如，火车出站时的运动越来越快，进站时的运动越来越慢，最后停下，这种运动叫做变速运动。对于变速运动来说，$v = \frac{s}{t}$ 中 v 所表示的就是物体的平均速度。

　　平均速度并不能表示物体在某一时刻或某一位置的运动的快慢，所以，另一种方法是用瞬时速度来描述变速运动。在测定平均速度时，如果所取的位移或时间非常短，在这段位移上的物体的运动不会发生很大的变化，那么，这样测出的速度就可以看作是物体通过这个位置时的速度。

　　运动物体经过某一时刻或某一位置的速度，叫做瞬时速度。运动物体经过某一时间或某一位移的速度，叫做平均速度。

　　汽车上用速度计来测量瞬时速度。速度计的指针所指示的数值就是这一时刻的汽车的瞬时速度。汽车速度改变时，速度计指示的数值也改变。为了保证交通安全，在公路上要设置限速标志，以限制汽车的瞬时速度。交通警察可以利用雷达测速器测量汽车的速度，以监视来往的汽车是否超速行驶。

　　有了平均速度和瞬时速度的概念后，就可以说清楚龟兔赛跑中到底谁运动得快的问题了。原来，兔子的瞬时速度大，而乌龟在竞赛全程中的平均速度最大，所以最后还是乌龟赢了。

解释问题

有了参考系的概念，我们就可以回答上述问题。以流动的浮云为参考系，可感觉到月亮是移动的，没有流动的浮云为参考系，而以地面作为参考系，可感觉到月亮是不动的。

练习与思考

1. 火车运行时，乘客看到车窗外路两旁的树木是向后运动的，为什么？

2. 用位移描述物体的运动比用路程有什么优点？一艘货轮从海上起航，如果知道它经过的路程是1 000km，能不能确定它到达的地点？如果知道它的位移呢？

3. 某同学跑了100m用了12.6s，跑1 000m用了3min22s？他跑100m和跑1 000m的平均速度各是多少？

4. 判断下面所给的数值是指平均速度还是瞬时速度。

（1）炮弹以850m/s的速度从炮口射出，它在空中以720m/s的速度飞行，最后以630m/s的速度击中目标。

（2）某列车从北京到天津的速度是56km/h，经过某铁路桥时的速度是36km/h。

5. 用飞机进行航空测量，飞机离地面高度保持为500m，巡航速度为400km/h，飞机上的测量仪可在120°的视觉范围内测量，飞机每小时测量的覆盖面积是多大？

6. 如果兔子以600m/min的速度奔跑，而乌龟以6m/min的速度爬行。试分别讨论对于400m和1 500m的赛程，兔子在途中最多可以睡多长时间，才能保证赛跑的胜利。

二、匀变速直线运动的规律

提出问题

高处的物体下落的时候，为什么下落的速度会越来越快？

相关知识

做变速运动的物体，速度变化的快慢不一定相同。例如，一列火车从车站开出，经过几分钟，速度可以从零增大到几米每秒；而射击时，子弹在枪膛中的速度变化却快得多，在几千分之一秒内就能从零增大到几百米每秒，我们在描述物体的运动时，需要描述物体速度变化的快慢。

（一）加速度

加速度是表示速度变化快慢的物理量，它等于速度的变化量跟发生这一变化所用时间的比值。

加速度通常用字母 a 来表示。如果物体在时间 t 内速度由初速度 v_0 变为末速度 v_t，则物体在这段时间内的加速度 a 可以表示为

$$a = \frac{(v_t - v_0)}{t} \qquad\qquad (2-4)$$

加速度的单位是由速度的单位和时间的单位决定的。在国际单位制中，速度的单位是 m/s，时间的单位是 s，则加速度的单位就是 m/s^2，读作米每二次方秒。

由公式（2-4）可以看出，加速度在数值上等于单位时间内速度的变化。例如，世界著名短跑运动员起跑时的加速度可达5.6m/s^2，这表示运动员起跑时每秒内速度要增加5.6m/s。

加速度不仅有大小，也有方向，它的方向就是速度变化的方向。在变速直线运动中，通常取初速度的方向为正方向。如果物体的末速度 v_t 大于初速度 v_0，即 $v_t - v_0 > 0$，加速度是正值，表示加速度的方向跟速度的方向相同，物体的速度越来越快；如果物体的末速度 v_t 小于初速度 v_0，即 $v_t - v_0 < 0$，加速度是负值，表示加速度的方向跟速度的方向相反，物体的速度越来越慢；做匀速直线运动的物体，它的速度大小和方向保持不变，因此加速度为零。

在相等的时间里速度变化也相等的直线运动叫做匀变速直线运动。匀变速直线运动是最简单的变速运动，其中运动越来越快的称为匀加速直线运动；运动越来越慢的叫匀减速直线运动。

【例题】百米运动员在起跑时经过 0.5s 后速度达到 8m/s，假定这时他做的是匀加速运动，他起跑的加速度是多大？他以速度 10m/s 冲到终点后，又向前跑了 2s 后才停下来，假定他这时做的是匀减速运动，他的加速度又是多大？

解：取运动员向前跑的方向为正方向，起跑时的加速度将是正值，到达终点后减速时的加速度将是负值。

由于起跑过程的初速度 $v_0 = 0$，末速度 $v_t = 8\text{m/s}$，时间 $t = 0.5\text{s}$，所以这时的加速度为：

$$a = \frac{(v_t - v_0)}{t} = \frac{(8\text{m/s} - 0)}{0.5\text{s}} = 16 \ (\text{m/s}^2)$$

在到达终点后继续向前跑的减速过程中，初速度 $v_0 = 10\text{m/s}$，末速度 $v_t = 0$，所用的时间 $t = 2\text{s}$，所以减速过程的加速度为：

$$a = \frac{(v_t - v_0)}{t} = \frac{(0 - 10\text{m/s})}{2\text{s}} = -5 \ (\text{m/s}^2)$$

加速度为负值，表示加速度的方向跟初速度的方向相反。

（二）匀变速直线运动的规律

1. 速度的变化规律

匀变速直线运动的速度变化是均匀的，每经过相等的时间，速度的增加（或减少）量都相等。

将 $a = \dfrac{(v_t - v_0)}{t}$ 变形，可找出速度变化与时间的关系：

$$v_t = v_0 + at \tag{2-5}$$

式（2-5）就是匀变速直线运动的速度公式，它表明了匀变速直线运动的速度随时间变化的规律。如果已知物体的初速度 v_0 和加速度 a，利用式（2-5）可以算出在任意时刻 t 的瞬时速度。

【例题】一辆汽车在平直公路上以 25m/s 的速度匀速行驶快到十字路口时开始减速，加速度是 -3m/s^2，从减速开始，经过 4.2s 后汽车的速度是多大？

解：从题意知道，已知 v_0、a、和 t，可以从公式 $v_t = v_0 + at$ 求出 v_t。但是必须注意汽车是做匀减速直线运动，加速度 a 是负值。

把 $v_0 = 25\text{m/s}$、$a = -3\text{m/s}^2$、$t = 4.2\text{s}$ 代入公式（2-5），得：

$$v_t = v_0 + a = 12.4 \ (\text{m/s})$$

减速 4.2s 后，汽车的速度是 12.4m/s。

2. 位移的变化规律

我们知道，匀速直线运动的位移跟时间成正比，那么，匀变速直线运动的位移跟时间又有什么关系呢？

物体做匀速直线运动时，它的位移 s 等于它的平均速度 $\bar{v}$ 跟时间 t 的乘积，即：

$$s = \bar{v}t \tag{2-6}$$

另一方面，由于匀变速直线运动的速度是均匀变化的，所以它在时间 t 内的平均速度 $\bar{v}$ 等于初速度末速度 v_t 之和的一半，即：

$$\bar{v} = \frac{v_0 + v_t}{2} \tag{2-7}$$

将匀变速直线运动的速度公式（2-5）代入（2-7）式，得:

$$\bar{v} = \frac{v_0 + v_t}{2} = \frac{v_0 + (v_0 + at)}{2} = v_0 + \frac{1}{2}at^2$$

把这个结果代回（2-6）式，得:

$$s = v_0 t + \frac{1}{2}at^2 \qquad (2-8)$$

这就是匀变速直线运动的位移公式，它表明了匀变速直线运动的位移随时间变化的规律。匀变速直线运动的速度公式和位移公式是两个基本公式，研究许多运动现象都要用到它们。

从速度公式中可以得出 $t = \frac{v_t - v_0}{a}$，代入位移公式，可以消去时间 t，化简后得:

$$s = \frac{v_t^2 - v_0^2}{2a} \qquad (2-9)$$

在不涉及运动时间时，应用这个公式解决问题比较方便。

【例题】 以12m/s的速度行驶的汽车，刹车时做匀变速直线运动，加速度是 $-6m/s^2$，问开始刹车后还要前进多远?

解: 先求开始刹车后的运动时间。

由　　　　　　　$v_t = v_0 + at$

可知　　　　　　$t = \frac{v_t - v_0}{a}$

由题意，$a = -6m/s^2, v_0 = 12$ m/s。将已知数值代入，得:

$$t = \frac{(0 - 12m/s)}{-6m/s^2} = 2 \ (s)$$

刹车后的位移为

$$s = v_0 t + \frac{1}{2}at^2$$

代入数值，得 $s = v_0 t + \frac{1}{2}at^2 = 12$（m），

所以汽车刹车后还要前进12m。

有兴趣的同学也可以直接应用速度与位移的关系式（2-8）来求解，结果相同。运动物体做减速运动时，使速度减小到零是需要一定时间的。因此，汽车刹车后还要前进一段距离才能停下来，汽车司机懂得这个道理，可以避免发生交通事故。汽车刹车后前进的距离与初速度、加速度的大小有关。初速度越大，停下来所需要的时间越长，前进的距离也越长，因此，为了交通安全，需要限制行驶速度。如果刹车时加速度小（绝对值小），刹车后前进的距离也会较长。

3. 自由落体运动

高处的物体，在失去其他物体的支持时，都会由静止开始向下降落。如果空气阻力可以忽略，这种运动就称为自由落体运动。

17 世纪初，伽利略做出推断，认为自由落体运动是一种匀加速运动。当时，他无法用实验直接证实这个结论。今天的实验技术已经可以完全做到了。图 2-2-2 是小球自由下落时的频闪照片，照片上相邻的图像是相隔同样的时间拍摄的，从照片上可以看出，在相等的时间间隔里，小球下落的位移越来越大，可见小球运动越来越快，在做加速运动。精确的测量可以证明，自由落体运动是初速度为零的匀加速直线运动。

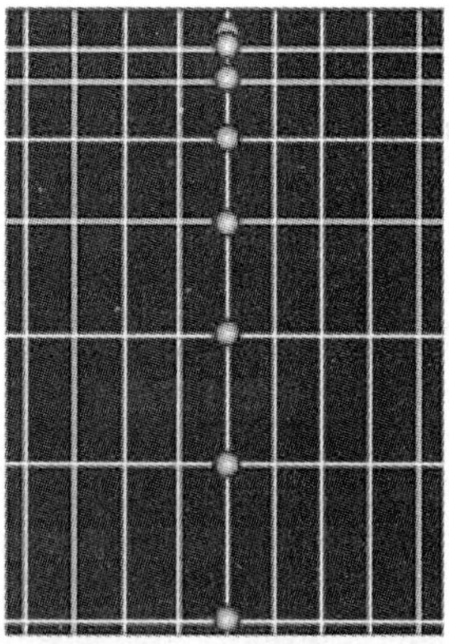

自由落体运动的加速度叫做自由落体加速度或重力加速度。通常用 g 来表示。

重力加速度 g 的方向总是竖直向下的，它的大小可以用实验的方法来测定。

精密的测量发现，在地球上不同的地方，g 的大小是不一样的。通常的计算中，可以把 g 取作 $9.8 \mathrm{m/s^2}$；在粗略的计算中，还可以把 g 取作 $10 \mathrm{m/s^2}$。

图 2-2-2　自由落体运动

由于自由落体运动是初速度为零的匀加速运动，所以匀变速运动的基本公式以及它们的推论都适用于自由落体运动，只要把这些公式中的 v_0 取作零，并且用 g 来代替加速度 a，用 h 来代替位移 s 就行了。即：

$$v_t = gt \qquad h = \frac{1}{2} g t^2$$

解释问题

高处的物体下落的时候，在物体的重力作用下做的是加速运动，所以下落的速度会越来越快。

练习与思考

1. 加速度为零的运动是什么？

2. 三个同学讨论问题。甲同学说："物体的加速度大，说明物体的速度一定很大。"乙同学说："物体的加速度越大，说明物体的速度变化一定很大。"丙同学说："物体的加速度大，说明物体的速度一定在很快地变化。"哪个同学说的对？哪个同学说的不对，为什么？

3. 假定小汽车和无轨电车起步时都做匀加速运动，无轨电车的速度在 5s 内从零增加到 9m/s，小汽车的速度在 3s 内从零增加到 13.5km/h，如果这时汽车在做匀变速运动，它的加速度是多大？

4. 骑自行车的人以 4m/s 从坡顶驶下，$a = 0.2 \mathrm{m/s^2}$，求：第 10s 末的速度、第 10s 内的平均速度和位移。

5. 飞机在跑道上匀加速滑行，50s 后达到起飞速度 90m/s，求：飞机滑行的距离。

6. 小球以 10m/s 的速度和 $-1\mathrm{m/s^2}$ 的加速度沿斜面由底部向上做直线运动，求：小球在 8s、10s、12s 时的速度和各时间内的位移和路程。

7. 汽车开出 4s 时速度为 12m/s，又以 12m/s 行驶 6s，又在 3s 内停下来，求：这 13s 内的总位移。

8. 物体做自由落体运动，最后 4s 下落了 196m，求：下落的总高度和总时间。

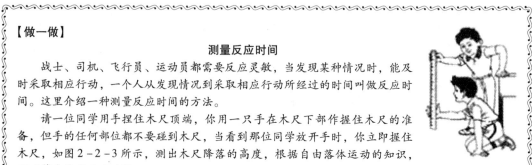

【做一做】

测量反应时间

战士、司机、飞行员、运动员都需要反应灵敏，当发现某种情况时，能及时采取相应行动，一个人从发现情况到采取相应行动所经过的时间叫做反应时间。这里介绍一种测量反应时间的方法。

请一位同学用手捏住木尺顶端，你用一只手在木尺下部作握住木尺的准备，但手的任何部位都不要碰到木尺，当看到那位同学放开手时，你立即握住木尺，如图 2-2-3 所示，测出木尺降落的高度，根据自由落体运动的知识，可以算出你的反应时间。

图 2-2-3

三、几种常见的力

提出问题

水为什么总是从高处流向低处？人在冰面上行走，为什么容易摔倒？

相关知识

（一）力

我们在初中学过，力是物体对物体的作用，产生力的作用时，总有两个物体。例如，马拉车，马对车施了力；磁铁吸铁，磁铁对铁施了力。当一个物体受到力的作用时，一定有另一个物体对它施加这种作用。施加力的作用的物体，叫做施力物体；受到力的作用的物体，叫做受力物体。缺少施力物体或缺少受力物体，都不会有力的作用。

在国际单位制中，力的单位是牛顿，简称牛，符号是 N。力不仅有大小，而且有方向。力的大小可以用弹簧秤测量出来。力的方向可以从它产生的作用来判断，马拉车的力向前，磁铁对铁球的吸引力指向磁铁的磁极。

研究力的问题时，力的大小和方向可以用一条带箭头的线段来表示。线段的长短按照一定比例来画，表示力的大小，箭头的指向表示力的方向，箭尾或箭头画在力的作用点上。这种表示力的方法，叫做力的图示。图 2－2－4 表示作用在弹簧秤上的力，方向水平向右，大小是 30N。

10N　　　　　　　　　　　　　　　　　$F=30N$

图 2－2－4　作用在弹簧秤上的力

力的种类比较多，下面重点介绍几种常见的力：重力、弹力和摩擦力。

（二）重力

由于地球的吸引而使物体受到的力叫做重力。地球上的一切物体都受到重力。

物体所受重力 G 的大小跟物体的质量 m 成正比，用公式表示就是：

$$G = mg \qquad (2-10)$$

式（2－10）中的 g 是重力加速度，就是前面讲到的自由落体加速度。

这个关系式表明，质量为 1kg 的物体受到的重力是 9.8N。同一物体在地球上不同位置所受的重力并不相同，一般来说，在地球两极受到的重力大，在赤道受到的重力小。平原和高山相比，在平原上受到的重力大，在高山上受到的重力小。

重力的方向总是竖直向下的。物体静止时对竖直悬挂它的绳子的拉力或对水平支持物的压力等于物体受到的重力，因此重力可以用弹簧秤测量，如图 2－2－5 所示。

重力的作用可以看作是集中在一点的，这一点叫做物体的重心。质量分布均匀的物体，如果其形状规则，重心就在它的几何中心上。例如，均匀球体的重心在球心，均匀圆环的重心在环心，均匀直棒的重心在中点。形状不规则、不均匀的物体的重心位置用悬挂法测定，如图 2－2－6 所示。

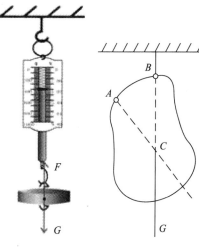

图 2－2－5　用弹簧秤测量重力　　**图 2－2－6　用悬挂法测定重心**

（三）弹力

物体在力的作用下会改变形状。例如，竹竿受力会变弯，弹簧受力会伸长或缩短。物体形状的改变叫做形变。发生了形变的物体，在一定限度内，仍能恢复原来的形状。这种能恢复原状的形变，叫做弹性形变。这个限度叫做弹性限度。超过了弹性限度，发生形变的物体就不能再恢复原状。

用手拉弹簧，使弹簧伸长，手会感到弹簧对手有拉力；用手压弹簧，使弹簧缩短，手会感到弹簧对手有压力。发生弹性形变的物体由于要恢复原状而对阻碍它的物体产生力的作用，这种力叫做弹力。

任何物体发生弹性形变时都要产生弹力，不过有些物体的形变通常很小，不容易被察觉，用网球拍击球时，拍网和球都发生弹性形变。拍网发生弹性形变，对网球产生弹力，同时，球也发生形变，对拍网也产生弹力，如图 2 - 2 - 7 所示。放在桌子上的书，压在桌面上，使桌面发生微小形变。发生形变的桌面对书产生向上的弹力，这就是桌面对书的支持力 F_2，如图 2 - 2 - 8 所示。可见，弹力发生在互相接触，并发生了弹性形变的物体之间。

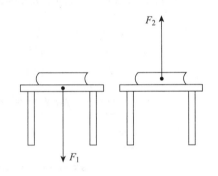

图 2 - 2 - 7　拍网产生弹力　　　　图 2 - 2 - 8　桌面对书的支持力

弹力的方向总是跟物体间的接触面垂直。

我们知道，弹力的大小跟物体的材料和形变的大小有关。在弹性限度内，形变越大，弹力也越大。例如，射箭时，弓拉得越满，形变越大，弹力也越大，箭射得越远。

实验表明，在弹性限度内，弹力的大小跟物体的形变的大小成正比。这个规律是英国物理学家胡克（1635—1703 年）在 1660 年发现的，叫做胡克定律。超过了弹性限度，弹力就不再跟形变的大小成正比，而且物体也不再能恢复原状。

$$F = kx \qquad\qquad (2 - 11)$$

弹簧秤是根据胡克定律制成的，每个弹簧秤都有一定的称量范围，不能用来称量过重的物体，这就是为了防止超过它的弹性限度。

（四）摩擦力

摩擦是常见的现象。例如，关闭发动机的汽车，在马路上行驶一段距离后总要停下来，原因之一就是汽车轮胎和马路之间有摩擦。

当一个物体在另一个物体表面上滑动的时候，要受到另一个物体阻碍它滑动的力，这种力叫做滑动摩擦力。

我们在初中学过，滑动摩擦力的大小跟两物体间的压力有关。大量实验表明：两个物体间的滑动摩擦力的大小跟这两个物体表面压力的大小成正比。如果用 F 表示滑动摩擦力的大小，用 FN 表示压力的大小，二者之间的关系可以用下面的公式来表示

$$F = \mu FN \qquad\qquad (2 - 12)$$

式中的 μ 是比例常数，叫做动摩擦因素，它的大小跟相互接触的材料有关，还跟接触面的光滑程度有关。在压力相同的情况下，滑动摩擦力的大小取决于材料间的动摩擦因素的大小。

物体所受滑动摩擦力的方向总是跟它发生滑动的方向相反，图 2－2－9 表示出了在地面上滑动的木块受到的滑动摩擦力的方向。

在日常生活中，有时会遇到这种情况：用力推箱子，但箱子没有被推动，箱子和地面间虽然有相对运动的趋势，但仍然保持静止。我们可以用实验模拟这个事实。在桌面上放一个木块，用弹簧秤去拉它，如图 2－2－10 所示，当拉力比较小时，木块和桌面间虽然有相对运动的趋势，但仍静止不动。从初中学过的二力平衡的条件可以知道，这时木块一定还受到一个跟拉力大小相等、方向相反的力，这个力就是桌面对木块的摩擦力 F。这种作用在有相对运动趋势但仍保持静止的物体上的摩擦力，叫做静摩擦力。

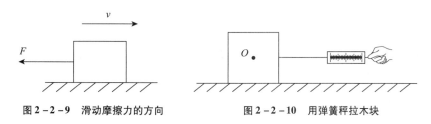

图 2－2－9　滑动摩擦力的方向　　　　图 2－2－10　用弹簧秤拉木块

逐渐增大对木块的拉力 F，如果木块仍旧保持不动，说明静摩擦力仍然跟拉力保持平衡。由此推知，静摩擦力的大小随着外力的增大而增大，随着外力的减小而减小。当拉力达到一定值时，静摩擦力不再随着增大，木块开始滑动。这表明静摩擦力不能无限制地增大，而有一个最大值。达到最大值的静摩擦力，叫做最大静摩擦力。静摩擦力的方向总是跟物体间相对运动趋势的方向相反。

我们经常可以看见，火车车轮在铁轨上滚动、汽车轮子在公路上滚动、篮球在地面上滚动，这种作用在滚动物体上的摩擦力叫滚动摩擦。搬运锅炉时，在它下面放不少粗铁棍推动，比不放铁棍推动要省力，可见滚动摩擦力比滑动摩擦力要小得多。

摩擦力的作用随处可见。例如，许多车辆采用摩擦达到减速的目的，这利用了摩擦力对物体相对运动的阻碍作用。手能拿住瓶子不滑落，织成布的纱线不散开，靠的是静摩擦力的作用。在粮库、码头安装的皮带运输机上，是靠货物和传送皮带间的静摩擦力来工作的，如图 2－2－11 所示。

图 2－2－11　滚动摩擦力

【想一想】
　　在日常生活中，哪些摩擦力是有利？哪些摩擦力是有害的？人们用什么方法来增大有利的摩擦？用什么方法来减小有害的摩擦？

　解释问题

重力的方向总是竖直向下的，高处的水主要受到重力的作用，所以水要从高处流向低处。人在冰面上行走，冰面较为光滑，与鞋之间的摩擦力较小，所以人容易摔倒。

　练习与思考

1. 怎样用力的图示法表示力？
2. 重力的大小和质量有什么关系？
3. 弹簧的弹力和弹簧的伸长有什么关系？
4. 滑动摩擦力的大小和什么因素有关？滑动摩擦力沿什么方向起作用？

5. 图 2 – 2 – 10 中物体质量为 10kg，动摩擦因素为 0.2，g 取 10 m/s^2，求当弹簧秤的拉力分别为 5N、10N、20N、25N 时摩擦力的大小。

四、力的合成与分解

提出问题

晒衣服的绳子拉紧绷直，即使挂上很少的衣服也容易把绳子压弯，为什么？

相关知识

（一）力的合成

一桶水，两个小朋友可以提起，一个大人也可以提起，这说明大人提水桶的力与两个小朋友提水桶的力的作用效果相同。如果一个力作用在物体上产生的效果跟几个力共同作用的效果相同，这个力就叫做那几个力的合力，而那几个力就叫做这一个力的分力。求几个已知力的合力，叫做力的合成，求一个已知力的分力，叫做力的分解。

1. 一条直线上的力的合成

当两个力沿着一条直线作用时，如果两个力的方向相同，合力的大小等于两个分力大小之和，合力的方向跟两个分力的方向相同；如果两个力的方向相反，合力的大小等于两个分力的大小之差，合力的方向跟分力中数值较大的那个分力的方向相同，如图 2 – 2 – 12 所示。

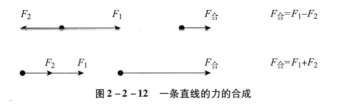

图 2 – 2 – 12　一条直线的力的合成

用公式表示为：

$$F_1 \text{ 与 } F_2 \text{ 同向，} F = F_1 + F_2 \text{（} F \text{ 与 } F_1 \text{、} F_2 \text{ 的方向相同）} \tag{2 – 13}$$

$$F_1 \text{ 与 } F_2 \text{ 反向，} F = F_1 - F_2 \text{（} F \text{ 与大的力的方向相同）} \tag{2 – 14}$$

2. 互成角度的力的合成

如果两个力互成一定角度，怎样确定它们的合力的大小和方向呢？

通过实验可以证明，互成角度的两个力的合力，能够用平行四边形定则得出：以表示这两个力的有向线段为邻边作平行四边形，经过这两条有向线段的交点的对角线就代表这两个力的合力，如图 2 – 2 – 13 所示。

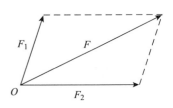

图 2 – 2 – 13　互成角度的力的合成

【想一想】

合力的大小是如何计算的？分力夹角 θ 越小，合力 F 怎样变化？

如果一个物体同时受到几个力的作用，要求这几个力的合力，可多次使用平行四边形定则。

平行四边形定则不仅是力的合成法则，也是一切矢量的合成法则，对位移、速度等都适用。

（二）力的分解

力的分解是力的合成的逆运算，根据力的等效原则和平行四边形定则，在知道已知两个分力的方向或已知一个分力的大小和方向的情况下，可以把力分解为唯一一对分力。

许多情况下分力的方向是可以判定的。例如，把两条互成角度的绳子挂起来，物体对绳子产生拉力 F（F 的大小等于物体所受的重力 G），F 作用的效果是使两根绳子被拉长。由此知道，沿着两绳伸长的方向有两个力 F_1 和 F_2，这两个力就是力 F 的两个分力。根据平行四边形定则，按一定比例作图，就可以求出这两个分力的大小，如图 2-2-14 所示。

又如，把物体放在斜面上，如图 2-2-15 所示，这时作用在物体上的重力产生两个作用：一个是物体压迫斜面使它发生微小形变，另一个作用是使物体沿斜面方向向下滑动。可见，重力 G 的两个分力：一个在垂直于斜面的方向，另一个在平行于斜面的方向。因此，从物体的重心 O 按一定比例画出重力 G，根据平行四边形定则，就可以求出两个分力 F_1 和 F_2。

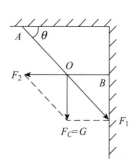

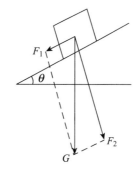

图 2-2-14　力的分解　　　　　　图 2-2-15　物体放在斜面上

这两个分力的大小，既可以按图用尺子量出，也可以计算出来。从图可以看出，当斜面的倾角是 θ 时，$F_1 = G\sin\theta$，$F_2 = G\cos\theta$。

当倾角 θ 增大时，物体对斜面的压力 F_1 减小，使物体沿斜面下滑的力 F_2 增大。

【想一想】
　　分力的方向是根据什么来判定的？

解释问题

在拉紧的绳子上晒衣服时，悬挂点两边的绳子会对衣服产生两个拉力，只有悬挂点有一定的下垂，这两个拉力的合力才可以与衣服的重力达到二力平衡。所以绳子拉得再直，晒衣服后也容易把绳子压弯。

练习与思考

1. 两个人共同提一桶水，要想省力，两人拉力间的夹角应该大些还是小些？你能用橡皮筋做个简单实验来证明你的结论吗？

2. 下面的说法哪个对？（　　　）
　　A. 合力一定比分力大　　　B. 合力一定比分力小　　　C. 合力可以比分力大，也可以比分力小

3. 一条船由两部拖拉机拉着通过一段河道。已知两部拖拉机的拉力大小相等，都是 2 000N，两力夹角是 60°，求这条船所受到的总拉力。

【做一做】
　　能不能用一个较小的力产生两个较大的分力？

五、牛顿运动定律

提出问题

汽车急刹车时，车上的乘客为什么会向前倾？篮球在草地上滚动，为什么最后会自己停下来？

相关知识

前面我们学习了怎样描述运动以及匀变速直线运动的规律，但是没有考虑物体为什么这样或那样运动，现在我们开始研究这个问题。

（一）牛顿第一定律

远在两千多年前，人们已经提出了运动和力的关系问题，这个问题直到牛顿（1643—1727 年）出现，才给出了正确的答案。

17 世纪以前，人们普遍认为力是维持物体运动的原因。用力推车，车子才前进，停止用力，车子就要停下来。古希腊的哲学家亚里士多德（前384—前322 年）根据这类经验事实得出结论说：维持物体运动需要力，必须有力作用在物体上，物体才能运动，没有力的作用，物体就要停下来。

在亚里士多德以后的两千年内，动力学一直没有多大进展，直到 17 世纪，意大利的著名物理学家伽利略才根据实验指出，维持物体运动不需要力。在水平面上运动的物体之所以会停下来，是因为受到摩擦阻力的缘故。设想没有摩擦，一旦物体具有某一速度，物体将保持这个速度继续运动下去。

牛顿在伽利略等人工作的基础上，根据他自己的研究，系统地总结了力学的知识，提出了三条运动定律，其中第一条定律是：一切物体总保持匀速直线运动状态或静止状态，直到有外力迫使它改变这种状态为止。

这就是牛顿第一定律。物体保持原来的匀速直线运动状态或静止状态的性质叫做惯性。牛顿第一定律又叫做惯性定律。

一切物体都具有惯性。若无外力作用，则静者恒静，动者恒动。任何静止的物体，如果没有外力作用，都不会自己运动起来；任何运动的物体，如果没有外力作用，都不会自己停止下来。惯性是物体的固有属性，惯性与物体所处的运动状态无关，与质量有关，质量大，则惯性大。

实际上不受外力作用的物体是没有的，处于平衡状态的物体是因为所受外力的合力为零，所以运动状态不能改变。

物体的惯性对人们有时有利。例如，物体能够抛向前方，靠的就是物体的惯性；驾驶摩托车能越过壕沟，也是利用了物体的惯性；另一方面，惯性也会给人们带来危害。例如，幼儿园里的小朋友在奔跑时，脚碰到障碍物上停止了运动，上身由于惯性还继续向前，于是就会向前跌倒。如果幼儿踩在果皮上向前滑去，上身由于惯性还保持在原来的位置，也会跌倒。游戏场中的大型玩具，由于惯性不能很快停止，也可能伤人，要注意防止这类事故。

【想一想】

生活中还有哪些利用惯性和防止惯性产生有害作用的例子？

（二）牛顿第二定律

运动状态的改变是指物体运动速度的大小和方向发生了变化，或其中之一发生了改变。从牛顿第一定律人们知道，维持物体的运动状态不变，并不需要力，改变运动状态才需要力，或者说，力是使物体产生加速度的原因。那么，物体产生的加速度跟它受到的力有什么关系呢？此外，加速度的大小还跟什么因素有关系呢？

从生活经验人们知道，推小车时，如果用的力大，小车在短时间内就能从静止达到较大的速度，也就是产生较大的加速度；如果用的力小，产生的加速度就小，这表明，物体受到的力越大，物体的加速度也就越大。并且，静止的小车受到哪个方向的力，它就向哪个方向加速运动，这说明，加速度的方向跟力的方向是相同的。

如果用同样的力推两辆静止不动的车，一辆是空车，质量小，另一辆装满了东西，质量大，我们就会知道，质量小的车产生的加速度大，质量大的车产生的加速度小。可见，物体产生的加速度还跟它的质量有关系。

牛顿通过实验发现：物体的加速度跟所受的作用力成正比，跟它的质量成反比。这就是牛顿第二定律。

上面的比例关系写成等式就是

$$a = k\frac{F}{m} \tag{2-15}$$

也可以写成

$$F = kma \tag{2-16}$$

式中 k 是比例常数，它的值决定于公式中各量所用的单位。

在国际单位制中，质量的单位是千克（kg），加速度的单位是米每二次方秒（m/s²）。根据上述公式可以规定力的单位：使质量是 1kg 的物体产生 1m/s 的加速度所需的力，定义为力的单位，叫做牛顿，符号是 N。即：$1N = 1kg \cdot m/s^2$。

这样，在国际单位制中，牛顿第二定律公式中的比例系数 $k = 1$，于是公式可以简化为

$$F = ma \tag{2-17}$$

牛顿第二定律指明了运动和力的关系，我们分析运动现象时，首先要分析它所受的力。当物体不受力的作用或所受的合力等于零时，物体就由于惯性而保持静止或做匀速直线运动；当物体所受的合力不等于零时，它就要在合力的方向上产生加速度，加速度的大小为 $a = F/m$，对于一定质量的物体，当力不变时，加速度也不变，当力发生变化时，加速度也立即变化。

如果相同的力作用在质量不同的物体上，根据牛顿第二定律知道，产生的加速度跟物体的质量成反比，即质量大的物体产生的加速度小，质量小的物体产生的加速度大，这就是说，质量大的物体不容易改变它的运动状态，它保持原有运动状态的惯性大，可见，物体质量的大小，能够表示物体惯性的大小，或者说，质量是物体惯性大小的量度。

【想一想】
　　歼击机在战斗前要抛掉副油箱是为什么？

从牛顿第二定律人们可以找出物体的质量跟它所受重力之间的关系。质量为 m 的物体在重力 G 的作用下自由下落时，产生的加速度就是自由落体加速度 g。由于这个加速度是在重力作用下产生的，所以又叫重力加速度。它的方向跟重力的方向相同，是竖直向下的。由于在地面上不太高的范围内，重力 G 的大小可以认为是不变的，所以自由落体运动是匀加速直线运动。用 g 表示重力加速度，根据牛顿第二定律得：$G = mg$。这就是人们早已熟悉的关系。

【例题】一辆装满货物的汽车，总质量是 $6 \times 10^3 kg$，牵引力大小不变，为 $2.4 \times 10^3 N$，从静止开始运动。如果阻力可以忽略，20s 后的速度是多大？

解：由于汽车的牵引力不变，汽车做匀加速直线运动。根据牛顿第二定律，从汽车的牵引力和它的总质量可以求出加速度。再根据匀变速直线运动的速度公式和位移公式，就可以求出它在 20s 后的速度。

由 $F = ma$ 得汽车的加速度：

$$a = F/m = （2.4 \times 10^3 \text{N}） / （6 \times 10^3 \text{N}） = 0.4 （\text{m}/\text{s}^2）$$

于是汽车在 20s 末的速度：

$$V = at = 0.4 \text{m}/\text{s}^2 \times 20\text{s} = 8 （\text{m}/\text{s}）$$

所以，汽车在 20s 后的速度是 8m/s。

【例题】 在公路上以 80N 的力推手推车时，手推车匀速前进；以 120N 的力推它时，手推车产生0.1m/s 的加速度。求手推车的质量。

解： 以 80N 的力推手推车，手推车匀速前进，这表明这时手推车的运动受到了阻力，阻力的大小是 80N；以 120N 的力推它时，可以认为手推车受到的阻力仍然是 80N，于是合力就是 120N 和 80N 的差。知道了合力，根据牛顿第二定律，可以求出手推车的质量：

$$m = \frac{F}{a} = \frac{（120 - 80）\text{N}}{0.1 \text{m}/\text{s}^2} = 400 （\text{kg}）$$

（三）牛顿第三定律

如果你穿着布鞋，用脚尖猛踢足球，脚对球的作用力会使球飞向远处，但也使你的脚尖疼得不敢着地，如图 2 - 2 - 16 所示。用手拉弹簧，弹簧受到手的拉力，手也受到弹簧的拉力。在平静的湖面上，如果人在一只船上用力推另一只船，在另一只船受到推力远离的同时，自己的船也会向相反的方向运动。滑过冰的同学可能经验更多，穿着旱冰鞋的两个同学，不论谁推谁，两个人都同时被推动，如图 2 - 2 - 17 所示。

图 2 - 2 - 16　用脚踢足球

图 2 - 2 - 17　穿旱冰鞋的同学互推

通过观察和实验表明，在两个物体之间，力的作用总是相互的。一个物体对另一个物体有力的作用，另一个物体一定同时对这个物体也有力的作用。两个物体间相互作用的这一对力，叫做作用力和反作用力。我们可以把其中任何一个力叫做作用力，而把另一个力就叫做反作用力。

作用力和反作用力之间存在什么关系呢？请同学自己做实验来研究一下。

两个同学一组，用两个弹簧秤分别做以下实验，如图 2 - 2 - 18 所示，每次实验中可以改变拉力的大小，同时观察两个弹簧秤的示数。

从实验中可以看到，不论哪一种情况，两个弹簧秤的示数总是同时出现，同时消失，并且示数相同。这表明，弹簧秤 A 拉弹簧秤 B 的同时，弹簧秤 B 也拉弹簧秤 A。这两个力分别作用在两个物体上，总是同时出现，同时消失，并且大小相等。再注意一下这两个力的方向，就知道它们是相反的，而且作用在一条直线上。

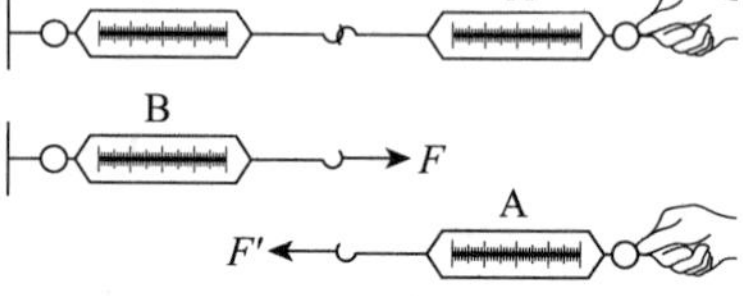

大量实验表明：物体之间的作用力和反作用力的大小相等、方向相反，作用在一条直线上。这就是牛顿第三定律。

图 2 - 2 - 18　弹簧实验

为了方便，常常用 F 表示作用力，用 F' 表示反作用力，于是，这两个力的关系表示为：

$$F = -F'$$

式中的负号表示它们的方向相反。

牛顿第三定律在实际中应用很广。人走路时用脚蹬地，脚对地面施加一个向后的作用力，地面同时也给人一个大小相等的向前的反作用力，使人前进。轮船的发动机带动螺旋桨高速旋转时，螺旋桨对水施加一个向后的作用力，水同时也给船一个大小相等的向前的反作用力，使船前进。

应用牛顿第三定律分析物体的运动时要注意，作用力和反作用力不能相互抵消，因为它们分别作用在两个物体上，不是作用在同一个物体上的一对平衡力，如图 2 - 2 - 19 所示。

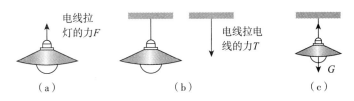

图 2 - 2 - 19　作用力与反作用力

【想一想】
　　作用力和反作用力总是大小相等、方向相反，作用在一条直线上，这两个力是相互平衡的力吗？

解释问题

汽车急刹车时，车上的乘客会向前倾，这是因为汽车已经停止，乘客的下半身随车停止，而上半身由于惯性还要以原来的速度前进。篮球在草地上滚动最后会自己停下来，这是因为草地对篮球的摩擦力产生了一个减速度。

练习与思考

1. 运动员带球前进，遇到对方运动员铲球常常会被绊倒，你能解释这种现象吗？

2. 用棍敲打晾在绳子上的毛毯，会使毛毯上的灰尘掉下来，这是为什么？

3. 公安交通部门规定，在各种小型车辆前排乘坐的人必须系好安全带。为什么要这样规定呢？请从物理学的角度加以说明。

4. 假若摩擦力可以忽略，小球在斜面上向下的运动是匀速运动还是匀加速运动？它滚到平面上以后又将做什么运动？为什么？

5. 根据牛顿第二定律，怎样论证自由落体运动是匀加速运动？

6. 滑冰运动员的质量是 50kg，停止蹬冰后以 10h/s 的速度开始在冰上滑行。如果运动员受到的阻力是 30N，他的加速度是多大？能滑行多远？

7. 质量为 70kg 的人站在电梯上，电梯以 $0.5m/s^2$ 的加速度上升，求电梯对人的支持力。

8. 小木块从 1m 长、0.4m 高的斜面顶端滑下，动摩擦因数是 0.2，它滑到下端时的速度是多大？

9. 挂在绳子下端的物体处于静止状态，有同学认为这是因为绳子向上拉物体的力跟物体向下拉绳子的力大小相等、方向相反。这种看法对吗？为什么？

10. 用牛顿第三定律判断下列说法是否正确：

　　A. 走路时，只有地对脚的反作用力大于脚蹬地的作用力时，人才能前进

　　B. 你站在地上不动，你对地面的压力和地面对你的支持力是大小相等，方向相反的

　　C. 卵击石，石头没有损伤而卵被击破了，是因为卵对石头的作用力小于石头对卵的作用力

　　D. A 静止在 B 上，A 的质量是 B 的质量的 100 倍，所以 A 作用于 B 的力大于 B 作用于 A 的力

11. 静止在水平桌面上的物体受到两个力的作用，这两个力的反作用力各作用在什么物体上？在这四个力中，哪两个力是作用力和反作用力？哪两个力是相互平衡的力？

六、动量和冲量

提出问题

打开新买的电视机的包装箱，你会发现里面放了发泡塑料固定电视机，这是什么道理呢？

相关知识

早在牛顿运动定律建立之前，人们就发现：一个物体对另一个物体的作用效果，不仅与它的速度有关，还与它的质量有关。例如，从同一高度自由落下两块质量不同的石头，落地速度相同，但质量大的石头把地砸陷得较深；从不同高度自由落下两块质量相同的石头，落地速度不同，但落地速度大的石头把地砸陷得较深。可见，物体对物体的作用效果是由物体的质量和速度两个因素决定的。

（一）动量

在物理学中，把质量和速度的乘积，叫做动量，用 p 表示，单位为 kg·m/s，动量是矢量，它的方向和速度的方向相同。公式：

$$p = mv \tag{2-18}$$

（二）冲量

物体在力的作用下经过一段时间后，其速度将发生一定的变化，动量也将发生一定的变化。力越大，力的作用时间越长，速度变化就越大，动量变化也越大。可见，物体动量的变化，既与物体所受的力有关，也与力的作用时间有关。在物理学中，把力和力的作用时间的乘积，叫做冲量，用 I 表示，单位为 Ns，冲量是矢量，它的方向和力的方向相同。公式：

$$I = Ft \tag{2-19}$$

（三）动量定理

物体动量变化与它所受的冲量之间有什么关系呢？如图 2-2-20 所示，设质量为 m 的物体，在光滑的水平面上受到一个水平恒力 F 的作用，经过时间，物体的速度由 v_0 变为 v_t，则物体的加速度 $a = \dfrac{v_t - v_0}{t}$，由牛顿第二定律 $F = ma = m\dfrac{v_t - v_0}{t}$ 可得：$Ft = mv_t - mv_0$，即：物体所受合外力的冲量等于物体动量的变化，这个结论叫做动量定理。当物体所受合外力是变化的时候，动量定理也适用，公式中的 F 为平均合外力。

图 2-2-20　动量定理

从动量定理可以看出，当物体动量的变化一定时，力的作用时间越短，则作用力越大。反之，力的作用时间越长，则作用力越小。所以可以采用延长力的作用时间的方法来减小力的冲击作用。例如，人从高处往下跳，着地时两腿总是先弯曲然后逐渐伸直；搬运易碎物品时，总是在箱子里放上许多纸屑刨花、发泡塑料等东西，这都是为了延长力的冲击时间，减小力的冲击作用。

（四）动量守恒定理

设质量为 m_1、m_2 的两个小球，在光滑的水平面上发生碰撞，碰撞前 m_1、m_2 的速度分别为 v_1、v_2，碰撞

后 m_1、m_2 的速度分别变为 v'_1、v'_2。如果碰撞过程中 m_1 对 m_2 的冲击力为 F_{12}，对 m_1 的冲击力为 F_{21}，碰撞时间为 t，对 m_1、m_2 两球分别用动量定理，则：

$$F_{12} = tZv'_2 - m_2 v_2, F_{21}t = m_1 v'_1 - m_1 v_1 \qquad (2-20)$$

又根据牛顿第三定律：$F_{12} = -F_{21}$，于是推算可得到动量守恒定理：

$$m_1 v_1 + m_2 v_2 = m_1 v'_1 + m_2 v'_2 \qquad (2-21)$$

即：对于两个物体组成的物体系统，如果系统不受外力或所受合外力为零时，这个系统的总动量就保持不变。

事实证明，在自然界中，大到天体的相互作用，小到质子、电子、中子等基本粒子的相互作用，都遵循动量守恒定理。

对于多个物体组成的物体系统，不管这些物体碰撞时运动的方向是否在同一直线上，只要系统不受外力或所受外力为零，动量守恒定理都适用。当系统所受合外力远远小于系统物体间的相互作用力时，则可忽略外力，可近似地应用动量守恒定理来处理。

（五）反冲运动

根据动量守恒定律，如果一个原来静止或运动的物体系统，由于内力的作用分裂成两部分：一部分以一定的速度离开向某方向运动，另一部分必然向相反方向运动。这种现象称为反冲运动。例如，射击时枪身后退，发射炮弹时炮身后退，手榴弹爆炸，爆竹向下喷气而升高，火箭发射等都是反冲运动。反冲运动中，物体之间的相互作用力常为变力且较大，一般都满足内力≫外力，所以反冲运动可用动量守恒定理处理。

🔆 解释问题

在动量一定的情况下，为了减小力的作用，就要延长力的作用时间，这种方式叫做缓冲。在电视机的包装箱里面放发泡塑料，在搬运电视机时可延长力的作用时间，减小对电视机的作用力，保护电视机。生活中，像这样利用缓冲来减小力的作用的例子有很多，如在玻璃器皿的包装中放纸屑、刨花或发泡塑料，轮船码头上装有橡胶轮胎等。

🔆 练习与思考

1. 下列现象属于反冲现象的是（　　　）
   A. 喷气式飞机的运动　　　B. 直升机的运动　　　C. 火箭的运动　　　D. 反击式水轮机的运动

2. 向空中发射一物体，不计空气阻力，当此物体的速度恰好沿水平方向时，炸裂成 a、b 两块，若质量较大的 a 块的速度方向仍沿原来的方向，则（　　　）
   A. b 的速度方向一定与原来的方向相反
   B. 在炸裂过程中，a、b 受到爆炸力的冲量一定相等
   C. 从炸裂到落地的这段时间里，a 飞行的距离一定比 b 大
   D. a、b 一定同时到达水平地面

3. 质量为 100kg 的小船载有质量分别为 $m_1 = 40\text{kg}$，$m_2 = 60\text{kg}$ 的两个人静止在船上，当两人从小船两头均以 4m/s（相对于地）的速度反向水平跃入水中，这时船的速度、大小、方向如何？

4. 一门旧式大炮水平射出一枚质量为 10kg 的炮弹，炮弹飞出的速度为 500m/s，炮身的质量是 200kg，则炮身后退的速度大小是多少？

5. 水平方向射击的大炮，炮身重 450kg，炮弹重为 5kg，炮弹射击的速度是 450m/s，射击后炮身后退的距离是 45cm，则炮受地面的平均阻力为多大？

6. 步枪的质量为 4kg，子弹的质量为 0.008kg，子弹从枪口飞出时的速度为 700m/s，请计算：
   （1）枪身后退的速度是多少？
   （2）战士抵住枪托，枪身与战士的作用时间为 0.05s，求战士受到的平均冲力有多大？

7. 长为 L、质量为 M 的小船停在静水中，一个质量为 m 的人立在船头。不计水的阻力，当人从船头走到船尾的过程中，船相对于地面的位移是多少？

七、曲线运动

提出问题

汽车转弯时，为什么乘坐的人会感到身体向外甩？
天上的人造地球卫星为什么不会掉下来？

相关知识

物体的运动轨迹常常是曲线。物体沿曲线的运动叫曲线运动。当物体所受合外力的方向与它的速度方向不在同一条直线上时，物体将做曲线运动。做曲线运动的物体在某点的瞬时速度方向，为曲线在该点的切线方向。如转动雨伞，雨伞上的水会沿圆周的切线方向飞出去。

曲线运动常常是比较复杂的运动。物理学中常把比较复杂的运动看作是两个或两个以上比较简单运动组成的合运动。

（一）抛体运动

以一定的初速度抛出物体的运动叫抛体运动。若初速度的方向是竖直向上的，物体就做竖直上抛运动，其运动轨迹是直线；若在某一高度，初速度的方向是水平的，物体就做平抛运动；若在某一高度，初速度的方向既不竖直也不水平，物体就做斜抛运动。平抛运动和斜抛运动的轨迹是曲线。在不计空气阻力时，抛体在空中只受重力作用，其加速度为重力加速度 g，所以抛体运动是匀变速运动。生活中扔出去的石头、抛出去的篮球都在做抛体运动，如图 2 - 2 -21 所示。

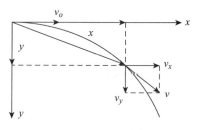

图 2 - 2 -21　抛物运动

实验表明，在不计空气阻力时，平抛运动可分解为水平方向和竖直方向上的两个分运动，在水平方向上，物体不受力，物体由于惯性而做匀速直线运动，水平方向的分速度就是平抛运动的初速度；在竖直方向上，物体受到重力的作用，且竖直方向的初速度为零，加速度为重力加速度 g，物体做自由落体运动。

1. 平抛运动规律

速度公式：　　　　　　　$v_x = v_o \qquad v_y = gt \qquad v = \sqrt{v_x^2 + v_y^2}$。

位移公式：　　　　　　　$x = v_x t \qquad y = \dfrac{1}{2}gt^2 \qquad s = \sqrt{x^2 + y^2}$。

2. 斜抛运动

同理，斜抛运动也可分解为水平方向和竖直方向上的两个分运动，在水平方向上，物体不受力，物体由于惯性而做匀速直线运动，其速度就是平抛运动的初速度在水平方向的分速度；在竖直方向上，物体做竖直上抛或下抛运动。

【想一想】

斜抛运动规律怎样推导？

探究与实验

小强要参加校运会的铅球比赛，要怎样才能把铅球推得远呢？他猜想：铅球落地的距离可能与铅球出手时的速度大小有关，还可能跟速度方向与水平面夹角有关。于是小强和小明一起进行了如下探究：

（1）他们用如图 2 - 2 - 22（a）所示的装置做实验，将容器放在水平桌面，让喷水嘴的位置不变，但可以调节喷水枪的倾角，并可通过开关来控制水喷出的速度大小。

如图 2 - 2 - 22（b）所示，首先让喷水嘴的方向不变（即抛射角不变），然后他们做了 3 次实验：第一次让水的喷水速度较小，这时水喷出后落在容器的 A 点；第二次，让水的喷水速度稍大，水喷出后落在容器的 B 点；第三次，让水的喷出速度最大，水喷出后落在容器的 C 点。他们经过分析得出如下结论：_____。

（2）控制开关，让水喷出的速度不变，让水沿不同方向喷出，又做了几次实验，如图 2 - 2 - 22（c）所示。他们将记录的数据画在坐标轴上，得到一条水的水平射程 s 与抛射角 θ 之间的关系曲线，如图 2 - 2 - 22（d）所示。从曲线中可以看出，当铅球抛出的速度一定时，抛射角为_____时，抛射的距离最大。从曲线中，你还可以得出的信息是：_____。

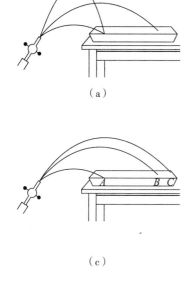

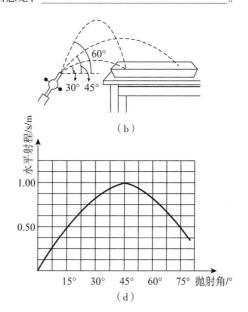

图 2 - 2 - 22　推铅球

（3）我们还有哪些体育运动中应用到上述结论的例子，请你举一例：_____。

上述的讨论中我们没有考虑空气阻力，此时抛体运动的轨迹叫抛物线。实际上，抛体运动总要受到空气阻力的影响。在初速度比较小时，空气阻力可以不计；但是在初速度很大时，空气阻力的影响是很明显的。在图 2 - 2 - 23 中，炮弹实际弹道曲线就与抛物线差距较大。

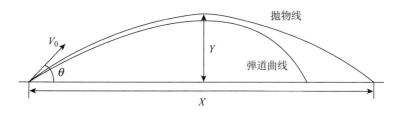

图 2 - 2 - 23　炮弹实际弹道曲线与抛物线差距

（二）圆周运动

物体在以某点为圆心，以半径为 r 的圆周上运动时，其轨迹是圆周的运动，叫"圆周运动"。它是一种最常见的曲线运动。例如，人造卫星跟随其轨迹转动、用绳子连接着一块石头并打圈挥动、电动机转子、车轮、皮带轮等都做圆周运动。在圆周运动中，最常见和最简单的是匀速圆周运动，其特征是速度的大小保持不变，只是速度的方向不停地变化，因而它在任意相等的时间间隔内通过的弧长都相等。电风扇转动时，叶片上的每一点的运动都是匀速圆周运动。

1. 线速度和角速度

物体沿圆周运动通过的弧长 s 与所用的时间 t 的比值叫做线速度，即：

$$v = \frac{s}{t} \qquad\qquad (2-22)$$

其方向为圆周上某点的切线方向。

线速度 v 可描述物体沿圆周运动的快慢，也可以用半径 r 转过的圆心角 φ 与所用时间 t 的比值即角速度来描述物体沿圆周运动的快慢。角速度：

$$\omega = \frac{\varphi}{t} \qquad\qquad (2-23)$$

其单位为弧度每秒（rad/s）。

2. 周期和频率

做匀速圆周运动的物体运动一周所用的时间叫周期，用 T 表示。周期 T 长，说明物体运动得慢；周期 T 短，说明物体运动得快。周期的倒数叫频率，用 f 表示，单位为赫兹（Hz），从另一个角度来说，频率为做匀速圆周运动的物体 1s 内运动的圈数。

对于做匀速圆周运动的物体来说，$v = \dfrac{s}{t} = \dfrac{2\pi r}{T}$，$\omega = \dfrac{\varphi}{t} = \dfrac{2\pi}{T}$，则：

$$v = \omega r,\ T = \frac{1}{f} \qquad\qquad (2-24)$$

3. 向心力

物体做匀速圆周运动时，虽然速度的大小保持不变，但是速度的方向却在不停地变化，可见它受到了力的作用。由于这个力没有改变速度的大小，说明这个力在速度方向的分力为零，即它的方向是跟速度的方向垂直且指向圆心的，这个使物体做匀速圆周运动的力叫做向心力。

如图 2-2-24 所示，在光滑水平桌面上的 O 点固定一根钉子，绳子一端套在钉子上，另一端系一小球 A，当小球 A 在桌面上做匀速圆周运动时，它所受到的绳子的拉力就是它的向心力，方向沿半径指向圆心。

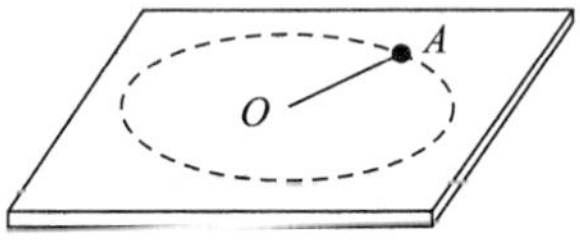

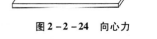

图 2-2-24　向心力

实验可证明，匀速圆周运动所需向心力的大小为：

$$F = mr\omega^2 = m\frac{v^2}{r} \qquad\qquad (2-25)$$

4. 向心加速度

做匀速圆周运动的物体，在向心力 F 的作用下必然要产生一个加速度，这个加速度的方向与向心力的方向相同，总指向圆心，叫做向心加速度。由牛顿第二定律 $F = ma$ 可知：

$$a = \frac{F}{m} = r\omega^2 = \frac{v^2}{r} \qquad\qquad (2-26)$$

对于某一确定的匀速圆周运动来说，m、r、v、ω 的大小都是不变的，所以向心力和向心加速度的大小不变，但它们的方向却时刻在改变。

【想一想】

火车过弯道，实际上是做圆周运动，为什么设计成外轨比内轨稍高？

5. 离心现象

做圆周运动的物体，由于惯性，总有沿着切线方向飞出去的趋势，它之所以没有离开圆周，是因为受到足够大的向心力的作用，使它与圆心的距离保持不变。一旦向心力突然消失，物体就沿切线方向飞去。除了向心力突然消失这种情况，在合力不足以提供所需的向心力时，物体虽然不会沿切线飞去，也会逐渐远离圆心。这种做匀速圆周运动的物体在向心力不足或突然消失时，将逐渐远离圆心的运动叫离心运动。如运动员投出去的链球，转动的雨伞上的雨水都是离心运动。

【想一想】

　　车过弯道速度过快，为什么容易发生事故？

6. 人造地球卫星

地球对周围的物体有引力的作用，因而抛出的物体要落回地面上。在高山上用不同的水平速度抛出，抛出的初速度越大，物体就会飞得越远。当速度足够大时，物体就永远不会落回地面，它将围绕地球旋转，成为一颗绕地球运动的人造地球卫星。

牛顿在 1687 年发现了万有引力定律：自然界中任何两个物体之间都存在着相互吸引力，引力的大小跟这两个物体的质量的乘积成正比，跟它们的距离的二次方成反比。即：

$$F = G\frac{m_1 m_2}{r^2}, \quad G = 6.67 \times 10^{-11}（N \cdot m^2/kg） \tag{2-27}$$

如太阳对地球的万有引力为 3.56×10^{22} N，这个力大得惊人，可将直径为 9m 的钢柱拉断。

人造地球卫星绕地球运动可近似地认为是匀速圆周运动，地球对它的万有引力等于它做匀速圆周运动的向心力。

即：$G\dfrac{Mm}{r^2} = m\dfrac{v^2}{r}$，可解得：$v = \sqrt{\dfrac{GM}{r}} = \sqrt{\dfrac{6.67 \times 10^{-11} \times 6 \times 10^{24}}{6.4 \times 10^6}} = 7.9（km/s）$

这就是第一宇宙速度。人造地球卫星绕地球做匀速圆周运动的有关公式为：

$$G\frac{Mm}{r^2} = m\frac{v^2}{r} = mr\omega^2 = mr\left(\frac{2\pi}{T}\right)^2 = mg \tag{2-28}$$

解释问题

汽车转弯时，乘客的身体由于惯性将做离心运动，所以会感到向外甩。

人造地球卫星受到地球对它的万有引力，这提供了它绕地球旋转的向心力，所以天上的人造地球卫星不会掉下来。

练习与思考

1. 一同学从某一高度将一石子水平抛出，一战士同时将一发子弹从同一高度水平射出，石子和子弹哪一个先落回地面？（空气阻力不计）

2. 以 250m/s 的速度水平飞行的飞机，在 490m 的高度投弹，求爆炸点与投弹点的水平距离。

3. 高处挂着一只玩具布猴，用弹簧枪瞄准它射击。如果子弹射出时，布猴恰好开始自由下落，子弹能打中它吗？为什么？

4. 在匀速转动的唱片上的橡皮受几个力的作用？向心力是谁？

5. 如图 2-2-25 所示，请分析向心力的来源。

6. 已知地球的半径是 6.4×10^3 km，求地球的质量。

7. 一辆质量为 2×10^3 kg 的汽车在水平公路上行驶，经过 $r = 5m$ 的弯道时，v

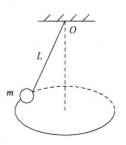

图 2-2-25　向心力的来源

=72km/h，它会发生事故吗？（已知车轮与路面的最大摩擦力 $F_f = 1.4 \times 10^4$ N）

8. 如果游乐场的翻滚过山车的轨道半径是10m，车速至少要多大，才能从轨道顶部翻滚过去？

八、单摆

提出问题

小朋友在荡秋千的时候，秋千每来回摆动一次所用时间为什么差不多？

相关知识

单摆是一种振动。自然界有许多振动现象，树梢在微风中的摆动、浮标在水面的上下浮动等都是振动。一切发声的物体，如说话时的声带、小提琴演奏时的琴弦等，也都在振动着。最简单、最基本的振动是简谐运动。

（一）简谐运动

如图 2 - 2 - 26 所示，把一个有孔的小球跟细弹簧的一端连在一起，穿在光滑的水平杆上，弹簧的另一端固定，小球可在杆上滑动，这种装置叫弹簧振子。若将小球从 O 点拉到 A 点静止释放，就可看见小球在杆上来回振动。这就是简谐运动。

小球在杆上来回振动时，始终受到一个指向平衡位置 O 点的力，即弹簧对它的拉力，这力叫回复力。物理学上规定：振动中的位移是指物体相对于平衡位置的位移，即始终以平衡位置 O 点为小球的位移的起点。根据胡克定律，在弹簧发生弹性形变时，小球受到的回复力 F 跟它对于平衡位置的位移 x 成正比，即：

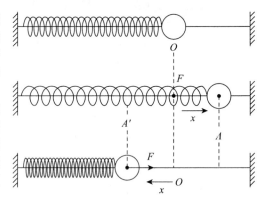

图 2 - 2 - 26　简谐运动

$$F = -kx \qquad (2-29)$$

式中 k 为弹簧的劲度系数，负号表示 F 与 x 反向。物体在跟位移大小成正比，并且总是指向平衡位置的回复力的作用下的振动，叫做简谐运动。图 2 - 2 - 26 中弹簧振子完成一次全振动是指弹簧振子从 $A—O—A'—O—A$ 这一振动过程。

【想一想】

弹簧振子在一次全振动过程中，回复力 F、位移 x、加速度 a、速度 v 怎样变化？

由上可知：弹簧振子的简谐运动具有周期性，那么它的振动规律又是怎样的呢？

如图 2 - 2 - 27 所示，如果我们用一束平行光去照射在竖直平面内做匀速圆周运动的小球，可以发现小球的投影在屏上来回振动的情况与图 2 - 2 - 26 中小球在杆上来回振动的情况一样。即：匀速圆周运动的投影是简谐运动。设质量为 m 的小球做匀速圆周运动的角速度为 ω，半径为 $r = A$，则周期：

$$T = \frac{2\pi}{\omega} \qquad (2-30)$$

向心力 $F = mA\omega^2$，这个向心力在屏上的投影（即水平方向分力），就是小球的投影在屏上做简谐运动的回复力：

$$F = mA\omega^2 \cos\theta \qquad (2-31)$$

设当小球的投影在图中 A 点时，开始计时，则：$OC = OB\sin\theta$，$\theta = \omega \cdot t$，所以小球的投影做简谐运动的位移：

$$x = A\cos\omega t$$

则小球的投影在屏上做简谐运动的回复力大小为：

$$F = kx = kA\cos\omega t \qquad (2-32)$$

由式（2－31）和式（2－32），可知：$\omega = \sqrt{\dfrac{k}{m}}$ ，所以，图 2－2－26 中

小球做简谐运动的周期公式为：$T = \dfrac{2\pi}{\omega} = 2\pi\sqrt{\dfrac{m}{k}}$ 。

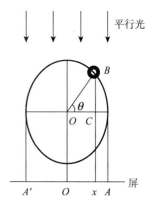

图 2 - 2 - 27　投影和振动情况

（二）单摆

生活中，我们经常可以看到挂在线上的物体，在竖直平面内摆动，如小朋友在荡秋千等，这种摆动是一种什么运动呢？

如图 2－2－28 所示，如果悬挂小球的细线的伸缩和质量可以忽略，线长又比小球的直径长得多，那么这样的装置就叫做单摆。

设单摆在摆角 $\theta < 5°$ 时摆动，摆长为 l。将小球的重力沿摆线方向和垂直摆线的方向分解为两个分力 $mg\cos\theta$ 和 $mg\sin\theta$。

其中 $mg\sin\theta$ 就是小球来回摆动的回复力 F，即：$F = mg\sin\theta$，当 $\theta < 5°$ 时，$\sin\theta \approx \theta$，$\theta \approx \dfrac{x}{l}$ ，则：

$$F = mg\sin\theta \approx mg\theta \approx mg\,\frac{x}{l} = \frac{mg}{l}x$$

令 $k = \dfrac{mg}{l}$ 为一常数（因为对于一个确定的单摆，m、g、l 是确定的）。

又因为 F 与 x 方向相反，则 $F = -kx$，所以单摆在摆角很小时，其振动可看成简谐运动。

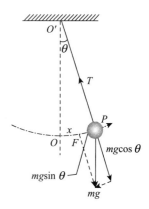

图 2 - 2 - 28　单摆

其周期 $T = 2\pi\sqrt{\dfrac{m}{k}} = 2\pi\sqrt{\dfrac{m}{mg/l}} = 2\pi\sqrt{\dfrac{l}{g}}$ ，即：$T = 2\pi\sqrt{\dfrac{l}{g}}$ ，与摆

球的质量 m 和振幅 A（最大振动位移）无关，单摆的这个性质叫做单摆的等时性。

【想一想】
　　怎样用单摆来测定各地的重力加速度。

解释问题

小朋友在荡秋千的时候，只要悬挂秋千的绳长不改变，秋千每来回摆动一次所用的时间就差不多。

练习与思考

1. 单摆原来的周期是 2s，在下列情况下，周期有无变化？如有变化，变为多少？

（1）摆长减为原来的 $\dfrac{1}{4}$ 。

（2）摆球的质量减为原来的 $\dfrac{1}{4}$ 。

（3）振幅减为原来的 $\dfrac{1}{4}$ 。

（4）将摆移到另一个星球上，自由落体的加速度减为原来的 $\frac{1}{4}$。

2. 用摆长为 24.8cm 的单摆来测定某地的重力加速度，测得完全 120 次全振动所用时间为 120s，求该地的重力加速度。

第二节　沉和浮

本节学习要点

● 学习浮力的基础知识，知道浮力产生的原因；
● 学习阿基米德原理，了解影响浮力大小的因素。

本节学习意义

● 通过本节学习，能够理解物体的浮沉条件；
● 能解释有关物体浮沉的现象，了解浮力在生产、生活中的应用。

提出问题

石块放入水中，沉下去了；木块放入水中，浮起来了。物体的沉浮现象与什么有关呢？铁块在水中是沉的，为什么钢铁造的轮船并装载了货物却能浮在水面上？

相关知识

（一）浮力及其方向

如图 2 - 2 - 29 所示，把手放入水中，感到水对手有向上的托力。如图 2 - 2 - 30 所示，游泳的人可浮在水面上，也感到水对人有向上的托力。像这样，浸在液体中的物体受到液体向上的托力，这个向上的托力叫浮力。

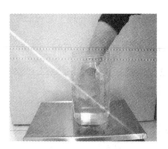

图 2 - 2 - 29　手放入水中

图 2 - 2 - 30　游泳的人浮在水面上

（二）下沉的物体受到的浮力

如图 2 - 2 - 31 所示，用弹簧秤测铁块 A 在空气中的重力 $G = 4N$，再将铁块浸入水中，发现弹簧秤示数减小为 $F = 3N$，说明铁块受到一个向上的力，即浮力：

$$F_浮 = G - F = 1N。$$

所以在液体中下沉的物体也受浮力。用弹簧测力计测浮力。物理学中把这种测浮力大小的方法，叫等效转换法。

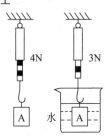

图 2 - 2 - 31　用弹簧秤
称铁块 A 受的浮力

（三）产生浮力的原因

如图 2 - 2 - 32 所示，液体中的小盒子由于液体内部同一深度的压强相等，液体对小盒子四周侧面没有压力差；不同深度的压强不同，深处压强大，浅处压强小，液体对其上表面产生一个向下的较小的压力，液体对其下表面产生一个向上的较大的压力，上、下表面存在一个压力差，这个压力差就是产生浮力的原因。

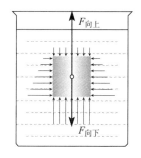

图 2 - 2 - 32 液体中的小盒子

探究与实验

水中的物体一定会受到浮力吗？

找一截蜡烛、一块玻璃片和一盆水。将玻璃片放在火焰上烤热，把蜡烛垂直放在玻璃片上，待蜡烛稍许熔化后，连同玻璃片一起从火焰上取走，任其自然冷却，在蜡烛还没有完全固化时，将蜡烛轻轻地旋转一下。经这样处理过的蜡烛端面平整、光滑，把它压在玻璃片上几乎没有什么间隙。再将玻璃片的表面仔细擦干净，然后滴上一滴油，涂抹一遍后将油擦去。若将这块玻璃片放入水中后取出，表面就不会沾水。

实验时先将蜡烛放入水中，则见蜡烛漂浮于水面，若将蜡烛平整的端面轻轻地压在粘于盆底的玻璃片上，蜡烛便能静静地沉在盆底，需稍待片刻，才会重新漂浮起来。

为什么会这样呢？原来，当将蜡烛轻轻地压在玻璃片上时，由于两个接触面都很平滑，蜡烛与玻璃片之间的水几乎全被挤出，这时蜡烛的下底面没有水，就失去了产生浮力的条件，当然就浮不起来，这就是说，水中的物体是不一定受到水的浮力的。蜡烛后来又为什么会重新漂浮起来呢？这是由于水在逐渐地向蜡烛与玻璃片之间渗透，进入的水逐渐增多，产生向上的压力也逐渐增大，当增大到一定程度时，向上的压力开始大于向下的压力和蜡烛重力之和时，蜡烛就会重新漂浮起来。

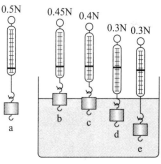

（四）浮力大小

如图 2 - 2 - 33 所示，利用测力计探究浮力与深度的关系。发现：a、b、c、d 四处测力计读数不等，且 a > b > c > d，可见，当砝码由水面进入水中时，随着砝码进入深度的增大，砝码受到的浮力越大。d、e 处测力计读数相等，当砝码完全浸没在水中时，砝码受到的浮力与深度无关。

图 2 - 2 - 33 浮力与深度的关系

如图 2 - 2 - 34 所示，利用测力计探究浮力与液体的密度的关系。发现：砝码在盐水中比在水中受到的浮力要大。可见，当砝码完全浸没在不同液体中时，液体的密度越大，砝码受到的浮力越大。

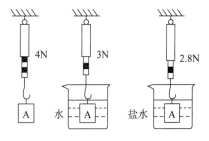

利用测力计探究浮力与物体的密度的关系。将体积相等的铁块和铝块分别放入水中，用测力计测浮力大小，发现它们受到的浮力相等。可见，浮力与物体的密度无关。

图 2 - 2 - 34 浮力与液体密度的关系

如图 2 - 2 - 35 所示，将物体换成质量相等、形状不同的铁块和铁球，发现它们受到的浮力相等。可见，浮力与物体的形状无关。

如图 2 - 2 - 35 所示，利用测力计探究浮力与物体排开液体体积的关系。发现：浮力与物体排开液体体积成正比，且浮力与物体排开液体的重量相等。

综上所述：浸入液体中的物体所受的浮力与液体的密度和

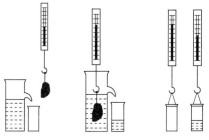

图 2 - 2 - 35 浮力与物体质量、形状的关系

物体排开液体的体积有关，与物体浸没在液体中的深度、物体的密度、质量、体积和物体的形状等无关。

如图 2-2-32 所示，设小盒子上表面离水面的距离为 h，小盒子的高为 L，上、下表面的面积相等为 S。液体内部 h 深处的压强公式为：$p = \rho gh$，则：

$$F_浮 = F_{向上} - F_{向下} = \rho(h + L)gS - \rho hgS = \rho LSg = \rho Vg$$

这就是阿基米德原理：浸入液体中的物体所受浮力大小等于物体排开液体所受的重力。即：

$$F_浮 = G_排 = \rho_液 gv_排 \qquad\qquad (2-33)$$

阿基米德原理不仅适用于液体，也适用于各种气体。

【想一想】
　　冬天结冰时，在容器里装满 0°C 左右的水，再将尽量大一些的冰块漂浮在水面上，冰溶化时，水面高度有无变化，有没有水溢出？

（五）物体的浮沉条件

如图 2-2-36 所示，将鸡蛋放入清水中，然后不断加盐，改变水的密度，直到鸡蛋上浮到液面。在此过程中，鸡蛋的浮沉有四种情况，如图 2-2-37 所示：

当 $F_浮 < G$ 时，下沉；
当 $F_浮 > G$ 时，上浮；
当 $F_浮 = G$ 时，悬浮；
当 $F_浮 = G$ 时，漂浮。

（a）　　　　（b）

图 2-2-36　鸡蛋放入清水中

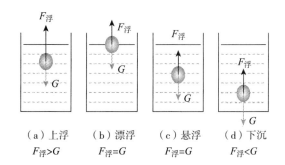

（a）上浮　　（b）漂浮　　（c）悬浮　　（d）下沉
$F_浮>G$　　$F_浮=G$　　$F_浮=G$　　$F_浮<G$

图 2-2-37　鸡蛋的沉浮条件

（六）浮沉条件在技术上的应用

知道了物体的浮沉条件，就能自如地控制物体在液体中的浮沉了。上述鸡蛋的实验是利用改变液体的密度的方法来控制物体的沉浮的。

潜艇能在水中上浮和下潜，也可以在水下航行，它是利用改变自身重量的方法来控制沉浮的。如图 2-2-38 所示，其基本原理是：打开进气阀门，使高压空气进入潜艇两侧的水舱，将水排出，艇重变小，潜艇上浮（$F_浮 > G$）；打开进水阀门，使水流进水舱，艇重变大，潜艇下沉（$F_浮 < G$）；水舱里没有水，潜艇浮在水面上航行（$F_浮 = G$）；水舱里充入适量的水，让 $F_浮 = G$，潜艇就能悬浮在水中任何深度，并作水下航行。

利用浮筒打捞沉船时，先将浮筒注满水，并将其固定在沉船上，再向浮筒中输入高压空气，排出其中的水，使沉船和浮筒所受的重力小于浮力，沉船随之上升。

图2－2－38 潜艇的浮沉原理

🔵 解释问题

石块放入水中，沉下去了；木块放入水中，浮起来了，是因为石块密度大于水的密度，木块密度小于水的密度，根据阿基米德原理，石块的重力大于浮力下沉，当木块在水中的体积足以使它排开的水的重力等于木块的重力时，木块就浮在水面上。

轮船水底下的船舱是中空的且足够大，使整个轮船的平均密度小于水的密度，根据阿基米德原理，当轮船在水中的体积足以使它排开的水的重力等于轮船和货物的重力时，就能浮在水面上。

🔵 练习与思考

1. 把一个边长为0.1m、质量为4.45kg的正方体铜块浸没于水中，铜块受到的浮力是多少？是空心的还是实心的？（$\rho_{铜}=8.9\times10^3 kg/m^3$，$\rho_{水}=1.0\times10^3 kg/m^3$）

2. 漂浮在海上的冰山，露出海面的部分只是冰山的一小部分，所谓"冰山一角"。若海水的密度是$1.03\times10^3 kg/m^3$，冰的密度是$0.9\times10^3 kg/m^3$，则冰山露出海面的体积是总体积的几分之几？

第三节 声与听觉

🔵 本节学习要点

- 了解声音的产生、传播形式，理解声波的反射、折射、衍射的原理；
- 知道乐音的三要素，了解超声波和次声波的特性；
- 了解耳的构造，理解听觉产生的原理。

🔵 本节学习意义

- 对声音有全面的认识，能解释生活中有关声音的现象和问题；
- 认识听力的重要性，爱护听觉器官。

声和光一样，是一种传递能量而不传递质量的波。声波在那些具有产生和接受声的专门器官的高等动物的生活中（尤其在人类生活中）具有特殊而重要的意义。我们借助于声波能够交流信息。直至近年，非洲人仍利用打鼓进行通信；近年来，人们制造了"声呐""超声定位器""水母耳"等为人类造福。

一、声音的产生和传播

🔵 提出问题

为什么在下雨的时候先看到闪电，后听到雷声？

相关知识

（一）声音的产生和传播

我们拉动胡琴的弦，弦线因振动而发声；敲锣打鼓，亦因鼓面和锣面振动而发声；笛、萧等则依靠空气柱的振动而发声。仔细考察日常生活中听到的各种声音，可以发现它们都是由相关的物体受振动而发出的。这种振动的物体，称为声源。固体、气体振动会发声，即使是液体振动，一样也可以发出声音，比如瀑布所发出的声，就是液体振动时的声音。人发声是由于声带的振动。鸟鸣声是由于其气管和支气管交界处鸣管、发声肌膜的振动，蝉的叫声是由于其翅膀的抖动，如图 2 - 2 - 39 所示。往热水瓶中灌水到即将满时，由于水和空气的振动相同，则可听到较大的声音。

图 2 - 2 - 39　蝉通过翅膀的振动发声

声音是由物体的振动产生的，那它又是如何传到我们的听觉器官的呢？现将一正响着的电铃置于有抽气机的玻璃罩内，如图 2 - 2 - 40 所示，这时，虽有隔绝，但仍可听见电铃声；若将玻璃罩内的空气逐渐抽出，电铃声便逐渐变弱，当罩内的空气仅余少许时，则电铃声减弱到几乎听不见。若再把空气徐徐放入罩内，则电铃声又逐渐增强。这个实验表明：物体的振动所发出的声音需要通过传递声音的媒质来传播到听觉器官——耳，这媒质通常是空气。若没有传声的媒质（如气体、液体、固体等），声音是不能传播开来的。

（二）声音的传播速度

在雷雨交集时，总是先看见闪电，后听到雷声；从远处看爆山，先见到炸药发出的白烟，稍后才听见爆破声。其实，雷声和闪电、炸药的白烟和爆炸声都是同时发生的，只是因为光在空气中传播的速度快，声音传播的速度比光速慢得多。由精确的实验测得，在 0℃ 时，声音在干燥不动的空气中传播的速度为 331m/s。声音在空气中的传播速度与压强和温度有关。声音在空气中的速度随温度的变化而变化，温度每上升或下降 5℃，声音的速度上升或下降 3m/s。

图 2 - 2 - 40　真空罩中的闹钟

声波在不同的媒质中有不同的传播速度，在常温下，在液体和固体中的声速比在空气中快。

解释问题

打雷和闪电是同时发生的，我们先看到闪电后听到雷声，是因为光在空气中的传播速度为 300 000km/s，声音在空气中的传播速度为 340m/s。这样，光的传播速度是声音的传播速度的 90 多万倍，因此先看见闪电，后听见雷声。

练习与思考

1. 声音是怎么产生的？
2. 声音传播的速度受哪些因素的影响？

二、声波的反射、折射、衍射

提出问题

为什么说："只闻其声，而不见其人？"

相关知识

　　声波在传播路径上常会遇到各种各样的"障碍物"。例如，声波从一种媒质进入另一种媒质时，后者对前一种媒质所传的声波来讲就是一种障碍物。众所周知，当投掷一个物体时，物体碰到一块挡板以后就会弹了回来；但是如果在声的传播路径上放置一块挡板，则一般来讲，会有一部分声波反射回来，同时也有一部分声波会透射过去。例如，一堵普通的砖墙既可以隔掉部分声音，但又不能把全部的声音都隔掉；一堵木板墙将有更多的声音被透射进去。声波的这种反射、透射现象也是声传播的一个重要特征。

（一）　声波的反射

　　当声波从介质 1 中入射到与另一种介质 2 的分界面时，在分界面上一部分声能反射回介质 1 中，其余部分穿过分界面，在介质 2 中继续向前传播，前者是反射现象，后者是折射现象，如图 2 - 2 - 41 所示。由图中看到，从介质 1 向分界面传播的入射线与界面法线的夹角为 θ，称为入射角；从界面上反射回介质 1 中的反射线与界面法线的夹角为 θ_1，称为反射角。入射波与反射波的方向满足下列关系式：

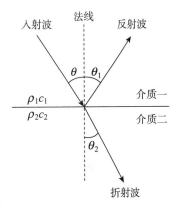

图 2 - 2 - 41　声波的反射与折射

$$\frac{\sin\theta}{c_1} = \frac{\sin\theta_1}{c_2} \qquad (2-34)$$

　　式（2 - 34）中 c_1、c_2 分别表示声波在介质 1 和介质 2 中的声速。由此式可以看出，入射角与反射角相等。

　　在图 2 - 2 - 41 中，ρ_1、ρ_2 分别表示介质 1 和介质 2 的密度；ρc 为声阻抗率（特性阻抗）。

　　理论和实验研究证明，当两种介质的声阻抗率接近时，即 $\rho_1 c_1 = \rho_2 c_2$，声波几乎全部由第一种介质进入第二种介质，全部透射出去；当第二种介质声阻抗率远远大于第一种介质声阻抗率时，即 $\rho_1 c_1 \gg \rho_2 c_2$，声波大部分都会被反射回去，透射到第二种介质的声波能量是很少的。

　　在自然界中，声源发出的声音，在传播中遇到山崖和高墙等障碍物时，一部分声波就会因为声波的反射返回原处。如果在悬崖空谷中或森林附近发声，常会听到声波反射返回的音响，这就是回声。我们对于声音的感觉（耳朵的分辨能力）通常能保持 0.1s 的时间，如果回声是在直接听到的声音的感觉消失以后，才传到耳朵里，那么我们就能够把回声跟原来的声音区分开。空气中声速约为 340m/s，声波从某人发出到由障碍物再反射回来所经历的全部时间，按上述至少是 0.1s，那么该人离障碍物至少要 17m 远，才能把原声和回声区分开来。如果某人离开障碍物很近（17m 以内），对原来声音的感觉还没有消失，而回声又传到他的耳朵，这样回声就跟原来的声音合并在一起，使原声加强，这时就无法明显地分辨回声和原声。

　　在室内讲话时，声波遇到四周的墙、房顶、地面及窗、桌、椅等的阻挡，声波一部分被反射，另一部分被吸收。各种材料吸收和反射声波的能力是不同的，例如大理石、玻璃等硬而光滑的材料，能够把绝大部分的声波反射回去，而只吸收一小部分声波；地毯、泡沫、塑料等软材料，能够吸收绝大部分的声波，而只把一小部分声波反射回去。由于反射波的存在，在声源停止发生后，在短时间内还能够听到声音，这种现象称为交混回响。如果扬声器发出的声音连续多次在室内反射成为多重回音，交混在一起，这就是我们平时所说的混响。在室内不同的位置安放两个以上的扬声器，使人感觉到声源分布的空间，就能产生立体声的效果。

　　声源停止发声到声强减少到原来的百万分之一所需的时间，称为交混回响时间。交混回响时间太长，会产生轰轰声，太短就显得静悄悄。在小的音乐厅（小于 350m³）最合适的交混回响时间为 1.06s，北京的首都剧场，坐满观众时的交混回响时间为 1.36s，空座时为 3.3s。人民大会堂的交混回响时间，不论是满座还是空虚，都能成功地控制在 1.8s 左右。

（二）　声波的折射

　　如图 2 - 2 - 41 所示，当声波从介质 1 中入射到与另一种介质 2 的分界面时，在分界面上除一部分声能反射回介质 1 中, 还有一部分穿过分界面, 在介质 2 中继续向前传播, 这就是声波的折射现象。透入介质 2 中的折射线与界面法线的夹角为 θ_2, 称为折射角。入射、反射和折射波的方向满足下列关系式：

$$\frac{\sin\theta}{c} = \frac{\sin\theta_1}{c_1} = \frac{\sin\theta_2}{c_2} \tag{2-35}$$

由式 (2-35) 可知, 声波的折射是由声速决定的, 除了在不同介质的界面上能产生折射现象外, 在同一种介质中, 如果各点处声速不同, 也就是说存在声速梯度时, 也同样产生折射现象。在大气中, 使声波折射的主要因素是温度和风速。例如, 白天地面吸收太阳的热能, 使靠近地面的空气层温度升高, 声速变大; 自地面向上温度降低, 声速也逐渐变小。根据折射概念, 声线将折向法线, 因此, 声波的传播方向向上弯曲, 如图 2-2-42 (a) 所示。反之, 傍晚时, 地面温度下降得快, 即地面温度比空气中的温度低, 因而, 靠近地面的声速小, 声波传播的声线将背离法线, 而向地面弯曲, 如图 2-2-42 (b) 所示。这就说明声音为什么在晚上比白天传得远的原因。此外, 声波顺风传播时, 声速随高度增加, 所以声线向下弯曲; 反之, 逆风传播时, 声线向上弯曲, 并有声影区, 如图 2-2-42 (c) 所示。这就说明声音顺风比逆风传播得远。

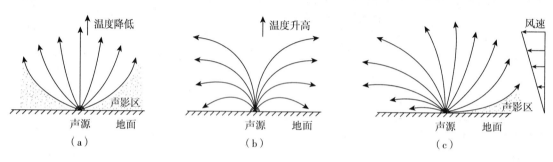

图 2-2-42　声在空气中的传播

(三) 声波的衍射

声波传播过程中, 遇到障碍物或孔洞时, 声波会产生衍射现象, 即传播方向发生改变。衍射现象与声波的频率、波长及障碍物的尺寸有关。当声波频率低、波长较长、障碍物尺寸比波长小得多时, 声波将绕过障碍物继续向前传播。如果障碍物上有小孔洞, 声波仍能透过小孔扩散向前传播, 图 2-2-43 为声波在空气中传播的衍射现象。

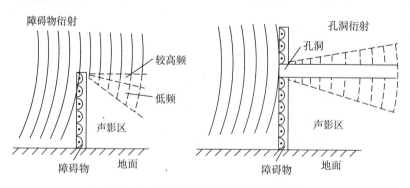

图 2-2-43　声波在空气中传播的衍射现象

由于波的波长不同, 在同样条件下, 有的波会发生明显的衍射, 有的表现为直线传播。若声波的波长在 1.7~17m, 是可以跟一般障碍物的尺寸相比, 所以声波能绕过一般障碍物, 使我们听到障碍物另一侧的声音; 而声波的波长在 0.4~0.8μm, 跟一般障碍物的尺寸相比, 非常非常小, 所以在一般情况下几乎不发生衍射。

解释问题

声波的波长比光波波长要长得多，所以它能绕过一般的障碍物而被另一侧的人听到，光波波长较短，不能绕过障碍物，只能沿直线传播，也就产生了只闻其声不见其人的现象。

练习与思考

1. 北京天坛回音壁应用的声学原理是什么？
2. 空谷回声的声学原理是什么？

三、超声波和次声波

提出问题

为什么说超声波能洗牙？

相关知识

（一）声音的要素

和谐悦耳的声音叫做乐音，它是由做周期性振动的声音发出来的，它的波形图像也是呈周期性的。乐音有三个：音调、响度和音品。

1. 音调和频率

音调就是乐音的高低，它跟声源振动的快慢有关。用一纸片接触齿数不同的、转动着的齿轮，听纸片转动时发出的声音。我们发现，纸片振动越快，即每秒内振动的次数越多，频率越大，音调越高。

男子发音的频率一般是 95～142Hz，歌唱时男高音的频率不超过 488Hz。女子发音的频率是 272～588Hz，歌唱时女高音的频率可达 1 034Hz。

频率高于 20 000Hz 的声波叫超声波，低于 20Hz 的声波叫做次声波。人对高音和低音的听觉有一定的限度，在 20～20 000Hz，所以乐音中使用的频率在 30～4 000Hz。超声波和次声波是一般人听不到的。

2. 响度和振幅

声音的响度与声波运载的能量有关，是听者对声波主观上感觉到的声音强弱，它跟声源振动的幅度及振幅有关，振幅越大，响度越大。击鼓、敲锣和拉琴时，用力越大，声源的振幅越大，发声越响。

响度与声强声源在振动发音时，使周围媒质的分子振动，把自己的一部分能量传递给分子，声强越大，响度越大，单位时间内传递出去的能量也越大，如果用单位时间内通过与声波传播方向相垂直的单位面积的能量来量度声强，则会有以下两种情况：

（1）声源发出的声波是向各个方向传播的，其声强将随着距离的增大而逐渐减弱，因为声源每秒钟发出的能量是一定的，离开声源的距离越远，能量的分布面也越大，通过单位面积的能量就越小。越远，人所听到的声音就越小。为了增大响度，可增加振动空气的表面积，以起到增强远处空气振幅的作用；有时用纸板（或用手）制成传声筒，吹奏乐器用喇叭，使声向一个比较集中的方向传播，是很能奏效的。

（2）响度的量度（分贝标度）人耳所听到的声音的响度随其强度而增加，但在响度和强度之间并非呈线性关系。例如，在教室里，严重的声音的强度在教室的前方比在后面可能大 100 倍，但是从教室的前方移到后方的听者，感受到在响度上却仅有稍许的减弱。

3. 音品

两种声源发出的声音，有时音调和响度都相同，但我们仍能辨别声源的不同发声体，例如，接亲近人的电话时，一听声音就可知道对方是谁。这说明乐音除了音调和响度这两个特性以外，还有第三个特性，那就是音品。音品跟发音器官的发音方式和结构有关的，它反映声音的特色，也叫音色。

（二）超声波及其应用

人耳能够听到的声波的频率在 20～20 000Hz，而低于 20Hz 和高于 20 000Hz 的声波，都不能引起人耳的听觉。频率低于20Hz的声波称为次声波。

频率高于20 000Hz的声波称为超声波。超声波在自然界中是存在的，例如，风声和海浪声中，除了有我们能够听到的声波以外，也还含有超过我们听觉范围的声波。有些动物的器官如蝙蝠、蟋蟀、纺织娘等都能发出超声波。早在二百多年前就对蝙蝠进行过试验，探测到蝙蝠一边飞行，一边从喉咙里产生每秒钟振动两万次以上的超声波，经过嘴发射出去。超声波遇到障碍物反射回来，传回到蝙蝠又大又灵敏的耳朵里，使它能立即判断出前面是什么物体，物体的大小和距离，并采取相应的行动。如果没有接收到回声，蝙蝠就照直继续前进，蝙蝠就是利用自己身上特有的超声定位器来探路和寻找食物的。这时蝙蝠的耳兼具了"眼"的功能。

跟可听声波比较，超声波具有一些独特的性能：

1. 束射性

超声波可以像光一样聚集成为一束能量高度集中的波束，向着一定的方向直线传播出去，这种性能使波具有较好的方位分辨力和较远的作用距离。频率越高，束射性越好。

2. 高能性

由于频率高所引起的质点振动，即使振幅很小，但加速度也很大，因此可以产生很大的力，使它所传播的能量比可听声波大得多，10^6Hz的超声波所传播的能量相当于振幅相同的10^3Hz的可听声波的10^6倍。

3. 穿透性

实验证明，超声波在液体里传播，损耗很小，在固体里传播，损耗更小。因此，超声波对液体和固体有很强的穿透性，可以利用它来对液体或固体的深部进行探测。

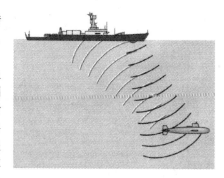

由于超声波具有以上特性，它在近代的科学研究和技术上得到日益广泛的应用，我们可以用人工方法制造许多型式不同的超声波发射器，它们的频率变化从2万～10亿Hz不等，同时也能制造相应的各种型式不同的超声波接收器，用它们接受各种超声波信号。因此，可以利用它来测量海的深度：记录发送和接收时间间隔，再根据声波在水中的传播速度，就可以计算出反射处的距离，反复测量多次，最终画出海底的地形图。按相同的道理，超声波也能用来帮助探索鱼群、暗礁、潜水艇等，

图 2 - 2 - 44　利用超声波探测潜水艇

如图 2 - 2 - 44 所示。在发生大雾时，还可以利用超声波来自动导航，使海船安全进港。

利用超声波进行操作与测量的技术发展很快。它既是一种波动形式，可作为探测与负载信息的载体和媒介，又是一种能量形式，可对传声媒质产生一定的影响，使传声媒质的性质、状态或结构发生变化乃至将传声媒质破坏。半个多世纪以来，在上述特性基础上发展的超声技术，已在人类社会的许多领域获得广泛应用。

在工业上，超声波不仅可以用来诊断金属内部的气泡、伤痕和裂缝，又可以以能量的形式进行焊接，尤其在电子工业中大型集成电路的同时多点快速焊接，不会像普通焊接那样引起化学变化与机械变形。超声的测井技术现已广泛用于石油地质、煤田地质及水文工程的勘探，电子计算机参与测井数据处理，使得这一技术得到了更迅速的发展。

在医学上，用超声波振动能代替通常的手术刀进行临床治疗（超声手术刀），已在骨科、胸科、脑科等中及肿瘤、息肉、动脉粥样硬化病变组织的切除中得到成功的应用。用超声对癌细胞实施热疗作为配合化疗（药物疗法）和放疗（放射疗法）的辅助手段也取得了较好效果。

由于超声波能够使媒质微粒产生很大的相互作用力，所以它也被用来清除玻璃、陶瓷等制品表面的污垢，并对这些制品进行加工（例如钻极细的孔）。此外，还可以利用它来粉碎和剥落金属表面的氧化膜。利用超声的粉碎、乳化作用可使各种在通常情况下不能混合的液体混合在一起，制成各种乳浊液，比如它可用于制药工业及日常工业部门制造化妆品、皮鞋油、制成油（汽油、柴油）与水或煤灰的乳化燃烧物，以提高单位燃料的燃烧值。

（三）次声波及其应用

频率低于20Hz的声波称为次声波。次声波的应用近年来也有发展。建立次声波接受站，可以监听几千里外的核武器试验、导弹的发射。仿生学专家模拟水母耳研制出的台风预报仪（称作"水母耳"）可以预报海啸、地震和台风。最近，也有科学家利用次声波对人体产生作用的特点，探索研制一种能导致神经麻痹的"武器"——"次声炸弹"。

解释问题

超声波洗牙，是通过超声波的高频震荡作用去除牙石、菌斑和色泽并磨光牙面，以延迟菌斑和牙石的再沉积。其具有高效、优质、省时省力的特点，对牙面的损害极小。超声波洁牙过程中有时候也会用到喷砂技术，就是洁牙机在高压条件下喷出的一种可溶性的钠盐，将牙齿表面的烟斑、茶垢、色素有效的去除，采用这种超声波洁牙技术的时候对牙齿还有抛光作用，使牙齿表面光洁亮丽、口内清爽。定期进行超声波洁牙，可以有效地预防各种口腔疾病的发生。

练习与思考

1. 医学上进行人体检查的"B超"是利用了超声波的什么性质？
2. 有一种能导致人神经麻痹的武器——"次声炸弹"。次声波能使人产生头痛、心悸、恶心等种种不适，严重的会使内脏振坏而丧生。研究表明，人体内脏固有频率约在0.01～20Hz，试应用物理知识说明为什么次声波会对人体产生严重损害？

五、人的发声和听觉

提出问题

人是如何听到声音的？

相关知识

（一）人的发声

在人的颈部内有一种产生声音的结构，叫做喉，如图2-2-45所示。它的内部有一个空腔，我们叫它喉腔，喉腔中部连着两块能够振动发声的肌肉——声带。它们紧密地并列在一起，而且像橡皮筋一样，拉得越紧，反弹的声音越大。在两根声带中间有一条裂缝，叫做声门裂。随着声带的一紧一松，声门裂也忽长忽短，忽大忽小。

平时你在呼吸时，声门裂是半开的，这时，两根声带互相分离，处于松弛的状态，于是空气从两块肌肉间较大的空隙中通过，所以，呼吸的声音非常轻。而当你准备发出声音时，总要先吸一口气然后暂时停止呼吸。这时，松弛的声带被喉部的肌肉上下拉紧，相互靠拢，声门裂变得又细又长，只留下一道窄小的缝隙。因为屏气的时候，气流都积在气管里，气管内的压力一时之间大大增加，等到你放掉这口气时，被久压的气流会迅速地冲向声带并试图从这条细缝中穿过，这就像给气球放气一样。

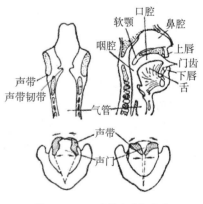

图2-2-45　人的声道和喉头

空气使得声带发生振动，而且这种振动还会使喉腔里的空气也一起动起来，因而发出了嗓音。嗓音的高低、粗细是由声带的紧张程度、呼出的气体多少决定的。青少年声带比较娇嫩，如果说话时间过久，会发生充血现象，声音会变得嘶哑。所以，为了使自己有一副美妙的歌喉，一定要注意保护嗓子。

（二）听觉

听觉是声波作用于听觉器官，使其感受细胞兴奋并引起听神经的冲动发放传入信息，经各级听觉中枢分析后引起的感觉。外界声波通过介质传到外耳道，再传到鼓膜。鼓膜振动，通过听小骨传到内耳，刺激耳蜗内的毛细胞产生神经冲动。神经冲动沿着听神经传到大脑皮层的听觉中枢，形成听觉。

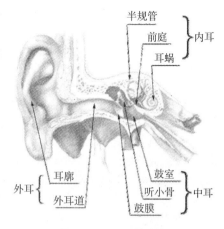

图 2 - 2 - 46　耳的结构

耳包括外耳、中耳和内耳三部分，如图 2 - 2 - 46 所示。听觉感受器和位觉感受器位于内耳，因此耳又叫位听器。外耳包括耳廓和外耳道两部分。

耳廓的前外面上有一个大孔，叫外耳门，与外耳道相接。耳廓呈漏斗状，有收集外来声波的作用。它的大部分由位于皮下的弹性软骨作支架，下方的小部分在皮下只含有结缔组织和脂肪，这部分叫耳垂。耳廓在临床应用上是耳穴治疗和耳针麻醉的部位，而耳垂还常作为临床采血的部位。

外耳道是一条自外耳门至鼓膜的弯曲管道，长 2.5 ~ 3.5cm，其皮肤由耳廓延续而来。靠外面三分之一的外耳道壁由软骨组成，内三分之二的外耳道壁由骨质构成。软骨部分的皮肤上有耳毛、皮脂腺和耵聍腺。

鼓膜为半透明的薄膜，呈浅漏斗状，凹面向外，边缘固定在骨上。外耳道与中耳以它为界。经过外耳道传来的声波，能引起鼓膜的振动。

鼓室位于鼓膜和内耳之间，是一个含有气体的小腔，容积约为 1cm³。鼓室是中耳的主要组成部分，里面有三块听小骨：锤骨、砧骨和镫骨。镫骨的底板附着在内耳的卵圆窗上。三块听小骨之间由韧带和关节衔接，组成听骨链。鼓膜的振动可以通过听骨链传到卵圆窗，引起内耳里淋巴的振动。

鼓室的顶部有一层薄的骨板把鼓室和颅腔隔开。某些类型的中耳炎能腐蚀、破坏这层薄骨板，侵入脑内，引起脑脓肿、脑膜炎。所以患了中耳炎要及时治疗，不能大意。鼓室有一条小管——咽鼓管从鼓室前下方通到鼻咽部。它是一条细长、扁平的管道，全长 3.5 ~ 4cm，靠近鼻咽部的开口平时闭合着，只有在吞咽、打呵欠时才开放。咽鼓管的主要作用是使鼓室内的空气与外界空气相通，因而使鼓膜内、外的气压维持平衡，这样，鼓膜才能很好地振动。鼓室内气压高，鼓膜将向外凸；鼓室内气压低，鼓膜将向内凹陷，这两种情况都会影响鼓膜的正常振动，影响声波的传导。人们乘坐飞机，当飞机上升或下降时，气压急剧降低或升高，因咽鼓管口未开，鼓室内气压相对增高或降低，就会使鼓膜外凸或内陷，因而使人感到耳痛或耳闷。此时，如果主动做吞咽动作，咽鼓管口开放，就可以平衡鼓膜内外的气压，使上述症状得到缓解。

内耳包括前庭、半规管和耳蜗三部分，由结构复杂的弯曲管道组成，所以又叫迷路。迷路里充满了淋巴，前庭和半规管是位觉感受器的所在处，与身体的平衡有关。前庭可以感受头部位置的变化和直线运动时速度的变化，半规管可以感受头部的旋转变速运动，这些感受到的刺激反映到中枢以后，就引起一系列反射来维持身体的平衡。耳蜗是听觉感受器的所在处，与听觉有关。人类的听觉很灵敏，从每秒振动 16 ~ 20 000 次的声波都能听到。当外界声音由耳廓收集以后，从外耳道传到鼓膜，引起鼓膜的振动。鼓膜振动的频率和声波的振动频率完全一致。声音越响，鼓膜的振动幅度也越大。

鼓膜的振动再引起三块听小骨同样频率的振动。振动传导到听小骨以后，由于听骨链的作用，大大加强了振动力量，起到了扩音的作用。听骨链的振动引起耳蜗内淋巴的振动，刺激内耳的听觉感受器，听觉感受器兴奋后所产生的神经冲动沿位听神经中的耳蜗神经传到大脑皮层的听觉中枢，产生听觉。位听神经由内耳中的前庭神经和耳蜗神经组成。

🔵 **解释问题**

当声音到达外耳后，通过耳廓的集音作用把声音传入外耳道并到达鼓膜，引起鼓膜的振动。当声波振动鼓膜时，3 块听小骨也跟着振动起来，把声音放大并传递入内耳，而内耳中有专司听觉的器官——耳蜗。耳蜗把声音信号转变成生物电信号经过听神经传递到大脑。大脑再把送达的信息加以加工、整合就产生了听觉。

练习与思考

1. 下面是几种动物和人能听到的声音的频率范区（单位 Hz）：

（1）鳄鱼：20～6 000；（2）青蛙：50～8 000；

（3）猫：60～35 000；（4）人：20～20 000；

（5）狗：15～5 000；（6）知更鸟：250～21 000。

上述的动物和人中，能听到次声的有＿＿＿＿＿＿，能听到超声的有＿＿＿＿＿＿，超声和次声都听不到的是＿＿＿＿＿＿。

拓展阅读

助听器的原理

助听器名目繁多，但所有电子助听器的工作原理（如图 2－2－47 所示）是一样的。任何助听器的基本结构包括传音器、放大器、耳机、电源四个主要部分。助听器把声音信号转变为电信号（电能）送入放大器，放大器则将输入很弱的电信号放大后，再传至输出换能器，输出换能器由耳机或骨振动器构成，其作用是把放大的强信号由电能再转换为声信号（声能）或动能输出。因此，耳机或骨振动器传出的信号比传声器原来接收的信号强多了，这就可以在不同程度上弥补听觉障碍者的听力损失。

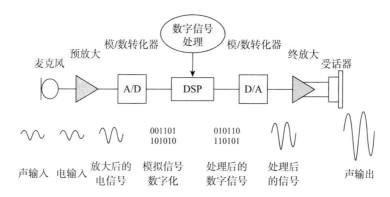

图 2－2－47　助听器的工作原理

探究与实验

器材：木梳、硬币、棉花团。

步骤：

1. 先用一只手拿木梳，另一只手拿硬币刮木梳上的齿。

2. 再用牙齿咬住木梳把，用棉花堵住双耳，拿硬币刮木梳上的齿，通过两次实验，你是否都听到了声音？若两次都听到了声音，请你简单解释两次听到的声音有何不同？为什么？

第四节　光与视觉

本节学习要点

- 通过研究光的反射现象和折射现象，理解透镜成像及全反射现象的原理；
- 了解眼的生理构造，知道视觉产生的原理。

本节学习意义

● 认识到光波是电磁波的一种，能解释生活中的各种光现象，学会正确使用照相机等光学仪器；
● 了解眼睛调节的原理，重视保护眼睛。

　　人们生活在充满阳光的世界里，依靠光和许多仪器的帮助，既能观察广阔无垠的宇宙太空，又能探索肉眼无法辨认的微观粒子。在日常生活中，人们也是依靠眼睛等感觉器官来认识周围事物的。

　　光与声一样，也是一种传递能量而不传递质量的波。太阳光对于地球上的一切动物都是必不可少的。它以光的形式给地球输送太阳能，植物通过光合作用，把无机物合成为有机物，而植物本身又作为动物的食物链基础。光除了输送能量以外，还给动物、人类提供维持生命所必需的有关周围环境的信息。动物用来察觉光的复杂机制已逐步进化、发展成了各种各样的感光器官——眼。

一、光的反射和折射

提出问题

为什么在海上和沙漠中会出现海市蜃楼的景象？

相关知识

（一）光的量度

1. 光源

　　有许多物体，像太阳、电灯、萤火虫、水母等，它们都能自己发出光来，而月亮、星星，虽然看上去很亮，但这不是它们自己发出的光。习惯上，人们把自己能够发光的物体叫做发光体，也称为光源。

　　物体发出的光有两种，例如太阳、电灯、蜡烛，它们发出的光是热光，一般是把热转变成光；而日光灯、原子灯、水母等，它们不是把热转变为光，而是把其他形式的能量直接转变为光，这种光和热光不同，发光物体的温度没有升高，我们称它为冷光源。从研究的结果知道，冷光源是一种更经济的光源。

　　物体分为发光体或非发光体，是因其构成的材料及状况而定，白炽灯内的灯丝，在没有通电以前，它不是发光体，当灯丝中通过的电流逐渐增加的时，灯泡的亮度也会随之增加，颜色也随之改变。而冷的铁片放入炉内加热，它便可以发出红、黄乃至白炽的光，这些特性就是热光源所具有的，都与其温度有关，然而冷光源的颜色则主要是随其发光物质构成的种类而定，与温度等是无关的。

　　如果光源是一个极小的发光点，或者光源虽有一定的大小，但是与其被照射物体的距离来比却是很小的，那么，这种光源就称为点光源。一般光源可以视为许许多多点光源的集合体。从电光源发出的光是均匀地向周围发散的。有时候，把光源放在适当的装置后，发出的光不是发散的，而是平行的光束（例如探照灯等），这种光源我们称为平行光源。

2. 发光强度、光通量和发光亮度

　　不同的光源的发光强弱是不同的，即使是同一个光源，沿着不同的方向，它的发光强弱也可能是不相同的。发光强度就是表示光源发光强弱的量。光源发光时，总要消耗其他形式的能量。从光源向空间不断辐射出去的可见光具有一定的能量。我们把光源在单位时间内向各个方向发出的全部光能，称为光源的光通量。把发光体在单位面积上发出的光通量，称为发光体的发光亮度。发光体的发光强度是相同的，但发光面积不同，发光亮度也不同。例如，同是160瓦的白炽透明灯和白炽磨砂灯，前者的光是从钨丝表面发出来的，亮度较大，但很刺眼；后者是从灯泡表面发出来的，亮度较小，但却柔和。荧光灯管就是由于发光面积大，亮度均匀而接近自然，使人易于适应。

3. 照度

　　在日常生活中，我们能不能看清楚一个物体，或能否辨别物体上极其细微的部分，这与物体表面被照明的程度有关系，在受照物体表面上得到的光通量与被照射的面积之比，称为这个表面的照度，也称为光通密度。它描述的是物体表面被照明的程度，当物体表面积一定时，表面得到的光通量越多，表面的照度就越大，如果表面所得到的光通量一定，则在均匀照射的情况下，被照射的面积越大，照度越小。

（二）光的反射、折射

一般情况下，光在真空和在同一种均匀的媒介中是直线传播的。当光从一种媒介射入另一种媒介中，或者媒质本身不均匀的时候，光的传播情况就比较复杂了。假设光从空气射入水中，在空气和水的分界面上，光线将分成两部分：一部分返回原来的媒介（空气），另一部分折入另一媒介（水），前一种现象称为光的反射，后一种现象称为光的折射。

1. 光的反射和反射定律

光在两种物质分界面上改变传播方向又返回原来物质中的现象，叫做光的反射，如图 2 - 2 - 48 所示。光在反射时，具有一定的规律。根据实验结果，得出光的反射定律。

（1）在反射现象中，反射光线、入射光线和法线都在同一个平面内。

（2）反射光线、入射光线分居法线两侧。

（3）反射角等于入射角。

可归纳为："三线共面，两线分居，两角相等。"

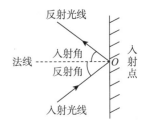

图 2 - 2 - 48　光的反射

根据反射定律，我们可以知道：如果光线逆着原来反射光线的方向入射到界面，它就要逆着原来入射光线的方向反射。所以，在反射时，光路是可逆的。

平行光线射到光滑表面上时反射光线也是平行的，这种反射叫做镜面反射；平行光线射到凹凸不平的表面上，反射光线射向各个方向，这种反射叫做漫反射。

2. 光的折射和折射定理

光从一种介质斜射入另一种介质时，传播方向一般会发生变化，这种现象叫光的折射，如图 2 - 2 - 49 所示。光的折射与光的反射一样都是发生在两种介质的交界处，只是反射光返回原介质中，而折射光则进入到另一种介质中，由于光在两种不同的物质里传播速度不同，故在两种介质的交界处传播方向发生变化，这就是光的折射。在两种介质的交界处，既发生折射，同时也发生反射。光在折射时，也有一定的定律。根据实验结果，得出光的折射定律。

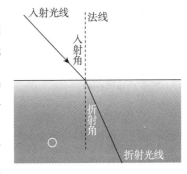

图 2 - 2 - 49　光的折射

（1）光从空气斜射入水或其他介质中时，折射光线与入射光线、法线在同一平面上，折射光线和入射光线分居法线两侧。

（2）当光线垂直射向介质表面时，传播方向不变，在折射中光路可逆。

（3）入射角的正弦跟折射角的正弦的比值，对于给定的两种媒质是一个常数（这个常数称为光线由一种媒质射入第二种媒质时的折射率），它等于光在这两种媒质中的光速之比。

实验还表明：光在任何媒质里的传播速度都比在真空中的传播速度小，所以任何媒质的折射率都大于1。光速在空气中和在真空中极为接近，可看成近似相等，即空气的折射率近似等于1。

（三）全反射

1. 全反射现象

光从一种媒质射入另一种媒质时，一般是同时发生反射现象和折射现象的。当光线从折射率较小的媒介（光在其中的传播速度较大）进入折射率较大的媒质（光在其中的传播速度较小）时，折射角小于入射角，它就朝向法线折射；当光线从折射率较大的媒质进入折射率较小的媒质时，折射角大于入射角，它就远离法线折射。如果入射角为小于90°的角时，折射角刚好等于90°，折射光恰好掠过界面，跟界面平行，这时的入射角称作临界角；如果入射光线的入射角再继续增大，大于临界角，那么，光线全部从媒质分界面上返回折射率较大的媒质，这种现象称为全反射。

发生全反射的条件是：

（1）光线从折射率比较大的媒质射入折射率比较小的媒质。

（2）入射角大于临界角。

2. 全反射现象的应用

近年来发展起来的光导纤维，就是全反射的一种运用。光导纤维在医学上也获得了应用，如图 2－2－50 所示。例如，病人胃的内部可通过插入整齐地排列的纤维束来进行检查。为了照明胃的内壁，光沿着纤维束的外侧纤维传下去，而反射光则通过纤维束内侧的纤维传回来。这样，可以不做外科手术而对胃内的病变进行诊断。

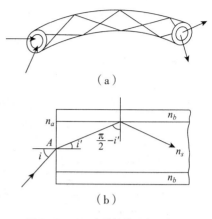

（a）

（b）

图 2－2－50 光学纤维导光示意图

解释问题

海市蜃楼是一种光学幻景，是地球上物体反射的光经大气折射而形成的虚像。海市蜃楼简称蜃景，根据物理学原理，海市蜃楼是由于不同的空气层有不同的密度，而光在不同的密度的空气中又有着不同的折射率。也就是因海面上冷空气与高空中暖空气之间的密度不同，对光线折射而产生的。

练习与思考

1. 发光强度、光通量、发光亮度之间有什么区别？又有什么联系？

2. 太阳光线与水平面呈 30°角，如图 2－2－51 所示，若用镜子将太阳光竖直反射到井底，镜面应与水平面成多大角度放置？

3. 把一支铅笔斜插在盛水的玻璃杯里看上去铅笔在水面上折断了，这种现象是由光的什么现象引起？

二、透镜成像

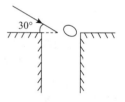

图 2－2－51 太阳光线与
水平面呈 30°角

提出问题

光学显微镜是如何成像的？

相关知识

以两个球面（或其中一个是平面）为折射界面的透明体，叫做透镜。透镜分为凸透镜和凹透镜两类，凸透镜边缘薄，中央厚；凹透镜边缘厚，中央薄。这两种透镜除了中央以外，都可以看作是由许多棱镜组成的。由于这些棱镜的折射，凸透镜能把平行的入射光线汇聚在透镜的另一侧，形成焦点；凹透镜则能把入射的平行光，在透镜的另一侧发散反向延长后在入射光线的一侧，形成虚焦点。当一束平行于光轴的光线通过凸透镜后相交于一点，这个点称"焦点"，通过焦点并垂直光轴的平面，称"焦平面"。焦点有两个，在物方空间的焦点，称"物方焦点"，该处的焦平面，称"物方焦平面"；反之，在像方空间的焦点，称"像方焦点"，该处的焦平面，称"像方焦平面"。

（一）凸透镜成像规律

在光学中，由实际光线汇聚成的像，称为实像，能用光屏承接；反之，则称为虚像，只能由眼睛感觉。物体放在焦点之外，在凸透镜另一侧成倒立的实像，实像有缩小、等大、放大三种。物距越小，像距越大，实像越大。物体放在焦点之内，在凸透镜同一侧成正立放大的虚像。物距越大，像距越大，虚像越大，如图 2－2－52 所示。

当物体与凸透镜的距离大于透镜的焦距时，物体成倒立的像，当物体从较远处向透镜靠近时，像逐渐变大，像到透镜的距离也逐渐变大；当物体与透镜的距离小于焦距时，物体成放大的像，这个像不是实际折射光线的会聚点，而是它们的反向延长线的交点，用光屏接收不到，是虚像。可与平面镜所成的虚像对比（不能用光屏接收到，只能用眼睛看到）。

当物体与透镜的距离大于焦距时，物体成倒立的像，这个像是蜡烛射向凸透镜的光经过凸透镜会聚而成的，是实际光线的会聚点，能用光屏承接，是实像。当物体与透镜的距离小于焦距时，物体成正立的虚像。

（二）凹透镜成像规律

对于薄凹透镜，当物体为实物时，成正立、缩小的虚像，像和物在透镜的同侧，如图2－2－53所示；当物体为虚物，凹透镜到虚物的距离为一倍焦距（指绝对值）以内时，成正立、放大的实像，像与物在透镜的同侧；当物体为虚物，凹透镜到虚物的距离为一倍焦距（指绝对值）时，成像于无穷远；当物体为虚物，凹透镜到虚物的距离为一倍焦距以外两倍焦距以内（均指绝对值）时，成倒立、放大的虚像，像与物在透镜的异侧；当物体为虚物，凹透镜到虚物的距离为两倍焦距（指绝对值）时，成与物体同样大小的虚像，像与物在透镜的异侧；当物体为虚物，凹透镜到虚物的距离为两倍焦距以外（指绝对值）时，成倒立、缩小的虚像，像与物在透镜的异侧。

解释问题

普通的光学显微镜是根据凸透镜的成像原理，要经过凸透镜的两次成像，如图2－2－54所示。第一次先经过物镜（凸透镜1）成像，这时候的物体应该在物镜（凸透镜1）的一倍焦距和两倍焦距之间，根据物理学的原理，成的应该是放大的倒立的实像。而后以第一次成的物像作为"物体"，经过目镜第二次成像。由于我们观察的时候是在目镜的另外一侧，根据光学原理，第二次成的像应该是一个虚像，这样像和物才在同一侧。因此第一次成的像应该在目镜（凸透镜2）的一倍焦距以内，这样经过第二次成像，第二次成的像是一个放大的正立的虚像。如果相对实物说的话，应该是倒立的放大的虚像。

练习与思考

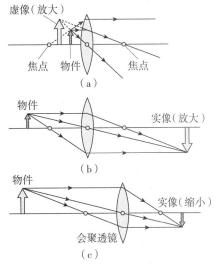

图2－2－52 凸透镜成像图

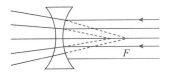

图2－2－53 平行光线经凹透镜后的屈光现象

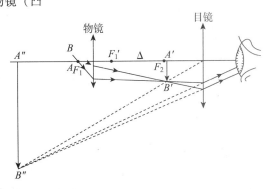

图2－2－54 显微镜成像原理

1. 汽车是大家都很熟悉的，但是你知道小汽车的挡风玻璃为什么不竖直安装呢？有人说，挡风玻璃倾斜安装是为了减少行车阻力，使车身造型美观，其实从行车安全来讲，倾斜安装还有重要作用，你能运用所学的光学知识来分析吗？

2. 小明在学习凸透镜成像规律后，对光产生了浓厚的兴趣，特意买了块放大镜带回家探究。老师提示：千万不要拿放大镜对了太阳看，为什么？

三、眼睛及视觉的形成

提出问题

你是如何看到东西的呢？

相关知识

（一）人眼构造

眼睛是人体的一个重要感觉器官，从外界传入大脑信息的 70%～80% 都是来自我们的眼睛，依靠眼睛的调节作用，可以把距离不同的物体，都在像距相同的视网膜上成像，得到一个缩小倒立的实像。

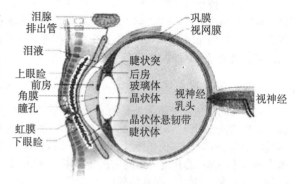

图 2 - 2 - 55　人的眼睛结构图

眼睛可以分为三部分：眼球、眼附属器和视觉通路。眼球接受外界光线的刺激；视觉通路把视觉冲动传至大脑的视觉中枢，获得视觉形象；眼附属器则主要对眼球及视觉通路起保护作用。

在这些结构中最重要的当数眼球了，下面重点介绍它的构造，如图 2 - 2 - 55 所示。

眼球的外形近似球形，其结构及功能类似一个微型照相机，但远比照相机更精密、更准确。

眼球由眼球壁和眼内容物所组成。

1. 眼球壁

它由外向内可分为三层：外层为纤维膜，中层为色素膜，内层为视网膜。

外层纤维膜由纤维组织构成，坚韧而有弹性。前 1/6 透明的角膜和后 5/6 乳白色的巩膜共同构成完整、封闭的外壁，起到保护眼内组织、维持眼球形状的作用。角膜是光线进入眼球的入口，俗称"黑眼珠"；巩膜与角膜紧接，不透明，俗称"白眼珠"。

中层具有丰富的色素和血管，所以又叫色素膜，具有营养眼内组织及遮光的作用。自前向后又可分为虹膜、睫状体、脉络膜三部分。虹膜呈环圆形，表层有凹凸不平的皱褶，这些皱褶像指纹一样每个人都不相同，而且不会改变。虹膜中间有一直径 2.5～4mm 的圆孔，这就是我们熟悉的瞳孔，依光线强弱可缩小或放大，以调节进入眼球的光线，就如同照相机的光圈；睫状体参与眼的调节功能；脉络膜连接于睫状体后，含有丰富色素，呈紫黑色，起遮光作用，就相当于照相机的暗箱。

内层视网膜是一层透明的膜，具有感光作用，是视觉形成的神经信息传递的最敏锐的区域。其作用好比照相机的底片。

2. 眼内容物

即眼球内的组织，包括房水、晶状体和玻璃体。三者均为屈光间质，有曲折光线的作用。

房水为无色透明的液体，充满前后房，由睫状体的睫状突产生，具有营养角膜、晶体及玻璃体，维持眼压的作用。

晶状体位于虹膜、瞳孔之后，玻璃体之前，借助悬韧带与睫状体相连。形状如双凸透镜，是一种富有弹性、透明的半固体，能改变进入眼内光线的屈折力，相当于照相机调焦的作用。

玻璃体位于晶状体后面，充满眼球后部的 4/5 空腔，为透明的胶质体，主要成分为水。具有屈光和支撑视网膜的作用。

这三部分加上外层中的角膜，就构成了眼的屈光系统。外界物体发出或反射出来的光线经过这些透明的屈光介质后，在视网膜上形成一个倒立的图像，视神经把双眼获得的图像信息传递给大脑，再由大脑将颠倒的图像翻转，两眼图像组合，我们便可以清晰地看到外界的事物了。由此可见，视觉是一个复杂、精细的过程。

（二）视觉的形成

图 2 - 2 - 56 为人的视觉成像过程。当外界物体反射来的光线带着物体表面的信息经过角膜、房水，由瞳孔进入眼球内部，经聚焦在视网膜上形成物象，如图 2 - 2 - 56（a）所示。物象刺激了视网膜上的感

光细胞，这些感光细胞产生的神经冲动，沿着视神经传入到大脑皮层的视觉中枢，即大脑皮层的枕叶部位，在这里把神经冲动转换成大脑中认识的景象，如图2-2-56（b）所示。这些景象的生成已经经过了加工，是"角度感""形象感""立体感"等协同工作，并把图像根据摄入的信息在大脑虚拟空间中还原，还原等于把图像往外又投了出去如图2-2-56（c）所示。虚拟位置能大致与原实物位置对准，这才是我们所见到的景物，如图2-3-56（d）所示。

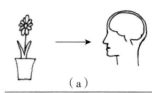

（a）

（b）

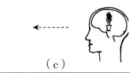

（c）

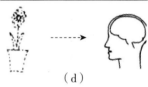

（d）

图2-2-56　视觉的成像过程

（三）眼睛的缺陷及其矫正

1. 近视眼

近视眼是指眼在不使用调节时，平行光线通过眼的屈光系统屈折后，焦点落在视网膜之前的一种屈光状态，如图2-2-57所示。所以近视眼不能看清远方的目标。若将目标逐渐向眼移近、发出的光线对眼呈一定程度的散开，形成焦点就向后移，当目标物移近至眼前的某一点，此点离眼的位置越近，近视眼的程度越深。近视发生的原因大多为眼球前后轴过长（称为轴性近视），其次为眼的屈光力较强（称为屈率性近视）。近视多发生在青少年时期，遗传因素有一定影响，但其发生和发展，与灯光照明不足，阅读姿势不当，近距离工作较久等有密切关系。

（1）近视眼分类：

按照近视的程度来分：3.00D以内者，称为轻度近视眼；3.00~6.00D者为中度近视眼；6.00D以上者为高度近视眼，又称病理性近视。

按照屈光成分来分：由于眼球前后轴过度发展所致，称为轴性近视眼；由于角膜或晶体表面弯曲度过强所致，称为弯曲度性近视；由屈光间质屈光率过高引起，称为屈光率性近视眼。

假性近视眼，又称调节性近视眼。是由看远时调节未放松所致。它与屈光成分改变的真性近视眼有本质上的不同。

（2）矫正近视的方法：

镜片矫正包括框架眼镜、角膜接触镜，如图2-2-58所示；角膜屈光性手术包括放射状角膜切开术（RK）、准分子激光切削术（PRK）、准分子激光原位角膜磨镶术（LASIK）等；眼内屈光手术包括透明晶体摘除术、有晶体眼的人工晶体植入术等。

2. 远视眼

处在休息状态的眼使平行光的视网膜的后面形成焦点，称为远视眼。这种为了看清远处物体，要利用调节力量把视网膜后面的焦点移到视网膜上，故远视眼经常处在调节状态，易发生眼疲劳。

远视眼中最常见的是轴性远视，即眼的前后轴较短些。这是屈光异常中比较多见的一种。远视眼的另一原因为曲率性远视，它是由于眼球屈光系统中任何屈光体的表面弯曲度较小所形成，称为曲率性远视。第三种远视称屈光率性远视。这是由于晶体的屈光效力减弱所致。系因老年时所发生的生理性变化以及糖尿病者在治疗中

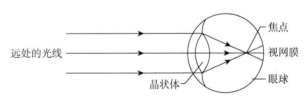

图2-2-57　近视眼的成像

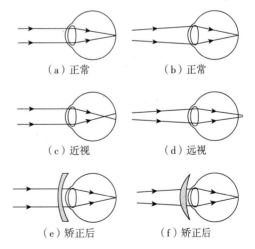

（a）正常　　　　　（b）正常

（c）近视　　　　　（d）远视

（e）矫正后　　　　（f）矫正后

图2-2-58　近视眼和远视眼的成像及矫正

引起的病理变化所造成；晶体向后脱位时也可产生远视，它可能是先天性的不正常或眼外伤和眼病所引起；另外，在晶体缺乏时可致高度远视。

矫正的方法是佩戴用凸透镜制成的眼镜，如图 2 - 2 - 58 所示，因为凸透镜对于光束有会聚的作用，可使物体所成之像移前一些。根据眼睛的远视程度，选择适当焦距的凸透镜，使近处物体恰好成像于视网膜上。另外，老年人的晶状体失去调节作用，注视近物时，其情形和远视眼一样，特称为老花眼，亦可配用凸透镜制成的眼睛以矫正。

3. 散光眼

晶状体及角膜，原为球形，如果晶状体及角膜不成球形，而角膜两垂直截面的曲率半径各处不等，则所成之像，各方不能同样明晰，物体上一点之像成为一短线，及物体上个点不能同时对光，此缺点成为散光。补救的办法是用圆柱形透镜制成眼镜，由此透镜之曲率补救眼睛在该方向曲率之畸形，而与其他方向之曲率一致。

解释问题

当物体上的光线透过眼睛角膜、房水、晶体、玻璃体时，被折射聚焦到视网膜上成一倒立的像，而视网膜上的感光细胞受到光线的刺激，产生冲动，由视觉神经传到大脑即形成了视觉，也就是我们平时所说的看见东西了。

练习与思考

1. 近视眼、远视眼跟正常人眼有什么不同？
2. 为什么矫正近视眼要戴一副凹透镜，矫正远视眼要戴一副凸透镜？

拓展阅读

照相机的工作原理

一架复杂的照相机可以用一个简单的示意图来表示，如图 2 - 2 - 59 所示，它包括机体、镜头和快门几个部分。照相机工作时，镜头把景物成像在胶片位置上，通过控制快门的开闭，胶片即被曝光而形成潜影，从而完成了一次拍照动作。已曝光的胶片经过冲洗，便显现出被摄景物的影像。所以照相机的工作过程就是照相机通过光化学作用把景物的影像记入胶片的过程，景物成像靠镜头，控制适当的曝光靠快门和光圈，记录影像靠胶片。当然，实际上一台完善的、多功能的照相机的构造要比这里所讲述的基本构造复杂得多。

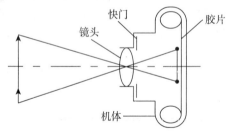

图 2 - 2 - 59　照相机

照相机利用光的直线传播性质和光的折射与反射规律，以光子为载体，把某一瞬间的被摄景物的光信息量，以能量方式经照相镜头传递给感光材料，最终成为可视的影像。照相机的光学成像系统是按照几何光学原理设计的，并通过镜头，把景物影像通过光线的直线传播、折射或反射准确地聚焦在像平面上。摄影时，必须控制合适的曝光量，也就是控制到达感光材料上的合适的光子量。因为银盐感光材料接收光子量的多少有一限定范围，光子量过少，形不成潜影核；光子量过多，形成过曝，图像又不能分辨。照相机是用光圈改变镜头通光口径大小，从而来控制单位时间到达感光材料的光子量，同时用改变快门的开闭时间来控制曝光时间的长短。

从完成摄影的功能来说，照相机大致要具备成像、曝光和辅助三大结构系统。成像系统包括成像镜头、测距调焦、取景系统、附加透镜、滤光镜、效果镜等；曝光系统包括快门机构、光圈机构、测光系统、闪光系统、自拍机构等；辅助系统包括卷片机构、计数机构、倒片机构等。

镜头是用以成像的光学系统，由一系列光学镜片和镜筒所组成，每个镜头都有焦距和相对口径两个特征数据；取景器是用来选取景物和构图的装置，通过取景器看到的景物，凡能落在画面框内的部分，均能拍摄在胶片上；测距器可以测量出景物的距离，它常与取景器组合在一起，通过联动机构可将测距和镜头调焦联系起来，在测距的同时完成调焦。

快门是控制曝光量的主要部件，最常见的快门有镜头快门和焦平面快门两类。镜头快门是由一组很薄的金属叶片组成，在主弹簧的作用下，连杆和拨圈的动作使叶片迅速地开启和关闭；焦平面快门是由两组部分重叠的帘幕（前帘和后帘）构成，装在焦平面前方附近。两帘幕按先后次序启动，以便形成一个缝隙。缝隙在胶片前方扫过，以实现曝光。

光圈又叫光阑，是限制光束通过的机构，装在镜头中间或后方。光圈能改变光路口径，并与快门一起控制曝光量。常见的光圈有连续可变式和非连续可变式两种。

自拍机构是在摄影过程中起延时作用，以供摄影者自拍的装置。使用自拍机构时，首先释放延时器，经延时后再自动释放快门。自拍机构有机械式和电子式两种，机械式自拍机构是一种齿轮传动的延时机构，一般可延时 8～12 秒；电子式自拍机构利用一个电子延时线路控制快门释放。

探究与实验

小孔成像实验

材料：能套在一起的圆纸筒、半透明白纸、不透明厚纸、糨糊（透明胶）、缝衣针。

制作实验：

（1）找两个能紧密套在一起的圆纸筒，在大纸筒的一个底部粘上不透明厚纸，并用缝衣针扎一个小孔（另一端开口），在小纸筒的一个底部粘上半透明的白纸作屏幕（另一端开口），并把两个纸盒套在一起（开口端都朝眼睛）。

（2）将大纸盒扎有小孔的一面对着点燃的蜡烛（或室外物体），拉动小纸盒（或大纸盒），眼睛通过小纸盒可以看到屏幕上物体倒立的像，并且能控制像的放大或缩小。

第三章　能量及其转化

自然界中存在着各种不同形式的物质运动：机械运动、热运动、电磁运动以及原子和原子核内部的运动等。各种运动形式在一定的条件下都能直接或间接地相互转化。远古时代人们在生活实践中发现了摩擦生热的现象，传说的燧人氏发明钻木取火就是机械运动转化为热运动的一个例子。

18 世纪以来，随着蒸汽机、内燃机、发电机和电动机的相继问世，人类实现了使各种不同形式运动相互转化，并应用于生产技术领域，促进了人类文明的发展。18 世纪中叶，科学家们为了对运动形式的转化作出量度，提出了能量的概念，简称为能。并且对每种形式的运动陆续提出了跟它们相对应的能的概念，例如机械能、内能、电磁能、核能，等等。

功和能是两个联系密切的物理量。一个物体能够对外做功，我们就说这个物体具有能量。各种不同形式的能可以相互转化，而且在转化过程中守恒。在这种转化过程中，功扮演着重要的角色。即做功的过程就是能量转化的过程，做了多少功，就有多少能量发生了转化。所以，功是能量转化的量度。知道了功和能的这种关系，就可以通过做功的多少，定量地研究能量及其转化的问题了。

第一节　功与机械

本节学习要点

- 理解功的概念、掌握功的计算公式，并能进行正确运算；
- 理解做功的两个条件，能正确分析、判断一个力是否做功；
- 理解机械功原理，掌握各种简单机械的特点、应用。

本节学习意义

- 通过学习物理学中的功，与日常生活中所说的"工作"或"做工"的区别与联系，理解平时工作的作用和意义；
- 机械功原理告诉我们一个道理，要想获得好的生活，就必须认真学习和工作。

机械运动是人类历史上最先被利用的运动形式之一。原始时期人们就知道投石击兽，进行狩猎。进入农耕时期后，人们就挥锄破土、拉犁耕地进行种植。随着人类文明的进展，机械运动在人们生活和生产中的应用也更加广泛。人们发明创造各种机械，利用它们做功，进一步实现对机械运动的应用。

一、功

提出问题

小学生背着书包上学是否做了功?

相关知识

（一）功的概念

在初中，我们已经学习过功的初步概念。一个物体受到力的作用，并在力的方向上发生了位移，我们

就说这个力对物体做了功。力和物体在力的方向上发生的位移是
做功的两个不可缺少的因素，如图 2 - 3 - 1 所示。

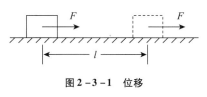

人推物体使物体沿水平方向运动，物体在推力的方向上发生
一段位移，推力对物体就做了功。如果物体被墙挡住，人推物体，
物体没有发生位移，推力便没有做功。在推动物体的过程中，物
体还受到重力和支持力的作用，这两个力都没有对物体做功，因
为物体在竖直方向上没有发生位移。

图 2 - 3 - 1　位移

做功的多少是由力的大小和在力的方向上位移的大小所决定的。功等于力 F 和沿力的方向上的位移 s
的乘积，即 $W = Fs$ 。

我国法定计量单位规定功的单位是焦耳，简称焦，符号是 J。1N 的力使物体在力的方向上发生 1m 位
移，力对物体所做的功等于1J。功是一个标量。

（二）功的一般公式

在现实生活中，物体运动的方向并不总是跟力的方向
完全一致。人们用跟水平方向成 α 角的力 F 去推或拉一
只箱子沿水平道路前进时，这个推力或拉力做不做功呢？
如图 2 - 3 - 2 所示。如果做功，怎样来计算做功的大
小呢？

可以把力 F 分解成两个分力：跟位移方向一致的分
力 F_1 和跟位移方向垂直的分力 F_2 。设箱子在水平道路上
发生的位移是 s ，那么力 F_1 所做的功等于 $F_1 s$ ；力 F_2 的方

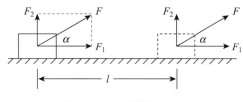

图 2 - 3 - 2　计算功的大小

向跟位移 s 的方向垂直，在 F_2 的方向上箱子没有发生位移，所以 F_2 不做功。因此力 F 对箱子所做的功就
等于它的一个分力 F_1 所做的功，即 $W = F_1 s$ ，因为 $F_1 = F\cos\alpha$ ，所以 $W = Fs\cos\alpha$ 。

这就是说，力对物体所做的功，等于力的大小、位移的大小、力和位移方向夹角的余弦三者的乘积。

上式是计算功的一般公式。当 $\alpha < 90°$ 时，W 是正值，力对物体做正功；$\alpha = 90°$ 时，$W = 0$，力对物体
不做功；$\alpha > 90°$ 时，W 是负值，力对物体做负功。例如，列车在行驶中受到阻力的作用，阻力的方向和列
车位移的方向相反，阻力对列车就做负功。火箭竖直上升时，推力对火箭做正功，而火箭所受重力跟火箭
位移的方向相反，重力对火箭做负功。人提着箱子走上楼梯时，人提箱子的力对箱子做正功，重力对箱子
做负功。

当一个力对物体做正功时，这个力就是动力，我们就说这个力的施力体"对物体做功"。例如，机车
牵引列车前进时，我们就说机车对列车做功。当一个力对物体做负功时，这个力总是阻碍物体运动的，成
为物体运动的阻力，我们也可说成"物体克服阻力做功"，这时只取功的绝对值来表示它的大小。例如，
阻力对前进中的列车做负功，也可说成列车克服阻力做功；重力对上升的火箭做负功，也可说成火箭克服
重力做功。

解释问题

小学生背书包在水平的路面行走时，重力是不做功的。因为力与位移垂直。在上下坡（或上下楼）
时，是做了功的。因为力与位移在同一直线上。

练习与思考

1. 质量为50kg 的箱子在 200N 的水平推力作用下沿水平地面匀速前进了10m。那么木箱受到的阻力是
_____N，推力做的功为_____J，重力做的功为_____J。

2. 起重机的钢绳将 500N 的物体匀速提高 6m 后，又水平匀速移动 4m，钢绳的拉力对物体所做的功为
_____J，重力做的功为_____J。

3. 某同学背着 30N 的书包上学，沿水平路面走了 400 m 的路程到学校，再匀速登上三楼的教室，每

层楼高 3m. 那么他从家到学校的过程中，对书包做功_____ J；他从楼下到教室的过程中，对书包做功_____ J。

4. 自动步枪枪膛里，火药爆炸产生的气体对子弹的平均推力是 12 690N，枪膛长 30cm，子弹从枪膛射出后前进了 200m，则火药爆炸产生的气体对子弹所做的功为_____ J。

5. 如图 2 - 3 - 3 所示的四种情境中，人对物体做功的是（　　　　）

（a）提着桶在水平　　（b）举着杠铃原地　　（c）用力搬石头，但　　（d）推着小车前进
地面上匀速前进　　　　不动　　　　　　　没有搬动

图 2 - 3 - 3　人对物体做功

二、机械做功

提出问题

使用简单机械，既然不能省功，为什么人们还要使用它？

相关知识

人类在几千年前已经懂得利用机械做功。我国是世界上最早发展机械的国家之一，用人力、畜力作为动力，发展到用水力和风力等作为动力对机械做功，以利用机械克服阻力或重力做功。

人们使用机械工作时，有时可以省力，有时可以省距离。研究表明：省力必然费距离；省距离则一定费力；既省力又省距离是不可能的。也就是说，使用任何机械都不能省功。这个结论叫做机械功原理，在历史上被誉为"机械的黄金定律"。机械功原理对机械的研制和使用具有重要的指导意义。下面我们对简单机械：杠杆、滑轮、轮轴、斜面等的做功作具体的研究。

（一）杠杆

如图 2 - 3 - 4 所示，杠杆 AB 的动力臂为 L_2，阻力臂为 L_1，支点为 O，将重量为 G 的物体，举高 h 米。不计杠杆本身的重量。杠杆做的功 $W_1 = F \cdot \overline{Bb} = G \cdot \dfrac{L_1}{L_2} \cdot \overline{Bb} = Gh$（根据杠杆的平衡条件，有 $F \cdot L_2 = G \cdot L_1$；根据数学中两个三角形相似，有 $h : \overline{Bb} = L_1 : L_2$）。人直接将重量为 G 的物体举高 h 米所做的功 $W_2 = Gh$。即 $W_1 = W_2$，也就是说利用杠杆做功不省功。若考虑杠杆本身的重量和其他因素，则利用杠杆做的功大于人直接做功，即 $W_1 > W_2$。

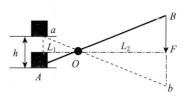

图 2 - 3 - 4　杠杆

（二）滑轮

1. 定滑轮

我们知道定滑轮是一个既不省力，又不省距离的简单机械，那么它省不省功呢？如图 2 - 3 - 5 所示，利用定滑轮将重量为 G 的物体，举高 h 米。不考虑定滑轮的摩擦阻力。则利用定滑轮做的功 $W_1 = Fh = Gh$，人直接将物体举高 h 米做的功 $W_2 = Gh$，即 $W_1 = W_2$，定滑轮不省功。若考虑摩擦阻力，则 $W_1 > W_2$；定滑轮费功，但可以改变力的方向，为使用者提供方便。

2. 动滑轮

根据动滑轮的特性，可以省一半力，但要费一倍的距离。如图 $2-3-6$ 所示，不考虑摩擦阻力。$W_1 = FS = \dfrac{G}{2} \times 2h = Gh$，人直接将物体举高 h 米做的功 $W_2 = Gh$，即 $W_1 = W_2$。动滑轮不省功。若考虑摩擦阻力、动滑轮本身的重量，则 $W_1 > W_2$。动滑轮费功。

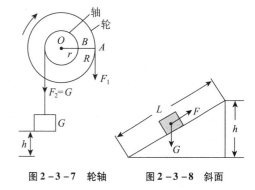

图 $2-3-5$ 定滑轮　图 $2-3-6$ 动滑轮

（三）轮轴

如图 $2-3-7$ 所示，轴的半径为 r，轮的半径为 R（$R > r$）。不考虑摩擦阻力。将重量为 G 的物体举高 h 米，需要的拉力 $F_1 = F_2 r/R = Gr/R$，运动的距离 $S = hR/r$，利用轮轴做的功 $W_1 = F_1 S = Gh$，人直接将物体举高 h 米做的功 $W_2 = Gh$，即 $W_1 = W_2$。轮轴不省功。若考虑摩擦阻力，则 $W_1 > W_2$。轮轴费功。

（四）斜面

如图 $2-3-8$ 所示，斜面长 L，高 h，将重量为 G 的物体，用力 F 沿斜面推至斜顶。不考虑摩擦阻力时，推力 F 做的功 $W_1 = FL = Gh$（$F = Gh/L$），人直接将物体举高

图 $2-3-7$ 轮轴　　图 $2-3-8$ 斜面

h 米做的功 $W_2 = Gh$，即 $W_1 = W_2$。斜面不省功。若考虑斜面的摩擦阻力，推力还要克服摩擦力做功，则 $W_1 > W_2$。斜面费功。

总之，一切机械省力必然费距离；省距离则一定费力；既省力又省距离是不可能的。也就是说，使用任何机械都不能省功。

解释问题

机械虽然不能省功，但可以省力，或者省距离，或者改变力的方向。满足人们不同的需要。

练习与思考

1. 一个人用 500N 的力往下压杠杆一端，把杠杆另一端的物体匀速抬高了 40cm，手下降的高度为 1m。若不计杠杆自重和摩擦，则此过程中人做功＿＿＿＿J，被抬高的物体重力为＿＿＿＿N。

2. 如图 $2-3-9$ 所示，用一个滑轮匀速提起重 400N 的物体。不计滑轮重、绳重和摩擦，人对绳做的功为 600J，求

（1）拉力 F 的大小。

（2）物体被提起的高度。

3. 在水平拉力 F 的作用下，使重 40N 的物体 A 匀速移动 5m，物体 A 受到地面的摩擦力是 5N，不计滑轮、绳自重及摩擦，拉力 F 做的功是多少 J？

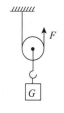

图 $2-3-9$
用滑轮提物

第二节　能与功率

本节学习要点

- 知道功率、能量、动能、势能、机械能等概念，并能进行正确计算；
- 掌握功率是做功本领的量度，但做功的大小不是由功率的大小唯一决定的；

● 理解能是可以相互转化的，功是能量转化的量度，能量在转化过程中是守恒的。

本节学习意义

● 通过对功、功率、能量、动能、势能等的认识，能利用它们解决生活中的一些实际问题；

● 通过功是能量转化过程中的量度的理解，获得解决实际问题的方法。即解决问题时，应抓住事物的主要方面。

能量简称"能"，它是描述物质（或系统）运动状态的一个物理量，是物质运动的一种量度。任何物质都离不开运动，在自然界中物质的运动形式是多种多样的，相应于各种不同的运动形式，就有各种不同形式的能量。自然界中主要有机械能、热能、光能、电磁能、原子能等形式的能量。当运动形式之间相互转化时，它们的能量也随之而转换。例如，利用水位差产生的河水冲击力推动水轮机转动，能使发电机发电，将机械能转换为电能；电流通过电热器能够发热，使电能转换为热能；电灯泡可使电能转换为光能和热能；各种内燃机（如图 2 − 3 − 10 所示）利用汽油或柴油在汽缸中燃烧的过程，将化学能转换为热能，热能再转换为机械能，推动活塞往复移动。从上述的实例，证实各种形式的能量都可相互转化，在转化过程中，一种形式的能增加了多少，必有另一种形式的能减少多少，能的总量保持不变。自然界一切过程都服从能量守恒和转换定律。物体要对外界做功，就必须消耗本身的能量或从别处得到能量的补充，因此一个物体的能量越

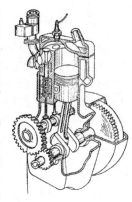

图 2 − 3 − 10　内燃机模型

大，它对外界就有可能做更多的功。能量是一个标量。用数学语言说，能量是物质运动状态的一个单值函数。能量的单位与功的单位一致，常用的单位是焦耳、千瓦小时等。

一、功率

提出问题

在工地上，吊车起吊货物时的速度怎样？为什么？

相关知识

不同物体做相同的功，所用的时间往往不同，也就是说，做功的快慢并不相同。一台起重机能在 1min 内把 1 吨的货物提到预定的高度，另一台起重机只用了 30s 就可以做相同的功。第二台比第一台做功快一倍。

在物理学中，做功的快慢用功率来表示。功 W 跟完成这些功所用时间 t 的比值叫做功率。用 P 表示功率，则有：$p = \dfrac{W}{t}$。

在国际单位制中，功率的单位是瓦特，简称瓦，符号是 W。$1W = 1J/s$。瓦这个单位比较小，技术上常用千瓦（kW）作功率的单位。$1kW = 1\,000W$。

功率也可以用力和速度来表示。在作用力方向和位移方向相同的情况下，$W = FS$，把此式代入功率的公式中可得 $P = FS/t$，而 $S/t = v$，所以，$P = Fv$。

这就是说，力 F 的功率等于力 F 和物体运动速度 v 的乘积。物体做变速运动时，公式 $P = Fv$ 中的 v 表示在时间 t 内的平均速度，P 表示力 F 在这段时间 t 内的平均功率。如果时间 t 取得足够小，则上式中的 v 表示某一时刻的瞬时速度，P 表示该时刻的瞬时功率。

从公式 $P = Fv$ 可以看出，汽车、火车等交通工具，当发动机的输出功率 P 一定时，牵引力 F 与速度 v 成反比，要增大牵引力，就要减小速度，所以上坡的时候，司机常用换挡的办法减小速度，来得到较大的牵引力。

当速度 v 保持一定时，牵引力 F 与功率 P 成正比。所以汽车上坡时，要保持速度不变，必须加大油

门，增大输出功率来得到较大的牵引力。

保持牵引力 F 不变时，功率 P 与速度 v 成正比。起重机在竖直方向匀速吊起某一重物时，牵引力与重物的重量相等，牵引力保持不变，发动机输出的功率越大，起吊的速度就越大。

功率的大小反映的是做功的快慢，并不代表做功的多少。功率的大小由功和时间两个因素共同决定，缺其中之一则无法确定。在做功相同的情况下，功率大的用的时间少，在做功所用的时间相等的情况下，功率大的做功多。

解释问题

在工地上，我们看到吊机起吊货物的速度 v 很小。牵引力 F 与货物的重量 G 相等，从公式 $P = Fv$ 可以看出，牵引力 F 一定，速度 v 越小，吊机的输出功率就越小，就越节省能源，也越安全。

练习与思考

1. 甲同学体重 600N，乙同学体重 500N，他们进行登楼比赛。甲跑上五楼用 30s，乙跑上五楼用 24s。则_____同学做功较多，_____同学的功率较大。

2. 一辆汽车以 10m/s 的速度沿水平方向行驶，他所受的阻力为 6 000N，则汽车的发动机的功率是_____，其物理意义是_____。

3. 一台抽水机每秒钟能把 30kg 的水抽到 10m 高的水塔上，不计额外功的损失，这台抽水机的输出功率是多大？如果保持这一输出功率，半小时能做多少功？取 $g = 10m/s^2$。

4. 一台起重机匀加速地将质量 $m = 1.0 \times 10^3 kg$ 的货物竖直吊起，在 2s 末货物的速度 $v = 4.0m/s$。取 $g = 10m/s^2$，不计额外功。求：

（1）起重机在这 2s 时间内的平均输出功率；

（2）起重机在 2s 末的瞬时输出功率。

拓展阅读

人消耗的功率

人要维持生命和进行活动（包括体力和脑力的活动），就必须消耗能量做功。在不同情况下消耗的功率大小是不同的。

一个成年人在熟睡的时候，消耗的功率大约是 80W，这个功率用来维持其身体的代谢，因此把这个功率叫做基本代谢。在进行一般脑力劳动时，例如，学生在上课时，消耗的功率约为 150W，其中约为 80W 为基本代谢率，约为 40W 消耗在脑的活动中；在中等剧烈的运动中，例如以 5m/s 的速度骑自行车时，骑车人消耗的功率约为 500W；在比较剧烈的运动中，例如打篮球时，人消耗的功率约为 700W；在更加剧烈的运动情况下，例如在百米赛跑中，一个优秀的运动员消耗的功率可超过 1 000W。

探究与实验

同学们可以试着测一下自己某项活动消耗的功率，看看谁的功率大？

二、能

提出问题

公路上发生交通事故时，肇事汽车在紧急刹车后会在路面留下黑色痕迹，交警通过测量黑色痕迹的长度，就能判断汽车是否超速，请解释原因。

相关知识

（一）动能

我们在初中学过，物体由于运动而具有的能量叫做动能。它通常被定义成使某物体从静止状态至运动状态所做的功。

物体的动能等于物体质量与物体速度的二次方的乘积的一半。物体的动能用 E_k 表示，即

$$E_k = \frac{1}{2}mv^2 \qquad (2-36)$$

其中 m 是物体的质量，v 是物体运动的速度。因此，质量越大的物体，运动速度越大，它的动能就越大。

动能是标量，它的单位与功的单位相同，在国际单位制中都是焦耳，这是因为 $1kg \cdot m^2/s^2 = 1N \cdot m = 1J$。

动能具有瞬时性，在某一时刻，物体具有一定的速度，也具有一定的动能，动能是状态量；动能也具有相对性，对不同的参考系，物体的速度有不同的瞬时值，也就具有不同的动能，一般以地面为参考系研究物体的运动。

（二）动能定理

合外力所做的功等于物体动能的变化。这个结论叫做动能定理。即

$$W_合 = E_{k2} - E_{k1} 。 \qquad (2-37)$$

式中 E_{k1} 和 E_{k2} 各表示运动物体在初状态时和末状态时所具有的动能，$W_合$ 表示合外力（即外力的合力）对物体所做的功，也就等于各个外力对物体所做的总功 $W_总$。如果 $W_总 > 0$，则表示外力对物体做正功，物体获得能量，动能增加；如果 $W_总 < 0$，则表示外力对物体做负功，物体克服外力做功，物体必须消耗能量，它的动能减少；如果 $W_总 = 0$，这说明外力对物体不做功，物体的动能不增加也不减少。动能定理是力学中一条重要规律，它是根据牛顿运动定律推导出来的。动能是反映物体本身运动状态的物理量，物体的运动状态一定，能量也就唯一确定了，故能量是"状态量"，而功并不决定于物体的运动状态，而是取决于物体运动状态的变化过程，即与能量变化的过程相对应，所以功是"过程量"。功只能度量物体运动状态发生变化时，它的能量变化了多少，而不能度量物体在一定运动状态下所具有的能量，此定理体现了功和动能之间的联系。称为定理的原因是因为它是从牛顿定律经数学严格推导出来的，并不能扩大其应用范围。由于动能定理不涉及物体运动过程中的加速度和时间，因而不论物体运动的路径如何，在只涉及位置变化与速度的力学问题中，应用动能定理比直接运用牛顿第二定律要简单。

（三）势能

物体并不是仅靠运动才能获得能。由相互作用的物体之间的相对位置，或由物体内部各部分之间的相对位置所确定的能叫做势能。例如，你把地上的书拣起来放到桌子上或给玩具上发条，你就向它们传递了能。这些能被存储了起来，若书掉到地上或者发条重新松开，它们又会被释放。势能是属于物体系共有的能量，通常说一个物体的势能，实际上是一种简略的说法。势能是一个相对量。选择不同的势能零点，势能的数值一般是不同的。

势能按作用性质的不同，可以分为重力势能、弹性势能、引力势能、电势能、分子势能等。力学中势能有重力势能、弹性势能和引力势能。

1. 重力势能

由于地球和物体间的相互作用（重力），物体所具有的能量叫做重力势能。如图 2-3-11 所示。物体由于被举高才具有重力势能，而物体在举高过程中是在克服重力做功。因此，重力势能跟克服重力做功有密切关系。用 E_p 表示重力势能，则：$E_p = mgh$。

从上式看，物体的重力势能等于它的重力和高度的乘积，或等于物体的质量、重力加速度、高度三者的乘积。物体的质量越大，高度越大，它的重力势能就越大。重力势能是相对的，同一物体的重力势能的大小决定于零势能位置的选择。零势面以下的物体，重力势能为负值。物体的重力

图 2-3-11 重力势能

势能属于物体与地球所共同具有的。重力对物体做的功等于物体重力势能的增量的负值。即重力所做的功只跟初末位置有关，而跟物体运动的路径无关。

2. 弹性势能

物体由于发生弹性形变，各部分之间存在着弹性力的相互作用而具有的势能叫做弹性势能，如图 2 – 3 – 12 所示。例如，被压缩的气体、拉弯了的弓、卷紧了的发条、拉长或压缩了的弹簧都具有弹性势能，被压缩或伸长的弹簧具有的弹性势能，等于弹簧的倔强系数 k 与弹簧的压缩量或伸长量 x 的平方乘积的一半，即 $E_p = \frac{1}{2}kx^2$。弹性势能的单位与功的单位是一致的。确定弹性势能的大小需选取零势能的状态，一般选取弹簧未发生任何形变，而处于自由状态的情况下其弹性势能为零。弹力对物体做功等于弹性势能增量的负值。即弹力所做的功只与弹簧在起始状态和终了状态的伸长量有关，而与弹簧形变过程无关。弹性势能是以弹力的存在为前提，所以弹性势能是发生弹性形变，各部分之间有弹性力作用的物体所具有的。如果两物体相互作用都发生形变，那么每一物体都有弹性势能，总弹性势能为二者之和。

图 2 – 3 – 12　弹性势能

3. 引力势能

物体系的各物体之间由于万有引力相互作用而具有的势能叫做引力势能。例如，地球周围各物体和地球之间有引力作用，因此这个物体具有引力势能。

物体在地球表面附近的重力势能，用 $E_p = mgh$ 来计算。这是因为在地球表面附近可以把重力近似地看成恒量。当物体距离地球表面遥远的地方，如人造地球卫星，则必须取随距离变化而变化的重力来计算。这个变化的重力可由牛顿发现的万有引力定律来计算，即 $F = G\dfrac{m_1 m_2}{r^2}$，其中 $G = 6.67 \times 10^{-11} \text{N} \cdot \text{m}^2/\text{kg}^2$。在距离地球中心 r 处的物体，其重力就是地球对物体的万有引力。当把这个物体 m，从一点移到另一点，物体的重力随距离的变化而变化，这个变化的重力做的功与物体所经的路径无关，且可以由这两点的势能变化而给出。用数学中的积分计算，可以证明，某一物体 m_2 距离另一物体 m_1 为 r 处的引力势能是：$E_p = -G\dfrac{m_1 m_2}{r}$，并且取 m_2 距离 m_1 无穷远处为 m_2 的引力势能的零势点。

【例题】 质量为 m 的宇宙火箭，为了完全逃脱地球的引力，自地球发射速度最小值是多少？（已知地球质量 $m_e = 6.0 \times 10^{24} \text{kg}$，半径 $R_e = 6.37 \times 10^6 \text{m}$）

解： 火箭在地球表面时，其引力势能 $E_P = -G\dfrac{m_e m}{R_e}$，设发射速度最小值为 v，则其动能 $E_k = \frac{1}{2}mv^2$，当火箭完全逃脱地球引力时，火箭距离地球无穷远，其引力势能 $E'_p = 0$。火箭到达无穷远处，其动能 $E'_k = 0$ 时，发射火箭的速度为最小值。由于火箭的机械能是一常量，只有重力做功，所以，$E_p + E_k = E'_p + E'_k$，即 $\frac{1}{2}mv^2 - G\dfrac{m_e m}{R_e} = 0 + 0$，所以 $v = \sqrt{\dfrac{2Gm_e}{R_e}} = 11.2 \text{ Km/s}$。

（四）机械能

动能和势能统称机械能。如果物体的质量为 m，所处的高度为 h，运动速度为 v。物体具有的机械能 E 就是动能与势能之和，即 $E = E_k + E_p = \frac{1}{2}mv^2 + mgh$。

1. 动能和势能间的相互转化

我们在初中学过，重力势能和动能之间可以发生相互转化。物体自由下落时，高度越来越小，速度越来越大。高度减小，表示势能减小；速度增大，表示动能增大。这时重力势能转化为动能。竖直向上抛出的物体，在上升过程中，速度越来越小，高度越来越大。速度减小，表示动能减小；高度增大，表示重力势能增大。这时动能转化为重力势能。

2. 机械能守恒定律

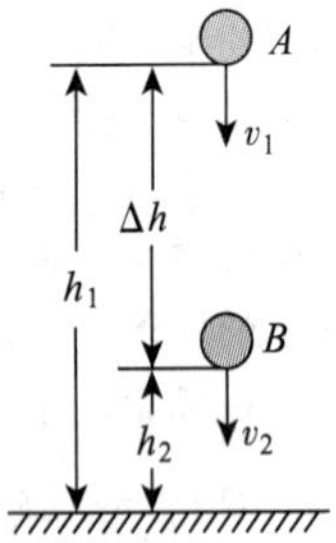

如图 2 – 3 – 13 所示，设一个质量为 m 的物体自由下落，经过高度为 h_1 的 A 点（初位置）时速度为 v_1，下落到高度为 h_2 的 B 点（末位置）时速度为 v_2。在自由落体运动中，物体只受重力 $G = mg$ 的作用，重力做正功。设重力所做的功为 W_G，则由动能定理可得：$W_G = \frac{1}{2}mv_2^2 - \frac{1}{2}mv_1^2$，即重力所做的功等于动能的增加。另一方面，由重力做功与重力势能的关系有：$W_G = mgh_1 - mgh_2$，即重力所做的功等于重力势能的减少量。由上两式可得：$\frac{1}{2}mv_2^2 - \frac{1}{2}mv_1^2 = mgh_1 - mgh_2$，可见，在自由落体运动中，重力做了多少功，就有多少重力势能转化为等量的动能。移项可得：

$$\frac{1}{2}mv_1^2 + mgh_1 = \frac{1}{2}mv_2^2 + mgh_2$$

或者：
$$E_{k1} + E_{p1} = E_{k2} + E_{p2}$$

上式表明，在自由落体运动中，动能和重力势能之和即总的机械能保持不变。

上述结论不仅对自由落体运动是正确的，可以证明，在只有重力或弹力做功的情况下，不论物体做直线运动还是曲线运动，上述结论都是正确的。

如图 2 – 3 – 14 所示，把小球拉到一定高度（B 点），然后释放，小球会从高处摆动到低处（O 点），再从低处摆动到高处（A 点）。我们看到，小球摆动的最高点在同一水平面上。小球除受到重力作用外，还受到绳子拉力的作用，但拉力不做功（因拉力始终与小球的运动方向垂直），小球的机械能守恒。

如图 2 – 3 – 15 所示，水平面是光滑的。将物体拉到 A 点释放，物体在弹力的作用下，由 A 点运动到 O 点，速度越来越大，弹性势能转化为动能；物体由 O 点运动到 A' 点，速度越来越小，物体的动能转化为弹簧的弹性势能，但总的机械能保持不变。

图右上：

在自由落体运动中
机械能守恒

图 2 – 3 – 13　物体
自由下落

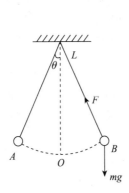

图 2 – 3 – 14　小球摆动

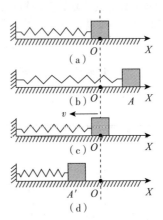

图 2 – 3 – 15　光滑水平面

在只有重力或弹力做功的情况下，物体的动能和势能发生相互转化，但机械能的总量保持不变。这个结论叫做机械能守恒定律。它是力学中的一条重要定律，是更普遍的能量守恒定律中的一种特殊情况。

（五）功能原理

合外力（不包括万有引力、重力和弹性力）对物体所做的功等于物体机械能的增量，这个结论就叫做"功能原理"。其表达式为：

$$W_{合} = E_2 - E_1 \qquad\qquad (2 – 38)$$

式（2 – 38）中 E_1 和 E_2 各表示物体在初状态和末状态时的机械能，$W_{合}$ 表示合外力（不包括万有引力和弹性力）对物体所做的功。从式（2－38）中可知：当机械能增加时，即 $E_2 > E_1$ ，则 $W_合 > 0$ ，合外力对物体做正功；当机械能减少时，即 $E_2 < E_1$ ，则 $W_合 < 0$ ，合外力对物体做负功；机械能不变时，即 $E_2 = E_1$ ，则 $W_合 = 0$ ，合外力对物体不做功。从上述分析知：能是表达物体运动状态的物理量，用做功的多少可以度量能量的变化量。功和能都是标量，它们的单位相同，但却是两个本质不同的物理量。能是用来反映物体的运动状态的物理量。处于一定的运动状态的物体就具有一定的能量。而做功的过程是物体在力的作用下，位置变化的过程，也就是能量从一个物体传递给另一个物体的过程。

🔘 解释问题

每辆汽车的重量 G （$G = mg$）是已知的，车轮与地面的滑动摩擦系数 μ 也是可知的，因此，地面对汽车的滑动摩擦力 （$f = \mu G$）也可知。通过测量痕迹的长度 L ，就可计算出摩擦力所做的功 （$W_f = FL$）。再根据动能定理：$W_f = \frac{1}{2}mv^2 - 0$ ，就可推算出刹车前汽车的速度 v。即可判断汽车是否超速。

🔘 练习与思考

1. 如图 2－3－16 所示，将一张卡片对折，在开口的一边剪两刀，然后将橡皮筋套在开口边，就做成了一个会跳的卡片，使这张卡片跳起来的做法是怎样的？卡片能跳起来的原因是什么？

2. 叙述功和能的区别和联系。

3. 体操运动员在跳鞍马时，要借助于起跳板，试从能量的角度分析跳板的作用。

图 2－3－16　能跳的卡片

第三节　热能与热量

🔘 本节学习要点

● 知道温度、热能、热量的概念，了解它们的区别与联系，掌握分子动理论；
● 理解功是能量转换的度量；
● 知道热的三种传递方式以及它们之间的区别、特点，理解热传递的方向性；
● 掌握热力学第一定律和能量守恒定律的意义及其运用；
● 知道热值、比热容的概念及物理意义，物态变化的特征及产生的机理。

🔘 本节学习意义

● 通过对温度、热能、热量等的学习，获取应用和解决实际问题的能力。
● 通过对能量守恒定律的理解，认识到尊重自然规律、尊重科学的重要性。

生活和生产中的大量实验证明，当物体的温度发生变化时，物体的许多性质都会随之发生变化。与物体温度有关的现象叫热现象。在自然界中，热现象普遍存在着，与我们的生活有着十分密切的关系。可是，你知道热现象的实质吗？热现象遵从哪些规律？这一节我们就来学习一些热学知识，然后再以热学知识为基础，深入了解一些有趣的自然现象及其产生的原因。

一、热能

🔘 提出问题

修水泥公路时，每隔一段距离就要留（或割）一条缝隙，这是为什么？

（🔖）**相关知识**

（一）分子动理论

1. 物体是由大量分子组成的

科学技术发展到今天，原子的存在早已不是猜想，而是被实验所证实的。而且原子也不是不可再分的。原子能够结合成分子，分子是具有各种物质化学性质的最小粒子。实际上，构成物质的单元是多种多样的，或是原子（如金属），或是离子（如盐类），或是分子（如有机物）。在热力学中，由于这些微粒做热运动时遵从相同的规律，所以统称为分子。

组成物质的分子是很小的，不但用肉眼不能直接看到它们，而且用光学显微镜也看不到它们。现在有了能放大几亿倍的扫描隧道显微镜①，用它能观察到物质表面的分子。

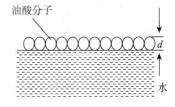

一种粗略测定分子大小的方法是油膜法。把一滴油酸滴在水面上，油酸在水面上散开形成单分子油膜。如果把分子看成球形，单分子油膜的厚度就可以认为等于油酸分子的直径。图2-3-17是单分子油膜侧面的示意图。事先测出油酸滴的体积，再测出油膜的面积，就可以算出油酸分子的直径。测量结果表明，油酸分子直径的数量级是 10^{-10} m。其他分子如水分子的直径约为 4×10^{-10} m，氢分子的直径约为 2.3×10^{-10} m。

图2-3-17　单分子油膜侧面示意图

2. 分子的热运动

构成物体的分子永不停息地做无规则运动，可以证明分子在做无规则运动的是扩散现象。如图2-3-18所示，一个装有无色空气的广口瓶倒扣在装有红棕色的二氧化氮气体的广口瓶上，中间用玻璃板隔开，抽去玻璃板，过一段时间可以发现，红棕色的二氧化氮气体运动到上面的瓶中去了，使上面的瓶中的气体变成了淡红棕色；而上面的无色气体运动到下面去了，使下面红棕色的气体颜色变浅，最后，可以发现两种气体混合在一起，上下两瓶气体的颜色变得均匀一致。像这样，不同的物质互相接触时彼此进入对方的现象叫做扩散。

不仅气体分子在不停地运动着，液体、固体分子也在运动着，扩散现象在固体之间和液体之间也会发生。例如，向一杯清水中滴入几滴红墨水，一会儿整杯水都变成红色。这表示液体之间可以发生扩散。固体的扩散现象在常温下进行得比较慢，不特别观察很难察觉。在高温下固体间的扩散就很明显了。利用分子的扩散，在真空、高温条件下，可以在半导体材料中掺入一些其他元素来制造各种元件。

图2-3-18　气体的扩散

布朗运动也可证实分子的无规则运动。

3. 分子间的相互作用力

研究表明，分子间同时存在着斥力和引力，它们的大小都跟分子间的距离有关。图2-3-19的两条虚线分别表示两个分子间的引力和斥力随距离变化的情形。实线表示引力和斥力的合力即实际表现出来的分子间的作用力随距离变化的情形。

图中斥力用正值表示，引力用负值表示，F 为斥力和引力的合力，即分子力。F 为正值时，表示合力为排斥力；F 为负值时，表示合力为吸引力。

分子间的引力和斥力随分子间距离的增大而减小。当两分子间的距离等于 r_0 时，分子间的引力和斥力相互平衡，分子间的作用力为零，r_0 的数量级约为 10^{-10} m。距离为 r_0 的位置，叫做平衡位置。

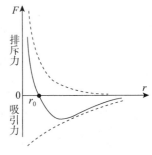

图2-3-19　分子间的作用力
　　　　　跟距离的关系

---

①　扫描隧道显微镜是1982年研制成功的，用它能够观察到物质表面分子的排列，实现了人类直接看到单个原子的理想。两位发明人葛·宾尼和罗雷尔因此获得1986年诺贝尔物理学奖。

当分子间的距离小于 r_0 时，引力和斥力虽然都随着距离的减小而增大，但斥力增大得更快，因而分子间的作用力表现为排斥力。

当分子间的距离大于 r_0 时，引力和斥力虽然都随着距离的增大而减小，但斥力减小得更快，因而分子间的作用力表现为吸引力。当分子间距离的数量级大于 10^{-9} m 时，分子力已经变得十分微弱，可以忽略不计了。

（二）物体的热能

1. 分子的动能

组成物体的分子不停地做无规则运动，像一切运动着的物体一样，做热运动的分子也具有动能。

物体里分子运动的速率是不同的，有的大，有的小，各个分子的动能并不相同。由于碰撞，各个分子的运动还会发生变化。在热现象的研究中，我们所关心的不是每个分子的动能，而是物体里所有分子的动能的平均值。这个平均值叫做分子热运动的平均动能。

温度升高，物体分子的热运动加剧，分子热运动的平均动能也增加。温度越高，分子热运动的平均动能越大。温度越低，分子热运动的平均动能越小。从分子动理论的观点看来，温度是物体分子运动的平均动能大小的标志。这样，分子动理论使我们懂得温度的微观含义。

2. 分子势能

分子间存在相互作用力，分子间具有由它们的相对位置决定的势能，这就是分子的势能。

如果分子间的距离大于 r_0，它们的相互作用是引力，分子势能随着分子间的距离增大而增加，这种情况与弹簧被拉长时的弹性势能的变化相似。如果分子间的距离小于 r_0，它们的相互作用是斥力，分子势能随着分子间的距离的减小而增大，这种情况与弹簧被压缩时弹性势能的变化相似。

一个物体，它的体积改变时，分子间的距离随之改变，分子势能也随之改变。所以，分子势能跟物体的体积有关系。

3. 物体的热能

物体中所有分子做热运动的动能和势能的总和，叫做物体的内能，习惯上人们把它称为热能。一切物体都是由不停地做无规则热运动的分子组成，因此任何物体都具有热能。两个物体的温度相同，它们的热能不一定相等。如温度为 50℃ 的 1 升水具有的热能就比相同温度的 0.1 升水的热能多。因此，温度是衡量组成物体的单个分子的平均动能的标志，而热能是所有分子具有的能量的总和。

热能不仅仅取决于物体的温度以及所含分子的数量，它还受分子排列方式（如固态、液态、气态）的影响。例如，温度为 0℃ 的 1 升水的热能就比相同温度的 1 升冰的热能多。

（三）改变热能的方式

在热力学研究中所涉及的总是热能的改变。什么物理过程可以改变物体的热能？

做功可以改变物体的热能。例如，钻头钻孔时做了功，钻头和工件都变热，热能增加；"摩擦生热"现象，实际也是做功改变物体的热能；用搅拌器在水中搅拌做功，可以使水温升高，热能增加。

灼热的火炉，可以使它上面和它周围的物体温度升高，热能增多；火炉熄灭以后，这些物体温度降低，热能减少。在这样的过程中，物体的热能改变了，但是并没有做功。这种没有做功而使物体热能改变的物理过程叫热传递。

可见，能够改变物体热能的物理过程有两种：做功和热传递。

做功使物体的热能发生改变的时候，热能的改变就用功的数值来量度。外界对物体做多少功，物体热能就增加多少；物体对外界做多少功，物体的热能就减少多少。

热传递使物体的热能发生改变的时候，热能的改变是用热量来度量的。外界传递给物体多少热量，物体的热能就增加多少；物体传递给外界多少热量，或者说物体放出了多少热量，物体的热能就减少多少。做功和热传递对改变物体的热能是等效的。

（四）热传递的方式

热传递的方式有热传导、热对流和热辐射三种。

1. 热传导

热传导就是指热沿着物体从高温部分传向低温部分的方式，它是靠大量分子、原子和电子之间的相互碰撞作用来传递热的过程。热传导是固体中热传递的主要方式。不同的物质传导热的本领不同，如铜的导热性能比铝好，铝比铁好，铁比水好，水又比空气好。导热性能好的铜、铝、铁等材料叫做热的良导体，导热性能不好的水、空气、羽毛、木材、塑料等材料叫做热的不良导体。热的良导体和不良导体都有重要的应用，如电器设备的散热部分常用铜、铝、铁等热的良导体来制造，保温材料则要用棉花、木材等热的不良导体来制造。还有，我们日常生活中的饭锅、热水壶等都是用金属材料制成的，汤勺柄则是用塑料或木材制成的。

2. 热对流

热对流是指依靠流体（液体或气体）的宏观流动来传递热的方式。热对流可以分为自然对流和强迫对流。自然对流是由于流体中各部分的温度不均匀引起密度的差异而形成的，根据物体的浮沉条件知道，密度小的部分要上浮，密度大的部分要下沉。以烧水为例，虽然水是热的不良导体，不善于传导热，但我们还是很容易把整壶水烧开，其道理就是利用了水的对流。烧水时，壶底的水温度升高，密度减小而上浮，上部的水温度较低、密度较大而下沉。下沉到壶底的冷水被加热后因密度减小到小于其他部位水的密度时又上升，其他部位的冷水又流下来补充，从而使整个壶中的水循环流动起来，在循环中温度逐渐趋于均衡。取暖器和空调能改变整个房间的温度靠的也是空气的自然对流来传递热的。强迫对流则是利用机械迫使流体运动来传递热的方法，如大中型的电动机的端部加装了风扇和导流罩，加快散热片附近的空气的流动速度，大功率内燃机的水冷系统中加装叶轮来提高系统中的水流速度等都属于强迫对流。

3. 热辐射

热辐射是借助电磁波传递能量的方式，热辐射与热对流、热传导不同，它能把热以光速从一个物体沿直线传给另一个物体，而不依靠任何媒质，在真空中也能进行。例如，太阳的热就是以辐射的形式穿过太阳和地球之间的真空传递到地球上的。所有物体均会因自身的温度而向外辐射热量。温度越高，辐射越强；辐射源表面发射和吸收能量与表面的性质有关，表面越黑暗、粗糙，发射和吸收作用越强。而表面白亮光滑的物体，发射和吸收辐射能的本领较弱。冬天穿黑色或深色衣服的人多，就是因为黑色或深色表面易于吸收太阳的热辐射；同理，夏天穿白色或浅色衣服的人多，是因为白色或浅色表面难以吸收太阳的热辐射。

热传导和热对流分别是依赖组成物质的微粒的无规则运动和流体宏观的有规则运动来传递热的，它们不能离开物体而进行。而热辐射不需要媒质的帮助，在真空中也能进行，这是它们的主要区别。

热传递是通过热传导、热对流和热辐射三种方式来实现的。在实际的热传递过程中，这三种方式往往不是单独进行的。

（五）热传递的方向性

如果两个物体的温度不同，那么热就会自发地从温度高的物体传递到温度低的物体。当热量传给一个物体时，这个物体的热能就会增加。随着热能的增加，它的温度就会升高。与此同时，那个放热的物体的温度就会相应地降低。热量会不断地从一个物体传到另一个物体，直至两个物体的温度相等。

（六）热力学第一定律

在热力学中，一般把要研究的宏观物体看成热力学系统，简称系统。对系统做功或对系统传递热量，都能使系统的内能增加；反之，系统对外界做功或向外界传递热量，系统的内能则减少。若外界对系统做功为 W，系统吸收外界的热量为 Q，则系统内能的增加为 $\triangle U$，则有 $\triangle U = W + Q$，它所表示的功、热量跟内能改变的定量关系，在物理学中叫做热力学第一定律。

由热力学第一定律可以知道，要使系统对外做功，必然要消耗系统的内能或从外界吸收热量。历史上曾有不少人企图制造一种机器，既不消耗系统的内能，又不需要外界对它传递热量，即不消耗任何能量而能不断对外做功。这种机器称为第一类永动机。很明显，它是违反热力学第一定律的。所以热力学第一定律指出，制造第一类永动机（如图 2 - 3 - 20）是不可能的。

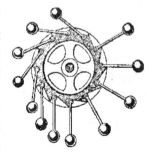

图 2 - 3 - 20　13 世纪法国人
亨内考设计的永动机

（七）能量转化和守恒定律

我们知道，自然界中不同的能量形式与不同的运动形式相对应：物体机械运动具有机械能、分子运动具有内能、电荷的运动具有电能、原子核内部的运动具有原子能等。不同形式的能量之间可以相互转化：摩擦生热是通过克服摩擦做功将机械能转化为内能；水壶中的水沸腾时，水蒸气对壶盖做功将壶盖顶起，表明内能转化为机械能；电流通过电热丝做功可将电能转化为内能等。这些实例说明了不同形式的能量之间可以相互转化，且是通过做功来完成这一转化过程的。

实践进一步证明，某种形式的能减少，一定有其他形式的能增加，且减少量和增加量一定相等。某个物体的能量减少，一定存在其他物体的能量增加，且减少量和增加量一定相等。

能量既不会凭空产生，也不会凭空消失，它只能从一种形式转化为别的形式，或者从一个物体转移到别的物体，在转化或转移的过程中其总量不变。这就是能量守恒定律。

能量守恒定律，是自然界最普遍、最重要的基本定律之一。从物理、化学到地质、生物，大到宇宙天体，小到原子核内部，只要有能量转化，就一定服从能量守恒的规律。从日常生活到科学研究、工程技术，这一规律都发挥着重要的作用。人类对各种能量，如煤、石油等燃料以及水能、风能、核能等的利用，都是通过能量转化来实现的。能量守恒定律是人们认识自然和利用自然的有力武器。

解释问题

因为大多数物体都有热胀冷缩的性质，修水泥公路时，每隔一段距离就要留（或割）一条缝隙，这是为了防止冬天路面收缩断裂，夏天路面膨胀受阻使路面隆起而产生很大的破坏作用。

练习与思考

1. 热能和温度相同吗？为什么？
2. 物质中分子的运动与其热能有什么联系？
3. 热传递的三种方式各有什么特点？
4. 列举日常生活中做功改变物体热能的实例。

二、热量

提出问题

在日常生活中，既可以用水取暖，也可以用水降温，这是什么缘故？

相关知识

我们已经知道，热传递可以改变物体的热能。那么，怎样描述和度量热传递过程中，物体热能改变的多少呢？

（一）热量

在物理学中，把在热传递过程中物体热能改变的多少叫做热量。物体吸收热量，热能增加；放出热量，热能减少。也就是说，热量是物体热能变化的度量。

热量通常用符号 Q 表示，在国际单位中，热量的单位与热能的单位相同，都是焦耳（J）。

（二）燃料的热值

我们知道，煤、石油、天然气、木材等燃料燃烧时，能放出热量。例如，1kg 干木材完全燃烧时，能放出 1.2×10^7J 的热量；而 1kg 汽油完全燃烧，则可以放出 4.6×10^7J 的热量，几乎是干木柴的 4 倍。

在物理学中，把 1kg 某种燃料在完全燃烧时所放出的热量叫做这种燃料的热值。它的符号是 q，单位是 J/kg。如表 2-3-1 所示是几种常用燃料的热值。

表 2 − 3 − 1　常用燃料的热值

物　质	热　值	
	$1\,000\ kJ \cdot kg^{-1}$	$kal \cdot kg^{-1}$
干木柴	12.6	3 010.14
焦炭	29.7	7 095.33
酒精	30.2	7 214.78
木炭（完全燃烧）	33.5	8 003.15
木炭（不完全燃烧）	10.5	2 508.45
煤气	41.9	10 009.91
柴油	42.7	10 201.03
煤油	46.1	11 013.29
汽油	46.1	11 013.29
氢气	142.5	34 043.25
泥煤	13.8	3 296.82
褐煤	16.8	4 013.52
烟煤	29.3	6 999.77
无烟煤	33.5	8 003.15
电		860℃

知道了某种燃料的热值 q，就可以算出一定质量 m 的这种燃料完全燃烧时放出的热量 Q，即 $Q = qm$。从表 2 − 3 − 1 可以看出，相同质量的不同燃料，燃烧时放出的热量是不同的。

（三）物质的比热容

不同的物质如水、砂石，在质量相同，温度变化相等时，它们吸收或放出的热量相等吗？实验证明，它们是不同的。

在物理学中，单位质量的某种物质，温度升高（或降低）1℃所吸收（或放出）的热量，叫做这种物质的比热容。比热容用符号 c 表示，它的单位是 J/kg·℃。如表 2 − 3 − 2 所示是几种常见物质的比热容。

表 2 − 3 − 2　常见物质的比热容

物　质	比热容 $c/[J \cdot (kg \cdot ℃)^{-1}]$	物　质	比热容 $c/[J \cdot (kg \cdot ℃)^{-1}]$
水	4.2×10^3	铝	0.88×10^3
酒精	2.4×10^3	干泥土	0.84×10^3
煤油	2.1×10^3	铁、钢	0.46×10^3
冰	2.1×10^3	铜	0.39×10^3
蓖麻油	1.8×10^3	汞	0.14×10^3
砂石	0.92×10^3	铅	0.13×10^3

从表 2 − 3 − 2 中可以知道，水的比热容比较大，而砂石和干泥土的比热容比水的要小得多。在同样受热或冷却的情况下，水的温度变化比砂石、干泥土小，这就使沿海地区的气温变化不像内陆沙漠地区的气温变化那样显著。

（四）物态变化

物质从一种形态转变为另一种形态称为物态变化。物态变化可以发生在固态与液态之间，也可以发生在液态和气态之间。物态变化主要取决于物质所拥有的热能。物质拥有的热能越多，它的分子运动速率就越大。由于气体含有的热能比液体多，所以同一物质在气体状态下分子的运动速率比在液体或固体状态下大。液体中分子的运动速率比固体中的要大。随着吸热或放热，物质能够从一种状态转变成另一种状态。物态变化图像如图 2 - 3 - 21 所示。

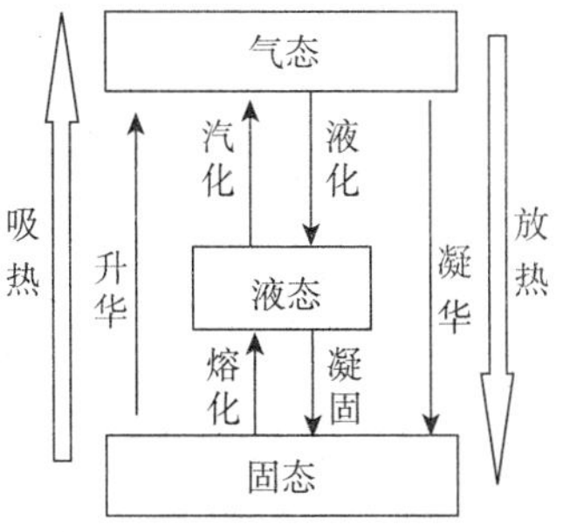

1. 固态和液态之间的变化

（1）熔化。从固态变为液态称为熔化。固体获得热量就会熔化。随着固体热能的增加，分子的固定结构遭到破坏，分子就会向四周做不规则的运动。物质从固态转变到液态时的温度叫做物质的熔点。

（2）凝固。物质从液态变为固态称为凝固。物质从液态变为固态时的温度称为凝固点。对于同一种物质，它的凝固点和熔点是相同的，唯一不同的是当时物质所具有的热能是在增加还是在减少。

2. 液态和气态之间的变化

（1）汽化。物质由液态变为气态称为汽化。在这一变化过程中，液体中的分子由于吸收了热量，运动速率加剧，使分子间距离增大，成为气体分子。

我们把只发生在液体表面的汽化称为蒸发。在高温状态下，液体的内部也会发生汽化，这一过程称为沸腾。当液体沸腾时，形成于液体内部的气泡就会上升到液体表面。液体沸腾时的温度叫做此液体的沸点。

（2）液化。气体放热会变成液体，从气态变为液态称为液化。装有冷饮的玻璃杯外面的水珠或是沐浴之后浴室墙上、镜子表面的水雾，正是由于空气中的水蒸气遇到温度较低的墙壁或玻璃时释放热量而形成的。

图 2 - 3 - 21　物态变化图像

🌐 **解释问题**

因为水的比热容大，当外界温度比水的温度低时，单位质量的水降低相同的温度，放出的热量就多；当外界温度比水的温度高时，单位质量的水升高相同的温度，吸收的热量也就多。

🌐 **练习与思考**

1. 热量与热能有什么不同？

2. 什么是比热？

3. 过去人们经常在睡觉前用装了热水的瓶子暖被窝，为什么要选择热水？

4. 热能的变化如何引起物态的变化？

5. 为什么厨师建议在烤马铃薯之前，先在马铃薯上戳个洞？

6. "早穿棉袄午穿纱，围着火炉吃西瓜"是对我国大西北沙漠地区气候特点的形象化写照。请你作出解释。

🌐 **拓展阅读**

影响气候的因素

水对气候具有调节作用。大气中的水汽能阻挡地球辐射量的 60%，保护地球不至于被冷却。海洋和陆地水体在夏季能吸收和积累热量，使气温不致过高；在冬季则能缓慢地释放热量，使气温不致过低。

海洋和地表中的水蒸发到天空中形成了云，云中的水通过降水落下来变成雨，冬天则变成雪。落于地表上的水渗入地下形成地下水；地下水又从地层里冒出来，形成泉水，经过小溪、江河汇入大海，形成一个水循环。

雨雪等降水活动对气候形成重要的影响。在温带季风性气候中，夏季风带来了丰富的水汽，夏秋多雨，冬春少雨，形成明显的干湿两季。

此外，在自然界中，由于不同的气候条件，水还会以冰雹、雾、露水、霜等形态出现并影响气候和人类的活动。

第四节　太阳与能源

本节学习要点

- 知道太阳能、核能等产生的机理及特点；
- 掌握核能释放的两种方式；
- 知道太阳能、核能等能源现阶段的应用、技术瓶颈以及未来的发展方向。

本节学习意义

- 通过学习，能够认识到节约资源、能源，保护环境的重要性和紧迫性；
- 开发和使用新能源，应因地制宜，合理开发和保护环境并重；
- 认识到科学技术是第一生产力的重要性，形成积极对待科学技术的态度。

　　能源是人类用来获取能量的自然资源。所谓的自然资源可以是物质本身，如各种燃料，也可以是物质的运动形式，如太阳辐射、空气和水的流动等。能源的范围随着科学技术的发展而扩大。

　　能源是人类生存的物质基础，是经济发展的原动力。能源、材料和信息技术并称为现代文明的 3 大支柱。

　　人类利用能源大致经历了 3 个时期，即柴草时期（从火的发现至 18 世纪中叶）、煤炭时期（从 18 世纪中叶至 20 世纪中叶）和石油时期（从 20 世纪中叶至今）。目前，全世界每年消耗的能源约折合 1.15×10^8 吨标准煤，其中主要部分由石油、煤炭和天然气等化石燃料提供。

　　以石油、煤炭和天然气等化石燃料作为能源，则面临三大问题：①化石燃料储量有限，据估计，按目前的开采和消费水平，石油和天然气只能用 50 年，煤也只够用一二百年，面临能源的枯竭；②化石能源都是很宝贵的化工原料，当作燃料烧掉造成资源上的浪费；③化石燃料燃烧严重污染环境，对人类的生存和发展造成重大影响。因此，研究开发高效、清洁的新能源已成为当务之急，也是世界各国的重要战略政策之一。

　　能源的分类：

1. 按来源不同，能源可分为三类

（1）来自地球以外大体的能量，其中最主要的是来自太阳的能量。它除了包括直接的太阳辐射能外，还包括间接来自太阳能的资源，如化石能源、生物能、水能、风能、海洋能等。

（2）地球本身蕴藏的能量资源，如储藏于地球内部的地热能及海洋和地壳中的原子核能。

（3）地球与其他天体相互作用而产生的能量，如地球与月球（及太阳）之间相互作用而产生的潮汐能等。

2. 按形成条件不同，能源可分为两类

（1）一次能源，是指天然存在的、不改变其基本形式就可以直接利用的能源，如原煤、原油、天然气、水力、太阳能、风能、地热能等。

（2）二次能源，是指在一次能源的基础上经过加工、转换而形成的能源，如电力、汽油、煤油、煤气、蒸汽、沼气、酒精、氢气等。

3. 按能否反复利用，能源可分为再生能源和非再生能源

太阳能、风能、水力、海洋能、生物能等是再生能源，因为这些能源有天然的自我恢复能力，开发使用后，能够再产生。煤炭、石油、天然气等是非再生能源，它们被消耗以后短期内无法再生，并将随着人类的开发利用逐渐减少，直至枯竭。

4. 从开发使用的程度不同，能源又可分为常规能源和新能源

已被人们广泛利用的能源称为常规能源，如煤、石油、天然气、水力等；尚未被人们大规模利用，正在研究开发，有待于推广的能源称为新能源，如原子能、太阳能、地热能、风能、海洋能、生物能、氢能等。

一、太阳能

提出问题

煤、石油、天然气是怎样形成的？

相关知识

太阳能是指地球上可以直接接受并利用的太阳辐射能。太阳正在进行着激烈的热核反应，释放出大量的核能，并以辐射波的形式传送到宇宙空间。太阳向宇宙辐射的能量，每秒大约相当于 1.3 亿亿吨标准煤[①]燃烧时放出的热量。其中 22 亿分之一传到地球上来，并且还有一部分被大气反射和消耗在加热空气上，但是每秒钟到达地面的总能量仍高达 8.0×10^{13} kW，这个数字相当于目前全世界能源总消耗的几万倍。

人类所需能量的绝大部分都直接或间接地来自太阳。如图 2 - 3 - 22 所示，植物通过光合作用释放氧气、吸收二氧化碳，并把太阳能转变成化学能在植物体内贮存下来。煤炭、石油、天然气等化石燃料也是由古代埋在地下的动植物经过漫长的地质年代演变形成的。此外，水能、风能、海洋温差能、波浪能和生物质能等也都是由太阳能转换来的。

太阳辐射能是一种巨大、无污染、洁净、安全的可再生能源，它是取之不尽、用之不竭的。直接利用太阳能是人类长期的愿望。但由于太阳能的能量密度较低，又有间歇、到达量不稳定等特点，再加上目前大规模收集、转换和贮存太阳能的技术不太成熟，因此，给太阳能的开发利用带来了一定的限制，使得在许多场合下太阳能被利用的经济性能还不如常规能源和核能。但我们必须看到，全世界的化石燃料正在逐年减少，价格不断上升。与此同时，随着新技术、新材料和新设备的不断出现，利用太阳能的成本将逐年下降。可以预计，太阳能在未来的能源结构中，比例必将逐渐增大，从而成为能源大家庭中重要的一员。

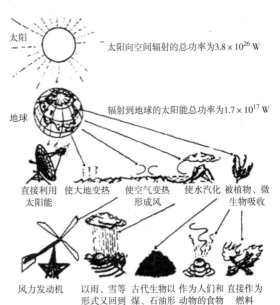

图 2 - 3 - 22　太阳能

目前，直接利用太阳辐射能有三种方式，即光—热转换、光—电转换和光—化学转换。

（一）光—热转换

光—热转换就是把太阳辐射能通过各种集热装置（集热器）转变成热能。太阳能集热器以空气或液体（水或防冻液）为传热介质。其吸热方式是直接吸收太阳辐射，也可以是太阳辐射经会聚后集中照射。减少集热器的热损失可以采用抽真空或其他透光隔热材料。

1. 太阳能热发电

它是利用太阳能产生热能，再转化成机械能的发电过程。发电系统主要由集热器系统、热传输系统、蓄热器、热交换器以及汽轮发电机系统等组成。太阳能热发电可分为两大类；一类为集中式热发电；另一类为分散式小功率热发电。早期集中式热发电采用塔式太阳能发电站，近期则发展出抛物柱面镜集热式太阳能热电站。如图 2 - 3 - 23 所示为塔式太阳能热发电系统。

---

①　标准煤的发热量为 2.926×10^7 J·kg^{-1}。

2. 太阳能高温炉冶炼高温材料

太阳能高温炉同塔式太阳能发电系统类似，可以用定日镜群集中太阳光，温度一般可达2 000℃~3 500℃。这种高温炉由于不用燃料，所以不含杂质，特别适合做高温材料研究，如冶炼难熔金属、生产高纯合金等。20世纪80年代，苏联建造了一座1 000kW功率的太阳炉，最高温度为2 500℃，专门用来冶炼钛酸铝、锆酸钙和钇铝石榴石等高纯和超纯国防尖端材料。

图2-3-23　塔式太阳能热发电系统

3. 太阳能节能建筑——太阳房

利用太阳能采暖的房屋叫太阳房。太阳房可分为两大类：被动式太阳房和主动式太阳房。

被动式太阳房主要靠房屋结构本身来完成集热、储热和释热等功能。例如，扩大窗口，加强墙壁和屋顶保温，防止散热；把房屋的南墙做成集热器；在房屋南墙建一个附属玻璃温室等。由于这种太阳房只靠太阳能取暖，因此，当没有太阳时，室内温度偏低。

主动式太阳房除备有太阳能采暖系统（如集热器、储热器）外，还备有其他辅助加热设备，室内温度可以主动调节。目前，美、日、法等一些经济发达国家建造这类太阳房较多，且多为私人别墅。一般来说，主动式太阳房造价较高。我国现在也开始试建少数示范性的主动式太阳房。随着经济的发展和住房条件的改善，这种舒适的太阳房也会逐渐发展起来。

4. 利用太阳能使海水淡化

最简便的太阳能海水淡化装置是顶棚式太阳能蒸馏器。把海水装入能吸热的黑色水槽里，太阳光通过顶棚上的玻璃或塑料膜照射到槽上，使海水受热蒸发成不含盐的水蒸气。然后，水蒸气凝聚到冷的顶棚玻璃上，经过汇集，就可以得到淡化水。国外已建有大型海水淡化厂。如巴基斯坦的一座太阳能海水淡化厂，集热器面积17 837m^2，日产淡水68吨。我国在海南岛、西沙群岛和舟山地区也建设了一些小型海水淡化试验装置，一般日产淡水200~300kg。

5. 太阳池

它是指盐湖水太阳能发电技术。这种盐湖发电的原理是：盐湖水的含盐浓度随水的深度的增加而增大。当太阳光射到湖底时，底层的盐水就会被加热。由于较浓的盐水比重大，而湖水又比较平静，所以以下面热的较浓的盐水不易与上面较冷的湖水对流，这样太阳热能就存在湖底，即湖底的盐水起到了太阳能收集器的作用。据测定，湖底层盐水温度可以达到80℃，有时甚至可达100℃。利用热交换设备就可以把热能转换成电能。

20世纪60年代，以色列建立起第一个太阳池装置。此后一些国家陆续兴建了一些太阳池发电站。我国也开展了小型太阳池的研究工作。

由于天然盐湖或人造盐池中要形成稳定的盐浓度分层是很不容易的，因此太阳池的开发利用受到限制。于是科学家想借助于新材料技术的发展，寻找一种能够替代透明盐溶液层的有机膜，将其覆盖在普通水池上，同样能达到吸收和储存太阳能的目的，这样的太阳池称为"无盐太阳池"。"无盐太阳池"的研究是跨学科的高新技术工程，一旦成功，将是太阳池储能的重大突破，它会大大推动太阳能的利用。

除上述应用外，常见的太阳能热利用还有太阳能温室、太阳能热水器（如图2-3-24所示）、太阳灶、太阳能干燥器等。

（二）光—电转换

在光—电转换中，主要是通过太阳能电池（又称"光电池""光伏电池"）将太阳辐射能直接转变成电能。

太阳能电池的工作原理是光电效应。当太阳光照射到一些半导体上时，它们能吸收光子，使电子按一定方向流动而形成电流。

太阳能电池的类型很多，如单晶硅电池、多晶硅电池、非晶硅电池、

图2-3-24　太阳能热水器

硫化镉电池、砷化锌电池等。

太阳能电池已成为人造卫星、宇宙飞船和星际空间站等宇宙飞行器的主要能源之一。我国研制的高效砷化镓太阳能电池已经在第二颗"风云"1号气象卫星上正常使用。太阳能电池还可以用来驱动很多交通工具，如太阳能汽车、太阳能飞机、太阳能船、太阳能自行车等。太阳能电池还广泛应用于自动控制领域。如用于照明电路（图 2-3-25）、航标灯的光电自动开头；用于光电跟踪线切割机床；用于塑压机的全自动控制；用于供电计数器、光电比色计等。太阳能电池还可以用来发电。如中国国家体育馆鸟巢、游泳馆水立方的供电系统就是由太阳能电池板提供的。美国、德国已经成功研制地面太阳能电池发电站（又称光伏电站）并投入使用。一些国家还提出建立太空光伏电站的月球太阳能发电站的设想。

图 2-3-25　照明电路

（三）光—化学转换

用光和物质相互作用引起化学变化的过程称光—化学转换。绿色植物的光合作用就是光—化学转换。

人工进行光—化学转换，最突出的例子就是利用光化学电池制氢。1972 年，日本科学家用二氧化钛薄片作阳极，铂黑电极作阴极，并将它们分别置于碱性和酸性溶液中组成光化学电池。用阳光照射，水被分解成氢和氧，同时产生电流。在此后的 20 多年里，尽管科学家们一直在寻求光—化学转换制氢的各种方法，但到目前为止还只限于在实验室试验，并没有重大突破。可见太阳能的光—化学转换难度很大，确实是太阳能利用的高技术。我国已将其列为国家重点项目，正在努力攻关。

解释问题

亿万年前，地球上气候温暖，雨量充足，植物生长非常繁茂，到处都是森林和草原。由于地壳的运动，将大量的树木不断地埋入地下。随着时间的推移，树木被埋得越来越深，长期与空气隔绝，并在高温高压下，经过一系列复杂的物理化学变化等，形成黑色可燃沉积岩，这就是煤炭的形成过程。

远古时期海洋或大型湖泊里的大量微生物、动植物死亡后，遗体被埋在泥沙下，在缺氧的条件下逐渐分解变化。随着地壳的升降运动，它们又被送到海底或湖底，被埋在沉积岩层里，承受高压和地热的烘烤，经过漫长物理和化学的变化，最后形成了石油和天然气。

练习与思考

1. 为什么说人类的能源大部分来自于太阳？
2. 太阳能的特点是什么？
3. 直接利用太阳能辐射有哪几种方式及它们的应用？
4. 目前新能源包括哪些能源？21 世纪能源结构中主要能源是哪些？
5. 谈谈利用太阳能对我国国防、海洋维权的意义。
6. 谈谈你周围哪些地方利用了太阳能。

拓展阅读

太阳能的故事

据说，在 2 200 多年前，古罗马帝国派舰队攻打地中海西西里岛东部的锡腊库扎。当时已 70 多岁的希腊著名物理学家阿基米德也在岛上，阿基米德虽无高强武力，却有一个聪明能干的头脑，他懂得太阳有威力。于是，他发动全城的妇女拿着自己锃亮的铜镜来到海岸边。烈日当空，阿基米德举起一面镜子，让它反射的日光恰恰射到敌舰的船帆上。不计其数的妇女按照阿基米德的要求，都把镜子的反射光投到了船帆上。没用多久，舰船起火，罗马人大败而归。

在火烧战船传说的直接启发下，1980 年西西里岛卡塔尼亚省政府在欧洲共同体 9 个成员国的共同投资下在阿德拉镇建造了一个太阳能发电站，使得在当年阿基米德火烧战船的地方形成一片玻璃镜的海洋，

180 面特大玻璃镜"组成"了总面积达 6 200 多平方米的巨大广场。由它们反射
的阳光都自动聚集到广场中心的中央塔上，如图 2 - 3 - 26 所示，塔顶接收器接
收太阳光，加热锅炉里的水产生高达 500℃、64 个大气压的高温高压蒸汽，推动
涡轮机发电，它的发电能力达 1 000kW。从那以后，世界上不少国家相继建立了
太阳能发电站。

图 2 - 3 - 26　中央塔

二、核能

提出问题

核电站发电是用重核裂变还是轻核聚变？

相关知识

（一）核能

核能又称原子能。它是指原子核结构发生变化时放出的能量。符合爱因斯坦的质能方程 $E = mC^2$，其中 E 为能量，m 为质量，C 为光速。

核能比化石燃料燃烧（发生一般的化学反应）放出的能量要大得多。1kg 铀 - 235（体积像火柴盒般大小）核裂变放出的能量相当于 1 800 吨石油或 2 800 吨标准煤燃烧时放出的能量。可见，核能如果被和平利用，就是一种巨大的能源。

原子核结构的变化有两种形式：一种是重元素的原子核发生分裂反应（又称核裂变）；另一种是轻元素的原子核发生聚合反应（又称核聚变）。这两种变化放出的能量分别称为核裂变能和核聚变能。

1. 核裂变反应

它是指一个重原子核分裂成 2 个（极少数情况下会是 3 个、4 个）较轻的新原子核的过程。

用来进行核裂变反应并连续释放能量的物质，称为核裂变燃料。目前能作为核裂变燃料使用的重元素为数不多，其中最广泛使用的是重金属元素铀。铀是元素周期表中第 92 号元素，它由铀 - 238（$_{92}^{238}U$）、铀 - 235（$_{92}^{235}U$）和铀 - 234（$_{92}^{234}U$）三种同位素组成，含量分别为 99.28%、0.714%、0.006%。其中，只有铀 - 235 是易裂变同位素。另外，还有一些人工生产的易裂变同位素：铀 - 233 和钚 - 239。

当热中子（又称慢中子，指能量在 0.1eV 左右的中子）轰击铀 - 235 的原子核时，铀 - 235 的原子核就吸收中子而发生裂变，分裂成两个较小的原子核（称为裂变碎片），同时产生 2 ~ 4 个中子，并释放出 2×10^8 eV 的能量。其裂变反应产物复杂多样，下面是几个常见的核裂变反应：

$$_{92}^{235}U + _0^1n \rightarrow \begin{cases} _{56}^{141}Ba + _{36}^{92}Kr + 3_0^1n + 能量 \\ _{50}^{131}Sn + _{42}^{103}Mo + 2_0^1n + 能量 \\ _{53}^{135}I + _{39}^{97}Y + 4_0^1n + 能量 \end{cases}$$

反应式中的 $_0^1n$ 代表中子。

裂变后产生的裂变碎片与各粒子的质量之和要小于裂变前铀原子核与中子的质量之和，这种现象叫做质量亏损。核裂变产生的能量就是由亏损的质量转化来的。

如果核裂变反应中产生的中子再引起其他的铀核裂变，就可以使裂变反应不断地进行下去，这种连锁反应称为"链式反应"。如图 2 - 3 - 27 所示，链式反应的速度特别快，两次反应间隔时间只有 2×10^{-14} s。如果不加以控制，反应一旦开始，巨大的原子核裂变能就会在一瞬间全部释放出来而发生爆炸。原子弹就是根据这个原理制造的。

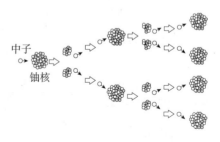

图 2 - 3 - 27　链式反应

2. 核聚变反应

核聚变反应是指两个或两个以上较轻的原子核聚合成一个较重的原子核的反应。这种反应必须在极高的温度（$1 \times 10^8 ℃ \sim 5 \times 10^8 ℃$）下进行，所以称热核反应。

核聚变燃料主要是氢（$_1^1H$）及其同位素氘（$_1^2H$，又记为 D）、氚（$_1^3H$，又记为 T）。下面是几个典型的核聚变反应实例：

$$4_1^1H \rightarrow _2^4He + 2_{+1}^0e + 能量 \qquad (2-39)$$

$$_1^2H + _1^2H \rightarrow _2^3He + _0^1n + 能量 \qquad (2-40)$$

$$_1^2H + _1^2H \rightarrow _1^3He + _1^1H + 能量 \qquad (2-41)$$

$$_1^2H + _1^3H \rightarrow _2^4He + _0^1n + 能量 \qquad (2-42)$$

式中的 $_{+1}^0e$ 为正电子。反应式放出的能量是一个铀核裂变放出能量的 17.6 倍，1 克氘核聚变放出的能量相当于 $100 m^3$ 汽油燃烧时放出的能量。氢弹是利用氘、氚原子核的聚变反应瞬间释放巨大能量这一原理制成的，它释放能量有着不可控性，所以会造成极大的杀伤破坏作用。

上述反应中的反应（2-39）是氢核反应，太阳和其他类似的恒星上进行的就是这种反应。在地球条件下，反应（2-42），即氘、氚的核聚变反应相对容易进行，所以 D—T 堆最有希望首先进行，它的成功可导致 D—D 堆的发展。

（二）核电站

用核能作为能源发电的发电站称为核电站，如图 2-3-28 所示。利用原子反应堆作能源，将水加热，变成水蒸气，推动汽轮发电机发电。

最先使用的是 ^{235}U 作燃料的核反应堆，以后扩展到利用 -238 和钍 -232，它们在地壳中蕴藏量大，如能全部利用，可供人类用上几千年。

原子能发电，可以利用裂变反应，但聚变反应提供的能量更丰富。因为海水中含有大量的氘，每千克海水中平均约含有 3 毫克氘，地

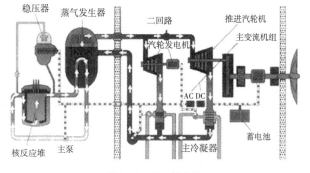

图 2-3-28 核电站

球上的海水有 1.37×10^{18} 吨，而每毫克氘放出的能量相当于 100 升汽油燃烧时放出的能量。因此研究从海水中提取氘作为核动力，使全部海水里的氘的核能释放出来，这些能量足以供人们用上百亿年。而且聚变反应取得的核能不留下污染环境的问题，因此它是一种理想的新能源。

解释问题

目前，世界上已商业运行的核电站主要是采取重核裂变的方式，将铀核裂变能转变为电能。核聚变是太阳发光的原理，能量太大，不好控制，可控的核聚变反应装置仍在实验阶段。相对而言，核裂变的技术已经相当成熟。

练习与思考

1. 为什么原子核结构发生变化能放出巨大的能量？
2. 谈谈热核反应是一种理想能源的原因。
3. 核电站与火电站相比，有哪些优势？
4. 了解我国有哪些核电站。

第五节　电和磁

- 学习电和磁的基础知识；
- 研究电和磁之间的关系。

本节学习意义

- 通过本节学习，知道电和磁之间的关系；
- 能解释有关电和磁的现象，了解电和磁在生产、生活中的应用。

电磁学是研究电磁现象的规律及其应用的一门科学，它是物理学的重要组成部分。在古代人们长期把电和磁当成两种独立的自然现象，随着科学技术的发展人们发现电和磁的某些现象很相似。如带电体能吸引轻小物体，而磁体能吸引铁磁性物质；同名磁极相斥，异名磁极相吸，而同种电荷相斥，异种电荷相吸。那电和磁之间有没有关系呢？

一、静电场

提出问题

在雷雨天气里，最好不要拨打手机，否则有可能遭受雷击。为什么？

相关知识

在空气干燥的日子里，当你用塑料梳子梳头时，你的头发会被梳子吸引过去。在寒冷黑暗的冬天，你脱毛衣时有时会看到电火花。这些其实都是静电现象。

（一）摩擦起电

用毛皮摩擦过的硬橡胶棒，用丝绸摩擦过的玻璃棒，都能吸引轻小物体，这是因为它们都带上了电，是带电体，带电体有吸引轻小物体的性质。在自然界存在两种电荷：正电荷和负电荷。玻璃棒上所带的电荷叫做正电荷，橡胶棒上所带的电荷叫做负电荷。实验证明：带电体所带的电荷，会按照带电体表面曲率大小而分布，曲率大处分布的电荷多，尖端处最多。

物体为什么会带电呢？一切物体都是由分子、原子组成的，原子又是由带正电的原子核和带负电的电子组成的。一般情况下，原子核所带的正电数量与电子所带的负电数量相等，物体对外不显电性。当物体间由于摩擦等原因增强了原子的热运动时，物体由于其原子核对电子的束缚力较弱，会失去部分电子从而带正电；同时另一物体由于其原子核对电子的束缚力较强，会得到部分电子从而带负电。可见，带电过程就是电子转移过程。

带电体所带电荷数量的多少叫做电荷量，简称电量，用 Q 或 q 表示，单位是库仑 C。经测定：一个质子和一个电子带有等量的正负电荷，其电量为 $e = 1.602 \times 10^{-19}$ C，物理学中把 e 叫做基元电荷。任何带电体所带电荷量总是基元电荷 e 的整数倍，即：$Q = ne$，n 是正、负整数。

（二）库仑定律

实验证明：带电体之间存在相互作用，同种电荷相排斥，异种电荷相吸引。一般来说，两个带电体之间的相互作用力和它们的带电量有关，也和它们的大小、形状有关，同时还和它们周围的介质有关，情况比较复杂。当带电体的线度比带电体之间的距离小很多时，这个带电体的几何形状和电荷的分布就无关紧要了，可以忽略不计，这样的带电体叫点电荷。

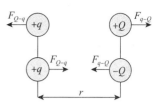

如图 2 - 3 - 29 所示，如果把两个点电荷放在真空中，这两个点电荷之间的相互作用力，可由 1785 年法国物理学家库仑根据实验总结的库仑定律来计算。库仑定律：在真空中，两个点电荷 q_1、q_2 之间的相互作用力的大小和 q_1、q_2 的乘积成正比，和它们之间的距离 r 的二次方成反比，作用力的方向在它们的连线上。即：$F = k \dfrac{q_1 q_2}{r^2}$，其中 $k \approx 9 \times 10^9$（N · m²/c²），是比例系数，叫做静电力恒量。

图 2 - 3 - 29　同种相斥　异种相吸

如果把两个点电荷放在绝缘体电介质中，库仑定律为：$F = k \dfrac{q_1 q_2}{\varepsilon \cdot r^2}$，$\varepsilon$ 是一纯数，叫做物质的介电常数。物质不同，介电常数也不同。如空气 $\varepsilon = 1.0006$，硬橡胶 $\varepsilon = 4$，纯水 $\varepsilon = 81$，石蜡 $\varepsilon = 2$ 等。真空 $\varepsilon = 1$，一般地空气也取 $\varepsilon = 1$。

（三）电场、电场强度、电场线

由库仑定律知道，带电体之间没有接触，相隔一定的距离，那它们的相互作用力是怎样发生的呢？理论和实验证明，电荷周围存在着一种特殊的物质叫做电场，电荷之间的相互作用力是通过电场来发生的。电场的一个基本性质是：电场对放在其中的电荷有力的作用，这个力叫做电场力。

设真空中有一个点电荷 Q，在距 Q 为 r 的某点放置一个点电荷 q，由库仑定律知道，比值 $\dfrac{F}{q} = k \dfrac{Q}{r^2}$，与 q 无关，是一个恒量，这一比值反映了电场的性质，比值越大表明单位电荷受到的电场力越大。物理学中把这一比值叫做电场强度，简称场强，用 E 表示，$E = \dfrac{F}{q}$，单位是 N/C。E 是一个矢量，规定正电荷在电场中某点所受电场力方向为该点的电场强度的方向。如图 2 - 3 - 30 和图 2 - 3 - 31 所示。

图 2 - 3 - 30　真空中负电荷　　　　图 2 - 3 - 31　真空中正电荷

为了形象地描绘电场，英国物理学家法拉第在电场中画出一系列曲线，使曲线上任一点的切线方向都和该点的场强方向一致，这些曲线叫做电场线。用电场线可直观地表示电场中各点的场强的大小和方向，电场线密处电场强，电场线疏处电场弱。如图 2 - 3 - 32 和图 2 - 3 - 33 所示。

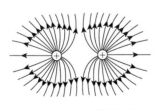 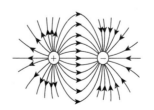

图 2 - 3 - 32　等量同种　　　　　　图 2 - 3 - 33　等量异种

在电场中某一区域里，如果各点场强的大小和方向都相同，这个区域的电场叫做匀强电场。匀强电场的电场线是一组疏密均匀、方向相同的平行线。如图 2 - 3 - 34 所示。

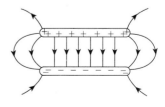

（四）电势能、电势、电势差

电场的另一个基本性质是：在电场中移动电荷时，电场力要做功。电场力在电场中做功的特点与重力在重力场中做功相似，物体在重力场中具

图 2 - 3 - 34　匀强电场

有重力势能，同样，电荷在电场中也具有势能，这种势能叫作电势能。电势能用 E_p 表示，单位是 J。

像重力对物体做功一样，重力对物体做的功等于物体的重力势能的变化，电场力对电荷做的功也等于电荷的电势能的变化。如果把电荷从 a 点移到 b 点，电场力做功为 W_{ab}，电荷的电势能的变化为 $\Delta E_p = E_{pa} - E_{pb}$，则：$W_{ab} = \Delta E_p$。

某点的重力势能 E_p 与物体的质量 m 的比值 $\dfrac{E_p}{m} = \dfrac{mgh}{m} = gh$，与 m 无关，只与该点的位置 h 有关。同样，电势能 E_p 与电荷的电荷量 q 的比值 $\dfrac{E_p}{q}$ 也与 q 无关，只与该点的位置有关，比值越大表明单位正电荷在该点具有的电势能越大，反映了电场中不同的位置时能量的性质。物理学中把这一比值叫做电势，用 V 表示，即：$V = \dfrac{E_p}{q}$，单位是 v（伏特）。电势是一个相对量，只有选定零电势位置后，电场中各点的电势才具有确定的数值。一般认为地球处、无穷远处、金属仪器外壳处的电势为零。

物理学中把电场中任意两点间的电势之差叫做电势差，也叫电压，用 U 表示。设电场中 a、b 两点的电势为 U_a、U_b，电势差为 U_{ab}，则：$U_{ab} = U_a - U_b = \dfrac{E_{pa}}{q} - \dfrac{E_{pb}}{q} = \dfrac{W_{ab}}{q}$，所以：$W_{ab} = \Delta E_p = U_{ab}q$，一般地，沿电场线方向移动电荷，电势降低。

在电场中电势相等的点所组成的面，叫做等势面。等势面上任意两点间的电势差为零，所以在等势面上移动电荷时，电场力不做功。这说明电场力的方向与等势面垂直，又电场力的方向就是电场线的切线方向，所以等势面与电场线处处垂直。

在匀强电场中，沿电场的方向设有相距为 d 的 a、b 两点，其电势差为 U，如果把正电荷 q 放在 a 点，那么它在电场力的作用下将向 b 点运动，从 a 到 b 电场力做的功：$W = Fd = qEd$，此功也可以用电势差计算：$W = Uq$。所以 $qEd = Uq$，即：$E = \dfrac{U}{d}$。场强 E 和电势 V 都是描述电场性质的物理量，它们之间必然存在着一定的关系，$E = \dfrac{U}{d}$ 就是它们之间的关系。

（五）带电粒子在电场中的运动

带电粒子在电场中要受到电场力的作用，会产生加速度，所以可以利用电场来控制带电粒子在电场中的运动。

利用电场来使带电粒子加速。在真空中有一对平行金属板，两板间电压为 U，设质量为 m、带电量为 $+q$ 的粒了，以沿电场方向的初速度，在电场力的作用下，由正极板向负极板加速运动。其间电场力做功为 $W = Uq$，设带电粒子到达负极板的速度为 v。由动能定理：$Uq = \dfrac{1}{2}mv^2 - \dfrac{1}{2}mv_0^2$ 可求出带电粒子的末速度 v。

用电场来加速带电粒子的方法，广泛应用于原子核物理的研究以及医学、生物学、半导体掺杂技术等方面。

利用电场使带电粒子偏转。如果带电粒子的初速度 v_0 跟电场方向垂直，带电粒子就在电场力的作用下做曲线运动。带电粒子的运动轨迹类似于平抛运动。如图 2 - 3 - 35 所示。

（六）静电场中的导体

在外电场的作用下，导体中电荷会在导体中重新分布。这个现象是由英国科学家约翰·坎顿和瑞典科学家约翰·卡尔·维尔克分别在 1753 年和 1762 年发现的。

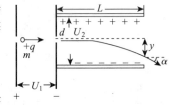

图 2 - 3 - 35　U_1 加速　U_2 偏转

1. 静电感应

如图 2 - 3 - 36 所示取一对用绝缘柱支持的、完全相同的金属导体 A 和 B，导体上都贴有金属箔，让 A 和 B 彼此接触，这时 A 和 B 上的金属箔闭合，表示它们没有带电。把另一个带正电的金属球 C 移近导体 A，这时 A，B 上的金属箔都张开了，表示它们都带了电。实验表明，靠近 C 的导体 A 带的电荷与 C 异号，远离 C 的导体 B 带的电荷与 C 同号。一个带电的物体与不带电的导体相互靠近时由于电荷间的相互作用，会使导体内部的电荷重新分布，异种电荷被吸引到带电体附近，而同种电荷被排斥到远离带电体的导体另一端。这种现象叫静电感应。

　　现象解释。将呈电中性状态的金属导体放入场强为 E_0 的静电场中，导体内自由电子便受到与场强 E_0 方向相反的电场力作用，除了做无规则热运动，自由电子还要向电场 E_0 的反方向做定向移动〔图 2 - 3 - 37（a）所示〕并在导体的一个侧面集结，使该侧面出现负电荷，而相对的另一侧出现"过剩"的等量的正电荷，如图 2 - 3 - 37（b）所示。这样就在电场中的导体沿着电场强度方向两个端面出现等量异种电荷，如图 2 - 3 - 37（c）所示。这种在导体两端分别出现的等量异种电荷，叫做感应电荷。故导体中的自由电荷受到电场力的作用而定向移动是产生静电感应的原因。导体两端分别出现的等量异种电荷将在导体内部产生一个附加电场，其方向与外电场的方向相反，使得导体内部的总电场为零，此时导体内的自由电荷不再发生定向移动。导体内的自由电荷不再发生定向移动的状态，叫静电平衡状态。

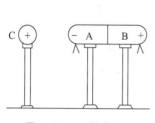

图 2 - 3 - 36　静电感应

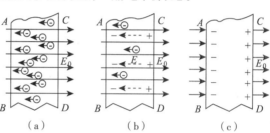

图 2 - 3 - 37　静电感应现象解释

2. 感应起电

　　利用静电感应现象可以使导体带电。在图 2 - 3 - 36 中如果移走带电体 C，导体 A、B 的正负电荷中和，又恢复成不带电状态。如果在移走带电体 C 之前，先使 A、B 分开，那么导体 A、B 就分别保持自己的带电状态，此时导体 A、B 带等量异种电荷。这种利用静电感应现象使导体带电的方法叫做感应起电。如果先使导体 AB 一端接地（用手指触摸一下），然后去掉接地，再移走带电体 C，则导体 A、B 带等量同种电荷。

3. 尖端放电

　　由于同种电荷互相排斥，导体带电后，它的电荷只会分布在导体的外表面上，导体内部不带电且内部电场强度等于零，导体处于静电平衡状态。实验证明：导体外表面上的电荷，会按照导体表面曲率大小而分布，曲率大处分布的电荷多，尖端处最多。由于导体尖端部位电荷密集，所以导体尖端附近的电场特别强，强到能把周围空气电离，从而向周围空间释放电荷。这种现象叫做尖端放电。如图 2 - 3 - 38 所示，尖端产生的电风可吹熄蜡烛。

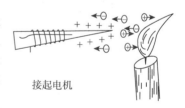

接起电机

图 2 - 3 - 38　尖端放电

4. 火花放电

　　当高压带电体与导体距离很近时，强大的电场会使它们之间的空气迅速电离，电荷通过电离的空气形成电流。由于电流非常大，产生大量的热，使空气发声、发热，产生电火花，这种放电现象叫做火花放电，如图 2 - 3 - 39 所示。

　　尖端放电现象在实际工作中有着重要的意义。为防止尖端放电，高压输电线的表面应光滑，高压设备中的电极也往往是球形的。为防止雷击，要在高大建筑物的顶端安装避雷针，避雷针是针状金属物，用粗导线与埋在地下的金属板相连接，当带电云朵靠近时，由于静电感应会使避雷针尖端带上和云朵相反的电荷，尖端放电又使避雷针和云朵之间的空

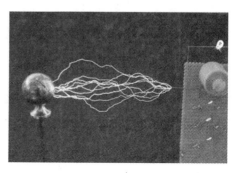

图 2 - 3 - 39　火花放电

气电离并形成通路，将云朵中的电荷引入地下，避免建筑物遭受雷击。

5. 静电屏蔽

导体上的电荷处于静电平衡时，导体内部不带电，内部电场强度等于零，这个特征常用来屏蔽外电场。如果要使电子设备不受外电场的影响，只要把它放入金属空腔内即可，如图 2-3-40 所示。如果要使空腔内的电子设备的电场不对腔外的电子设备产生影响，就把金属空腔外壳接地，使腔外壳电荷中和掉，就不会对腔外的电子设备产生影响，如图 2-3-41 所示。

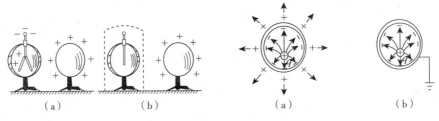

图 2-3-40　放入金属空腔内　　　　图 2-3-41　金属空腔壳接地

6. 静电的危害和应用

工业生产中的某些粉尘，由于摩擦带电及感应带电作用的反复进行，可能出现大量的电荷积累，出现火花放电从而导致爆炸事故，因此需事先采取必要的防静电措施。要防止静电的危害，首先要减小或控制静电的产生和积累，其次给导体接地。静电常用于静电除尘、静电喷涂、静电复印、静电植绒、制造砂纸等。

（七）电容器

电容器是储存电荷的装置，是电气设备的重要元件。电容器由两块彼此绝缘互相靠近的导体组成。把电池两极用导线接在这两块导体上，可使两块导体带上电荷，电荷等量异号，分布在两板相对的内侧，这叫做给电容器充电。用导线连接充电后的电容器的两极板，两极板上的电荷会中和掉，使电容器失去电荷，这叫做给电容器放电。充电过程实质上是电源克服电场力做功的过程。电源逐步把正、负电荷移到电容器的两极板上，由于电容器的正、负两极板间有电势差，所以电源需要克服电场力做功。正是电源所做的这部分功把电源的电能储存在电容器中。放电时，这部分能量又释放出来。

最简单的电容器是平行板电容，如图 2-2-42 所示，它由两块正对的平行金属板中间夹上一层绝缘物质（叫电介质）组成。充电后，在它两板之间形成匀强电场，如图 2-3-43 所示，场强大小 $E = \dfrac{U}{d}$，方向始终垂直板面，U 是两板间的电压，d 是两板间的距离。

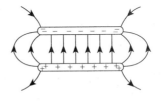

图 2-3-42　平行板电容器　　　　图 2-3-43　匀强电场

物理学上用电容来描述电容器储存电能本领的大小，电容用 C 表示，单位是法拉第，简称法（F），还有微法 μF 和皮法 pF，$1F = 10^6 \mu F = 10^{12} pF$。使电容器两极板间的电势差增加 1V 所需要增加的电量，叫做电容，电容器两极板间的电势差增加 1V 所需的电量越多，电容器的电容越大，反之则越小。所以公式是：$C = \dfrac{Q}{U}$，式中 C 表示电容器的电容，Q 表示电容器带电量，取一个极板上带电量的绝对值。

加在电容器两极上的电压 U，如果超过某一极限，电介质将被击穿而损坏电容器，这个极限电压叫击穿电压；电容器长期工作所能承受的电压叫做额定电压，它比击穿电压要低。

实验证明：平行板电容器的电容大小与两极板的正对面积、两极板的间距以及两极板间的介质有关，且平行板电容器的电容与两极板的正对面积 s 成正比，与两板间距 d 成反比，与充满两板间介质的介电常数 ε 成正比，公式为：$C = \dfrac{\varepsilon S}{4\pi k d}$。

解释问题

手机使用时，在手机天线附近会聚集大量电荷，会在手机天线与带电云层之间形成强烈的尖端放电，从而引雷上身。所以，在雷雨天气里，最好不要拨打手机，电视和上网用的路由器也最好关掉，否则有可能遭受雷击。

练习与思考

1. 如图 2 – 3 – 36 所示，在移走带电体 C 之前，先使 A、B 分开，最终 A 带上了 – 10⁻⁸ C 的电荷，电子从 B 转移到 A 有多少个？

2. 两个相距 50cm 相同的金属小球，分别带 4.0×10^{-11} C、-6.0×10^{-11} C 的带电量，把两球接触一下再分开，分开的距离仍是 50cm，求它们之间的静电力。

3. 让验电器带上少量正电荷，然后拿一个未知的带电体逐渐接近验电器的金属球，如果验电器的金属箔张开的角度增大，带电体带的是什么电荷？

4. 能不能把小金属球所带的电荷全部传给带有大量同种电荷的大金属圆筒？需要用什么方法？

二、电流

提出问题

手电筒中有两节干电池，手机中只有一块电池板，为什么？

相关知识

（一）电流的形成

电荷的定向移动形成电流。要形成电流有两个条件：一是有自由电荷，二是导体两端有电势差。有了这个电势差，导体内部就存在电场，电荷在电场力的作用下发生定向移动，就形成电流。正电荷的定向移动可以形成电流，负电荷的定向移动也可以形成电流，物理学上规定：正电荷运动的方向为电流的方向。

为了描述电流的强弱，我们把通过导体横截面的电量 q 跟通过这些电量所用时间 t 的比值，叫做电流强度，简称电流。用 I 表示，则：$I = \dfrac{q}{t}$，电流的单位是安培（A），$1A = 10^3 mA = 10^6 \mu A$。

（二）部分电路的欧姆定律

将导体两端加上电压，导体两端有一定的电势差，导体中就有电流通过。在同一电路中，导体中的电流跟导体两端的电压成正比，跟导体的电阻成反比，这就是部分电路的欧姆定律，基本公式是：$I = \dfrac{U}{R}$。部分电路的欧姆定律由德国物理学家欧姆提出，为了纪念他对电磁学的贡献，物理学界将电阻的单位命名为欧姆，以符号 Ω 表示。电阻是导体本身的一种属性，$R = \rho \dfrac{l}{s}$，取决于导体的长度 l、横截面积 s、材料电阻率 ρ。其中材料的电阻率 ρ 与材料、温度和湿度等有关。即使导体两端没有电压，没有电流通过，导体的阻值也是一个定值。这个定值在一般情况下，可以看做是不变的，但是对于光敏电阻和热敏电阻来说，电阻值是不定的。对于有些导体来讲，在很低的温度时还存在超导的现象，此时电阻的阻值为零。

部分电路的欧姆定律适用于纯电阻电路、金属导电和电解液导电，在气体导电和半导体元件中欧姆定律将不适用。

（三）电功、电功率

1. 电功

在导体两端加上电压，导体内就建立了电场，电场力推动自由电荷移动而做功。如果导体两端的电压为 U，导体中的电流为 I，在时间 t 内通过导体任一横截面的电量为 q，因为 $q = It$，则这段时间内电场力所做的功为：$W = Uq = UIt$，单位是焦耳（J）。在电路中，电场力所做的功叫做电流的功，也叫做电功。

电流通过用电器时电场力做功的过程，实际上是电能转换为其他形式的能的过程。如果电流通过电动机，电能就转换为机械能和热能；如果电流通过电解槽，电能就转换为化学能和热能。由能量转换和守恒定律，电流做了多少功，就有多少电能转换为其他形式的能。

2. 电功率

电流所做的功跟完成这些功所用时间的比值，叫做电功率，用 P 表示，则：$P = \dfrac{W}{t} = IU$，单位是瓦特（W）。用电器上一般都标有用电器正常工作时的电压和电功率，分别叫做用电器的额定电压和额定功率。给用电器加上额定电压，用电器才能正常工作，达到额定功率。

3. 焦耳定律

电流通过导体发热的现象，叫做电流的热效应。用焦耳定律 $Q = I^2Rt$ 来计算通电导体所产生的热量。对于由电热器、电炉等纯电阻元件组成的纯电阻电路来说，由于 $U = IR$，因此 $UIt = I^2Rt$，可见，电流所做的功跟产生的热量是相等的，这时电能全部转换为热能。对于由电动机、电解槽等非纯电阻元件组成的非纯电阻电路来说，电能除一部分转换为热能外，还有一部分转换为机械能、化学能等，这时电流所做的功大于电流产生的热量，两者之差（$UIt - I^2Rt$）就是电能转换为机械能、化学能等的那一部分。

（四）电源、电动势

1. 电源

电源是把其他形式的能转换为电能的装置。发电机能把机械能转换成电能，干电池能把化学能转换成电能。电源有正、负两个电极，正极的电势高，负极的电势低，当两个电极与电路连通后，能够使电路两端之间维持恒定的电势差，从而在外电路中形成由正极到负极的电流。单靠水位高低之差不能维持持续的水流，而借助于水泵持续地把水由低处送往高处就能维持一定的水位差而形成持续的水流。与此类似，单靠电荷所产生的静电场不能维持持续的电流，而借助于直流电源，就可以利用非静电作用（简称"非静电力"）使正电荷由电势较低的负极处经电源内部返回到电势较高的正极处，以维持两个电极之间的电势差，从而可以保持电路两端有一定的电势差，使电路中有持续的电流。

2. 电动势

电源的两极间有电势差，即有一定的电压，可用电压表直接测量。不同的电源，两极间的电压一般不同，由电源本身的性质决定。为了描述这个性质，物理学中引入了电源电动势的概念，用 ε 表示，单位为伏特（v）。电源电动势的大小，等于电源没有接入电路时两极间的电压。电动势在数值上等于把单位正电荷由负极经电源内部移到正极时非静电力所做的功，即：$\varepsilon = \dfrac{W}{q}$。

（五）闭合电路的欧姆定律

如图 2-3-44 所示，闭合且包含电源在内的电路，叫作闭合电路。闭合电路由外电路和内电路组成。设外电路的总电阻为 R，电源的内电阻为 r，闭合开关 K 时，电路中就有持续的电流。当电路中的电流为 I 时，在时间 t 内，通过电路任一横截面的电量为 $q = It$，这段时间内电源所做的功为：$W = \varepsilon q = \varepsilon It$，$\varepsilon It$ 就是电源在时间 t 内向外电路和内电路提供的电能。若外电路和内电路是纯电阻电路，这些电能将全部转换为电热。由焦耳定律 $Q = I^2Rt$，外电路的

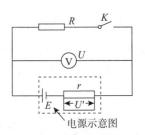

电源示意图

图 2-3-44 闭合电路

电热为 I^2Rt ，内电路的电热为 I^2rt ，则：$\varepsilon It = I^2Rt + I^2rt$ ，得到闭合电路的欧姆定律：$I = \dfrac{\varepsilon}{R + r}$ ，即闭合电路中的电流强度等于电源电动势和电路总电阻之比。

将 $I = \dfrac{\varepsilon}{R + r}$ 变形，可得 $\varepsilon = IR + Ir = U + U'$ ，其中 $U = IR$ ，叫外电压；$U' = Ir$ ，叫内电压。对于给定的电源，ε、r 是一定的，当电流 I 增大时，内电压 $U' = Ir$ 也增大，外电压 $U = \varepsilon - U' = \varepsilon - Ir$ 将减小。当电流 I 减小时，内电压 $U' = Ir$ 也减小，外电压 $U = \varepsilon - U' = \varepsilon - Ir$ 将增大。所以，外电压随电流的变化而变化。

当电路断开时，外电阻 R 无穷大，电流 $I = 0$ ，由 $U = \varepsilon - Ir$ 可知，断路时的外电压等于电源的电动势。因电压表的内电阻很大，用电压表直接接到电源的两极所测得的电压近似地等于电源的电动势。

当电路短路时，外电阻 $R = 0$ ，电流 $I = \dfrac{\varepsilon}{r}$ ，由于电源的内电阻 r 很小，因此短路时电流很大，可能将电源烧毁，这就是实验时绝不可将导线或电流表（电阻 r 很小）直接接到电源上的原因。为了防止短路事故发生，在电路里要安装保险丝，现在一般在电路里安装空气开关。

（六）电池的连接

电池所能提供的电压和允许通过的最大电流是一定的，超出这一最大电流，电池就会损坏。用电器要在额定电压和额定电流下才能正常工作，但是实际上用电器的额定电压常常高于电源的电动势，额定电流也大于电池允许通过的最大电流，这就需要把几个电池组合起来，形成电池组，以提高供电电压或增大供电电流来给用电器供电。

1. 电池的串联

把第一个电池的负极接到第二个电池的正极，再把第二个电池的负级接到第三个电池的正极，依次连接后，就组成了串联电池组，如图 2 - 3 - 45 所示。第一个电池的正极和最后一个电池的负极，分别是串联电池组的正极和负极。

图 2 - 3 - 45　串联电池组

如果串联电池组是由 n 个电动势都是 ε、内电阻都是 r 的电池组成的，则串联电池组的电动势等于各电池的电动势之和，即：$\varepsilon_串 = n\varepsilon$ ；串联电池组的内电阻等于各电池的内电阻之和，即：$r_串 = nr$ 。当用电器的额定电压高于单个电池的电动势，额定电流小于单个电池允许通过的最大电流时，可用串联电池组供电。

2. 电池的并联

把所有电池的正极连在一起，成为电池组的正极，再把所有电池的负极连在一起，成为电池组的负极，就组成了并联电池组，如图 2 - 3 - 46 所示。如果并联电池组是由 n 个电动势都是 ε、内电阻都是 r 的电池组成的，则并联电池组的电动势等于单个电池的电动势，即：$\varepsilon_并 = \varepsilon$ ；并联电池组的内电阻等于单个电池内电阻的 n 分之一，即：$r_并 = \dfrac{r}{n}$ 。当用电器的额定电压小于单个电池的电动势，额定电流大于单个电池允许通过的最大电流时，可用并联电池组供电。

图 2 - 3 - 46　并联电池组

当用电器的额定电压大于单个电池的电动势，额定电流大于单个电池允许通过的最大电流时，可把电池先串联成电池组，再把几个相同的串联电池组并联起来，组成混联电池组供电。

🔵 **解释问题**

手电筒中有两节干电池，是因为手电筒的电珠要 3V 左右才能正常发光，一节干电池的电动势只有1.5V，所以用两节干电池串联供电。手机中只有一块电池板，是因为手机生产厂按照手机的额定电压配置电池板，所以用一块电池板供电即可。

🔵 **练习与思考**

1. 导线中的电流为 10A，20s 内有多少电子通过导线的横截面？

2. 用搭丝的方法可使断丝的白炽灯继续发光，但为何比原来更亮？

3. 1 "度" 电就是 1kW 的用电器在 1h 内消耗的电能，一个额定功率为 400W 的用电器，在额定电压下工作多长时间，消耗 1 "度" 的电能？

4. 有一段均匀导线的电阻为 4Ω，把它对折起来作为一条导线使用，电阻变为多少？

5. 标有 "220V、1kW" 的电炉，安装在 110V 的电源上，它消耗的电功率为多少？

三、磁场

⚙ 提出问题

电动剃须刀中有一个电动机，那它是怎样工作的呢？

⚙ 相关知识

（一）磁场

电和磁的某些现象很相似。如带电体能吸引轻小物体，而磁体能吸引铁磁性物质；同名磁极相斥，异名磁极相吸，而同种电荷相斥，异种电荷相吸。电荷周围存在着一种特殊的物质叫做电场，电荷之间的相互作用力是通过电场来发生的。同样，在磁体的周围也存在着一种特殊的物质叫做磁场，磁之间的相互作用力是通过磁场来发生的。

（二）电流的磁效应

1820 年丹麦物理学家奥斯特发现，通电直导线对小磁针有力的作用，从而发现了电流的磁场。电流周围会产生磁场，叫做电流的磁效应。电流周围存在着磁场，表明电和磁之间有着密切的关系。

（三）磁感线

像用电场线描述电场一样，为了形象地描述磁场的强弱和方向，可在磁场中画出一系列曲线，使曲线上任一点的切线方向都和该点的磁场方向一致，这些曲线叫做磁感线。用磁感线可直观地表示磁场中各点的磁场的大小和方向，磁感线密处磁场强，磁感线疏处磁场弱。物理学上规定：小磁针静止时北极（N极）的指向，为该点的磁场的方向。几种磁感线，如图 2 - 3 - 47 所示。

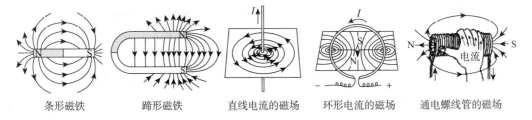

条形磁铁　　　蹄形磁铁　　　直线电流的磁场　　　环形电流的磁场　　　通电螺线管的磁场

图 2 - 3 - 47　n 种磁感线

（四）安培定则

用右手握住导线，让伸直的大拇指指向电流的方向，弯曲的四指所指的方向就是磁感线的环绕方向，如图 2 - 3 - 48 所示。图 2 - 3 - 47 中的环形电流的磁场，它的磁感线是一些围绕环形导线的闭合曲线。其中通电螺线管的磁场，它的磁感线与条形磁铁的磁场相似。

磁性的电本质：电流能够产生磁场，导体中的电流又是由电荷的运动形成的，可见，通电导线的磁场是由电荷的运动产生的。那磁体的磁场是否也来源于电流呢？安培在实验的基础上，提出了分子电流假说。他认为：在原子、分子内部也存在着环形电流，叫做分子电流，分子电流使每一个物质微粒都成为一个小磁体，它

图 2 - 3 - 48　安培定则

的两侧相当于两个磁极，这两个磁极是分子电流产生的。

安培的假说能够圆满地解释各种现象。图2-3-49中，一根铁棒没有磁性，是因为其内部分子电流的取向杂乱无章，它们产生的磁场互相抵消，所以对外不显磁性。当铁棒受到外界磁场作用时，各分子电流的取向大致相同，铁棒被磁化，具有了磁性，两端形成磁极。当磁体受到高温或强烈敲击时，分子电流的取向又会变得紊乱，从而减弱或完全失去磁性。其实，分子电流是原子内部电子绕原子核运动形成的，可见，磁体的磁场和电流的磁场一样，都是由电荷的运动产生的。

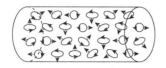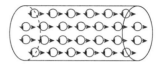

图2-3-49 铁棒被磁化

（五）磁感应强度

磁场的一个基本性质是：磁场对放在其中的磁极或电流有力的作用。这个力叫做磁场力。

图2-3-50中，把一段长为L、通电电流为I的直导线，水平放置在竖直向下的磁场中。实验发现，通电直导线在磁场中受到了磁场力F的作用。改变导线中电流的方向或改变磁场的方向，导线运动方向也随之改变。可见，这三个方向有一定的关系，该关系可用左手定则来确定：伸开左手，使拇指与四指在同一平面内互相垂直，让磁感线垂直穿入手心，四指指向电流的方向，则拇指所指的方向就是通电导线受力的方向。

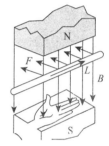

图2-3-50 在磁场中的通电直导线

实验发现，当L不变，I改变时，发现F与I成正比；当I不变，L改变时，发现F与L也成正比。可见，F跟I与L的乘积成正比。实验还发现，比值F/IL在磁场中的同一位置总是一个常数，在磁场中的位置不同，该比值一般不同。比值越大，F越大，表示该处的磁场越强。为了描述磁场的强弱，物理学上引入磁感应强度的概念。

在磁场中，垂直于磁场的方向的通电导线所受到的磁场力F跟电流强度I和导线长度L的乘积的比值，叫作通电导线所在处的磁感应强度，用B表示。则：$B = \dfrac{F}{IL}$，磁感应强度B的单位是特斯拉（T），$1T = 1N/A \cdot m$。一般永久磁铁两极附近的磁感应强度大约为$0.4 \sim 0.7T$，地面附近的磁场的磁感应强度大约为5×10^{-5} T，如图2-3-51所示。磁感应强度是矢量，其方向为该点的磁场的方向。

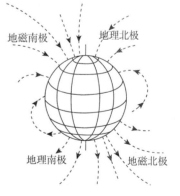

图2-3-51 磁感应强度

（六）磁通量

磁感线的疏密可反映各处磁场的强弱，物理学上把穿过磁场中某一面积的磁感线的条数叫做穿过该面积的磁通量，用φ表示，并规定通过单位面积的磁感线的条数在数值上等于该处的磁感应强度。则：$\varphi = BS$。磁通量是标量，单位是韦帕（Wb）。

（七）安培力

磁场对电流的作用力，叫做安培力。由$B = \dfrac{F}{IL}$可得：$F = BIL$（此时$B \perp I$）。在图2-3-52中，当通电导线与磁场的方向夹角为θ时，$F = BIL\sin\theta$。F垂直于B、I组成的平面。

（八）洛仑兹力

磁场对运动电荷的作用力，叫做洛仑兹力。磁场对电流有力的作用，而电流是由电荷的定向移动产生的，可见，这个力作用在运动电荷上，安培力是作用在运动电荷上的力的宏观表现。设 t 时间内，通过通电导线任一横截面的电荷为 q，q 移动距离为 L，q 移动速度为 v，则作用在运动电荷 q 上的洛仑兹力就是安培力，所以：$F = BIL = B\dfrac{q}{t}vt = Bqv$，如图 2 – 3 – 52 中所示，$q$ 受到的洛仑兹力为：$F = Bqv$。当 v 与 B 夹角为 θ 时，$F = Bqv\sin\theta$。洛仑兹力的方向可用左手定则来确定，如图 2 – 3 – 53 所示。

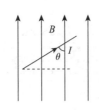
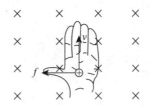

图 2 – 3 – 52　磁通量　　　　　图 2 – 3 – 53　用左手测定洛仑兹力

（九）带电粒子在磁场中的运动

当带正电的粒子，以 v 的初速度，垂直进入匀强磁场 B 中时，带电粒子所受的洛仑兹力 $F = Bqv$。无论带电粒子运动到何处，所受的洛仑兹力的方向总是跟它运动的方向垂直，可见，洛仑兹力 F 只改变 v 的方向，不改变 v 的大小，所以，带电粒子在磁场中作匀速圆周运动，洛仑兹力提供向心力。如图 2 – 3 – 54 所示。设带电粒子的质量为 m，作匀速圆周运动的半径为 r，则：$Bqv = m\dfrac{v^2}{r}$，所以，带电粒子作匀速圆周运动的半径 $r = \dfrac{mv}{qB}$，周期 $T = \dfrac{2\pi r}{v} = \dfrac{2\pi m}{qB}$。

图 2 – 3 – 54　洛仑兹力使带电粒子
做匀速圆周运动

解释问题

电动剃须刀中的电动机是直流电动机，直流电动机线圈的导线处于蹄形磁铁和铁芯间的均匀分布的磁场中，如图 2 – 3 – 55 所示，通有电流 I 时，安培力 F 对转轴会产生磁力矩，这个转动磁力矩使电动机线圈持续转动。一般直流电动机的工作原理如图 2 – 3 – 56 所示。

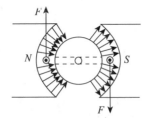
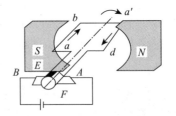

图 2 – 3 – 55　安培力对转轴产生磁力矩　　　图 2 – 3 – 56　直流电动机的工作原理

【做一做】

　　为了探究电动机为什么会转动，小明根据电动机的主要构造制作了一台简易电动机，如图 2 – 3 – 57 所示，他用回形针做成两个支架，分别与电池的两极相连，用漆包线绕一个矩形线圈，以线圈引线为轴，并用小刀刮去轴的一端的全部漆皮，另一端只刮去半周漆皮，将线圈放在支架上，磁体放在线圈下方闭合开关，用手轻推一下线圈，线圈就会不停地转动起来。

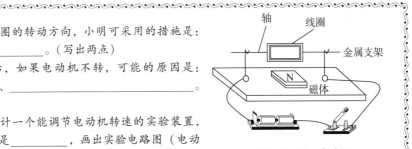

（1）要想改变线圈的转动方向，小明可采用的措施是：_____、_____。（写出两点）

（2）开关闭合后，如果电动机不转，可能的原因是：_____、_____。（写出两点）

（3）小明还想设计一个能调节电动机转速的实验装置，他还需要的主要器材是_____，画出实验电路图（电动机用符号 M 表示）。

图2-3-57　电动机

练习与思考

1. 图2-3-58 中，有一台不知道正负极的蓄电池，像图中那样把它跟一螺线管相接时，小磁针的 N 极立即向螺线管偏转，你能判定蓄电池的正、负极吗？

2. 在前面图2-3-50 中，$L = 10$cm，$I = 3$A，$F = 1.5$N，求 B。

3. 判断图2-3-59 中几种情况下导线所受安培力的方向。

4. 判断图2-3-60 中几种情况下带电粒子所受洛伦兹力的方向。

5. 有一个带电量为 3.2×10^{-19} C 的带正电粒子，它的质量为 6.7×10^{-27}kg，以 5×10^{4}m/s 的速度垂直磁场方向进入匀强磁场，作匀速圆周运动的半径为4cm，求磁场的磁感应强度。

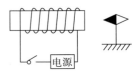

图2-3-58　蓄电池

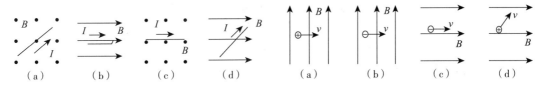

图2-3-59　安培力的方向　　　　　图2-3-60　带电粒子所受洛伦兹力的方向

四、电磁感应

提出问题

电冰箱、台扇等用电器应先切断电源，再拔离插头，否则会产生电火花，这样做是什么道理呢？

相关知识

电流的磁效应被发现后，证明电流可以产生磁场，反过来，磁场是否也可以产生电流呢？英国物理学家法拉第经过十多年的研究，终于在1831年发现变化的磁场可以在闭合电路中产生电流。

（一）电磁感应

要在闭合电路中由磁场来产生电流，在实验室里有三种方法：一是让闭合电路中的一段导线作切割磁感线运动；二是把磁铁插入闭合线圈；三是闭合或断开线圈 A 的开关 K。如图2-3-61～图2-3-63所示。这三种方法都能使电流计的指针发生偏转，表明闭合电路中有电流产生。其实，这三种方法有一个共同的特点，就是穿过闭合电路的磁通量都在变化，这就会在闭合电路中产生电流。这种利用磁场来产生电流的现象叫做电磁感应，所产生的电流叫做感应电流。

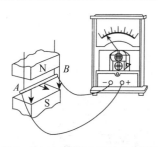

图 2 - 3 - 61　导线作切割磁感线运动

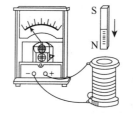

图 2 - 3 - 62　磁铁插入线圈

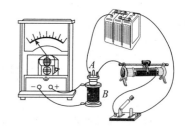

图 2 - 3 - 63　开关断开闭合

　　闭合电路中的一段导线作切割磁感线运动时，所产生的感应电流的方向用右手定则确定：伸开右手，使拇指与四指在同一平面内互相垂直，让磁感线垂直穿入手心，拇指指向导线运动的方向，则四指的指向就是感应电流的方向。

　　闭合电路中的磁通量发生变化时，所产生的感应电流的方向用楞次定则确定：闭合电路中产生的感应电流的方向，总是要使它的磁场阻碍穿过线圈的原磁通量的变化的。运用楞次定则确定感应电流方向的步骤是：首先确定原来磁场 B 的方向及原磁通量是增加还是减少；再用楞次定则确定感应电流产生的磁场 B′ 的方向，原磁通量增加，则 B′ 与 B 反向，反之，则 B′ 与 B 同向；最后用安培定则（右手螺旋定则）来确定感应电流的方向，如图 2 - 3 - 64 所示。

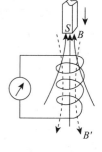

图 2 - 3 - 64
楞次定则

（二）感应电动势

　　在电磁感应现象中，闭合电路中有电流，就必有电动势。在电磁感应现象中产生的电动势，叫做感应电动势。产生感应电动势的那部分导体，就相当于电源。

　　在图 2 - 3 - 61 中，导线切割磁感线的速度越大，穿过闭合电路包围面积的磁通量变化越快，感应电流和感应电动势就越大。可见，感应电动势的大小跟磁通量变化的快慢有关，磁通量变化的快慢，可用磁通量的变化量（$\Delta\varphi = \varphi_2 - \varphi_1$）和发生这个变化所用时间 Δt 的比值 $\dfrac{\Delta\varphi}{\Delta t}$ 来表示，这个比值叫做磁通量的变化率。实验表明：电路中感应电动势的大小，跟穿过这一电路的磁通量的变化率成正比，这就是法拉第电磁感应定律。即：$\varepsilon = k\dfrac{\Delta\varphi}{\Delta t}$，各物理量取国际制单位，可使 $k = 1$，则 $\varepsilon = \dfrac{\Delta\varphi}{\Delta t}$。为了获得较大的感应电动势，常采用 n 匝线圈，则 $\varepsilon = n\dfrac{\Delta\varphi}{\Delta t}$；对于导线切割磁感线，可证明：$\varepsilon - Blv$，其中 l 是导线长度，v 是切割磁感线的速度。

（三）交流发电机

　　图 2 - 3 - 65 中，线圈 ABCD 绕转轴 OO′ 转动，则可在线圈 ABCD 中产生随时间作周期性变化的电流，这种电流叫交流电。这种装置叫旋转电枢式交流发电机。

　　图 2 - 3 - 66 中设转动角速度为 ω，AB 和 CD 的线速度为 v。线圈平面垂直于磁场 B 的方向时开始计时。当线圈平面平行于磁场 B 的方向时，AB 和 CD 垂直切割磁感线，AD 和 CB 不切割磁感线，所以电路中有最大感应电动势为 $\varepsilon_m = 2Blv$。在时间 t 内，线圈平面转过的圆心角 $\varphi = \omega t$，则 $v_\perp = v\sin\theta = v\sin\omega t$，此时电路中有瞬时感应电动势为：$e = 2Blv_\perp = 2Blv\sin\omega t = \varepsilon_m\sin\omega t$，若电路中总电阻为 R，则电路中有瞬时感应电流 $i = \dfrac{e}{R} = \dfrac{\varepsilon_m}{R} = I_m\sin\omega t$。可见，电路中的感

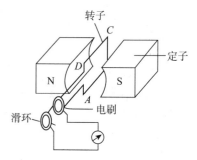

图 2 - 3 - 65　旋转电枢式交流发电机

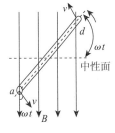

图 2 - 3 - 66　交流电

应电流随时间作周期性的变化是交流电，变化周期为：$T = \dfrac{2\pi}{\omega}$。

通常说的"220V"的交流电，是指交流电电压的有效值。交流电的有效值是根据电流的热效应规定的。如果使交流和直流分别通过相同阻值的电阻，并在相同时间内产生的热量相等，这个直流的电压、电流值就是交流电的电压、电流的有效值。设直流供电时电压为 U、电流为 I，则电功率为 $P = UI = I^2 R$，当交流供电时，交流的平均电功率为最大电功率 $I_m^2 R$ 的一半，则 $I^2 R = \dfrac{1}{2} I_m^2 R$，所以，交流电电流的有效值 $I = \dfrac{I_m}{\sqrt{2}} = 0.707 I_m$。

交流电的有效值、最大值（峰值）之间有一定关系：$\varepsilon = \dfrac{\varepsilon_m}{\sqrt{2}} = 0.707 \varepsilon_m$，$U = \dfrac{U_m}{\sqrt{2}} = 0.707 U_m$，$I = \dfrac{I_m}{\sqrt{2}} = 0.707 I_m$。

（四）自感

由于导体内的电流发生变化，会产生阻碍该电流变化的感应电动势，这种现象叫自感现象。图 2 - 3 - 67 中 K 断开时，灯泡 A 要过一会儿才熄灭。这是因为 K 断开时，线圈 L 中的电流将减小，由于自感现象，L 中将产生阻碍该电流变化的感应电动势，使线圈 L、灯泡 A 组成的闭合电路中的电流不能立即为零，所以灯泡 A 要过一会儿才熄灭。

在自感现象中产生的电动势叫做自感电动势。在自感现象中，电路中的电流变化越快，穿过电路的磁通量变化也越快，即 $\dfrac{\Delta I}{\Delta t}$ 与成正比。因而，自感电动势 ε 与 $\dfrac{\Delta I}{\Delta t}$ 成

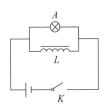

图 2 - 3 - 67
自感现象

正比。即：$\varepsilon = L \dfrac{\Delta I}{\Delta t}$，$L$ 是比例系数，叫自感或电感，它的大小取决于电路的形状：线圈的自感比直导线大，有铁芯的线圈比没有铁芯的大。L 的单位是亨利（H），$1H = 1V \cdot s/A$，$1H = 10^3\, mH = 10^6\, \mu H$。

电感线圈对交流电有一个阻碍作用，叫做感抗。当交流电通过电感线圈的电路时，电路中产生自感电动势，阻碍电流的改变，形成了感抗。自感系数越大则自感电动势也越大，感抗也就越大。如果交流电频率大则电流的变化率也大，那么自感电动势也必然大，所以感抗也随交流电的频率增大而增大。交流电中的感抗和交流电的频率、电感线圈的自感系数成正比。感抗用 X_L 表示，单位为 Ω，公式：$X_L = \omega L = 2\pi f L$，其中 ω 是交流发电机运转的角速度，单位为 rad/s，f 是交流电的频率，单位为 Hz，L 是线圈电感。在实际应用中，电感是起着"阻交流、通直流"的作用，因而在交流电路中常应用感抗的特性，来旁通直流电及低频交流电，阻止高频交流电。

电容器也对交流有一个阻碍作用，叫做容抗。交流电是能够通过电容的，但是将电容器接入交流电路中时，由于电容器的不断充电、放电，电容器极板上所带电荷对定向移动的电荷具有阻碍作用，所以电容对交流电仍然有阻碍作用。电容量大，交流电容易通过电容，说明电容量 C 大，电容的阻碍作用小；交流电的频率 f 高，交流电也容易通过电容，说明频率高，电容的阻碍作用也小。容抗用字母 X_c 表示，单位为 Ω，公式：$X_c = 1/2\pi f C$。在实际应用中，电容是起着"通交流、隔直流"的作用。

（五）变压器

变压器是改变交流电压的设备。图 2 - 3 - 68 所示变压器由铁芯和线圈组成，其中接电源的绕组线圈 n_1 叫初级线圈，接负载的绕组线圈 n_2 叫次级线圈。

变压器工作原理：当初级线圈中通有交流电 U_1 时，铁芯中便产生交流磁通，由于电磁感应，使次级线圈中产生感动

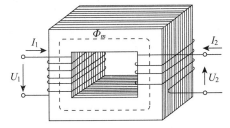

图 2 - 3 - 68　变压器工作原理

电动势得到电压，这叫互感现象。由于铁芯中磁通量的变化率，对于初级线圈、次级线圈来说是一样的，所以哪个线圈的匝数越多，哪个线圈的电压就越大。即：$\dfrac{U_1}{U_2} = \dfrac{n_1}{n_2}$，这就是变压器的变压规律。若不计变压器的能量损失，给变压器输入多少电能，变压器就会输送多少电能，则：$P_入 = P_出$，所以，$I_1 U_1 = I_2 U_2$，$\dfrac{I_1}{I_2} = \dfrac{U_2}{U_1} = \dfrac{n_2}{n_1}$，这就是变压器的变流规律。

从发电厂到用户，电能一般采取先升压后降压的方式输送，以减少输电线上电能的损失。由于 $U = I^2 R$，则减少电能损失的方法是：①减小输电导线的电阻，如采用电阻率小的材料；加大导线的横截面积。②提高输电电压，减小输电电流。交流电远距离高压输电电路模式，如图 2-3-69 所示。

图 2-3-69　交流电远距离高压输电电路模式

🖜 解释问题

电冰箱、台扇等用电器，如果在不切断电源时拔离插头，在断电瞬间，由于电冰箱、台扇等用电器中的线圈中电流由大到零，会产生一个感应电动势，这个感应电动势和供电电压之和非常大，足够在插头和插座之间产生电火花。

🖜 练习与思考

1. 交变电流是＿＿＿＿＿＿＿＿＿＿＿＿＿的电流，在匀强磁场中矩形线圈匀速转动就可以在矩形线圈中产生大小和方向都随时间做周期性变化的交变电流。

2. 当线圈平面垂直于磁感线时，各边都不切割磁感线，线圈中没有感应电流，这个位置叫作＿＿＿＿＿＿＿＿＿＿。

3. 线圈平面每经过一次＿＿＿＿＿＿＿＿，感应电流的方向就改变一次。线圈每转动一周，感应电流的方向改变＿＿＿＿＿＿＿＿。

4. 交变电流有效值是根据＿＿＿＿＿＿＿来定义的。通常说的交流的电压和电流指的都是＿＿＿＿＿＿＿。

5. 我国在生产、生活中使用的交流的周期为＿＿＿＿＿＿＿，频率为＿＿＿＿＿＿＿。

五、电磁波

🖜 提出问题

手机是通过什么来实现通讯的？它又是怎样工作的？

🖜 相关知识

（一）电磁振荡

如图 2-3-70 所示，将电键 K 扳到 1，给电容器充电，然后将电键 K 扳到 2，此时可以看到 G 表的指针来回摆动。

像这样能产生大小和方向都作周期性变化的电流叫振荡电流。能产生振荡电流的电路叫振荡电路。其中最简单的振荡电路叫 LC 回路。

振荡电流是一种交变电流，是一种频率很高的交变电流，它无法用线圈

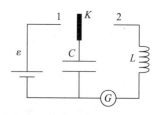

图 2-3-70　电磁振荡

在磁场中转动产生，只能是由振荡电路产生。

下面来分析在 LC 回路中是怎样产生振荡电流的：

图 2 – 3 – 71 中，将充电后的电容器 C 和自感线圈 L 连接。电容器开始放电的瞬间，电路中的电流为零，电路中的能量积聚在电容器两极板间的电场中。在电磁线圈的电感作用下，电路中的电流不能即刻达到最大，而是随电容器电荷的减少而逐渐增大。当电容器两极板电荷为零时，线圈中的电流达到最大。同时，线圈中的磁场也达到最大。

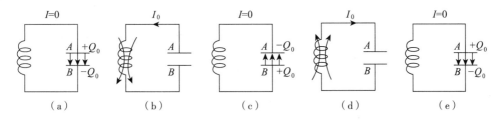

图 2 – 3 – 71　LC 回路

线圈中的电流达到最大时，同时也是电容器中的电量为零时，由于线圈的自感作用，电流并不能立即减小为零，而要保持原来的方向继续流动，并逐渐减小，给电容器逆向充电。当线圈中的磁场为零时，电容器中的电量为最大。

将电键 K 扳到 2 的瞬间，可以看到：

在图 2 – 3 – 71（a）中：电场能达到最大，磁场能为零，电路感应电流 I = 0。

（a）→（b）：电场能↓，磁场能↑，电路中电流 I↑，电路中电场能向磁场能转化，叫放电过程。

在图 2 – 3 – 71（b）中：磁场能达到最大，电场能为零，电路中电流 I 达到最大。

（b）→（c）：电场能↑，磁场能↓，电路中电流 I↓，电路中磁场能向电场能转化，叫充电过程。

在图 2 – 3 – 71（c）中：电场能达到最大（与（a）图的电场反向），磁场能为零，电路中电流为零。

（c）→（d）：电场能↓，磁场能↑，电路中电流 I↑，电路中电场能向磁场能转化，叫放电过程。

在图 2 – 3 – 71（e）中：磁场能达到最大，电场能为零，回路中电流达到最大（方向与原方向相反）。

（d）→（e）：电场能↑，磁场能↓，电路中电流 I↓，电路中磁场能向电场能转化，叫充电过程。（e）与（a）是重合的，从而振荡电路完成了一个周期。

像这样在振荡电路中产生振荡电流的过程中，电容器极板上的电荷，通过线圈的电流以及跟电流和电荷相联系的磁场和电场都发生周期性变化，这种现象叫电磁振荡。

电磁振荡完成一次周期性变化需要的时间叫做周期，1s 内完成周期性变化的次数叫做频率。如果电磁振荡时，没有能量损失，也不受其他外界的影响，这时电磁振荡的周期和频率叫做振荡电路的固有周期和固有频率。理论和实验都可以证明，周期 T 和频率 f 跟自感系数 L 和电容 C 的关系是：$T = \dfrac{1}{f} = 2\pi \sqrt{LC}$。

LC 电路的周期和频率都由组成电路的线圈和电容器本身的特性决定，与板上电量的多少、板间电压的高低、是否接入电路等因素无关。要想改变 LC 回路中的周期和频率，只有改变电容器的电容 C 或自感线圈的自感系数 L。改变电容的方法有：改变电容器两极板间的距离，改变两极板的正对面积，改变两极板间的介质；改变线圈自感系数的方法有：在线圈中插入铁芯，改变线圈的长度、横截面积、改变单位长度上的匝数。

（二）电磁波

英国物理学家麦克斯韦，在 1863 年创立了统一的电磁场理论，并根据这一理论预言了电磁波的存在。麦克斯韦电磁场理论是：

（1）变化的磁场产生电场，均匀变化的磁场产生稳定的电场，周期性变化的磁场产生周期性变化的电场。

（2）变化的电场产生磁场，均匀变化的电场产生稳定的磁场，周期性变化的电场产生周期性变化的磁场。

（3）变化的电场和磁场总是各自独立和相互联系的，形成一个不可分离的统一场，这就是电磁场。

根据这一理论，麦克斯韦推断：如果在空间某区域中有周期性变化的电场，就会在周围空间产生周期性变化的磁场，这个磁场又会产生新的变化的电场……于是，变化的电场和变化的磁场交替产生，由近及远向空间传播，形成了电磁波。

麦克斯韦指出：电磁波传播时不需要介质，可在真空中以光速传播。德国物理学家赫兹用实验证实了电磁波的存在，发现电磁波是横波，能产生干涉、衍射、反射等现象，并能传递电磁场的能量。

电磁波的波长 λ、频率 f 和传播速度 C 之间的关系是：$C = \lambda f$。

电磁波的发现，使人类的生活发生了巨大的改变，利用电磁波可以实现无线通讯。那么，电磁波是怎样实现无线电通讯的呢？

（三）电磁波的发射和接收

1. 电磁波的发射

图 2-3-72 中，LC 振荡电路的频率较低，电场和磁场都局限在电容器两极板间和线圈内，辐射出去的电场能很少，不能有效地发射电磁波。要有效地发射电磁波，必须改变电路的形状，提高振荡电路的频率，振荡电路中的电场和磁场尽量向空间开放。像图 2-3-73（b）、（c）、（d）那样，增大电容两极板间的距离，使电场和磁场分散到电容器的外部，这样的电路叫做开放电路；同时拉开电路中的自感线圈，使其变成一条直导线，成为直线形电路，就可以有效地发射电磁波。实际应用中，常常把开放电路的下端接地，接地导线叫地线，在空中最高部分的导线叫天线。

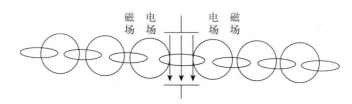

图 2-3-72　电磁波的传播

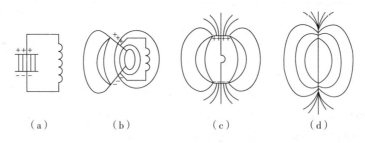

（a）　　　　　（b）　　　　　（c）　　　　　（d）

图 2-3-73　电磁波的发射

为了利用电磁波传递信号，如声音、图像等，就要把要传递的电信号"加"到电磁波上，这个过程叫调制。常用的调制方法有调幅、调频等。如图 2-3-74 所示为调幅广播。

调幅是高频载波的振幅随着低频信号的波形而变化，如图 2-3-75 所示。调频是高频载波的频率随着低频信号的规律而变化，如电视画面采用调频方式调制，但接收电路复杂些。电磁波的发射电路一般由振荡器、调制器和发射器组成。

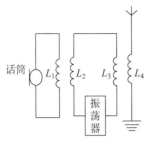

图 2 - 3 - 74　调幅广播

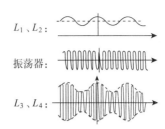

图 2 - 3 - 75　调幅广播波形

2. 电磁波的接收

电磁波在空间传播时，如果遇到导体，就会引起电磁感应，将一部分电场能传给它，在导体中感应出与电磁波频率相同的感应电流。因此，利用放在空中的导体，就可以接收电磁波。如电视机、收音机的拉杆天线、球面天线等均是良好的导体，也是接收电路。

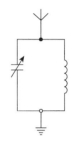

图 2 - 3 - 76
调谐电路

要接收空中的电磁波，就需要调谐。当接收电路的固有频率跟接收到的电磁波的频率相同时，接收电路中产生的振荡电流最强，这种现象叫做电谐振。使接收电路产生电谐振的过程叫调谐。收音机的调谐电路如图 2 - 3 - 76 所示，通过改变电容器电容来改变调谐电路的频率。

如果把收音机的调谐电路接收到的信号电流直接通入耳机，耳机仍听不到电台的播音。因为接收到的信号里有高频、低频两种信号，耳朵是听不见高频信号的。如果要使耳机发出原来的声音，还需要从接收到的高频振荡电流中"检"出所携带的低频信号。这个过程叫检波。采用如图 2 - 3 - 77 所示的电路，便可使耳机发出原来的声音。检波收音机的波形如图 2 - 3 - 78 所示。

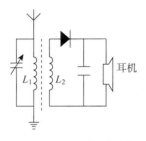

图 2 - 3 - 77　检波收音机

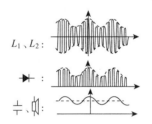

图 2 - 3 - 78　检波收音机波形

当调谐电路的固有频率等于某一电磁波频率时，在调谐电路中激起的这个频率的感应电流较强，这与放大作用是不相同的，电谐振不存在放大作用。与此同时，其他频率的电磁波激起的感应非常弱，不等于其他频率的电磁波不激起感应电流，所以日常生活中用收音机收听电台时，经常在听某个电台广播时伴有其他电台的杂音。

电磁波的接收电路一般由调谐器、解调器和接收器组成。

3. 电视

在电视的发射端，用摄像管将光信号转换为电信号，利用电信号对高频振荡进行调制然后通过天线把带有信号的电磁波发射出去。在电视的接收端，通过调谐、检波、解调等过程将电信号送到显像管，再由显像管将电信号还原成图像。

4. 雷达

雷达是利用无线电波来测定物体位置的无线电设备，是利用电磁波遇到障碍物后发生反射的现象工作的。雷达既是无线电波的发射端，又是无线电波的接收端。雷达使用的是直线性好、反射性能强的微波段，雷达不连续的向空间发射无线电波，每次发射时间约为 10^{-6} s。当空中的某个障碍物遇到雷达发射的电磁波时，将会反射电磁波，反射回来的电磁波又在雷达的显示器上显示出来，从显示器上还可以反映障碍物离雷达的距离、方位等情况。

（四）电磁波谱

无线电技术中使用的电磁波叫做无线电波。无线电波的波长从几毫米到几十千米。通常根据波长或频率把无线电波分成几个波段——长波、中波、中短波、短波、微波。实验证明，不仅无线电波是电磁波，红外线、可见光谱、紫外线、X 射线、γ 射线等也都是电磁波，它们的区别仅在于频率或波长有很大差别。光波的频率比无线电波的频率要高很多，光的波长比无线电波的波长短很多；而 X 射线和 γ 射线的频率则更高，波长则更短。为了对各种电磁波有个全面的了解，人们按照波长或频率的顺序把这些电磁波排列起来，这就是电磁波谱，如图 2 – 3 – 79 所示。其中人的眼睛能看到的那一部分电磁波叫作光或可见光，光是携带能量的电磁辐射中的很小一部分，兼有波动特性和微粒特性。

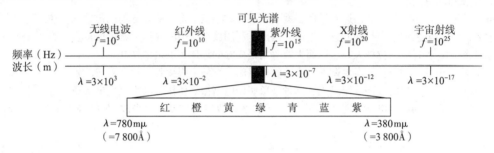

图 2 – 3 – 79　电磁波谱

🔵 解释问题

手机是通过电磁波来实现通讯的。手机是由射频部分、逻辑部分和电源部分等三部分组成，这三部分协调工作来实现手机相互通讯。手机的射频部分既是无线电波的发射端，又是无线电波的接收端；逻辑部分将接收的高频信号在调制解调器里、CPU 内完成转换、解密、解码、还原等工作；电源部分给手机供电。

🔵 练习与思考

1. 把自感线圈、电容器用导线连接就构成了_____振荡电路，在振荡电路里产生的交变电流叫_____。

2. LC 振荡回路产生电磁场振荡的过程中，充电（放电）过程中_____等物理量是增加（减小）的；_____等物理量是减小（增加）的。

3. 振荡回路的周期表达式为_____，频率表达式为_____。

4. 描述电磁场关系时，变化的磁场产生_____，变化的电场产生_____。

5. 电磁波是横波，传播时不依赖介质，其在真空中的传播速度为_____。

6. 当你对着如图 2 – 3 – 80 所示的话筒说话时，产生的声音使膜片_____，与膜片相连的线圈也跟着在磁场中做切割磁感线运动。这种运动能产生随着声音变化而变化的_____，经放大后，通过扬声器还原成声音。

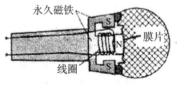

图 2 – 3 – 80　话筒

🔵 拓展阅读

电磁辐射的危害

2000 年 11 月 22 日在北京人民大会堂召开的第五届全国科学大会统计显示，全国每年出生的两千多万新生儿中，接近 120 万为缺陷儿，专家指出，导致婴儿缺陷因素中，电磁辐射危害最大。电磁辐射是造成孕妇流产、不育、畸胎等病变的诱发因素：1—3 月为胚胎期，胎儿受到强电磁辐射可能造成肢体缺陷或畸形；4—5 月胎儿形成期，胎儿受到电磁辐射可能引起智力不全，甚至造成痴呆；6—10 月为胎儿成长期，胎儿受电磁辐射可能导致免疫功能低下，出生后体制弱，抵抗力差。电磁辐射危害人体健康早已是科学定论，电磁辐射是一些疾病如心血管、癌症等病变的诱发因素之一。中国室内环境检测中心已发出电磁辐射具有六大危害的警告：①极可能是造成儿童患白血病的原因之一。②能够诱发癌症并加速人体的癌细胞增殖。③影响人的生殖系统。④可导致儿童智力残缺。⑤影响人们的心血管系统。⑥对人们的视觉系统有不良影响。

电磁辐射污染源的种类有：

（1）广播电视发射设备，主要部门为各地广播电视的发射台和中转台。

（2）通信雷达及导航发射设备通信，包括短波发射台、微波通信站、地面卫星通信站、移动通信站。

（3）工业、医疗、科研高频设备，该类设备把电能转换为热能或其他能量加以利用，但伴有电磁辐射产生并泄漏出去，引起工作场所环境污染。①工业用电磁辐射设备主要为高频炉、塑料热合机、高频介质加热机等。②医疗用电磁辐射设备主要为高频理疗机、超短波理疗机、紫外线理疗机等。③科学研究电磁辐射设备主要为电子加速器及各种超声波装置、电磁灶等。

（4）交通系统电磁辐射干扰，包括：电气化铁路、轻轨及电气化铁道、有轨道电车、无轨道电车等。

（5）电力系统电磁辐射，高压输电线包括架空输电线和地下电缆，变电站包括发电厂和变压器电站。

（6）家用电器电磁辐射，包括计算机、显示器、电视机、微波炉、无线电话等。

第三篇

奇妙的生命世界

第一章　生物概述

本章学习要点

- 掌握生命的定义；
- 理解生命的共性。

本章学习意义

- 通过本章学习，学生能正确区分什么是生物，什么是非生物；
- 提高认识世界的能力，树立辩证的唯物主义观。

第一节　生命的定义

生物是物质演化的最高形式，科学发展至今，在可观测的宇宙范围内，我们还没有发现第二个像地球一样具有丰富生物形式特别是高等智慧生物的星球，所以地球是如此的独特，如此的珍贵。人类及其他生物居住在地球上的生物圈这个美丽家园中。生物圈包括大气圈的底部、水圈的大部分和岩石圈的表面。

提出问题

什么是生物？生物与非生物有何本质的区别？

相关知识

自然界是由生物和非生物的物质和能量组成的，无生命现象的物质和能量叫做非生物，有生命现象的物质和能量叫做生物。生物又称生命体，是有生命的个体。生物最重要和最基本的特征在于生物能进行新陈代谢及遗传，生物具备合成代谢以及分解代谢的作用，这是互相相反的两个过程，并且可以繁殖下去，这是生命现象的基础。地球上的植物有 50 多万种，动物有 150 多万种。多种多样的生物不仅维持了自然界的持续发展，而且是人类赖以生存和发展的基本条件。但是现存的动物急剧减少，只有原来地球上的动物的十分之一。

由于自然界生物种类非常多，数量非常巨大，生命现象十分错综复杂，因此从科学的角度讲，究竟什么是生命确实是一个很难全面而准确回答的问题，可以说至今还没有一个为多数科学家所接受的生命的定义。以前人们给生命的所谓定义其实更多地指的是生物和非生物的区别，而不是生命定义的本身。

解释问题

从生物学角度的定义：生物是由核酸和蛋白质等物质组成的多分子体系，它具有不断自我更新、繁殖后代以及对外界产生反应的能力。新陈代谢是生物与非生物最本质的区别。

第二节　生命的共性

尽管我们不能给生命下一个准确的定义，但是我们可以很容易区分什么是生物，什么是非生物。因为我们可以从错综复杂的生命现象中提出生物的一些基本特征，即生命的共性。

提出问题

生物有哪些基本特征？

相关知识

生物的基本特征有以下几个方面：

一、化学成分的同一性

从元素成分看，生物都是由 C、H、O、N、P、S、Ca 等元素构成的；组成生物体的化学元素，常见的主要有 20 多种，其中有些含量较多，有些含量较少。含量占生物体总重量万分之一以上的元素，如 C、H、O、N、P、S、K、Ca、Mg 等（前六种共占原生质总量的 97%）称大量元素；生物生活所必需，但需要量却很少的一些元素，如 Fe、Mn、Zn、Cu、B、Mo 等称微量元素。

组成生物体的化学元素在无机自然界都可以找到，没有一种化学元素是生物界所特有的。这个事实说明，生物界和非生物界具有统一性。组成生物体的化学元素，在生物体内和在无机自然界中的含量相差很大。例如，C、H、N 在组成人体的化学成分中，共占 73% 左右，而这 3 种元素在组成岩石圈的化学成分中，质量分数还不到 1%。这个事实说明，生物界和非生物界还具有差异性。

从分子成分来看，生命体中有蛋白质、核酸、脂肪、糖类、维生素等多种有机分子。

（1）蛋白质都是由 20 种氨基酸组成，蛋白质对于生命来说是非常重要的。蛋白质是一切生命活动的体现者，有什么样的蛋白质就能表现出什么样的生物性状。其主要有以下几种：①结构蛋白：是构成细胞和生物体的重要物质，如肌球蛋白、肌动蛋白等。②催化蛋白：起生物催化作用，如绝大多数酶。③运输蛋白：如血红蛋白、细胞膜上的载体。④调节蛋白：如蛋白质类激素（胰岛素和生长激素等）。⑤免疫蛋白：免疫过程中产生的抗体。

（2）核酸包括脱氧核糖核酸（DNA）和核糖核酸（RNA）两类。核酸是遗传信息的载体，存在于每个细胞中，是一切生物的遗传物质，对生物体的遗传变异和蛋白质的生物合成有极重要的作用。

（3）ATP（三磷酸腺苷的缩写）为贮能分子，糖类、脂肪和蛋白质中的能量不能直接被生物体利用，它们只有随着有机物逐步氧化分解而释放出来，储存在 ATP 中，才能被生物体利用。ATP 是新陈代谢所需能量的直接来源。

二、严整有序的结构

1838—1839 年由德国的植物学家施莱登（Schleiden）和动物学家施旺（Schwann）共同提出了"细胞学说"，它是关于生物有机体组成的学说，主要内容有：

（1）细胞是有机体，一切动植物都是由单细胞发育而来，即生物是由细胞和细胞的产物所组成。

（2）所有细胞在结构和组成上基本相似。

（3）新细胞是由已存在的细胞分裂而来。

（4）生物的疾病是因为其细胞机能失常。

（5）细胞是生物体结构和功能的基本单位。

（6）生物体是通过细胞的活动来反映其功能的。

生命的基本单位是细胞，细胞内的各结构单元（细胞器）都有特定的结构和功能。生物界是一个多层次的有序结构。一个成年人体内约有 1 800 万亿个细胞，细胞经过分化形成了许多形态、结构和功能不同的细胞群，细胞群通过细胞间质连接在一起，共同组成生物组织。如植物体内的输导组织、机械组织、分生组织，动物和人体内的上皮组织、结缔组织、肌肉组织和神经组织。由几种不同的组织构成，按一定的次序联合起来，形成具有一定功能的结构的单位叫做器官。被子植物有根、茎、叶、花、果实、种子六大器官，动物和人体有眼、耳、鼻、舌等感觉器官，心、肝、肺、胃、肾等内脏器官。在大多数动物体和人体中，能够共同完成一种或几种生理功能的多个器官还按照一定的次序构成系统。人体有八大系统：运动系统、神经系统、循环系统、呼吸系统、消化系统、泌尿系统、内分泌系统、生殖系统。生物体内各器官和系统协调活动就构成了完整有序的生物个体。生活在同一地点的同种生物的一群个体构成了种群，生活在一定的自然区域内相互联系的各种生物种群又构成了生物群落，生物群落与它的无机环境相互作用形成的整体就是生态系统，如森林生态系统、草原生态系统、海洋生态系统、湿地生态系统等。地球上的全部生物和它们的无机环境的总和叫生物圈，它是最大的生态系统。

总之，生物具有严整有序的结构，各种生物编制基因程序的遗传密码是统一的，都遵循 DNA→RNA→蛋白质的中心法则。

三、新陈代谢

生物体能不断地与外界进行物质和能量的交换，同时生物体内也不断进行着物质和能量的转变过程即新陈代谢。其实质就是生物体能不断进行自我更新。新陈代谢是生物体内全部有序化学变化的总称。

新陈代谢包括物质代谢和能量代谢两个方面：生物体与外界环境之间物质的交换和生物体内物质的转变过程叫做物质代谢；生物体与外界环境之间能量的交换和生物体内能量的转变过程叫做能量代谢。

在新陈代谢过程中，既有同化作用，又有异化作用。同化作用又叫做合成代谢，是指生物体把从外界环境中获取的营养物质转变成自身的组成物质，并且储存能量的变化过程。异化作用又叫做分解代谢，是指生物体能够把自身的一部分组成物质加以分解，释放出其中的能量，并且把分解的终产物排出体外的变化过程。

根据生物体在同化作用过程中能不能利用无机物制造有机物，新陈代谢可以分为自养型、异养型和兼性营养型三种。绿色植物直接从外界环境摄取无机物，通过光合作用，将无机物制造成复杂的有机物，并且储存能量，来维持自身生命活动的进行，这样的新陈代谢类型属于自养型。人和动物不能像绿色植物那样进行光合作用，只能依靠摄取外界环境中现成的有机物来维持自身的生命活动，这样的新陈代谢类型属于异养型。有些生物（如红螺菌）既能营自养生活，又能营异养生活，属于兼性营养型。

根据生物体在异化作用过程中对氧的需求情况，新陈代谢的基本类型可以分为需氧型、厌氧型和兼性厌氧型三种。绝大多数的动物和植物都需要生活在氧充足的环境中。它们在异化作用的过程中，必须不断地从外界环境中摄取氧来氧化分解体内的有机物，释放出其中的能量，以便维持自身各项生命活动的进行。这种新陈代谢类型叫做需氧型，也叫做有氧呼吸型。像乳酸菌和寄生在动物体内的寄生虫等少数动物，它们在缺氧的条件下，仍能够将体内的有机物氧化，从中获得维持自身生命活动所需要的能量。这种新陈代谢类型叫做厌氧型，也叫做无氧呼吸型。酵母菌在有氧和缺氧的情况下都能生活，属于兼性厌氧型。

新陈代谢是生命体最主要的生命活动形式，如果新陈代谢停止了，生命也就结束了。

四、生长和发育

生物个体能通过新陈代谢的作用而在大小、重量等形态上得以增长（即生长），同时其生理上、功能上也得以成熟的过程（即发育）叫做生长发育。植物的生长发育表现为种子发芽、生根、长叶、植物体长大成熟直到开花、结果。植物体积的增大，主要是通过细胞分裂和伸长来完成的，而发育则是在整个生活史中，植物体的构造和机能从简单到复杂的变化过程，它的表现就是细胞、组织和器官的分化。高等植物生长发育的特点是：由种子萌发到形成幼苗，在其生活史的各个阶段总在不断地形成新的器官，是一个开放系统；高等动物和人的个体发育可以分为胚胎发育和胚后发育两个阶段。胚胎发育是指由受精卵发育成为幼体的阶段，胚后发育是指幼体从卵膜孵化出来或从母体内生出来以后，发育成为性成熟的个体的阶段。

五、遗传和变异

生物体子代与亲代之间在性状（即生物体表现出来的特征）上常常相似的现象，所谓"种瓜得瓜，种豆得豆"就是指遗传。子代与亲代之间在性状上出现差异的现象，所谓"一猪生九仔，连母十个样"就是指变异。

遗传学之父、奥地利神父孟德尔从 1857 年到 1864 年，坚持以豌豆为材料进行植物杂交试验发现了遗传的两个基本规律（遗传因子的分离规律和独立分配规律）。美国著名的遗传学家摩尔根（1866—1945年）以果蝇为材料进行的遗传学研究发现了遗传的连锁与交换定律。美国著名的微生物学家埃弗里（1877—1955年）第一个用实验证明遗传物质就是 DNA 分子。美国分子生物学家沃森（1928 至今）和英国物理学家克里克（1916—2004年）建立了 DNA 双螺旋结构模型。克里克还进行了氨基酸的遗传密码破译研究，至 1963年，经过多位科学家的努力，20 种氨基酸的遗传密码全部破译。1958年，克里克提出了"中心法则"的概念，中心法则是指 DNA 遗传信息的自我复制和指导蛋白质生物合成所遵循的一般原则，即 DNA→RNA→蛋白质。

遗传和变异的物质基础是基因。生物体的遗传性和变异性同时存在，以适应环境条件的变化，维持生物进化和产生生物多样性。生物的遗传性是基因稳定性的表现，变异性是基因突变的表现，遗传和变异都是普遍存在的自然现象。在一定范围内的突变是生物产生新的遗传性状和新的生物物种所必需的，没有突变，就没有生物的进化，生物界就不能向前发展。遗传使得物种得以稳定，而变异则使得物种得以进化和发展。

六、繁殖

生物体能通过无性或有性的方式繁殖自己的后代，使生命得以延续。生物体生殖过程中如果不需要通过性细胞的结合，而是以无性繁殖细胞孢子、出芽、分裂的方式繁殖后代就是无性繁殖。生物体生殖过程中如果需要通过性细胞的结合发育成合子，再由合子发育成胚的生殖方式就是有性繁殖。

七、应激性

生物体具有对外界刺激（如光、温度、声音、食物、化学物质、机械运动、地心引力等）发生反应的特性。如单侧光引起的植物茎的向光性、地心引力引起的根的向地性、菜粉蝶对介子油的趋化性和飞蛾对夜光的趋光性等。

具有神经系统的动物（包括人）通过神经系统对各种刺激发生反应，称为反射，它是通过反射弧结构来完成的；植物无反射活动，但有应激性，它是通过激素调节等方式来完成的。

八、适应性

生物形态结构和生理功能表现出与环境相适应的现象就叫适应性。如青草地里的昆虫多数是绿色的；生长在沙漠地带的仙人掌，叶片已演变成刺状，肉质茎有贮水功能。适应性是通过长期的自然选择，需要很长时间形成的。

生物对环境的适应既有普遍性，又有相对性。生物只有适应环境才能生存繁衍，也就是说，自然界中的每种生物对环境都有一定的适应性，否则早就被淘汰了，这就是适应的普遍性。但是，每种生物对环境的适应都不是绝对的、完全的适应，只是一定程度上的适应，环境条件的不断变化对生物的适应性有很大的影响作用，这就是适应的相对性。

九、进化

生物表现出明确的不断演变和进化的趋势，地球上的生命从原始的单细胞生物开始，走过了多细胞生物形成，各种生物物种辐射产生以及高等智能生物人类出现等重要的发展阶段后，形成了今天庞大的生物体系。

英国博物学家，进化论的奠基人达尔文于 1859年出版了震动当时学术界的《物种起源》。书中用大量资料证明了形形色色的生物都不是上帝创造的，而是在遗传、变异、生存斗争中和自然选择中，由简单到复杂，由低等到高等，不断发展变化的，提出了生物进化论学说，从而摧毁了各种唯心的神造论和物种不变论。恩格斯将"进化论"列为 19 世纪自然科学的三大发现之一（其他两个是细胞学说，能量守恒和转化定律）。

（一）达尔文自然选择学说的内容

（1）过度繁殖：生物都有惊人的繁殖的能力，若全部后代都能成活下来，只要很短时间就会超出环境的承受能力。

(2) 生存斗争：生物的生存资源有限，要生存就必须与无机环境、异种及同种的其他个体进行斗争。

(3) 遗传变异：生物产生的后代会发生变异，产生各种不同于亲代的性状，生物的变异有的比亲代更适应环境，有的却不适应环境。

(4) 适者生存：适应自然环境的生物个体就能生存，不适应自然环境的生物个体就会被淘汰。

现代生物学家吸取了达尔文自然选择学说的精华部分，运用现代遗传学、生态学、物理、化学方法对生物的进化进行分析，提出了现代的生物进化理论。

(二) 现代生物进化理论的基本内容

(1) 种群是生物进化的单位。

(2) 突变和基因重组产生进化的原材料。

(3) 自然选择决定生物进化的方向。

(4) 隔离导致物种形成。

解释问题

生物的基本特征主要表现在：化学成分的同一性、严整有序的结构、新陈代谢、生长和发育、遗传和变异、繁殖、应激性、适应性、进化等几个方面。

探究与实验

为什么仙人掌的叶子是刺状的?

请设计一个实验来验证仙人掌的蒸腾作用比阔叶植物的蒸腾作用要小得多。

拓展阅读

仙人掌原来生长在热带或亚热带的干旱地区，为了适应缺水的环境，仙人掌在自己厚墩墩的茎部储存着大量的水分，但是光储存水分还远远不够。植物体内水分的消耗，主要是通过叶子向外蒸发的。叶子的面积越大，蒸发的水分就越多。为了减小叶子的表面积，仙人掌的叶子就退化成了又尖又硬的刺了，另外，仙人掌的叶子退化为刺状，也可以避免外来者的侵犯。这说明了生物对环境具有适应性特征。

探究与实验

含羞草为什么会 "害羞" 呢?

实验步骤：

(1) 准备一盆生长良好的含羞草。

(2) 用手指在含羞草的一个小枝上轻轻触摸一下，观察含羞草的反应。

(3) 用手指在含羞草的一个小枝上重重地弹一下，观察含羞草的反应。

(4) 对比一下步骤 (2) 和 (3) 中含羞草反应的程度和恢复时间的长短有什么不同。

(5) 通过查找资料对试验现象进行分析。

拓展阅读

在含羞草的叶柄基部有一个膨大的器官叫 "叶枕"，叶枕内生有许多薄壁细胞，这种细胞对外界刺激很敏感。一旦叶子被触动，刺激就立即传到叶枕，这时薄壁细胞内的细胞液开始向细胞间隙流动而减少了细胞的膨胀能力，叶枕下部细胞间的压力降低，从而出现叶片闭合、叶柄下垂的现象。经过 1～2 分钟细胞液又逐渐流回叶枕，于是叶片又恢复了原来的样子。含羞草的叶子之所以会出现上述现象，是一种生物对外界刺激产生反应 (应激性) 的生理现象，也是含羞草在系统发育过程中对外界环境长期适应的结果。因为，含羞草原产于热带地区，那里多狂风暴雨，当暴风吹动小叶时，它立即把叶片闭合起来，保护叶片免受暴风雨的摧残，因而逐渐形成了这一生理现象。

探究与实验

图 3 - 1 - 1 是太空椒（图左）和普通青椒（图右）对比图，你知道太空椒是怎么来的吗？

拓展阅读

太空椒是用曾经遨游过太空的青椒种子培育而成的，经历过太空遨游的辣椒种子由于受到太空中的辐射，发生了遗传性基因突变，返回地面种植后，经人工筛选培育出了优良的新品种——太空椒。太空椒不仅植株明显增高、增粗，果型增大了，产量也比原来普遍增长 20% 以上，而且品质大为提高，植物也更加强健，对病虫害的抗逆性比较强。太空椒果大色艳，籽少肉厚，除了产量增长以外，维生素 C 和可溶性固形物、铜铁等微量元素含量都比原来高出 7% ~ 20%。吃起来是清香润滑、又鲜又嫩，营养丰富，又红又辣。

图 3 - 1 - 1　太空椒（左）和普通青椒（右）

练习与思考

1. 为什么说生物界与非生物界具有统一性？
2. 为什么说蛋白质是一切生命活动功能的体现者？
3. 简述细胞学说的主要内容？
4. 什么是新陈代谢？为什么说新陈代谢停止了，生命也就结束了？
5. 什么是遗传？什么是变异？两者有何辩证关系？
6. 为什么说生物对环境的适应既有普遍性，又有相对性？
7. 什么是进化？简述现代生物进化理论的基本内容？

第二章 生物的多样性

第一节 生物的多样性

⭐ **本节学习要点**

- 掌握生物多样性概念；
- 了解生物多样性面临威胁的原因和保护生物多样性的措施。

⭐ **本节学习意义**

- 通过本节学习学生认识到我国地大物博、物种丰富，但生物多样性却面临威胁，从而激发学生热爱自然、保护生态环境的热情；
- 使学生了解到生物是如何分类的、各类生物的主要特征，从而提高学生认识世界的能力，使自己活得更明白。

一、生物多样性概念

20世纪80年代以后，人们在开展自然保护的实践中逐渐认识到，自然界中各个物种之间、生物与周围环境之间都存在着十分密切的联系。因此自然保护仅仅着眼于对物种本身进行保护是远远不够的，往往也是难于取得理想的效果的。要拯救珍稀濒危物种，不仅要对所涉及的物种的野生种群进行重点保护，而且还要保护好它们的栖息地。或者说，需要对物种所在的整个生态系统进行有效的保护。在这样的背景下，生物多样性的概念便应运而生了。

🔎 **提出问题**

什么是生物的多样性？导致生物多样性破坏的原因有哪些？

🔎 **相关知识**

生物多样性是指一定范围内多种多样活的有机体（动物、植物、微生物）有规律地结合所构成的稳定的生态综合体。这种多样性包括物种的多样性、遗传的多样性及生态系统的多样性。

（一）物种的多样性

物种是能够（或可能）相互配育的、拥有自然种群的类群，这些类群与其他类群存在着生殖隔离。物种多样性包括两个方面，其一是指一定区域内的物种丰富程度，可称为区域物种多样性；其二是指生态学方面的物种分布的均匀程度，可称为生态多样性或群落物种多样性。

物种多样性是衡量一定地区生物资源丰富程度的一个客观指标。区域物种多样性的测量有以下三个指标：①物种总数；②物种密度；③特有种比例。物种的多样性是生物多样性的关键，它既体现了生物之间及环境之间的复杂关系，又体现了生物资源的丰富性。地球上的生命是丰富多彩的：从非常小的一个病毒到重达150吨的大鲸鱼；从慢性子的蜗牛到每小时能奔跑90km的猎豹；植物借助于风、水和动物的迁移把自己的后代送向远方；仅苔藓植物就有13 000种之多。大自然中每一种生命都是独特的、不可替代的。已发现和命名的物种有1 500 000种，其中植物260 000种，昆虫700 000种，脊椎动物500 000种，科学家估计物种总共可能有 5 000 000～30 000 000 种之多。这些形形色色的生物物种就构成了生物物种的多样性。生物多样性是生物与环境形成的生态复合体以及与此相关的各种生态过程的总和。

（二）遗传多样性

遗传多样性是生物多样性的重要组成部分。广义的遗传多样性是指地球上生物所携带的各种遗传信息的总和。这些遗传信息储存在生物个体的基因之中。因此，遗传多样性也就是生物的遗传基因的多样性。任何一个物种或一个生物个体都保存着大量的遗传基因，因此，可被看做是一个基因库。一个物种所包含的基因越丰富，它对环境的适应能力就越强。基因的多样性是生命进化和物种分化的基础。

狭义的遗传多样性主要是指生物种内基因的变化，包括种内显著不同的种群之间以及同一种群内的遗传变异。此外，遗传多样性可以表现在多个层次上，如分子、细胞、个体等。在自然界中，对于绝大多数有性生殖的物种而言，种群内的个体之间往往没有完全一致的基因型，而种群就是由这些具有不同遗传结构的多个个体组成的。

在生物的长期演化过程中，遗传物质的改变（或突变）是产生遗传多样性的根本原因。遗传物质的突变主要有两种类型，即染色体数目和结构的变化以及基因位点内部核苷酸的变化。前者称为染色体的畸变，后者称为基因突变（或点突变）。此外，基因重组也可以导致生物产生遗传变异。

世界上所有生命既能保持自己物种的繁衍，又能使每一个个体都表现出差别，这要归功于其体内遗传密码的作用和基因表达的差别。在组成生命的细胞中，DNA 是遗传物质，由 4 种碱基在 DNA 长链上不同的排列组合，决定了基因及生命的多样性。在人类 DNA 长链上就有 3 万～3.5 万个基因，它记录了我们祖先的密码。大自然用了几十亿年的时间，建造起如此浩繁、精致和复杂的基因，任何一个物种的绝灭，都会带走它独特的基因，令我们永远地遗憾。

（三）生态系统多样性

生态系统是各种生物与其周围环境所构成的自然综合体。所有的物种都是生态系统的组成部分。在地球的表面，到处都有生命在游荡。为适应在不同环境下生存，各种植物、动物和菌类与环境又构成了不同的生态系统，这就是生命的家园。在生态系统之中，不仅各个物种之间相互依赖、彼此制约，而且生物与其周围的各种环境因子也是相互作用的。从结构上看，生态系统主要由生产者、消费者和分解者构成。

生态系统的功能是对地球上的各种化学元素进行循环和维持能量在各组分之间的正常流动。生态系统的多样性主要是指地球上生态系统组成、功能的多样性以及各种生态过程的多样性，包括生境的多样性、生物群落和生态过程的多样化等多个方面。其中，生境的多样性是生态系统多样性形成的基础，生物群落的多样化可以反映生态系统类型的多样性。

在不同的生态系统中，各种生命通过一张极其复杂的食物网来获取和传递太阳的能量，同时完成物质的循环。生态系统的结构、功能、平衡及调节机制千差万别是生物多样性的重要内容。

二、生物多样性价值

对于人类来说，生物多样性具有巨大的价值，包括以下三个方面：

（一）直接使用价值

人们从自然界中获得薪柴、蔬菜、水果、肉类、毛皮、医药、建筑材料等生活必需品。尤其在一些经济不发达地区，利用生物资源是人们维持生计的主要方式。许多野生生物有提供重要工业原料、科学研究和美学价值等。

（二）间接使用价值

生物多样性具有重要的生态功能。每一种野生生物都对生态系统的稳定性作出了贡献。一旦减少，人类的生存环境将受影响。

（三）潜在使用价值

对大量的野生生物，我们目前尚不清楚它们的使用价值，但是它们具有巨大的潜在使用价值。如过去一种不起眼的野草，现在被用来制成"双氢青蒿素"，可用于治疗各类疟疾，尤其适用于抗氯喹、抗哌喹恶性疟疾和凶险型脑型疟的救治。

三、生物多样性正在面临丧失

人口增长，生物资源不合理利用，自然环境遭受破坏，生物多样性正在以前所未有的速度被减少或丧失。全球每分钟：损失耕地40公顷，损失森林21公顷，11公顷良田被沙漠化，向江河湖海排放污水85万吨；有300个婴儿出生；有28人死于环境污染。近400年里，已记录到有484万种动物灭绝，随着世界人口的爆炸，经济的发展，物种灭绝的速度还要加快。专家预计：1990—2015年，世界上将有60万～240万种生命灭绝！1999年国际植物大会上，动物学家和植物学家指出，人类活动破坏了地球将近一半的陆地，正导致自然界的动植物加速走向灭绝，如果这种情况持续下去，估计下世纪后半叶，将有1/3～2/3的物种从地球上消失。地球正逐渐失去保障人类生活质量的能力。

四、生物多样性保护措施

（一）就地保护

为了保护生物多样性，把包含保护对象在内的一定面积的陆地或水体划分出来，进行保护和管理。比如，建立自然保护区实行就地保护。自然保护区是有代表性的自然系统、珍稀濒危野生动植物物种的天然分布区，包括自然遗迹、陆地、陆地水体、海域等不同类型的生态系统。自然保护区还具备科学研究、科普宣传、生态旅游的重要功能。

（二）迁地保护

迁地保护是在生物多样性分布的异地，通过建立动物园、植物园、树木园、野生动物园、种子库、基因库、水族馆等不同形式的保护设施，对那些比较珍贵的物种、具有观赏价值的物种或其基因实施由人工辅助的保护。迁地保护的目的只是使即将灭绝的物种找到一个暂时生存的空间，待其元气得到恢复、具备自然生存能力的时候，还是要让被保护者重新回到生态系统中。

（三）建立基因库

目前，人们已经开始建立基因库，来实现保存物种的愿望。比如，为了保护作物的栽培种及其会灭绝的野生亲缘种，建立全球性的基因库网。现在大多数基因库贮藏着谷类、薯类和豆类等主要农作物的种子。

（四）构建法律体系

人们还必须运用法律手段，完善相关法律制度，来保护生物多样性。比如，加强对外来物种引入的评估和审批，实现统一监督管理。建立基金制度，保证国家专门拨款，争取个人、社会和国际组织的捐款和援助，为实践工作的开展提供强有力的经济支持等。

解释问题

生物多样性是指一定范围内多种多样活的有机体（动物、植物、微生物）有规律地结合所构成稳定的生态综合体。这种多样性包括物种的多样性、遗传的多样性及生态系统的多样性。

生物多样性破坏的原因主要有人口增长、生物资源不合理利用、自然环境遭受破坏等。

第二节　生物的类群

本节学习要点

- 掌握生物的分类知识；
- 了解生物各类群的主要特征。

本节学习意义

- 通过本节学习学生能了解到微生物、植物和动物的基本知识，懂得生物经历了一个漫长的从单细胞到多细胞、从简单到复杂、从低等到高等、从无脊椎到有脊椎、从水生到陆生的进化历程。

已知的生物有 200 多万种，大体上分为微生物、植物和动物三大类。

一、微生物

提出问题

什么是微生物？微生物各类群的主要特征是什么？

相关知识

微生物是一切肉眼看不见或看不清的微小生物，个体微小，结构简单，通常要用光学显微镜和电子显微镜才能看清楚。微生物包括细菌、病毒、真菌等。（但有些微生物是肉眼可以看见的，像属于真菌的蘑菇、灵芝等。）病毒是一类由核酸和蛋白质等少数几种成分组成的"非细胞生物"，但是它的生存必须依赖于活细胞。根据存在的不同环境微生物可以分为原核微生物、空间微生物、真菌微生物、酵母微生物、海洋微生物等。

（一）病毒

病毒是一类个体微小，无细胞结构，含单一核酸（DNA 或 RNA）型，必须在活细胞内寄生并复制的非细胞型微生物。常见病毒：感冒病毒、狂犬病毒、鸡瘟病毒、艾滋病病毒（HIV）。

1892 年，俄国生物学家伊凡诺夫斯基发现烟草花叶病毒，1935 年得到该病毒的结晶。已知的病毒种类有 1 000 多种，病毒类型有 DNA 病毒和 RNA 病毒两种。同所有生物一样，也具有遗传、变异、进化等生命特征。

1. 病毒的大小及形状

病毒体积非常微小，直径为 10~300nm。病毒形态多样，如图 3-2-1 所示，球状（包括二十面体），如脊髓灰质炎病毒和有包膜的疱疹病毒；杆状（包括棒状），如烟草花叶病毒；丝状，如甜菜黄花病毒；弹状，如水疱性口炎病毒；复杂构型，如蝌蚪状的 E. coli T4 噬菌体。有些病毒在细胞内呈自然晶体排列。

2. 病毒的结构

病毒结构极其简单，主要由核酸和蛋白质外壳组成。有些病毒有囊膜和刺突，如流感病毒。

3. 病毒的生理

病毒有高度的寄生性，完全依赖宿主细胞的能量和代谢系统，获取生命活动所需的物质和能量，离开宿主细胞，它只是一个停止活动的大化学分子，为一个非生命体，遇到宿主细胞它会通过吸附、进入、复制、装配、释放子代病毒而显示典型的生命体特征，所以病毒是介于生物与非生物之间的一种原始的生命体。病毒在自然界分布广泛，可感染细菌、真菌、植物、动物和人，常引起宿主发病。但在许多情况下，病毒也可与宿主共存而不引起明显的疾病。

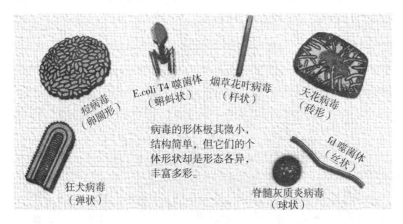

痘病毒
（卵圆形）

E.coli T4 噬菌体
（蝌蚪状）

烟草花叶病毒
（杆状）

天花病毒
（砖形）

病毒的形体极其微小，
结构简单，但它们的个
体形状却是形态各异，
丰富多彩。

fd 噬菌体
（丝状）

狂犬病毒
（弹状）

脊髓灰质炎病毒
（球状）

图 3 - 2 - 1　病毒的形状

（二）细菌

细菌是一类微小的单细胞原核生物，分布极为广泛，或者与其他生物共生。人体身上也带有相当多的细菌。据估计，人体内及表皮上的细菌细胞总数约是人体细胞总数的十倍。

1. 细菌的大小及形状

细菌的个体微小，直径在 $0.5 \sim 5 \mu m$。细菌的形态大致上可分为球状（球菌）、杆状（杆菌）和螺旋状（弧菌、螺旋菌）三种，如图 3 - 2 - 2 所示。

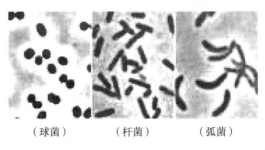

（球菌）　　　（杆菌）　　　（弧菌）

图 3 - 2 - 2　细菌

2. 细菌的结构

结构简单，只由一个细胞构成。细菌无成形的细胞核，无核膜、DNA 裸露（DNA 分子上不含蛋白质成分）。有鞭毛、菌毛、荚膜、芽孢等特殊结构。鞭毛是某些细菌的运动器官。荚膜对细菌的生存具有重要意义，细菌不仅可利用荚膜抵御不良环境；保护自身不受白细胞吞噬；而且能有选择地黏附到特定细胞的表面上，表现出对靶细胞的专一攻击能力。例如，伤寒沙门杆菌能专一性地侵犯肠道淋巴组织。

3. 细菌的生理

细菌一般不含叶绿素，营寄生或腐生生活。细菌以二分裂的方式繁殖，某些细菌处于不利的环境，或耗尽营养时，就会形成芽孢，芽孢是对不良环境有强抵抗力的休眠体。

4. 细菌的用途及危害

细菌也对人类活动有很大的影响。一方面，细菌是许多疾病的病原体，包括肺结核、淋病、炭疽病、梅毒、鼠疫、砂眼等疾病都是由细菌所引发的。然而，人类也时常利用细菌，例如发酵食物（奶酪、泡菜、酱油、醋、酒的制作）、部分抗生素的制造、废水的处理等都与细菌有关。在生物科技领域中，细菌也有着广泛的运用。细菌个体数量最多，是大自然物质循环的主要参与者。

（三）真菌

真菌约12万种，大都是多细胞的真核生物。真菌大多数是由分支或不分支的菌丝、菌丝体构成。真菌是异养型生物，多数营腐生生活，少数营寄生生活。孢子生殖。真菌通常又分为三类，即酵母菌、霉菌和蕈菌（大型真菌）。如图 3 - 2 - 3 所示。

1. 酵母菌

体呈圆形、卵形或椭圆形，内有细胞核、液泡和颗粒体物质。通常以出芽繁殖；有的能进行分裂繁殖；广泛分布于自然界，是重要的发酵素，能分解碳水化合物产生酒精和二氧化碳。生产上常用的有面包酵母、饲料酵母、酒精酵母和葡萄酒酵母等。有些能合成纤维素供医药使用，也有用于石油发酵的。

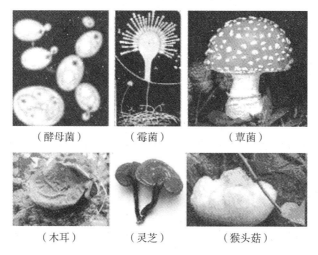

（酵母菌）　　　　（霉菌）　　　　（蕈菌）

（木耳）　　　　（灵芝）　　　　（猴头菇）

图 3 - 2 - 3　真菌

2. 霉菌

亦称"丝状菌"，体呈丝状，丛生，可产生多种形式的孢子（无性繁殖细胞）。多腐生。种类很多，常见的有根霉、毛霉、曲霉和青霉等。霉菌可用以生产工业原料（柠檬酸、甲烯琥珀酸等），进行食品加工（酿造酱油等），制造抗菌素（如青霉素、灰黄霉素）和生产农药等。但也能引起工业原料和产品以及农林产品发霉变质。另有一小部分霉菌可引起人与动植物的病害，如头癣、脚癣及番薯腐烂病等。

3. 蕈菌

常见的大型真菌有香菇、草菇、金针菇、双孢蘑菇、平菇、木耳、银耳、竹荪、羊肚菌等。它们既是一类重要的菌类蔬菜，又是食品和制药工业的重要资源。

真菌是自然界物质的主要分解者，对于自然界的物质循环和能量流动有十分重要的意义。

解释问题

微生物是指个体微小，结构简单，通常要用光学显微镜和电子显微镜才能看清楚的生物。包括：细菌、真菌及无细胞结构的病毒、类病毒等。它们的区别性特征是：

病毒：①个体极微小（10～300nm）；②结构极其简单，无细胞结构，主要由核酸和蛋白质外壳组成；③只能寄生在活的寄主细胞内；④不能进行分裂生殖，只能依靠寄主细胞繁殖。

细菌：①个体微小（1μm 左右）；②结构简单，单细胞原核生物；③一般不含叶绿素，营寄生或腐生生活；④分裂生殖。

真菌：①多数有可见菌丝；②多数为真核多细胞生物，一般都有含几丁质的细胞壁；③异养型，少数营寄生生活，多数营腐生生活；④孢子生殖。

探究与实验

如何区分有毒蘑菇和无毒蘑菇？

拓展阅读

区分有毒蘑菇和无毒蘑菇的简易方法有以下几种：

一看颜色。有毒蘑菇菌面颜色鲜艳，有红、绿、墨黑、青紫等颜色，特别是紫色的往往有剧毒，采摘后易变色。

二看形状。大多数有毒蘑菇的菌盖厚实板硬，菌秆上有菌轮，基部有菌托。

三看分泌物。将采摘的新鲜野蘑菇撕断菌秆，无毒的分泌物清亮如水（个别为白色），菌面撕断不变色；有毒的分泌物稠浓，呈赤褐色，遇空气易变黑色。

四闻气味。无毒蘑菇有特殊香味；有毒蘑菇有怪异味，如辛辣、酸涩、恶腥等味。

二、植物

植物是生物界中的一大类，已发现的有 30 多万种，分为藻类植物、苔藓植物、蕨类植物和种子植物几大类，种子植物又分为裸子植物和被子植物。

植物一般有叶绿素，具有光合作用的能力，营自养生活。植物有明显的细胞壁和细胞核，其细胞壁由纤维素构成。植物通常是不运动的，没有神经，也没有感觉。

地球史上最早出现的植物是距今 25 亿年前（元古代）的藻类植物，它们生活在海洋中。直到 43 800 万年前（志留纪），绿藻摆脱了水域环境的束缚，首次登陆大地，进化为蕨类植物，为大地首次添上绿装。3 600 万年前（石炭纪），石松类、楔叶类、真蕨类和种子蕨类植物十分繁盛，形成沼泽森林，其遗体的堆积层埋在地下后，经过长时期的地质作用而形成了现在的煤炭。2.480 0 亿年前（三叠纪）裸子植物开始兴起，取代了蕨类植物，进化出花粉管，并完全摆脱对水的依赖，形成茂密的森林。1.450 0 亿年前（白垩纪）被子植物（有花植物）开始出现，于晚期迅速发展，代替了裸子植物，形成延续至今的被子植物时代。

🔖 **提出问题**

藻类植物、苔藓植物、蕨类植物和种子植物的主要特征有哪些？

🔖 **相关知识**

（一）藻类植物

藻类植物如图 3 - 2 - 4 所示，是植物界中一群最原始的植物类群。藻类植物多生于海水或淡水，或潮湿的土壤、树皮和石头上。结构简单，没有真正的根、茎、叶分化，多为单细胞、多细胞群体、丝状体、叶状体和枝状体等，包括蓝藻、单胞藻、绿藻、褐藻、红藻等。藻类植物的植物体小者只有在显微镜下方可看出它们的形态构造，大的却长可达 60m 以上（如生长在太平洋中的巨藻）。

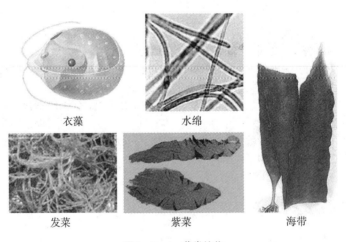

衣藻　　　　　　水绵

发菜　　　　　紫菜　　　　　海带

图 3 - 2 - 4　藻类植物

藻类植物的细胞内含不同的色素，叶绿素 a、b、c，类胡萝卜素、叶黄素及藻红素和藻蓝素等。细胞内所含色素的不同是藻类植物分类的依据之一。藻类植物以无性生殖或有性生殖等方式繁衍后代。

藻类植物与人类和自然的关系密切。许多藻类植物可食用（如发菜、紫菜等）、药用或做工业原料（如海带等可提取碘和藻胶等），或为鱼的饵料，或固氮（如固氮蓝藻等）等，适当数量的藻类植物可净化水体，藻类植物过于繁盛时，易形成水华而污染水体、造成危害。

（二）苔藓植物

苔藓植物植株矮小，结构简单。大多数生活在阴湿的土地、岩石和潮湿的树干、背阴的墙壁上以及温暖多雨地区森林。它是从水生到陆生过渡形式的代表。苔藓植物全世界约 23 000 种，我国约有2 800种，分苔类（如地钱）和藓类（如葫芦藓），如图 3 - 2 - 5 所示。

地钱　　　　　　　　　葫芦藓

图 3 - 2 - 5　苔藓植物

苔藓植物的主要特征：

（1）多生长于阴湿的环境里，常长于石面、泥土表面、树干或枝条上。

（2）植物体矮小，结构简单，有假根和类似茎叶的分化。没有维管组织、物质和水分输导能力差。

（3）生活史中，有性生殖和无性生殖交替出现。苔藓植物的主要部分是配子体，即能产生配子（性细胞）。配子体能形成雌雄生殖器官。雄生殖器成熟后释出精子，精子以水作为媒介游进雌生殖器内，使卵子受精。受精卵发育成孢子体。孢子体具有孢子囊，内生有孢子。孢子成熟后随风飘散。在适当环境，孢子萌发成丝状构造（原丝体）。原丝体产生芽体，芽体发育成配子体。

（4）受精作用离不开水，只能生活在阴暗潮湿的环境里。

大自然中，苔藓植物在贫瘠的地形启动土壤的形成，保持土壤的湿度，并使营养物质在森林植被中反复循环。有些种类可用于农业、园艺业，也是能源。某些苔藓植物用作观赏植物，如在苔藓植物园内。

（三）蕨类植物

蕨类植物比苔藓植物进化特征突出，是高等植物中比较低级的一门，也是最原始的维管植物。在古生代泥盆纪、石炭纪繁盛，多为高大乔木。二叠纪以后至三叠纪时，大都灭绝，大量遗体埋入地下形成煤层。现代生存的大部分为草本，少数为木本，主要生活在热带、亚热带湿热多雨的地区。在我国多分布于长江以南各地。如铁线蕨、卷柏、贯众、肾蕨、满江红、鳞木和桫椤等，如图 3 - 2 - 6 所示，世界约 12 000 种，我国约有 2 600 种。多种蕨类植物可供食用（如蕨、紫萁）、药用（如贯众、海金沙）或工业用（如石松）。

铁线蕨　　　　　　卷柏

贯众　　　　　　肾蕨　　　　　　桫椤

图 3 - 2 - 6　蕨类植物

蕨类植物的主要特征：

（1）有根、茎、叶的分化；茎为地下茎（根状茎），叶为羽状复叶。

（2）出现原始的维管组织，输导能力较强。由于出现了物质运输系统因而进一步适应了陆地生活的环境。

（3）茎内出现机械组织，支持能力较强。

（4）不具花，以孢子繁殖，孢子落地萌发成原叶体，其上产生精子器和颈卵器，受精卵在颈卵器内发育成胚胎。世代交替明显，无性世代占优势。

（5）由于受精作用仍离不开水，因此，不容易在整年干燥的地方或四季变化极大的地点看见它们的踪迹，只能生活在阴暗潮湿的环境里。

（四）裸子植物

裸子植物是原始的种子植物，由于它们的胚珠外面没有子房壁包被，不形成果皮，种子是裸露的，故称裸子植物。其发生发展历史悠久，最初的裸子植物出现在古生代，在中生代至新生代它们是遍布各大陆的主要植物。目前全世界生存的裸子植物约有 850 种，隶属 5 纲：苏铁纲、银杏纲、松柏纲、红豆杉纲和买麻藤纲。裸子植物分布于世界各地，特别是在北半球的寒温带和亚热带的中山至高山带常组成大面积的各类针叶林。我国约有 250 种，是世界上裸子植物最丰富的国家。在中国的裸子植物中有许多是北半球其他地区早已灭绝的古代残遗种或孑遗种，如特有种银杏、水杉、水松、银杉、金钱松和白豆杉；半特有种有台湾杉、杉木、福建柏、侧柏、穗花杉和油杉；以及残遗种，如多种苏铁、冷杉等，如图 3 - 2 - 7 所示。

苏铁　　　　　银杏　　　　　金钱松

银杉　　　　　水杉　　　　　水松

图 3 - 2 - 7　裸子植物

裸子植物的主要特征：

（1）孢子体（即植物体）很发达：根系十分发达，多为高大乔木，叶形较小，十分耐干旱。

（2）胚珠裸露：胚珠无子房壁包被，因而种子裸露，无果皮包被。

（3）受精过程摆脱了水的限制：花粉管直接将精子输送至胚珠，受精作用彻底摆脱了水的限制。

裸子植物很多为重要林木，尤其在北半球，大的森林 80% 以上是裸子植物，如落叶松、冷杉、华山松、云杉等。多种木材质轻、强度大、不弯、富弹性，是很好的建筑、车船、造纸用材。苏铁叶和种子、银杏种仁、松花粉、松针、松油、麻黄、侧柏种子等均可入药。落叶松、云杉等多种树皮、树干可提取单宁、挥发油、树脂和松香等。刺叶苏铁幼叶可食，髓可制西米，银杏、华山松、红松和榧树的种子是可以食用的干果。

（五）被子植物

被子植物又叫显花植物，如图 3 - 2 - 8 所示，因种子不裸露有果皮包被而得名。是植物界中进化最高级、种类最多、分布最广、适应性最强的类群。它们首先出现在白垩纪早期，在白垩纪晚期占据了世界上植物界的大部分。自新生代以来，它们在地球上占着绝对优势。现已知被子植物约 20 多万种，占植物界的一半，中国有约 3 万种。被子植物能有如此众多的种类，有极其广泛的适应性，这和它的结构复杂化、完善化是分不开的，特别是繁殖器官的结构和生殖过程的特点，提供了它适应、抵御各种环境的内在条件，使它在生存竞争、自然选择的矛盾斗争过程中，不断产生新的变异，产生新的物种。

小麦　　　　　青菜　　　　　苹果

睡莲　　　　　棉花　　　　　甘蔗

图 3 - 2 - 8　被子植物

被子植物的主要特征：

（1）具有真正的花：典型的被子植物的花由花萼、花冠、雄蕊群、雌蕊群 4 部分组成。被子植物花的各部在数量上、形态上有极其多样的变化，这些变化是在进化过程中，适应于虫媒、风媒、鸟媒或水媒传粉的条件，被自然界选择，得到保留，并不断加强造成的。

（2）具有果实：子房在受精后发育成为果实。果实具有不同的色、香、味，多种开裂方式；果皮上常具有各种钩、刺、翅、毛。果实的所有这些特点，对于保护种子成熟，帮助种子传播起着重要作用。

（3）具有双受精现象：双受精现象，是指两个精细胞进入胚囊以后，1个与卵细胞结合形成受精卵，受精卵将发育形成胚；另1个与2个极核结合，形成具有3倍染色体的受精极核，受精极核将发育为胚乳，胚乳为胚的发育提供营养，因而具有更强的生命活力。

（4）茎内具有导管：导管输导水分和无机盐的能力更加畅通，适应性得到加强。

（5）孢子体（即植物体）高度发达：被子植物的孢子体，在形态、结构、生活型等方面，比其他各类植物更完善化、多样化，根、茎、叶的十分发达，生长更迅速，适应性也更强。

被子植物为人类提供食物、住所、衣料、药品和花卉，是最重要的食物来源，如谷物类（特别是稻、小麦、玉米等）、甘蔗、蔬菜和果品。被子植物还使得直接或间接地依赖植物为生的动物界（尤其是昆虫、鸟类和哺乳类），获得了相应的发展，迅速地繁茂起来。

🔎 解释问题

藻类植物、苔藓植物、蕨类植物和种子植物的主要特征是：

藻类植物：多为水生，或生于潮湿的土壤、树皮和石头上。这是一类结构简单，没有真正的根、茎、叶分化的植物类群。

苔藓植物：植株矮小，结构简单（无真正的根、具有类似茎叶的分化），生活在阴湿的环境里的植物类群。它是从水生到陆生的过渡类型。

蕨类植物：有了根、茎（根状茎）、叶（羽状复叶）的分化，但由于受精作用离不开水，也只能生活在阴暗潮湿的环境里的植物类群。

种子植物：能用种子（繁殖器官）进行繁殖的植物类群。种子裸露在外无果皮包被的植物为裸子植物，种子有果皮包被不裸露在外的植物为被子植物。

三、动物

动物是生物界中的一大类。一般不能将无机物合成为有机物，只能以有机物（植物、动物或微生物）为食料，因此具有与植物不同的形态结构和生理功能，以进行摄食、消化、吸收、呼吸、循环、排泄、感觉、运动和繁殖等生命活动。

（一）无脊椎动物

已知的动物大约有150万种，按照动物身体内有无由脊椎骨组成的脊柱把动物分为无脊椎动物和脊椎动物两大类。

🔎 提出问题

无脊椎动物分为哪几个门？各有什么最突出的特征？

🔎 相关知识

动物经历了一个漫长的从单细胞到多细胞、从简单到复杂、从低等到高等、从无脊椎到有脊椎、从水生到陆生的进化历程。最早的单细胞的原生动物进化为多细胞的无脊椎动物，逐渐出现了原生动物门、腔肠动物门、扁形动物门、线形动物门、环节动物门、软体动物门、节肢动物门、棘皮动物门等。

1. 原生动物

原生动物是最原始和最低等的动物类群，如图3-2-9所示。绝大多数由单细胞构成，少数种类是单细胞合成的群体，大约有三万种。原生动物的适应性很强，它们能生存在各种自然条件下，如淡水、咸水、温泉、冰雪，植物的浆液，动物和人类的血液、淋巴液、体液等。多营水生生活，少数营寄生生活。如草履虫、鞭毛虫、绿眼虫、变形虫等。

原生动物的主要特征：

（1）身体大小：身体微小，原生动物的大小一般在几微米到几十微米之间。

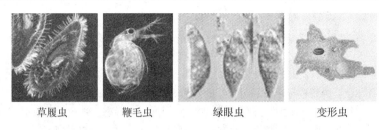

草履虫　　　鞭毛虫　　　绿眼虫　　　变形虫

图 3 - 2 - 9　原生动物

（2）身体结构：结构简单，原生动物整个身体只由一个细胞构成。尽管整个身体只由一个细胞构成，但也能进行各项生命活动，如从环境中汲取营养、呼吸、排泄、生殖，能够对外界的刺激产生反应等。这些功能是细胞或由细胞特化而成的细胞器来完成的。例如，用来运动的有鞭毛、纤毛、伪足，摄食的有胞口、胞咽，防卫的有刺丝泡，调节体内渗透压的有伸缩泡等。

（3）营养方式：有三种，一是植物性营养，又称光合营养，如绿眼虫等；二是动物性营养，又称吞噬营养，如变形虫、草履虫等；三是渗透性营养，又称腐生营养，如孢子虫、疟原虫等。

（4）繁殖方式：分裂生殖，通过二分裂过程每次繁殖，都是由一个母细胞分裂为两个完全相同的子细胞。

2. 腔肠动物

腔肠动物都生活在水中，是构造比较简单的一类多细胞动物，如图 3 - 2 - 10 所示。腔肠动物的身体由内胚层和外胚层组成，因其由内胚层围成的空腔具有消化和水流循环的功能而得名。腔肠动物是真正的双胚层多细胞动物，所有高等的多细胞动物，都被认为是经过这种双胚层结构而进化发展生成的。腔肠动物大约有 9 000 种，如水螅、水母、珊瑚、海葵等。

水螅　　　水母　　　珊瑚　　　海葵

图 3 - 2 - 10　腔肠动物

腔肠动物的主要特征：

（1）水生：多数生活在海水中，少数生活在淡水中。

（2）辐射对称：腔肠动物的身体已有固定的形状，且辐射对称。

（3）两胚层：在两胚层之间有由内外胚层细胞分泌的中胶层。体内的空腔即原肠腔，有细胞外消化的机能，残渣由口排出（无肛门），所以又称为消化循环腔。

（4）网状神经系统：从腔肠动物开始出现神经系统。神经细胞彼此以神经突起相连而成网状，所以称为网状神经系统，但没有神经中枢。

（5）生殖方式有无性生殖和有性生殖两种，海产种类具有自由游泳的浮浪幼虫期。

3. 扁形动物

扁形动物是一类身体扁平、左右对称，最简单和最原始的三胚层动物，如图 3 - 2 - 11 所示。扁形动物身体扁平、左右对称。扁形动物约有一万多种，有营自由生活的如涡虫，有营寄生生活的如日本血吸虫、猪肉绦虫等。

扁形动物的主要特征：

（1）身体扁平，两侧对称：两侧对称的体制使动物运动由不定向变为定向，感应更准确、迅速有效，适应性更广，是水生发展到陆生的重要条件。

（2）有三个胚层：其中，中胚层是动物体器官系统结构的物质基础，身体大部分结构由中胚层分化而来，为动物体结构的发展和生理的复杂化、完备化提供了必要的基础。

（3）具有不完全消化系统：口、咽、肠，无肛门。

（4）具有原肾管型排泄系统：原肾管为原始的排泄管，一端为盲管，另一端为开口（排泄孔）的排泄管。

（5）具有梯形神经系统：梯形神经系统比腔肠动物的网形神经系统集中。感觉器官有眼点、耳突（嗅觉功能）、平衡囊。

（6）生殖特点：大多雌雄同体，生殖器官复杂，具有交配行为，体内受精。

扁虫

血吸虫

猪肉绦虫

图 3 - 2 - 11　扁形动物

4. 线形动物

身体一般为细线形或圆筒形的一类动物，常见的线形动物有钩虫、蛔虫和蛲虫，如图 3 - 2 - 12 所示。线形动物有 9 500 种，大多数营寄生生活，少数营自由生活。包括蛔虫、钩虫、蛲虫和丝虫等。

线形动物的主要特征：

（1）外形：身体细长，呈线形。

（2）体壁：身体表面覆盖着角质层，能抵抗宿主消化液的侵蚀。

（3）体腔：体壁和消化管之间出现了假体腔，这是动物界最早出现的一种体腔。假体腔与体壁的肌肉层之间没有体腔膜相连。

（4）消化：消化管有口有肛门，为完全消化系统，食物经口、咽、肠、直肠，再由肛门排出。

（5）生殖：雌雄异体，雄虫较小，末端卷曲。

蛔虫

钩虫

蛲虫

图 3 - 2 - 12　线形动物

5. 环节动物

环节动物在动物进化上发展到了一个较高的阶段，是高等无脊椎动物的开始。如图 3 - 2 - 13 所示。环节动物已知的有八千七百多种，因身体由许多相似的体节组成而得名，包括各种蚯蚓、沙蚕、蚂蟥、水蛭等。

蚯蚓

沙蚕

水蛭

图 3 - 2 - 13　环节动物

环节动物的主要特征：

（1）身体出现分节现象，这是高等无脊椎动物的一个重要标志。

（2）出现了真体腔，体壁和肠壁都有发达的肌肉。

（3）环节动物器官系统较完善。

6. 软体动物

软体动物是动物界中的第二大类，仅次于节肢动物，约有 10 万种，如图 3 - 2 - 14 所示。水陆各地都有分布，包括各种螺类、蚌类、乌贼、章鱼等。软体动物身体柔软，一般左右对称，某些种类由于扭转、屈折，而呈现各种奇特的形态。通常有贝壳，无体节，有肉足或腕足，也有足退化的。贝壳之下是外套膜，将身体包围。

螺　　　　蜗牛　　　　蚌　　　　鱿鱼

图3－2－14　软体动物

软体动物绝大多数种类可供食用。有的软体动物可以作药用，如鲍鱼的贝壳是中药石决明，乌贼的内骨骼是海螵蛸。珍珠既可入药，又是名贵装饰品。有些软体动物对人类有害，例如凿船贝严重危害木船和海中木质建筑，蜗牛是田园、果树和农作物害虫，钉螺等是寄生虫的中间寄主。

软体动物的主要特征：

（1）身体柔软，身体一般可分为头、足和内脏团三个部分。

（2）有外套膜。

（3）有专门的运动器官足（斧足、腹足或腕足）。

（4）绝大多数有贝壳，因而又称贝类动物。

7. 节肢动物

（1）节肢动物的种类：

节肢动物是指身体分节且部分出现分节附肢的动物类群，是数量最多的一类无脊椎动物，如图3－2－15所示，占动物界动物总数（150万种）的84%，约126万种，包括昆虫类、甲壳类、蛛形类和多足类。其中昆虫又占节肢动物的94%，约118万种。节肢动物对环境的适应性特强，几乎分布在地球的任何地方。

①昆虫类：常见的昆虫有金龟子、七星瓢虫、星天牛、螳螂、蛾、蝴蝶、蜻蜓、蚊、蝇、蚁、蜜蜂、臭屁虫、蟊蟖、蟋蟀、蝼蛄、蝗虫、蝉、螳螂、蟑螂、体虱、跳蚤等。如图3－2－15所示，昆虫整个身体由头、胸、腹三大部分构成，头部有触角一对，复眼一对，口器一个，胸部有足三对，一般有翅两对，发育过程常经过变态。变态发育是指昆虫的幼虫与成虫在形态结构和生活习性上出现差异的现象。昆虫是动物界中最大的一个类群，无论是

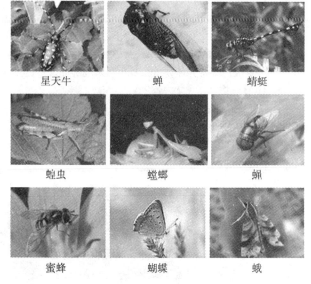

星天牛　　　蝉　　　蜻蜓

蝗虫　　　螳螂　　　蝇

蜜蜂　　　蝴蝶　　　蛾

图3－2－15　昆虫类

个体数量、生物数量，还是种类与基因数，它们在生物多样性中都占有十分重要的地位。昆虫的种类和数量比其他所有动物总和还多，而且现在已被人类认知的昆虫只占其中极少一部分。

②甲壳类：高等甲壳类如虾、蟹等，大多数为水生，用鳃呼吸，身体一般分为头胸部和腹部，有2对触角。头胸部具有发达的甲壳，称头胸甲。每个体节几乎都有1对附肢，都有5对步足，故称十足类。虾类的头胸甲较柔软，腹部发达，具5对游泳足，触角细长如鞭。蟹类头胸甲坚硬，腹部退化，折在头胸部腹侧。如图3－2－16所示。

③蛛形类：蛛形类动物包括蜘蛛、蝎、螨和蜱等，如图

中国龙虾　　　中华梭子蟹

图3－2－16　甲壳类

3－2－17 所示。其种类有 73 000 多种，几乎遍布在世界各地。蛛形类动物通常有 8 条腿，躯体分为头胸部（前部与中部）和腹部（后部）。蝎有 6 条腿，两把钳子似的须肢，用来抓住猎物。

蜘蛛   螨   蝎

图 3－2－17 蛛形类

④多足类：多足类包括蜈蚣、马陆等，为陆生动物，栖息隐蔽，已知 10 000 多种。如图 3－2－18 所示。多足类身体长形，分头和躯干两部分。头部有 1 对触角，多对单眼。口器由 1 对大颚及 1～2 对小颚组成。躯干部由许多体节组成，每节有 1～2 对足。用气管呼吸。

蜈蚣   马陆

图 3－2－18 多足类

（2）节肢动物的主要特征：

①异律分节和身体的分部。

②附肢也分节并有关节。

③体被发达坚硬的外骨骼。

④横纹肌发达，运动能力强。

⑤开管式血液循环。

⑥高效的呼吸器官——气管。

⑦神经系统和感觉器官发达。

8. 棘皮动物

棘皮动物全部生活在海底，因其身体表面有棘和突起，故而称"棘皮"。如图 3－2－19 所示。由中胚层产生的内骨骼埋在外胚层的表皮下面，常向外突出成棘，这和高等动物骨骼的发生相似。这个特点说明了脊椎动物是从无脊椎动物进化来的。棘皮动物包括海盘车、海星、海胆、海参、海百合等。

海盘车   海胆   海参

图 3－2－19 棘皮动物

棘皮动物的主要特征：

（1）成体辐射对称，且大多为五辐对称。

（2）身体表面有棘。

（3）一般有水管和管足。

（4）运动迟缓，神经和感官不发达。

（5）全部生活在海洋中。

解释问题

无脊椎动物分为 8 大类，它们最突出的特征是：原生动物是最原始、最低等的单细胞动物类群。腔肠动物是具有两个胚层的多细胞动物类群。扁形动物身体扁平，有三个胚层，有口无肛门的动物类群。线形动物身体细长，呈线形，出现了假体腔，有口有肛门。环节动物身体分节、出现了真体腔。软体动物身体柔软，有外套膜，出现了专门的运动器官——足，绝大多数有贝壳。节肢动物身体分节，附肢也分节，有外骨骼。棘皮动物身体辐射对称，表面有棘，一般有水管和管足，全部生活在海洋中。

（二）脊椎动物

由没有脊椎的棘皮动物往前进化出现了脊椎动物，最早的脊椎动物是生活在水中的鱼类。两栖动物是最早登上陆地的脊椎动物。但它们仍然没有完全摆脱水域环境的束缚，还必须在水中生殖和发育。从原始的两栖动物继续进化，出现了爬行类。爬行动物可以在陆地上产卵、孵化，完全脱离了对水的依赖性，成为真正的陆生动物。爬行类及其以前的动物都属于变温动物，当环境温度变低时它们的身体会变得冰冷僵硬，不得不停止活动进入休眠状态。然后爬行类动物进化为鸟类，成为了恒温动物，恒温动物减少了对环境的依赖性，具有更强的适应能力。古爬行类的一支最后进化成哺乳类动物，而人是哺乳类动物中最高级的动物。

提出问题

各类脊椎动物最突出的特征是什么？

相关知识

1. 鱼类

（1）鱼的种类：

鱼是适应水栖生活的低级脊椎动物，终生生活在水中。如图 3 - 2 - 20 所示。鱼的头部不能灵活转动，体型多呈棱形，用鳃呼吸，多数鱼用鳔来控制身体在水中的升降。

鱼可分为软骨鱼类及硬骨鱼类两个独立的类群。世界上约有 24 000 种鱼类，我国有 3 000 多种。

（2）鱼纲的主要特征：

终生生活在水中，用鳍运动，用鳃呼吸，心脏为一心房一心室。血液循环为单循环，体外受精。

黄鱼　　　　鳗鲡　　　　蝴蝶鱼

赤虹　　　　海龙　　　　比目鱼

河豚　　　　鲨鱼　　　　鲸鱼

图 3 - 2 - 20　鱼类

2. 两栖动物

（1）两栖动物的种类：

两栖动物是一类原始的、初登陆的、具五趾型的变温四足动物，皮肤裸露，分泌腺众多，混合型血液循环。如图 3 - 2 - 21 所示。其个体发育周期有一个变态过程，即以鳃呼吸生活于水中的幼体，在短期内完成变态发育，成为以肺呼吸，能营陆地生活的成体。世界上有 4 000 多种两栖动物，中国现有 270 余种。两栖动物既有从鱼类继承下来适于水生的性状，如卵和幼体的形态及产卵方式等；又有新生的适应于陆栖的性状，如感觉器官、运动装置及呼吸循环系统等。变态既是一种新生适应，又反映了由水生到陆生主要器官系统的改变过程。常见的两栖动物有蝾螈、青蛙、蟾蜍和大鲵等。

①蝾螈：蝾螈身体短小，有 4 条腿，皮肤潮湿，大多数体长在 10 ~ 15cm，大都有明亮的色彩和显眼的模样。中国大蝾螈体型最大，体长可达 1.5m。目前存活的约有 400 种，它

中国大蝾螈　　　　蓝尾蝾螈

青蛙　　　蟾蜍　　　大鲵

图 3 - 2 - 21　两栖动物

们一般生活在淡水和潮湿的林地之中，以蜗牛、昆虫及其他的小动物为食物。水栖者皮肤光滑，称蝾螈；而陆栖者皮肤粗糙，称水蜥。躯体细长，尾呈侧扁状。红腹蝾螈常被作为玩赏动物，在豢养条件下可活数年。

②青蛙：身体分头部、躯干部和四肢部，无颈部和尾部。头呈三角形；口裂大，眼大，有眼睑，有两

鼻孔，无外耳，有中耳（鼓膜）。躯干部短而阔，前肢短小，后肢发达。适于在陆地上跳跃；后肢趾间有蹼，适于游泳。体表有斑纹，具有与环境相似的保护色，皮肤湿润裸露，有黏液，无覆盖物，可以辅助呼吸。雄蛙口角两旁具有鸣囊，鸣囊对声音有共鸣作用。青蛙是捉害虫的能手，是保护农田的功臣。

③蟾蜍：别名癞蛤蟆。蟾蜍全身布满毒腺，从它身上刮下的蟾酥和脱下的蟾衣可入药。蟾蜍白天多潜伏在草丛和农作物间，或在住宅四周及旱地的石块下、土洞中，黄昏时常在路旁、草地上爬行觅食。行动缓慢笨拙，不善于跳跃、游泳，只能作匍匐前行。蟾蜍是农作物害虫的天敌，在消灭农作物害虫方面胜过青蛙，它一夜吃掉的害虫，要比青蛙多好几倍。

④大鲵：俗名娃娃鱼，国家二级重点濒危保护动物。在两栖动物中它体型最大，全长可达 1 ~ 1.5m，体重最重的可超百斤，而外形有点类似蜥蜴，只是相比之下更肥壮扁平。大鲵生活在山区的清澈溪流中，一般都匿居在山溪的石隙间，洞穴位于水面以下。叫声也似婴儿啼哭，故俗称"娃娃鱼"。在滇东北和滇东南的山溪中有发现，中国 17 个省区均有分布。

（2）两栖动物的主要特征：

个体发育要经过变态，幼体生活在水中，用鳃呼吸，有鳍运动；成体大多数生活在陆地上，少数种类成体生活在水中，一般用肺呼吸，有四肢运动；皮肤裸露，能分泌黏液，有辅助呼吸的作用；心脏有二心房一心室；体温不恒定。

3. 爬行动物

（1）爬行动物的种类：

爬行类是在两栖类的基础上进一步适应陆地生活，完全摆脱了对水生环境的依赖的一类动物。爬行类在中生代曾盛极一时，种类繁多，但现在却很少，约有 8 000 种。常见的有蜥蜴、蛇、龟、鳖、鳄鱼等，如图 3 - 2 - 22 所示。

①蜥蜴类：体瘦长，大都具有四肢，两支下颌骨眼愈合；眼睑可活动；交配器官一对。是非常多样性的类群，包括陆栖、穴居、水栖、树栖和飞翔种类，多数能生活在干燥的环境中（热带和沙漠）。

②龟鳖类：身体在背甲和腹甲合成真皮性龟板的骨质壳内；颌无齿代以角质喙，方骨不活动；椎骨和肋骨与龟甲愈合；肛孔纵裂。

③蛇类：体延长；四肢和耳孔均缺失；下颌骨前端以韧带相连接；眼缺眼睑，不活动，耳聋视弱（同四肢退化一样，是属于适应环境的次生现象）；舌叉形，可伸出；齿圆锥形，生在颌骨和口腔上部。

蜥蜴

龟

蛇

鳄鱼

图 3 - 2 - 22 爬行动物

④鳄类：有两个完全隔开的心室，即两心室两心房，是最先具有四室心脏的动物，而其他爬行类具有不完全隔开的心室。椎体一般前凹，前肢一般具 5 趾，后肢具 4 趾；方骨不活动；肛孔纵裂。鳄类还首先具有真正的大脑皮层（新脑皮）。

（2）爬行动物的主要特征：

①颈部较发达，可以灵活转动，增加了捕食能力，能更充分发挥头部眼等感觉器官的功能。爬行类具有坚韧、干燥、防止干旱和身体损伤的保护性鳞片。

②四肢发达，趾端具爪，骨骼发达，对于支持身体、保护内脏和增强运动能力都提供了条件。

③肺比两栖类的更发达，有较大的呼吸面积，采用胸腹式呼吸运动方式。

④心脏由两心房和分隔不完全的两心室构成，心室内的血液是混合血。

⑤排泄出的氮废物是尿酸而不是尿素或氨。尿酸具有低溶解度，极有效地产生少量的尿，具有保存宝贵的水的作用。

⑥卵外包着坚硬的石灰质外壳，能防止卵内水分的蒸发。具有某种类型的交配器官，允许体内受精；

由于羊膜卵的出现，使脊椎动物完全摆脱了在个体发育中对水的依赖，从而真正适应了陆地生活，成为完全的陆生动物。

⑦大脑结构比两栖类有了进一步发展，感觉器官也更复杂化，功能增强。具有更发达的中枢神经系统联系，出现两栖类所没有的各种复杂行为。

4. 鸟类

鸟类是由古爬行类进化而来的一支适应飞翔生活的高等脊椎动物。它们的形态结构除了与爬行类动物有许多相似之处外，也具有一系列比爬行类更高级的进步性特征。如有高而恒定的体温，完善的双循环体系，发达的神经系统和感觉器官以及与此联系的各种复杂行为等；另一方面为适应飞翔生活而又有较多的特化，如体呈流线型，体表被羽毛，前肢特化成翼，骨骼坚固、轻便而多有合，具气囊等。这一系列的特化，使鸟类具有很强的飞翔能力，能进行特殊的飞行运动。

（1）鸟的种类：

全世界的鸟一共有9 000多种，仅中国就记录有1 300多种。按照鸟的形态结构和生活习性的不同可把鸟分为6个生态类群，如图3-2-23所示。

黄鹂（鸣禽）　　白天鹅（游禽）　　褐马鸡（陆禽）

黄脸鹳（涉禽）　　鹦鹉（攀禽）　　猫头鹰（猛禽）

图3-2-23　鸟类

①游禽：游禽包括鸭、雁、潜鸟、鸊鷉、鹱、鹈鹕等。游禽的趾间有蹼，适于游泳，为了防止羽毛被水浸湿，多有发达的尾脂腺分泌油脂，用喙涂抹在羽毛上用来防水。游禽的喙多呈扁形或具钩状，在水中捕食时有防滑的作用。

②涉禽：涉禽是指那些适应在沼泽和水边生活的鸟类。它们的腿特别细长，颈和脚趾也较长，适于涉水行走，不适合游泳。休息时常一只脚站立，大部分是从水底、污泥中或地面获得食物。鹭类、鹳类、鹤类和鹬类等都属于这一类。

③猛禽：如鹰、雕、鸢、鹫等。嘴强大呈钩状，翼大善飞，脚强而有力，趾有锐利勾爪，性情凶猛，捕食其他鸟类和鼠、兔、蛇等，或食动物腐尸。

④攀禽：攀禽包括夜鹰、鹦鹉、杜鹃、雨燕、翡翠、翠鸟、啄木鸟，等等。攀禽大多营攀援生活，其脚大多短趾有力，趾型多为对趾型。

⑤陆禽：陆禽是指鸟纲中的鸡形目和鸠鸽目的鸟类。这些鸟类经常在地面上活动，因此被称为陆禽。陆禽主要在陆地上栖息。体格健壮，不适于远距离飞行；嘴较钝而坚硬，腿和脚强壮而有力，爪为钩状，很适于在陆地上奔走及挖土寻食。松鸡、马鸡、孔雀等都属于这一类。

⑥鸣禽：中小型鸟类，足短小，树栖，善筑巢，善鸣啭。鸣禽能够运用高度模式化的、重复的声音信号进行交流和联系，因此其鸣啭类似于人类的语言系统。鸣啭是一种后天习得的复杂行为，鸟类个体鸣啭行为的发展特性与人类个体对语言的学习过程很相似。繁殖季节的鸣声最为婉转和响亮。如画眉、乌鸦、黄鹂、灰喜鹊、煤山雀、黑尾、毛脚燕的鸣声都各具特色。

（2）鸟的主要特征：

大多数飞翔生活。体表被覆羽毛，一般前肢变成翼（有的种类翼退化），骨多孔隙，内充气体；心脏有两心房和两心室，具有完善的双循环。体温高而恒定。呼吸器官除具肺外，还有辅助呼吸的器官——气囊，双重式呼吸。卵生。神经系统和感觉器官发达。

5. 哺乳动物

哺乳动物是脊椎动物中最高级的一类。如图3-2-24所示。它们起源于中生代爬行类，由于在生殖方面具有以母乳哺育幼儿的特征，所以称之为哺乳动物。哺乳动物一般体表有毛，运动快速、胎生、哺乳，体温恒定，骨骼、肌肉以及神经系统和感官系统高度发达，对外界环境适应能力强。有4 200余种哺乳动物，在严寒的两极、干燥的沙漠、湿热的雨林、温带地区乃至海洋都有它们的足迹。哺乳动物是动物发展史上最高级的阶段，也是与人类关系最密切的一个类群。

（1）哺乳动物的种类：

按照哺乳动物外形、头骨、牙齿、附肢和生育方式等的不同，将它划分为单孔类、有袋类和有胎盘类三个类群。

①单孔类：现存哺乳类中最原始的类群，仍保留着许多近似爬行动物的原始特征。主要表现在：卵生，母兽无乳头，雄性体外无阴囊，有泄殖腔，以单一的泄殖腔孔开口体外。体温波动较大（26℃～35℃），无肉质唇而具扁喙，大脑皮层不发达。例如鸭嘴兽、针鼹等。典型代表为鸭嘴兽。鸭嘴兽嘴宽扁似鸭，无肉质唇，而具角质鞘，尾扁阔，指（趾）间具蹼，善于在水中游泳或潜水。以软体动物、甲壳类及水生昆虫为食。栖于河边，穴居，卵生，孵出的幼仔舐食母兽乳腺分泌的乳

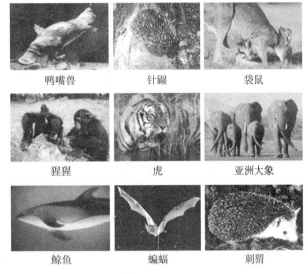

图 3 - 2 - 24　哺乳动物

（上排左起：鸭嘴兽　针鼹　袋鼠；中排左起：猩猩　虎　亚洲大象；下排左起：鲸鱼　蝙蝠　刺猬）

汁。鸭嘴兽代表着从爬行类到哺乳类的过渡阶段，是最珍贵的"活化石"，对于研究哺乳类的起源有重要科学价值。

②有袋类：胎生，但大多数无真正的胎盘，母兽具特殊的育儿袋。发育不完全的幼仔生下后在育儿袋内继续完成发育。具乳头，乳头就开口在育儿袋内。大脑半球体积小，无沟回。体温接近于恒温，在33℃～35℃波动。例如袋狼、袋獾、袋鼠、袋鼹等。典型代表为大袋鼠，长达2m以上，前肢短小，后肢强大，适于跳跃，一步可跳5～6m。每胎产一仔，刚生下的幼仔发育不完全，只有2.5～3cm长，大小像一个核桃，需在母兽育儿袋内继续发育。

③有胎盘类：为哺乳类中最高等的类群。主要特征是：胎生，具有真正的胎盘。胚胎在母体子宫内发育时间较长，通过胎盘汲取母体的营养，产出的幼仔发育完全，能自己吮吸乳汁。乳腺发达，具乳头。大脑皮层发达，两大脑半球间有胼胝体相连。体温高而恒定，乳齿与恒齿更换明显。此类包括绝大多数现代生存的哺乳动物，如人、猩猩、猴、狮、虎、豹、熊、熊猫、狼、狗、狐、灵猫、貂、水獭、鼬、鹿、獴、树懒、斑马、象、河马、麝牛、疣猪、羚羊、驯鹿、考拉、犀牛、猞猁、海牛、海豚、海象、海豹、鲸鱼、穿山甲、鼠、刺猬、蝙蝠等。

（2）哺乳动物的主要特征：

①胎生、哺乳，后代成活率高。

②四肢及骨骼肌肉发达，运动能力强。

③呼吸、循环系统的完善和体毛有助于维持恒定的体温，适应能力强。

④牙齿异型，摄食能力强。

⑤神经系统和感觉器官高度发达，行为复杂。

🖐 解释问题

脊椎动物分为鱼类、两栖类、爬行类、鸟类和哺乳类五大类。它们各自最突出的特征如下：

鱼类终生生活在水中，用鳍运动，用鳃呼吸，心脏为一心房一心室。

两栖类变态发育，皮肤裸露，心脏两心房一心室。

爬行类皮肤干燥，体表被角质层，心脏两心房两心室，心室分隔不全。

鸟类体表被覆羽毛，前肢变成翼，体温高而恒定。

哺乳类胎生、哺乳，体腔有膈肌，牙齿异型，大脑发达。

练习与思考

1. 解释什么是生物的多样性？
2. 试比较细菌、真菌和病毒在形态、结构和生理上的主要区别？
3. 藻类植物、苔藓植物和蕨类植物在形态、生境和生殖上有何异同？
4. 为什么说被子植物是自然界中最高等的植物类群？
5. 什么是脊椎动物？什么是无脊椎动物？它们各包括哪些动物类群？
6. 请列举出无脊椎动物各类群的最突出的区别性特征？
7. 请就形态、生境及主要生理构造方面对脊椎动物五纲进行对比。

第三章　被子植物的器官

⟨本章学习要点⟩

- 了解被子植物六大器官的形态、结构和生理功能；
- 了解光合作用。

⟨本章学习意义⟩

- 通过本章学习，学生要了解被子植物六大器官的形态、结构和生理功能；
- 提高学生认识世界和改造世界的能力，对学生今后的工作和生活都有很大的帮助。

被子植物是植物界中进化最高级、种类最多、分布最广、适应性最强的植物类群。根、茎、叶、花、果实、种子是被子植物的六大器官，其中根、茎、叶执行养料、水分的吸收、运输、转化、合成等营养功能，称为"营养器官"；而花、果实、种子完成开花结果至种子成熟的全部生殖过程，叫做"繁殖器官"。

第一节　根

⟨提出问题⟩

为什么陆生植物带土移栽比裸根移栽成活率更高？

⟨相关知识⟩

根是指植物在地下的部位。主要功能为固持植物体，吸收水分和溶于水中的矿物质，将水与矿物质输导到茎以及储藏养分。许多植物的地下构造本质上为特化的茎（如球茎、块茎），根与之不同处主要在于缺少叶痕与芽，具有根冠，分支由内部组织产生而非由芽形成。

一、根系

根由种子内的胚根发育而来，当种子萌发时，胚根发育成幼根突破种皮，与地面垂直向下生长为主根。当主根生长到一定程度时，从其内部生出许多支根，称侧根。除了主根和侧根外，在茎、叶或老根上生出的根，叫做不定根。反复多次分支，形成整个植物的根系统。植物根的总和称为根系，分为直根系和须根系，如图 3-3-1 所示。

直根系　　　　　须根系

图 3-3-1　根系

（一）直根系

植物的根系由一明显的主根（由胚根形成）和各级侧根组成。大部分双子叶植物都具有直根系，如陆地棉、大豆等。大多乔木，灌木以及某些草本植物，例如雪松、石榴、蚕豆、蒲公英、甜菜、胡萝卜、萝卜等植物的根系是直根系。直根系的特点是主根明显，从主根上生出侧根，主次分明。从外观上，主根发育强盛，在粗度与长度方面极易与侧根区别。

（二）须根系

植物的须根系由许多粗细不定的根（由胚轴和下部的茎节所产生的根）组成。在根系中不能明显地区分出主根（这是由于胚根形成主根生长一段时间后，停止生长或生长缓慢造成的）。大部分单子叶植物都为须根系。如高粱、香附子等。禾本科植物，如稻、麦、各种杂草、苜蓿以及葱、蒜、百合、玉米、水仙等的根系都是须根系。须根系的特点是种子萌发时所发生的主根很早退化，而由茎基部长出丛生须状的根，这些根不是来自主根，而是来自茎的基部，是后来产生的，称为不定根。

二、根的结构组成

根最重要的部位是根尖，根尖是主根或侧根尖端，是根的最幼嫩、生命活动最旺盛的部分，也是根的生长、延长及吸收水分的主要部分。根尖包含根冠、分生区、延长区和成熟区，如图 3 - 3 - 2 所示。

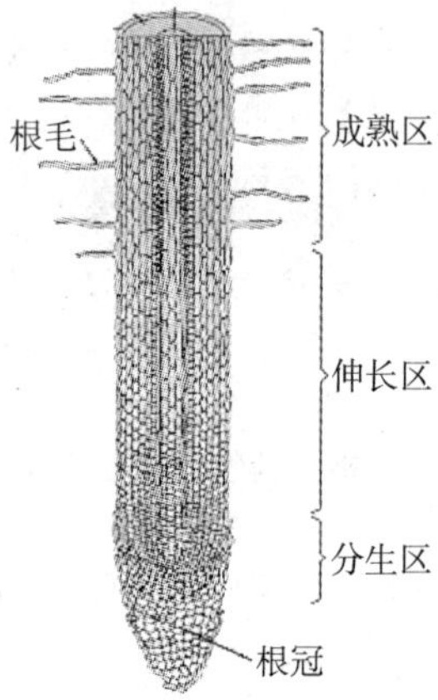

（一）根冠

根冠是包围在分生区外的帽状结构，由许多薄壁细胞组成，起保护分生区的作用，并可分泌黏液，有利于根尖推进生长。

（二）分生区

分生区是根的顶端分生组织，前端为原分生组织，后部为初分生组织（包括原表皮、原形成层、基本分生组织三种）。分生区细胞持续分裂活动，增加根的细胞数目。

图 3 - 3 - 2　根的构造

（三）伸长区

细胞逐渐停止分裂，迅速伸长生长，产生大液泡。后部分化出最早的导管和筛管，是分生区与成熟区的过渡区域。许多细胞迅速伸长，是根尖深入土层的主要推动力。

（四）根毛区

内部组织全部分化成熟，故也称成熟区。根毛区最显著的特征是表面密被根毛。根毛是表皮细胞向外突出形成的顶端密闭的管状结构。根毛的形成大大地扩大了根表皮吸收面积，因此，根毛区是根行使吸收功能的主要区域。

三、根的生理功能

根是在长期进化过程中适应陆地生活发展起来的器官，它的功能是吸收水分和无机盐：根系从土壤中吸收水分的最活跃部位，是根尖的根毛区。通常仅由根系的活动而引起的吸水现象，称为主动吸水，而把由地上部分的蒸腾作用所产生的吸水过程，称为被动吸水。根系从土壤中吸收矿物质是一个主动的生理过程，它与水分的吸收之间，各自保持着相对的独立性。根部吸收矿物质元素最活跃的区域是根冠与顶端分生组织以及根毛发生区。此外根的生理功能还有固着和支持功能、有机化合物的合成转化功能、贮藏功能以及输导功能等。

四、根瘤与菌根

（一）根瘤

豆科植物与土壤中的微生物——根瘤菌建立了共生关系，一方面豆科植物将水分及营养物质供给根瘤菌的生长；另一方面根瘤菌也将固定合成的氨态氮提供给豆科植物。如图 3 - 3 - 3 所示。

（二）菌根

是土壤真菌与植物根的共生体。主要有外生菌根和内生菌根两种：真菌菌丝主要包被在幼根外表，只有少数侵入皮层的胞间隙中，但不侵入细胞内的称为外生菌根。真菌菌丝侵入皮层细胞内，与细胞的原生质体混生在一起的称为内生菌根。

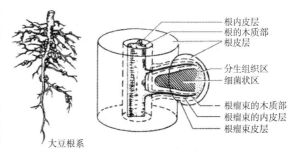

大豆根系

图3－3－3　根瘤

解释问题

根的最主要生理功能是吸收作用，而吸收作用最活跃的部位是根尖的根毛区。根毛是根尖表皮细胞向外突起形成的，它十分脆弱，很容易断裂。裸根移栽时根毛大多断裂并遗留在土壤中，根吸收能力大为降低，因而成活率也大为降低。所以，为了提高陆生植物移栽的成活率应带土移栽。

探究与实验

请设计一个实验来验证肥料是不是施得越多对植物生长越有利？

拓展阅读

两种不同浓度的溶液隔以半透膜（允许溶剂分子通过，不允许溶质分子通过的膜，如细胞膜），水分子或其他溶剂分子就会从低浓度的溶液通过半透膜进入高浓度溶液中去，这种现象叫渗透作用。

一般情况下，植物根毛细胞液的浓度总是大于土壤溶液的浓度，于是根据渗透作用原理土壤溶液里的水分就通过细胞膜向根细胞内渗透，这是根吸收水分的主要原因。但如果一次施肥过多或过浓，就会造成土壤溶液的浓度大于根毛细胞液的浓度，结果使根毛细胞液中的水分渗透到土壤溶液中去，这样根毛细胞不但吸收不到水分，反而还要失去水分，从而使植物萎蔫枯黄，就像被火烧过一样，这种现象在农业生产中称为烧苗现象。

第二节　茎

提出问题

为什么树怕剥皮？

相关知识

茎是指植物地上部分的骨干，上面着生叶、花和果实。它具有输导营养物质和水分以及支持叶、花和果实在一定空间的作用。有的茎还具有光合作用、贮藏营养物质和繁殖的功能。

茎上着生叶的位置叫节，两节之间的部分叫节间。茎顶端和节上叶腋处都生有芽，当叶子脱落后，节上留有痕迹叫做叶痕。这些茎的形态特征可与根相区别。

一、茎的生长方式

不同植物的茎在适应外界环境上，有各自的生长方式，使叶能在空间伸展，获得充分的阳光，制造营养物质，并完成繁殖后代的作用。茎的主要生长方式有：直立茎、缠绕茎（如牵牛花）、攀援茎（如丝瓜、葡萄）、匍匐茎（如番薯）。如图3－3－4所示。

二、茎的变态

有些植物的茎在长期适应某种特殊的环境过程中，逐步改变了它原来的功能，同时也改变了原来的形态，这种和一般形态不同的变化称为变态。按照茎的变态来分有茎卷须、茎刺、根状茎、块茎、鳞茎、球茎等，如图3－3－5所示。

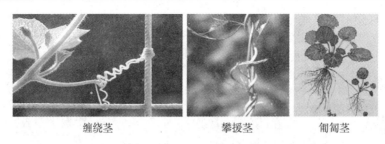

缠绕茎　　　　　　　攀援茎　　　　　　　匍匐茎

图 3 - 3 - 4　不同生长方式的茎

（一）茎卷须

在植物的茎节上，不是长出正常的枝条，而是长出由枝条变化成可攀援的卷须，这种器官称为茎卷须。如葡萄茎上即生有茎卷须。

茎卷须　　　　　　　　茎刺

（二）茎刺

在植物的茎节上，长出的枝条发育成刺状，称为茎刺，如皂荚、枸橘、山楂等。在许多植物体上都可以看到刺，植物体上的刺，大体上有三类：一是茎刺，二是皮刺，三是托叶刺。三者的形态、质地及着生部位都有所不同。

根状茎　　　　块茎　　　　鳞茎　　　　球茎

图 3 - 3 - 5　茎的变态

（三）根状茎

根状茎是某些多年生植物地下茎的变态，其形状如根，称为根茎，如芦苇、莲、毛竹都有发达的根茎。藕就是莲的根状茎，竹鞭就是竹的根茎。在根茎上可以看到茎的基本形态特征，就是有节、节间，在节上也长叶，在叶腋中同样也生有侧芽（这便是区分茎和根的最基本方法）。

（四）块茎

某些植物的地下茎的末端膨大，形成一块状体，这种生长在地下呈块状的变态茎称为块茎，如马铃薯的薯块。在块茎上同样可能看到茎的特点，如有节、节间、退化的小叶以及顶芽、侧芽等。

（五）鳞茎

某些植物的茎变得非常之短，呈扁圆盘状，外面包有多片变化了的叶，这种变态的茎称为鳞茎，如洋葱、大蒜、百合等。

（六）球茎

某些植物的地下茎先端膨大成球形，称为球茎，如荸荠、慈菇、芋头。

三、茎的结构

木本植物的茎由树皮（内含韧皮部）、形成层、木质部和髓部四大部分组成。如图 3 - 3 - 6 所示。木本植物的木质部发达，形成层细胞分裂的结果能使树木不断长粗。而草本植物木质部不发达，茎多汁，较柔软。草本植物的茎内不具有形成层，不能不断长粗，草本植物的茎的加粗，是初生结构形成过程中，细胞体积增大的结果。相比于木质茎，草质茎是进一步进化的特征。

四、茎的生理功能

茎的生理功能有包括支持、输导、储存营养、繁殖等。最主要的是输导作用。将根吸收的水、无机盐以及叶制造的有机物进行输导，送到植物体的各部分。水和无机盐的输导是由茎的导管完成的。导管是木质部中一串高度特化的管状死细胞组成，由于上、下相接处的细胞壁消失，形成了中空管道。水分和无机盐的输导方向是自下而上。叶制造的有机物，主要是通过茎韧皮部的筛管向植物体的各个器官输送的。筛管也呈管状，但为活细胞，具有细胞质，细胞上、下相接处的细胞壁上有许多小孔（筛孔），故称为筛管。筛管内有机物的输导方向是自上而下的。

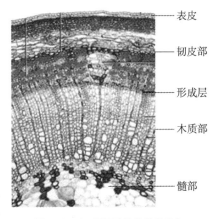

表皮

韧皮部

形成层

木质部

髓部

图 3 - 3 - 6　双子叶植物茎的结构

解释问题

茎的主要生理功能是输导作用。植物叶片通过光合作用产生的有机营养物质必须通过植物茎的皮层向下运输。如果植物的皮被剥去，有机营养物质的输导路径就被切断了，植物地下的根就会因为得不到养料而"饥饿"死亡。一株植物的根如果死了，整株植物也会死亡。所以树怕剥皮。

探究与实验

当棉花长到一定高度时，为什么要摘除顶芽？

实验步骤：

（1）选择几棵长势相近的棉花，将它们分成两组。

（2）将其中的一组顶芽去除掉。

（3）将两组植物放在相同的环境中混合种养。

（4）一个月后观察并记录两组棉花的生长状况。

拓展阅读

植物在生长发育过程中，顶芽和侧芽之间有着密切的关系。顶芽旺盛生长时，会抑制侧芽生长。如果由于某种原因顶芽停止生长，一些侧芽就会迅速生长。这种顶芽优先生长，抑制侧芽发育的现象叫做顶端优势。

植物顶芽产生的生长素会向下极性运输给侧芽，使侧芽部位积累了较多的生长素。科学研究表明高浓度的生长素对植物生长有抑制作用，而低浓度的生长素对植物生长有促进作用。所以把顶芽去掉了，降低侧芽生长素的浓度，侧芽就能迅速生长。

棉花打去顶心，就是要人为地去除棉花的顶端优势，减弱营养生长（减少梢尖和叶片的生长），更快地过渡到生殖生长，多结棉桃，增加铃重。在棉株的果枝蔓数达到需要数量时即可打顶，在长江上游打顶时间一般在 7 月中旬，在长江中下游打顶时间一般在 7 月底至 8 月初。

第三节　叶

提出问题

为什么植被越厚的地区降雨量也越大？

相关知识

叶是植物进行光合作用，制造养料，进行气体交换和水分蒸腾的重要器官。叶通常含大量叶绿素，呈绿色片状。

一、叶的组成

一个典型的叶主要由叶片、叶柄、托叶三部分组成。如图 3 - 3 - 7 所示。同

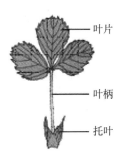

叶片

叶柄

托叶

图 3 - 3 - 7　叶的组成

时具备此三个部分的叶称为完全叶，缺乏其中任意一或二个组成的则称为不完全叶。

（一）叶片

叶的主要部分。叶片的形状，即叶形，类型极多。

（二）叶柄

为着生于茎上，以支持叶片的柄状物。

（三）托叶

为叶柄基部或叶柄两侧或腋部所着生的细小绿色或膜质片状物。托叶通常先于叶片长出，并于早期起着保护幼叶和芽的作用。

二、单叶与复叶

叶柄上只着生一个叶片的称为单叶，叶柄上着生多个叶片的称为复叶。复叶上的各个叶片，称为小叶。复叶的种类很多，常见的有三出复叶、掌状复叶、羽状复叶。如图 3 - 3 - 8 所示。

三出复叶　　　　掌状复叶　　　　羽状复叶

图 3 - 3 - 8　复叶

三、叶的变态

植物的叶因种类不同与受外界环境的影响，常产生很多变态，如图 3 - 3 - 9 所示，常见的变态有以下几种.

刺状叶　　　　鳞叶　　　　卷须叶　　　　捕虫叶

图 3 - 3 - 9　变态叶

（一）刺状叶

即整个叶片变态为棘刺状的叶（如仙人掌）。

（二）鳞叶

即叶的托叶、叶柄完全不发育，叶片呈鳞片状的叶（如贝母、大蒜）。

（三）卷须叶

即叶片先端或部分小叶变成卷须状的叶（如野豌豆）。

（四）捕虫叶

即叶片形成掌状或瓶状等捕虫结构，有感应性，遇昆虫触动，能自动闭合，表面有大量能分泌消化液的腺毛或腺体（如茅膏菜）。

四、叶的组织构造

将叶片作一横切片，自外而内可察见如图 3 - 3 - 10 所示构造：

（一）表皮

为叶片表面的一层初生保护组织，通常有上、下表皮之分，上表皮位于腹面，下表皮位于背面。表皮细胞扁平，排列紧密，通常不含叶绿体，外表常有一层角质层。有些表皮细胞常分化形成气孔或向外突出形成毛茸。

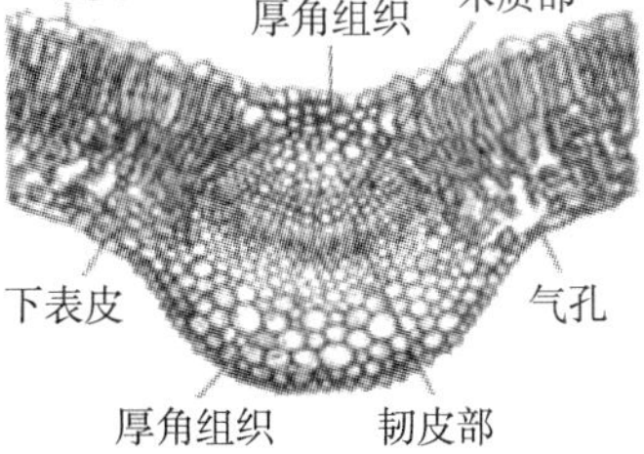

（二）叶肉

为表皮内的同化薄壁组织，通常有下列两种。

1. 栅栏组织

紧靠上表皮下方，细胞通常一至数层，长圆柱状，垂直于表皮细胞，并紧密排列呈栅状，内含较多的叶绿体。

2. 海绵组织

细胞形状多不规则，内含较少的叶绿体，位于栅栏组织下方，层次不清，排列疏松，状如海绵。

图 3 - 3 - 10　叶的组织构造

（三）叶脉

为贯穿于叶肉间的组织，起支持和输导作用。叶脉种类如图 3 - 3 - 11 所示。在叶中央的一条粗大叶脉称为主脉（或中脉），其分支称侧脉，侧脉的分支称细脉，细脉的末梢称脉梢。

辐射脉　　　　羽状脉　　　　平行脉　　　　掌状脉

图 3 - 3 - 11　叶脉种类

五、叶的生理功能

叶的主要作用是进行光合作用合成有机物，并通过蒸腾作用提供根系从外界吸收水分和矿质营养的动力。

（一）光合作用

绿色植物在阳光照射下，将外界吸收来的二氧化碳和水分，在叶绿体内，利用光能制造出以碳水化合物为主的有机物，并放出氧气。同时光能转化成化学能储藏在所制造成的有机物中，这个过程叫做光合作用。光合作用产生碳水化合物、蛋白质和脂肪等有机物，除一部分用来构造植物体和呼吸消耗外，大部分被输送到植物体的储藏器官储存起来，我们吃的粮食和蔬菜就是这些被储存起来的有机物。光合作用还能消耗大气中的二氧化碳、制造出新鲜的氧气，调节大气中氧气和二氧化碳浓度的平衡。

（二）蒸腾作用

根从土壤里吸收到植物体内的水分，除一小部分供给植物生活和光合作用制造有机物外，大部分都变成水蒸气，通过叶片上的气孔蒸发到空气中去，这种现象叫做蒸腾作用。在进行蒸腾作用时，叶里的大量水分不断蒸发为蒸气，这样就带走了大量的热，从而降低了植物的体温，保证了植物的正常生活。此外，叶内水分的蒸腾还有促进植物内水分和溶解在水中的无机盐上升的作用。

解释问题

植物叶的一个主要功能是蒸腾作用。植物可以通过蒸腾作用把从根部吸收来的地表水分以水蒸气的形式通过叶片上的气孔散发到大气中去，从而提高了大气中的含水量。大气中的含水量高了降雨量也就高了，因而植被推动着地表水和大气水的循环。

探究与实验

在叶片上印上自己的头像

请设计一个实验，把自己的头像印到叶片上去，如图 3 – 3 – 12 所示。要求不能画，不能贴，不能刻。

拓展阅读

叶片上怎么能印出照片呢？原来植物光合作用能制造出营养，转化成淀粉储藏在体内。淀粉遇碘酒会变蓝。这就是在叶片上怎么能印出照片的科学原理。

图 3 – 3 – 12　印头像的叶片

制作方法：

（1）将一盆生长良好的天竺葵搬到黑暗处，对它进行饥饿处理三天。

（2）在其中一片健壮的叶片上盖上照片的底片，在叶片下衬上不透光的硬质黑纸，用回形针将它们固定在叶片上，再将花盆搬到阳光下进行暴晒四小时。

（3）取下底片和黑纸，将叶片摘下放在沸水中煮 3 分钟，再把叶片放在盛有酒精的烧杯中，放在水浴盆中隔水加热至煮沸。

（4）几分钟后，叶片的绿色便褪去。这时取出叶片，平铺在玻璃板上，滴几滴稀释过的碘酒，照片就洗出来了。

注：避光处理是为了消耗掉叶片上原有的淀粉。底片遮盖曝光是为了叶片因底片透光度不同而曝光不均匀。隔水加热是为了杀死叶绿体而使绿色褪去。滴加碘酒是为了让曝光不均匀的叶片染色不均匀。

第四节　花

提出问题

被子植物是如何完成受精作用的？

相关知识

一、花的结构

花是被子植物的有性繁殖器官。一朵完整的花包括了六个基本部分，即花柄、花托、花萼、花冠、雄蕊群和雌蕊群，如图 3 – 3 – 13 所示。其中花柄与花托相当于枝的部分，其余四部分相当于枝上的变态叶，常合称为花部，所以花是适应于有性生殖的变态短枝。一朵四部俱全的花称为完全花，缺少其中的任一部分则称为不完全花。花的各部分（如花萼、花冠、雄蕊群和雌蕊群等）及花序在长期的进化过程中，产生了各式各样的适应性变异，因而形成了各种各样的类型。花利用各种颜色和香味吸引昆虫来传播花粉。

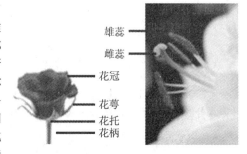

图 3 – 3 – 13　花的结构

（一）花柄

花柄连接茎和花。一方面支持着花，使花各向展开；另一方面将各种物质由茎运至花中。不同植物花柄长短不同，又叫花梗。

（二）花托

花托是花柄或小梗的顶端部分，一般略呈膨大状，花的其他各部分按一定的方式排列在上面，由外到内（或由下至上）依次为花萼、花冠、雄蕊群和雌蕊群，也是花的各部分着生处，形状不一，依各类植物而定。

（三）花萼

位于花冠外面的绿色被片是花萼，它在花朵尚未开放时，起着保护花蕾的作用。

（四）花冠

花冠是一朵花中所有花瓣的总称，位于花萼的上方或内方，排列成一轮或多轮，多具有鲜亮的色彩。花瓣的表皮细胞内常含有挥发油，使花发出各种特殊的香气。花瓣基部常有蜜腺存在，可以分泌蜜汁以吸引昆虫。花萼和花冠合称花被。

（五）雄蕊

雄蕊是被子植物花的雄性生殖器官，其作用是产生花粉，由花丝（支持着花药）和花药（里面有花粉）两部分组成。

（六）雌蕊

被子植物的雌性繁殖器官。位于花的中央部分，由一个至多个具繁殖功能的变态叶——心皮卷合而成。由1个心皮组成的雌蕊称单雌蕊，如豆类、桃等；由数个彼此分离的心皮形成的雌蕊称离心皮雌蕊，如草莓、芍药等；由2个以上心皮合生的雌蕊称复雌蕊或合心皮雌蕊，如棉、瓜类等。雌蕊常呈瓶状，由柱头、花柱、子房三部分组成。一朵花中全部雌蕊总称雌蕊群。

1. 柱头

雌蕊顶端接受花粉的部分。通常膨大成球状、圆盘状或分支羽状。常具乳头状突起或短毛，利于接受花粉。有的柱头表面分泌有黏液，适于花粉固着和萌发。

2. 花柱

雌蕊柱头和子房之间的部分，连接柱头和子房，是花粉管进入子房的通道。当花粉管沿着花柱生长并伸向子房时，花柱能为其提供营养和某些趋化物质。

3. 子房

子房是被子植物生长种子的器官，位于花的雌蕊下面，一般略为膨大。子房由子房壁和胚珠组成。胚珠受精后可以发育为种子，子房壁发育成果皮，包裹种子，整个子房发育成果实。

二、传粉和双受精作用

（一）传粉

传粉是成熟花粉从雄蕊花药中散出后，传送到雌蕊柱头上的过程。在自然条件下，传粉包括自花传粉和异花传粉两种形式。传粉媒介主要有昆虫（包括蜜蜂、甲虫、蝇类和蛾等）和风。此外蜂鸟、蝙蝠和蜗牛等也能传粉，还有些植物通过水进行传粉。

（二）双受精作用

被子植物的雄配子体形成的两个精子，一个与卵融合形成受精卵，另一个与中央细胞的极核（通常两个）融合形成受精极核的现象称为双受精，如图3-3-14所示。双受精是被子植物特有的受精方式。其过程概括如下：花粉管通过花柱进入子房，到达胚珠，穿过珠孔入珠心，到胚囊内。花粉管进入胚囊后，管的末端即行破裂，将两个精子送入卵和极核之间，其中一个精子跟卵细胞结合，形成受精卵，以后发育成胚；另一精子与两个极核融合，形成受精极核，以后发育成胚乳。

被子植物的花粉粒通过各种媒介传到雌蕊的柱头上以后在柱头黏液的刺激下萌发出花粉管，花粉管把两个精子送到子房中央的胚囊。然后其中一个精子跟卵细胞结合，形成受精卵，以后发育成胚；另一精子与两个极核融合，形成受精极核，以后发育成胚乳，这个过程叫双受精过程。双受精作用是被子植物所特有的现象。

风媒花与虫媒花

请仔细观察风媒花（如玉米、小麦、水稻的花）与虫媒花（如百合花、桃花、月季花），对比两者在大小、颜色、气味、柱头形状、花粉粒情况等方面有什么不同。根据观察结果总结出两者的特性。

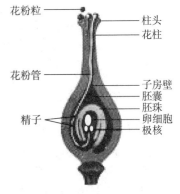

图 3-3-14　双受精作用

风媒植物的花多密集而生、花粉数量特别多，细小、表面光滑、干燥而轻，以便于被风吹到高度相当高与距离相当远的地方去。禾本科植物如小麦、水稻等的花丝特别细长，花药早就伸出在稃片之外，受风力的吹动，使大量花粉吹散到空气中去。风媒花雌蕊花柱较长，柱头往往膨大成羽状，便于接受花粉。有些风媒花的柱头会分泌黏液，便于粘住飞来的花粉。稻、麦等花的柱头分叉，像两根羽毛，这样可以增加接受花粉的机会。有些花序细软下垂或花丝细长以及花药悬挂花外，随风摆动，这样就有利于花粉从花粉囊里散落出去；有些风媒花的花被退化，有利于传粉时减少阻碍；还有些落叶的木本植物，有先花后叶的特性，可使传粉时花粉不受叶片的阻碍。这些都是风媒花在长期的进化中发展起来的。

虫媒花的花大而显著，并有各种鲜艳的色彩。一般昼间开放的花花大多是红、黄、紫等颜色，而晚间开放的花大多是纯白色，只有夜间活动的蛾类能识别，帮助传粉。虫媒花多具特殊的气味以吸引昆虫。虫媒花多半能产蜜汁。蜜腺或是分布在花的各个部位，或是发展成特殊的器官。花蜜经分泌后积聚在花的底部或特有的距离内。花蜜暴露于外的，往往由甲虫、蝇和短吻的蜂类、蛾类所吸取；花蜜深藏于花冠之内的，多为长吻的蝶类和蛾类所吸取。昆虫取蜜时，花粉粒黏附在昆虫体上而被传布开去。虫媒花在结构上也常和传粉的昆虫间行程互为适应的关系，如昆虫的大小、体型、结构和行为，与花的大小、结构和蜜腺的位置等都是密切相关的。虫媒花的花粉粒一般比风媒花的要大；花粉外壁粗糙，多有刺突；花药裂开时不为风吹散，而是粘在花药上；昆虫在访花采蜜时容易触到，附于体周；雌蕊的柱头也多有黏液分泌，花粉一经接触，即被粘住；花粉数量也较风媒少很多。

第五节　果实

果实和种子是如何形成的？

被子植物双受精作用完成后，花瓣、雄蕊以及柱头和花柱都完成了它们的"历史使命"，因而纷纷凋落。唯有子房继续发育，最终成为果实。其中子房壁发育成果皮，子房里面的胚珠发育成种子。而胚珠内珠被发育成了种皮、受精卵发育成胚、受精极核发育成胚乳。有些果实除子房外，还有花的其他部分（如花托、花萼等）共同参与发育形成果实。果实一般包括果皮和种子两部分，起着传播与繁殖的作用。在自然条件下，也有不经传粉受精而结实的，这种果实没有种子或种子不育，故称无子果实如无核蜜橘、香蕉等。此外未经传粉受精的子房，由于某种刺激（如萘乙酸或赤霉素等处理）形成果实，如番茄、葡萄，也是无种子的果实。

果实的种类繁多，有的果实成熟后果皮肥厚多汁，是为肉果；有的果实成熟后果皮干燥，是为干果。

一、常见的肉果

常见的肉果的类型如图 3 - 3 - 15 所示。

核果　　　　　　梨果　　　　　　柑果　　　　　　瓠果

图 3 - 3 - 15　肉果的类型

（一）核果

内含一枚种子，外果皮极薄，中果皮是发达的肉质食用部分，内果皮的细胞经木质化后，成为坚硬的核，包在种子外面，如桃、李、杏、梅等。

（二）梨果

由花萼筒和子房壁发育而成。食用部分主要是花萼筒发育形成的，只有中央的很少部分为子房形成的果皮。如梨、苹果、枇杷、山楂等。

（三）柑果

由复雌蕊发育形成，外果皮呈革质，软而厚，有精油腔；中果皮较疏松；中间隔成瓣的部分是内果皮，向内生有许多肉质多浆的肉囊，这是柑橘类植物特有的一类果实，如柑橘、金橘类的果实。

（四）瓠果

由复雌蕊和花托共同发育而成，果实外层（花托和外果皮）坚硬，中果皮和内果皮肉质化，如南瓜、冬瓜等瓜类的果实。瓠果为葫芦科植物所特有。

二、常见的干果

常见的干果的类型如图 3 - 3 - 16 所示。

荚果　　　　角果　　　　坚果　　　　翅果　　　　瘦果

颖果　　　　　蒴果　　　　双悬果　　　　蓇葖果

图 3 - 3 - 16　干果的类型

（一）荚果

果实成熟后，果皮沿背缝和腹缝两面开裂，如大豆、豌豆、蚕豆等；有的虽具荚果形式，但并不开裂，如落花生、合欢、皂荚等。

（二）角果

果实成熟后多沿 2 条腹缝线自下而上地开裂。角果有的细长，称长角果，如油菜、甘蓝、桂竹香等的果实；有的角果呈三角形、圆球形，称短角果，如荠菜、独行菜等的果实。但长角果有不开裂的，如萝卜的果实。角果为十字花科植物所特有。

（三）坚果

果皮坚硬，内含一粒种子。如板栗等的果实。坚果是植物的精华部分，一般都营养丰富，含蛋白质、油脂、矿物质、维生素较高，对人体生长发育、增强体质、预防疾病方面有极好的功效。

（四）翅果

有一个或几个翅状属物的果实，果皮干燥不开裂，部分延展成翅，使果实可随风飞散，借风力传播，如榆、臭椿等的果实。

（五）瘦果

一种不裂干果，含一枚种子。种子以短柄附着于薄而干的果壳上，易于脱落，如荞麦、蒲公英、向日葵的种子。

（六）颖果

禾本科特有的果实，果皮与种皮愈合，不用特殊的碾磨加工方法不易分开。如除荞麦外的所有谷类植物。

（七）蒴果

裂果的一种，成熟时有各种裂开的方式。如背裂的有百合、鸢尾等；腹裂的有牵牛、杜鹃等；孔裂的有虞美人等；齿裂的有石竹花卉等；盖裂的有马齿苋、车前草等。

（八）双悬果

双悬果是伞形科植物特有的果实，果实成熟后两个分果双双悬挂在心皮柄的上端，每个分果内各含 1 粒种子，如当归、白英、前胡、小茴香、蛇床子等。

解释问题

被子植物完成双受精作用后，花瓣、雄蕊、柱头、花柱都凋落了，而子房继续发育，其中子房壁发育成果皮，子房里面的胚珠发育成种子，整个子房发育形成果实。

探究与实验

请对比果实成熟前后有哪些生理变化？并请通过查找资料说明产生变化的科学原理。

拓展阅读

在果实的生长发育过程中，除了形态与结构上的变化外，还伴随有复杂的生理生化的变化，其中肉质类果实的变化尤为明显。例如：

（1）颜色：果实色泽与果皮中所含色素的种类和含量有关。主要的色素有叶绿素、类胡萝卜素、花青素等。由于果实中色素的含量与种类不同，使果实所呈现的色泽也不相同。通常较强的光照与充足的氧气，有利于花青素的形成，因此在果实向阳的一面，往往着色较好。此外乙烯、B9、萘乙酸等也可促进果实的着色，而生长素、赤霉素、细胞分裂素等能使果皮保持绿色，推迟上色。因此，生产上常利用这些激素保鲜，增加果实耐贮运能力。

（2）质地：随着果实的成熟过程，果皮的质地逐渐由硬变软，主要原因是果皮细胞壁中可溶性果胶增加，原果胶减少，使细胞间失去了结合力，以致细胞分散，果肉松软。果肉细胞壁的成分不同以及果肉中石细胞的多寡等都会影响果肉的硬度。温度和乙烯、萘乙酸等激素和生长调节剂均能降低果实的硬度。

（3）香气：在果实的成熟过程中产生一些水果香味，其主要成分包括脂肪族与芳香族的酯，还有一些醛类。例如柑橘中有60多种香气成分；葡萄、苹果中达70多种。香蕉的特殊香味主要是乙酸戊酯，橘子中的香味则为柠檬醛。

（4）糖类：果实中积累的淀粉，在成熟过程中逐渐被水解，转变为可溶性糖，使果实变甜。果实中的主要糖类有葡萄糖、果糖和蔗糖。不同的果实，糖的种类及含量都有不同。如葡萄含葡萄糖多，桃、柑橘则以蔗糖为主，而柿、苹果等葡萄糖和果糖较多，也含有少量的蔗糖。

（5）有机酸：在未成熟果实中含有多种有机酸，使水果具酸味。主要的有机酸有苹果酸、柠檬酸和酒石酸等。随着果实的成熟，一部分酸转变成糖，有的被氧化，有的被钾离子和钙离子等中和，所以酸味下降。例如苹果中以苹果酸占多数，柑橘以柠檬酸为多，葡萄中则以酒石酸为主。

（6）单宁：在柿、李等果实未成熟时，由于细胞液中含有较多的单宁物质，所以有涩味。在果实成熟过程中单宁被过氧化物酶氧化成无涩味的过氧化物，或凝集成不溶于水的胶状物质，而使涩味消失。生产上用乙烯处理柿子，即可脱涩转红。

人工控制果实的成熟：在果实成熟过程中，生理上首先出现呼吸强度降低，继而进入一个突然升高的呼吸跃变期，接着又降下来，最后果实成熟。人们控制果实的成熟，一般利用乙烯利，诱导呼吸跃变期的到来，从而促进果实的成熟。相反，如果延长果实的储藏期，可在储藏处降低氧的含量，提高二氧化碳的浓度（或充氮气）及控制一定温度等措施，以延缓呼吸跃变期的到来。利用这种控气法，储藏香蕉、番茄和柿子等均已取得显著效果。

第六节　种子

提出问题

种子的结构如何？种子萌发后种子各部分结构的发展方向如何？

相关知识

种子是被子植物特有的繁殖体，它由胚珠经过传粉受精形成。种子一般由种皮、胚和胚乳三部分组成，有的植物成熟的种子只有种皮和胚两部分。种子的形成使幼小的胚得到母体的保护，并得到充足的养料。种子还有种种适于传播或抵抗不良条件的结构，为植物的种族延续创造了良好的条件。所以在植物的系统发育过程中种子植物能够代替蕨类植物取得优势地位。种子与人类生活关系密切，除日常生活必需的粮、油、棉外，一些药用（如杏仁）、调味（如胡椒）、饮料（如咖啡、可可）等都来自种子。

一、种子的结构

种子的结构如图3-3-17所示。

（一）种皮

种皮由珠被发育而来，具保护胚与胚乳的功能。种皮的结构与种子休眠密切相关。有的植物种皮中含有萌发抑制剂，因此除掉这类植物种皮，对种子萌发有刺激效应。

（二）胚

胚是由受精卵（合子）发育而成的新一代植物体的雏形（即原始体）。是种子的最重要的组成部分。在种子中，胚是唯一有生命的部分，已有初步的器官分化，包括胚芽、胚轴、胚根和子叶四部分。

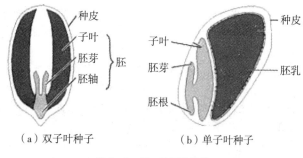

图 3 – 3 – 17　种子的结构

（1）胚芽位于胚的顶端，是未来植物茎叶系统的原始体，将来发育成为植物的地上部分。

（2）胚轴位于胚芽和胚根之间，并与子叶相连，以后形成根茎相连的部分。在种子萌发时，胚轴的生长对某些种子的子叶出土有很大的帮助。

（3）胚根位于胚轴之下，为胚提供营养，呈圆锥状，是种子内主根的雏形，将来可发育成植物的主根，并形成植株的根系。

（4）子叶是胚的叶，或者说，是暂时的叶，一般为 1 或 2 片，位于胚轴的侧方。被子植物中，胚具有 1 片子叶的，称单子叶植物。具 2 片子叶的，称双子叶植物。子叶为无胚乳的种子提供营养，或给有胚乳的种子运输营养。

（三）胚乳

它的主要功能是为发育中的胚提供营养。绝大多数的被子植物在种子发育过程中都有胚乳形成，但在成熟种子中有的种子不具或只具很少的胚乳，这是由于它们的胚乳在发育过程中被胚分解吸收了。一般常把成熟的种子分为有胚乳种子和无胚乳种子两大类。在无胚乳种子中胚很大，胚体各部分特别是在子叶中储有大量营养物质。在有胚乳种子中，胚与胚乳的大小比例在各类植物中有着很大的不同。

二、种子的休眠与萌发

（一）种子的休眠

种子具有活力而处于不发芽的状态，称为种子休眠。种子休眠是植物本身适应环境和延续生存的一种特性，是种子植物进化的一种稳定对策。种子休眠具有重要的生态学意义，能有效地调节种子萌发的时空分布。种子休眠的内在生理因素主要有：种皮机械压迫，对水、气的不透性，或有抑制性物质等；胚本身未发育成熟，缺少必需的激素或含有代谢抑制物质以及胚乳的合成、积累、转化尚未完成等。解除种子休眠的方法主要有：物理作用去除种皮的"硬实"性，减少种皮对发芽的障碍，提高发芽率；低温层积加快种子后熟，促进种子发芽；化学物质和激素刺激种子发芽；清水漂洗和光照处理解除种子休眠等。

（二）种子的萌发

种子萌发是指种子从吸水到胚根突破种皮期间所发生的一系列生理生化变化过程。从形态上看，种子萌发是具有生命力的种子吸水后，胚生长突破种皮并形成幼苗的过程。通常以胚根突破种皮作为萌发的标志。从生理上看，萌发是无休眠或已解除休眠的种子吸水后由相对静止状态转为生理活动状态，呼吸作用加强，储藏物质被分解并转化为可供胚利用的物质，引起胚生长的过程。

种子萌发的内在条件主要有：①完整的结构。②生理性成熟。③充沛的活力，储藏时间过久，种子失去生活力后也不能萌发。④丰富的营养，养分不足的种子不能萌发，或即使萌发也不能形成壮苗。种子萌发的外在条件是具有充足的水分、适宜的温度和足够的氧气。

三、种子的传播

（一）自体传播

自体传播就是靠植物体本身传播，并不依赖其他的传播媒介。有些果实成熟开裂之际会产生弹射的力量，将种子弹射出去，例如乌心石。

（二）风传播

有些种子会长出形状如翅膀或羽毛状的附属物，乘风飞行，把种子散播到远方，例如蒲公英、柳树的种子。

（三）水传播

靠水传播的种子其表面蜡质不沾水（如睡莲）、果皮含有气室、比重较水低，可以浮在水面上，经由溪流或是洋流传播。此类种子的种皮常具有丰厚的纤维质，可防止种子因浸泡、吸水而腐烂或下沉，海滨植物，如棋盘脚、莲叶桐及榄仁，就是典型的靠水传播的种子。

（四）动物传播

鸟类、蚂蚁、哺乳动物的活动也能传播种子，例如，大部分肉质的果实，还有具有钩刺或是黏液，能附着在动物身上的种子。

解释问题

种子一般由种皮、胚和胚乳三部分组成。胚又包括胚芽、胚轴、胚根和子叶四部分。胚是种子中唯一有生命的部分，胚是由受精卵发育而来的幼小的植物体。种子萌发后胚芽将发育成为植物的地上部分，胚轴发育成根茎相连的部分。胚根发育成植物的主根。子叶为胚的发育提供营养而后枯萎。

探究与实验

请设计一个实验，利用"控制变量法""对比法"等方法来探究种子萌发的必要条件，观察种子萌发的过程。

练习与思考

1. 简述被子植物的根、茎、叶有何主要生理功能？
2. 茎的输导作用包括哪两个方面？输导的部位和方向如何？
3. 什么是光合作用？它有何重大意义？
4. 果实和种子是如何形成的？
5. 果实成熟前后有何生理变化？试解释其原因。
6. 种子的萌发有何条件？

第四章 人体的构造

第一节 人体重要器官

【本节学习要点】

● 了解皮肤、骨骼、骨骼肌、关节、胃、小肠、肝脏、心脏、肺、肾脏等人体主要器官的结构和功能。

【本节学习意义】

● 树立辩证唯物主义观点，理解各器官的结构与其功能是相适应的；
● 认识各器官的功能，树立爱惜身体各器官的意识。

一、皮肤

【提出问题】

人体每天产生多少克的垢？

【相关知识】

皮肤是人体最大的器官，总重量占体重的 5%～15%，总面积为 1.5～2m²，厚度因人或部位而异，为 0.5～4mm。皮肤覆盖全身，它使体内各种组织和器官免受物理性、机械性、化学性和病原微生物性的侵袭。皮肤具有两个方面的屏障作用：一方面防止体内水分、电解质及其他物质的丢失；另一方面阻止外界有害物质的侵入，保持着人体内环境的稳定性，在生理上起着重要的保护功能，同时皮肤也参与人体的代谢过程。皮肤有几种颜色（白、黄、红、棕、黑色等），主要因人种、年龄及部位不同而异。

皮肤由表皮、真皮和皮下组织构成，并含有附属器官（汗腺、皮脂腺、指甲、趾甲）以及血管、淋巴管、神经和肌肉等，如图 3-4-1 所示。

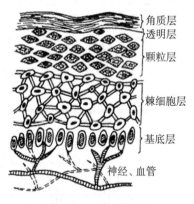

图 3-4-1 皮肤的结构

（一）表皮

表皮是皮肤最外面的一层，平均厚度为 0.2mm，根据细胞的不同发展阶段和形态特点，由外向内可分为角质层、透明层、颗粒层、棘细胞层和基底层 5 层。

1. 角质层

由数层角化细胞组成，含有角蛋白。它能抵抗摩擦，防止体液外渗和化学物质内侵。角蛋白吸水力较强，一般含水量不低于 10%，以维持皮肤的柔润，如低于此值，皮肤则干燥，出现鳞屑或皲裂。由于部位不同，其厚度差异甚大，如眼睑、额部、腹部、肘窝等部位较薄，掌、跖部位最厚。

2. 透明层

能防止水分、电解质和化学物质的透过，故又称屏障带。此层于掌、跖部位最明显。

3. 基底层

此层细胞不断分裂（经常有 3% ~ 5% 的细胞进行分裂），逐渐向上推移、角化、变形，形成表皮其他各层，最后角化脱落。基底细胞能产生黑色素（色素颗粒），决定着皮肤颜色的深浅。

（二）真皮

由纤维、基质和细胞构成。纤维有胶原纤维、弹力纤维和网状纤维三种。胶原纤维为真皮的主要成分，约占 95%，有一定伸缩性。弹力纤维赋予皮肤弹性。

（三）皮下组织

皮下组织在真皮的下部，皮下组织的厚薄依年龄、性别、部位及营养状态不同而异。有防止散热、储备能量和抵御外来机械性冲击的功能。

（四）附属器官

汗腺位于皮下组织。除唇部、龟头等外，分布全身。而以掌、跖、腋窝、腹股沟等处较多。汗腺可以分泌汗液，调节体温。

皮脂腺位于真皮内，靠近毛囊。除掌、跖外，分布全身，以头皮、面部、胸部和肩胛间等处较多。皮脂腺可以分泌皮脂，润滑皮肤和毛发，防止皮肤干燥，青春期以后分泌旺盛。

毛发分长毛、短毛和毫毛三种。毛发在皮肤表面以上的部分称为毛干，在毛囊内部分称为毛根，毛根下段膨大的部分称为毛球，突入毛球底部的部分称为毛乳头。毛乳头含丰富的血管和神经，以维持毛发的营养和生成，如发生萎缩，则发生毛发脱落。毛发呈周期性地生长与休止，但全部毛发并不处在同一周期，故人体的头发是随时脱落和生长的。不同类型毛发的周期长短不一，头发的生长期约为 5 ~ 7 年，接着进入退行期，为 2 ~ 4 周，再进入休止期，约为数个月，最后毛发脱落。此后再过渡到新的生长期，长出新发。故平时洗头或梳发时，发现有少量头发脱落，乃是正常的生理现象。

🔵 解释问题

皮肤基底细胞分裂的周期约为 20 天。基底细胞一边转化为棘细胞、颗粒细胞，一边往体表徐徐移动。最终颗粒细胞失去细胞核，细胞内的角质沉积，变成死去的细胞（角化细胞），以又硬又薄的板状排列相叠，形成角质层。堆叠在角质层的角化细胞会依序剥落，这就是垢。成人每天表皮约会脱落 10g。

🔵 练习与思考

1. "厚脸皮的人"，其脸皮究竟有多厚？
2. 大量出汗时，汗水为什么会变成碱性？

二、骨骼

🔵 提出问题

骨生长什么时候结束？

🔵 相关知识

（一）骨的构成

骨主要由骨质、骨髓和骨膜三部分构成，如图 3 - 4 - 2 所示，里面含有丰富的血管和神经组织。长骨的两端是呈窝状的骨松质，中部的是致密坚硬的骨密质，骨中央是骨髓腔，骨髓腔及骨松质的缝隙里容纳着的是骨髓。儿童的骨髓腔内的骨髓是红色的，有造血功能，随着年龄的增长，逐渐失去造血功能，但长骨两端和扁骨的骨松质内，终生保持着具有造血功能的红骨髓。骨膜是覆盖在骨表面的结缔组织膜，里面有丰富的血管和神经，起营养骨质的作用，同时，骨膜内还有成骨细胞，能增生骨层，能使受损的骨组织愈合和再生。

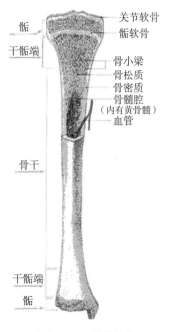

图 3 - 4 - 2　骨的结构

（二）骨的化学成分

骨是由有机物和无机物组成的，有机物主要是蛋白质，使骨具有一定的韧度，而无机物主要是钙质和磷质，使骨具有一定的硬度。人体的骨就是这样由若干比例的有机物以及无机物组成，所以人骨既有韧度又有硬度，只是所占的比例有所不同；人在不同年龄，骨的有机物与无机物的比例也不同，以儿童及少年的骨为例，有机物的含量比无机物多，故他们的骨，柔韧度及可塑性比较高，而老年人的骨，无机物的含量比有机物多，故他们的骨，硬度比较高，所以容易折断。

（三）骨骼的功能

1. 保护功能

骨骼能保护内部器官，如颅骨保护脑；肋骨保护胸腔。

2. 支持功能

骨骼构成骨架，维持身体姿势。

3. 造血功能

骨髓在长骨的骨髓腔和海绵骨的空隙，通过造血作用制造血球。

4. 储存功能

骨骼储存身体重要的矿物质，例如钙和磷。

5. 运动功能

骨骼、骨骼肌、肌腱、韧带和关节一起产生并传递力量使身体运动。

（四）骨骼的形态

人类的骨骼分为四种形态：长骨（如股骨、肱骨等）、短骨、扁平骨（如头骨和胸骨）、不规则骨（如脊柱骨）。

🖐 **解释问题**

成人平均有 206 块骨，新生儿骨头的数量较多，约 350 块，会随着成长逐渐减少。数量减少的原因是由于一部分骨头愈合的缘故。如骨盆的髋骨，原本是由髂骨、耻骨、坐骨三块独立的骨头，后来愈合而成髋骨。350 块骨头转变为 206 块的时间，男性约在 18 岁，女性约 15.5 岁，这时骨头的成长便宣告终止。虽然已经不会长长，但骨头仍会不断更新。

🖐 **练习与思考**

骨骼的功能是什么？

三、骨骼肌

🖐 **提出问题**

骨骼肌的功能是什么？

🖐 **相关知识**

（一）骨骼肌的形态

骨骼肌是运动系统的动力器官，广泛分布于人体各部，在神经系统的指挥下，完成随意运动。

肌肉按形态可分为长肌、短肌、阔肌和轮匝肌四类。每块肌肉按组织结构可分为肌质和肌腱两部分。肌质位于肌肉的中央，有收缩功能；肌腱位于两端，是附着部分。每块肌肉通常都跨越关节附着在骨面上。

（二）骨骼肌的分类

人体全身的肌肉可分为头颈肌、躯干肌和四肢肌。

1. 头颈肌

头颈肌可分为头肌和颈肌。头肌可分为表情肌和咀嚼肌。表情肌位于头面部皮下，肌肉收缩时可牵动皮肤，产生各种表情。咀嚼肌为运动下颌骨的肌肉。

2. 躯干肌

躯干肌包括背肌、胸肌、膈肌和腹肌等。

3. 四肢肌

四肢肌可分为上肢肌和下肢肌。上肢肌结构精细，运动灵巧，包括肩部肌、臂肌、前臂肌和手肌。下肢肌可分为髋肌、大腿肌、小腿肌和足肌。

解释问题

骨骼肌让身体产生行走、弯曲、伸展、提举等运作，是运动系统的动力器官。

练习与思考

骨骼肌是如何收缩的？

四、关节

提出问题

关节在人体内起什么作用？

相关知识

（一）关节的结构

骨与骨之间连接的地方称为关节，能活动的叫"活动关节"，不能活动的叫"不动关节"。这里所说的关节是指活动关节，如四肢的肩、肘、指、髋、膝等关节。

关节由关节囊、关节面和关节腔构成，如图3-4-3所示。关节囊包围在关节外面，关节内的光滑骨面称为关节面，关节内的空腔部分为关节腔。正常时，关节腔内有少量液体，以减少关节运动时产生的摩擦。关节有病时，可使关节腔内液体增多，形成关节积液和肿大。

关节周围有许多肌肉附着，当肌肉收缩时，可作伸、屈、外展、内收以及环转等运动。

（二）关节的种类

人体的关节有四种：一种是球状的，像肩部的关节，我们的胳膊能前后摆，全靠肩关节起作用。最大的球状关节是髋关节，连接下肢和髋

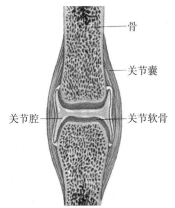

图3-4-3　关节的结构

骨。一种是椭圆形的，像腰关节，这种关节只能前后或左右活动。还有一种关节只能像门一样，向一个平向上前后移动，手指的关节就是这样。最后一种是旋转关节，我们的头盖骨底部就有旋转关节，所以头部可以来回转动，手腕处也有旋转关节，我们用钥匙开锁时，手能转动也是旋转关节在起作用。

解释问题

我们的骨都是由关节连接起来的，没有关节我们只能一动不动地躺着，不能走路，不能抬手，也不能摇头、动手指头。所以关节是运动的枢纽。

练习与思考

儿童的关节为什么容易脱臼?

五、胃

提出问题

食物在胃中停留多长时间?

相关知识

（一）胃的结构

胃是人体消化道中一个作用非常复杂的重要器官。胃上承食道，下接十二指肠，是一个中空的肌肉组成的容器。胃部由上至下可分为六大部分：贲门、胃底、胃体、胃角、胃窦和幽门，如图 3 - 4 - 4 所示。胃部于食道连接的部位称为贲门；幽门是胃部和十二指肠连接处。这两处部位均有括约肌功能，可防止食物倒流。胃壁自内向外分为四层：黏膜层（包括许多不同的腺体细胞）、黏膜下层、肌肉层（由平滑肌组成）和浆膜层。

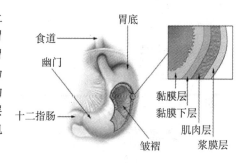

图 3 - 4 - 4　胃的结构

（二）胃的主要生理功能

1. 运动功能

（1）受纳食物：当人们咀嚼和吞咽食物时，通过咽、食管等处感受器的刺激，引起胃体、胃底肌肉的舒张，使胃的容量能适应大量食物的涌入，并停留在胃内。

（2）形成食糜：食物进入胃内五分钟后，以每分钟三次的蠕动波从贲门开始向幽门方向进行。在胃不断收缩蠕动的过程中，食物和胃液充分混合、搅拌、研磨、粉碎，使食物形成米糊状的食糜。

（3）排送食糜：胃的收缩蠕动，促使胃腔内形成一定的压力，这种压力推动使食糜向十二指肠方向移行。

2. 分泌功能

胃的分泌功能是分泌胃液，胃液是由胃的腺体分泌的混合液，含有盐酸、酶、黏液、电解质等。人在空腹时，胃中经常保持有 10 ~ 70ml 清晰无色的液体，叫做胃黏液。正常人在进食和日常活动情况下，胃黏液分泌量每天可达到 2 500 ~ 3 000ml。

解释问题

不同食物在胃中停留的时间的长短是不一样的。在正常情况下干稀混合食物可以在胃中停留 4 ~ 5 个小时，而流质食物由于体积大，刚吃完感觉很饱，但在胃中停留的时间很短。食物在胃内停留的时间：糖类为 1 小时左右，蛋白质为 2 ~ 3 小时，脂肪为 5 ~ 6 小时。

练习与思考

酒精对胃有哪些影响?

六、小肠

提出问题

为什么说小肠是食物消化吸收的主要场所?

相关知识

(一) 小肠的结构

小肠位于腹中,上端接幽门与胃相通,下端通过阑门与大肠相连。是食物消化吸收的主要场所,上连胃幽门,下接盲肠,全长 3~5m,张开时有半个篮球大,分为十二指肠、空肠和回肠三部分。

十二指肠位于腹腔的后上部,全长 25cm。它的上部(又称球部)连接胃幽门,是溃疡的好发部位。肝脏分泌的胆汁和胰腺分泌的胰液,通过胆总管和胰腺管在十二指肠上的开口,排泄到十二指肠内以消化食物。

小肠分层结构为管壁由黏膜、黏膜下层、肌层和浆膜构成,如图 3-4-5 所示。其结构特点是管壁有环形皱襞,黏膜有许多绒毛,绒毛根部的上皮下陷至固有层,形成管状的肠腺,其开口位于绒毛根部之间。绒毛和肠腺与小肠的消化和吸收功能关系密切。

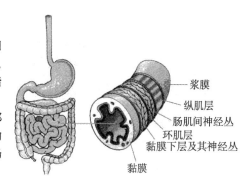

图 3-4-5　肠的结构

浆膜
纵肌层
肠肌间神经丛
环肌层
黏膜下层及其神经丛
黏膜

(二) 小肠是吸收的主要部位

食物经过在小肠内的消化作用,已被分解成可被吸收的小分子物质。食物在小肠内停留的时间较长,一般是 3~8h,这提供了充分的吸收时间。小肠是消化管中最长的部分,人的小肠长约 4m,小肠黏膜形成许多环形皱襞和大量绒毛突入肠腔,每条绒毛的表面又形成许多细小的突起,称微绒毛。环状皱襞、绒毛和微绒毛的存在,使小肠黏膜的表面积增加 600 倍,达到 200m² 左右。这就使小肠具有广大的吸收面积。

绒毛内部有毛细血管网、毛细淋巴管、平滑肌纤维和神经网等组织。平滑肌纤维的舒张和收缩可使绒毛作伸缩运动和摆动,绒毛的运动可加速血液和淋巴的流动,有助于吸收。

(三) 小肠对三种营养物质和水分的吸收

小肠内的营养物质和水通过肠黏膜上皮细胞,必须通过肠上皮细胞,最后进入血液和淋巴。

解释问题

食物经过小肠内的消化作用,已被分解为可被吸收的小分子物质;食物在小肠内停留的时间较长,提供了充分的吸收时间;小肠是消化管中最长的部分;小肠内壁黏膜向内形成许多环形皱襞,还有大量绒毛、微绒毛突入肠腔,从而使小肠具有更广大的吸收面积;绒毛内部有毛细血管网、毛细淋巴管、平滑肌纤维和神经网等组织,有助于加速血液循环和淋巴的流动,有助于消化吸收。

练习与思考

食物通过小肠的时间是多长?

七、肝脏

提出问题

为什么说肝脏是人体的生化工厂?

🔊 **相关知识**

肝脏是人体内脏里最大的器官，位于人体中的腹部位置，在右侧横隔膜之下，位于胆囊的前端且于右边肾脏的前方，胃的上方。

肝脏是人体消化系统中最大的消化腺，成人肝脏平均重达 1.5kg，为一红棕色的 V 字形器官。肝脏是新陈代谢的重要器官，生理学家将人体的肝脏形容为一个巨大的生化工厂，许多重要的生化反应都在这里完成，具有六大功能。

（一）代谢功能

1. 糖代谢

饮食中的淀粉和糖类消化后变成葡萄糖经肠道吸收，肝脏将它合成肝糖原储存起来；当机体需要时，肝细胞又能把肝糖原分解为葡萄糖供机体利用。

2. 蛋白质代谢

肝脏是人体白蛋白唯一的合成器官；除 γ 球蛋以外的球蛋白、酶蛋白及血浆蛋白的生成、维持及调节都要肝脏参与；氨基酸代谢如脱氨基反应、尿素合成及氨的处理均在肝脏内进行。

3. 脂肪代谢

脂肪的合成和释放、脂肪酸分解、酮体生成与氧化、胆固醇与磷脂的合成、脂蛋白合成和运输等均在肝脏内进行。

4. 维生素代谢

许多维生素如 A、B、C、D 和 K 的合成与储存均与肝脏密切相关。肝脏明显受损时会出现维生素代谢异常。

5. 激素代谢

肝脏参与激素的灭活，当肝脏长期受到损害时可出现性激素失调。

（二）胆汁生成和排泄

胆红素的摄取、结合和排泄，胆汁酸的生成和排泄都由肝脏承担。肝细胞制造、分泌的胆汁，经胆管输送到胆囊，胆囊浓缩后排放入小肠，帮助脂肪的消化和吸收。

（三）解毒作用

人体代谢过程中所产生的一些有害废物及外来的毒物、毒素、药物的代谢和分解产物，均在肝脏内解毒。寄生在肠道内的细菌如腐败分解时，可释放出氨气。肝脏将氨转变为尿素排泄，便避免了中毒。如果饮酒，酒精到体内产生乙醛，可与体内物质结合，产生毒性反应，产生醉酒的症状；但肝脏又可将乙醛氧化为醋酸而排除。如果酗酒过度，超出肝脏的解毒能力，便会酒精中毒，严重的危及生命。人们服用的药品、药物除能治病外，往往还有一定的毒性，这时肝脏又能将药物改造，变为水溶性物质，从尿或粪中排除。

（四）免疫功能

肝脏是最大的网状内皮细胞吞噬系统，它能通过吞噬、隔离和消除入侵和内生的各种抗原。肝脏又是一个脆弱的器官，如保护不好便可致病。病毒侵入肝脏后，肝脏的毛细血管通透性增高，肝细胞变性肿胀，肝脏内出血，炎性细胞浸润，导致肝脏肿大，正常功能衰退。大部分肝病可治愈，但少数迁延不愈，会变成慢性肝炎。

（五）凝血功能

几乎所有的凝血因子都由肝脏制造，肝脏在人体凝血和抗凝两个系统的动态平衡中起着重要的调节作用。肝功破坏的严重程度常与凝血障碍的程度相平行，临床上常见有些肝硬化患者因肝功衰竭而致出血甚至死亡。

（六）其他

肝脏参与人体血容量的调节，热量的产生和水、电解质的调节。如肝脏损害时对钠、钾、铁、磷等电解质调节失衡，常见的是水钠在体内滞留，会引起水肿、腹水等。

解释问题

肝脏是新陈代谢的重要器官，体内的物质，包括摄入的食物，在肝脏内进行重要的化学变化：有的物质经受化学结构的改造，有的物质在肝脏内被加工，有的物质经转变而排泄体外，有的物质如蛋白质、胆固醇等在肝脏内合成。肝脏可以说是人体内的一座化工厂。

练习与思考

肝脏的排毒时间在什么时候？

八、心脏

提出问题

为什么心脏会"永不疲倦"地跳动？

相关知识

（一）心脏的结构

心脏位于人体胸腔的中部偏左下方，其形状就像一个桃子，夹在两肺之间，大小与人的拳头差不多。心脏主要是由心肌构成的，而心肌则是由能收缩的心肌细胞组成，这些心肌细胞也称心肌纤维，当心肌收缩时可使心腔缩小。另有少数心肌细胞形成特殊的传导系统，具有产生自动节律性兴奋的能力，其传导兴奋的速度也快。

心脏是一个中空器官，其构造主要包括心壁、心房、心室、房室瓣、半月瓣和传导系统，如图3-4-6所示。心脏的内部被分成四部分，即四个腔：左心房、左心室、右心房、右心室。左右心房有房间隔，左右心室有室间隔，房间隔和室间隔将心脏分隔成互不相通的左右两半。房室之间有房室口相通，在房室口的周缘有一层很薄的光滑透明的心内膜，它折叠成双层皱襞样的结构，叫瓣膜。左心房和左心室之间有两片瓣膜，为二尖瓣。右心房和右心室之间有三片瓣膜，为三尖瓣。

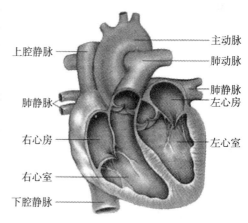

图3-4-6　心脏的结构

（二）心脏的作用

心脏是人体体循环和肺循环的中心，它与血管连通。心房连通静脉，左心房连通肺静脉，右心房连通上腔静脉和下腔静脉；心室连通动脉，左心室连通主动脉，右心室连通肺动脉。右心房和下腔静脉有瓣膜；左心室和主动脉之间有主动脉瓣；右心室和肺动脉之间有肺动脉瓣。心脏房室之间的瓣膜、心室和动脉之间的瓣膜、心房和静脉之间的瓣膜，它们像阀门一样能开能闭，但只能向一个方向开，血液顺流时开放，逆流时关闭，以保证血液按一定方向流动。

解释问题

心脏收缩时从一端挤出血液，接着放松，从另一端吸进血液。心脏的收缩和舒张，就是我们平常所说的心脏的一次跳动。心脏不断地收缩和舒张,血液才能川流不息地运行。心房和心室都会收缩和扩张,但所费时间略有不同。心脏每跳动一次大约要用 0.8 秒。在这 0.8 秒中,心房收缩只花去 0.1 秒,舒张时间倒有 0.7 秒;心室收缩只要 0.3 秒,舒张时间还有 0.5 秒。舒张就是放松,而放松实际上等于休息。因此,看起来心脏好像不停地在工作,其实它的大部分时间却处在静息状态。它既会工作又会休息,劳逸结合得很出色。睡眠的时候,心脏的跳动次数约由每分钟 70 次减到 55 次,它的休息时间自然也就更多了。

练习与思考

心脏自身的循环称为什么?

九、肺

提出问题

人为什么要呼吸?

相关知识

肺位于胸中,上通喉咙,左右各一。左肺由斜裂分为上、下两个肺叶,右肺除斜裂外,还有一水平裂将其分为上、中、下三个肺叶。

肺是以支气管反复分支形成的支气管树为基础构成的,如图 3-4-7 所示。左、右支气管在肺门分成第二级支气管,第二级支气管及其分支所辖的范围构成一个肺叶,每支第二级支气管又分出第三级支气管,每支第三级支气管及其分支所辖的范围构成一个肺段,支气管在肺内反复分支可达 23～25 级,最后形成肺泡。肺泡含有丰富的毛细血管网,是血液和肺泡内气体进行气体交换的场所。

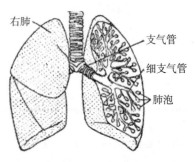

右肺　支气管　细支气管　肺泡

图 3-4-7　肺的结构

解释问题

人呼吸时,含有大量氧气的空气被吸进肺部。氧气经肺部进入血液,然后传遍全身各处。体内的细胞需要氧气制造能量。假如细胞极度缺氧,它们就会因耗尽能量而死亡,所以人每时每刻都需要呼吸。

练习与思考

肺泡外面缠绕着毛细血管,它的作用是什么?

十、肾脏

提出问题

为什么说肾脏是人体的清洁站?

相关知识

人体的肾脏位于腰部脊柱两侧。左右各一,左高右低,其外观像蚕豆,长 10～12cm、宽 5～16cm、厚 3～4cm、重 120～150g;两个肾脏的形态、大小和重量都大致相似,左肾较右肾略大。

(一) 肾脏的结构

肾脏为实质器官,其内部结构大体上可分为肾实质和肾盂两部分,如图 3-4-8 所示。肾单位是肾脏结构和功能的基本单位,每个肾脏有 100 万～200 万个肾单位,每个肾单位都由一个肾小体和一条与其相连通的肾小管组成。每个肾小体包括肾小球和肾小囊两部分,肾小球是一团毛细血管网;肾小囊有两层,均由单层上皮细胞构成，外层（壁层）与肾小管管壁相通，内层（脏层）紧贴在肾小球毛细血管壁外面，内外两层上皮之间的腔隙称为囊腔，与肾小管管腔相通。肾小管长而弯曲，分成近球小管、髓襻细段、远球小管三段，其终末部分为集合管，是尿液浓缩的主要部位。肾单位之间有血管和结缔组织支撑，称为肾间质。

肾实质可分为肾皮质和肾髓质。在肾脏的额切面上，可见深红色的外层为皮质，浅红色的内层为髓质。皮质包绕髓质，并伸展进入髓质内，形成肾柱；髓质由十几个锥体构成，锥体的尖端称为肾乳头，伸入肾小盏。每个乳头有许多乳头孔，为乳头管的开口，形成筛区，肾内形成的尿液由此进入肾小盏。肾小盏呈漏斗状，每个肾小盏一般包绕 1 个肾乳头，有时包绕 2~3 个。每个

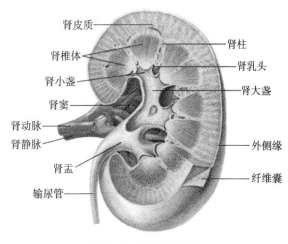

图 3-4-8　肾脏的结构

肾脏有 7~12 个肾小盏，几个肾小盏组成 1 个肾大盏，几个肾大盏集合成肾盂。肾盂在肾门附近逐渐变小，出肾门移行于输尿管。

（二）肾脏的功能

肾脏是重要的排泄器官，除完成泌尿系统的主要机能——排钾、排除体内废物、排除体内磷外，还有活化维生素 D，分泌促红细胞生成素促进红细胞生成及分泌肾素、调节体内酸碱平衡等作用。这就是有肾病时会导致贫血和离子平衡失调、酸碱平衡失调、高血压、代谢紊乱、钙磷比率失调、氮血症等的原因。

（1）生成尿液，维持水的平衡：血液流经肾小球时，血浆里的水分和溶解于其中的晶体物质，在正常的滤过压力下滤入肾小管各段时，肾小管上皮细胞不时地向管腔分泌出人体不浓缩的尿液。当人体内水分过多或过少时，由肾脏进行对尿量的调节，保持体内水的平衡。

（2）排除人体的代谢产物和有毒物质：人体进行新陈代谢的同时，会产生一些人体不需要甚至有害的物质，如尿素、尿酸、肌酐等含氮物质。肾脏能把这些废物排出体外，从而维持正常的生理活动。

（3）维持人体的酸碱平衡：肾脏能够把代谢过程中产生的酸性物质，通过尿液排出体外，同时重吸收碳酸氢盐，并控制酸性和碱性物质排出量的比例，维持酸碱平衡。

（4）分泌或合成一些物质，调节人体的生理功能：如分泌与调节血压有关的肾素、前列腺素；分泌红细胞生成素，如减少可引起贫血；还分泌对骨骼的松脆与强韧有关的物质等。

解释问题

肾脏的主要功能是排泄废物、药物及有毒物质。当身体代谢后所产生的废物，会经血液循环至肾脏，再由肾脏将废物过滤出并以尿液的形式将其排出体外，以达到排泄废物的功能。肾脏也是有些药物排泄的管道，有些药物经由身体吸收循环至肾脏后，肾脏会将部分的药物排出体外，避免身体积聚过多的药物。

练习与思考

流出肾脏的血液成分与流入肾脏的血液成分相比，其特点是什么？

探究与实验

呼出的气体中含有二氧化碳吗？

（1）戴上护目镜，将两支试管分别标上 A 和 B。

（2）在两支试管中各倒入 10ml 水和几滴溴酚蓝溶液。如果有二氧化碳存在，蓝色溶液会变成绿色或黄色。

（3）用一根吸管把空气吹入试管 A，轻轻地吹上几秒钟。如果你吹得太用力，液体会溅出试管。注意：只能用吸管呼气，不要吸气。

（4）比较两支试管里溶液的变化，完成后将手洗净。

预测：假设你在呼气前刚刚做完运动，预测这将对实验结果产生什么样的影响。

第二节　人体系统组成

本节学习要点

● 了解运动系统、消化系统、循环系统、呼吸系统、泌尿系统、神经系统、内分泌系统、生殖系统的组成和功能。

本节学习意义

● 通过本节的学习，树立辩证唯物主义观点，理解各系统的组成与其功能是相适应的；

● 了解自己，关注自身的机体健康。

人体一般是由许多器官组成，这些共同完成某种基本生理功能的一系列器官体系又叫系统。根据其生理机能一般可分为运动系统、消化系统、循环系统、呼吸系统、泌尿系统、神经系统、内分泌系统和生殖系统。在人体中，各系统的基本生理活动，在神经系统和内分泌系统的调节下互相联系、互相制约，协同完成人体的生命活动。

一、运动系统

提出问题

运动系统的功能是什么？

相关知识

运动系统由骨、骨连接和骨骼肌组成。骨骼起支持身体的作用，保护内部柔软器官并供肌肉附着，如图 3 - 4 - 9 所示。骨连结（如关节）是指骨骼之间相连接的地方，一般可以活动。骨骼肌是构成人体的主要肌肉，肌肉通过收缩和舒张牵动骨骼绕关节而运动。

人体的骨骼由 206 块骨连接而成，按分布情况可分为中轴骨和附肢骨。

中轴骨由头骨和躯干骨组成。躯干骨由脊柱、肋骨和胸骨组成。脊柱为支持身体的主轴，并有保护脊髓的功能，由一系列椎骨组成。人的椎骨明显分为颈椎、胸椎、腰椎、骶椎和尾椎。颈椎一般只有七枚。肋骨呈弓形弯曲，具有支持体壁、保护胸腔、协助呼吸等功能。胸骨位于胸前部正中。肋骨、胸骨及胸椎共同构成胸廓，保护心脏和肺，也协助呼吸。

附肢骨包括肢骨和带骨。肢骨有上肢骨和下肢骨。上肢骨包括肱骨、桡骨、尺骨、腕骨、掌骨和指骨；下肢肌包括股骨、髌骨、腓骨、胫骨、跗骨、跖骨和趾骨。

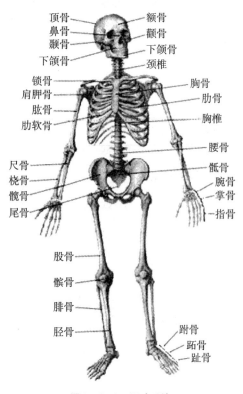

图 3 - 4 - 9　运动系统

带骨连接肢骨与躯干骨，可分肩带骨和腰带骨。肩带骨包括肩胛骨和锁骨等；腰带骨包括髂骨、坐骨和耻骨。

骨的连接有直接连接和间接连接两种方式。直接连接指相邻骨借助纤维组织或软骨直接相连。两骨连接后不能独立活动。例如，头骨骨片间的连接和腰带各骨间的连接。间接连接也称关节连接。两骨接触处的骨端，以滑膜围成关节腔，便于灵活运动。

解释问题

运动系统主要有三个功能。第一是执行人体运动。其中，骨是运动的结构基础；关节可约束环节做各种转动；骨骼肌是完成运动的关键。第二是支持作用。全身各骨借助骨连接构成骨骼，有形成体形、支撑体重和维持姿势的作用。第三是保护作用。人的骨骼所形成的颅腔、胸腔、腹腔和盆腔等体腔，对脑、心、大血管等众多内脏器官以及消化、呼吸、泌尿、生殖系统起着重要的保护作用。

练习与思考

怎样使骨骼保持坚固和健康？

二、消化系统

提出问题

为什么吃饭时不要高声谈笑？

相关知识

消化系统由消化道和消化腺两部分组成，如图3-4-10所示。消化道包括口腔、咽、食管、胃、小肠、大肠和肛门；消化腺包括唾液腺、胃腺、肝脏、胰腺、肠腺等。

消化腺有小消化腺和大消化腺两种。小消化腺散在于消化管各部的管壁内，大消化腺有三对唾液腺、肝脏和胰腺，它们均借助导管，将分泌物排入消化管内。消化腺产生的消化液及功能分别为：唾液腺（分泌唾液，将淀粉初步分解成麦芽糖）、胃腺（分泌胃液，将蛋白质初步分解成多肽）、肝脏（分泌胆汁，将大分子的脂肪初步分解成小分子的脂肪，称为物理消化）、胰脏（分泌胰液，胰液是对糖类、脂肪、蛋白质都有消化作用的消化液）、肠腺（分泌肠液，将麦芽糖分解成葡萄糖、将多肽分解成氨基酸、将小分子的脂肪分解成甘油和脂肪酸，也是对糖类、脂肪、蛋白质有消化作用的消化液）。

消化系统的基本功能是食物的消化和吸收，提供机体所需的物质和能量，食物中的营养物质除维生素、水和无

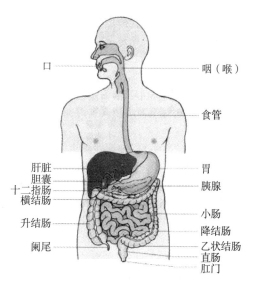

图3-4-10 消化系统

机盐可以被直接吸收利用外，蛋白质、脂肪和糖类等物质均不能被机体直接吸收利用，需在消化管内被分解为结构简单的小分子物质，才能被吸收利用。食物在消化管内被分解成结构简单、可被吸收的小分子物质的过程就称为消化。这种小分子物质透过消化管黏膜上皮细胞进入血液和淋巴液的过程就是吸收。对于未被吸收的残渣部分，消化道则通过大肠以粪便形式排出体外。

在消化过程中包括机械性消化和化学性消化两种形式。食物经过口腔的咀嚼，牙齿的磨碎，舌的搅拌、吞咽，胃肠肌肉的活动，将大块的食物变成碎小的，使消化液充分与食物混合，并推动食团或食糜下移，从口腔推移到肛门，这种消化过程叫机械性消化或物理性消化。化学性消化是指消化腺分泌的消化液

对食物进行化学分解。由消化腺所分泌的多种消化液，将复杂的各种营养物质分解为肠壁可以吸收的简单的化合物，如糖类分解为单糖，蛋白质分解为氨基酸，脂类分解为甘油及脂肪酸。然后这些分解后的营养物质被小肠吸收进入体内，进入血液和淋巴液。这种消化过程叫化学性消化。机械性消化和化学性消化两功能同时进行，共同完成消化过程。

解释问题

人的喉部下连着两个管道，一个是气管，一个是食管。一个像盖子的会厌软骨来回盖着两个管，让人既能呼吸，又能吞咽食物。如果吃饭时说话，就会弄得会厌软骨不知所措，正当它盖着气管吞咽食物时，大脑忽然给它一个命令：打开气管入口，让气流出来，食物却正好进入气管，这样就会被呛着。

练习与思考

一幼儿误食一分硬币后，过两天在粪便中发现，请按顺序写出该硬币都经过哪些器官排出体外？

三、循环系统

提出问题

循环系统的功能是什么？

相关知识

循环系统是人体内血液和淋巴流通的封闭式管道，分为心血管系统和淋巴系统两部分。淋巴系统是静脉系统的辅助装置，而一般所说的循环系统指的是心血管系统。心脏的节律性收缩和舒张推动血液和淋巴的循环。

心血管系统是由心脏、动脉、毛细血管及静脉组成的一个封闭的运输系统，如图 3－4－11 所示。由心脏不停地跳动、提供动力推动血液在其中循环流动，为机体的各种细胞提供了赖以生存的物质，包括营养物质和氧气，也带走了细胞代谢的产物二氧化碳。

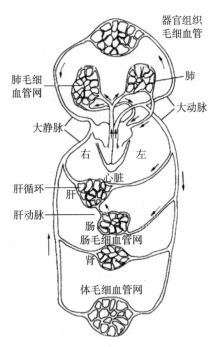

图 3－4－11　血液循环系统示意图

在心脏的推动下，血液在血管中按一定方向不断流动，称为血液循环。人体的血液循环由体循环和肺循环两部分组成。体循环是指血液由左心室进入主动脉，再流经全身各级动脉，在毛细血管与组织细胞进行了气体和物质交换，血液中的氧和营养物质被组织吸收，而组织中的二氧化碳和其他代谢产物进入血液中，变动脉血为静脉血，最后经各级静脉汇集到上、下腔静脉，血液流回右心房的循环途径。肺循环是指血液由右心室进入肺动脉，流经肺部的毛细血管网，在此处进行气体交换，含氧少的静脉血转变为含氧多的动脉血，再由肺静脉流回左心房的循环途径。

淋巴系统包括毛细淋巴管、淋巴管和淋巴器官。淋巴来自组织液，是淡黄色透明液体，含有水、蛋白质、葡萄糖、无机物、激素、免疫物质和较多的淋巴细胞。淋巴经右淋巴管和胸导管汇入静脉，所以淋巴系统是静脉的辅助管道。淋巴器官主要由淋巴组织构成。淋巴组织是富含淋巴细胞的网状结缔组织。淋巴器官包括胸腺、淋巴结、脾、扁桃体等。淋巴结常群集于身体的一定部位，如颈部、腋窝、腹股沟等，淋巴结最显著的功能是清除淋巴中的异物。脾是体内最大的淋巴结，位于腹腔的左上部，不仅能有效地清除侵入血液内未经"处理"的细菌和抗原物质，还能吞噬衰老的红细胞、退化的白细胞和血小板等。扁桃体位于舌根和咽部周围，能产生淋巴细胞和抗体，对人体有很重要的防御作用。

解释问题

血液循环的主要功能是完成体内的物质运输，运输代谢原料和代谢产物，使机体新陈代谢能不断进行；体内各内分泌腺分泌的激素，或其他体液因素，通过血液的运输，作用于相应的靶细胞，实现机体的体液调节；机体内环境理化特性相对稳定的维持和血液防卫功能的实现，也都有赖于血液的不断循环流动。

练习与思考

描述血液在循环系统中的流动的路线，从血液离开左心室开始讲起。

四、呼吸系统

提出问题

空气进入人体的整个过程中，经过了哪些器官？

相关知识

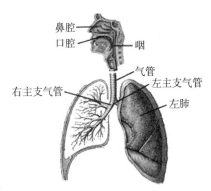

图 3 – 4 – 12　呼吸系统的组成

呼吸系统是人与环境之间进行气体交换的系统。人的呼吸系统是一个复杂的管道系统，如图 3 – 4 – 12 所示，包括呼吸道（鼻腔、口腔、咽、喉、气管、支气管）和肺。其中，肺是气体交换的场所。

呼吸器官的共同特点是壁薄，面积大，湿润，有丰富的毛细血管分布。进入呼吸器官的血液含氧少，离开呼吸器官的血液含氧多。

鼻腔是呼吸器官同时也是嗅觉器官。气管和支气管黏膜细胞具有纤毛，其波浪式运动将黏附的尘埃推向咽喉，再经咳嗽、吞咽等排出体外。肺位于胸腔内，每叶肺有几百万个肺泡组成，所有肺泡的表面积加起来相当于一个网球场那么大。肺泡是实现气体交换的结构和功能单位。

人体在新陈代谢过程中要不断消耗氧气，产生二氧化碳。机体与外界环境进行气体交换的过程称为呼吸。气体交换地有两处，一处是外界与呼吸器官如肺的气体交换，称肺呼吸（或外呼吸）。另一处由血液和组织液与机体组织、细胞之间进行气体交换（内呼吸）。

人体和外界环境之间的气体交换和呼吸运动密切相关。吸气时肋间外肌收缩，胸部肋骨上升，同时膈肌下移，引起胸腔体积的扩大，使肺被动扩张，肺内气压减小，外界空气进入肺内；呼气时肋间外肌舒张，胸部肋骨下降，膈肌也回升，使肺的容积缩小，肺内气压增大，肺内气体排出体外。成年人安静时每分钟呼吸约16次，每小时近1 000次，每日呼吸次数超过20 000次。人尽力吸气后再尽力呼出的气体量称为肺活量，成人的肺活量大约为3 500～5 000ml。一个人的肺活量在一定程度上代表体质状况。

解释问题

人吸入的空气经过鼻孔、鼻腔、咽、喉口、喉腔、气管、左右支气管、各级支气管，到达肺泡。

练习与思考

为什么吸气时，空气能涌进胸腔？

五、泌尿系统

提出问题

什么是尿毒症？

相关知识

泌尿系统由肾、输尿管、膀胱及尿道组成。其主要功能为生成和排出尿液。

排泄是指机体代谢过程中所产生的各种不为机体所利用或者有害的物质向体外输送的生理过程。被排出的物质一部分是营养物质的代谢产物；另一部分是衰老的细胞被破坏时所形成的产物。此外，排泄物中还包括一些随食物摄入的多余物质，如多余的水和无机盐类。

机体排泄的途径主要有三种，一是由呼吸器官排出，主要是二氧化碳和一定量的水，水以水蒸气形式随呼出气排出；二是由皮肤排泄，主要是以汗的形式由汗腺分泌排出体外，其中除水外，还含有氯化钠和尿素等；三是以尿的形式由肾脏排出。

当血液流经肾小球时，血液中除血细胞和血浆蛋白外，尿酸、尿素、水、无机盐和葡萄糖等物质通过肾小球的过滤作用，过滤到肾小囊中，形成原尿。当尿液流经肾小管时，原尿中对人体有用的全部葡萄糖、大部分水和部分无机盐，被肾小管重新吸收，回到肾小管周围毛细血管的血液里。原尿经过肾小管的重吸收作用，剩下的水和无机盐、尿素和尿酸等就形成了尿液。体内代谢产生的含氮废物、多余的水等排出体外，保证人体生命活动的正常进行。

尿液由肾脏生成后经输尿管流入膀胱，膀胱充满尿液后，压力增高。压扁斜穿膀胱壁的输尿管，使尿液不能倒流。膀胱是一个伸缩性很大的肌性囊，为储存尿液的器官。成年人的容尿量为 350～500ml。尿道是尿液排出体外的通道。

解释问题

尿毒症实际上是指人体不能通过肾脏产生尿液，从而不能将体内代谢产生的废物和过多的水分排出体外，引起的毒害。现代医学认为尿毒症是肾功能丧失后，机体内部生化过程紊乱而产生的一系列复杂的综合征。而不是一个独立的疾病，称为肾功能衰竭综合征或简称肾衰。

练习与思考

如何避免泌尿系统感染？

六、神经系统

提出问题

为什么锻炼左手有助于发展智力？

相关知识

神经系统可分为中枢神经系统和周围神经系统。

（一）中枢神经系统

中枢神经系统包括脑和脊髓。神经元的细胞体聚集形成灰质，神经纤维聚集形成白质。脑和脊髓内有许多调节各种生理活动的神经细胞群，叫做神经中枢，如感觉中枢、运动中枢、呼吸中枢等。

脑位于颅腔内，包括延髓、脑桥、小脑、中脑、间脑和大脑，如图 3 - 4 - 13 所示。延髓是具有调节呼吸、吞咽和心搏等活动的中枢；小脑位于延髓背侧，灰质位于表层，白质在内层。小脑是身体平衡和运动的中枢。中脑位于脑桥和间脑之间，是视觉的反射中枢。间脑位于中脑前方，间脑的腹侧部是下丘脑，主要控制如水代谢、盐代谢、体温、食欲、性行为以及情感活动等功能。大脑为两个大脑半球和前端的一对嗅脑，大脑半球的外壁是发达的灰质（也叫大脑皮质），人的大脑皮质厚度为 2～3mm。大脑皮质表面的许多沟和回增加了大脑皮质的总面积和神经元的数量，是调节许多生理活动的最高级中枢，其中重要的神经中枢有躯体运动中枢、躯体感觉中枢、视觉中枢、听觉中枢等；大脑皮质以内的白质，由许多纤维束构成，起联系左右两半球及大脑皮质与皮质下各中枢的功能。如图 3 - 4 - 14 所示。

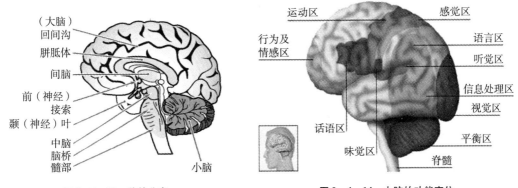

图 3－4－13　脑的分布　　　　　　图 3－4－14　大脑的功能定位

脊髓位于椎管内，前端与延髓相连。脊髓横切面呈蝶翼状的为灰质。脊髓前角内含运动神经元，后角内含中间神经元。白质在灰质的周围。白质内的神经纤维具有将脊髓各部分以及脊髓和脑之间联系的作用。脊髓中具有进行低级反射活动如躯体运动、排便、排尿等活动的中枢。

（二）周围神经系统

周围神经系统包括脑神经、脊神经和自主神经，起着联系中枢神经系统与身体各部分的作用。

脑神经共 13 对，绝大部分分布到头部的感觉器官以及皮肤和肌肉等处。

脊神经是由脊髓发出的周围神经，共有 31 对。其中的感觉神经纤维来自皮肤和内脏，能将刺激传达到神经中枢；其中的运动神经纤维分布到肌肉与腺体，将神经中枢发出的冲动传递到相应的效应器。

自主神经支配平滑肌、心肌和腺体，调节内脏器官的活动。自主神经不受意志的支配，叮分为交感神经和副交感神经。大多数内脏器官受其双重支配，如交感神经兴奋可使心跳加快、加强，副交感神经兴奋使心跳减慢、减弱等。

神经系统的基本活动方式是反射，而反射的结构基础是反射弧。反射弧包括感受器、传入神经纤维、神经中枢、传出神经纤维和效应器五部分。

解释问题

人的大脑分左右两半球，左半球控制右手，右半球控制左手。大多数人习惯用右手，所以左半球比较发达，而右半球则相应落后。加强左手、左侧身体训练，可以使右半球大脑得到训练，促进智力发展，使自己不仅有一双灵巧的双手，而且可以使身体行动更加迅速、思维更加敏捷。

练习与思考

为什么人的身体会有感觉？

七、内分泌系统

提出问题

负反馈怎样控制激素水平？

相关知识

（一）内分泌系统的组成

内分泌系统是由所有内分泌腺组成的。内分泌腺是人体内一些无输出导管的腺体。它的分泌物称激素，直接进入细胞间隙并通过血液和淋巴传递给相应的效应器官，对整个机体的生长、发育、代谢和生殖起着调节作用。

人体主要的内分泌腺有甲状腺、甲状旁腺、肾上腺、垂体、松果体、胰岛、胸腺和性腺等，如图3－4－15所示。

（二）内分泌系统的作用

垂体很小，质量不到1g，位于间脑的腹面。垂体的腺垂体是体内最重要的内分泌腺，能分泌多种激素，如生长激素（促进代谢，刺激动物生长）、促甲状腺激素（刺激甲状腺分泌甲状腺素）、促肾上腺皮质激素（刺激肾上腺皮质分泌皮质激素）、促性腺激素（与性器官的成熟有关）、催乳素（刺激黄体分泌孕酮，促进泌乳）等，作用极为广泛和复杂。垂体中的神经垂体释放加压素和催产素两种激素，前者具有血管收缩以升高血压、使肾小管提高吸收水分的能力以维持体内水分平衡的作用，后者能引起子宫收缩和促进泌乳。

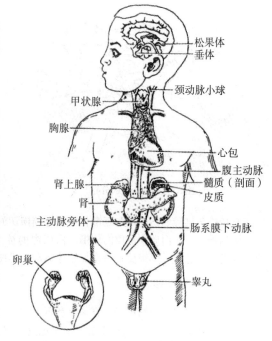

甲状腺是人体最大的内分泌腺，位于喉和气管的两侧。甲状腺分泌甲状腺激素，具有促进细胞氧化、新陈代谢和生长发育等功能。若成人甲状腺素分泌不足，会出现新陈代谢缓慢，心率减慢、水肿、智力减

图3－4－15　内分泌系统的组成

退等；幼年期甲状腺功能不足，患者长大后表现出身体矮小、智力低下、生殖器官发育不良等症状，称为呆小症。若甲状腺功能亢进，会出现代谢增高、心跳加快、眼球凸出等症状，称为甲亢。

肾上腺位于肾脏的上方，左右各一。其分泌物维持体内水盐的平衡，参与蛋白质、脂肪和糖类的代谢。肾上腺还分泌少量雌激素和雄激素、肾上腺素等，与性发育和提高基础率等有关。

胰岛是散布在胰腺中的细胞团。胰岛主要分泌胰岛素，可促使血液中的葡萄糖合成糖原储存起来。胰岛素分泌不足，血糖含量升高并通过泌尿系统排出，形成糖尿病。

性腺包括睾丸和卵巢。睾丸能合成和分泌雄激素（主要是睾丸酮），其主要生理作用是促进精子的发生和生成，促进第二性征的发育。卵巢分泌的雌激素、孕激素具有促使雌性生殖器官生长、发育和成熟，刺激和维持副性征等功能。

内分泌系统维持内稳态的一种方式类似于加热系统的工作方式。假设你将自动调温器的温度设置在20℃，如果温度低于20℃，自动调温器发出信号使电炉打开；当电炉加热到适当的温度时，热信息反馈给自动调温器；然后自动调温器给电炉一个"不再需要热量"的负信号，电炉关闭。像这类在加热系统上的信号叫做负反馈，因为系统根据自己制定的条件关闭。

解释问题

内分泌通常以这种方式工作：通过负反馈，当血液中的某种激素达到一定水平，内分泌系统发出停止释放这种激素的信号。因此，负反馈是身体维持内稳态的一个重要途径。

练习与思考

内分泌系统在体内起什么作用？内分泌系统的器官叫什么？

八、生殖系统

提出问题

为什么双胞胎有些长得像，而有些又长得不像？

相关知识

生殖系统是生物体内的和生殖密切相关的器官成分的总称。生殖系统的功能是产生生殖细胞，繁殖新个体，分泌性激素和维持副性征。

人体生殖系统有男性和女性两类。按生殖器所在部位，又分为内生殖器和外生殖器两部分。

男性内生殖器包括睾丸、附睾、输精管、射精管、精囊腺、前列腺等。外生殖器有阴茎和阴囊。

女性内生殖器包括卵巢、输卵管、子宫和阴道。外生殖器有阴阜、阴蒂、阴唇、处女膜和前庭大腺等。

睾丸是男性主要的内生殖器官，功能为生成精子，分泌雄性激素。卵巢是女性主要的内生殖器官，功能为生成卵细胞，分泌雌激素和孕激素。

卵细胞从卵巢排出以后，进入输卵管。精子依靠本身的运动，从阴道经过子宫腔而到达输卵管的外侧端。如果有精子与卵细胞相遇，就完成受精作用，形成受精卵。受精卵依靠输卵管肌肉的收缩和纤毛的摆动而向子宫腔移动。与此同时，受精卵进行多次的细胞分裂，逐渐形成一个胚胎，这个胚胎逐渐埋入子宫内膜中。这个过程叫做植入或着床。胚胎通过胎盘吸取母体的营养而继续发育，逐渐发育成胎儿。胎儿发育成熟后，通过母体的阴道产出，这就是分娩。

解释问题

双胞胎可以分为同卵双胞胎和异卵双胞胎。同卵双胞胎是一个受精卵分裂而成的，同卵双胞胎的发生要经过两个步骤：第一步，卵子受精成为受精卵；第二步，受精卵一分为二，各自发育成一个成体。而异卵双胞胎则是不同的卵子被不同的精子受精形成不同的受精卵发育而成。同卵双胞胎具有完全相同的基因，而异卵双胞胎只有一半相同的基因。异卵双胞胎之间和一般的兄弟姐妹没有什么差别，唯一的不同就是他们的年龄完全相同。一般人们会通过相貌来判断，有的双胞胎就像一个模子里刻出来似的，他们多半是同卵双胞胎，长得不太像的则多半是异卵双胞胎。

练习与思考

什么是试管婴儿？

探究与实验

当你受到惊吓时会怎样？

（1）阅读这项活动的各个步骤，接着闭上你的眼睛。

（2）你的教师站在你身后，突然弄爆一个气球。

（3）当你听到气球爆炸时，你会有哪些反应？你是否会跳起来？你的心跳和呼吸的速率是否会改变？请记录你的反应。

（4）当你对气球爆炸声做出反应后，你是怎样恢复平静的？

思考：如果你突然看到一只猛兽朝你冲过来，你会有哪些反应？这种反应如何使你处于有利的地位？

第五章　生物的起源与进化

第一节　生命的化学起源过程

本节学习要点

● 了解原始地球为生命起源提供的条件、生命起源化学进化的大致过程、米勒的实验及其说明的问题。

本节学习意义

● 了解生命起源化学进化的大致过程；
● 了解生命是物质的、生命物质是不断变化发展的、生命物质变化发展的量变和质变以及内因和外因的辩证统一等辩证唯物主义基本观点。

提出问题

最早的生命出现在什么时候？

相关知识

一、原始地球的环境条件

我们所生活的地球是一个绚丽多彩的星球。这一星球的年龄大约为 46 亿年。如果我们穿过时间隧道来到 40 亿年前的地球，可以看到：地球上火山频繁爆发，岩浆四处翻滚，地壳不断运动，天空电闪雷鸣，有时又滂沱大雨。原始地球上大气的主要成分包括水蒸气和二氧化碳、一氧化碳、氮、硫化氢以及少量的氯化氢、氨和甲烷等。伴随雨水，大气中的物质被带到地面，陆地上的许多物质随雨水汇入海洋。

在早期的地球环境条件下原始的生命是怎样产生的呢？关于这个问题，很久以来就有各种不同的观点。现在大多数学者认为，原始的生命是由原始地球上的非生命物质，通过长期的化学作用，逐步由简单到复杂演变而成的。

二、生命的起源

目前，关于生命起源的化学进化假说主要有两种。

（一）原始汤的化学进化学说

该学说认为生命起源的化学进化过程可分为以下四个阶段：

1. 第一个阶段是从无机小分子到形成有机小分子

原始大气中的甲烷、氨、二氧化碳、水蒸气和氢气，在大自然不断产生的闪电、紫外线和宇宙射线的作用下，就可能合成出氨基酸、脂肪酸、碱基和核糖等有机小分子。

为了检验这种推测，1953 年美国学者米勒等人首先模拟原始地球的条件和大气成分，将甲烷、氨、氢、水蒸气等泵入一个密闭的装置内，通过进行火花放电（模拟闪电），合成出氨基酸。如图 3 - 5 - 1 所示。这说明在原始地球条件下，由无机小分子生成有机小分子是完全可能的。

2. 第二个阶段是从有机小分子到形成有机大分子

在原始大气中形成的有机小分子，随着雨水进入原始海洋中，日积月累，原始海洋就成了含有各种有机小分子的有机溶液，这些有机小分子便逐渐合成为有机大分子，如蛋白质和核酸等。1965 年我国在世界上首次人工合成结晶牛胰岛素（一种蛋白质）开创了人工合成蛋白质的新纪元。1981 年我国又用人工方法合成了酵母丙氨酸转运核糖核酸。

3. 第三个阶段是从有机大分子到形成多分子体系

单独的蛋白质、核酸，还不是生命，它们必须结合起来，形成多分子体系才能显示出一些生命现象。关于蛋白质和核酸怎样结合形成多分子体系，有两种学说：

一种是类蛋白微球体学说，福克斯认为干热聚合的类蛋白，被雨水冲入原始海洋，会聚结成大小一致的微球体，微球体有双层结构的膜，借以与水分开，它还有新陈代谢的现象，能出芽繁殖。

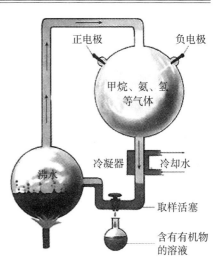

图 3 - 5 - 1 米勒实验装置

另一种是著名的团聚体学说，前苏联学者奥巴林，通过实验把天然的蛋白质、核酸、多肽和多核苷酸溶液，放在一定的温度和酸碱度的条件下，能形成团聚体，这种团聚体也有新陈代谢现象，团聚体能与周围环境交换物质，吸取一些有机物，增大本身的体积和重量，还会生长和繁殖。据此，奥巴林等人认为，团聚体的形成过程是最早的多分子体系的形成过程。

4. 第四个阶段是从多分子体系到形成原始生命

多分子体系形成后出现了生命特征，能不断自我更新、自我繁殖和自动调节，原始生命宣告诞生。原始生命最初是非细胞形态，在经过漫长的历史演变，逐渐发展成具细胞状态的原核细胞，继而又产生真核细胞，由单细胞进化到多细胞，以动物为例，以后从二胚层进化到三胚层，从无脊椎动物进化到脊椎动物，从水生进化到陆生，最终从动物中分化出高等的人类。

（二）生命热泉起源学说

这一学说认为，当时地球上的原始海洋可能仍然是一片沸腾的热海，不可能出现原始汤的化学进化过程。生命的起源可能与热泉生态系统有关，这是 20 世纪 70 年代以来，部分学者提出的观点。20 世纪 70 年代末，科学家在东太平洋的加拉帕戈斯群岛附近发现了几处深海热泉，在这些热泉里生活着众多的生物，包括管栖蠕虫、蛤类和细菌等兴旺发达的生物群落。这些生物群落生活在一个高温（热泉喷口附近的温度达到 300℃以上）、高压、缺氧、偏酸和无光的环境中。首先是这些化能自养型细菌利用热泉喷出的硫化物（如 H_2S）所得到的能量去还原 CO_2 而制造有机物，然后其他动物以这些细菌为食物而维持生活。迄今科学家已发现数十个这样的深海热泉生态系统，它们一般位于地球两个板块结合处形成的水下洋嵴附近。

热泉生态系统之所以与生命的起源相联系，主要基于以下的事实：

（1）现今所发现的古细菌，大多都生活在高温、缺氧、含硫和偏酸的环境中，这种环境与热泉喷口附近的环境极其相似。

（2）热泉喷口附近不仅温度非常高，而且又有大量的硫化物、CH_4、H_2 和 CO_2 等，与地球形成时的早期环境相似。

由此，部分学者认为，热泉喷口附近的环境不仅可以为生命的出现以及其后的生命延续提供所需的能量和物质，而且还可以避免地外物体撞击地球时所造成的有害影响，因此热泉生态系统是孕育生命的理想场所。但另一些学者认为，生命可能是从地球表面产生，随后就蔓延到深海热泉喷口周围。以后的撞击毁灭了地球表面所有的生命，只有隐藏在深海喷口附近的生物得以保存下来并繁衍后代。因此，这些喷口附近的生物虽然不是地球上最早出现的，但却是现存所有生物的共同祖先。

尽管两种生命起源学说的争论持续至今，但是大家都相信，只要有原始地球那样的理化条件，生命就注定会出现，生命是宇宙和地球演化的自然产物。

🔖 **解释问题**

人类所知道的最古老的化石是在澳大利亚西部瓦拉伍那群中发现的原始细菌类，它的生存年代大约是在 35 亿年前，据此推测，生命的老祖宗，可能就是 35 亿年前出现的。

🔖 **练习与思考**

在现在的环境条件下，地球上会不会再形成原始生命？为什么？

第二节　生物的进化

🔖 **本节学习要点**

- 了解生物进化的证据与生物进化的关系；
- 掌握达尔文自然选择学说的要点；
- 运用现代综合进化理论，说明物种形成的机制；
- 了解生物进化的历程。

🔖 **本节学习意义**

- 通过教学活动，培养学生"生物是进化来的""生物的进化与环境密切相关"的思想观念；
- 帮助学生树立辩证唯物主义的认识观。

🔖 **提出问题**

化石是怎么形成的？

🔖 **相关知识**

自然界中如此丰富的生物类群是怎样演变来的？这些生物与各种复杂环境相适应的现象，原因是什么？19 世纪英国自然科学家达尔文提出了生物进化论，正确地回答了这些问题。达尔文曾随英国海军贝格尔巡洋舰，进行历时 5 年的环球旅行，对生物和地质进行大量的采集和考察，形成了生物进化的观点，并写下了不朽的名著《物种起源》，以大量的科学资料，雄辩地论证了进化事实和规律，揭示了生物进化的原因。

一、生物进化的证据

生物进化的证据很多，达尔文当时曾引用了大量的在古生物学、比较解剖学和胚胎学三方面的证据，现已被认为是生物进化的经典证据，近代由于生物科学的发展，为生物进化进一步提供了许多新的其他证据。

（一）古生物学上的证据

根据古生物学和地质学的研究，各种地质年代的地层里分布着的化石，记录了生物进化的历程，成为进化的直接证据。各种生物在地质年代中出现，是有一定时间顺序和规律的，在古老的地质年代地层里的生物化石，结构简单、低等，且类型多样化。各种生物的出现都有一个繁盛、衰老和绝灭的时期。古生物学揭示了生物由少到多、结构由简到繁、低等到高等的进化顺序和规律。

过渡类型生物化石的发现，是生物进化最有力的证据，如在中生代地层中发现的始祖鸟化石就是一例。始祖鸟是原始的鸟类，体表被羽毛、前肢变成翼、足有四趾，三趾向前、一趾向后，这是鸟类的特征。但始祖鸟口内有牙齿、翼上有三个指，指端有爪、还有一条由脊椎骨组成的长尾，而这些又是爬行动物的特征，如图 3-5-2 所示。始祖鸟化石证明了鸟类是由爬行动物进化而来的。在古生代的地层里还发现了介于蕨类和种子植物之间的过渡类型的化石，叫种子蕨化石，它证明了种子植物是从蕨类植物进化来的。

（二）比较解剖学上的证据

同源器官和痕迹器官是比较解剖学为生物进化提供的最有价值的证据。

同源器官是指胚胎发育中起源相同、内部结构和分布位置相似，而形态和功能不同的器官，如鸟的翼、蝙蝠的翼手、鲸的鳍、马的前肢和人的上肢，虽然它们在形态和功能上各不相同，但从比较解剖学方面研究，发现这些器官的内部结构都由相似的骨块组成，排列方式也基本一致，从上到下都有肱骨、桡骨和尺骨、腕骨、掌骨和指（趾）骨，如图3-5-3所示。同源器官的存在说明这些动物都起源于共同的祖先。

图3-5-2 始祖鸟化石

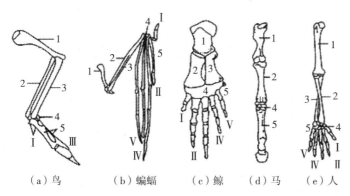

（a）鸟　（b）蝙蝠　（c）鲸　（d）马　（e）人

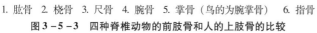

1. 肱骨　2. 桡骨　3. 尺骨　4. 腕骨　5. 掌骨（鸟的为腕掌骨）　6. 指骨

图3-5-3 四种脊椎动物的前肢骨和人的上肢骨的比较

痕迹器官是指生物体在进化过程中，有些作用不大，但依然存在的器官。如人的盲肠、阑尾、耳肌和尾椎骨等，都已退化成痕迹器官。说明人类祖先内存在这些器官，由于适应新的环境这些器官无用而逐渐退化了。痕迹器官的存在，也证明了进化中的亲缘关系。

（三）胚胎学上的证据

法国进化论者海克尔认为"个体胚胎发育是系统发育简短而迅速的重演"。

胚胎学是研究生物胚胎发育规律的科学。胚胎学的研究也为生物进化提供了有力的证据。例如，将七种脊椎动物和人的胚胎发育过程进行比较，可发现胚胎早期都很相似，有鳃裂、有尾、头部较大、身体弯曲，如图3-5-4所示。以后在胚胎发育过程中，逐渐发育成不同的动物，证实了胚胎发育重演了他们祖先发育的历史。

（四）分子生物学上的证据

从分子水平对生物进化的研究表明，核酸和蛋白质分子保留着大量的进化信息。对不同的种属生物体中有关蛋白质和核酸的化学结构和含量进行测定和比较，从而得出的差异可确定不同生物之间的亲缘关系的远近。差异愈小，亲缘关系愈近；反之，差异愈大，亲缘关系

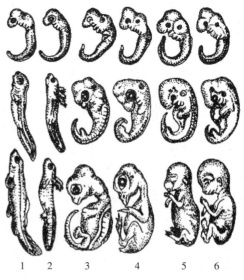

1. 鱼　2. 蝾螈　3. 龟　4. 鸡　5. 猪　6. 人

图3-5-4 几种脊椎动物和人的胚胎发育的比较

愈远。例如，各类生物细胞色素 C 的成分比较，细胞色素 C 是生物氧化中细胞色素酶系中的一员，是一种蛋白质，由 104～112 个氨基酸组成的多肽链，这条多肽链上的一级结构即氨基酸的排列顺序，在各类生物之间有极大的相似性。如人和黑猩猩细胞色素 C 的氨基酸顺序完全相同，人和猴子只有一个氨基酸不同，人和牛、羊有 10 个不同，人和果蝇有 27 个不同，人和酵母菌有 44 个不同。

除以上四方面的证据外，科学工作者又为生物进化提供了生理学、遗传学和生物地理学方面的新证据。

二、生物进化的理论

生物为什么会进化？达尔文继承了进化论先驱的思想，综合当时自然科学的成果，创立了生物进化的理论——达尔文进化学说。本世纪开始，随着遗传学、生态学等学科的发展，使生物进化理论提高到一个新的水平，出现了现代达尔文主义。

（一）达尔文进化学说

1. 人工选择

达尔文进化学说的核心是自然选择，自然选择的建立是受到人工选择学说的启发，达尔文认为人工选择包括变异、遗传和选择三个因素。如达尔文对家鸡品种起源的解释：人们经过很多年饲养野生原鸡，先驯化成家鸡，以后家鸡不断地发生变异，人类根据自己的需要（如需要下蛋多的鸡、需要产肉鲜嫩的鸡、需要美丽羽毛的鸡等）进行选择，分别留种进行繁殖。而后代再根据自己的需要选择、再培育，这样一代代地选择和培育，结果形成了蛋用鸡、肉用鸡和羽毛美丽的观赏鸡等。

变异是人工选择的第一要素，从家鸡品种的培育过程看，变异是形成新品种的原始材料，是人工选择的前提；遗传是人工选择的第二要素，只有变异而不能遗传仍形成不了新的品种。达尔文认为遗传和变异在自然界普遍存在；选择是人工选择的第三要素，也是最关键的要素，如单有遗传和变异，而没有人们对各种变异进行有目的的选择和培育，是不可能形成人们所需要的新类型的。因此人工选择的三要素相互联系、缺一不可。没有变异就没有选择的材料；没有遗传变异就不能传代和积累；没有选择就没有变异的定向发展。人工选择过程的实质，是人类按照自己的需要和喜爱，对生物变异的不断"留优去劣"的过程。

通过对人工选择的研究，达尔文提出了自然界各种物种起源也有一个相似的选择过程，就是自然选择。

2. 自然选择的基本论点是过度繁殖、生存斗争、变异和遗传、适者生存

（1）过度繁殖：达尔文发现生物普遍都具有高度的繁殖率，都有按几何级数增加的倾向。他计算了一对象的繁殖数量，象是繁殖力最低的动物。假定象的寿命为 100 岁，繁殖年龄从 30～90 岁，一头母象一生中约可产 6 头小象，如果后代都能成活的话，经过 750 年，一对象的后代可达 1 900 万头。他还计算了一棵一年生的植物，即使一年只产生两颗种子，20 年后也会有 100 万株后代。繁殖力高的动植物后代的数目更是惊人。如家蝇是繁殖力很高的动物，一对家蝇，每代产卵 1 000 粒，每 10 天为一代，如果后代都成活的话，一年所生的后代可将整个地球覆盖 2.54cm 厚。虽然过度繁殖现象在自然界中普遍存在，但事实上却没那么多后代。达尔文指出，这主要是繁殖过程引起了生存斗争。

（2）生存斗争：达尔文说的生存斗争包括生物同无机条件的斗争、种间斗争和种内斗争。无机条件指自然界中的水分、温度、湿度、光和空气等理化因素。如动物的冬眠特性就是对寒冷的斗争；沙漠中的植物，叶子退化、根系发达，这是对干旱的斗争。种间斗争是指不同物种之间相互夺食物和空间的斗争，如作物和杂草之间争夺阳光、水分、养料和土壤的斗争。狼吃羊、羊吃草等都是种间斗争。种内斗争是指同一物种个体之间，争夺生活场所、食物、配偶或其他生存条件的斗争。达尔文认为，同种生物由于要求相同的生活条件竞争最为激烈，因此他认为由于过度繁殖引起的种内斗争是生物进化的动力。

达尔文指出，生存斗争关系十分复杂，如红花三叶草、土壤、田鼠和猫之间的复杂关系：红花三叶草几乎完全依赖土蜂传粉，但田鼠经常捣毁土蜂的窝，而猫会大量捕捉田鼠。于是，猫多、田鼠少，土蜂就多、红花三叶草也繁盛。反之，猫少、田鼠多，土蜂少、红花三叶草衰败。说明自然界中生存斗争是相互联系、相互制约的。

（3）变异和遗传：生物具有遗传和变异的特性。生物在繁衍过程中，会不断产生各种变异，包括有利变异和不利变异。

（4）适者生存：在生存斗争中，有些个体生存下来，而有的个体被淘汰。达尔文认为，那些对生存有利变异的个体能得到保留，而那些对生存有害变异的个体会淘汰，这就是自然选择或适者生存。达尔文看到许多实例，如在北大西洋东部的马德拉群岛上有 500 多种甲虫，其中 200 种甲虫翅不发达，不会飞，风暴来临时它们隐匿得很好，这种无翅甲虫就被保留了下来。那些能飞的甲虫却被大风刮到海里而被淘汰。还有些具有强劲有力的翅，能抵抗大风的甲虫也被保留了下来。又如长颈鹿的颈和前肢之所以这么长，也是自然选择的结果。达尔文认为，长颈鹿的祖先必然有高矮大小的个体差异，当它们生活在干旱环境中，能吃到的只有高树上的叶，这样，那些颈较长、前肢较高的个体有较多的机会吃到叶子，生存下来并繁殖后代，而那些颈短、前肢矮的个体因得不到食物，则逐渐被淘汰。自然选择是一个长期、缓慢、连续的过程。通过一代代生存环境的选择作用，物种的突变朝着定向方向积累，性状逐渐分歧，以致演变成新种。

但由于受当时科学水平的限制，达尔文对生物遗传和变异机制尚不清楚。

（二）现代达尔文主义

现代达尔文主义是在达尔文自然选择学说、基因学说、群体遗传学的基础上，结合生物学其他分支学科的新成就而发展起来，故称为现代综合进化理论。此理论认为进化是在群体中实现的，进化的原材料是突变。通过突变、自然选择和隔离的综合作用，导致新类型的产生。

1. 种群基因库的突变

生物进化的单位不是个体而是种群。生物种群中一般都有杂种性。在一个种群中，能进行生殖的个体所含有的全部遗传信息的总和，称为基因库。进化是种群基因库变化的结果。

在自然界中，种群基因库的演变是不可避免的，基因突变是使种群基因演变的主要原因。基因突变平时不常发生，但从几十亿年生物历史来看，还是不少的。当突变发生，就会引起基因库的改变，为生物进化提供丰富的原料，如 X 光、紫外线、化学诱变剂等可引起突变。

2. 自然选择的主导作用

基因突变的方向是不定的，但在自然选择的作用下，不定向的变异可以纳入定向。也就是说，种群所发生的定向变异，是由选择作用造成的。同时还可以通过选择作用使种群的定向变异积累，从而改变生物的类型。这就是自然选择的主导作用，即创造新物种的作用。

蛾类的工业黑化是现代达尔文主义解释自然选择的著名例子。英国的花椒娥是夜行性动物，白天通常栖息在有地衣覆盖的树干和石块上，在这种背景下，浅色可作为保护色，有利生存。到1948年，花椒蛾的有关报道还是浅色的。直到1950年，在英国工业中心曼彻斯特，首次报道有黑色型的突变，这种个体在群体中占的比例极低。随着烟尘和废气的工业污染，地衣死亡，而树皮裸露，花椒蛾栖息的背景由浅色的地衣变成深色的树干，使浅色蛾类失去对鸟类捕食的保护，于是黑色突变型得到很快发展。仅在曼彻斯特就达到90%以上。

3. 隔离在物种形成中的作用

隔离是阻止不同种群在自然条件下相互交配的机制。当自然选择引起种群分化时，如果没有隔离机制使分化的种群之间断绝基因交流，就不能形成新种。因此隔离在物种形成中有重要意义，隔离主要是指地理上的隔离，并由地理上的隔离逐渐产生生殖上的隔离。

（1）地理隔离：地理隔离是指种群占据不同的分布区，由于地理上的屏障，如海洋、河流、高山、沙漠、森林等都可使不同种群不能自由交配。例如，我国的东北虎和华南虎，由于分布的两地区相距很远，中间辽阔的地带起了隔离作用。由于生活在不同环境里，通过自然选择，产生了性状分歧，东北虎适应东北寒冷的气候，躯体高大、体毛细长。它们因长期的地理隔离，两者性状差别增大。

（2）生殖隔离：生殖隔离是由地理隔离造成自然选择的方向不同，使彼此隔离的种群的遗传特性，朝着不同的方向发展，进而使种群之间不能杂交，或杂交后不育，这样它们就成了不同的种了。

三、生物进化的历程

（一）植物的进化历程

植物已有 30 多亿年的历史。植物的进化历程一般分为 4 个阶段：

1. 藻类植物阶段

从寒武纪前到泥盆纪，地球上以藻类植物为主，它们生活在水中，经历了单细胞藻类、多细胞藻类和大型藻类 3 个演化阶段。

2. 蕨类植物阶段

从泥盆纪起，植物开始登陆，最早出现的是裸蕨类植物，直到三叠纪早期，地球上以蕨类植物为主，称为蕨类植物时代。当时蕨类植物高大，茂密成林，形成现在地下的煤矿。

3. 裸子植物阶段

从二叠纪晚期出现裸子植物到白垩纪晚期，植物的进化以裸子植物为主，逐渐取代了蕨类植物，形成了大片森林，它们的遗体埋入地下，形成今日的煤矿。中生代是裸子植物的时代。

4. 被子植物阶段

被子植物因具有一系列更适应于陆地生活的结构，自白垩纪早期出现以后到现在，为期有 1 亿年，种类和数量日益增加，是当今地球上植物界的主宰。新生代被称为被子植物时代。

(二) 动物的进化历程

动物的种类和数量很多，进化关系也很复杂，有许多问题还待进一步探讨。但动物的进化历程一般分为两个主要阶段：无脊椎动物时代和脊椎动物时代。

1. 无脊椎动物阶段

从 10 多亿年前寒武纪到 4.05 亿年前的晚志留纪是无脊椎动物时代。从单细胞动物开始经过漫长而曲折的进化历程：到 6 亿多年前就已发展成多种原始的无脊椎动物，如腔肠动物、扁形动物、线形动物、软体动物和环节动物等，后又演化出原始的节肢动物，它们具有外骨骼和分节的附肢；到了 5 亿年前的寒武纪，已是具有硬壳的无脊椎动物的鼎盛时代。那时数量最多的节肢动物是三叶虫，因此，寒武纪又称为三叶虫时代。据现有的化石资料表明，在早古生代寒武纪曾发生了生物种类的"大爆炸"，即在较短的时间内，出现了数以千万计的物种。由于节肢动物对陆地环境的适应能力较强，因而逐渐登上了陆地，到了距今 2.85 亿年前的石炭纪晚期，翅膀发达的古蜻蜓等就布满许多地区。

2. 脊椎动物阶段

在 5 亿多年前的早古生代就出现了脊椎动物的祖先，可能是一种蠕虫状的原始无头类的动物。由此开始了漫长的脊椎动物进化历程。古生代的志留纪晚期到泥盆纪是鱼类时代。从泥盆纪末期到石炭纪末期（3.6 亿～2.86 亿年前）是两栖类动物时代。石炭纪末期由原始两栖类演化出最早的爬行动物，到中生代在当时的海洋、陆地和空中几乎都遍布爬行动物，所以，中生代也称为爬行动物时代。其中恐龙出现于 2 亿年前的三叠纪中期，绝灭于 6 700 万年前的白垩纪末，在地球上称霸约 1.9 亿年之久。古代爬行动物中的一支于三叠纪演化出原始的鸟类，至今已有 2 亿多年的历史。三叠纪后期，古代爬行动物中另一支演化出原始的哺乳动物，进入新生代以后，鸟类已全部演化为现代类型，哺乳动物也迅速分化发展，至今一直称雄全球。所以，新生代常称为哺乳动物和鸟类的时代。

一般认为，生物进化的主要历程和生物门类如生物进化树类似，如图 3－5－5 所示。

🔍 **解释问题**

当动物死亡后，软体组织被分解，骨骼、牙齿等坚硬组织被保存下来。随着时间的推移，这些坚硬组织与外界的矿物质起交替作用，并被矿物化。天长日久，骨骼的重量不断增加，由原来的牙齿和骨头变成了还保存牙齿和骨头原有的外形和内

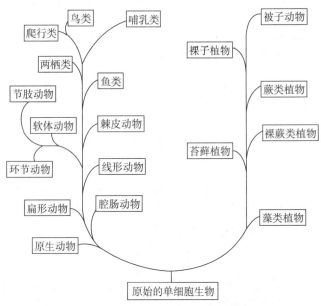

图 3－5－5　生物进化历程示意图

部结构的石头，这个过程被称作"石化过程"。除了牙齿和骨骼外，有的动物的粪便、脚印也能形成化石。

练习与思考

达尔文进化论与现代生物进化理论有什么不同？

探究与实验

时间轴

在本次活动中，你将建立一条时间轴，作为地质年代表的模型。1m 代表 10 亿年，那么每毫米就代表了 100 万年。

1. 步骤

（1）用米尺在 5m 长的计数条上画一条连续的直线。

（2）在一端画一短垂线，标上"现在"。

（3）以"现在"为端点，量出代表距今 46 亿年的长度，然后在该点画一短垂线，标上"地球形成"。

（4）根据表 3-5-1，在你的时间线上标出每个地质事件及其发生的时间。

表 3-5-1 地质年代表

事 件	估测的发生时间
最早的生命出现	34 亿年前
古生代开始	5.43 亿年前
最早的陆生植物出现	4.43 亿年前
中生代开始	2.48 亿年前
三叠纪开始	2.48 亿年前
侏罗纪开始	2.06 亿年前
恐龙出现	2.25 亿年前
鸟类出现	1.5 亿年前
白垩纪开始	1.44 亿年前
恐龙灭绝	6 500 万年前
新生代开始	6 500 万年前
灵长类出现	6 500 万年前
人类出现	20 万年前

2. 分析

（1）计算：持续时间最长和最短的分别是哪个地质年代？

（2）分析数据：恐龙和鸟类分别在哪个纪开始出现？

（3）分析数据：在恐龙灭绝的同时哪类生物开始出现？

第三节 人类的起源

本节学习要点

● 了解人类发展的基本阶段。

本节学习意义

● 通过人类发展历程的学习，运用辩证唯物主义和历史唯物主义的观点认识人类的起源过程。

🔘 **提出问题**

人是由猴子变来的吗？

🔘 **相关知识**

19 世纪中叶，达尔文等进化论者论证了人类是由古猿进化来的，提出了人猿同祖的说法，但他们无法解释古猿怎样进化成人，恩格斯用辩证唯物主义和历史唯物主义的观点和方法，总结当时的科学成就，提出了劳动创造人的科学论断。目前由于科学的发展，对人类起源的大体历程有了更深入的了解。

一、从猿到人

大量证据表明，人类与现代类人猿有着密切的亲缘关系。现代生存的有非洲的黑猩猩和大猩猩、东南亚的猩猩以及我国南方的长臂猿四种类人猿。它们与人有许多相似之处。如在形态结构上，有相似的耳廓和四肢、脸部与手无毛、无尾、无臀疣和颊囊；在胚胎发育上，都有类同的胎盘和相似的发育过程；在生理上，月经周期和怀孕期相近，猿类的血液也有人的四种血型，人和黑猩猩的细胞色素 C 的结构相似；在病理上，人类和类人猿所感染的疾病和肠道寄生虫相似；在行为上，刚出生的婴儿可以用两手攀援木棍并悬挂起来，重演猿类祖先的臂行性特征；在发音和语言上，最初都发出单音节叫声，后来人类逐渐学会音节分明的语言；近百年来，发现的古猿和古人类化石更说明了人类和现代类人猿是近亲，它们有共同的祖先。

古人类学家指出，人类和现代类人猿的共同祖先是生活在距今 2 000 万 ~ 3 000 万年前的森林古猿。它们的个体大小类似黑猩猩，依靠四肢行走。

新生代第三纪中期以后，世纪范围发生了强烈的造山运动。亚洲南部出现了喜马拉雅山脉；非洲东部出现了人裂谷。地貌发生了巨大的变化，引起了气候变化，继而引起了生态变化。生态的变化促进了古猿的变化，大约距今 1 500 万年前，森林古猿中的一支演变成腊玛古猿。目前，不少学者认为腊玛古猿是从猿到人过渡阶段的早期代表。腊玛古猿的化石，已在肯尼亚、印度、巴基斯坦、土耳其和我国等地区发现。腊玛古猿能用手使用天然工具进行取食和防御，下肢能直立行走。

稍后，腊玛古猿又开始分化，其中一支发展成南方古猿，约距今 500 万年前，南方古猿发展得相当昌盛。在南非、东非和我国鄂西都发现南方古猿的化石。

目前认为，南方古猿中的原始类型，可作为从猿到人过渡阶段的晚期代表。南方古猿能使用和制造工具，善于直立行走，手得到进一步的解放，可以叫做形成中的人。

二、人类发展的基本阶段

一百多年以来，经过几代人的研究，已将人类历史向前推进到 300 万 ~ 400 万年前，现在人们可以理清 400 万年来人类从南方古猿以后的进化历程，这个历程主要分为 4 个阶段：早期猿人、晚期猿人、早期智人、晚期智人。

（一）早期猿人（能人）阶段（300 万 ~ 150 万年前）

早期猿人的基本特点是：脑容量比古猿大，达 680 ~ 800ml，能制作简单的砾石工具，虽能直立行走，但骨骼构造尚保留原始性。例如，在坦桑尼亚发现的能人化石、我国四川巫术猿人化石等。

（二）晚期猿人（直立人）阶段（200 万 ~ 20 万年前）

晚期猿人脑容量继续增大，约 1 000ml，两足行走的姿势已接近现代人，能制造较前阶段进步的石器，并已普遍用火。例如，印尼爪哇猿人，我国的北京猿人、云南元谋猿人、陕西蓝田猿人和江苏南京猿人等。

（三）早期智人（古人）阶段（25 万 ~ 4 万年前）

早期智人的许多特征更接近于现代人，如脑容量已达现代人水平，但仍带有一定程度的原始性。他们能制作较进步的石器，并能人工取火。早期智人的化石分布于亚、非、欧洲许多地区。最早的是 1856 年在德国发现的尼安德特人化石。我国发现的早期智人化石有陕西大荔人、广东马坝人、湖北长阳人和山西丁村人等。

（四）晚期智人（新人）阶段（距今 4 万年前开始）

晚期智人和早期智人在形态上的主要差别在于：晚期智人的前部牙齿和颜面部都较小，眉脊降低，颅骨高大，额部隆起。四肢的特点是前臂比上臂长，小腿比大腿长。脑很发达，已有相当的智力，除会制造石器外，还能制造骨器、角器和复合工具。晚期智人能用兽皮缝制衣服，能造简单的房子，出现了雕刻和绘画艺术，生产上从采集和狩猎向耕种和放牧过渡。晚期智人出现男女分工，男人打猎捕鱼，女人采集和管理氏族内务。

晚期智人不仅分布于亚、非、欧洲，也扩展到大洋洲。最早是 1868 年在法国发现的克罗马农人化石。我国发现的晚期智人化石十分丰富，如北京山顶洞人等。

在晚期智人阶段，现代人种开始分化和形成，分布到世界各地。

从早期猿人到晚期智人属旧石器时期。大约在距今 1 万年以前，人类进入了中石器和新石器时期。这期间人类的体质没有发生大的变化，统称为现代人。但文化的变化却是巨大而深刻的。例如，人类不仅能磨光石器，而且能制造陶器，并出现畜牧业和农业；大约 9 000 年前，人类开始使用金属；5 000 年前有了文字等。

化石证据表明，人类的进化过程是由于环境的变迁，生活在树上的人类祖先被迫下地，逐渐地用后肢直立行走，用前肢寻取食物，并在长期使用工具的基础上学会制造工具等。黑猩猩脑容量仅为 400ml，而在进化过程中人的脑容量变化是最显著的变化之一。

解释问题

人不是由猴子而是由古猿进化来的，科学已经证明了这一点。从猿到人的转变经历了极其复杂而漫长的过程。比如说，两足直立行走、制造和使用工具、人的物质文化、语言和意识以及人类社会的起源等阶段，其中劳动在从猿进化成人的过程中起了决定性的作用。

练习与思考

人与哪种动物的亲缘关系最近？

探究与实验

尼安德塔人与现代人类的相似程度

观察人类颅骨与尼安德塔人颅骨重叠后的示意图，如图 3 - 5 - 6 所示，两种颅骨的颅腔容量（脑容量）大小已经标出。

（1）测量：尼安德塔人的大脑比人类大脑大多少？用百分比表示。

（2）解释科学图示：哪个颅骨的颌较前凸？眉崤较厚？凸出的颌和厚眉崤的特征更像猿，还是更像人？为什么？

（3）推断：在埋葬地点发现的矛、手斧以及用动物皮毛、植物和动物角制成的遮蔽物等的化石可以为尼安德塔人生活方式提供什么线索？

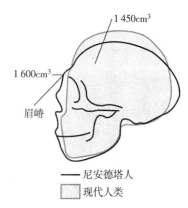

图 3 - 5 - 6 人类颅骨与尼安德塔人颅骨重叠示意图

第四篇

地球科学

■■■■■■■■■■■■■■■

　　地球科学是由很多科学分支组成的综合学科，包括地质学、气象学、海洋学和天文学。从事这些不同学科的科学家们，在各个不同的领域研究和模拟改变我们这颗星球的各种变化过程。在地球上，有些变化过程很短，时间只有几秒钟，还有一些变化过程则很漫长，时间可长达数百万年。看了地球的照片，你很可能会发出感慨，大自然真是鬼斧神工，能将大地塑造得如此奇异多姿！但在地球科学家看来，这多姿多彩的地表，都是地球的外力作用于岩石而形成的。在本篇中，你将了解地球、塑造地球的作用力和过程、地球的物质来源、漫长的地质历史以及地球在宇宙中的位置等知识。

第一章　地球概貌

第一节　地球的形状与大小

本节学习要点

- 了解古代人类对地球形状的认识；
- 能够正确描述地球的形状；
- 掌握地球的半径、质量等重要参数。

本节学习意义

- 通过了解人类对地球形状认识的历史过程，认识生产力和科学技术的发展对人类认识世界的推动作用；
- 认识地球的形状和大小对人类的生产和生活的影响。

地球形状问题是人类最古老的世界观的基本内容，是人类对宇宙认识的一个组成部分。人类相互交往及测算土地面积的客观需要，很早就促使人们去认识地球的形状和大小。

一、人类对地球形状认识的历史

提出问题

人类是怎样判断地球是一个球体的？

相关知识

太阳是球体，月亮是球体，没有人怀疑，因为大家都确确实实地看到了。可是，人们生活在大地上，在宇宙航行以前，不能像观察太阳和月亮那样去眺望地球。古代人类活动的范围极有限，且又缺乏精确可靠的观测手段，而地球比起人类的视野又是如此广大，人们伫立在地面上，所看到的只是自己眼界所能达到的一小部分，就是四周被地平线所限制约以 4.6km 为半径范围内的一块平地——视地平。因而人类对地球的形状产生过种种从直觉出发的推测。例如，古巴比伦人认为宇宙是一个闭合的箱子，大地是这个箱子的底板；古希伯来人认为大地是一块平板；古印度人认为大地是四只大象背负的半球；古希腊人认为大地是由一条大洋河（River of ocean）环绕的圆盾；古俄罗斯人认为大地是由三条鲸驮着的圆盾；等等。我国古代则有"天圆如张盖，地方如棋局"的说法，就是把地球看作扁平状，把天空看作罩在地面上的圆罩子。这些都是人类对地球的最原始的认识。

随着生产力、科学技术和航海交通的发展，人类的活动范围逐渐扩大，视野日益开阔，大地的球形观念也随之形成。早在公元前 500 多年，毕达哥拉斯从哲学观点出发，认为球形是最完美的形状，因而提出地球为球状的臆测。公元前 300 年，亚里士多德看到月食时发现：地球投到月亮上的影子是弧形，根据这一现象，他提出了地球为球状的科学证据。在我国，早在公元前 2000 年就出现过大地球形的传说，而第一个明确主张大地球形的则是东汉时期的张衡（78—139 年），他在《浑天仪图注》中说："浑天如鸡子，天体圆如弹丸，地如鸡中黄……天之包地，如壳之裹黄。"但这一见解当时却很少有人接受。直到公元

1522 年麦哲伦及其伙伴完成绕地球一周的航行之后，人们才确立了地球为球体的概念。

解释问题

随着生产力、科学技术和航海交通的发展，人类的活动范围逐渐扩大，视野日益开阔，大地的球形观念也随之形成。

练习与思考

描述人类对地球形状的认识过程。

二、地球的形状

提出问题

1672 年，天文学家里奇比从巴黎（49°N）带了一只钟（摆钟）到南美洲的圭亚那（5°N），发现这只钟每天慢了 2′28″，带回巴黎后又恢复正常。为什么会出现这样的现象呢？

相关知识

17 世纪中叶以前，人们一直把地球看作是正球形体，通过许多科学实践，对这一看法才获得进一步的修订、提高。经过物理学的推测，地球不是一个正圆球体，而是两极略扁赤道凸出的旋转球体。

所谓旋转椭球体，是由经线圈绕地轴旋转而成的。所有经线圈都是相等的椭圆，而赤道和所有纬线圈都是正圆。测量上为了处理大地测量的结果，采用与地球大小形状接近的旋转椭球体并确定它和大地原点的关系，称为参考椭球体。19 世纪，经过精密的重力测量和大地测量，进一步发现赤道也并非正圆，而是一个椭圆，直径的长短也有差异。这样，从地心到地表就有三根不等长的轴，所以测量学上又用三轴椭球体来表示地球的形状。

此后，又发现地球的南北两半球不对称，南极较北极离地心要近一些，在北极凸出 18.9 米，在南极凹进 25.8 米；又在北纬 45°地区凹陷，在南纬 45°隆起。这一形状和参考椭球体对比，地球又有点像梨子的样子，于是测量学中又出现"梨形地球"这一名称，如图 4-1-1 所示。总之，地球的形状很不规则，不能用简单的几何形状来表示。更确切地说，地球具有独特的地球形体。从宇宙空间观看地球，它既不像梨，也不像橘子或鸡蛋，倒像一个滚圆的球。人们利用宇宙飞船和同步卫星在 36 000km 高空的实际

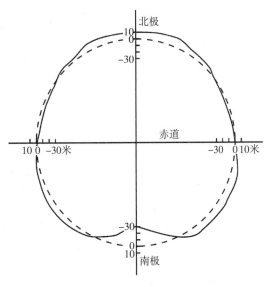

图 4-1-1　地球形状示意图
虚线代表椭球体，实线代表地球的实际形状

观测，已把地球的真面貌拍摄下来了。可以看到，在这个小行星上，辽阔的海洋呈蔚蓝色，突出在水体上呈褐色的是陆地，青葱翠绿的是地面上的植被，还有萦绕在上空不断变化着的白云，如图 4-1-2 所示。

从这些可以看出，人类对地球形状的认识是随着科学技术的发展而逐步提高的。正圆球体、旋转椭球体、三轴椭球体以及地球形体等，对于地球的真实形状而言，可以说都是近似的。反过来，人们在生产和科学实践中，也需要对地球的形状加以不同程度的简化。例如在制造地球仪或绘制全球性地图时，就必须把地球当作正圆球体来看待；当测绘大比例尺地形图时，就必须把地球作为有规则的参考椭球体来处理；而在发射人造天体及对其轨道进行计算时，则需要把赤道的扁率以及各地对参考椭球体的偏离更精确地计算进去。

因此，地球的形状不能用某种几何形状来表示，严格地说，应称它为地球形体。

解释问题

钟变慢说明钟摆的摆动速度变慢，或者说是摆的振动周期变长了。根据物理学知识，人们知道，钟摆的摆动速度是与地球半径相关的。上述现象表明地球的赤道半径与极半径是不同的，并且是赤道半径大于极半径。

练习与思考

正确描述地球的形状。

三、地球的大小

图 4－1－2　从人造地球卫星上拍摄的地球

提出问题

在毛泽东诗《送瘟神》中有一句"坐地日行八万里"，你知道它的由来吗？

相关知识

在人类尚未掌握先进的测量技术和方法以前，"地球究竟有多大"这个难题是无从解答的。我国古代文献中，从大地方形观念出发，曾经有过"东西五亿有九万七千里，南北亦五亿有九万七千里"（《吕氏春秋》）；"东极至于西极，二亿三万三千五百里七十步""北极至于南极，二亿三万三千五百里七十步"（《淮南子》）和"南北二亿三万一千五百里，东西二亿三万三千里"（《河图括地象》）等臆说，过分夸大了地球的规模。《伍藏山经》说"天地之东西二万八千里，南北二万六千里"，又显然偏小，也是没有根据的。

亚里士多德（公元前384—公元前322年）在其著作中曾引用一位数学家的计算数据，指出地球圆周长为40万斯台地亚（Stadia）。斯台地亚是古希腊长度单位，约相当于0.16km，据此换算，则地球圆周长为64 000km，也与事实相去甚远。

只有通过测量才能够获得地球大小的准确数据。首次进行这种测量的是埃拉托色尼（公元前284—公元前192年）。他测出亚历山大和塞恩（Syene，今埃及阿斯旺附近）夏至日正午太阳高度角相差7.2°，认为这一角度正是两地间的弧距。他根据两地的距离计算出地球圆周长非常接近40 000km。但是，亚历山大和塞恩之间有20°30′经度差。作为测量依据的两地距离是根据商队路线估计，也不准确。所以，埃拉托色尼的计算结果与现代观测结果的近似只是一种巧合，然而他的方法无疑是一项创举。

公元前3年，我国唐朝的僧一行（张遂）、南宫说等人分别在13个地方测量当地的地理纬度，测出经线1度弧长约相当于现在的1 323km。这一结果显然偏大。

近年来，通过人造地球卫星从宇宙空间对地球进行探测，获得了有关地球大小的更精确数据。目前，表示地球大小的几个数值如下：

极半径：是从地心到北极或南极的距离，6 356.8km（两极的差极小，可以忽略）。

赤道半径：是从地心到赤道的距离，6 378.1km。

平均半径：6 371km。这个数字是地心到地球表面所有各点距离的平均值。

赤道周长：约4万km。

体积：10 832亿 km^3。

质量：$5.974\ 2 \times 10^{21}$ t。

解释问题

"坐地日行八万里"这句诗的意思是，即使你不动，坐在地球赤道上，随着地球的自转，你也将随着地球运行一周。地球直径约 12 500km，以圆周率 3.141 6 乘之，得约 40 000km，即 80 000 华里。这实际上就是赤道的周长。

练习与思考

找一个地球仪，根据地球仪上的比例尺，通过你的测量和计算，获取地球赤道周长和半径的数据。

第二节　绘制我们的世界

本节学习要点

- 掌握用纬度和经度确定地物在地球上的位置；
- 了解各种类型地图的用途。

本节学习意义

- 学生通过学习，明白地图可以帮助我们确定地球上确切的位置；
- 学生通过学习，明白各种交通运输工具，包括轮船、飞机、汽车、火车等都依靠精确的地图来导航。

几千年来，人们一直用地图来划定边界，寻找地方。至今我们仍然出于各种不同的目的而使用地图。制作地图的科学被称为地图学。地图学家用假想的纵横交织的网格来给地球上的点定位。

一、纬度和经度

提出问题

看地图时，你会发现地图上有许多有规律排列、纵横交叉的线，它们是什么？起什么作用？

相关知识

（一）纬线与纬度

在地球仪上做许多与地轴相垂直的平面，使之与地面相割，在球面上呈现出许多相互平行的圆圈，这就是纬线或纬圈。所有纬圈互相平行，指示东西方向，但大小不一，其中以地球中心为圆心的纬圈最大，为赤道。赤道把地球分为南北两个半球。

纬线以纬度来度量。纬度是一种角度，是一个面与一条线的交角，如图 4 - 1 - 3 所示。其中的面是地球赤道平面，是纬度度量的起点；其中的线是任意一条纬线上面一点到地心的连线，是纬度度量的终点。赤道纬度为零度，赤道以北为北纬（N），以南为南纬（S），由赤道分别向两极递增，到极点为 90°。例如，北京位于北纬 40°，而澳大利亚的悉尼位于南纬 34°。

根据纬度的不同，人们把纬度划分成低纬、中纬和高位。低纬为 0° ～ 30°，中纬为 30° ～ 60°，高纬为 60° ～ 90°。

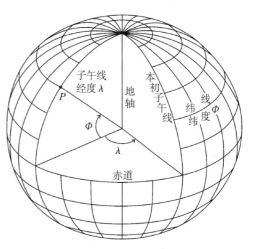

图 4 - 1 - 3　纬线与纬度、经线与经度

（二）经线和经度

所有通过地轴的平面，都和地球表面相交而成为圆，这就是经线圈，也叫子午圈。所有经线圈都通过两极，并且都是以地球中心为圆心的相同的大圆。每个经线圈是由两条连接南北两极的、相对应的半圆弧组成，这个半圆弧叫做经线，也叫子午线。所有经线都呈南北方向，长度也彼此相等。1884年，天文学家确定通过英国伦敦格林尼治天文台原址的那条经线称为0°经线，也叫本初子午线。

经线以经度来度量。经度也是一种角度，是两个平面的交角。两个平面中，起点面是本初子午线平面，终点面是任意一个子午线平面。本初子午线的经度为0°，由本初子午线分别向东、向西，由0°递增到180°。

东经160°和西经20°把地球分为东半球和西半球。

有了纬度和经度，就可以在地面上确定任意点的位置了。

（三）地理坐标

度量地球上任何地点的位置，要在地理坐标中完成。这个坐标系的横轴是赤道，纵轴是本初子午线；经度和纬度是两个地理坐标，它不但表示每一地点的位置，而且表示地点与地点之间的方向和距离。例如，知道北京位于北纬40°和东经116°的交点附近，上海位于北纬31°和东经121°附近，就知道上海位于北京的东南方。通过一定的运算，还可以求得上海对于北京的确切的方向和距离。

🔘 **解释问题**

地图上有这些有规律排列且纵横交叉的线就是经纬线，一般横向的是纬线，纵向的是经线，它们共同构成了地理坐标。有了地理坐标，你就可以精确定位地球上任何点的位置。

🔘 **练习与思考**

1. 比较纬线和经线。纬度的参照点是什么？经度的参照点是什么？
2. 假设你乘飞机从北极向南飞，已经到达了北纬70°，要想到达南极，还需要飞行多少个纬度？
3. 描述从赤道到两极经度1°跨越的距离是如何变化的。

二、地图的类型

🔘 **提出问题**

为什么在不同的地图上纬线和经线会呈现出不同的形状？

🔘 **相关知识**

地图是地球这个三维物体的平面模型。地球是曲面的，很难表示在一张纸上，因此所有平面的地图都会在地表的形状或者面积上有一定程度的变形。地图学家使用投影来制作地图。地图投影将球面上的点和线投影到纸面上。

（一）地图投影

1. 墨卡特投影

墨卡特投影也称为圆柱投影，在墨卡特投影中，地球球面上的点和线被投影到一张圆柱形的纸上。因此，在墨卡特投影的地图上纬线和经线都是平行的直线。当经线在地图上被投影为平行线的时候，靠近极地的地表将会被放大。因此，在墨卡特投影中，地表的形状是真实的，但面积是有出入的。如图4-1-4所示，格林兰显得比澳大利亚大得多，而实际上格林兰的面积比澳大利亚小很多。由于墨卡特投影保持地表的形状不变，并且直接用直线表示方向，因此墨卡特投影的地图常用于飞机和轮船的导航。

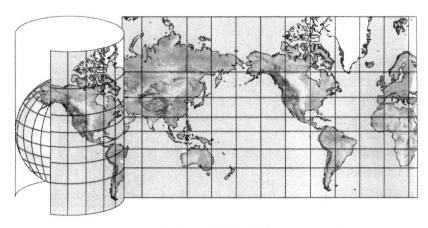

图 4 - 1 - 4　墨卡特投影

2. 圆锥投影

圆锥投影是将地球球面上的点和线投影到一个圆锥上的投影。如图 4 - 1 - 5 所示。这个圆锥在一个特定的纬度上与地球球面相切，沿着这条纬线，地表的面积和形状几乎没有变形，但是在接近圆锥顶部和底部的区域变形非常明显。由于圆锥投影在特定的区域内精度很高，因此适用于小范围的地图，通常用于一些国家的行政图、交通图和气象图上。

3. 球心投影

球心投影是将地球球面上的点和线投影在一张与球面相切于一点的纸上形成的。如图 4 - 1 - 6 所示，球心投影使得地表上的方向和距离都发生变形。但是在长距离飞行和航海中，球心投影非常有用。要想知道是什么原因，我们首先要知道大圆这个概念。大圆是假想的，圆心位于地心的大圆能将地球等分成两半的圆。赤道是一个大圆，还有所有在两极相连并相对的两条经线也组成大圆。在一个球体上，比如地球，两点之间的最短距离是在大圆上的距离。航海家连接球心投影上的两点，能画出大圆。

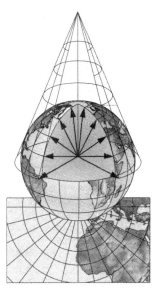

图 4 - 1 - 5　圆锥投影

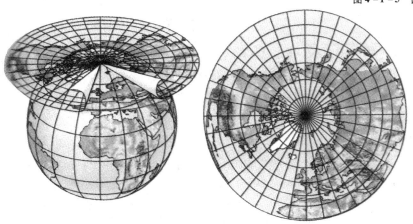

图 4 - 1 - 6　球心投影

（二）地形图

地形图指的是地表起伏形态和地物位置在水平面上的投影图。具体来讲，将地面上的地物和地貌按水平投影的方法（沿铅垂线方向投影到水平面上），并按一定的比例尺缩绘到图纸上，这种图称为地形图，如图4-1-7所示。地形图表现了地表海拔的变化，还表示山脉、河流、桥梁等各种地表特征。地形图用线条、符号和颜色表示海拔的变化和地表特征。

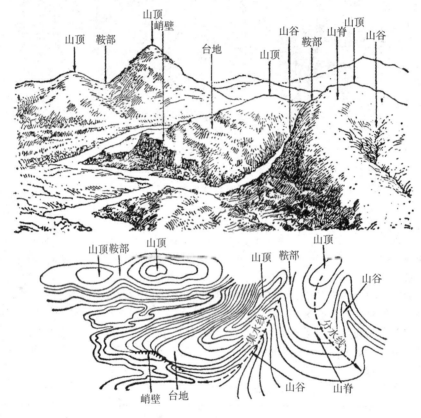

图4-1-7　等高线地形图

在地形图上，海拔是用等高线来表示的。等高线指的是地形图上高程相等的各点所连成的闭合曲线，把地面上海拔高度相同的点连成的闭合曲线，垂直投影到一个标准面上，并按比例缩小画在图纸上，就得到等高线。等高线也可以看作是不同海拔高度的水平面与实际地面的交线，所以等高线是闭合曲线。在等高线上标注的数字为该等高线的海拔高度。由于等高线连接海拔相等的点，所以除非在陡崖处，等高线一般不会交叉，否则，意味着同一地点有两个高程，而这是不可能的。

（三）图例与比例尺

1. 图例

在地图上表示地理环境各要素，比如山脉、河流、城市、铁路等所用的符号叫做图例。这些符号所表示的意义常注明在地图的边角上。图例是表达地图内容的基本形式和方法，是现代地图的语言，是读图所借助的工具。地图符号一般包括各种大小、粗细、颜色不同的点、线、图形等。符号的设计要能表达地面景物的形状、大小和位置，而且能反映出各种景物的质和量的特征以及相互关系。因此图例常设计成与实地景物轮廓相似的几何图形。

2. 比例尺

比例尺是表示图上距离比实地距离缩小或扩大的程度。公式为：比例尺等于图上距离与实际距离的比。比例尺有三种表示方法：数字式、线段式和文字式。三种表示方法可以互换。一般来讲，大比例尺地图，内容详细，几何精度高，可用于图上测量。小比例尺地图，内容概括性强，不宜进行图上测量。

🔵 解释问题

不同的地图上纬线和经线会呈现出不同的形状，这是因为这些地图采用的地图投影不同。人们常根据地图的不同使用用途，选用不同的地图投影来绘制地图。

🔵 练习与思考

1. 比较墨卡特投影和球心投影。这两个投影的地图最常用的用途是什么？

2. 圆锥投影是怎样制作的？为什么这种投影适用于小区域的地图制图？

3. 一幅地形图的数字式比例尺是 1：80 000，单位是厘米。如果两个城市相距 30km，它们在地图上的距离是多少厘米？

第三节　地球的圈层结构

🔲 本节学习要点

- 初步了解地球圈层结构的特点；
- 了解地球内部圈层的划分依据和地壳、地幔、地核的基本特征；
- 了解地球外部圈层各组成部分的相互作用。

🔲 本节学习意义

- 帮助我们对地球结构有个总体的了解；
- 为了更好地了解地球以及地球变化的过程对人类生活和生存环境的影响，学生应该对地球上各主要圈层有所了解。

地球是一个由不同状态和不同物质的同心圈层组成的球体。这些圈层可以分为内部圈层和外部圈层，即内三圈与外三圈。其中内三圈包括地壳、地幔和地核，外三圈包括大气圈、水圈和生物圈。

一、地球的内部圈层

🔵 提出问题

有人说地球的内部结构就像一个鸡蛋，真实情况是否如此？

🔵 相关知识

地球的外貌我们可以看得见，有陆地、有海洋、有高山、有平原……然而，地球的内部是什么样子的呢？是热的，还是冷的？是固体，还是液体？是空的，还是实的？是静止的，还是运动的？

（一）地球内部结构的探测

地球内部结构是指地球内部的分层结构。今天探测器可以邀游太阳系外层空间，但对人类脚下的地球内部却鞭长莫及。目前世界上最深的钻孔也不过 12km，连地壳都没有穿透。科学家只能通过研究地震波来揭示地球内部的秘密。

　　地震发生时，地下岩石受强烈冲击，产生弹性震动，并以波的形式向四周传播。这种弹性波叫地震波。地震波可分为纵波和横波。纵波又称P波，在地壳中的传播速度较快（5.5～7km/s），可以通过固体、液体和气体传播。横波又称S波，在地壳中的传播速度较慢（3.2～4.0km/s），只能通过固体传播。纵波和横波的传播速度都随着所通过物质的性质而变化。

　　从图4－1－8可以看出，地震波在地面以下的一定深度发生突然变化。这种波速发生突然变化的面叫做不连续面。地球内部有两个明显的不连续面：莫霍面和古登堡面。

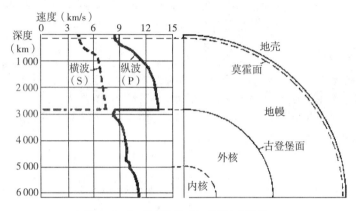

图4－1－8　地震波速度与地球内部构造

　　莫霍面——在大陆地面以下平均33km处，是南斯拉夫地震学家莫霍洛维奇于1909年发现的，故以他的名字命名，称为莫霍洛维奇不连续面，简称莫霍面（或莫氏面）。在这个不连续面下，纵波和横波的传播速度都明显增加。

　　古登堡面——在地下2 900km处，是美国学者古登堡（Gutenberg）于1914年发现。在这个不连续面下，纵波的传播速度突然下降，横波则完全消失。

　　根据地震波的传播速度在地球内部有规律的变化，人们将地球内部划分为地壳、地幔和地核三个圈层，如图4－1－9所示。

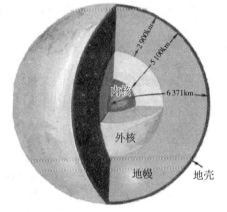

图4－1－9　地球内部圈层示意图

（二）地壳

　　地壳是由岩石组成的固体外壳，是地球固体圈层的最外层岩石圈的重要组成部分。其底界为莫霍面。整个地壳平均厚度约17km，其中大陆地壳厚度较大，平均为33km。高山、高原地区地壳更厚，最高可达70km；平原、盆地地壳相对较薄。大洋地壳则远比大陆地壳薄，厚度只有几千米，如图4－1－10所示。

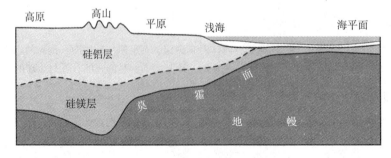

图4－1－10　地壳结构示意图

地壳分为上下两层。上层化学成分以氧、硅、铝为主，平均化学组成与花岗岩相似，称为花岗岩层，亦有人称之为"硅铝层"。此层在海洋底部很薄，尤其是在大洋盆底地区，太平洋中部甚至缺失，是不连续圈层。下层富含硅和镁，平均化学组成与玄武岩相似，称为玄武岩层，有人称之为"硅镁层"（另一种说法，整个地壳都是硅铝层，因为地壳下层的铝含量超过镁；而地幔上部的岩石部分镁含量极高，所以称为硅镁层）；在大陆和海洋均有分布，是连续圈层。地壳厚度的不均和硅铝层的不连续分布状态，是地壳结构的主要特征。

（三）地幔

地幔是地球内部的中间层，厚度约 2 865km，主要由致密的造岩物质构成，这是地球内部体积最大、质量最大的一层。地幔又可分成上地幔和下地幔两层。上地幔和地壳很相似，它们共同组成岩石圈。岩石圈的平均厚度为 100km。

岩石圈以下的地幔层内由于放射性元素大量集中蜕变放热，温度更高、压力更大，且温度和压力仍随深度的增加而升高和加大，因此，地幔物质不像岩石圈那么坚硬，而随深度的增加逐渐变软，呈可塑性固态。因而这一层地幔称为软流层。软流层的物质是缓慢流动的。

（四）地核

地核是地球的核心。从下地幔的底部一直延伸到地球核心部位，距离约为 3 473km。据科学家观测分析，地核分为外地核、过渡层和内地核三个层次。外地核的厚度为 1 742km，平均密度约 10.5g/cm³，物质呈液态。过渡层的厚度只有 515km，物质处于由液态向固态过渡的状态。内地核厚度 1 216km，平均密度增至 12.9g/cm³，主要成分是以铁、镍为主的重金属，所以又称铁镍核。

地核的总质量为 1.88×10^{21} 吨，占整个地球质量的 31.5%，体积占整个地球的 16.2%。地核的体积比太阳系中的火星还要大。由于地核处于地球的最深部位，受到的压力比地壳和地幔部分要大得多。在外地核部分，压力已达到 136 万个大气压，到了核心部位便增加到 360 万个大气压了。这样大的压力，我们在地球表面是很难想象的。科学家作过一次试验，在每平方厘米承受 1 770 吨压力的情况下，最坚硬的金刚石会变得像黄油那样柔软。

地核内部不仅压力大，而且温度也很高，估计可高达 2 000℃～5 000℃，物质的密度平均在 10.6g/cm³。在这种高温、高压和高密度的情况下，我们平常所说的"固态"或"液态"概念，已经不适用了。因为地核内的物质既具有钢铁那样的"钢性"，又具有像白蜡、沥青那样的"柔性"（可塑性）。这种物质不仅比钢铁还坚硬十几倍，而且能慢慢变形而不会断裂。

解释问题

地球内部结构确实是像鸡蛋一样的圈层结构，蛋壳对应地壳，蛋白对应地幔，蛋黄对应地核。不过，如果将地球按比例缩小到鸡蛋的大小的话，这个鸡蛋的壳将更薄，蛋黄更大。

练习与思考

1. 地球的内部圈层有哪些？各有何特点？
2. 简述地壳的双层结构及其特点。
3. 什么是软流层？什么是岩石圈？研究它们的意义是什么？

二、地球的外部圈层

提出问题

我们人类是否也是地球外部圈层的组成部分？

相关知识

地球的外部圈层，通常是指大气圈、水圈和生物圈，如图 4 - 1 - 11 所示。它们互相之间不仅没有严格的界限，而且上与星际空间、下与地壳之间也没有明显的界限，特别是大气圈的底层、水圈、生物圈以及地壳，它们相互渗透，彼此交织在一起。这些系统各有特点，但各个系统之间彼此会发生相互的作用，没有哪一个系统可以脱离其他系统而独立存在，它们共同构成了我们的地球系统。

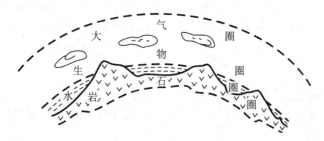

图 4 – 1 – 11　地球外部圈层示意图

（一）大气圈

包围着地球的气体圈层叫做大气圈，即空气。大气圈含有大约78%的氮和21%氧，剩下的1%气体中含有水汽、氩、二氧化碳和其他痕量气体。

大气圈是地球的重要组成部分，它是地球上大部分生物呼吸所必需的，它保护地球上的居民们免受太阳辐射的伤害，使地球上的温度保持在适合生物生存的范围内。一切天气的变化，如风、雨、雪、雹等都发生在大气圈中。大气可以供给地球上生物生活所必需的碳、氢、氧、氮等元素。因此，大气与人类的生存和发展关系密切。但大气容易遭受污染，大气环境的质量直接关系着人类的健康。

（二）水圈

海洋、湖泊、河流和冰川的水体以及大气圈中的水体一起构成了地球的水圈，它主要是以液态及部分固态出现的。

地球上水圈的主体是大洋，海水的分布占全球面积的71%，海水是咸水，咸水的质量占水圈的97.2%，而淡水只占2.8%。淡水主要存在于冰川、湖泊、江河和地下水中。冰川和冰山储存了大约3/4的淡水，其余的淡水绝大部分为地下水，江河和湖泊中的淡水仅占地球上淡水的一小部分。此外，水分在大气中有一部分，在生物体内有一部分（生物体的3/4都是由水组成的），在地下的岩石和土壤中也有一部分。由此可见，水圈是独立存在的，但又是和其他圈层相互渗透的，如图 4 – 1 – 12 所示。

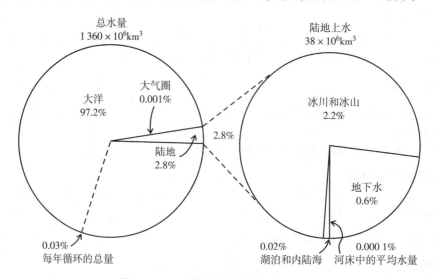

图 4 – 1 – 12　地球表面各类水体所占百分比

水圈是地球外圈中作用最为活跃的一个圈层，也是一个连续不规则的圈层。它与大气圈、生物圈和地球内圈的相互作用，直接关系到影响人类活动的表层系统的演化。水圈也是外动力地质作用的主要介质，是塑造地球表面最重要的角色。

（三）生物圈

生物圈包括地球上所有的生物和它们生活的环境，是地表有机体包括微生物及其自下而上环境的总称。严格地讲，在地理空间上生物圈并不是一个单独存在的圈层，而是渗透于其他圈层中。其质量不大，仅相当于岩石圈上部的 1/106。但是，它对其他圈层有着强烈的作用，在物质循环、能量转化和聚集中具有特殊作用，扮演着重要的角色，因此我们还是将它当作一个独特的甚至是极其重要的圈层。

生物圈的空间范围，上限不超过臭氧层（7 000~8 000km），陆地上的深度不过百余米，大洋中超过 10 000m。总的来讲，生物圈包括了大气圈的下层、岩石圈的上层和整个水层，最大厚度可达数万米。但其核心部分为地表以上 100m，水下 100m。也就是说大气与地面、大气与水面的交接部位厚度约 200m 内是生物最活跃的区域，因为在这个范围内具有适于生物生存的温度、水分和光照等好多条件。

生物圈是行星地球特有的圈层，它也是人类诞生和生存的空间。生物圈是地球上最大的生态系统。

🌐 解释问题

人们和生活在地球上的无数生物一样，都是生物圈的组成部分。人们和很多生物一起，生活在岩石圈的组成部分——地壳上，呼吸着大气圈中的气体。在很多方面，人们还要依靠地球表面近 3/4 的水体。人们作为生物圈的一部分与地球上的其他圈层共同构成地球系统。

🌐 练习与思考

1. 分别描述地球上大气圈、水圈和生物圈的组成。
2. 地球外部圈层之间是如何互相影响的？
3. 说明你是如何依赖由岩石圈、大气圈、水圈和生物圈组成的地球主要系统生活的。

第二章　地球的构成

第一节　矿物

本节学习要点

- 了解地壳中化学元素的组成；
- 了解矿物的形成和地壳中最常见的矿物；
- 了解矿物的哪些性质可用于对矿物进行分类和鉴别。

本节学习意义

- 学生通过学习，明白矿物是人类生产资料和生活资料的重要来源之一，是构成地壳岩石的物质基础；
- 学生通过学习，明白矿物在地球的形成过程中扮演着重要的角色；
- 学生通过学习，明白一些矿物晶体因为质地完美而称之为宝石，变得富有价值。

一、什么是矿物

提出问题

煤是一种重要的能源资源，它是矿物吗？

相关知识

矿物是指地壳中的化学元素在一定的地质条件下，结合形成的具有一定化学成分和物理性质的天然单质或化合物。它们在一定的物理化学条件范围内稳定，是组成岩石和矿石的基本单元。

据地球化学分析表明，自然界存在的化学元素或多或少在地壳中都能找到。目前已经在地壳中发现自然存在的化学元素有 90 多种，其中以氧、硅、铝、铁、钙、钾、镁等 8 种元素的含量最为丰富，占了地壳总重量的 97.13%。在这 8 种元素中，含量最多的是氧，约占地壳总重量的一半；其次是硅，约占 1/4。含量最多的金属元素则要首推铝了。铝占地壳总量的 7.73%，比铁的含量多一倍，大约占地壳中金属元素总量的 1/3。如图 4 - 2 - 1 所示。

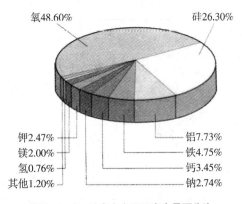

图 4 - 2 - 1　地壳中主要元素含量百分比

地壳中的元素在地质作用下，形成 3 000 种左右的矿物。矿物绝大多数是固态无机物，液态的（如石油、自然汞）、气态的（如天然气、二氧化碳和氡）以及固态有机物（如油页岩、琥珀）仅占数十种。在固态矿物中，绝大部分都属于晶质矿物，只有极少数（如水铝英石）属于非晶质矿物。来自地球以外其他天体的天然单质或化合物，称为宇宙矿物。矿物原料和矿物材料是极为重要的一类天然资源，广泛应用于工农业及科学技术的各个部门。

（一）矿物的性质

环顾教室周围，课桌上的金属物品、铅笔中的石墨和窗户上的玻璃，这些都是现代人用矿物制造出来的产品。矿物是天然形成的、由特定化合物组成并具有特定晶体结构的固体无机物。

1. 天然的无机物

首先，矿物是天然形成的，这仅仅表明它们是通过自然过程形成的。因此，由人工方法所获得的某些与天然矿物相同或类同的单质或化合物，如人造钻石则不是矿物。其次，所有的矿物都是无机物，也就是说，矿物是没有生命的，并且在它存在的任何时段都不具有生命。因此，盐属于矿物，而从植物中获取的糖则不是矿物。

2. 有特定成分的固体

矿物的第三种属性是固体。固体有特定的形状和体积，而液体和气体则没有。因此，气体和液体不会被当作矿物。此外，每种类型的矿物都有其特定的化学成分。一些矿物由单一的元素组成（如铜、银、硫矿），而大多数的矿物都是由化合物组成的。例如，石英矿物是由氧原子和硅原子以 $2:1$ 的比例形成的，如图 $4-2-2$ 所示。虽然其他矿物也存在氧原子和硅原子，但石英中这些元素的排列和比例是唯一的。

图 $4-2-2$　石英晶簇（SiO_2）

3. 确定的晶体结构

矿物中的原子以规则的几何图形排列，并且这种排列是重复的。晶体是其中的原子按照重复的样式排列的固体。形成的晶体可能具有六种晶系中的一种结构，如图 $4-2-3$ 所示。图中所示的这些形状完美的晶体，在现实中是非常稀少的。通常情况下，矿物内部的原子排列并不太明显，这是因为矿物总是在有限的空间内形成的，如果空间足够大，则能形成完美的晶体。

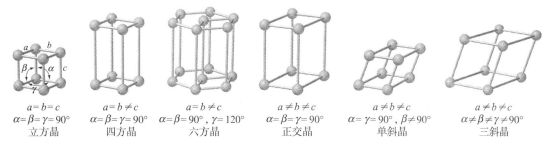

$a=b=c$	$a=b\neq c$	$a=b\neq c$	$a\neq b\neq c$	$a\neq b\neq c$	$a\neq b\neq c$
$\alpha=\beta=\gamma=90°$	$\alpha=\beta=\gamma=90°$	$\alpha=\beta=90°,\gamma=120°$	$\alpha=\beta=\gamma=90°$	$\alpha=\gamma=90°,\beta\neq90°$	$\alpha\neq\beta\neq\gamma\neq90°$
立方晶	四方晶	六方晶	正交晶	单斜晶	三斜晶

图 $4-2-3$　主要晶系

（二）矿物的形成作用

矿物是化学元素通过地质作用等过程发生运移、聚集而形成的。具体的作用过程不同，所形成的矿物组合也不相同。矿物在形成后，还会因环境的变迁而遭受破坏或形成新的矿物。

1. 形成于岩浆的矿物

岩浆作用发生于温度和压力均较高的条件下。主要从岩浆熔融体中结晶析出橄榄石、辉石、闪石、云母、长石、石英等主要造岩矿物，它们组成了各类岩浆岩。同时还有铬铁矿、铂族元素矿物、金刚石、钒钛磁铁矿、铜镍硫化物以及含磷、锆、铌、钽的矿物。

2. 形成于变质作用的矿物

区域变质作用形成的矿物趋向于结构紧密、比重大和不含水。在接触变质作用中，当围岩为碳酸盐岩石时，可形成夕卡岩，它由钙、镁、铁的硅酸盐矿物如透辉石、透闪石、石榴子石、符山石、硅灰石、硅镁石等组成。后期常伴随着热液矿化形成铜、铁、钨和多金属矿物的聚集。围岩为泥质岩石时可形成红柱石、堇青石等矿物。

3. 形成于溶液的矿物

一定量的水只能溶解一定量的固体。如果水中不能再溶解更多的固体时，称此溶液为饱和溶液。但在自然界中，常常因为条件的变化而形成过饱和溶液。但这种溶液不稳定，其中的物质很容易沉淀，从溶液中析出。这是在过饱和溶液中形成矿物的第一种途径。如果溶液中的液体不断蒸发，其中的物质就会留下并开始排列成晶体。如石膏的形成，这是在过饱和溶液中形成矿物的第二种途径。

（三）主要造岩矿物

早些时候，人们在地球上发现了 3 000 多种矿物，而这其中只有大约 30 种是常见的。最常见的矿物通常是指造岩矿物，这是因为这些矿物也构成了地壳中发现的大多数岩石。

1. 硅酸盐

氧是地壳中含量最丰富的元素，其次是硅。含有硅和氧的矿物通常也会含有其他元素，称之为硅酸盐。地壳中已发现的大约 96% 的矿物是由硅酸盐组成的。最常见的矿物，像长石和石英，就是硅酸盐。

2. 碳酸盐

氧很容易与其他元素化合形成矿物族，例如碳酸盐和氧化物。碳酸盐是由一种或多种含有碳酸根（CO_3^{2-}）和金属元素组成的矿物，有很多种类，如方解石、白云石、菱锰矿等。一些碳酸盐有特殊的颜色，如绿色的孔雀石和蓝色的蓝铜矿。

3. 氧化物

氧化物是氧和金属的化合物。赤铁矿（Fe_2O_3）和磁铁矿（Fe_3O_4）都是常见的铁的氧化物，它们是优良的铁矿石。

其他主要的矿物族有硫化物、硫酸盐、卤化物和一些天然元素。硫化物，如黄铁矿（FeS_2），是硫和其他金属的化合物。硫酸盐，如硬石膏（$CaSO_4$），由含有硫酸根（SO_4^{2-}）的元素组成。卤化物，如岩盐（NaCl），由氯（或氟）与钙、钠（或钾）元素化合而成。天然元素，如银（Ag）或铜（Cu），仅由一种元素组成。

> **解释问题**

根据矿物的科学定义，所有的矿物都是无机物，而煤是数百万年前的生物经漫长的有机化过程形成的，因此煤不是矿物。

> **练习与思考**

1. 用自己的话给矿物下一个定义，说出某一种物质是或不是矿物的理由。
2. 怎样由溶液生成矿物？岩浆是如何形成矿物的？
3. 地壳中含量最丰富的两种元素是什么？这两种元素能形成什么矿物族？
4. 描述晶体。决定由岩浆生成的矿物晶体大小的因素是什么？

二、鉴别矿物

> **提出问题**

很多矿物都是金灿灿的，你能区分出哪块是真正的金子吗？

> **相关知识**

矿物千姿百态，但都有一定的化学成分和内部结构，长期以来，人们根据矿物的几何形状和物理性质来识别矿物。如外形、颜色、光泽、硬度、解理、比重和磁性等都是肉眼鉴定矿物的重要标志。

（一）实验鉴别

地质学家运用几种相对简单的实验来鉴别矿物。这些实验的依据是矿物的物理和化学性质。

1. 颜色

矿物在自然光中呈现的颜色是一个显著而有用的鉴定特征之一。有时候,矿物中的微量元素或微量化合物都会导致矿物具有不同的颜色,因为有些矿物的颜色是由矿物中的微量元素或微量化合物产生的。比如石英,纯净石英为无色,混入不同颜色的微量元素会呈现多种颜色:红碧玉含有微量化合物氧化铁,紫水晶含有三价铁元素,黄水晶含有氢氧化铁,蔷薇石英含有锰和钛元素。另外还有不少矿物是白色或无色的。尽管如此,颜色仍然是鉴别矿物的基本方法之一。

2. 光泽

矿物表面反射光波的能力称为矿物的光泽。科学家也常用光泽来描述金属或非金属。金、银、铜和方铅矿都具有光亮的表面,能反射出类似铬合金的光泽,故说它们具有金属光泽,如图4-2-4所示。

金属光泽　　　　半金属光泽　　　　金刚光泽　　　　玻璃光泽
（黄铜矿）　　　（磁铁矿）　　　　（金刚石）　　　（石英）

图4-2-4　光泽

非金属矿物,如方解石、石膏、硫黄和石英,没有金属光泽,表面显得比较暗淡,常呈珍珠色、蜡色或丝滑状。

3. 质地

质地是指矿物被触摸时的手感。和颜色、光泽一样,质地也常被用来鉴别矿物。矿物的质地可用"光滑的""粗糙的""油滑的""油腻的"和"玻璃质的"等字样来描述。比如,萤石具有光滑的质地,而云母则具有油滑的质地。

4. 条痕

当矿物划过无釉陶瓷时,通常会在其表面留下一道有颜色的粉末痕迹。条痕是矿物破碎或成粉末状时所呈现出来的颜色。有时,条痕与矿物外表的颜色并不一致。例如黄铁矿,其外表看上去像黄金,而条痕却是墨绿色的;而黄金则有黄色的条痕。由于条痕色比矿物颜色稳定,所以是重要的鉴定特征。

5. 硬度

硬度测试可以有效地帮助我们鉴定矿物。硬度是指矿物抵抗外来刻画等的能力。德国地质学家弗里德里克·莫斯发明了一种硬度标准,即莫氏硬度,如图4-2-5所示。从硬度最小(1级)的滑石到硬度最大(10级)的金刚石。莫氏硬度计中等级高的矿物可以刻画等级低的矿物,如方解石能刻画石膏,但不能刻画萤石。矿物的硬度也可以用日常用品来测定,如硬币的硬度约为3.5,小刀刀刃的硬度约为5.5。

矿物										
名称	滑石	石膏	方解石	萤石	磷灰石	长石	石英	黄玉	刚玉	金刚石
硬度	1	2	3	4	5	6	7	8	9	10

图4-2-5　莫氏硬度

6. 解理和断口

解理是矿物沿一定的薄弱面裂开的方式,这些面一般处于原子层面或原子化学键力最弱的方向,比如云母、方解石等。解理面一般很平整,用铁锤连续敲击会产生完全相同的面。用地质锤敲打矿物,它会断裂,并露出粗糙凹凸不平的表面,这就是断口。燧石、玉髓、黑曜石具有独特蛤贝状弧形断口,称之为贝壳状断口，如图 4 – 2 – 6 所示。

7. 密度和比重

有时举起大小相同的两种矿物时，感觉却很不同——一种会比另一种重很多。质量的不同是因为密度的不同而引起的。例如，黄铁矿的密度是 5.2g/cm³，黄金的密度是 19.0g/cm³。密度反映了原子的质量和矿物的结构，其数值与矿物的形状和大小无关，所以它成为非常有用的矿物鉴别方法。地质学家通常采用比重来测量密度。比重是物质的重量与 4℃下同体积水的重量的比值。

解理（方解石）　　　　　　断口

图 4 – 2 – 6　解理与断口

（二）矿物的其他特性

矿物的其他特性也可以用来鉴别矿物。例如，一种叫做冰洲石（如图 4 – 2 – 7 所示）的方解石，它的原子排列形式能够使穿过该矿物的光向两个方向弯曲。单束光折射后分别向两个方向，从而产生有重影的图像。这一现象叫做双折射。双折射也是锆石的特性之一。

图 4 – 2 – 7　冰洲石

由于受化学成分的影响，方解石还有另一种特性。当方解石（$CaCO_3$）遇到盐酸（HCl）时会发出嘶嘶的响声，这是因为产生了 CO_2 气泡，在本反应中同时生成了 $CaCl_2$，反应的化学方程式如下：

$$CaCO_3 + 2HCl = CaCl_2 + H_2O + CO_2 \uparrow$$

某些矿物还具有一些特殊的性质。如铁矿，它具有天然的磁性。天然磁石是磁铁矿的一种，它能像磁铁一样吸起铁钉。闪锌矿用力擦过条痕板时会发出像臭鸡蛋一样的怪味。这个怪味是由矿物中的硫化物产生的。

（三）矿物的用途

矿物存在于现实世界的任何地方。也许你正坐在矿物上，穿戴着矿物，甚至正吃着矿物。矿物被用来修筑道路，修建房屋，制造计算机、汽车、电视、桌子、珠宝、床、运动器具和药物等。对矿物的利用可以说无时无处不存在于我们的生活中。

1. 矿石

许多矿物都是从矿石中获取的。矿石是地壳中的矿物自然集合体，在现代技术经济水平条件下，能以工业规模从中提取国民经济所必需的有用物质的矿物。例如，赤铁矿是一种含铁的有用矿物，是生产钢铁的重要原料之一。

不是所有的矿物都可称之为矿石，只有那些在目前技术条件下可以被开采，并且有使用价值的矿物才能叫矿石。如果矿物的供应和需求发生了变化，那么这种矿物能否被认为是矿石也将随之变化。例如，一种用来制造计算机的矿物，如果工程师找到一种更有效或更廉价的矿物，那么原来的矿物将不再用作制造计算机，该矿物的需求大大下降，以至于它将不再被认为是矿石。

2. 矿藏

矿藏是地下埋藏的各种矿物的总称。大多数矿石都埋藏在地壳深处，需通过开采而获得。通过如图 4 – 2 – 8 所示的大型露天开采场，可获得近地表的矿石。埋藏较深的则需通过矿井的方式挖掘开采。在矿石开采过程中，无用的废料，如不需要的石块和泥土会随着有用的矿石一起被挖掘出来。在冶炼这些矿石前，必须首先将这些废料从矿石中分离出去。除去这些废料的费用是非常昂贵的，而且在某些情况下，会

图 4 – 2 – 8　位于新几内亚岛的格拉斯伯露天矿，它是世界上第三大
露天铜矿，并且是世界上最大的单体金矿

对环境造成污染。如果除去废料的费用高于矿物本身的价值，就没有开采它的经济价值了。

3. 宝石

宝石是更具有价值的矿物，它的价值由矿物的稀有性和完美度来决定。宝石因为其稀有和美观而非常昂贵。宝石（如红宝石、翡翠和钻石）可以通过切割、抛光而做成珠宝。

在某些情况下，矿物中的微量元素使它具有更绚丽的颜色，因而会比同种类的矿物更有价值。例如，石英的一种紫水晶，因含有微量元素，呈现出非常美丽的颜色，价格也比较昂贵。刚玉通常用作磨料，但如果其含有某些微量元素，就成了红宝石（含铬）或蓝宝石（含钴或钛），因而身价倍增。

🌐 解释问题

虽然很多矿物表面都是金灿灿的，但是你只要将它们在无釉陶瓷（通常称为条痕板）上划一下你就清楚了。只有黄金划出来的条痕是金黄色的，其他大部分的条痕都是深色的。因此，人们也将条痕板称为"试金石"。

🌐 练习与思考

1. 什么是矿物的质地？列举几个描述矿物质地的词语。
2. 比较矿物的解理和断口，并分别举例说明。
3. 如果一种矿物能刻画硬币而不能刻画玻璃，这种矿物的硬度如何？
4. 什么是矿石？为什么有些矿物被归入宝石类？请列举几种宝石。

第二节　岩石

本节学习要点

- 掌握岩石的概念和三大类岩石的成因；
- 了解岩浆及岩浆活动；
- 掌握三大类岩石的特点，并认识常见的岩石；
- 了解三大类岩石的转化。

- 学生通过学习，明白在自然界到处可见的不是矿物而是岩石；
- 学生通过学习，明白人类所需的各种矿产资源主要产于地壳的各种岩石；
- 学生通过学习，明白岩石是地壳历史的记录。

　　矿物很少在地壳中单独存在，它们常常组成各种各样的岩石。岩石是在各种不同的地质作用下产生的，由一种或多种矿物有规律组合而成的矿物集合体。如大理岩主要由方解石组成；花岗岩是由石英、长石、云母等多种矿物组成。在地球上，岩石形成了山脉、丘陵、山谷、海滩和洋底，整个地壳都是由岩石构成的，岩石构成了岩石圈的物质基础。

　　岩石按其成因分为岩浆岩、沉积岩和变质岩。

一、岩浆岩

提出问题

　　火山喷发的景象非常壮观，岩浆岩就是火山喷发时形成的，对吗？

相关知识

　　岩浆岩是由岩浆凝结形成的岩石，约占地壳总体积的65%。

（一）岩浆活动

　　岩浆是在地壳深处或地幔上天然形成的、富含挥发组分的高温黏稠的硅酸盐熔浆流体，是形成各种岩浆岩和岩浆矿床的母体。岩浆的发生、运移、聚集、变化及冷凝成岩的全部过程，称为岩浆作用。岩浆作用主要有两种方式：岩浆侵入活动和火山活动或喷出活动，前者形成侵入岩，后者形成火山岩或喷出岩，如图4-2-9所示。

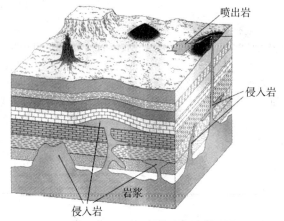

图4-2-9　岩浆岩生成示意图

（二）侵入岩

　　侵入岩是岩浆侵入在地壳一定深度上的岩浆，经缓慢冷却而形成的岩石，岩浆在地下有充分的条件结晶，因而形成晶体较大的矿物颗粒。花岗岩是最常见的一种侵入岩。地质学家们曾做过估算，一个2 000m厚的花岗岩体完全结晶大约需要64 000年。

　　花岗岩是分布最广的深层侵入岩，主要矿物成分是石英、长石和黑云母，颜色较浅，以灰白色和肉红色最为常见，具有等粒状结构和块状构造。很多金属矿产，如钨、锡、铅、锌、汞、金等，稀土元素及放射性元素与花岗岩类有密切关系。花岗岩既美观，抗压强度又高，是优质建筑材料。

（三）喷出岩

　　喷出岩是岩浆喷出或者溢流到地表迅速冷凝形成的岩石。喷出岩由于岩浆温度急剧降低，固结成岩时间相对较短。1m厚的玄武岩全部结晶，需要12天，10m厚需要3年，700m厚需要9 000年。可见，喷出岩固结所需要的时间比侵入岩要短得多。由于固结时间短，矿物结晶的颗粒细小，甚至肉眼都不能分辨，有的具有流纹或气孔构造。常见的喷出岩有玄武岩、流纹岩等。

　　玄武岩是一种分布最广的喷出岩。矿物成分以斜长石、辉石为主，黑色或灰黑色，具有气孔构造和杏仁状构造，斑状结构。铜、钴、冰洲石等有用矿产常产于玄武岩气孔中，玄武岩本身可用作优良耐磨耐酸的铸石原料。

解释问题

这个说法不够准确，火山喷发只形成了岩浆岩的一部分，即喷出岩，而更多的岩浆岩是岩浆侵入在地壳一定深度上的岩浆经缓慢冷却而形成的侵入岩。

练习与思考

1. 什么是岩石？研究岩石的意义有哪些？
2. 对比花岗岩和玄武岩，分析侵入岩和喷出岩的结构和构造差异。

二、沉积岩

提出问题

人们是如何知道在地球遥远的过去曾经有恐龙存在？

相关知识

在地表或近地表处常见的砂岩、页岩、石灰岩等都是沉积岩，它们占地表陆地总面积的 3/4，占上部地壳（深 16km）总体积的 5%。

（一）沉积岩的形成过程

在地壳发展过程中，已经形成的岩石露出地表后，在地表或近地表常温常压条件下，由风化作用、生物作用以及火山作用而形成的各类岩石的碎屑物质，经过流水、风、冰川及其他外力搬运，最后在海洋、低地或海陆之间的过渡地带沉积下来，在经受亿万年的压缩、变化之后，胶结在一起而形成的岩石，

图 4 - 2 - 10　沉积岩

称为沉积岩，如图 4 - 2 - 10 所示。还有些沉积岩是由化学沉淀物质或生物遗骸堆积而形成的，如石灰石、煤。

（二）沉积岩的特性

1. 层理构造

沉积岩的生成是一层一层地沉积下来的，所以常能看到明显的层次。这种由于先后沉积下来的矿物或岩屑的颗粒大小、成分、颜色和形状的不同而显示出的成层现象称为层理构造。它是沉积岩在形成过程中由于沉积环境的改变造成的。层理是沉积岩区别于岩浆岩和变质岩的最主要标志。

层理构造按形态可分为水平层理、斜层理和交错层理三种，如图 4 - 2 - 11 所示。

（1）水平层理：指层与层之间彼此平行的层理，这是在沉积环境较平静的条件下形成的。

（2）斜层理：指在水平层内所夹的倾斜细层，并与层面呈一定交角的层理。它形成于介质流速时有变化的环境中，如河床层沉积和滨海三角洲沉积等。

（3）交错层理：层面不平整，层理倾斜，并彼此交错。它主要是在沉积环境不稳定、风向流向多变的情况下形成的。

2. 化石

含有化石是沉积岩的另一个重要特征。化石是存留在岩石中的古生物遗体或遗迹，最常见的是骸骨和贝壳等。当一个生物体死亡后，它或许在没有腐烂之前就被埋到地下。如果它的残骸在没有被破坏的情况

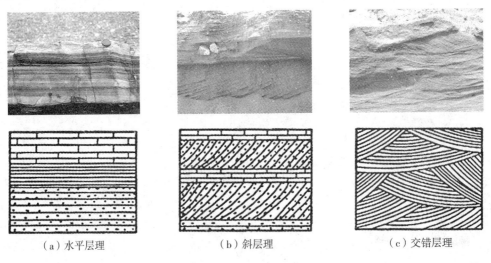

（a）水平层理　　　　　　　（b）斜层理　　　　　　　（c）交错层理

图 4-2-11　沉积岩的层理

下被埋得很深，它就可能以化石的形式被保存下来。在岩化过程中，部分生物体会被矿物取代并变成岩石，即化石，如图 4-2-12 所示。地理学家对化石是非常感兴趣的，因为化石提供了远古时代的各种信息：曾经生活在地球上的生物、当时存在过的环境以及生物体是如何随时间的变迁而变化的。化石在认识地层、研究地壳发展史上具有重要作用。

图 4-2-12　沉积岩和化石的形成

（三）沉积岩的类型

地质学家根据组成沉积岩的沉积物类型，把沉积岩分成三类：碎屑岩、有机岩和化学岩。大多数沉积岩都是由碎屑岩组成的。

1. 碎屑岩

碎屑岩是由地表上的大量疏松沉积物挤压在一起形成的沉积岩。碎屑岩按其颗粒的大小可进一步分类：①颗粒粗大的（粒径大于 2mm）为砾岩；②中等颗粒的（粒径 0.05～2mm）为砂岩；③颗粒细小的（粒径小于 0.05mm）为页岩。

2. 有机岩

有机岩是古代的植物和动物残骸沉积物积得很厚时形成的沉积岩。地壳中含量最丰富的有机岩是石灰岩，它的主要成分是方解石，其次是人们熟悉的煤。

3. 化学岩

化学岩是溶解在水中的矿物结晶形成的沉积岩。通常此类岩石是在干旱地区的内陆湖泊和流域盆地中形成的。常见的化学岩有岩盐和石膏。

沉积岩不仅分布极为广泛，还记录着地壳演变的漫长过程。如今已知地壳上最老的岩石，其年龄为 46 亿年，而沉积岩中年龄最老的岩石是 36 亿年。沉积岩中蕴藏着大量的沉积矿产，如煤、石油、天然气、盐类等，而且铁、锰、铝、铜、铅、锌等矿产中沉积岩也占有很大的比重。几千年来，人们用砂岩和石灰石作为建筑材料和化工原料。因此，沉积岩的用途很广。

解释问题

人们是通过对保存在沉积岩中的恐龙化石才了解到在地球遥远的过去曾经有恐龙存在。恐龙时代离我们如此遥远，如果不借助于化石，我们对恐龙这一神秘的物种就会一无所知。科学家们通过各种手段寻找恐龙化石的蛛丝马迹，并借助现代高科技手段来复原化石和研究恐龙。通过他们的工作，人们渐渐了解了恐龙的外形及生活习性，而来自世界各地关于恐龙的新发现以及新看法，一再修正人们原先认定的恐龙形象，使之更接近事实的真相。

练习与思考

1. 简述沉积岩的形成过程。
2. 比较几种主要的沉积岩。
3. 通过资料查阅，简述沉积岩的经济价值。

三、变质岩

提出问题

石灰岩和大理岩的主要矿物成分均为方解石，为什么大理岩是一种优质的装饰材料，而石灰岩不是？

相关知识

变质作用是指在地下特定的地质环境中，由于物理、化学条件的改变，使原有岩石基本上在固体状态下发生物质成分与结构的变化而形成新岩石的地质作用。由变质作用所形成的新岩石称为变质岩。变质作用的原岩可以是沉积岩、岩浆岩及变质岩。变质岩是组成地壳的主要成分，一般变质岩是在地下深处的高温（要大于150℃）、高压下产生的，后来由于地壳运动而露出地表。

（一）引起变质作用的因素

引起变质作用的主要因素是温度、压力及化学活动性流体。

1. 温度

温度往往是引起岩石变质的主导因素。引起岩石变质的温度来自于岩浆热。多数变质作用都是在温度升高情况下发生的。温度可以使岩石中矿物的原子、离子或分子具有较强的活动性，促使一系列的化学反应和结晶作用得以进行；同时温度增高还可使矿物的溶解度加大，使更多的矿物成分进入岩石空隙中的流体内，增强了流体的渗透性、扩散性及化学活动性，促进了变质作用的过程。变质作用的温度范围可由150℃～200℃直到700℃～900℃。

2. 压力

压力也是变质作用的重要因素，根据压力的性质可分为静压力和动压力。静压力又称围压，是由上覆岩石的重量引起的压力。它具有均向性，并且随着深度增加而增大。静压力的作用在于使岩石压缩，导致矿物中原子、分子或离子间的距离缩小，促使矿物内部结构改变，形成密度大、体积小的新矿物。动压力是由构造运动所产生的定向压力。由于动压力只存在于一定的方向上，因而使得岩石在不同方向上产生了压力差，它可以引起矿物的压溶作用，导致原岩发生矿物的重新分异与聚集，造成矿物定向排列；也可以使原岩破碎或产生变形，从而改造了原岩的结构与构造。

3. 化学活动性流体

化学活动性流体是指在变质作用过程中存在于岩石空隙中的一种具有很大的挥发性和活动性的流体。这种流体在地下温度、压力较高的条件下具有较强的物理化学活动性。它可以促使矿物组分的溶解和迁移，引起原岩物质成分的变化。

上述各种变质作用因素常常是互相配合、共同改造岩石的。但是，在不同的情况下起主要作用的因素会有所不同，因而变质作用也相应地显示出不同的特征。

(二) 变质作用的类型

不同温度和压力的组合会导致不同类型的变质作用。变质作用与变质岩如图 4 - 2 - 13 所示。

1. 区域变质

它是指当高温和高压影响地壳的大面积区域时而产生的大范围的变质作用。区域变质根据温度和压力的组合，可以是低等级、中等级和高等级的。低等级表明了温度最低、压力最小。

2. 接触变质

它是指一般在侵入体与围岩的接触带，由岩浆活动引起的一种变质作用。通常发生在侵入体周围几米至几千米的范围内，常形成接触变质晕圈。一般形成于地壳浅部的低压、高温条件下，压力为 $10^7 \sim 3 \times 10^8 \, \text{Mpa}$。近接触带温度较高，从接触带向外温度逐渐降低。

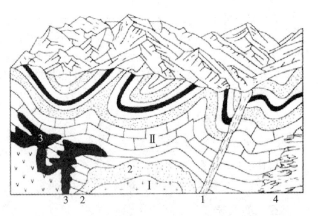

I—岩浆岩；II—沉积岩
1—动力变质岩；2—热接触变质岩；
3—接触交代变质岩；4—区域变质岩
图 4 - 2 - 13　变质作用与变质岩

3. 热液变质

当高温的水和岩石发生反应从而改变它的化学性质和矿物组成时，热液变质就发生了。热液流体能溶解一些矿物、破坏其他矿物并沉淀出新矿物。热液变质作用在岩浆岩侵入点和火山附近是很常见的。

(三) 变质作用的方式

在温度、压力及化学活动性流体的作用下，原岩可发生物质成分和结构、构造的变化。但是，这一变化是如何得以完成的呢？了解变质作用的方式有助于人们了解变质作用的过程。变质作用的方式极其复杂多样，其主要的方式有以下几种：

1. 重结晶作用

重结晶作用是指岩石在固态下，同种矿物经过有限的颗粒溶解、组分迁移，然后又重新结晶成粗大颗粒的作用，在这一过程中并未形成新矿物。最典型的例子是隐晶质的石灰岩经重结晶作用后变成颗粒粗大的大理岩（主要矿物成分均为方解石）。重结晶作用在成岩作用中已经出现，但在变质作用中则表现得更加强烈和普遍。重结晶作用对原岩的改造主要是使其粒度加大、颗粒相对大小均一化、颗粒外形变得较规则。

2. 变质结晶作用

变质结晶作用是指在变质作用的温度、压力范围内，在原岩总体化学成分基本保持不变的情况下（挥发成分除外），原有矿物或矿物组合转变为新的矿物或矿物组合的作用。由于这种变化过程多数情况下涉及岩石中各种组分的重新组合，并以化学反应的方式完成，故又称为重组合作用或变质反应。变质结晶作用的主要特点是有新矿物的形成和原矿物的消失，并且在反应前后岩石的总体化学成分基本不变。

3. 交代作用

交代作用是指在变质过程中，化学活动性流体与固体岩石之间发生的物质置换或交换作用，其结果不仅形成新矿物，而且岩石的总体化学成分发生改变。例如，含 Na^+ 的流体与钾长石发生交代作用而置换出 K^+，形成新矿物钠长石（斜长石的一种）：

$$KAlSi_3O_8 + Na^+ \longrightarrow NaAlSi_3O_8 + K^+$$
（钾长石）（带入）　（钠长石）（带出）

交代作用的特点是：在固态下进行；交代前后岩石的总体积基本保持不变；原矿物的溶解和新矿物的形成几乎同时进行；交代作用是在开放系统中进行的，反应前后岩石的总体化学成分发生改变。交代作用在变质过程中是比较普遍的，凡有化学活动性流体参加的情况下，总会有不同程度的交代作用发生。

变质岩的性质与原岩有很大的关系，同时又有自己的特点。岩石在变质过程中形成新的矿物，所以变质过程也是一种重要的成矿过程，中国鞍山的铁矿就是一种前寒武纪岩浆岩形成的一种变质岩，这种铁矿占全世界铁矿储量的70%。此外，如锰钴铀共生矿、金铀共生矿、云母矿、石墨矿、石棉矿都是变质作用造成的。

常见的变质岩有：由石灰岩变成的大理岩，由砂岩变成的石英岩，由页岩变成的片岩、板岩等。大理岩致密、坚硬、美观，是良好的建筑和装饰材料，纯白的大理岩又称汉白玉，非常珍贵。

解释问题

虽然石灰岩和大理岩的主要矿物成分均为方解石，但石灰岩是沉积岩，质地较为松软，一般作为烧制石灰、水泥的主要原料，在冶金工业中做熔剂等。而由石灰岩等碳酸盐经区域变质作用或接触变质作用形成的大理岩，经重结晶作用后而成为质地较为致密、易于开采加工、板材磨光后非常美观的优质装饰材料和建筑材料及美术工艺品原料。

练习与思考

1. 在变质作用过程中，岩石的化学成分是如何改变的？
2. 比较不同类型变质作用发生的原因。

四、岩石的循环

提出问题

人们常用"海枯石烂"来形容忠贞的爱情，岩石真是永远存在的吗？

相关知识

岩石是组成陆地表面的物质，通过岩浆活动、沉积成岩作用或变质作用而形成。在形成之后，则受地表不同作用的影响，改变了成分或结构，甚或改变了位置，也使地面形貌改观。这些不同的作用，总称为剥蚀作用。各种剥蚀作用经常运作，使地面的岩石破碎或移动，最后集中于一些低洼的位置沉积，经成岩作用便形成沉积岩。若因板块碰撞或火山爆发引致火山口塌陷，则岩石会掉进岩浆中而被熔融，要是遇上地表薄弱位置或裂缝位置，岩浆会上涌至较低温地带而冷凝为火成岩。当岩浆上涌时，其热力足以使两旁的原生岩石局部熔化并使矿物重新结晶；若有地壳运动而产生挤压，受力的岩石也会变质或破碎，形成变质岩。已形成的各种岩石会再受到各种剥蚀作用的影响而改变。

岩石循环没有起点和终点，岩石总是因为循环而不断地从一种类型变成另一种类型，如图4-2-14所示。

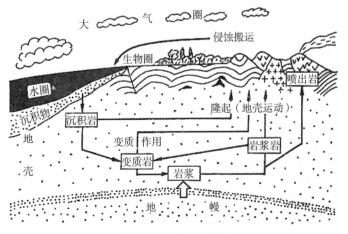

图4-2-14　岩石循环

🔘 解释问题

从岩石的循环中可以看出，任何一种岩石都不可能永远不变。用"海枯石烂"来形容忠贞的爱情是不可靠的。

🔘 练习与思考

1. 在地壳深处发生的是岩石循环的哪些过程？
2. 简述岩石循环的主要过程。

第三节　土壤

🔘 本节学习要点

- 了解土壤是如何形成的；
- 能够解释土壤中的有机成分和无机成分之间的关系；
- 了解土壤的特性，并能通过土壤剖面识别土壤层。

🔘 本节学习意义

- 学生通过学习，明白土壤是人类赖以生存的物质基础和宝贵财富的源泉，是人类最早开发利用的生产资料；
- 学生通过学习，明白土壤为人类社会发展创造了生存条件和发展的环境，人类在未来还要继续依赖于土壤。

土壤是地球生命的基础，因此它是一种非常重要的自然资源。很难想象一个没有土壤的世界会是什么样子。人类和其他生命体的食物及其他基本需求都离不开植物，而植物必须生长在土壤里。在自然界中，各种岩石经过不同类型和方式的风化作用以后，形成的风化产物残留在基岩的表面上，这些残留在原地的风化产物叫残积物。残积物上部常生长着植物，而后逐步发育成富含有机质的土壤。

一、土壤的形成和发育

🔘 提出问题

一般来说土壤形成需要多长时间？

🔘 相关知识

土壤是地球陆地表面、具有一定肥力且能生长植物的疏松上层，其厚度一般在 50～200cm。当地表岩石被风化破碎并与其他物质混合时，土壤便开始形成。无论何地，只要基岩裸露之处，土壤就能形成。基岩是土壤下面的固体岩层，一旦裸露地表，就会逐渐风化成越来越小的碎块，成为土壤的基本物质。这些岩石的碎块继续经历风化，破碎成越来越小的颗粒。许多有机体，例如细菌、真菌和昆虫，开始在这些被风化的物质里生活。随着时间的推移，有机体死亡、腐烂后，又将营养物质留在这些被风化的物质中使土壤变得更肥沃，土壤反过来又促进各种生物的生长。

土壤形成要持续很长时间，如图 4－2－15 所示。慢慢地，土壤发育成层状结构称为土壤层。一个土壤层的颜色和质地与它的上、下层土壤不同。如果在地上挖一个半米深的洞，你就会看到不同的土壤层。土壤学家通常将土壤分为三层。A 层由表土层组成，易松动，暗褐色，是一种由腐殖质、黏土和其他无机物组成的土壤。B 层通常称之为亚土层，由黏土和其他从 A 层淋滤下来的微粒组成，但几乎没有腐殖质。C 层仅包含部分风化的岩石。

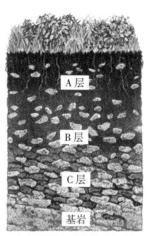

（a）基岩风化和岩石破碎　　　　（b）植物根系机械和化学风化　　　（c）当降水冲洗黏土和无机
　　　形成土壤微粒，C层形成　　　　岩石时，A层从C层中发育而成。　　物A层到B层中时，B层发育
　　　　　　　　　　　　　　　　　植物也增加了土壤中的有机质

图 4 - 2 - 15　土壤形成三部曲

形成土壤所需要的时间取决于基岩的种类和该地区的气候条件。然而，一般来讲，土壤形成的过程需要漫长的时间，形成 1cm 厚的土壤层可能需要上百年的时间。

解释问题

一旦基岩开始风化，土壤的形成过程就开始了。基岩的风化物在气候与生物的作用下，经过上千年的时间，才逐渐转变成可生长植物的土壤。

练习与思考

1. 什么是土壤？
2. 简述土壤形成的过程。

二、土壤的基本特性

提出问题

为什么人们常用"黑土地"来形容土壤的肥沃？

相关知识

土壤是由固体、液体和气体三类物质组成的。固体物质包括土壤矿物质、有机质和微生物等。液体物质主要指土壤水分。气体是存在于土壤孔隙中的空气。土壤中这三类物质构成了一个矛盾的统一体。它们互相联系，互相制约，为作物提供必需的生活条件，是土壤肥力的物质基础。

土壤矿物质是岩石经过风化作用形成的不同大小的矿物颗粒（砂粒、土粒和胶粒）。土壤矿物质种类很多，化学组成复杂，它直接影响土壤的物理、化学性质，是作物养分的重要来源。

土壤有机质含量的多少是衡量土壤肥力高低的一个重要标志，它和矿物质紧密地结合在一起。在一般耕地，耕层中有机质含量只占土壤总量的 0.5% ~ 2.5%，耕层以下更少，但它的作用却很大，农民常把含有机质较多的土壤称为"油土"。土壤有机质中最主要的是腐殖质。腐殖质是指动植物腐烂时产生的黑色胶体物质，一般占土壤有机质总量的 85% ~ 90%。腐殖质有助于在土壤中为水和空气创造空间，这是植物生长所必需的。腐殖质既含有氮、磷、钾等大量元素，还有微量元素，经微生物分解可以释放出来供作物吸收利用，成为植物生长所需养分的主要来源。

　　土壤微生物的种类很多,有细菌、真菌、放线菌、藻类和原生动物等。土壤微生物的数量也很大,1 克土壤中就有几亿到几百亿个。1 亩地耕层土壤中,微生物的重量有几百斤到上千斤。土壤越肥沃,微生物越多。

　　微生物在土壤中主要起到分解有机质、分解矿物质和固定氮素的作用。作物的残根败叶和施入土壤中的有机肥料,只有经过土壤微生物的作用,才能腐烂分解,释放出营养元素,供作物利用;并且形成腐殖质,改善土壤的理化性质。微生物还能分解矿物质,例如磷细菌能分解出磷矿石中的磷,钾细菌能分解出钾矿石中的钾,以利作物吸收利用。氮气在空气的组成中占 4/5,数量很大,但植物不能直接利用。土壤中有一类叫做固氮菌的微生物,能利用空气中的氮素作食物,在它们死亡和分解后,这些氮素就能被作物吸收利用。

　　土壤是一个疏松多孔体,其中布满着大大小小蜂窝状的孔隙。直径 0.001 ~ 0.1mm 的土壤孔隙叫毛管孔隙。存在于土壤毛管孔隙中的水分能被作物直接吸收利用,同时,还能溶解和输送土壤养分。

解释问题

　　土壤是否肥沃取决于土壤的肥力,而土壤有机质含量的多少是衡量土壤肥力高低的一个重要标志。土壤有机质中最主要的是腐殖质。腐殖质是动植物腐烂时产生的黑色胶体物质。“黑土地”说明土壤中的腐殖质含量高,因此十分肥沃,利于植物生长。

练习与思考

1. 什么是土壤的肥力?
2. 简述微生物在土壤中的作用。

三、土壤的分布和主要类型

提出问题

为什么土壤有不同的颜色?

相关知识

　　土壤的外表、形成速度以及肥力在很大程度上是由气候条件决定的。因为土壤的质地源于不同的母岩,并经历了不同的气候条件,因而不同地区的土壤的性质差异很大。促进土壤形成的其他因素包括土壤中的动植物种类、地形条件以及土壤的形成时间。然而,由于气候是影响土壤形成的主要因素,因而土壤通常是根据其形成的气候条件进行分类的。土壤主要分成四种类型:极地土壤、温带土壤、荒漠土壤和热带土壤。除这四种之外的,都为其他土壤,世界主要土壤分布如图 4 - 2 - 16 所示。

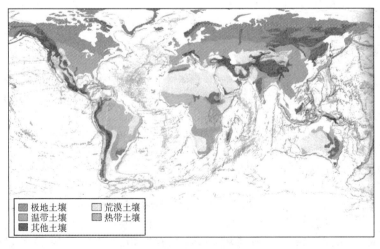

图 4 - 2 - 16　世界主要土壤的分布

（一）极地土壤

极地土壤形成于高纬度和高海拔地区，例如格陵兰、加拿大、南极大陆等。这种土壤的通透性良好，但由于土层比较薄，有的只有几厘米厚，因此没有明显的分层。永久性冻土，又叫做多年冻土，通常位于浅薄的极地土壤层下面。

（二）温带土壤

不同温带地区的土壤属性差别很大，因此，这些土壤中可以出现森林、草地和大草原等多样化的环境。一个地方的降水量决定植被的种类，温带地区一般年降水量大于 500~600mm。草场富含腐殖质，拥有富饶肥沃的土壤；而森林土壤含有丰富的黏土和氧化铁，土质并不肥沃。在更加干旱温暖的大草原上，土壤中生长着青草和灌木，这些地区的年降水量少于 500~600mm。

（三）荒漠土壤

沙漠地区的降水量低，年平均降水量少于 250mm，这使得荒漠土经常累积高浓缩的盐，因此只有少数植物可以生长。荒漠土几乎没有任何有机物，只有很薄的表土层。然而，荒漠土通常有丰富的营养元素。在降水期间，荒漠土能使许多适应长期干旱气候条件的植物生长。荒漠土是浅色的，颗粒粗糙，并可能含有盐和石膏。

（四）热带土壤

热带地区常年高温、降水丰沛。这些条件使得风化非常强烈，导致土壤贫瘠化。强烈的风化与剧烈的微生物活动使得热带土壤只有很少量腐殖质和营养物质。虽然这些土壤中的可溶解物，如方解石和硅土大量流失，但其中的铁和铝含量很高。热带土壤的典型颜色是红色，这是由于其中富含氧化铁的缘故。

解释问题

各地土壤有不同的颜色是由各地不同的自然条件决定的。在不同的自然条件下形成的土壤，其腐殖质含量和化合物种类不同。腐殖质含量多时，土壤呈黑色；腐殖质含量少时，土壤呈灰色。氢氧化铁为红色，在土壤中含量多时，土壤便呈现不同程度的红、棕红及棕黄色；二氧化硅、碳酸钙、高岭土、氢氧化铝等为白色，土壤中含任何一种这类化合物时，即呈灰白、浅灰或黄灰色。

练习与思考

1. 简述土壤的主要类型。
2. 解释温带土壤和热带土壤之间的区别。

第三章　地表的演化

第一节　风化、侵蚀

本节学习要点

- 掌握风化作用和侵蚀作用的概念；
- 了解风化作用的主要类型；
- 了解风、流水、冰川等的侵蚀作用对地表的破坏过程。

本节学习意义

- 学生通过学习，明白风化和侵蚀作用改变了地球的地表形态，形成了多种多样的地形地貌；
- 学生通过学习，明白在各种力量塑造和改变地形地貌的过程中，有时也给人类带来了灾害。

风化和侵蚀使得地球的外表形态在不断地发生变化，这种变化塑造了地球表面的形态。

一、风化作用

提出问题

岩石一般都很坚硬，可是在野外，山上的岩石却布满了裂缝，山脚下往往堆着不少的碎石和沙，这是为什么呢？

相关知识

造山运动将岩石挤迫到地表，这些地表及接近地表的岩石，在大气、温度、水和生物的联合影响下，使原来的岩石在物理性质或化学成分上发生改变的作用，称为风化作用。风化作用产生的现象称为风化现象。风化作用将岩石破碎成越来越小的颗粒，然后通过侵蚀作用将碎屑带走。

引起岩石风化作用的因素是很复杂的。物理风化和化学风化是可以破坏岩石和矿物的两个过程。这两种风化在地球地貌的塑造过程中同时发生作用。

（一）物理风化

物理风化作用是指岩石在风化过程中，只改变其物理状态，不改变其化学成分的破坏作用。它使坚硬的岩石崩裂，使块状的变成粒状或碎屑，它是一种机械的破坏作用。物理风化影响地表上的所有岩石。物理风化作用缓慢，但只要有足够的时间，它能将巨大的山脉剥蚀成细小的沙粒。

物理风化作用最重要的方式是卸载（释荷）、温差和冰劈作用。

1. 卸载

卸载作用是处在地下深处的岩石，由于受高温高压的影响，因此坚硬而致密；当它转移到地表常温常压条件下时，由于静压力解除，在张应力作用下自发膨胀，这种现象就叫卸载，即能量释放，负荷减轻，结果使岩石表面产生一系列平行或垂直于地表的裂隙，这种裂隙就叫节理。由于长期的卸载作用，促使岩石层层剥离崩解，所以又叫剥离作用。

2. 温差

温差作用是因气候变化而导致岩石产生崩解。由于岩石导热性差，不同的造岩矿物有不同的膨胀系数。白天太阳照射，热向岩石内部传递，岩石内外之间出现温差，结果在岩石表里之间产生平行裂隙，使岩石表面出现层层脱落。晚上因内热外冷，表里不一，于是出现垂直于岩石表面的裂隙，最后崩解为沙泥，如图 4 - 3 - 1 所示。

3. 冰劈

冰劈作用是当昼夜气温在 0℃ 上下变动时，渗透在岩石裂隙中的水，时而冻结，时而溶解。当水结冰时，它的体积就会增加 9%，使岩石裂隙扩张，最后使岩石崩解，如图 4 - 3 - 2 所示。一般说来，冰冻风化主要发生

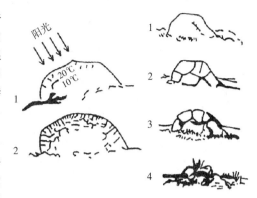

图 4 - 3 - 1　温差作用导致岩石崩解示意图

在弯弯曲曲的岩石裂隙中，因为向上张开的 "V" 形裂隙，在产生冰劈时，压力会向冰帽方向转移，岩石就不易产生进一步的破坏。在干旱和半干旱地区，由于盐类在岩石裂隙中的过饱和结晶，也同样可以挤碎岩石。另外，树根生长对于岩石的压力可达 $10 \sim 15 kg/cm^2$，这能使根深入岩石裂缝，劈开岩石。

（二）化学风化

岩石中的矿物成分在氧、二氧化碳以及水的作用下，常常发生化学分解作用，产生新的物质。这些物质有的被水溶解，随水流失，有的属于不溶解物质残留在原地。这种改变原有化学成分的作用称为化学风化作用。化学风化作用使岩石的矿物成分发生变化，转变为地表稳定的新矿物。这是与物理风化作用的区别。

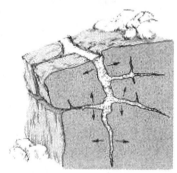

图 4 - 3 - 2　冰劈作用示意图

化学风化作用的方式主要是氧化、溶解和水解作用。

1. 氧化

氧化作用是指大气中的氧与矿物化合形成氧化物的作用。空气和水中的游离氧是地表最重要的氧化剂。大气中含有 21% 左右的游离氧。水中约能溶解占其体积 3% 的空气。在地下水面低，地形起伏大，岩石裂隙发育的温湿地区，氧化作用进行得比较充分，深度也大，甚至可达百米以上，从地面到地下被氧化的地带，叫氧化带。氧在地下所达到的深度各处不一，随着深度的加大，含氧量逐渐减少，一般在地下水面以下，就几乎无氧化作用了。

2. 溶解

溶解作用也是自然界常见的化学作用。空气中 CO_2 的含量约占 0.03%，CO_2 比其他气体易溶于水，在河水和地下水中，CO_2 的含量为大气圈中的 1 700 ~ 2 700 倍。CO_2 溶解于雨水中或土壤空隙水中，结果变成弱酸，称为碳酸。碳酸容易风化大理石和石灰石。溶解作用的结果是：易溶物质流失，难溶物质残留原地，岩石孔隙增多，硬度变小，岩石被破坏。

3. 水解

水解作用是指某些矿物一遇水就变成带氢氧根离子（OH^-）的新矿物，这种化学作用叫水解作用。水解作用对地表岩石的破坏也是极为剧烈的。纯水是中性的，其 pH 值为 7，不显酸性，也不显碱性。但它具有离解能力，其中一部分离解为 H^+ 和 OH^- 离子。当弱酸性碱盐或强碱性组成的矿物遇水时，就会离解为带不同电荷的离子，这时它们分别与水中的 H^+ 和 OH^- 离子结合，生成新的化合物（新矿物）。由于这种反应是不可逆的，离解与化合不断进行，直到原有矿物被水解完为止。

由化学风化作用残留在原地的产物叫化学残积物。这些物质往往呈松散状，其成分主要是铁、铝、硅的化合物，如褐铁矿、铝土矿、高岭土、蛋白石等。当残留物中铁质少、铝质多时，就形成红色黏土，称

为红土。我国南方许多省都能见到红土堆积，有的地方厚达几十米。

（三）影响风化速度的因素

地球物质的自然风化过程是非常缓慢的，比如，1cm 厚度的石灰岩的风化也许需要 2 000 年的时间，而大多数岩石的风化速度更加缓慢。某些环境因素及其相互作用能够加速或减缓风化过程。

1. 气候

一个地区的气候是影响地球物质化学风化速度的主要因素。温度和降水量之间的相互作用会对一个地区的风化作用产生最大的影响。在气候温暖、降水丰沛、植被茂盛的地区，化学风化更容易发生。这种气候条件下可产生厚实且富含有机物的土壤。当丰富的降水与有机物中的 CO_2 结合产生碳酸时，化学风化的过程就变得更快了。在中美洲、东南亚和其他热带地区化学风化最为剧烈。

相反，物理风化最容易发生在气候寒冷干旱的地区。在水反复冻结和融化的地区，物理风化的速度最快。在寒冷干旱的气候条件下不利于化学风化，化学风化十分微弱。

2. 岩石的种类和构成

地球的表面由各种各样的岩石和矿物构成。岩石的特征，包括坚硬度和抗分裂性，是由岩石本身的类型和构成决定的。一般来说，沉积岩比坚硬的岩浆岩和变质岩更容易风化。

3. 岩石的表面积

物理风化使岩石破裂成较小的碎块。当石块变小后，它们的表面积就会增加，这意味着遭受化学风化的总面积变得更大。因此，风化作用的范围就更大。

4. 地形和其他因素

在坡面上，由于重力的作用，坡面的物质更容易移动。当地表物质向坡底移动，其下部的岩石表面就会暴露在外，从而提高了风化的可能性。另外有机体也会影响风化速度。腐烂的有机物和植物的根会产生 CO_2，与水结合产生酸，反过来提高风化速度。

🔘 **解释问题**

碎石和沙都是风化作用造成的。岩石虽然坚硬，但在风化作用下，将岩石破碎成越来越小的颗粒。因此你可以看到山上岩石布满裂纹，有的甚至完全破碎跌落山脚。

🔘 **练习与思考**

1. 区别两种风化类型之间的不同。
2. 说出影响风化速度的几个因素。
3. 哪两种气候要素能影响风化进程？

二、侵蚀、搬运和沉积

🔘 **提出问题**

下雨是一种经常发生的天气现象。下雨时，雨水降落到土地上。雨水会对土壤产生什么影响？

🔘 **相关知识**

风力、流水、冰川、波浪等外营力对地表岩石及其风化产物的破坏作用，称为侵蚀作用。侵蚀是自然力把风化了的岩石和土壤从一个地方搬到另一个地方的过程。风化作用产生碎屑，为外营力提供了侵蚀地面的条件。继侵蚀作用之后，相继出现搬运作用和沉积作用。将侵蚀的物质从一个地方搬移到另一个地方的过程，称为搬运。自然界有各种不同的动力能运送被风化侵蚀的物质，小溪和江河中的流水、冰川、风、海流以及波浪都能送送物质。到了一定阶段，被搬运的物质的运动速度会减缓，然后被弃留在另一个地点，这个过程称为沉积，也就是搬运过程的最后阶段。

（一）重力作用

重力与许多侵蚀力有关，因为重力会使所有的物质向下运动。没有重力，冰川就不会向下移动，溪水也不会流动。重力也是滑坡、泥石流和雪崩的原动力之一。

（二）流水侵蚀

流水的侵蚀作用最为强大和普遍。如图4－3－3所示。流水产生多种地貌，是塑造地表形态的主要自然力。流水的侵蚀是从雨点溅落在地面开始的，雨点降落时的力可以打散并溅起土壤微粒。降水一部分渗入地下，一部分蒸发或被植被吸收，剩下的雨水在地面流动时，携走这些被打散并溅起的土壤微粒。在地表流动的剩余雨水称为径流。当径流以面状在地上漫流时，会引起面蚀。因为重力作用，径流和它所携带的物质向下运动。径流在行进过程中，在土壤中形成许多小沟，称为切沟。当这些切沟相互汇集在一起，就变大形成冲沟。冲沟就是暴雨后的径流在土壤中形成大的河槽或沟渠。水流通过冲沟时，带走土壤和岩石，因而通过侵蚀拓宽了冲沟，如图4－3－4所示。冲沟汇聚在一起形成更大的河渠叫溪流。溪流是水持续地向坡下流动形成的河渠。与冲沟不同的是，溪流很少干枯。小的溪流也被称为小溪，溪流汇聚时，形成越来越大的流动水体，大的溪流称为河流。

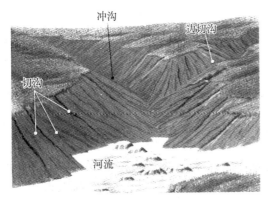

图4－3－3　流水的侵蚀作用

图4－3－4　流水侵蚀形成的冲沟

（三）冰川侵蚀

冰川是一种巨大的流动固体，是在高寒地区由雪再结晶聚积成巨大的冰川冰，因重力这一主要因素使冰川冰流动，成为冰川。冰川亦称冰河。尽管冰川在地球表面的覆盖面积不到10%，但它们的侵蚀影响却是规模巨大且惊人的。冰川能磨蚀并重塑大面积的地表形态。由于冰川质地十分紧密，因此能够携夹巨大的岩石和成堆的碎片，并将其搬运到很远的地方。

（四）风力侵蚀

风是干旱和高温地区的主要侵蚀动力。这些地区几乎没有任何植被覆盖来保护土壤。风很容易携带和搬运细小干燥的颗粒。当条件适合的时候，风力侵蚀的后果将是毁灭性的。风中携带的颗粒物具有强大的磨蚀性，它不仅会对地貌特征造成破坏，而且会损坏人造建筑。风力侵蚀是很常见的，但风蚀作用与流水侵蚀、冰川侵蚀相比，是非常微弱的，几乎可以忽略不计。

（五）人类和动物引发的侵蚀与搬运

生活在地表的动植物也会对侵蚀过程产生影响。在动植物的生活过程中，它们会将物质从一个地方搬移到另一个地方。例如，在地里挖洞的动物会将多余的土壤挖出，这时土壤就被搬运到其他位置上。人类也会在某些地方进行开凿活动，将土壤移到别处。种植一片花园、开辟一块新的运动场以及修建高速公路，都是人类活动将地球物质移位的例子。然而，与流水侵蚀、风蚀和冰蚀作用相比，受植物和人类活动影响而发生的侵蚀是很小的。

解释问题

下雨时，雨点降落时的力可以打散并溅起土壤微粒，雨水在地面流动时，携走这些被打散并溅起的土壤微粒。如果雨水足够大，就会在地表形成径流。在重力作用下，径流就会将部分土壤带走，造成水土流失。

练习与思考

1. 在侵蚀过程中，重力在与其相关的侵蚀力中起到了什么作用？
2. 描述侵蚀力以及它们对地表形态的影响。
3. 简述流水的侵蚀作用以及切沟和冲沟的形成过程。

第二节　块体运动、风和冰川

本节学习要点

- 掌握块体运动、风和冰川作用是如何改变地貌特征的；
- 了解分别由块体运动、风和冰川作用形成的地表外部特征。

本节学习意义

- 学生通过学习，明白块体运动、风和冰川等地球的外部活动塑造和改变了地表形态，从而影响了人类的生产和生活；
- 学生通过学习，明白某些活动，如泥石流、滑坡和崩塌，还会给人类带来灾害。

地球的外表也在不断地发生变化，有些很细微，而有些可能会很快。例如，滑坡、冰川以及雪崩会迅速改变地貌形态。每年世界上都有很多地区因发生水灾、泥石流以及滑坡和崩塌而造成生命和财产的损失。

一、地表的块体运动

提出问题

在山区，为什么暴雨过后容易发生山体滑坡？

相关知识

（一）块体运动

诸如山脉、丘陵、高原这样的地貌是如何被侵蚀和改变的？地貌可以通过风、冰川和水的共同作用而改变，也可以通过重力的单独作用而发生变化。松散的沉积物和被风化的岩石由于重力作用向下坡方向运动称为块体运动。在大多数地貌形态的变化中，侵蚀是紧随风化作用的。岩石被风化后变得脆弱并破裂成小的块，这时就有可能发生块体运动，并将风化后的岩屑带到下坡。由于气候对某个特定区域里所发生的风化活动以及其中的植被有重大的影响，因此气候情况决定什么物质、多少物质可能会发生块体运动。

所有的块体运动都发生在斜坡上。由于地球上很少有地方是绝对水平的，所以几乎所有的地球表面都有可能发生块体运动。块体运动可能非常缓慢，也可能非常迅速。从细小的泥浆到大石块，地球上的物质都在发生移动。

（二）影响块体运动的因素

影响块体运动的因素主要有以下几个方面：第一是物体的重量。重力作用可以将物体牵引到斜坡下方；第二是物体对滑动或流动的阻力；第三是诱发作用，例如地震。地震可以将物体从斜坡上震松。当使物体沿斜坡下滑的作用大于抵抗物体滑动、流动和落体的阻力时，就会发生块体运动。水是影响块体运动的第四方面因素。在斜坡上沉积物含有少量水，有助于沉积物颗粒结合在一起，从而使得物质颗粒更加稳定。但是，若水分过多时，沉积物重量大大增加。另外，水会填充在颗粒之间的细小缝隙间，它就像润滑剂一样减少了颗粒之间的摩擦力。因此，在重力作用下，水分饱和的沉积物更容易沿斜坡下滑。

（三）块体运动的分类

块体运动多发生在山区的坡地，其有快有慢，主要有山崩、泥石流、滑坡和蠕动。

1. 山崩

山崩是山坡上的岩石、土壤受到重力吸引，快速、瞬间滑落的现象。山坡愈陡，土石就越容易下滑，山崩就越容易发生。而在连续的大雨之后，雨水渗入地下，增加土石的重量与下滑力，所以山崩也常在大雨之后发生。山崩可以造成很大的灾害。严重时可以毁坏整个村庄，砸死人畜，毁坏工厂、电站，堵塞道路。山崩后的石块、土块大量落入河道中，还会阻塞河流，形成洪水灾害，如图 4-3-5 所示为我国台湾一处山体岩壁崩塌。

图 4-3-5　我国台湾一处山体岩壁崩塌

2. 泥石流

泥石流是山区沟谷中，由暴雨、冰雪融水等水源激发的，含有大量的泥沙、石块的特殊洪流。斜坡上的碎屑物被水浸润后，在重力与水的作用下快速向坡下运动就形成了泥石流。泥石流的形成必须同时具备 3 个条件：陡峻的便于集水、集物的地形、地貌；有丰富的松散物质；短时间内有大量的水源，如图 4-3-6 所示为山西省的一次泥石流。

泥石流往往突然暴发，浑浊的流体沿着陡峻的山沟前推后拥，奔腾咆哮而下，地面为之震动，山谷犹如雷鸣。在很短时间内将大量泥沙、石块冲出沟外，在宽阔的堆积区横冲直撞、漫流堆积，常常给人类生命财产造成重大危害。例如

图 4-3-6　山西省浮山县 2005 年 11 月 8 日
凌晨 3 时 10 分发生的泥石流

2008 年 10 月 24 日至 11 月 2 日，云南楚雄彝族自治州出现历史罕见的秋季持续强降雨天气过程，尤其是 11 月 1 日普降大到暴雨，导致楚雄、双柏、武定、禄丰、元谋、南华等县市遭受严重洪涝和滑坡泥石流灾害。这次滑坡泥石流灾害造成 35 人死亡、107 万人受灾。灾害还造成道路、水库、通信、电力等设施严重受损。

3. 滑坡

滑坡（如图 4-3-7 所示）是指斜坡上的土体或者岩体，受河流冲刷、地下水活动、地震及人工切坡等因素影响，在重力作用下沿着一定的软弱面或者软弱带，整体地或者分散地顺坡向下滑动的自然现象。俗称"走山""垮山""地滑""土溜"等。滑坡运动一般是长期的、缓慢的，其速度每年一两米至数十米，仅在少数情况下，才有较急剧的滑动。滑坡在雨季和多雨年份发展较快，在干季和少雨年份发展较慢，甚至停顿。

在自然界，对滑坡影响最大的是坡脚掏蚀后，斜坡下部会逐渐变陡而失去支撑，常可引起上部块体的下滑。此外，风化作用、人工开挖坡脚及在斜坡上进行蓄水灌溉、地震

图 4-3-7　日本某地因地震引发的滑坡

等，也在不同程度上影响到滑坡的形成与发展。

4. 蠕动

松散的风化物质，特别是土壤，缓慢地、平稳地向下坡方向的运动叫蠕动。由于这种运动的速率每年只有几厘米，因此蠕动作用通常需要经过很长时间才能被观察到。蠕动可能使竖直的电线杆、栅栏、墓碑倾斜，也可能会造成树木扭曲、墙壁开裂，并且破坏地下管道。在几乎所有的斜坡上，即使坡度非常缓，松散的沉积物都会发生蠕动。

解释问题

泥石流发生的条件要有水有土。山区坡陡，如果加上植被破坏，泥土松动，暴雨来临，雨水下渗，沉积物重量大大增加。另外，水会填充在颗粒之间的细小缝隙间，它就像润滑剂一样减少了颗粒之间的摩擦力。因此，在重力作用下，水分饱和的泥土和石块混合在一起更容易沿斜坡下滑而形成泥石流。

练习与思考

1. 描述各种形式的块体运动背后的作用力，并解释它在块体运动过程中的作用。
2. 水是如何影响块体运动的？
3. 人类能采取什么防备措施来避免块体运动造成的危害？

二、风的作用

提出问题

黄土高原真的是由风吹来的吗？

相关知识

在侵蚀过程中，运动的气体卷起并携带地表的物质。和流水不同，风可以将沉积物吹上山坡，也可将它们吹入谷底。作为一种侵蚀动力，风能够改造干旱和海岸地区的地貌。

（一）风蚀作用

风力侵蚀作用表现为风力吹起岩石的风化碎屑，并挟带碎屑磨蚀岩石。其中风将地面的松散沉积物或基岩上的风化产物吹走，使地面遭到破坏，称吹蚀作用。风沙流以其所含沙粒作为工具对地表物质进行冲击、磨损的作用，称磨蚀作用。风和风沙流对地表物质的吹蚀和磨蚀作用，统称为风蚀作用。沙漠地区常见的风蚀洼地、风蚀柱、风蚀蘑菇（如图4 -3 -8所示）等，都是风力侵蚀作用造成的。

风可以像水那样携带并搬运沉积物。然而，除了飓风、龙卷风和其他强风暴，风不可能像水那样挪动大颗粒的沉积物。因此，风的搬运能力相对而言要小于水和冰等其他侵蚀媒介。

多数风蚀和搬运作用主要发生在植被稀少的地区，例如沙漠、半干旱地区、海岸和某些湖滨地区。

图4 -3 -8　风蚀蘑菇

（二）风蚀沉积

风携带的所有沉积物最终将落到地面。当风减速或者遇到障碍物如石块、灌丛时，就会发生沉积。风蚀和沉积可能形成沙丘和黄土沉积。

当带有大量沙粒的气流，遇到灌丛或石块时，沙粒受阻堆积下来，就形成沙丘。沙丘（如图4 -3 -9所示）是沙漠地区基本的地表形态。如果没有植被的滞阻，沙丘在风力作用下则形成流动沙丘，流动性沙丘会湮没农田村舍，破坏交通。因此，治理沙漠是人类改造自然的一个重要课题。

沙丘常由风中较粗的沉积物组成，细颗粒（包括黏土和粉沙）有时会在离物源较远的地方沉积下来。这些细的风蚀沉积物就是黄土。我国的黄土高原（如图 4-3-10 所示）是世界上最大的黄土堆积高原，在中国中部偏北，跨山西、陕西、甘肃、青海、宁夏及河南等省区，面积约 40 万 km^2。它是来自北部和西北部的甘肃、宁夏和内蒙古高原以至中亚等广大干旱沙漠区岩石风化产生的细小的粉沙和黏土，每逢西北风盛行的冬春季节，纷纷向东南飞扬，当风力减弱或遇秦岭山地的阻拦便停积下来，经过几十万年的堆积就形成了浩瀚的黄土高原。黄土颗粒细，土质松软，含有丰富的矿物质养分，利于耕作，盆地和河谷农垦历史悠久，是中国古代文化的摇篮。

图 4-3-9　沙丘

🔍 解释问题

大部分专家学者都认为黄土高原那厚厚的黄土是来自风的侵蚀和沉积作用。大风从遥远干旱的西北吹过来的粉砂细土，被秦岭等山脉挡住了去路，被迫沉降下来，经过几十万年的堆积形成了今天的黄土高原。

🔍 练习与思考

1. 什么样的气候条件最容易引起风蚀作用？
2. 简述主要的风蚀和风积地貌。
3. 简述黄土高原的形成原因。

图 4-3-10　黄土高原

三、冰川作用

🔍 提出问题

北美五大湖是怎么形成的？

🔍 相关知识

冰川（如图 4-3-11 所示）是一种巨大的流动固体，是在高寒地区由雪再结晶聚积成巨大的冰川冰，因重力这一主要因素使冰川冰流动，成为冰川。冰川亦称冰河。

在极地和高山地区，气候严寒，常年积雪，当雪积聚在地面上后，如果温度降低到零下，可以受到它本身的压力作用或经再度结晶而造成雪粒，称为粒雪。当雪层增加，将粒雪往更深处埋，冰的结晶越变越粗，而粒雪的密度则因存在于粒雪颗粒间的空气体积不断减少而增加，使粒雪变得更为密实而形成蓝色的冰川冰，冰川冰形成后，因受自身很大的重力作用形成塑性体，沿斜坡缓慢运动或在冰层压力下缓缓流动，形成冰川。

图 4-3-11　中国西藏绒布冰川

（一）冰川类型

按照冰川的规模和形态，冰川分为山岳冰川（又称山地冰川或高山冰川）和大陆冰盖（简称冰盖）。

1. 山岳冰川

山岳冰川是冰雪在山谷之中堆积而成的长长的狭窄冰川。群山的限制使得这些冰川不会朝各个方向扩散，相反，它们常常流进已被河流切割的山谷。山岳冰川主要分布在地球的中纬、低纬的一些高山上。

2. 大陆冰盖

大陆冰盖是覆盖了一个大陆或大岛屿大部分地区的冰川。大陆冰盖比山岳冰川要大得多，它们曾覆盖了陆地的大部分地区，现在大陆冰盖还覆盖了地球上 10% 的陆地面积，主要分布在南极和格陵兰岛。南极洲的大陆冰盖面积超过 1 400 万 km^2，厚达 2km。

（二）冰川侵蚀

冰川是固体状态的水体。从表面上看，冰川似乎静止不动，但在地球重力作用下，高处的冰川会缓慢地向低处滑动。在冰川运动的过程中，因为巨大的质量和挤压力，冰川体会对所经之处的岩石产生强烈的磨蚀作用。此外，冰川局部有时还会反复地融化和冻结。在这一过程中，周围岩石也会因强烈的热胀冷缩效应而破裂。经过长期冰川作用后，冰川体所在的区域通常会形成冰斗、角峰、刃脊、悬谷和 U 形谷等典型的冰川地貌特征，如图 4 - 3 - 12 和图 4 - 3 - 13 所示。

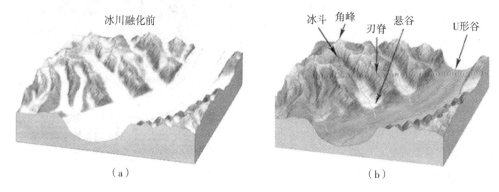

图 4 - 3 - 12　典型的冰川侵蚀作用形成的地貌特征

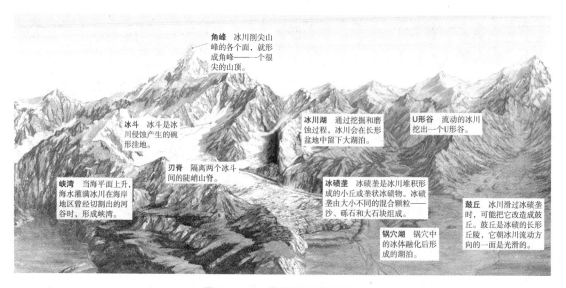

图 4 - 3 - 13　典型的冰川地貌特征

（三）冰川堆积

　　冰川在侵蚀移动的过程中收集携带了大量的岩石和土壤，到冰川下游，由于气温升高，冰体消融而变薄，搬运能力减弱，或因冰床受阻，它们从冰体中分离堆积下来，这种作用称为冰川堆积作用。冰川堆积作用一部分发生在冰川搬运的过程中，大部分发生在冰川消融殆尽的时候。这种由冰川搬运并直接堆积下来的物质称为冰碛物。

　　冰碛物的主要特征是碎屑颗粒大小不一，泥、砾混杂，没有层理；砾石磨圆度不好（称为角砾），形状各异；有的角砾表面具有磨光面或冰擦痕。由冰川堆积作用形成的地貌，主要有由冰碛物组成的冰碛垄、鼓丘和锅穴湖等，如图 4 - 3 - 13 所示。

解释问题

　　北美五大湖的湖盆主要由冰川刨蚀而成。第四纪冰期时，五大湖地区接近拉布拉多和基瓦丁大陆冰川中心，冰盖厚 2 400m，侵蚀力极强，原有低洼谷地的软弱岩层逐渐受到冰川的刨蚀，扩大而成为今日的湖盆。当大陆冰川后退时，冰水聚积于冰蚀洼地中，便形成五大湖的水面。

练习与思考

1. 山岳冰川与大陆冰盖有什么不同？
2. 简述主要冰川侵蚀地貌。
3. 冰川堆积物有什么特征？

第四章　地球上的大气

第一节　地球的大气层

地球被连续的气态物质包围着，这就是大气。人类就居住在大气的底层。大气是自然环境极其重要的组成部分，同时又对自然环境有着深刻的影响。没有大气就没有生物，大气中包含氧气和其他一些生物生存所必需的气体。反过来，生物也反作用于大气。大气在全球范围内不停地运动，使得地表的物质交换和能量转化得以进行。另外，大气还保护地球上生物免遭太阳的有害辐射，并能阻挡大部分流星体对地球表面的撞击。因此，了解大气圈本身的特点及其运动状况是非常必要的。

一、大气的组成

提出问题

大气中的水汽有什么作用？

相关知识

环绕地球的大气是由多种气体组成的混合物，它包含干洁空气、水汽和固体杂质三部分。它从地球表面一直往外延伸到外太空。

（一）干洁空气

大气中，除去水汽和固体杂质外的整个混合气体，就是干洁空气。干洁空气是大气的主体，平均约占低层大气体积的 99.97%（水汽平均约 0.03%，杂质可忽略）。干洁空气的成分，氮气含量最多，占大气总量的 78%。其次是氧气，占大气总量的 21%，两者合占整个空气容积的 99% 以上，如图 4-4-1 所示。此外还有 1% 的大气成分是微量元素。其他组成地球大气的气体还包括氩气和二氧化碳等。

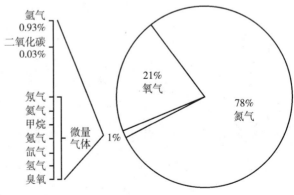

图 4-4-1　干洁空气的组成

地球某些成分含量虽然很微量，但作用却想当突出。比如汽车排放的尾气与氧气及其他一些化学物质在阳光下混合会形成一种称为霾的褐色烟雾，直接影响人体健康。人类通过燃料的燃烧来获取能源，在这个过程中，二氧化碳作为副产物被释放到地球大气中。在消耗更多能源的同时也会使大气中的二氧化碳含量相应增加。科学家普遍认为这是造成全球气候变暖的重要因素之一。

（二）水汽

水汽是呈气态的水。大气中的水汽来源于地面水体和陆地表面的蒸发与植物的蒸腾，其含量因时因地而异，按容积计算其变化范围在 0% ~ 4% ，热带多雨地区可达 4% ，寒冷干燥地区几乎近于零。其垂直分布主要集中在离地面 2 ~ 3km 的大气层中，高度愈高，水汽愈少。水汽是大气中唯一能发生相变（即气态、液态、固态的相互转化）的成分，在人们常见的云、雾、雨、雪等天气现象中，水汽起着主导作用。此外，水汽能强烈地吸收地面辐射，这也能放射长波辐射，这对地表和大气的温度有显著的影响。

（三）固体杂质

悬浮在大气中的固体杂质，包括烟粒、尘埃、盐粒等。我们有时能看见，但大多数时候是看不见的，因为它们太小了，其半径一般在 $10^{-3} ~ 10^{-2}$ cm 。固体杂质集中分布于低层大气中。固体杂质来源于城乡生产生活方面的燃烧物、土壤中的微粒、火山喷发产生的火山灰、流星燃烧所产生的细小微粒、海水飞溅扬入大气后而被蒸发的盐粒等。固体杂质能充当水汽凝结的核心，是大气水汽凝结的必要条件。它能吸收部分太阳辐射，又能削弱太阳直接辐射和阻挡地面长波辐射，对地面和大气的温度变化产生了一定的影响。此外，大气中杂质、微粒聚集在一起，直接影响大气的能见度。

解释问题

虽然地球大气中水汽的含量最多不超过 4% ，但却有着非常关键的作用。水汽是云、雾、雨、雪等的来源，水也是大气中唯一能以气态、液态和固态三种形态存在的物质。当水进行形态转换时，会产生热量的吸收或释放，影响大气的运动形式，从而产生各种各样的天气和气候现象。此外，水汽能强烈地吸收地面辐射，也能放射长波辐射，对地表和大气的温度有显著的影响。

练习与思考

1. 地球大气主要是由哪两种气体组成的？列出大气圈中其他一些重要气体。
2. 说出大气圈中二氧化碳的重要作用。

二、大气的垂直分层

提出问题

我们知道即使是在夏天，我们上高山也要穿保暖的衣物，是否离地面越高就越冷呢？

相关知识

大气的底界是地面，大气的上界没有明显的范围。从地面到 2 000 ~ 3 000km 的高空，大气的成分、温度、密度等物理性质都有明显的变化。根据大气在垂直方向上的物理差异，可将大气分成若干层次。世界气象组织规定：按大气温度随高度分布的特征，可把大气分成对流层、平流层、中间层、热层和散逸层，如图 4 - 4 - 2 所示。

（一）对流层

对流层是大气的最下层，从地面向上延伸约 10km。对流层的气温随高度的增加而递减，平均每升高 100m，气温降低 $0.65℃$。其原因是太阳辐射首先主要加热地面，再由地面把热量传给大气，因而愈近地面的空气受热愈多，气温愈高，远离地面则气温逐渐降低。对流层集中了 75% 的大气质量和 90% 的水汽，云、雨、雪等复杂的天气现象都在这一层中形成。

（二）平流层

自对流层顶向上 55km 高度，为平流层。在其顶部距地面 19～48km 高度有一个高浓度臭氧（O_3）构成的臭氧层。臭氧能吸收大量太阳紫外线，从而保护我们免受太阳有害辐射的影响。由于位于平流层顶部的臭氧能吸收大量太阳紫外线，从而使气温升高，因而在平流层中温度是随高度增加而升高的。

（三）中间层

从平流层顶到 85km 高度为中间层。如果你曾经看到过流星，那你目击的就是发生在中间层的一种大气现象。在中间层气温随高度增高而降低，中间层的顶界气温降至 $-83℃～-113℃$。

（四）热层

热层因其极高的温度而得名。它是地球大气中最厚的一层，从中间层顶一直延伸到距地面 500km 的区域。在热层，随高度的增高，气温是升高的。据探测，在 300km 高度上，气温可达 1 000℃ 以上。这是由于所有波长小于 0.175μm 的太阳紫外辐射都被该层的大气物质所吸收，从而使其增温的缘故。

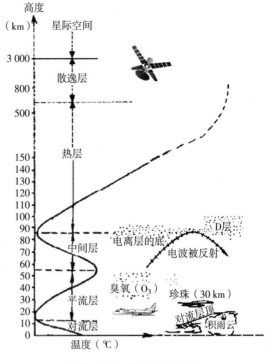

图 4－4－2　大气的垂直分层

在中间层和热层内有一层由带电粒子组成的电离层。电离层具有反射无线电波的能力，对无线电通信来说有重要意义。

（五）散逸层

热层顶以上，称散逸层。它是大气的最外一层，也是大气层和星际空间的过渡层，但无明显的边界线。这一层，空气极其稀薄，大气质点碰撞机会很小。气温也随高度增加而升高。由于气温很高，空气粒子运动速度很快，又因距地球表面远，受地球引力作用小，故一些高速运动的空气质点不断散逸到星际空间，散逸层由此而得名。据宇宙火箭资料证明，在地球大气层外的空间，还围绕由电离气体组成极稀薄的大气层，称为"地冕"。它一直伸展到 22 000km 高度。由此可见，大气层与星际空间是逐渐过渡的，并没有截然的界限。

解释问题

通常我们说越高越冷只是对流层的情况，实际上由于有一些大气圈层含有一些容易吸收太阳能量的气体，不同的大气圈层的温度垂直变化是不同的。对流层的温度是随高度增加而降低的，平流层的温度则是随高度增加而升高的，中间层的温度又是随着高度增加而降低的，到了热层和散逸层，则随着高度增加温度又是升高的。

练习与思考

1. 在平流层中，温度为什么会随着高度增加而升高？
2. 说明臭氧层的作用。

第二节　风——大气的运动

（本节学习要点）

- 了解风的形成原因；
- 了解大气环流的形成原因和全球风带的分布特征。

（本节学习意义）

- 学生通过学习，明白风带决定了地球上主要的气候类型的划分；
- 学生通过学习，明白风是影响人类生产和生活的重要环境因子之一。

我们生活的环境，有时会有习习的凉风，有时候又会狂风大作，那么，风到底是什么呢？风事实上就是大气的运动。大气的运动能引发天气的变化，促进地球表面上热量、水汽的输送和交换，对地理环境的形成和人类的生活有重要的作用。

一、风的形成

提出问题

为什么会起风？

相关知识

空气是流体，它可以到处移动。引起空气运动的原因是气压的高低不均匀。

（一）气压的变化

气压是作用在单位面积上的大气压力，即等于单位面积上向上延伸到大气上界的垂直空气柱的重量。气象上常用百帕作为气压的度量单位。具体是这样规定的：把温度为0℃、纬度为45°的海平面作为标准情况时的气压，称为1个大气压，其值为760mm水银柱高，或相当于1 013.25hPa。

某地的气压是随其上空气柱中重量的变化而变化，空气柱中重量减少，气压降低；空气柱中重量增加，气压升高。在同一时刻，有些地方的气压在降低，有些地方的气压则在升高。大气的总重量是一定的，大气又是连续的流体，某些地区的气柱重量减少了，另一些地区的气柱重量必然增加，反之亦然。

气压的大小与海拔高度、大气温度 、大气密度等有关。海拔越高，所承受的空气重量也就越小，气压也就越低。另外，随高度增高，空气密度也迅速减小，所以气压随高度升高，气压按指数律递减。据实测，近地层大气中，高度每上升100m，气压平均降低12.7hPa。

在同一高度，大部分气压差都是由大气的受热不均造成的。我们知道，一定区域的地表被太阳光照射而受热，形成对流。受热地表上方的空气膨胀并变得稀薄，空气密度减小，气压就降低。如果临近区域受热的程度不同，那么，受热少的区域上方的空气相对较冷、密度较大，气压相对较高，于是它就沉到温暖而稀薄的气体下面，迫使热空气上升。

同一地点，由于气温在不断变化，气压也在不断变化。一般来说，一天中早晨的气压比午后的气压高；一年中冬季的气压比夏季的气压高。

地球上各地的气压值随时间和空间而变化，变化的根本原因是空气运动引起的空气质量在地球上重新分配。

（二）大气的水平运动

通常把空气的水平运动称为风。空气总是由气压高的地方流向气压低的地方。当某地等压线呈平行的直线分布时，该地区的大气在水平方向就出现了气压差。通常把单位距离间水平方向的气压差叫做水平气压梯度。有了水平气压梯度，就必然产生促使该地区空气由高压区向低压区的力，这种力称为水平气压梯度力，如图4-4-3所示。水平气压梯度力的方向永远垂直于等压线，并且有高压区指向低压区。水平气压梯度力是大气水平运动的原动力，是形成风的直接原因。

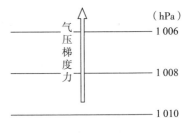

图4-4-3　气压梯度力

大气的水平运动同时还要受到地球自转偏向力的影响。原静止的单位质量空气受水平气压梯度力的作用自高压向低压方向运动。当它一开始运动时，水平地转偏向力立即产生，并使运动向右偏转（在北半球）。随后在气压梯度力的不断作用下，空气水平运动速度越来越快，水平地转偏向力使运动向右偏转也越来越大。最后，当水平地转偏向力增大到与水平气压梯度力大小相等方向相反时，空气就沿着与等压线平行的方向做匀速直线运动。这种风常出现在高空大气中，如图4-4-4所示，近地面大气的水平运动还要受到地面摩擦力的影响。当气压梯度力与地转偏向力、摩擦力两力的合力平衡时，大气水平运动的方向与等压线保持一个夹角。所以近地面的风向斜交于等压线。如图4-4-5所示。

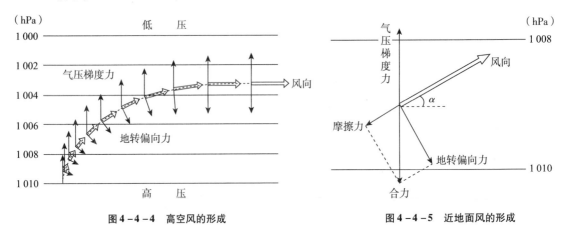

图4-4-4　高空风的形成　　　　　图4-4-5　近地面风的形成

（三）气旋和反气旋

气旋和反气旋（如图4-4-6所示）是大气中最常见的运动形式，也是影响天气变化的重要的天气系统。

1. 气旋

低压区中大气在气压梯度力、地转偏向力和摩擦力共同作用下，形成由外围向中心的气流漩涡，简称气旋。气旋在北半球呈逆时针方向旋转，在南半球呈顺时针旋转。当气流从四面八方流入气旋中心，气旋中心的空气就被迫上升。由于气旋的中心地带是上升气流，因此气旋影响时常常出现阴雨天气和大风等。

2. 反气旋

高压区中大气在气压梯度力、地转偏向力和摩擦力共同作用下，形成由中心向外围的旋转气流，因其方向与气旋相反，所以称为反气旋。反气旋在北半球呈顺时针方向旋转，在南半球呈逆时针旋转。当低层气流从中心向外围扩散后，反气旋中心的上层空气自然会下降补充，形成自上而下的下沉气流。由于反气旋中的空气向四周辐散，形成下沉气流。因此，反气旋控制的地区，一般天气都比较好。冬季多晴冷天气，夏季多晴热高温天气，春秋两季多风和日丽、秋高气爽的天气。

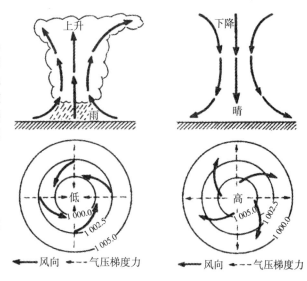

图4-4-6 气旋与反气旋

🔘 **解释问题**

风是由于地球表面受热不均匀而引起的。在地表吸收较多太阳能的地方，地面上空的空气温度会升高，而气压则会降低；浅色地表，如雪地、水面，吸热较慢，温度也就较低，而气压则较高。这种气压的差异就直接导致空气的流动。空气会从气压高的地方流向气压低的地方，风就这样形成了。

🔘 **练习与思考**

1. 地表冷热不均是如何形成风的？
2. 简述气旋与反气旋的形成原因和天气特点。

二、大气环流

🔘 **提出问题**

在19世纪早期，美国和英国之间的海上运输线有两条，向东的航程约耗时3周，而向西的航程却有5~6周，这是为什么？

🔘 **相关知识**

具有全球性的有规律的大气运动，通常称为大气环流。大气环流是稳定的，它构成了全球大气运动的基本形势，是全球气候特征和大范围天气形势的主导因子，也是各种天气系统活动的背景。

（一）单圈环流假设

大气环流的形成是由于地表受热不均形成的。地球表面在太阳光的照射下，赤道的正午太阳高度大，两极的正午太阳高度小，因此赤道获得的太阳的热量要比两极多。结果赤道的温度也就比两极高得多。赤道地区空气受热膨胀上升，极地空气冷却收缩下沉，赤道上空某一高度的气压高于极地上空某一相似高度的气压。在水平气压梯度力的作用下，赤道高空的空气向极地上空流去，赤道上空气柱质量减小，使赤道地面气压降低而形成低气压区，称为赤道低压；极地上空有空气流入，地面气压升高而形成高气压区，称为极地高压。于是在低层就产生了自极地流向赤道的气流补充了赤道上空流出的空气质量，这样就形成了赤道与极地之间一个闭合的大气环流，这种经圈流称为单圈环流，如图4-4-7所示。

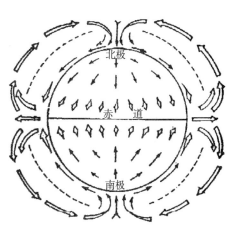

图4-4-7 单圈环流

（二）科里奥利效应

上述的单圈环流是假设地球表面是均匀一致的，并且没有地球自转运动，即空气的运动既无摩擦力，又无地转偏向力的作用。事实上地球时刻不停地自转着，即使假使地表面是均匀的，但由于空气流动时会受到地转偏向力的作用，这就使得风的运行方向发生了偏转。这种因地球自转导致风的运行路线弯曲的现象叫做科里奥利效应。它以一位法国数学家的名字命名，因为他于1835年研究并解释了该效应。

在北半球，所有的风都向右偏转，吹向北极的风渐渐的偏转向东北方向，南风渐渐地变成西南风。而在南半球，风向左偏转，因此南风变成东南风，北风变成西北风。

（三）三圈环流（如图4-4-8所示）

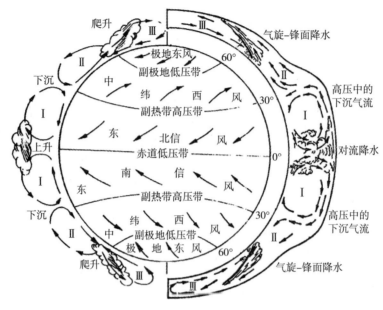

图4-4-8　三圈环流

在科里奥利效应以及其他因素的作用下，环流变得复杂起来。在全球近地面的大气中，形成了七个气压带和六个风带。七个气压带是：赤道低压带，南、北半球的副热带高压带，南、北半球的副极地低压带，南、北半球的极地高压带。六个风带是：南、北的低纬信风带，南、北半球的中纬度西风带和南、北半球的极地东风带，如图4-4-9所示。

信风带位于北纬5°～25°和南纬5°～25°附近。北半球为东北信风带，南半球为东南信风带。因为该区域多为海洋，风向风力都很少改变，每年应期而至，所以称信风。盛行西风带风向较稳定且风力强，极地东风带其厚度和强度都是冬季大于夏季。赤道低压带内因地面风很微弱，又称赤道无风带，其原因是：赤道无风带内东北信风和东南信风在赤道地区辐合所致。由于上升气流使当地对流旺盛，云量多，午后常有雷雨。而在副热带高压带内气流下沉辐散，水平气流沉寂，静风频率高，也称副热带无风带。因气流下沉，绝热增温，空气干燥，少云

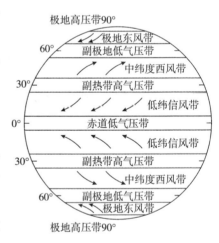

图4-4-9　地球上的气压带和风带

雨，世界上的大沙漠多在这一范围内。如非洲的撒哈拉大沙漠，我国西北部的塔克拉玛干大沙漠等。这就是全球最热地区出现在回归线附近而不在赤道的原因。

🔧 解释问题

早期航海船的动力主要是靠风，而美国和英国之间的海上运输线正好处在大西洋的西风带上，这里常年都是强劲的西风。因此向东的航程是顺风，而向西的航程则是逆风，从而造成向西的航程比向东的航程增加近2倍的时间。

> **练习与思考**

1. 简述大气环流形成的原因。
2. 说出三个主因的风带名称，并将它们画出来。

第三节　天气

> **本节学习要点**

- 掌握气压、风、温度和湿度等主要天气因素；
- 了解主要的天气类型和极端天气的特点；
- 了解天气预报的基本知识。

> **本节学习意义**

- 学生通过学习，明白在各种环境因素中，很少有像天气那样对我们的日常生活产生如此大的影响；
- 掌握一些气象知识有助于人们生产和生活的安全开展。

一、什么是天气

> **提出问题**

为什么天空中会有云？

> **相关知识**

天气对一般人来说可能只是茶余饭后的谈资，但对农民、卡车司机、飞行员和建筑工人来说，是关乎生计的重要因素。

（一）天气因素

天气是指某一特定时间和地点的大气状况。大气状况包括空气的压强、风、气温以及湿度等气象要素。人们通常用空气的温度、湿度、气压和风速这四个属性来描述天气。

1. 空气温度

通常我们称之为气温。在我国，气温的单位统一为摄氏度（℃）。空气温度高低取决于空气的热量收支情况，大气的热量主要来源于地面和长波辐射，地面一方面吸收太阳的短波辐射得到热量，另一方面又放出长波辐射失去热量，如果获得的热量比失去的多，温度就升高；反之，失去的热量比获得的多，温度就降低。

2. 风

空气的水平流动现象叫做风。风是矢量，包括风向、风速。风向是指风的来向，气象上常以16个方位表示；风速是指单位时间内空气水平移动的距离，单位为 m/s。风能引起空气质量的输送，同时也造成热量、动量及水汽、二氧化碳、灰尘的输送和交换，是天气变化和气候形成的重要因素。

3. 湿度

当人体感觉到空气很潮很闷时，我们就说天气比较潮湿。表示大气中水汽含量多少的物理量称为大气湿度。大气湿度状况是决定云、雾、降水等天气现象的重要因素。我们常用的是相对湿度。相对湿度是指空气中水汽的质量分数和它能容纳的最大量的百分比。例如，10℃时，$1m^3$ 的空气能够容纳 8g 水汽，如果空气中实际的水汽含量为 8g，那么它的相对湿度就是 100%。如果空气中实际水汽只有 4g，那么相对湿度就是 50%。空气所能容纳水汽的最大含量与温度有关，暖空气可以比零冷空气容纳更多的水汽。在一定气温下，大气中相对湿度越小，水汽蒸发也就越快。在人们实际生活中，冬春季会感到空气干燥，夏季出现天气闷热的现象,这都是由于大气中湿度的变化在起作用。

(二) 露点

当温度降低时,空气中的水汽含量也会下降,而且水汽会逐渐冷凝形成液体或者冰晶。空气达到饱和且伴随冷凝作用发生的温度就称为露点。露点随着空气中水汽含量的变化而发生改变。

天气转凉的时候,靠近地面的水汽就在小草的叶子上凝结成大颗的、圆圆的、珍珠似的水滴,这就是露珠。在寒冷的秋末初冬,地面温度降到0℃以下,清晨起来还可看到花草枝叶、屋顶上都有一层薄薄的白色物体,这就是霜。这是因为,在夜晚或清晨,由于地面、地物表面的辐射冷却,使贴近地面的气层温度也随之降温,当温度降到露点以下时,在地面或物体表面上就会有水汽凝结物形成。如果凝结时的露点温度高,水汽凝结为露,如果露点温度低于0℃,则水汽凝华为霜。

(三) 云

1. 云的形成

云是高空大气中水汽凝结形成的水滴、冰晶。云的存在和发展必须具备的条件是空气中水汽达到过饱和状态,有凝结核,还必须有水汽的不断输送和补充。除此之外,还要有使空气中水汽发生凝结的冷却过程,即空气的垂直上升运动。同时,也只有空气的垂直上升运动,才有可能由地面向云体中不断地输送水汽以维持云的存在和发展。引起初始空气垂直上升运动的原因很多,如温暖季节,由于近地层空气受地面强烈增温而产生的热对流上升;空气水平流动遇山,而沿山坡被迫抬升;暖空气在冷空气上爬升;运动速度不同的两层空气,在其界面上产生波动,在波峰上会产生空气的上升运动等。这些上升运动都可促使云的形成。

2. 云的分类

由于云生成的高度和条件不同,云的形状也不相同。气象学家通常把云分成三类:积云、层云和卷云。如图4-4-10所示,根据云的形状,可以了解当时的大气状态,并以此预测未来天气的变化。

图4-4-10 各种类型的云

看起来蓬松的像棉花堆似的云叫积云，它一般形成于距地表不到2km的地方，可以不断扩大变厚，甚至可以向上延伸到18km的高空。积云通常表示天气晴好。巨大的，有一个平坦的顶部的云叫做积雨云，它通常是雷阵雨的先兆。

扁平层状的云叫做层云。层云往往覆盖全部或大部分的天空，如果云层增厚，将带来毛毛雨、大雨或雪，这时称它为雨层云。

纤细的羽状云叫做卷云。它只有在距离地面大约6km、温度非常低的高空才能形成。因此，卷云大部分由冰晶组成。

（四）降水

降水是指云中降落到地面的液态或固态水，包括雨、雪、霰（xiàn）、雹等。

1. 降水的形成

降水来自云中，但有云不一定都能产生降水。因为构成云体的云滴的体积很小，重量轻，能被空气的浮力和上升气流托住而悬浮于空中。要使云产生降水必须使云滴增大，并使其下降速度大大超过上升气流的速度，而且在下降的过程中不因蒸发而将水滴耗尽，这样才能使水滴或冰晶从云中降落到地面成为降水。云滴增大的一种方式是云滴的碰撞结合。由于云内的云滴大小不一，相应地具有不同的运动速度。大云滴下降速度比小云滴快，因而大云滴下降过程中很快追上了小云滴，大小云滴相互碰撞而黏附起来、成为更大的云滴。而在有上升气流时，当大、小云滴被上升气流向上带时，小云滴也会追上大云滴与之合并，成为更大的云滴。当云滴达到足够重时，就以雨滴的形式从云中落下来。如果气温低于0℃，来不及融化，就以雪、霰或冰雹等固态水形式降落。

2. 降水的种类

根据降水的形态，可把降水分为雨、雪、霰、雹。

（1）雨：雨是从云中降落到地面的液态水。

（2）雪：雪是从云中降到地面的各种类型冰晶的集合物。当云层温度很低时，云中有冰晶和过冷却水同时存在，水汽从水滴表面向冰晶表面移动，在冰晶的角上凝华，形成各种类型的六角形雪花。低层气温较低时，雪花降到地面仍保持其形态；如果云的下面气温高于0℃时，则可能出现雨夹雪或湿雪。

（3）霰：霰是白色不透明的圆锥形或球形的颗粒固态降水，下降时常显阵性，着硬地常反弹。它形成在冰晶、雪花、过冷却水并存的云中，是由下降的雪花与云中冰晶、过冷却水碰撞，迅速冻结而形成的。霰的直径一般在0.3～2.5mm，性质松脆，很容易压碎。气象学上把这种东西叫做霰，在不同的地区有米雪、雪霰、雪子、雪糁、雪豆子等名称。霰通常于下雪前或下雪时出现。

（4）冰雹：冰雹是从云中降落的冰球或冰块，不过下冰雹的云是一种发展十分强盛的积雨云，而且只有发展特别旺盛的积雨云才可能降冰雹。冰雹的直径5～50mm，个别情况可以更大。一般的雹多为透明与不透明冰层相间组成的圆球形或圆锥形的冰块。冰雹常砸坏庄稼，威胁人畜安全，是一种严重的自然灾害。很多雹灾严重的国家已进行了人工防雹试验。

3. 降水类型

降水同空气的上升运动密切相关，根据自然界中促使空气上升运动的条件，可以将降水分为对流雨、地形雨、锋面雨和台风雨四种基本类型。

（1）对流雨：对流雨是近地面大气强烈受热时，湿热空气膨胀上升，空气中的水汽冷却凝结而形成的降水。对流雨强度大、时间短、范围小，并常伴有雷电甚至冰雹，又称热雷雨。赤道带全年都以对流雨为主，我国大部分地区在夏季的午后也常会出现。

（2）地形雨：地形雨是暖湿气流在运动中，遇到较高地形的阻挡，被迫抬升达到凝结高度时，水汽凝结形成的降水，如图4-4-11所示。地形雨多集中在山地迎风坡（雨坡）。世界上年降水多的地方基本上都和地形雨有

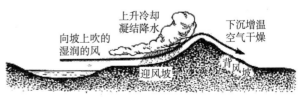

图4-4-11　地形雨的形成

关，如位于喜马拉雅山南坡的印度乞拉齐朋是世界上降水量最多的地方。

（3）锋面雨：冷暖性质不同的气流相遇，它们中间的交界面叫锋面。锋面一般是一个狭窄又倾斜的过渡地带，冷空气密度大，在锋面的下侧；暖空气密度小在锋面的上侧，并且常常伴有大规模的上升运动。暖湿空气在抬升过程中，其中的水汽冷却凝结而形成的降水叫锋面雨，如图 4-4-12 所示。锋面雨一般强度相对较小、时间长、范围广。多

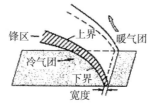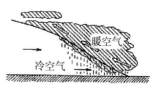

图 4-4-12　锋面雨的形成

形成于温带，是中高纬度地带最重要的降水类型。如我国东部地区的降水多以锋面雨为主。

（4）台风雨：台风是在热带洋面上形成的气旋，因其周围有大量暖湿空气围绕台风中心旋转上升，空气中的水汽冷却凝结而形成的降水称为台风雨。台风雨强度大，多为暴雨，并伴有狂风、雷电，常造成灾害。但是，台风雨在一定程度上能缓解我国东南沿海地区的伏旱和酷热。

🔍 解释问题

海洋、湖面、植物表面、土壤里的水分，每时每刻都在蒸发，变成水汽，进入大气层。含有水汽的湿空气，由于某种原因向上升起。在上升过程中，由于周围空气越来越稀薄，气压越来越低，上升空气体积就要膨胀。膨胀的时候要耗去自身的热量，因此，上升空气的温度要降低。温度降低了，容纳水汽的本领越来越小，饱和水汽压减小，上升空气里的水汽很快达到饱和状态，温度再降低，多余的水汽就附在空气里悬浮的凝结核上，成为小水滴。如果温度比 0℃ 低，多余的水汽就凝华成为冰晶或过冷却水滴。它们集中在一起，受上升气流的支托，飘浮在空中，成为我们能见到的云。

🔍 练习与思考

1. 比较湿度和相对湿度。
2. 云的形成必须具备哪些条件？
3. 降水是如何形成的？有哪些主要的类型？

二、天气类型

🔍 提出问题

初夏我国江淮流域一带为什么会经常出现一段称之为"梅雨"的持续较长的阴沉多雨天气？

🔍 相关知识

天气是一定区域短时段内的大气状态（如冷暖、风雨、干湿、阴晴等）及其变化的总称。影响一个地区天气的主要因素是气团、锋和气压系统。

（一）气团

一般来说，由于纬度、下垫面、地形及植被、土壤含水量等因素的不同，地面上空气温度、湿度与稳定度方面在水平方向和垂直方向有一定差异，即是不均匀的，这也是对流层的一个重要特点。但就广大区域而言，在水平方向上仍然存在着物理属性（温度、湿度、稳定度等）比较均匀，垂直方向变化比较一致的一大块空气，称为气团。气团的水平范围一般可达几千公里，垂直范围几公里到几十公里，常可发展到对流层顶。

气团是在大范围性质比较均匀的下垫面和适当的环流条件下形成的。因而要形成气团，首先要有大范围性质比较均一的下垫面，即气团的源地，如广阔的海洋、巨大的沙漠或冰雪覆盖的陆地，等等。不同的源地形成不同物理属性的气团；除源地外，气团的形成还需要有合适的环流条件，即较稳定的环流，才能

使大范围的空气较长时间停留在这样的下垫面上，通过辐射、对流、蒸发、凝结等物理过程使之逐渐获得与下垫面相适应的相对均匀的物理属性。

（二）锋

当冷气团和暖气团相遇时，在它们之间形成一个狭窄而倾斜的过渡带，它的宽度在近地面气层中约数十公里，在高空可达 200～400 km，过渡带的宽度与大范围的气团相比显得很狭小，可近似看成是一个几何面，称为锋面。锋面两侧气团的性质差异很大，气象要素值和天气现象发生激烈的变化。锋面与地面的交线称为锋线。习惯把锋面与锋线统称为锋，如图4-4-13 所示。

锋线长的有数千公里，短的有几百公里。锋面是具有三维空间结构的天气系统，由于冷空气的密度大，锋面在空间随高度向冷气团一侧倾斜，所以冷气团处于锋面下方，而暖气团处于上方，通常暖空气会沿着锋面向上爬升，绝热冷却，容易发生水汽凝结。所以，锋面常伴有云、雨、大风等天气。

1. 冷锋

在锋面的移动过程中，冷气团起主导作用，推动锋面向暖气团一侧移动，这种锋面称为冷锋。在冷锋面上侧，暖气团被迫抬升，暖气团中的水汽迅速冷却，极易凝结形成云层和降水。因此，当冷锋经过时，一般常出现云层增厚、降雨或雪、刮风等天气；而冷锋过境后，在冷气团控制下，气温明显下降，气压升高，天气晴朗，如图4-4-14 所示。

在我国，冷锋活动的范围很广泛，几乎遍及全国，特别是冬季，冷锋在我国的北方活动更为频繁。冷锋南下时常形成寒潮天气，危害农作物。

2. 暖锋

在锋面的移动过程中，暖气团起主导作用，推动锋面向冷气团一侧移动，这种锋面称为暖锋。暖锋的坡度（锋面的倾斜程度）一般较小，所以锋面在地面覆盖的范围很广。暖锋上，暖空气沿着锋面缓慢爬升，冷却凝结形成云、雨。当暖锋经过时，也会出现多云，天气也将由晴到阴到降雨。由于暖锋的坡度较小，暖空气的对流较弱，所以降水区域宽广，而降水强度较小，降水持续时间较长。暖锋过境后，在暖气团控制下，气温升高，气压下降，天气逐渐晴朗，如图4-4-15 所示。

暖锋在我国出现比较少，春、秋季节一般出现在江淮流域和东北地区，夏季多出现在黄河流域。

3. 准静止锋

当冷、暖气团相遇时，势均力敌，或由于地形阻滞作用，锋面很少移动或在原地来回摆动，这种

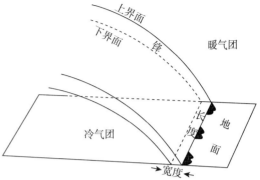

图4-4-13　锋在空间的状态示意图

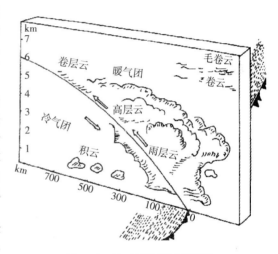

图4-4-14　冷锋天气态示意图

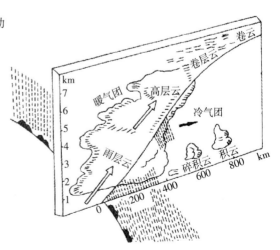

图4-4-15　暖锋天气示意图

锋称为准静止锋，如图4-4-16所示。准静止锋多数是冷锋南下，冷空气逐渐变性，势力减弱而形成的。准静止锋的锋面坡度更小，所以地面雨区范围更广，一般降水强度较小，多为长时间的连绵细雨。在我国，夏初长江中下游地区出现的梅雨天气，就是准静止锋造成的。

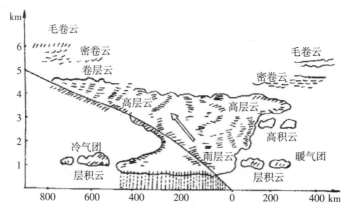

图4-4-16　准静止锋天气示意图

（三）极端恶劣天气

即使不关注天气，多数情况下你仍然可以进行你的日常活动。下雨天你一样还是要去学校，即便下大雪也同样要到学校学习。然而某些特殊天气情况，比如雷暴、龙卷风以及暴风雪等则可能打乱你的日常安排。这些极端恶劣天气也会对人类、建筑物以及动物等造成伤害。

1. 雷暴

在雷暴天气中，暴雨伴随着闪电和雷声倾盆而下，有时甚至还会下起冰雹。是什么导致了这种恶劣的天气情况呢？

雷暴多发生在锋前的暖湿气团中。暖湿空气被迫向上抬升并逐渐变冷形成降水，此时就会形成高达18km的积雨云，如图4-4-17所示。上升空气变冷，水汽就会逐渐冷凝为水滴或者冰晶，随着液滴的相互碰撞，其体积也变得越来越大，并最终穿透云层降落到地球表面。在降落过程中液滴仍会与其他液滴发生碰撞并变得更大。此外，雨滴又会使其周围空气的温度下降，冷却下来的稠密空气逐渐沉降并在地球表面扩散开来。沉降冷空气与强烈上升的暖空气相互作用则会带来强风并伴随雷暴的发生。冰晶在积雨云内降落到暖空气层后又被强烈的上升气流带入冷空气层，这样交互作用之下就形成了冰雹。

有时候雷暴天气会滞留在某一地区，并带来持续的强降雨。当河流不能容纳更多汇入其中的雨水的时候，就会导致山洪暴发。由于山洪暴发几乎没有预兆，因此极为危险。

雷暴带来的强风也可以造成极大破坏。如果雷暴发生的同时伴随着超过89 km/h的强风，则被称为强

图4-4-17　高耸的积雨云

雷暴。雷暴带来的冰雹会将汽车砸出凹坑，也会破坏房屋的铝墙板。尽管雷暴带来的降雨可以促进农作物的生长，但冰雹却可以在数分钟内将全部庄稼砸倒毁坏。

2. 闪电和雷声

什么是闪电和雷声？在风暴云中，暖空气急速上升伴随着冷空气的下沉，空气的这种运动会使云层内不同区域携带相反的电荷。当电流在携带不同电荷的区域之间流动时，就会形成闪电。闪电可能在云层内发生，也可能在云层之间或者云层与地面之间发生。

雷声是闪电对周围空气急速加热的结果。闪电的温度可达 30 000℃，是太阳表层温度的 5 倍。这种极端高温使闪电周围空气急速膨胀，随后又迅速冷却和收缩。这种空气分子的快速运动就形成了声波，传到人的耳朵里就形成了雷声。

3. 龙卷风

龙卷风（如图 4 – 4 – 18 所示）是一种最恐怖，破坏力最强的一种风暴。它是在极不稳定天气下由空气强烈对流运动而产生的一种伴随着高速旋转的漏斗状云柱的强风涡旋。龙卷风中心附近风速可达 100～200m/s，最大 300m/s，比台风近中心最大风速大好几倍。中心气压很低，其中心的气压可以比周围气压低 10%。它具有很大的吸吮作用，可把海（湖）水吸离海（湖）面，形成水柱，然后同云相接，俗称"龙取水"。由于龙卷风内部空气极为稀薄，导致温度急剧降低，促使水汽迅速凝结，这是形成漏斗云柱的重要原因。漏斗云柱的直径，平均只有 250m 左右。

图 4 – 4 – 18　龙卷风

龙卷风产生于强烈不稳定的积雨云中。它的形成与暖湿空气强烈上升、冷空气南下、地形作用等有关。龙卷风常发生于夏季的雷雨天气时，尤以下午至傍晚最为多见。袭击范围小，龙卷风的直径一般在十几米到数百米之间。龙卷风的生存时间一般只有几分钟，最长也不超过数小时。风力特别大。破坏力极强，龙卷风经过的地方，常会发生拔起大树、掀翻车辆、摧毁建筑物等现象，有时会把人吸走，危害十分严重。江苏省每年几乎都有龙卷风发生，但发生的地点没有明显规律。出现的时间，一般在六七月间，有时也发生在 8 月上、中旬。

4. 台风

台风（如图 4 – 4 – 19 所示）和飓风都是产生于热带洋面上的一种强烈的热带气旋，只是发生地点不同，叫法不同，在北太平洋西部、国际日期变更线以西，包括南中国海范围内发生的热带气旋称为台风；而在大西洋或北太平洋东部的热带气旋则称飓风，也就是说在美国一带称飓风，在菲律宾、中国、日本、东亚一带叫台风；在南半球称旋风。热带气旋并不都是台风，但台风是热带气旋，中心风力要达 12 级（约每秒 32.7m）以上。热带气旋还有另外三类，即热带低压、热带风暴、强热带风暴，其中心风力分别分为 7 级（17.2m/s）以下、8～9 级（17.2～24.4m/s）、10～11 级（24.5～32.6m/s）。

图 4 – 4 – 19　台风的卫星云图

台风一般发生在西北太平洋和南海热带海洋区。它的风力比较大，影响范围也比较广，可达几万平方公里。热带气旋的产生需要很大的能量，有些科学家认为这些能量是通过水汽凝结后释放出来的。也正因为如此，台风发生时，常常伴有暴雨。

根据中国气象局的规定，我国把"台风"改称为"热带气旋"。热带气旋尽管在各地的名称不同，但造成的危害却是相同的。它不仅以巨大的风速危害人类的生命财产，而且它的巨浪、暴雨和风暴潮也具有极大的破坏性，因此它是一种破坏力极强的天气系统。据统计，全球每年因热带气旋平均死亡 2 万人，经济损失约 70 亿美元。

全球每年的热带风暴（包括台风和飓风等）大约有 60 多个，其中约 76% 发生在北半球。我国是世界上少数几个受热带气旋影响最严重的国家之一，平均每年约有 7 个热带气旋在我国登陆，主要影响太行山—武夷山以东地区，特别是东南沿海地区及海域。

我国古代把台风称为"飓风"。它是我国沿海地区降水的主要来源，也是风灾、潮灾和水灾的主要来源。因此，热带气旋有利也有弊。利的一面是，一次热带气旋过程可以带来丰沛的降水，可以使局地的旱情得到缓解。害的一面是，热带气旋有许多次生灾害，如地质灾害中的崩塌、滑坡、泥石流；水文灾害中的洪水、内涝、巨浪、风暴潮。

5. 暴风雪

又称雪暴。暴风雪天气的主要特点是雪大、风猛、降温强、灾害重。暴风雪发生时，狂风裹挟着暴雪，呼呼作响，能见度极低，同时气温陡降。其天气的寒冷程度远远超过通常的大风寒潮和大雪寒潮，一般其风力≥8 级，降雪量≥8mm，降温≥10℃。

暴风雪发生时，寒风凛冽，道路掩埋，形成灾害。中国内蒙古、东北、北疆地区各季多见，风向西北或偏北。在俄罗斯亚洲部分多为东北风，并伴有冷风或普加风。法国东南部称这种夹雪的寒冷北风为布列札风，或布尔比块风。南极的雪暴是指从冰盖上向下吹的暴风，平均风速可达 50m/s，并可持续数小时之久。

6. 恶劣天气下的防护

当受极端恶劣天气威胁时，美国国家气象局会发布监视或者警告通报。当强雷暴、龙卷风、洪水、暴风雪或者飓风等天气情况有转好趋势时，美国国家气象局会发布一个监视通报。在监视通报时，应时刻留意广播或者电视对天气情况的报告。当发布警告通报时，则说明恶劣天气仍将持续，这时你应该立刻采取适当的防护措施。当发布强雷暴和龙卷风警报时，你应该到地下室或者远离窗户的房间中寻找庇护。而当飓风和洪水监视发布时，你就应该准备离开房屋，并向内陆方向转移。

暴风雪会造成极低的能见度，并伴随着致命的低温和强风。因此在发生暴风雪时一定要待在室内，在室外待太久可能会导致严重冻伤。

🔘 **解释问题**

梅雨（黄梅天），指中国长江中下游地区、中国台湾、日本中南部、韩国南部等地，每年 6 月中下旬至 7 月上半月之间持续天阴有雨的气候现象，此时段正是江南梅子的成熟期，故称其为"梅雨"。产生的主要原因是在初夏时期，长江中下游地区，一方面暖湿空气已经相当活跃，另一方面从北方南下的冷空气还有一定的力量，特别是在靠近地面的空气层里，常有一小股、一小股的冷空气南下。这样，冷、暖空气就在这个地区对峙，互相争雄，形成一条稳定的准静止锋。在这个准静止锋的控制下，出现一段持续较长的阴沉多雨的梅雨天气。

🔘 **练习与思考**

1. 气团通常按哪两个主要特征进行分类？
2. 什么是锋？说出主要锋的类型并分别加以描述。
3. 产生雷暴和龙卷风的最相似的天气条件是什么？
4. 简述台风对我国东南沿海地区的影响有哪些？
5. 如遇到极端的恶劣天气，你应当采取哪些安全措施？

三、天气预报

🔘 **提出问题**

在盛夏的中午，如果我们将温度计放在地上，测到的温度往往超过 50℃，是否当时的气温就有这么高？

🔘 **相关知识**

天气是各种气象要素的综合表现。要了解一地的天气状况，必须对各地气象要素进行观察和测量，这就是气象观测。依据气象观测所得到的资料，使用一定的科学方法，预测未来天气的状况，叫做天气预报。气象观测和天气预报不仅能使我们深入认识天气现象，而且可以直接为人类的生产和生活服务。

（一）气象观测

气象观测是进行天气预报的基础性工作，是研究测量和观察地球大气层的物理和化学过程的方法和手段的学科。气象观测的项目有很多，包括地面气象观测、高空气象观测、大气遥感和气象卫星探测等。一般条件下，我们只能观测几项主要的气象要素，例如气温、降水、风向和风速、云量，等等。

1. 气温的观测

由于对流层中气温随高度不同而变化，所以气温观测必须在统一规定的高度上进行。我国现行气象观测规范规定为 1.5m。

最常用的观测气温的仪器是普通温度表（温度计）。普通温度表使用一个细长玻璃毛细管及其一段的玻璃球装入水银（或酒精）制成的。由于水银的膨胀系数远远大于玻璃的膨胀系数，当气温发生变化时，玻璃管中水银柱的高度便相对地升高或降低，对照玻璃管外的温度刻度，就可读出温度的数值。此外，还有专门观测最高温度和最低温度的气温表，以及自记温度计等观测气温的仪器。

气温的观测要在太阳晒不着并且空气流通的地方进行。因此，要把观测气温的仪器放在专门制作的百叶箱（如图 4-4-20 所示）中。百叶箱的构造既要防日照又能通风，百叶箱的门要朝北开，也是为了避免太阳直接照射仪器，如图 4-4-21 所示。另外，百叶箱要油漆成白色，以防吸热过多，影响箱内气温。百叶箱安装的高度要使仪器的感应部分距离地面 1.5m。

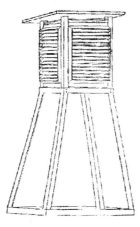

图 4-4-20　百叶箱

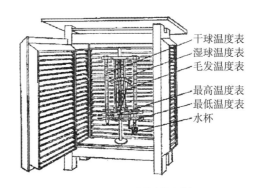

干球温度表
湿球温度表
毛发温度表
最高温度表
最低温度表
水杯

图 4-4-21　百叶箱内部

气温观测也要在统一规定的时间内进行，一昼夜要观测四次或八次。四次观测依次在北京时间 2 时（学校里可减少这一次，改为三次）、8 时、14 时、20 时进行。观测时，屏住呼吸，平视温度表，先读尾数，后读整数，以避免因呼吸而影响温度表的读数。观测后把当时气温的读数记在记录表中。最高最低气温的观测都在 20 时进行，因这时一天中最高气温和最低气温都已经出现了。

根据气温观测的资料，可以计算出日平均气温（把一天中观测几次的气温加在一起，除以观测次数）、月平均气温（用一个月的日数除全月的日平均温的总和）和年平均气温（一年十二个月的月平均温的平均值）等平均值，作为研究气候的资料。

2. 风的观测

测风的仪器种类很多，气象站台多用转杯式的风向风速器（如图 4-4-22 所示），感应部分装在屋顶上，记录部分设在室内，用

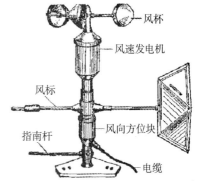

风杯
风速发电机
风标
风向方位块
指南杆
电缆

图 4-4-22　风向风速器

电线连接，通电后便可记录下风速和风向。风向是指风吹来的方向。风向可用东、东南、南、西南、西、西北、北、东北八个方向记录。

在没有测风的仪器时，可观察炊烟、旗帜和树枝摆动的方向来确定风向。空气的运动是会产生力量的，风速越大，风力越大。地面物体受到不同大小的风力的作用，便有不同反应，形成不同的状态。因此，观察地面物体征象也可大致知道风速大小。一般按风速大小把风力分为十二级，风级越大，风速越大。每级风所造成的地面物体征象不同，根据地物征象可确定风级，每级风都包括一定的风速。

3. 降水量的观测

降水量即从云中降到地面的液态水和固态水，未经渗透、蒸发和流失而在水平面上积聚的水层深度（或厚度），以毫米（mm）为单位。常见的表示方法有日、月、年降水量，月、年平均降水量及多年（日、月）平均降水量等。

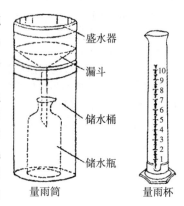

图 4 - 4 - 23　雨量器

测量降水量的仪器通常用雨量器（如图 4 - 4 - 23 所示）。雨量器包括量雨筒和量雨杯。雨量器上节是一个口径 20cm 的圆形漏斗，漏斗口镶有铜圈，以防变形。口缘为内直外斜的刀刃形，以防止雨水溅湿。下节是一个储水筒，筒内放一玻璃瓶，以收集雨水。量杯是一个口径 4cm 的圆筒玻璃杯，量杯上有按雨量筒与量杯口径的比例关系制定的 mm 刻度，一量杯为 10mm。量雨筒安置在平坦宽阔的地方，筒口高度为 70cm。降水量的观测每天在 8 时和 20 时进行。

降雪时，须将量雨筒上节取下，用下节储水筒直接接雪。测量降水量时，用一定量温水融雪，在测得的降水量中减去温水量，就是实际降水量。测雪也可用刻有高度的量雪尺来测积雪深度。雪深 8mm 等于 1mm 的降水量。

通过对降水量的分析，可得出降水强度，其等级如表 4 - 4 - 1 所示。降水强度即单位时间内的降水量。通常取 10 分钟、1 小时或 24 小时时间内的降水量作为划定指标，也可依部门需要而定。中央气象台将降水强度划分为 7 个等级，见下表。此外，大暴雨的日降水量达 100 ~ 200mm，特大暴雨的日降水量达 200mm 以上。一般气旋（台风）24 小时降水总量多在 300mm 以上。降水强度是水利、交通和建筑工程等设计的依据之一。

表 4 - 4 - 1　降水强度等级

类　型	降水强度/（mm·d⁻¹）	类　型	降水强度/（mm·d⁻¹）
小雨	10 以下	小雪	2.5 以下
中雨	10 ~ 24.9	中雪	2.5 ~ 5.0
大雨	25 ~ 49.9	大雪	5.0 以上
暴雨	50 ~ 99.9		
大暴雨	100 ~ 200		

4. 云量观测

云量是把天空分为 10 等分，其中被云掩盖的分数，依次记为 0，1，2，3…10。天空无云或云量不到 0.5，记为 0；天空都被云遮蔽，记为 10；日平均云量小于 2，记作晴天；2 ~ 5 记作少云；5 ~ 8 记作多云；大于 8 记作阴天。

5. 气象观测记录

观测的数据是分析研究天气变化的一手资料，每天四次观测的记录要随时填写，免得忘记。每月要整理统计一次，年终要做一次总的整理统计，作为分析天气和气候的资料。气象观测记录表式样如表 4 - 4 - 2 所示。

表 4 - 4 - 2　气象观测记录表

年　　月　　日　　　　　　　　　观测人＿＿＿＿　核对人＿＿＿＿

项目 时间	气温	降水	风		云量	备注
			风向	风力		
2:00						
8:00						
14:00						
20:00						
平均						

（二）天气预报

几个世纪以来，人们一直试图预测天气。古人通过观察现象、寻找规律，早已经有了很多预测天气的经验。例如"朝霞不出门，晚霞走千里""天上鲤鱼斑，明日晒谷不同翻""久晴大雾阴，久雨大雾晴"等气象谚语，这些谚语都是基于长期的观察总结而成的。天气预报是气象工作为经济建设和国防建设服务的重要手段之一。随着国民经济和科学技术的发展，天气预报的方法和技术水平也在逐步提高。

1. 怎样预报天气

任何天气现象都有形成、发展的过程，我们可以根据已经出现的天气现象，预测未来的天气。为了准确地预报天气，必须先精确地观测近期的天气变化过程。所以做好气象观测及其记录是预报天气的基础工作。有了气象资料，气象工作者再根据有关天气和气候等方面的科学理论，对这些资料进行整理、分析和判断，就可以预报未来的天气。例如，从气象资料中得知，一个气旋自西向东移动，根据目前较大范围的天气形势，有利于气旋的进一步发展，其移动路线不变，可能在几小时内到达某城市。于是可根据气旋天气的特点，结合当时、当地的具体情况，预报未来一天的天气状况。

目前，我国每个县一般都有气象站，各气象站把观测到的气象资料，用现代电讯设备及时传送给本省（市、自治区）的气象台。各省级气象台再将全省气象资料汇集、整理后传送至中央气象台。中央气象台根据全国各地的天气情况，绘制成天气图，并参考气象卫星发回的信息和气候的历史资料，经过电子计算机的处理，作出天气预报。这种预报一般是准确的，但由于我国地域广阔，各地区的地理环境差异很大，因此各地方气象台、站，有必要作出补充预报。有些偏远的乡镇，还可建立规模较小的气象站（有人称为气象哨），以便密切结合当地情况作出准确的天气预报。

2. 天气预报的种类

根据预报内容，天气预报可分为天气形势预报和气象要素预报两种。天气形势预报是对各种天气系统，例如高气压、低气压、气旋、反气旋、锋面等系统的形成、变化及未来移动路线的预报。气象要素预报是对气温、降水、云量、风力和风向、能见度等各种气象要素的预报。可见，天气形势预报是气象要素预报的基础和前提。

根据预报天气的时间长短，一般可分为 1～3 天的短期预报、3～7 天的中期预报和 10 天以上的长期预报。此外，还可以根据不同的要求，作出临时性的短期预报和一年以上的超长期预报。

3. 收视天气预报

中央电视台每天播报全国天气预报，它不仅帮助我们了解未来天气的变化，而且有利于我们学习气象知识、加深认识天气和气象现象，同时对开展小学生课外活动也有重要作用。怎样才能有效地收视天气预报呢？

（1）做好准备工作。要了解电视台播放天气预报的具体时间，包括中央电视台与地方电视台的播放时间。准备好专用的记录本。

（2）了解并记熟预报的常用气象符号，如图 4 - 4 - 24 所示。

（3）复习、掌握有关天气形势预报的常用术语和有关知识。在天气形势预报中常用到等压线、高压脊、低压槽、气旋、冷锋、热带低气压等气象术语和各种天气系统对未来天气影响的有关知识。为了听懂

图 4 - 4 - 24　常用天气符号

这些天气形势预报的内容，需要认真复习我们已学的有关知识，有时还需要查阅参考书。

最后，结合本地区具体的地理条件，分析每天天气预报的内容，尝试自己预报本地区的未来天气。

解释问题

将温度计放在地上测的温度应该是近地表的温度，而气温的测定有严格的规定：气温的观测要在太阳晒不着并且空气流通的地方进行，并且，仪器的感应部分距离地面 1.5m。通常气温的仪器观测是放置在专门制作的白色百叶箱中。如果近地面温度为摄氏 50 多度，气温应该要低一些。

练习与思考

1. 气象观测的主要天气要素有哪些?
2. 人们是如何进行天气预报的?

第四节　气候

本节学习要点

- 掌握气候的主要成因;
- 了解气候是如何分类的;
- 了解气候的变化以及人类活动对气候的影响。

本节学习意义

- 学生通过学习，明白气候决定了我们在哪里居住、穿什么衣服以及吃什么东西;
- 学生通过学习，明白气候变化对农业、工业、交通和休闲娱乐等都有深远的影响。

一、什么是气候

提出问题

如果有选择的话，为什么人们更愿意居住在滨海地区?

相关知识

(一) 气候的概念

气候与天气有密切的联系，但又属于两个不同的概念。天气是指某地区时刻在变化的冷、热、干、湿、风、云、雨、雾等大气状况。气候则是指某地区多年时段大气的一般状态，是该时段各种天气过程的综合表现。一个地方的气候，总是通过各气候要素（温度、降水、风等）的特征值来反映。

气候不仅仅是天气现象的平均状态，还描述了温度、降雨、风和其他天气变量的年变化特征。气候研究的目的是要揭示这些变量随时间发生波动的情况。例如，气候数据可以指示一个地区内有记录以来的最高温和最低温。这类信息，若将它们与近期天气状况和长期平均天气状态的比较结果联合起来进行仔细分析，那么所得出的气候条件就可以帮助企业来确定厂址，并为那些因健康状况需要生活在某种气候条件下的人提供有用信息。

（二）气候的成因

地球上不同的地域有不同的气候，它是在太阳辐射、大气环流、下垫面的影响下形成的多年天气状况的综合。

1. 辐射因素

太阳辐射是地面和大气热能的源泉。而太阳辐射是受纬度所制约的，赤道获得热量最多，随纬度的增高而减少，两极获得热量最少。因此，远离赤道地区的气候要比靠近赤道地区冷得多。从赤道到两极依次出现热带、温带和寒带。

2. 大气环流因素

大气环流在气候形成过程中具有重要的影响。从全球来看，大气环流促进不同纬度和海陆间热量和水分的交换，造成地区之间水热条件的相互影响，而不是单纯只受当地太阳辐射和地理条件的作用，缩小了因纬度分布不均而产生的差异性。我国大部分地区呈现的冬季寒冷干燥、夏季高温多雨，就是在一定的大气环流条件下形成的。

3. 下垫面因素

下垫面是大气的主要热源和水源，又是低层空气运动的边界面，因此对气候影响十分显著。下垫面因素对气候形成的影响表现在海陆分布、地形和洋流上。由于海洋和大陆具有不同的热力学特性，如容积热容量、导热率等海洋与陆地显著不同，因而海洋和大陆在气候上差异很大，形成不同的气候类型，可分为海洋性气候和大陆性气候，两者具有不同的气温和水分特点；地势对气候形成的影响在于，海拔高，太阳直接辐射增强，散射辐射降低，温度降低，湿度减小，而不同的地形也对气候影响不同，高原对气候的影响十分明显；而洋流对气候的影响也是因热量而成，海洋是地球表面热量的重要储藏。

🌐 **解释问题**

由于海洋和陆地的热力性质的差异，滨海地区受到海洋的影响，属于海洋性气候。与大陆性气候相比较，海洋性气候的特征是冬暖夏凉，更适合人类的生活。

🌐 **练习与思考**

1. 什么是气候？它对人类有何影响？
2. 大气环流是如何影响一个地区的降水的？
3. 海洋对附近陆地地区气候有什么影响？

二、气候变化

🌐 **提出问题**

全球气候变暖将会产生什么后果？

🌐 **相关知识**

地球上各种自然现象都在不断地变化之中，气候的变迁也不例外，所不同的是气候变迁经历的是大跨度的地质历史时期，科学家通过研究历史气象记录、古文献记载、考古实物、地质地貌现象以及理论推测来再现历史上发生的气候变迁。

（一）地质时期的气候变迁

地质时期气候变化是指距今22亿年至1万年前的气候变化。地质学上的证据显示出在地球整个的自然历史中，至少有9/10的时间是温暖气候所主宰的时代，如古生代早期，从寒武纪起，经奥陶纪、志留纪至泥盆纪，在漫长的2.5亿年中；整个中生代至新生代的新第三纪的约2亿年，气候都是以温暖为优势，当然其中肯定包含间隔着若干个短暂的寒冷时期（冰期）。据科学家研究，地球上曾发生过3次大冰期，分别发生在前寒武纪（距今6亿年前）、石炭、二叠纪（距今3.5亿～2.25亿年）和最近200万年以来。

最近一次冰期大约结束于1万年前左右。最后一次冰期，冰覆盖了北美洲、欧洲和亚洲的广大地区。其时，全球平均气温约比平常低5℃左右。由于大量的水都被冻成了冰盖，因此那时的平均海平面要比现在低得很多。此后，气候转暖，冰川退缩，地球再次进入了温暖的间冰期，并一直持续至今。

（二）人类历史时期的气候变迁

人类历史时期气候变化是指1万年左右以来，特别是人类有文字记载以来的气候变化，是近代气候变化的背影。大冰期以后，地球大部分地区的气候在公元前5000—前3000年前最为温暖，被认为是冰期以后的气候最适期。当时的海平面比现在高2～3m，北冰洋的冰在夏季可能全部溶解；现在非洲的撒哈拉和中东的沙漠带，在当时，气候要湿润得多。

在公元前900—前450年前，即所谓铁器时代的早期，欧洲的气候进入了冷湿时期，阿尔卑斯山的冰川显著扩张；从爱尔兰到德国的许多泥炭层剖面中显示出2 500年前在这一广大地区分布着沼泽；北美洲落基山北纬50度以南所发现的现代冰川遗迹大多在这个时期形成。

此后，大致在1000—1200年，南、北半球的气候又处于适宜的温暖状态，也被称为"第二个气候最适期"。当时格陵兰岛南部的气温据推测比现在高4度左右。由于气候比较适宜，维京人在公元982年移民到格陵兰定居。

在1430—1850年，北半球的气候转冷，特别是在1650—1750年，被称为"小冰期"。伴随着寒冷期气候而来的，是中纬度地带的湿润，雨量的增加，使这一时期里海平面较之以前和以后几个世纪高出了5m以上。

1850年以后，气候又出现增温的趋势。随着近、现代科学观测的日趋完善，气候变迁的研究有了可靠的数据基础，气候变迁的科学原理逐渐被揭示出来。

（三）近代气候变化

近代气候变化是指近200～300年以来的仪器观测时期。随着近代气象观测仪器的出现，可以普遍使用精确的气象观测记录来研究气候变化。

近百年来我国气候变化的趋势与全球气候变化的总趋势基本一致。由于有了大量的气象观测记录，通过对气象资料处理和计算得出，19世纪末到20世纪40年代，世界气温曾出现明显的波动上升现象。这种增温现象到20世纪40年代达到顶点。此后，世界气温有变冷现象。进入20世纪60年代后，高纬度地区气候变冷的趋势更加显著。进入20世纪70年代，世界气候又趋变暖，到20世纪80年代以后，世界气温增温的现象更加明显。

近百年来的气象资料表明，我国气候变化的趋势是气温上升0.4℃～0.5℃，略低于全球平均的气温0.6℃；我国20世纪90年代是近百年来最暖的时期之一，但尚未超过20世纪20—40年代的最暖时期。我国气候存在着大约30年左右的周期变化，20世纪20—40年代为30年左右的暖周期，20世纪50—70年代为30年左右的冷周期，20世纪80年代以来又转入暖周期。

全球气候变暖，将可能存在一些潜在的好处，如寒冷地区的农民一年可以种植两季农作物，那些目前由于太冷而不适合耕种的土地也有可能变成农田。然而，全球变暖似乎产生更多的负面作用。高温导致水分从农田等裸露着的泥土中蒸发掉，干燥的泥土容易被风吹走，因此很多肥沃的田地将可能变成"干旱尘暴区"。即使温度只升高几摄氏度也能使海水变暖。随着海洋表面温度的升高，飓风的数量也可能随之增多。水变热后会膨胀，冰河和极地冰原的融化，这些都将导致海平面的上升。在过去的 100 年里，海平面已经上升了 10 ~ 20cm，预计到 2100 年，还会上升 25 ~ 80cm。海平面即使只上升一点点，位于地势较低的沿海地区也会被淹没。

（四）气候变化的原因

引起气候系统变化的原因有多种，概括起来可分成自然的气候波动与人类活动的影响两大类。前者包括太阳辐射的变化、火山爆发等；后者包括人类燃烧化石燃料以及毁林引起的大气中温室气体浓度的增加、硫化物气溶胶浓度的变化、陆面覆盖和土地利用的变化等。

1. 自然因素引起的全球气候变化

气候系统所有的能量基本上来自太阳，所以太阳能量输出的变化被认为是导致气候变化的原因之一，也可以说太阳辐射的变化是引起气候系统变化的外因。引起太阳辐射变化的另一原因是地球轨道的变化（米兰科维奇理论）。地球绕太阳轨道有三种规律性的变化，一是椭圆形地球轨道的偏心率（长轴与短轴之比）以 10 万年的周期变化；二是地球自转轴相对于地球轨道的倾角在 21.6° ~ 24.5° 变化，其周期为 41 000 年；三是地球最接近太阳的近日点时间的年变化，即近日点时间在一年的不同月份转变，其周期约为 23 000 年。另一个影响气候变化的自然因素是火山爆发。火山爆发之后，向高空喷放出大量硫化物气溶胶和尘埃，可以到达平流层高度，它们可以显著地反射太阳辐射，从而使其下层的大气冷却。

2. 人类活动引起的全球气候变化

人类活动加剧了气候系统变化的进程。人类活动引起的全球气候变化的原因，主要包括人类燃烧化石燃料和森林植被的破坏。

（1）化石燃料的燃烧。

人类生活和生产活动过程为获取能源而燃烧天然气、石油和煤。在这个过程中就会不断向大气中排放温室气体和各种污染物质，改变了大气的化学组成，从而使下垫面和大气及它们之间的辐射、热量、动量及物质的交换过程发生变化。研究表明，人类在过去的 150 年内已经使大气层内二氧化碳含量提高了 25%。温室气体的增加主要是通过温室效应来影响全球气候或使气候变暖的。地球表面的平均温度完全决定于辐射平衡，温室气体则可以吸收地表辐射的一部分热辐射，从而引起地球大气的增温，也就是说，这些温室气体的作用犹如覆盖在地表上的一层棉被，棉被的外表比里表要冷，使地表辐射不至于无阻挡地射向太空，从而使地表比没有这些温室气体时更为温暖。

（2）森林植被的破坏。

植被是地表状况的重要特征，每种植被有其本身的反射率、粗糙度、土壤持水能力等，从而形成地气之间固有的辐射、热量和水分的平衡关系。一旦植被发生变化，气候状况也会相应产生变化。植被具有改变气候的许多功能：能减少辐射的射入射出；降低气温的日较差和年较差；能增大湿度；树冠和树叶层滞留和截留降水，减小地表径流，有明显的蓄水作用和水土保持作用；能够降低风速，改变方向，具有防风固沙的作用。

另外，由于人类的活动产生的海洋石油污染、地表水分状况的改变等也会对气候产生影响。海洋石油污染是当今人类活动改变下垫面性质的另一重要方面。据统计，每年倾注到海洋的石油量达 2×10^6 ~ 10×10^6 t。倾注到海洋中的废油，有一部分形成油膜浮在海面，抑制海水的蒸发，使海上空气变得干燥。同时又减少了海面潜热的转移，导致海水温度的日变化、年变化加大，使海洋失去调节气温的作用，产生"海洋沙漠化效应"。地表水分状况的改变，采用人工灌溉和排干沼泽地区而改变水分状况是人类影响气候的另一种途径。排干沼泽地区对气候条件的影响，通常与灌溉的气候效应相反。由于降低了土壤湿度，减少了蒸发，从而提高了土壤温度。

解释问题

全球气候变暖，将主要产生更多的负面作用。高温导致水分从农田等裸露着的泥土中蒸发掉，干燥的泥土容易被风吹走，因此很多肥沃的田地将可能变成"干旱尘暴区"。即使温度只升高几摄氏度也能使海水变暖。随着海洋表面温度的升高，飓风的数量也可能随之增多。水变热后会膨胀，冰河和极地冰原的融化，这些都将导致海平面的上升，位于地势较低的沿海地区也会被淹没等。

练习与思考

1. 冰期的气候与现在的气候相比，有哪些区别？
2. 列出三个影响地球气候的因素。
3. 人类哪些活动导致地球大气中二氧化碳含量的增加？大气中二氧化碳含量增加的后果如何？

第五章　地球与宇宙

第一节　天体与天体系统

本节学习要点

- 了解天体的基本概念；
- 了解恒星和星云的基本特征；
- 了解主要的天体系统；
- 使学生初步学会辨认常见的恒星、星座及银河。

本节学习意义

- 研究星系和宇宙的结构，可以帮助科学家更好地理解我们所在的太阳系及其地球地位。

宇宙是天地万物，是物质世界。"宇"是空间的概念，是无边无际的；"宙"是时间的概念，是无始无终的。宇宙是无限的空间和无限的时间的统一。当代最人的光学望远镜已可观测到 150 亿光年的遥远目标（1 光年 $\approx 9.46 \times 10^{12}$ km），这就是现今人类所能观测到的宇宙部分。

一、天体

提出问题

我们常用北极星来指示方向，北极星是静止在天空的吗？

相关知识

宇宙是物质的，在宇宙空间存在着形形色色的星体，如恒星、星云、行星、卫星、彗星、流星、气体、尘埃等，它们都在不停地运动、变化。这些星体通称为天体。

（一）恒星

恒星是宇宙中最重要的天体。恒星是由炽热气体组成的、能够自身发光的球形或类似球形的天体。太阳就是一颗既典型又很普通的恒星。构成恒星的气体主要是氢，其次是氦，其他元素很少。离地球最近的恒星是太阳，其次是处于半人马座的比邻星，它发出的光到达地球需要 4.22 年。

拥有巨大的质量是恒星能发光的基本原因。由于质量大，内部受到高温高压的作用，导致进行由氢聚变为氦的热核反应，释放出巨大的能量，以维持发光。恒星的温度愈高，向外辐射能量的电磁波波长愈短，因而颜色发蓝；相反，颜色发红。

晴朗无月的夜晚，且无光污染的地区，一般人用肉眼大约可以看到 6 000 多颗恒星。借助于望远镜，则可以看到几十万乃至几百万颗。估计银河系中的恒星有一二千亿颗。由于恒星距离我们实在太远，不借助特殊工具和特殊方法，很难发现它们位置的变化，因此古代人把它们叫做恒星。其实，恒星总是在不停地运动着，例如，我们熟悉的北斗七星，如图 4 – 5 – 1 所示。

我们所熟悉的北斗七星，现在看起来排列得像勺子的形状。但是十万年以前和十万年以后，形状却跟

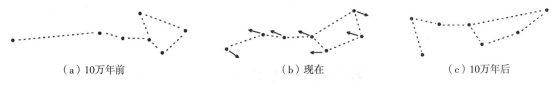

（a）10万年前　　　　　　　（b）现在　　　　　　　（c）10万年后

图 4 - 5 - 1　北斗七星形状的变化

现在不一样。这是因为北斗七星各成员运动的方向、速度不同造成的。

恒星也有自己的生命史，它们从诞生、成长到衰老，最终走向死亡。它们大小不同，色彩各异，演化的历程也不尽相同。恒星与生命的联系不仅表现在它提供了光和热。实际上，构成行星和生命物质的重原子，就是在某些恒星生命结束时发生的爆发过程中创造出来的。

（二）星云

星云（如图 4 - 5 - 2 所示）是由星际空间的气体和尘埃结合成的云雾状天体。星云里的物质密度是很低的，若拿地球上的标准来衡量的话，有些地方是真空的。可是星云的体积十分庞大，常常方圆达几十光年。所以，一般星云较太阳要重得多。

星云的形状是多姿多态的。星云和恒星有着"血缘"关系。恒星抛出的气体将成为星云的部分，星云物质在引力作用下压缩成为恒星。在一定条件下，恒星和星云是能够互相转化的。

图 4 - 5 - 2　猎户座大星云

（三）星际物质

在恒星与恒星之间存在着极其广大的空间，称为星际空间。弥漫于星际空间的极其稀薄的物质称为星际物质。主要的星际物质有两类，即星际气体和星际尘埃。

星际气体包括气态的原子、分子、电子和离子，其中以氢为最多，氦次之，其他元素都很少。星际尘埃就是微小的固态质点，它们分散在星际气体之中，它们的主要成分是水、氨和甲烷的冰状物以及二氧化硅、硅酸铁、三氧化二铁等矿物。星际物质是很稀薄的，一般不超过每立方厘米 0.1 个质点。

🌀 **解释问题**

北极星是一颗恒星，它和其他恒星一样也是在高速运动着的，之所以我们看着它不动，是因为它距离我们地球实在是太远了。

🌀 **练习与思考**

1. 宇宙中有哪些不同的天体？我们平时用肉眼曾看到过哪些不同的天体？
2. 比较恒星和星云的异同。

二、天体系统

🌀 **提出问题**

为什么我们看到的银河系是天空中的一条亮带？

🌀 **相关知识**

宇宙间的天体都在运动着，运动着的天体因互相吸引和互相绕转，从而形成天体系统。万有引力和天体的永恒运动维系着它们之间的关系，组成了多层次的天体系统。如月球和地球相互绕转构成地月系；地球和其他行星围绕太阳公转，它们和太阳构成高一级的天体系统，即太阳系；太阳系又是更高一级天体系统——银河系极微小的一部分，银河系中像太阳这样的恒星就有 1 000 亿~2 000 亿颗。

（一）银河系

银河系（如图 4 - 5 - 3 所示）是地球和太阳所属的星系。包括 1 200 亿颗恒星和大量的星团、星云，还有各种类型的星际气体和星际尘埃，它的总质量是太阳质量的 1 400 亿倍。在银河系里大多数的恒星集中在一个扁球状的空间范围内，扁球的形状好像铁饼，如图 4 - 5 - 3 所示。扁球体中间突出的部分叫"核球"，半径约为 7 000 光年。核球的中部叫"银心"，四周叫"银盘"。在银盘外面有一个更大的球形，那里星少，密度小，称为"银晕"，直径为 10 万光年。银河系俯视像一个巨大的漩涡，这个漩涡由四个旋臂组成。太阳系位于其中一个旋臂（猎户座臂），逆时针旋转（太阳绕银心旋转一周需要 2.5 亿年）。

太阳位于据银河中心 2.3 万光年处，故我们是在银河系的内部看它。这样银河系在天空上就像一条流淌在天上闪闪发光的河流一样，所以古称银河或天河。

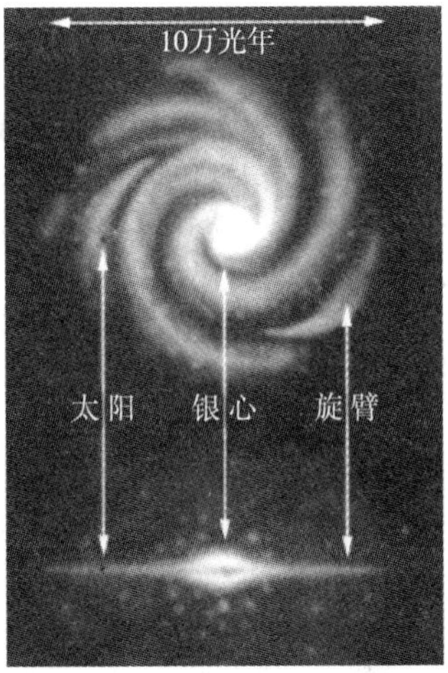

图 4 - 5 - 3　银河系示意图

（二）河外星系

在了解这些银河系外的天体之前，天文学家很早就意识到银河系外有其他星系。通过各种观测，天文学家发现，在银河系之外，有很多天体散落在天空中。人类所处的银河系，不过是宇宙中数十亿个星系中的一员。在广袤的宇宙空间，有数不尽的大小不一、千姿百态的各种星系，人们称之为河外星系（简称星系）。通过对最遥远的星系的观测，天文学家现已大致了解了整个宇宙的全貌。因为光从遥远的星系传到地球需要很长的时间，所以这些遥远的星系还提供了宇宙很久以前的外貌形态。

（三）总星系

通常，把我们现在观测所及的宇宙部分称为总星系，它是现在所知的最高一级天体系统。总星系并不是一个具体的星系，而是指用现有的观测手段和方法，所能被人们观测和探测到的全部宇宙间范围。也有人认为，总星系是一个比星系更高一级的天体层次，它的尺度可能小于、等于或大于观测所及的宇宙部分。

解释问题

我们晚上看到的银河系在天空中是一条银亮的带子，是由我们所处的位置造成的。由于我们处于银河系的一个悬臂上，无法直接观测到银河系全貌，只能看到一条亮带。

练习与思考

1. 银河系的结构是怎样的？大小是多少？
2. 太阳处在银河系的什么位置上？
3. 什么是河外星系？

三、星空观察

（一）天球

地球以外的天体，距离我们的远近极其悬殊。但是，不管人们在何时何地，每当抬头仰望天空时，总感到天空看起来好像是一个巨大的半圆球壳，观测者本人就是它的中心，日、月、星等各种类型的天体，全部分布在这个半球壳的内表面。人们之所以有这样的印象，完全是由于观测者本人眼睛的错觉造成的。从人眼的生理功能来说，眼睛在视线方向上，对于遥远目标是不具备分辨其远近能力的。因而，这就使人们认为所有遥远的天体目标，都与观测者保持相等的距离，并且都分布在以观测者为中心的球面上。人们为了研究问题的方便和与人们的感觉相符，在天文学里，也就真的引进了一个假想的圆球，它的球心就是观测者，它的半径是无穷大。这个圆球，叫做天球。这样，地球以外的天体在天球上都有各自的投影位置，如图4-5-4所示。

地球的自转轴无限延长，同天球球面相交于两点，这叫做天极；与地球的南、北极方向相同的两个极分别称为南天极和北天极。地球赤道平面无限扩大，同天球相交的大圆，叫做天赤道。有了天极和天赤道，天球就可以定出自己的经线和纬线，分别称为赤经和赤纬，如图4-5-5所示。人们说明天体在天球上投影的位置就方便了。

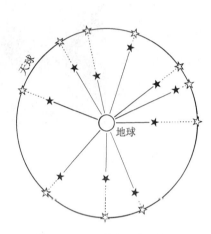

图4-5-4　天体在天球上的投影

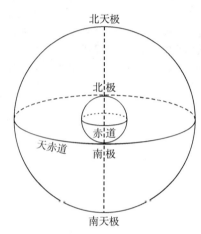

图4-5-5　天球上的天极和天赤道

（二）星座和视星等

为了便于认识恒星，人们把天球上的恒星分成若干群落，每个群落的恒星都有自己独特的形状并占据一定的空间，这样的恒星群落称为星座。全天球可分成88个星座，如图4-5-6所示。

把天球的球面按赤经的不同分成四个星区，每个星区跨赤经6时（或90°）。四个星区可根据各自代表性星座分别称为仙后星区、御夫星区、大熊星区和天琴星区，简称"后、御、熊、琴"，如图4-5-7所示。

仰望星空，我们看到的恒星亮暗不同。人们根据恒星的亮暗程度，把恒星划分了不同的等级。古代人们将恒星的亮度分为6个等级，称为视星等。把其中15个最亮的恒星称一等星，而把正常视力所能辨认的最暗的星称六等星。比六等星更暗的星，就要靠望远镜来观察了。

图4-5-6　星座

视星等和亮度的数量关系：即一等星比六等星亮100倍，视星等每差一等，亮度就差2.512倍。恒星的亮度受恒星到地球距离远近不同的影响，因而并不完全代表恒星本身的真正发光能力。恒星本身的发光能力被称为光度，光度的等级则称为绝对星等。

根据长时间的观测，人们看到的一等星约有21个，二等星约60个，三等星约180个，四等星约有500个，五等星约有1 500个，六等星约有4 500个。很巧合的是，在肉眼能见到的星中，星等每降低一等，星数约增加三倍。

（三）星空的变化

仔细观察星空，你会发现，不仅不同纬度所看到的天象有差异，而且就是同一纬度，四季的星空也不

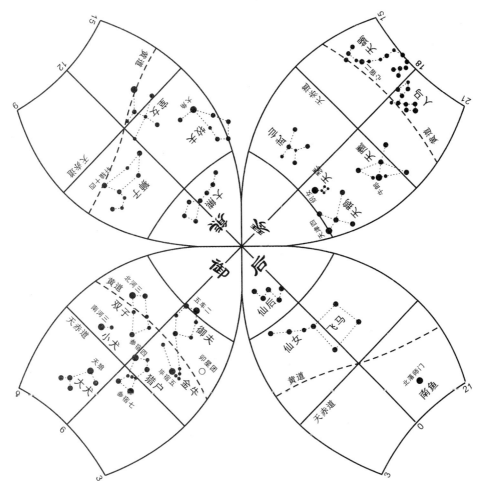

图 4 - 5 - 7   四瓣简明星座图

一样。

1. 同一时间，不同纬度的星空不同

恒星在天球上的位置可以看作是不变的。由于地球自西向东旋转，人们感觉到天球却在自东向西旋转，所有的星座从东方地平线上升起，一直到达天空的最高位置，然后转向西方，渐渐向西方地平线下沉落。

人们在地球上，同一时间里只能见到地平线以上的半个天球，而不同的纬度有不同的地平线，因此，不同纬度的人们看到的是天球的不同部分。比如，我国南北纵跨地理纬度近50°，在北方地区，人们终年可以见到北斗七星；而长江以南，北斗七星中有的星有时没入地平线，就不能再构成"勺"的形状，辨认起来有一定的困难。

2. 同一纬度，不同季节的星空不同

由于地球不停地围绕太阳公转，不同的时候，地球在公转轨道的不同位置上。每年春分前后，地球运行到室女座等星座附近，每当太阳下山以后，人们便能看到它们。而与太阳同一侧的双鱼座等星座，则掩映在太阳的光辉之中，并与太阳同升同落，人们看不到它们。每年夏至前后，地球运行到人马座附近，每当太阳落山以后，人们便能看到它们。而与太阳同一侧的双子座等星座，则掩映在太阳的光辉之中，并与太阳同升同落，人们看不到它们。地球围绕太阳一圈，人们看到的星座也在不断地变化，如图4 - 5 - 8所示。

综上所述，我们在观察星空时，首先要搞清楚观测者所在的纬度位置，然后再根据时间来确定要寻找哪一个星座，哪一颗恒星。

（四）著名的星座和恒星

1. 大熊座和北斗七星

大熊座（如图4-5-9所示）在我国北方地区终年可见，这个星座最显耀的部分是由七颗星组成的"北斗"。在我国古代，把大熊星座中的七颗亮星看作一个勺子的形状，这就是我们常说的北斗七星。这个大勺子一年四季都在天上，不同季节勺把的指向还有变化呢，而且恰好是一季指一个方向，用古人的话来说就是："斗柄东指，天下皆春；斗柄南指，天下皆夏；斗柄西指，天下皆秋；斗柄北指，天下皆冬。"远古时代没有日历，人们就用这种办法估测四季。当然，由于地球的自转，必须都在晚上八点多观看才能得出这一规律。

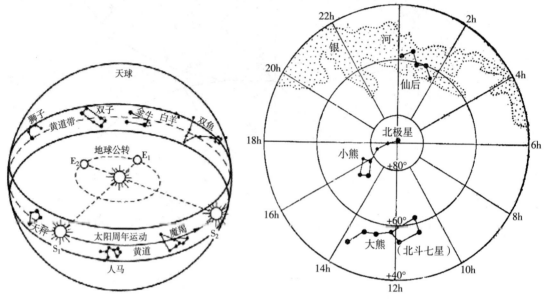

图4-5-8　四季星空的变化　　　　　　　　图4-5-9　大熊座、小熊座和仙后座

北斗七星离北天极不远，非常容易识别，它们常被用来作为指示方向和认识其他星座的标志。如果把"斗"沿的两颗恒星（天璇和田枢）用线段连接起来，并向外延长5倍，可找到一颗亮度与它们差不多的恒星，那就是小熊座座内的北极星。

2. 小熊座和北极星

小熊座位于北天极附近的区域。把小熊座的主要亮星连起来，是个小北斗的样子。但小熊座的这个"北斗"比大熊座的北斗小很多，而且暗很多，七颗星中只有两颗是2等星，一颗是3等星以外，其他几颗都小于4等；不像大熊座的北斗，除了一颗是3等星以外，其他六颗都是2等星。所以，这个小北斗远不像北斗七星那么引人注目，人们平时注意到的只是北极星一颗。

北极星是小熊座内最亮的恒星。它是目前一段时间内距北天极最近的亮星，对地球上的观测者来说，它总是位于北天极。古时人们在大海中航行，在沙漠、森林、旷野上跋涉，总是求助于北极星来指示方向。人们因此非常景仰它，我国古时甚至将它视为帝王的象征。就是在科技高度发达的今天，北极星在天文测量、定位等许多方面仍然有着非常重要的应用。

3. 仙后座

仙后座与大熊座各位于北天极的两侧。它包含五颗在银河系里的二等星和三等星，构成一个明显的英文字母"W"，所以也称W星座。

4. 天琴座和织女星

天琴座位于天赤道以北，有六颗亮星组成一个三角形和一个平行四边形。织女星是天琴座中最亮的星，位于银河的西岸。可以这样寻找织女星：从北斗七星中的天权星开始，作一条线到达北极星，然后自北极星座这条线的垂线，并令垂线的长度约40°，这条垂线就可指出织女星。

5. 天鹰座和牛郎星

天鹰座（如图4-5-10所示）位于天赤道附近。牛郎星是天鹰座中最著名的亮星，位于银河的东岸。我们可以这样寻找牛郎星：自天北极向南作一条长约80°的线，让这条线通过天鹅座的天津四和天琴座的织女星连线的中点，这条线就指出了牛郎星。它是这个星空区域少有的亮星，因此，不难把它识别出来。

6. 金牛座和毕宿五

金牛座（如图4-5-11所示）位于天赤道以北。毕宿五是金牛座中的亮星，它与金牛座中的一个小星群组成一个"V"字形。

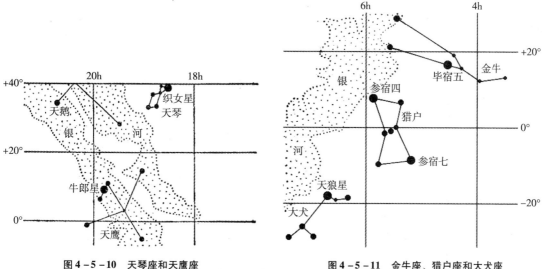

图4-5-10　天琴座和天鹰座　　　　图4-5-11　金牛座、猎户座和大犬座

7. 猎户座及其亮星

猎户座横跨天赤道，由七颗亮星组成一个腰部凹陷的巨大长方形，其中参宿四和参宿七为两颗一等星。中间的三颗星，整齐地连成一条长约3°的线，为天空著名的"三星"。

8. 大犬座和天狼星

大犬座是南半天球的星座。大犬座中的天狼星是全天最亮的恒星。自金牛座的毕宿五，经过猎户座三星作一直线，并向东南延伸20°，碰到的一颗最亮的星，就是天狼星。

第二节　太阳和太阳系

本节学习要点

- 了解太阳的能量来源、结构特点；
- 了解太阳活动情况及其影响；
- 了解太阳系主要成员的特征和运动规律。

本节学习意义

- 学生通过学习，明白对于地球上的生命来说，太阳是至关重要的；
- 学生通过学习，明白对太阳系的研究，有利于帮助科学家理解地球。

一、太阳

提出问题

太阳黑子真的是黑的吗？

相关知识

　　清晨，太阳（图 4 – 5 – 12）从东方升起，阳光普照大地，人们不仅见到光明，尤其倍感温暖。对于人类来说，光辉的太阳无疑是宇宙中最重要的天体。万物生长靠太阳，没有太阳，地球上就不可能有姿态万千的生命现象，当然也不会孕育出作为智能生物的人类。太阳给人们以光明和温暖，它带来了日夜和季节的轮回，左右着地球冷暖的变化，为地球生命提供了各种形式的能源。

图 4 – 5 – 12　太阳

　　太阳是一个炽热的气体球，它的质量相当于地球质量的 33 万多倍，体积大约是地球的 130 万倍，半径约为 70 万 km，是地球半径的 109 倍多。平均密度 1.409 g/cm³，质量 1.989×10^{33} g，表面温度 5 770K，中心温度 1 500.84 万 K。由里向外分别为太阳核反应区、太阳对流层、太阳大气层。虽然如此，它在宇宙中也只是一个普通的恒星。

　　太阳距离地球 1.5 亿 km，直径约 1 392 000km，从地球步行到太阳上去要走 3 500 多年，就是坐飞机，也要坐 20 多年。

（一）太阳的能量

　　地球上除原子能和火山、地震以外，太阳能是一切能量的总源泉。那么，整个地球接收的有多少呢？太阳发射出多大的能量呢？科学家们设想在地球大气层外放一个测量太阳总辐射能量的仪器，在每平方厘米的面积上，每分钟接收的太阳总辐射能量为 8.24J。这个数值叫太阳常数。如果将太阳常数乘上以日地平均距离作半径的球面面积，这就得到太阳在每分钟发出的总能量，这个能量约为每分钟 2.273×10^{28} J（太阳每秒辐射到太空的热量相当于 1 亿亿吨煤炭完全燃烧产生热量的总和，相当于一个具有 5 200 万亿亿马力的发动机的功率。太阳表面每平方米面积就相当于一个 85 000 马力的动力站）。而地球上仅接收到这些能量的 22 亿分之一。

　　太阳的内部主要可以分为三层：核心区、辐射区和对流区。太阳的能量来源于其核心部分，太阳的核心温度高达 1 500 万 K，压力相当于 2 500 亿个大气压。核心区的气体被极度压缩至水密度的 150 倍。在这里发生着核聚变反应，每秒钟有 7 亿吨的氢被转化成氦。在这过程中，约有 500 万吨的净能量被释放（大概相当于 38 600 亿亿兆焦耳，386 后面有 26 个 0）。聚变产生的能量通过对流和辐射过程向外传送。核心产生的能量需要通过几百万年才能到达表面。

　　太阳每年送给地球的能量相当于 100 亿亿度电的能量。太阳能取之不尽，用之不竭，又无污染，是最理想的能源。表 4 – 5 – 1 所示为太阳基本物理参数。

表 4 – 5 – 1　太阳基本物理参数

天文符号：⊙	质量：1.989×10^{30} kg
体积：地球体积的 1 302 500 倍	温度：大约 5 770℃（表面）1 560 万℃（核心）
自转周期：25 ~ 30 天	总辐射功率：3.83×10^{26} J/s
距最近的恒星间的距离：4.3 光年	平均密度：1.409 g/cm³
宇宙年：225 百万年	日地平均距离：1.5 亿 km
直径：1 392 000km（地球直径的 109 倍）	年龄：约 50 亿岁
半径：696 000km	

（二）太阳大气的结构

　　太阳大气层从里向外又可分光球、色球和日冕，如图 4 – 5 – 13 所示。我们看到耀眼的太阳，就是太阳大气层中光球发出的强烈的可见光。光球层位于对流层之外，属太阳大气层中的最低层或最里层，光球层的厚度约500km，与约70万km的太阳半径相比，好似人的皮肤和肌肉之比。我们说太阳表面的平均温度约6 000℃，指的就是这一层。光球之外便是色球。平时由于地球大气把强烈的光球可见光散射开，色球便被淹没在蓝天之中。只有在日全食的时候才有机会直接饱览色球红艳的姿容。太阳色球是充满磁场的等离子体层，厚约2 500km。其温度从里向外增加，与光球顶衔接的部分约4 500℃，到外层达几万摄氏度。密度则随高度增加而减低。整个色球层的结构不均匀，由于磁场的不稳定性，太阳高层大气经常产生爆发活动，产生耀斑现象。

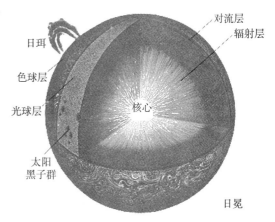

图4－5－13　太阳大气结构示意图

　　日冕是太阳大气的最外层。日冕中的物质也是等离子体，它的密度比色球层更低，而它的温度反比色球层高，可达上百万摄氏度。日全食时在日面周围看到放射状的非常明亮的银白色光芒即是日冕。

（三）太阳活动

　　太阳的光球上常常可以看到很多黑色斑点，它们叫做"太阳黑子"，如图4－5－14所示。太阳黑子其实也发光，只是因为温度比周围光球低1 000℃左右，在明亮光球反衬下看起来呈暗黑色。太阳黑子在日面上的大小、多少、位置和形态等，每天都不同。太阳黑子是光球层物质剧烈运动而形成的局部强磁场区域，也是光球层活动的重要标志。长期观测太阳黑子就会发现，有的年份黑子多，有的年份黑子少，有时甚至几天、几十天日面上都没有黑子。天文学家们早就注意到，太阳黑子从最多或最少的年份到下一次最多或最少的年份，大约相隔11年。也就是说，太阳黑子有平均11年的活动周期，这也是整个太阳的活动周期。天文学家把太阳黑子最多的年份称之为"太阳活动峰年"，把太阳黑子最少的年份称之为"太阳活动宁静年"。

图4－5－14　太阳黑子

　　太阳耀斑是一种最剧烈的太阳活动。一般认为发生在色球层中，所以也叫"色球爆发"。其主要观测特征是，日面上（常在黑子群上空）突然出现迅速发展的亮斑闪耀，其寿命仅在几分钟到几十分钟之间，亮度上升迅速，下降较慢。特别是在太阳活动峰年，耀斑出现频繁且强度变强。

　　别看它只是一个亮点，一旦出现，简直是一次惊天动地的大爆发。这一增亮释放的能量相当于10万～100万次强火山爆发的总能量，或相当于上百亿枚百吨级氢弹的爆炸；而一次较大的耀斑爆发，在一二十分钟内可释放巨大能量。除了日面局部突然增亮的现象外，耀斑更主要表现在从射电波段直到X射线的辐射通量的突然增强；耀斑所发射的辐射种类繁多，除可见光外，有紫外线、X射线和γ射线，有红外线和射电辐射，还有冲击波和高能粒子流，甚至有能量特高的宇宙射线。

　　当太阳上黑子和耀斑增多时，发出的强烈射电会扰乱地球上空的电离层，使地面的无线电短波通信受到影响，甚至会出现短暂的中断。

　　太阳大气抛出的带电粒子流，能使地球磁场受到扰动，产生"磁暴"现象，使磁针剧烈颤动，不能正确指示方向。

　　地球两极地区的夜空，常会看到淡绿色、红色、粉红色的光带或光弧，这叫做极光。极光是带电粒子流高速冲进那里的高空大气层，被地球磁场捕获，同稀薄大气相碰撞而产生的。

　　大耀斑出现时射出的高能量质子，对航天活动有极大的破坏性。高能质子到达地球附近时，特别是容易到达无辐射带保护的极区，会影响极区飞行；如遇卫星则对卫星上的仪器设备有破坏作用；太阳能电池在高能质子的轰击下，性能会严重衰退以至不能工作；如遇在飞船外工作的宇航员将危及生命。

太阳活动与地球上气候变化的关系也是比较明显的，据统计，地面降水量的变化，也有 11 年、22 年等的周期，另外地球高层大气的变化也与太阳活动相关。地震、水文、气象等多方面的研究都说明了太阳活动对地球的影响，关于这方面的物理机制还在研究中。

🌀 解释问题

太阳黑子并不是黑的，其实它也是发光的，只是因为在太阳黑子区域的温度比周围光球要低 1 000 ℃左右，在明亮光球反衬下看起来呈暗黑色。

🌀 练习与思考

1. 描述一下太阳外部结构中的各层大气。
2. 太阳如此巨大的能量是如何产生的？
3. 什么是太阳活动？它对地球会产生哪些影响？

二、太阳系

🌀 提出问题

为什么彗星外形会像扫帚一样？

🌀 相关知识

以太阳为中心并受其引力的支配而环绕它运动的天体系统叫太阳系。数千年来，人类对于太阳系的早期思想全都是以地球为中心观察得到的，直到科技发达的 20 世纪，科学家们才获得了更多更全面的关于太阳系的知识。

太阳系的成员包括太阳和环绕太阳的行星（如水星、金星、地球、火星、木星、土星、天王星和海王星）、矮行星、卫星、数量众多的小行星以及为数很多的彗星与流星体等，如图 4 - 5 - 15 所示。

图 4 - 5 - 15　太阳系示意图

（一）太阳系的成员

1. 行星

行星是在椭圆轨道上环绕太阳运行的、近似球形的天体，并且行星的质量比太阳小得多，本身不发射可见光，它以反射太阳光而发亮。在天空背景上，行星有明显的位移。它包括类地行星、巨行星、矮行星和小行星。

太阳系的八颗行星中内圈的四颗行星称为类地行星，它们的大小与地球类似，外表为坚固的岩石层。类地行星的结构大致相同：一个主要是铁的金属中心，外层则被硅酸盐地幔所包围。它们的表面一般都有峡谷、陨石坑、山和火山。根据它们与太阳的距离，由近至远依次为水星、金星、地球、火星。

相比类地行星，火星以外的四颗行星则是由气体组成的庞然大物，没有固体状的外表，称为巨行星，包括：木星、土星、天王星和海王星。巨行星的体积和质量都很大，平均密度小，表面温度低。简单地说它们是气态行星，又叫气体行星。气体巨星可能没有固体的表面，而主要的成分是氢、氦和存在不同物理状态下的水。

矮行星是2006年8月24日国际天文联合会重新对太阳系内天体分类后新增加的一组独立天体，此定义仅适用于太阳系内。简单来说矮行星介乎于行星与太阳系小天体这两类之间。目前发现的矮行星有继冥王星、谷神星、阋神星、鸟神星和妊神星。

小行星是太阳系内类似行星环绕太阳运动，但体积和质量比行星小得多的天体。太阳系中大部分小行星的运行轨道在火星和木星之间，称为小行星带。至今为止在太阳系内一共已经发现了约70万颗小行星，但这可能仅是所有小行星中的一小部分，只有少数这些小行星的直径大于100km。

八大行星绕日运动都遵循着一定的规律，它们的轨道具有近圆性、共面性和同向性特点。近圆性指所有行星轨道的偏心率都很小，几乎近于圆形。共面性是说所有行星的公转轨道面都是比较接近的，大体在一个平面上，与地球轨道面的交角都不大。同向性指行星绕日公转的方向是相同的，也同太阳自转的方向一致。八大行星的比较数据如表4-5-2所示。

表4-5-2　八大行星的比较数据

行星	与太阳平均距离 （天文单位）	公转周期 （恒星年）	自转周期 （恒星日）	质量 （地球=1）	体积 （地球=1）	密度 /（g·cm^{-3}）
水星	0.38	88日	58.6日	0.06	0.056	5.4
金星	0.72	225日	243日	0.82	0.856	5.2
地球	1.00	365.25日	23时56分	1.00	1.00	5.5
火星	1.52	1.88年	24时37分	0.11	0.15	3.9
木星	5.20	11.86年	9时50分	318	1316	1.3
土星	9.57	29.5年	10时14分	94	745	0.7
天王星	19.28	84年	16时48分	15	65.2	1.3
海王星	30.13	164.8年	16时06分	17	57.1	1.7

2. 卫星

卫星是围绕行星运行的天体，月球就是最明显的卫星的例子。卫星反射太阳光，除月球外，其他卫星的反射光都非常弱，通常肉眼是看不到的。卫星的质量和体积都比自己中心天体行星小。在太阳系里，除水星和金星外，其他行星都有卫星。太阳系已知的天然卫星总数（包括构成行星环的较大的碎块）至少有160颗。木星的天然卫星最多，其中17颗已得到确认，至少还有6颗尚待证实。卫星的大小不一，彼此差别很大。其中一些直径只有几千米大，例如，火星的两个小月亮，还有木星、土星、天王星外围的一些小卫星。还有几个却比水星还大，例如，土卫六、木卫三和木卫四，它们的直径都超过5 200km。

3. 彗星

彗星（如图4-5-16所示）是在扁长轨道上绕太阳运行的一种质量较小的天体。彗星有着奇特的外貌：当它远离太阳时，呈现为朦胧的星状小亮斑，其较亮的中心部分叫做彗核，彗核外围的云雾包层称为彗发。当彗星运行到离太阳相当近的时候，彗发变大，太阳风把彗发中的气体和微尘推开，形成彗尾。彗尾一般长几万千米，最长可达几亿千米。

图 4 – 5 – 16　彗星

4. 流星体

流星体是行星际空间的尘粒和固体小块，数量众多。沿同一轨道绕太阳运行的大群流星，称为流星群。闯入地球大气圈的流星体，因同大气摩擦燃烧而产生的光迹，划过长空，叫做流星现象。未烧尽的流星体降落到地面，叫做陨星。其中石质陨星叫做陨石，铁质陨星叫做陨铁。

5. 行星际物质

行星际空间虽然空空荡荡，但并非真空，其中分布着极稀薄的气体和少量尘埃。这些气体和尘埃叫做行星际物质。

（二）关于太阳系的一些观点

千百年来，人类一直在夜观星空。早先的观测者注意到了行星位置的改变，并基于他们的观察和信仰，提出了关于太阳系的一些观点。今天，人类认识到太阳系里所有的物质都围绕太阳运行。人类也认识到太阳的引力维持着太阳系，使之成为一个整体，就如同地球吸引月球沿着既定的轨道围绕它运转一样。然而，我们对太阳系的认识会随着科学家新的发现而发生改变。

1. 地心说

早年的许多希腊科学家认为，行星、太阳和月球都固定在各自独立的区域内围绕着地球运转，而恒星在另外一个区域内也绕着地球运行，这就是地心说。地心说模型包括地球、月球、太阳、五颗行星（水星、金星、火星、木星和土星）以及一定范围内的恒星。

2. 日心说

几个世纪以来，人们都相信太阳系的地心说。然而，在1543年，尼古拉·哥白尼发表了不同的观点。哥白尼认为月球围绕地球运转，而地球和另外的行星则围绕着太阳运转。他同时指出行星和恒星的日常移动都是由地球自转引起的。

通过望远镜，伽利略·伽利雷观察到金星跟月球一样，会经过一个相位变化的周期。他也观察到当金星的相位接近于满的时候，它的直径表现为最小。这只能用金星围绕着太阳运转来解释。伽利略于是得出结论认为太阳是太阳系的中心。

3. 现代观点

从2006年起，科学家定义太阳系是由包括地球在内的八颗行星和其他沿着一定轨道围绕太阳运转的物质组成。

太阳系从太阳出发往各个方向延伸，包含着巨大的宇宙空间。太阳的质量占到整个太阳系的99.86%，因而它的引力非常大。太阳巨大的引力使得各大行星和其他物体沿着固定的轨道围绕太阳运行。

（三）太阳系的形成

科学家假设太阳系是由气体、冰晶和尘埃等物质构成的星云形成的。星云附近的一颗恒星发生爆炸，它所释放出的冲击波引起云团开始收缩。收缩后，星云就很可能碎裂成更小的碎片。星云碎片的密度越来越大，吸引更多的气体和尘埃围绕着多个中心开始收缩，进而它们平展为中心密度很大的圆盘。随着云团碎片继续收缩，它们也旋转得越来越快。

在云团碎片收缩的过程中，它们的温度也在不断上升。最终，某个云团碎片核心的温度能达到1 000万℃。当氢原子开始融合并释放能量时就产生了核聚变。一颗恒星便诞生了——这就是太阳的起源。

宇宙中并不仅仅形成了太阳，有一群如太阳一样的恒星由原始星云形成。太阳从这个群组中独立出来，开始围绕着银河系旋转，成为银河系众多恒星中的一颗。

不是所有附近的气体、冰晶和尘埃都能被卷入云团碎片的核心。那些没有被拉进云团中心的物质不断地碰撞并粘连在一起，形成了行星和小行星。越靠近太阳的地方温度越高，那些容易蒸发的成分很难压缩成固体。这也是为什么在太阳系中离太阳近的行星与离太阳远的行星相比，缺乏较轻的元素的原因。

太阳系的内行星——水星、金星、地球和火星是体积较小、多岩石且具有铁质内核的行星。而木星、土星、天王星和海王星等外行星则具有更大的体积，而且大部分由较轻的物质，如氢、氦、甲烷和氨等组成。

解释问题

因为彗星是由冰冻物质和尘埃组成的。当它靠近太阳时，太阳的热使彗星物质蒸发，在冰核周围形成朦胧的彗发和一条稀薄物质流构成的彗尾。当彗星靠近太阳时，由于太阳风的压力，就会形成一个向后发散的彗尾，外形非常像扫帚。因此彗星也称"扫帚星"。并且，彗尾总是指向背离太阳的方向。

练习与思考

1. 太阳系有哪八大行星？它们是如何排列的？
2. 比较类地行星与巨行星，它们之间有哪些不同？
3. 小行星与彗星有什么差别？
4. 太阳系中的行星是怎样形成的？

第三节　月球与地月系

本节学习要点

* 了解月球的基本特征；
* 了解月相及其成因；
* 了解日食、月食发生的原因。

本节学习意义

* 学生通过学习，明白月球的运动对地球产生了重要的影响；
* 学生通过学习，明白对月球及地月系的研究，有助于我们更好地认识地球。

一、月球——地球的卫星

提出问题

为什么月球表面会有那么多环形山？而地球上很少？

相关知识

月球是夜晚天空中可以经常看到的天体。月球与地球相邻，而且距离又最近，然而，对于它的起源和性质，人类却一直无法了解。直到近100年来，人类才通过望远镜和宇宙飞船开始洞察月球的一些奥秘。

（一）对月球的探索

借助天文望远镜，天文学家对月球（如图4-5-17所示）有了相当全面的了解。但是，我们现在具有的更多的月球知识，则来自太空探测器的探索活动，如月球探测器以及宇航员的登月计划。自20世

50 年代后期开始，人类开始了载人的月球探测计划。1957
年，苏联"卫星一号"的发射升空是此领域迈出的第一步；
不久之后的 1961 年，苏联宇航员尤里·加加林成为进入太
空的第一人。1969 年 7 月 20 日，随着"阿波罗"11 号成功
登陆月球，尼尔·阿姆斯特朗和巴兹·奥尔德林也成为首次
踏上月球的人。

（二）月球的环境

　　月球也称太阴，俗称月亮，是地球唯一的卫星。月球的
年龄大约有 46 亿年。月球有壳、幔、核等分层结构。最外
层的月壳平均厚度为 60 ~ 65km。月壳下面到 1 000km 深度是
月幔，它占了月球的大部分体积。月幔下面是月核，月核的
温度约为 1 000℃，很可能是熔融状态的。月球直径约
3 476km，是地球的 3/11，太阳的 1/400。月球的体积只有地
球的 1/49，质量约 7 350 亿亿吨，相当于地球质量的 1/81，
月球表面的重力差不多是地球重力的 1/6。

图 4 – 5 – 17　月球

　　由于没有大气，太阳光的照射使得月球表面的温度极端化。阳光照射下的月球表面温度高达 127℃；
而在阳光照射不到的时候，月表温度可降至 – 173℃。

　　在月球上几乎没有大气和水分。月面上阴暗部分，其面积较大的是"海"，较小的是"湖""湾"或
"沼"，其实月面上的海是徒有虚名的，它滴水不含，是低洼的大平原，其中最大的平原是"风暴洋"。月
球上明亮的部分是高地和山脉，那里山峦重叠，山脉纵贯，坑穴密布，沟壑纵横，这就是月球上的所谓
"陆"。"陆"比"海"平均要高出约 1 500m。

　　此外，在月球上可见星罗棋布、离奇古怪的环形山，环形山实际上是一块被围起来的洼地，其底部凹
陷下去，四周台垣比里面高出数千米。位于南极附近的贝利环形山直径 295km，可以把整个海南岛装进
去。最深的山是牛顿环形山，深达 8 788m。科学家认为，所有这些环形山都是由小天体撞击月球形成的陨
石坑。

（三）月球的形成理论

　　关于月球的形成，科学家曾提出了不同的假说。其中一个是俘获说。这种假说认为，太阳系刚形成
时，有一个较大的天体运行到地球附近，被地球的引力俘获，最终形成了现在的月球。该假说存在的一个
缺陷是，如果月球是被地球俘获的外来天体，那么，是什么物体的吸引使得这个天体的运动速度减慢，并
脱离原先的运动轨道而靠近地球的？另外，如果月球是俘获的外来天体，那么，其外壳和地球外壳的物质
成分应该不同，但为什么事实不是如此呢？

　　另一个理论叫做同源说，它弥补了俘获说的缺陷。该理论认为，月球和地球在同一个浮动星云内同时
形成，因此两者的物质成分也基本一致。而且，如果在同一个浮动星云内形成，就不存在需要减缓月球速
度的另一物体。不过，该理论无法解释地球和月球含铁量的不同，月球贫铁而地球则相对富含铁。

　　关于月球是如何形成的这一问题，目前较为公认的理论是碰撞说，该学说能从整体上解释天文学家观
测的一系列事实。通过计算机建立的模型，科学家揭示出，大约 45 亿年前，在太阳系形成的过程中，地
球与一个火星大小的天体发生了剧烈的碰撞，激射到太空中的地球物质和该碰撞体的残骸不断相互吸引，
最终形成了月球。图 4 – 5 – 18 示意了这一形成过程。该模型可以解释月球和地球化学成分为什么十分相
似。如果该理论成立，那么月球就是由原始缺铁的地壳以及原始的地幔物质组成。此外，月球形成过程中
的高温蒸发了矿物中的水分，使得目前的月岩不含水分。虽然迄今为止科学家还无法确定月球的真正起
源，但正如你将在下面的章节中学到的，月球在太阳—地球—月球系统中占有十分重要的位置。

解释问题

　　月球表面有许多环形山是因为在太阳系形成的早期阶段，地球与月球一样不断遭受小天体的猛烈撞

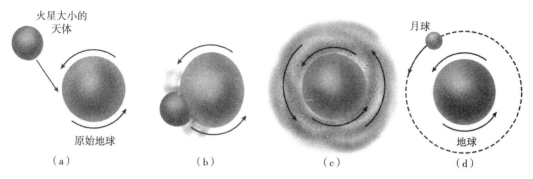

火星大小的
天体

原始地球

（a）　　　　　　　（b）　　　　　　　（c）　　　　　　　月球

地球

（d）

图 4 - 5 - 18　碰撞说月球成因示意图

击，但在地球上，由于有大气圈的保护，大多数小天体都在地球大气层中化为流星；加上地表强烈而持续的侵蚀作用，抹平了几乎所有的撞击痕迹，只有较新的陨击坑才有可能保留下来。相反，月球上没有大气圈的保护和侵蚀作用，陨击坑只在不断撞击中循环，但不会消失，从而使月球表面布满由陨石撞击形成环形山。

🟢 **练习与思考**

1. 描述一下月球表面的自然环境。为什么会这样？
2. 月球上的环形山是如何形成的？
3. 目前最公认的月球形成理论是什么？其他的理论存在哪些问题？

一、地月系

🟢 **提出问题**

为什么在地球上我们只能看到月球的一面，而看不到月球的背面？

🟢 **相关知识**

（一）月球的运动

　　地球与月球构成了一个天体系统，称为地月系。在地月系中，地球是中心天体，因此一般把地月系的运动描述为月球对于地球的绕转运动。然而，地月系的实际运动，是地球与月球对于它们的公共质心的绕转运动。由于地球质量同月球质量的相差悬殊（成 81.1∶1），地月系的公共质心距地球中心只有约 1 650 km。地球与月球绕它们的公共质心旋转一周的时间为 27 天 7 小时 43 分 11.6 秒，也就是 27.3 天，如图 4 - 5 - 19 所示。

　　月球在绕地球公转的同时也在绕着自身的轴自转。月球的自转方向与其公转一致，也是自西向东转动。既然月球在绕着它的轴自转，为什么我们又观察不到它的转动呢？这是因为月球的自转和公转周期是相同的，都是 27.3 天。所以，月球总是以同一面朝向我们。当然，这并不是巧合，科学家们推断，正是地球对月球的引力减缓了月球自转的速度，使之最终

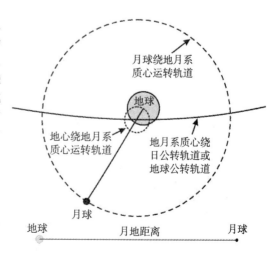

月球绕地月系
质心运转轨道

地球

地心绕地月系
质心运转轨道

地月系质心绕
日公转轨道或
地球公转轨道

月球

地球　　　　月地距离　　　　月球

图 4 - 5 - 19　地月系自转和地月系公转，以及地球、月球的大小与月地距离的真实比例

达到了同步自转状态，即天体的公转周期等于其自转周期。

月球是离地球最近的天体，与地球的平均距离约为 38 万 km，因而月球的运动要比其他星球的运动更加显而易见，对地球的影响也很大。

（二）月相变化

月球的各种圆缺形态叫月相。月球环绕地球旋转时，地球、月球、太阳之间的相对位置不断地变化，如图 4 - 5 - 20 所示。因为月球本身不发光，月球可见发亮部分是反射太阳光的部分。只有月球直接被太阳照射的部分才能反射太阳光。我们从不同的角度上看到月球被太阳直接照射的部分，这就是月相的来源。月相不是由于地球遮住太阳所造成的（这是月食），而是由于我们只能看到月球上被太阳照到发光的那一部分所造成的，其阴影部分是月球自己的阴暗面。

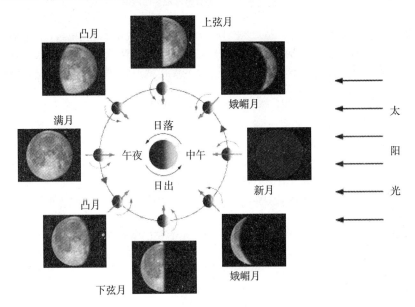

图 4 - 5 - 20　月相变化

当月球运行到与太阳同处于地球一侧的同一方向上时（称日月相合），月球被太阳照射而反光的一面正好背着地球，地球上看不见月球，这时称为朔月或新月；与此相对，当月球运行到与太阳分处于地球两侧的同一方向上时（称日月相冲），月球受光面正好向着地球，这时称为望月或满月；从朔月到望月，月球受光面向着地球的比例逐渐变大，当到达一半时称为上弦月；而从望月到朔月的一半时称为下弦月。

从新月到满月再到新月，就是月相变化的一个周期。这一个周期平均为 29.53 天，称为朔望月。我国农历中的月份就是根据朔望月定的。每个月的朔为农历月的初一，望为十五或十六。现在我们过的春节、端午、重阳和中秋等节日都是根据农历确定的节日。

（三）日食和月食

1. 日食和月食形成的条件

当月球运行到太阳和地球之间，月球遮住了太阳，便是日食；当月球运行到地球的背后，进入地球的阴影，便是月食。可见，日食一定发生在农历初一的朔，月食一定发生在农历十五或十六的望。

并非每月的初一都有日食，每月的十五、十六都有月食。这与月球的运行轨道有关。月球绕地球运行的轨道面称为白道面，它与地球绕太阳运行的黄道面不在同一个平面上，两者有 5°09′的交角。黄白两轨道面在空中有一交线，如果日月相合、相冲且正好在黄白交线上，则发生日食和月食现象，如图 4 - 5 - 21 和图 4 - 5 - 22 所示。

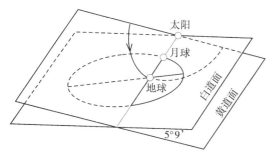

图 4 - 5 - 21　发生日食的条件：日月相合于黄白交线　　　　图 4 - 5 - 22　发生月食的条件：日月相冲于黄白交线

2. 日食的种类和过程

日食可以分为三种：日全食、日偏食和日环食。由于月球、地球运行的轨道都不是正圆，日、月同地球之间的距离时近时远，所以太阳光被月球遮蔽形成的影子，在地球上可分成本影、伪本影（月球距地球较远时形成的）和半影。观测者处于本影范围内可看到日全食；在伪本影范围内可看到日环食；而在半影范围内只能看到日偏食，如图 4 - 5 - 23 所示。

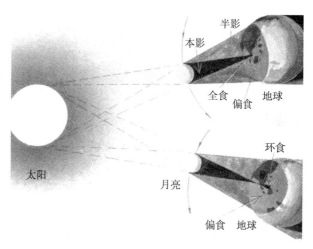

无论是日偏食、日全食或日环食，时间都是很短的。在地球上能够看到日食的地区也很有限，这是因为月球比较小，它的本影也比较小而短，因而本影在地球上扫过的范围不广，时间不长，由于月球本影的平均长度（373 293km）小于月球与地球之间的平均距离（384 400km），就整个地球而言，日环食发生的次数多于日全食。

图 4 - 5 - 23　月影结构与日食类型

一次日全食的过程可以包括以下五个时期：初亏、食既、食甚、生光、复圆，如图 4 - 5 - 24 所示。

图 4 - 5 - 24　日食过程

（1）初亏：由于月亮自西向东绕地球运转，所以日食总是在太阳圆面的西边缘开始的。当月亮的东边缘刚接触到太阳圆面的瞬间（即月面的东边缘与月面的西边缘相外切的时刻），称为初亏。初亏也就是日食过程开始的时刻。

（2）食既：从初亏开始，就是偏食阶段了。月亮继续往东运行，太阳圆面被月亮遮掩的部分逐渐增大，阳光的强度与热度显著下降。当月面的东边缘与日面的东边缘相内切时，称为食既。此时整个太阳圆面被遮住，因此，食既也就是日全食开始的时刻。

在太阳将要被月亮完全挡住时，在日面的东边缘会突然出现一弧像钻石似的光芒，好像钻石戒指上引人注目的闪耀光芒，这就是钻石环，同时在瞬间形成一串发光的亮点，像一串光辉夺目的珍珠高高地悬挂在漆黑的天空中，这种现象叫做珍珠食，英国天文学家倍利最早描述了这种现象，因此又称为倍利珠。这是由于月球表面有许多崎岖不平的山峰，当阳光照射到月球边缘时，就形成了倍利珠现象。倍利珠出现的时间很短，通常只有一二秒钟，紧接着太阳光就全部被遮盖住而发生日全食了。

（3）食甚：食既以后，月轮继续东移，当月轮中心和日面中心相距最近时，就达到食甚。

（4）生光：对日偏食来说，食甚是太阳被月亮遮去最多的时刻。月亮继续往东移动，当月面的西边缘和日面的西边缘相内切的瞬间，称为生光，它是日全食结束的时刻。在生光将发生之前，钻石环、倍利珠的现象又会出现在太阳的西边缘，但也是很快就会消失。接着在太阳西边缘又射出一线刺眼的光芒，原来在日全食时可以看到的色球层、日珥、日冕等现象迅即隐没在阳光之中，星星也消失了，阳光重新普照大地。

（5）复圆：生光之后，月面继续移离日面，太阳被遮蔽的部分逐渐减少，当月面的西边缘与日面的东边缘相切的刹那，称为复圆。这时太阳又呈现出圆盘形状，整个日全食过程就宣告结束了。

3. 月食的种类和过程

月食可分为月偏食、月全食及半影月食三种。当月球只有部分进入地球的本影时，就会出现月偏食；而当整个月球进入地球的本影之时，就会出现月全食，如图 4 - 5 - 25 所示。另外由于地球的本影比月球大得多，这也意味着在发生月全食时，月球会完全进入地球的本影区内，所以不会出现月环食这种现象。

每年发生月食数一般为 2 次，最多发生 3 次，有时一次也不发生。因为在一般情况下，月亮不是从地球本影的上方通过，就是在下方离去，很少穿过或部分通过地球本影，所以一般情况下就不会发生月食。

正式的月食的过程分为初亏、食既、食甚、生光、复圆五个阶段，如图 4 - 5 - 26 所示。

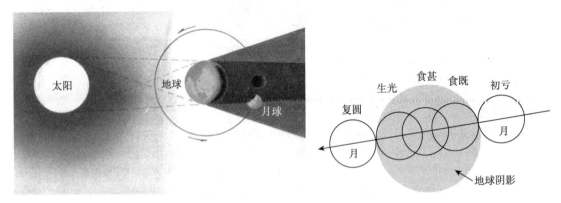

图 4 - 5 - 25   月食示意图   图 4 - 5 - 26   月全食过程示意图

（1）初亏：标志月食开始。月球由东缘慢慢进入地影，月球与地球本影第一次外切。

（2）食既：月球的西边缘与地球本影的西边缘内切，月球刚好全部进入地球本影内。

（3）食甚：月球的中心与地球本影的中心最近。

（4）生光：月球东边缘与地球本影东边缘相内切，这时全食阶段结束。

（5）复圆：月球的西边缘与地球本影东边缘相外切，这时月食全过程结束。

解释问题

如果你哪天听见谁说他看到了月球背面的情况，那他一定是在吹牛，除非他是宇航员，在宇宙飞船上看到的。这是因为月球的自转和公转周期是相同的，都是 27.3 天。所以，月球总是以同一面朝向我们。也就是说，月球的正面永远都是向着地球，而月球的背面绝大部分是不能从地球上看见的。

练习与思考

1. 夜晚连续观察月相的变化，记下新月、上弦月、满月、下弦月在农历的日期。

2. 发生月食时月相是怎样的？发生日食的时候呢？

3. 为什么月食比日食更常见？为什么只有很少的人有机会看到日全食？

第四节　地球的运动

- 了解地球自转的运动特征以及产生的地理意义；
- 了解地球公转的特点和由此产生的地理现象。

- 学生通过学习，明白地球上许多现象的产生都与地球运动有关；
- 学生通过学习，明白生命的节律与地球运动的节律息息相关。

地球的运动有许多种，其中最显著的是地球的自转和公转。

一、地球的自转

提出问题

科学家在地球上是如何证明地球自转的？

相关知识

地球绕着假象的地轴不停地旋转，这是地球的自转。地球自转是地球的一种重要运动形式，它具有确定的方向、周期和速度。地轴的北端指向北极星。

（一）地球自转的特点

1. 自转方向

地球自转的方向（如图 4 - 5 - 27 所示）是自西向东转。如果在北极上空俯瞰，其方向是逆时针的；如果在南极上空俯瞰，其方向是顺时针的。

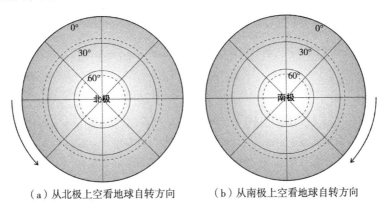

（a）从北极上空看地球自转方向　　　　（b）从南极上空看地球自转方向

图 4 - 5 - 27　地球自转方向

2. 自转周期

地球的自转周期，就是地球自转一周所用的时间。由于所取的标准不同，地球的周期也不同。当用遥远的恒星作标准时，天空某一恒星两次经过同一子午线的时间间隔为一个恒星日。一个恒星日等于 23 小时 56 分 4 秒，这是地球自转的真正周期。当用太阳作标准时，太阳两次经过同一子午线的时间间隔为一个太阳日，如图 4 - 5 - 28 所示。一个太阳日是 24 小时。由于地球在自转的同时还在绕日公转，一个太阳日地球要自转 360°59′，比恒星日多出 59′，所以时间上比恒星日多 3 分 56 秒。

3. 自转速度

地球自转的速度有角速度和线速度之分。角速度是单位时间内地球上某点绕地轴转过的角度，这在全球是一致的。地球自转角速度约为每小时 15°。地球自转的线速度是单位时间内地球某点所经过的线距离，线距离因纬度而异，在地球赤道上的自转线速度最大，为 1 670km/h。

（二）地球自转证明

天空中太阳、月球、恒星以及一切可见天体最明显的运动模式，就是它们每天的升起降落。太阳每天从东边升起，在西边落下，月球、行星和恒星也大致如此。现在，我们已经了解了其中的奥妙，这些天体的升落实际上是因地球的自转而导致的视觉效果。其实，除月球以外，太阳、行星以及众多的恒星都不是环绕地球运动的，只是因为我们在一颗每天旋转一周（每小时旋转 15°）的行星上进行观测，才会看到这些天体每天升落的现象。但是，人们又是如何知道地球在自转的呢？

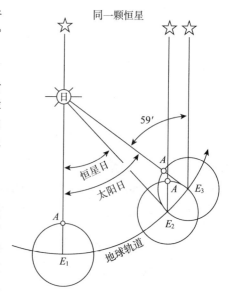

图 4 - 5 - 28　恒星日与太阳日

地球的自转可以用两种比较简单的方法来演示，第一种方法是利用钟摆原理，将一个重物悬挂在一根细线上，线的另一头固定在一个支点上，这样重物就能像钟摆那样自由摆动。最著名的单摆是傅科摆，它有很长的摆线，底部系有较重的摆锤，如果排除空气阻力的影响，这个摆就能在同一方向上持续摆动下去。但由于地球自转的缘故，我们在看这个摆摆动时，发现摆在缓慢地改变摆动方向，如图 4 - 5 - 29 所示，如果能观察到摆的方向在发生变化，就证明了地球在自转。第二种方法是利用地球上南北向流动的大气和水会偏转成东西向的事实来证明地球的自转。这种方向的偏转称为科里奥利效应，本书前面已作过介绍。

图 4 - 5 - 29　傅科摆

解释问题

证明地球自转最为典型的就是傅科摆实验。为了证明地球在自转，法国物理学家傅科于 1851 年做了一次成功的摆动实验，傅科摆由此而得名。实验在法国巴黎先贤祠最高的圆顶下方进行，摆长 67m，摆锤重 28kg，悬挂点经过特殊设计使摩擦减少到最低限度。这种摆惯性和动量大，因而基本不受地球自转影响而自行摆动，并且摆动时间很长。在傅科摆实验中，人们看到，摆动过程中摆动平面沿顺时针方向缓缓转动，摆动方向不断变化。分析这种现象，摆在摆动平面方向上并没有受到外力作用，按照惯性定律，摆动的空间方向不会改变，因而可知，这种摆动方向的变化，是由于观察者所在的地球沿着逆时针方向转动的结果，地球上的观察者看到相对运动现象，从而有力地证明了地球是在自转。

练习与思考

1. 描述地球自转的基本特征，并说明恒星日与太阳日有什么异同。

2. 地球自转的角速度和线速度各是怎样衡量的？

二、地球的公转

提出问题

夏天热，是否是因为夏天时地球距离太阳比较近？

相关知识

地球在自转的同时，还自西向东斜着身子绕太阳做旋转运动，这就是地球的公转。

(一) 地球公转的特点

地球公转具有严格的轨道、周期和速度。

1. 公转轨道

地球公转的路线叫做公转轨道。它是近似正圆的椭圆轨道，如图 4－5－30 所示。太阳位于椭圆的一个焦点上。由于地球轨道是椭圆形的，随着地球的绕日公转，日地之间的距离就不断变化。地球轨道上距太阳最近的一点，即椭圆轨道的长轴距太阳较近的一端，称为近日点。在近代，地球过近日点的日期大约在每年一月初。此时地球距太阳约为 14 710 万 km，通常称为近日距。地球轨道上距太阳最远的一点，即椭圆轨道的长轴距太阳较远的一端，称为远日点。在近代，地球过远日点的日期大约在每年的 7 月初。此时地球距太阳约为 15 210 万 km，通常称为远日距。近日距和远日距二者的平均值为 14 960 万 km，这就是日地平均距离，即 1 个天文单位。

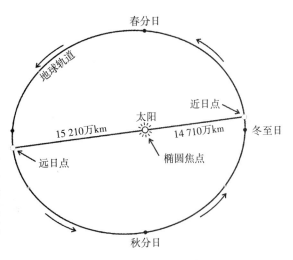

图 4－5－30　地球的公转轨道

地球绕日的公转轨道在天球上的投影叫黄道。因此，地球围绕太阳公转，反映在天球上就是太阳沿黄道的运动。

2. 公转方向

地球的公转方向与自转方向一致，从黄北极看，是按逆时针方向公转的，即自西向东。这与太阳系内其他行星及多数卫星的公转方向是一致的。

3. 公转周期

地球绕太阳公转一周所需要的时间，就是地球公转周期。笼统地说，地球公转周期是一"年"。由于所选取的参考点不同，则"年"的长度也不同。常用的周期单位有恒星年、回归年。

我们以恒星为参考点而得到的地球公转周期就是恒星年，它是地球公转 360° 的时间，是地球公转的真正周期。用日的单位表示，其长度为 365.256 4 日，即 365 日 6 小时 9 分 10 秒。

我们以天球上春分点为参考点，从地球上看，太阳中心连续两次过春分点的时间间隔，称为回归年。春分点是黄道和天赤道的一个交点，它在黄道上的位置不是固定不变的，每年要向西移动 50.29″，因此，一个回归年的时间是 365.242 2 日，即 365 日 5 小时 48 分 46 秒，比恒星年要短，显然，回归年不是地球公转的真正周期。

4. 公转速度

地球公转速度包含着角速度和线速度两个方面。地球绕日一年转 360°，大致每日向东推进 1°。这是地球公转的平均角速度。地球公转的线速度随着日地距离的变化而改变。地球在过近日点时，公转的速度快，地球在过远日点时，公转的速度慢，平均为 29.3km/s。地球于每年 1 月初经过近日点，7 月初经过远日点，因此，从 1 月初到当年 7 月初，地球与太阳的距离逐渐加大，地球公转速度逐渐减慢；从 7 月初到来年1月初，地球与太阳的距离逐渐缩小，地球公转速度逐渐加快。

（二）黄赤交角及其影响

黄赤交角是地球公转轨道面（黄道面）与赤道面（天赤面）的交角，如图4-5-31所示。

地球的自转轴与其公转的轨道道面成66°34′的倾斜。这个角度同人们拿铅笔书写时笔杆与桌面的倾斜相仿。人们有时形象地比喻为地球"斜着身体"绕太阳公转。地球的自转同它公转之间的这种关系，天文学和地理学上通常用它的余角（23°26′），即赤道面与轨道面的交角来表示；而在地心天球上，则表现为黄道与天赤道的交角，并被称为黄赤交角。黄赤交角的存在，具有重要的天文和地理意义。

由于黄赤交角的存在，在地球绕日公转（如图4-5-32所示）的过程中，太阳有时直射北半

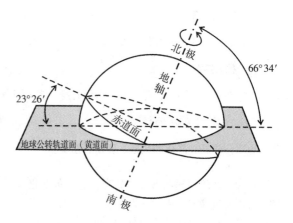

图4-5-31　黄赤交角

球，有时直射南半球，有时直射赤道。太阳直射点在北纬23°26′到南纬23°26′之间来回移动。

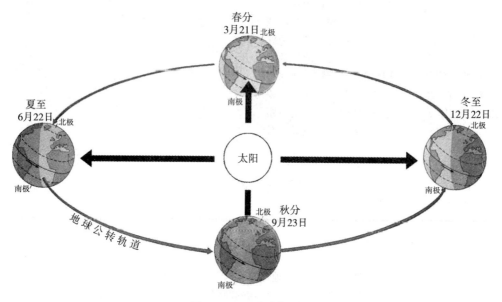

图4-5-32　地球的公转

当太阳直射点北移到北纬23°26′（北回归线）时，其时令正是北半球的夏至日（6月22日前后）。此后，太阳直射点南移。到了9月23日前后，太阳直射点移到赤道，这一天是北半球的秋分日。太阳直射点继续南移，12月22日前后，太阳直射点到达南纬23°26′（南回归线）处，此时为北半球的冬至日。以后，太阳直射点北返，在3月21日前后，太阳直射点再次移到赤道，这一天是北半球的春分日。过后，太阳直射点继续北移，6月22日前后太阳直射点又移到北纬23°26′（北回归线）。这样，地球以一年为周期绕太阳运转，太阳直射点相应地在地球赤道两侧南北回归线之间的往返移动。

🌐 解释问题

由于地球是沿着一条椭圆形轨道绕日公转的，因此日地之间的距离就会不断地变化。地球于每年1月

初经过近日点，7 月初经过远日点。这与我们的季节正好相反，夏天正是地球距离太阳较远的时候。这反过来说明，地球的季节变化并不是由日地距离变化造成的。

练习与思考

1. 简述恒星年与回归年有什么异同。
2. 一年中地球和太阳之间的距离是如何发生变化的？什么时候地球距离太阳最近？
3. 什么是黄赤交角？如果黄赤交角发生改变会有什么影响？

三、地球运动的地理意义

提出问题

为什么南北半球的季节是相反的？

相关知识

地球运动的地理意义主要有以下几个方面：第一，地球的自转使得地球表面产生了昼夜更替现象；第二，地球自转和公转决定了太阳辐射在地球上的季节变化和纬度分布，从而决定了地球上的四季和五带。第三，地球自转和公转都是周期性的现象，利用它们的周期性，人类创造了计时制度和历法制度。

（一）昼夜更替

由于地球是一个不发光、也不透明的球体，所以在同一时间里，太阳只能照亮地球表面的一半。向着太阳的半球是白天，也称昼半球；背着太阳的半球是黑夜，也称夜半球。地球上昼半球和夜半球的分界线（圈），叫做晨昏线（圈）。晨昏线（如图 4－5－33 所示）把所有的纬线分割成昼弧和夜弧。地球不停地自转，昼夜也不断地交替。昼夜交替的周期为 24 小时，叫做 1 太阳日。太阳日制约着人类的起居作息，因而被用来作为基本时间单位。此外，太阳日时间不长，使得整个地球表面增热和冷却不至于过分剧烈，从而保证了地球上生命有机体的生存和发展。

晨昏线
北极
太
阳
光
夜弧
昼弧
南极
晨昏线

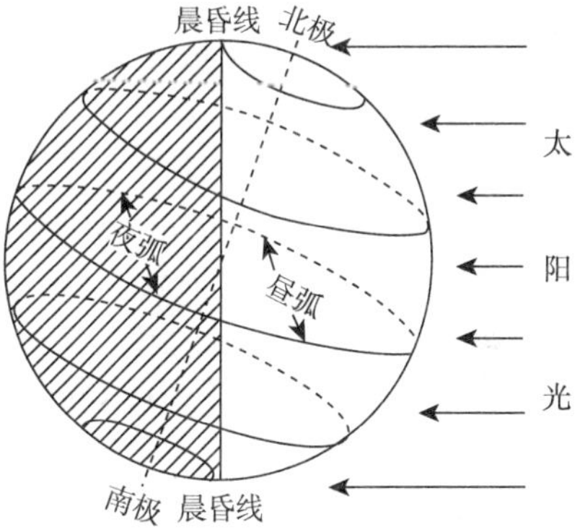

图 4－5－33　晨昏线

（二）四季和五带

太阳直射点的南北移动，造成了全球昼夜长短和正午太阳高度的季节变化和纬度差异，从而在地球上产生了四季和五带。

1. 昼夜长短的变化（如图 4－5－34 所示）

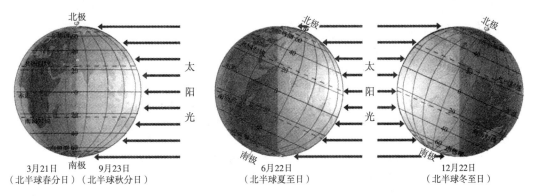

北极
太
阳
光
南极
3月21日
（北半球春分日）
9月23日
（北半球秋分日）
北极
南极
太
阳
光
6月22日
（北半球夏至日）
北极
南极
12月22日
（北半球冬至日）

图 4－5－34　昼夜长短的变化

同时地球不停地公转，由于黄赤交角的存在，在同一季节，不同纬度的昼弧和夜弧的长度不同；在同一纬度，昼弧和夜弧的长度随季节而变化。

就昼夜长短的纬度分布而言，春秋分日，太阳直射点在赤道，晨昏线正好通过两极，地球上所有地方的昼夜长短都相等，各为12小时。夏至日，太阳直射点在北回归线，在北半球，除赤道地区昼夜等长外，其他地区昼夜长度不等。纬度越高昼越长而夜越短。在北极圈内，太阳整天不落，称为"极昼"。与此同时，在南半球，纬度越高昼越短而夜越长。在南极圈内，太阳整天不升起，称为"极夜"。冬至日，太阳直射点在南回归线，除赤道地区昼夜长度仍然相等外，南北半球的昼夜长短的变化，与夏至日正好相反。

就昼夜长短的季节变化而言，赤道以北的纬度带，每年夏至前后，昼长达到最大值，每年冬至前后，达最小值。比如，北纬40°，夏至日白昼长14小时52分；冬至日为9小时08分；春、秋分日各位12小时。赤道以南的纬度带，情况正好相反。

2. 正午太阳高度的变化（如图4-5-35所示）

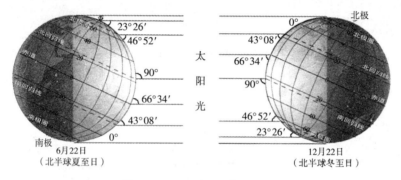

图4-5-35　正午太阳高度的变化

太阳光线和地平面之间的交角（即太阳在当地的仰角），叫做太阳高度角，简称太阳高度。在太阳直射点上，太阳高度为90°。从这一点向四周，太阳高度逐渐减小。在晨昏线上，太阳高度为0°。正午太阳高度就是一天中最大的太阳高度。由于太阳直射点的南北移动，在同一季节，不同纬度的正午太阳高度不同；在同一纬度，正午太阳高度又随季节而变化。

就正午太阳高度的纬度分布而言，春秋二分，太阳直射赤道，正午太阳高度由赤道向南北两方降低。夏至日，太阳直射北回归线，正午太阳高度由北回归线向南北两方降低。冬至日，太阳直射南回归线，正午太阳高度由南回归线向南北两方降低。

就正午太阳高度的季节变化而言，在北回归线以北的纬度带，每年夏至日前后，正午太阳高度达最大值；每年冬至日前后达最小值。比如，北纬40°处，夏至日正午太阳高度为73°26′，冬至日为26°34′；春、秋分日为50°。在南回归线以南的纬度带，情况正好相反。在南北回归线之间各地，每年有两次受到太阳直射的机会。

3. 四季更替和五带的划分

从天文角度来说，地球上的白昼长度和太阳高度都有它们的季节变化和纬度差异。由于它们的季节变化，全年分为四季；由于它们的纬度差异，全球分为五带。

从天文含义看四季，夏季就是一年内白昼最长、太阳最高的季节；冬季就是一年内白昼最短，太阳最低的季节；春秋两季就是冬夏两季的过渡季节。我国传统上以立春（2月4日或5日）、立夏（5月5日或6日）、立秋（8月7日或8日）、立冬（11月7日或8日）为起点来划分四季。但是，各地实际气候的递变与此并不一定符合，我国大部分地方立春时，在气候上正处于隆冬；立秋时，在气候上还处于炎夏。为了使季节与气候相结合，气候统计工作一般把3、4、5三个月划为春季；把6、7、8三个月划为夏季；把9、10、11三个月划为秋季；把12、1、2三个月划为冬季。

从天文含义看五带，五带（如图4-5-36所示）是一种反映太阳光照情况的天文地带。有没有直射的太阳光线和有没有极昼（夜）现象，是划分五带的依据。划分有无直射阳光的纬度界线是南北回归线；

划分有无极昼极夜的纬度界线是南北极圈。用这两对纬线，可以把全球分为五带，即热带、北温带、南温带、北寒带、南寒带。热带是地球上有太阳直射的纬度带；寒带是有极昼极夜的纬度带；温带是热带与寒带的过渡地带，那里既没有太阳直射，也没有极昼极夜。

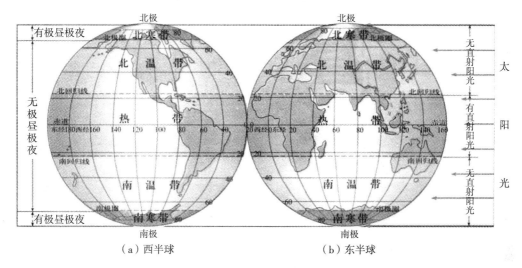

（a）西半球　　　　　　　　　（b）东半球

图 4 - 5 - 36　地球上的五带

（三）时间和历法

1. 时区与日界线

地球总是自西向东自转，东边总比西边先看到太阳，东边的时间也总比西边的早。每当太阳当头照的时候，就是中午 12 点钟。但不同地方看到太阳当头照的时间是不一样的。例如，上海已是中午 12 点时，莫斯科的居民还要经过 5 个小时才能看到太阳当头照；而澳大利亚的悉尼早已是下午 2 点钟了。东边时刻与西边时刻的差值不仅要以时计，而且还要以分和秒来计算，这给人们的日常生活和工作都带来许多不便。

为了克服时间上的混乱，1884 年在华盛顿召开的一次国际经度会议上，规定将全球划分为 24 个时区。它们是中时区（零时区）、东 1～12 区，西 1～12 区。每个时区横跨经度 15 度，时间正好是 1 小时。最后的东、西第 12 区各跨经度 7.5 度，以东、西经 180 度为界。每个时区的中央经线上的时间就是这个时区内统一采用的时间，称为区时。相邻两个时区的时间相差 1 小时。例如，我国东 8 区的时间总比泰国东 7 区的时间早 1 小时，而比日本东 9 区的时间晚 1 小时。因此，出国旅行的人，必须随时调整自己的手表，才能和当地时间相一致。凡向西走，每过一个时区，就要把表向前拨 1 小时（比如 2 点拨到 1 点）；凡向东走，每过一个时区，就要把表向后拨 1 小时（比如 1 点拨到 2 点）。由于实际上常常 1 个国家，或 1 个省份同时跨着 2 个或更多时区，为了照顾到行政上的方便，常将 1 个国家或 1 个省份划在一起。所以时区并不严格按南北直线来划分，而是按自然条件来划分。例如，我国幅员宽广，差不多跨 5 个时区，但实际上只用东八时区的标准时即北京时间为准。

格林尼治时间，亦称"世界时"。格林尼治所在地的标准时间。现在不光是天文学家使用格林尼治时间，就是在新闻报刊上也经常出现这个名词。我们知道各地都有各地的地方时间。如果对国际上某一重大事情，用地方时间来记录，就会感到复杂不便，而且将来日子一长容易搞错。因此，天文学家就提出一个大家都能接受且又方便的记录方法，那就是以格林尼治的地方时间为标准。格林尼治是英国伦敦南郊原格林尼治天文台的所在地，它又是世界上地理经度的起始点。对于世界上发生的重大事件，都以格林尼治的地方时间记录下来。一旦知道了格林尼治时间，人们就很容易推算出相当的本地时间。例如，某事件发生在格林尼治时间上午 8 时，我国在英国东面，北京时间比格林尼治同要早 8 小时，我们就立刻知道这次事情发生在相当于北京时间 16 时，也就是北京时间下午 4 时。

区时（图4-5-37）的使用，使地球上的时间井然有序。但是，既然越往东时间来得越早，那么，哪里才是新的一天的开始呢？为了解决这个问题，国际上规定，原则上以180°经线作为地球上"今天"和"昨天"的分界线，叫做"国际日期变更线"，简称"日界线"。人们规定，在日界线西侧的东十二区早24小时。也就是说，东、西十二区钟点相同（同为一个时区），但日期正好相差一天。因此，若从日界线以西到日界线以东，日期要减一天；反之，从日界线以东到日界线以西，日期要加一天。

为了照顾180°经线附近一些地区和国际使用日期的方便，日界线避免通过陆地，因此，它不完全在180°经线上，而是有几处曲折。

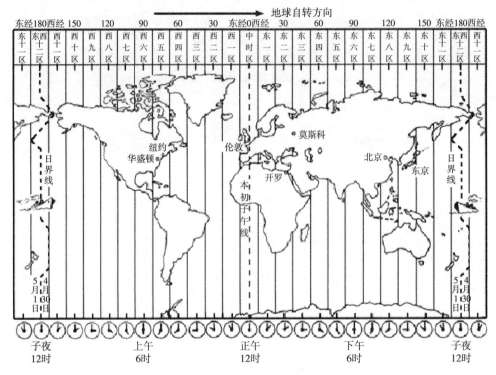

图4-5-37　时区与日界线

2. 历法

所谓历法，简单说就是根据天象变化的自然规律，计量较长的时间间隔，判断气候的变化，预示季节来临的法则。时间长河是无限的，只有确定每一日在其中的确切位置，我们才能记录历史、安排生活。我们日常使用的日历，对每一天的"日期"都有极为详细的规定，这实际上就是历法在生活中最直观的表达形式。

年、月、日是历法的三大要素。年指地球绕太阳公转一周，月指月亮绕地球公转一周，日指地球自转一周。这些本来是小学生都懂的常识，为什么说是一种专门学问？其实并不那么简单。准确地计算时间是一件十分复杂的事，复杂的原因在于太阳、地球、月亮这三个天体运转周期的比例都不是整数，谁对谁都无法除尽。我们通常说一年12个月、360日，这只是一个概数。假如真的一个月是30整日，一年是12整月或360整日，那么历法就不成为一门学问了。实际情况却是：地球绕太阳一周是地球自转一周的365倍多一点，相当于月亮绕地球一周的12次再加11日多一点；月亮绕地球一周是地球自转一周的29倍多一点。它们相互间的比例都有一个除不尽的尾数，这就需要进行很复杂的计算，使年、月、日的周期能够相互配合起来，并且都能用整数进位，便于人们计算、使用，这就是历法。所以又可以说历法是计算太阳、地球、月亮运转周期的比例的学问，是以这三个天体的运转比例为研究对象的。用不同的方法来计算这种比例关系，就是不同的历法。

在古今中外的历史上，使用的历法很多。一般每个民族都自己的历法，不同时代也有本时代的历法。时代愈近，科学愈发达，测试手段愈先进，历法就愈科学。我们中国从古到今使用过的历法，就有一百多种。不过不管有多少种历法，都可以把它们分别归到以下三大系统中去：阳历、阴历、阴阳历。这是因为计算时间，要么以地球绕太阳公转的周期为基础，要么以月亮绕地球公转的周期为基础，要么把两种周期加以调和。前者属于阳历系统，后者属于阴历系统，调和者则属于阴阳合历系统。

3. 公历

公历即阳历，是现在通用的一种历法。它是以地球绕太阳公转的周期为计算的基础，通过设置闰年的办法，使历年的长度接近于回归年。人们规定阳历年的长度为 365 天，一年分成 12 个月：1、3、5、7、8、10、12 是大月，每月 31 日；2、4、6、7、9、11 为小月，2 月为 28 天，其余月份为 30 天。这种"月"同月亮运转周期毫不相干。这样计算下来，一年为 365 天，但是回归年的长度并不是 365 整天，而是 365.242 199 日，即 365 日 5 时 48 分 46 秒余。阳历年 365 日，比回归年少了 0.242 199 日。为了补足这个差数，所以历法规定每 4 年中有一年再另加 1 日，为 366 日，叫闰年，实际是闰一日。闰年的 2 月为 29 天。即使这样，同实际还有差距，因为 0.242 199 日不等于 1/4 日，每 4 年闰 1 日又比回归年多出约 0.0 078 日。这么小的数字，一年两年看不出什么问题，如果过了 100 年，就会比回归年多出约 19 个小时，400 多年多出近 75 个小时，相当于 3 个整日多一点，所以阳历历法又补充规定每 400 年从 100 个闰日中减去 3 个闰日。因此人们又规定，在 400 年中，只有当世纪年的世纪数能被 4 整除的年份才算闰年。这样，400 阳历年闰 97 日，共得 146 097 日，只比 400 回归年的总长度 146 096.879 6 日多 2 小时 53 分 22.5 秒，这就大体上符合了。这种历法的优点是地球上的季节固定，冬夏分明，便于人们安排生活，进行生产。缺点是历法月同月亮的运转规律毫无关系，月中之夜可以是天暗星明，两月之交又往往满月当空，对于沿海人民计算潮汐很不方便。我们今天使用的公历，就是这种阳历。

4. 阴历

阴历是以月亮绕地球公转的周期为计算的基础的，要求历法月同朔望月（月亮绕地球公转一周）基本符合。朔望月的长度是 29 日 12 小时 44 分 2.8 秒，即 29.530 587 日，两个朔望月大约相当于地球自转 59 周，所以阴历规定每个月中一个大月 30 日，一个小月 29 日，12 个月为一年，共 354 日。由于两个逆望月比一大一小两个阴历月约长 0.061 日（大约 88 分钟），一年要多出 8 个多小时，三年要多出 26 个多小时，即一日多一点。为了补足这个差距，所以规定每三年中有一年安排 7 个大月，5 个小月。这样，阴历每三年 19 个大月 17 个小月，共 1 063 日，同 36 个朔望月的 1 063.100 8 日，只相差约 2 小时 25 分 9.1 秒了。阴历年同地球绕太阳公转毫无关系。由于它的一年只有 354 日或 355 日，比回归年短 11 日或 10 日多，所以阴历的新年，有时是冰天雪地的寒冬，有时是烈日炎炎的盛夏。今天一些阿拉伯国家用的回历，就是这种阴历。

5. 农历

农历又称阴阳历或夏历，是我国使用时间最长的一种历法。阴阳历以朔望月定为一个月，同时又用设置闰月的办法，使历年的平均长度接近于回归年。阴阳历一年分 12 个月，由于朔望月周期为 29.530 6 天，所以大月三十天，小月二十九天。全年 354 天或 355 天（一年中哪个月大，哪个月小，年年不同）。由于每年的天数比太阳年约差 11 天，所以在 19 年里设置 7 个闰月，有闰月的年份全年 383 天或 384 天，这就同 19 个回归年的长度基本相等了。

在阴阳历中，还根据太阳的位置，把一个太阳年分成二十四个节气，即：立春、惊蛰、清明、立夏、芒种、小暑、立秋、白露、寒露、立冬、大雪和小寒 12 个节气。纪年用天干地支搭配，六十年周而复始。这种历法相传创始于夏代，所以又称为夏历。也叫旧历。二十四节气的创立是我国古代劳动人民智慧的结晶，与农业生产实践密切相关。因此，二十四节气一直在我国农村广泛使用。

解释问题

由于黄赤交角的存在，太阳直射点在南北回归线间做往返运动，即太阳在那个半球，那个半球就为夏季，因为这时正午太阳高度最大，白昼时间最长，获得的太阳能量最多。当太阳直射点在北半球时，北半球就为夏季，此时，南半球离太阳直射点远，获得的热量少，就为冬季。反之亦然。

练习与思考

1. 从天文含义说明四季的成因。

2. 假设黄赤交角缩小，地球五带的面积大小会有什么变化？如果黄赤交角扩大到 90°，地球上四季会有什么变化？

3. 农历的特点与阳历有什么不同？农历为什么要采取十九年七闰的办法？

拓展阅读

探索宇宙的历史

天文学是最古老的自然科学学科之一。人类正确认识宇宙以及地球在宇宙中的地位经历了漫长的过程，这一过程与历史上许多著名学者的辛勤劳动——细致的观测和深入的理论研究——是密不可分的。早在公元前 4 世纪，古希腊哲学家亚里士多德就已提出了"地心说"，即认为地球位于宇宙的中心。同时早在两千多年前，古希腊天文学家阿里斯塔克就已提出了朴素的"日心说"。1584 年，意大利人布鲁诺明确提出宇宙是无限的，恒星都是遥远的太阳，太阳只是无数个恒星中的普通一员。1750 年，英国天文学家赖特指出，银河和所有观测到的恒星构成一个巨大的扁平状天体系统，由于太阳连同地球位于这一系统的内部，从不同方向观测才看到了银河和离散分布的点点繁星。1785 年，英籍德国天文学家威廉·赫歇耳建立了第一个银河系模型。1917 年，美国天文学家沙普利通过对银河系内天体分布的分析，确认太阳并不位于银河系的中心，而是处于相对说来比较靠近银河系边缘的地方，从而纠正了赫歇耳银河系模型的错误。

这样，太阳的地位也发生了变化，从居于银河系中心的特殊恒星，降为银河系中一颗毫无特殊地位可言的普通恒星，地球在宇宙中的地位也就更无特殊性可言了。地球不是上帝刻意安排的，人类自然也不是上帝创造的。

但是宇宙的未来将走向哪里呢？爱因斯坦在上个世纪初的时候，先后发表了狭义相对论和广义相对论。广义相对论说的是在一个大质量物体的周围，它的时间和空间都要发生弯曲。

在上个世纪初的时候，有一支日食观测队就在非洲观测了一次日全食。他们就真的拍下了当时在日全食发生的时候，太阳附近恒星的位置，就拍下来这个照片。后来拿回来进行了仔细地计算以后就发现，这个恒星的位置真的是发生了变化，而且发生变化量跟广义相对论预言的那个变化量是非常一致的，完全在误差范围里面。那么这样就通过这次日全食的观测，广义相对论第一次得到了验证。我们看到，假如太阳的质量不是现在这样大，如果它的质量大到了一定的程度，那么这个光就会折回来，这样大质量物体就变成了黑洞。

于是有了宇宙膨胀学说，根据最新的研究结果表明，宇宙现在正在膨胀中，而且不仅是在膨胀，而且膨胀还在加速，可是最终会不会有一天膨胀加速减慢下来，由于万有引力的存在，宇宙又会不会向一个中心去坍塌呢？

人类演出了光辉灿烂的文明史，并最终正确地认识了宇宙的概貌。但是人类关于宇宙未来的探索还将继续。

第五篇

环境与我们

■■■■■■■■■■■■■■■■

第一章　人类生存的环境

第一节　生物与环境

本节学习要点

- 知道环境的概念，了解环境的分类；
- 理解生态因子的概念和作用；
- 理解主要非生物因素（光照、温度、水分）对生物的作用和影响；
- 知道生物适应环境的普遍性、相对性以及生物对环境的影响。

本节学习意义

- 通过学习生物与环境的关系，使学生发现生物处处体现出来的和谐、精致和完美，激发学生热爱生命、热爱大自然的美好情感；
- 通过了解生物对环境适应的普遍性和相对性及其原因，使学生树立内因与外因、现象与本质等辩证关系的观点，并学会用辩证唯物主义的观点了解生物的适应性。

生物是随着地球环境的演化而发生、发展的，是地球环境演化的产物。生物一方面从环境中获取各种生活所必需的物质和能量，并且受各种环境因素的影响和制约；另一方面，生物在长期进化过程中，对其生存的环境产生一定的适应性，并对环境的发展演化产生影响。因此，生物与环境是密不可分的。

一、环境的概念和类型

提出问题

什么是环境？

相关知识

（一）环境的概念

环境总是针对某一特定主体或中心而言的，是一个相对的概念，不同学科对环境这一概念的认识和理解不同。在生态学领域，环境是指某一特定生物体或生物群体周围一切事物的总和，它包括空间以及其中直接或间接影响生物生存和发展的各种因素。在环境科学中，人类是主体，环境是指围绕着人群的空间以及其中可以直接或间接影响人类生活和发展的各种因素的总体。

对于不同的主体和中心，环境的范围和大小是不同的。对栖息于地球表面的动植物而言，整个地球表面就是它们生存和发展的环境；对某个具体生物群落来讲，环境是指所在地段上影响该群落发生发展的全部无机因素（光、热、水、土壤、大气、地形等）和有机因素（动物、植物、微生物及人类）的总和。总之，环境这个概念既是具体的，又是相对的。

（二）环境的类型

环境的类型一般是按环境的主体、环境的性质和环境的范围等进行划分。

1. 按环境的主体划分

按环境的主体不同可把环境分为两种类型，一种是以人为主体，其他的生命物质和非生命物质都被视为环境要素，这类环境称为人类环境。在环境科学中，多数学者都采用这种分类方法。另一种是以生物为主体，把生物体以外的所有自然条件称为环境，这是一般生态学领域所采用的分类方法。

2. 按环境的性质划分

按环境的性质可将环境分成自然环境、半自然环境（被人类破坏后的自然环境）和社会环境三类。

3. 按环境的范围划分

按环境的范围大小可将环境分为宇宙环境（或称星际环境）、地球环境、区域环境、微环境和内环境。

宇宙环境指大气层以外的宇宙空间，是人类活动进入大气层以外的空间和地球邻近天体的过程中提出的新概念，也有人称之为空间环境。宇宙环境由广阔的空间和存在其中的各种天体及弥漫物质组成，它对地球环境产生了深刻的影响。太阳辐射是地球的主要光源和热源，为地球生物有机体带来了生机，推动了生物圈这个庞大生态系统的正常运转。因而，它是地球上一切能量的源泉。太阳辐射能的变化影响着地球环境。例如，太阳黑子出现的数量同地球上的降雨量有着明显的关系。月球和太阳对地球的引力作用产生潮汐现象，并可引起风暴、海啸等自然灾害。

地球环境指大气圈中的对流层、水圈、土壤圈、岩石圈和生物圈，其又称为全球环境。地球环境与人类及生物的关系尤为密切。其中生物圈中的生物使地球上各个圈层的关系更加密切，并推动各种物质循环和能量转换。

区域环境是指占有某一特定地域空间的自然环境，它是由地球表面不同地区的5个自然圈层相互配合而形成的。不同地区，具有不相同的区域环境特点，分布着不同的生物群落。

微环境是指区域环境中，由于某一个（或几个）圈层的细微变化而产生的环境差异所形成的小环境。例如，植物根系接触的土壤环境（根际环境）。生物群落的镶嵌性就是微环境作用的结果。

内环境是指生物体内组织或细胞间的环境。对生物体的生长和发育具有直接的影响。例如，叶片内部，直接和叶肉细胞接触的气腔、气室、通气系统，都是形成内环境的场所。内环境对植物有直接的影响，且不能为外环境所代替。

🔊 **解释问题**

环境总是针对某一特定主体或中心而言的，是一个相对的概念，不同学科对环境这一概念的认识和理解不同。我们通常所称的环境就是指人类生活的环境。

🔊 **练习与思考**

如何对环境进行分类？

二、生态因子

🔊 **提出问题**

生态因子可以分为哪几类？

🔊 **相关知识**

（一）生态因子的概念

生态因子是指环境中对生物生长、发育、生殖、行为和分布有直接或间接影响的环境要素，包括温度、湿度、食物、氧气、二氧化碳和其他相关生物等。生态因子是生物生存不可缺少的环境条件，也称为生物的生存条件。生态因子也可以认为是环境因子中对生物起作用的因子，而环境因子则是指生物体外部的全部环境要素。

（二）生态因子的分类

在自然界中，没有孤立的生态因子，也没有单一因子的生态环境，各生态因子总是相互制约、相互联系，形成了千差万别的生态环境。对生态因子类型的划分，从不同角度看有不同的分类体系。

根据生态因子的性质，生态因子通常可以分为气候因子、土壤因子、地形因子、生物因子和人为因子。气候因子包括各种主要的气候参数，如光、温度、湿度、降水、风和气压等。土壤因子主要是指土壤的各种特性，如土壤结构、土壤质地、有机物和无机物的营养状态、酸碱度等。地形因子包括各种地面特征，如坡度、坡向、海拔高度等。生物因子包括同种或异种生物之间的各种相互关系，如种群内部的社会结构、领域、社会等级等行为以及竞争、捕食、寄生、互利共生等。人为因子指人类对生物和环境的各种作用。随着人类生产能力的提高，人类活动对各种生物的影响和对环境的改变作用越来越大，因此，人类对生物的作用是其他生物所不可比拟的。

生态因子也可以简单地分为两类，即生物因子和非生物因子。生物因子包括上述的生物因子和人为因子，而非生物因子则包括上述的气候因子，土壤因子和地形因子。

（三）生态环境与生境

在生态学里，环境、生态环境、生境是三个不同的概念，它们既有联系又有区别。生态环境是指围绕着生物体或者群体的所有生态因子的集合，或者说是指环境中对生物有影响的那部分因子的集合。生境则是指具体的生物个体和群体生活地段上的生态环境，其中包括生物本身对环境的影响。生境又称栖息地，也可以具体指某一生物个体的生活场所，强调现实生态环境。

（四）生态因子的作用规律

1. 综合作用

生态环境是一个具有一定结构和功能的统一的整体。生态环境中各种生态因子都是在其他因子的相互联系、相互制约中发挥作用的，任何一个单因子的变化，都必将引起其他因子不同程度的变化及其反作用。例如，光强度的变化必然会引起大气和土壤温度和湿度的改变。生态因子所发生的作用虽然有直接和间接作用、主要和次要作用、重要和不重要作用之分，但它们在一定条件下又可以互相转化。这是由于生物对某一个极限因子的耐受限度，会因其他因子的改变而改变，所以，生态因子对生物的作用不是单一的，而是综合的。

2. 主导因子作用

在对生物起作用的诸多因子中，其中必有一个或两个是对生物起决定性作用的生态因子，称为主导因子。主导因子发生变化会引起其他因子也发生变化。例如，植物发生光合作用的过程中，光强是主导因子，温度和 CO_2 为次要因子；春化作用时，温度为主导因子，湿度和通气条件是次要因子。又如，以土壤为主导因子，可将植物分成多种生态类型，有喜钙植物、嫌钙植物、盐生植物、沙生植物；以生物为主导因子，表现在动物食性方面可将其分为草食动物、肉食动物、腐食动物、杂食动物等。

3. 直接作用和间接作用

区分生态因子的直接作用和间接作用对认识生物的生长、发育、繁殖及分布都很重要。环境中的一些生态因子，如地形因子，其坡向、坡度、海拔高度及经纬度等对生物的作用虽然不是直接的，但它们能影响该地区的光照、温度、雨水等因子的分布，因而对生物会产生间接作用；而另外一些因子如光照、温度、水分状况则对生物类型、生长和分布起直接的作用。例如，四川二郎山的东坡湿润多雨，分布类型为常绿阔叶林；而西坡空气干热、缺水，只能分布耐旱的灌草丛，同一山体由于坡向不同，导致植被类型各异。其原因在于东坡为迎风坡，从东向西运行的湿润气流沿坡而上，随着海拔的升高，气温不断降低，水汽大量凝结并在东坡降落，故东坡湿润多雨而分布常绿阔叶林。当气流越过坡顶沿山脊向西坡下行时，随着海拔降低，干冷的空气增温，这种干热空气不但本身缺水不能向坡面释放水分（降雨），反而从坡面上吸收水分，使西坡更加干旱，只能分布干旱灌草丛植被类型。

4. 阶段性作用

由于生物在生长发育的不同阶段对生态因子的需求不同，因此，生态因子对生物的作用也具有阶段性，这种阶段性是由生态环境的规律性变化所造成的。例如，光照长短在植物的春化阶段并不起作用，但在光周期阶段则是十分重要的。另外，有些鱼类不是终生都定居在某一环境中，根据其生命各个不同阶段，对生存条件有不同的要求。例如，鱼类的洄游，大马哈鱼生活在海洋中，生殖季节就成群结队洄游到淡水河流中产卵；而鳗鲡则在淡水中生活，洄游到海洋中去生殖。

5. 生态因子的不可代替性和补偿作用

环境中各种生态因子对生物的作用虽然不尽相同，但都各具有重要性，不可缺少，尤其是作为主导作用的因子，如果缺少，便会影响生物的正常生长发育，甚至使其生病或死亡。所以从总体上说，一个生态因子的缺失不能由另外一个生态因子替代。但是某一个因子的数量不足，有时可以靠另外一个因子的加强而得到调剂和补偿。以植物进行光合作用来说，如果光照不足，可以以增加二氧化碳的量来补足；软体动物在锶多的地方，能利用锶来补偿壳中钙的不足。生态因子的补偿作用只能在一定范围内作部分补偿，而不能以一个因子代替另一个因子，且因子之间的补偿作用也不是经常存在的。

6. 生态因子的限制性作用

生物的生存和繁殖依赖于各种生态因子的综合作用，其中限制生物生存和繁殖的关键性因子就是限制因子。任何一种生态因子只要接近或超过生物的耐受范围，它就会成为这种生物的限制因子。

如果一种生物对某一生态因子的耐受范围很广，而且这种因子又非常稳定，那么这种因子就不太可能成为限制因子；相反，如果一种生物对某一生态因子的耐受范围很窄，而且这种因子又易于变化，那么这种因子就很可能是一种限制因子。例如，氧气对陆生动物来说，数量多、含量稳定而且容易得到，因此一般不会成为限制因子（寄生生物、土壤生物和高山生物除外）。但是氧气在水体中的含量是有限的，而且经常发生波动，因此常常成为水生生物的限制因子。限制因子的主要价值是使生态学家掌握了一把研究生物与环境复杂关系的钥匙，因为各种生态因子对生物来说并非同等重要，因此，一旦生态学家找到了限制因子，就意味着找到了影响生物生存和发展的关键性因子。

🔘 解释问题

生态因子的类型多种多样，分类方法也不统一。简单、传统的方法是把生态因子分为生物因子和非生物因子。前者包括生物种内和种间的相互关系；后者则包括气候（光、温度、降水）、土壤（土壤结构、土壤的理化性质、土壤肥力和土壤生物）、地形（海拔高度、坡度、坡向）等。

🔘 练习与思考

生态因子有哪些作用？

🔘 拓展阅读

极限环境中的生命

地球上存在生命的环境条件，究竟有没有极限？人们对这些极限认识到什么程度？探讨这些问题有什么意义？等等。这一连串的问题是生命科学中最富于戏剧性和最引人入胜的问题。对此，生物学家们一直没有停止探索。

1. 在探索生命存在的极限环境中，发现了生物的新类群

随着研究工作的继续深入，科学测试手段的日益提高和发展，研究生命科学的工作者们，从一般生物不能生存的环境中，发现了生物的新类群。开始时，他们称其为"古细菌"（Archaebacteria）或"原始细菌"（Primitive bacteria），以便把它们和"真细菌"（Eubacteria）互相分开。因为，二者在外形上极为相似。但是，等到运用先进的研究手段和技术进一步研究它们时，却发现它们和真细菌之间，在分子水平上大相径庭，二者的 RNA 结构顺序很不相同，以至于这个新发现的所谓的古细菌类群，如果从 RNA 的结构上来判断，它们和真核生物的关系，要比它们和真细菌更为密切。另外，所谓的古细菌，其实并不比真细菌更为古老。有分析材料表明，真细菌从其他生活型分枝出来，比之古细菌和真核生物之间的分离，还要早150 万年左右。所以，真细菌原来是比古细菌更为古老的生物。由于古细菌一词很容易给人造成错误印象，所以，为"古细菌"一词命名的美国学者沃斯（C. Woese）又提出重新命名的意见。他认为新类群的名称，

还应该保留"原始的"意思，但再不能称之为细菌了。因此，他把"Archaebacteria"改为"Archaeotida"。

2. 新类群生活环境的特点

新类群中的成员，绝大部分都居住在极为特殊的环境中。这些生活环境对其他的生物来说，根本就不能生存。例如，高温、高酸、高盐、高碱或高压等环境，人们认为对这些地方如果不借助防护措施，一般生物是不能生存的。而对这类生物来说，却能很正常地生长和繁殖。

(1) 嗜热类群：德国的斯梯特（K. Stetter）研究组，在意大利的一个海底火山喷口附近，发现一族能够生活在110℃以上高温中的生物。他们称其为 Methanopyrus，这类生物在98℃左右生长最好，当温度降至84℃时，即停止生长。其他的生物根本不能忍受这种生活条件。因为，当温度达到60℃~70℃时，一般生物体内的大分子即被破坏，以至死亡。

美国的一位核酸化学家柏斯（N. Pace）宣称，他发现了生长在130℃以上高温条件中的生物无性系。他还提出了150℃可能是生命耐热性的上限。当然，他的推断还未经证实，仅仅是一种假设。

(2) 嗜酸类群：这类生物被称为 Acidophiles，它们多半生活在火山区，或者是含硫量极为丰沛的地区。它们能把硫氧化成硫酸，形成极度酸性的环境，pH 值竟达到 1 甚至更低。

有趣的是，许多嗜酸生物同时也喜高温。斯梯特就发现一族生活在96℃以上高温，pH 值低于 1 的环境中的生物，它们被命名为 Acidianus infernus。

(3) 嗜盐类群：一般海洋的含盐量约为3%，是许多生物极好的生活环境。而含盐量达25%的大盐湖，却极少有生物能够生存。因为这种条件会使生物细胞内的水分渗出，同时还会破坏正常的电解质平衡。但是，微生物学家琼纳克（H. Jannasch）却发现了能够生存在含盐量高达36%盐液中的生物。他称它们为 Halophiles。36%的盐溶液已不能溶解更多的盐分，几乎达到了饱和。另一位微生物学家斯多肯尼亚斯（W. Stoeckenius）在观察嗜盐生物繁殖的时候发现，它们具有特殊的形状，其中有一种最引人注目。它们呈四方形，繁殖时，先向一个方向延长，然后分裂，形成另一个四方形，如此不断分裂，结果看起来就像是连在一起的一张张邮票。还有些嗜盐生物的群体，呈现红颜色。如果乘飞机飞越它们的繁殖区——海水的制盐蒸发池，从高空俯瞰，就可以看到制盐蒸发池由深绿到深红的颜色变化：在蒸发的早期阶段，由于池内的藻类繁茂，颜色呈深绿色；随后，水分蒸发殆尽，盐分达到饱和，藻类全部死亡，绿色消失；剩下嗜盐生物，颜色就变为深红色。

(4) 嗜碱类群：与嗜盐类群同时生活在盐湖或盐池中的另一族生物，却非常耐碱。有人测试，在这类生物的生活环境中，溶液的 pH 值竟然达到11.5以上，几乎到了氨水的碱度，但它们却能正常地生长和繁殖。

(5) 嗜压类群：美国的一位海洋学家亚扬诺斯（A. Yayanos）发现，有些生物只有在最深的海洋底才能生长。它们的生存条件之一，竟是巨大的压力。在实验室中，它们之中的一些种类能在 1 317 225 ~ 1 418 550MPa 压力下生长，换言之，它们可以在深为 13 ~ 14km 深的海洋底生活。令人惊讶的是，其中的某些种类至少需要 303 975MPa 以上的压力，如果压力低于 303 975MPa，就会停止生长。所以，有些科学家认为，它们的生命活动对海洋至关重要，由于它们的存在，才能让落入海洋底的生物遗骸参与海洋有机质的再循环。

3. 研究新类群生物及其生存条件的意义

(1) 耐热问题：这些嗜热生物，在高温条件下是怎样防止其蛋白质和核酸组分不被破坏？怎样形成在高温下能够启动的酶？这些抗高温的酶，其结构与正常的酶有什么不同？研究这些问题对于生物抗高温，或者是在高温条件下增加繁殖系数，达到增产、增益都有极为现实的意义。有人从嗜热生物的 DNA 不易被降解的途径进行研究，从中得到一种类组蛋白，具有保护作用。在离体培养的 DNA 中加入这种类组蛋白，DNA 就能经受住比平常高30℃的温度。

(2) 耐酸问题：嗜酸生物在极度酸性环境中生活，其体内却能保持中性，pH 值大约是 7。那么，这是如何办到的呢？它们所具有的高度韧性的膜是如何形成、如何保持的呢？另外，这种膜的泵功能强度究竟达到什么程度？这对提高一般生物的耐酸能力和培育耐酸生物具有巨大的诱惑力。目前，在生产上已经利用它们作商业性开采矿物之用，收益很大。特别是在利用它们从低品位的矿物中溶提贵重金属方面。另外，利用它们进行生物制酸，还可以达到节省投资、少消耗或不消耗能量的目的。

(3) 耐压问题：在高压下，生命如何适应和延续？从这个角度来研究细胞膜，对生物学家们具有巨大的吸引力。因为，膜系统在生命科学中占有很重要的地位，它关系着生物与环境条件之间物质和能量的交换，以及生命如何形成、延续和发展等重大课题。

例如，沿着膜系统这条线索，亚扬诺斯发现，随着压力的增加，只有同时也增加不饱和的膜脂类，才能保持膜流体性的正常水平。一般说来，在压力增加的条件下，膜的通道也会相应地增加。但是，他们找到了一组能够调整压力影响的基因，这组基因在 283 710MPa 下表达，并通过它减少某些蛋白质的产出率，从而在压力增加的条件下，可以减少膜的通道，达到阻止体内的糖和其他营养成分扩散到体外去的效果。

总之，研究这类生物及其对生活环境条件的适应性，具有很大的实际意义。因为，可以从中找出一般规律，用以指导生物技术，设计出能在高温、高压、高酸、高盐和高碱等不同条件下有活性的酶，开发出自动调节、自动修复的人工构造。再者，这些发现和研究，对探索地球上生命起源的问题也是大有裨益的。

探究与实验

盐度对种子的影响

盐度，即水体中的含盐量，是一种非生物因素。含盐量过高的水会影响植物种子的萌发吗？试设计一个实验来寻找答案。

1. 步骤

(1) 收集 40 颗某植物的种子。将其中的 20 颗浸在池塘水中，另外 20 颗浸在含盐 10% 的盐水中，均浸泡 24 小时。

(2) 第二天，将纸巾分别用池塘水和盐水弄湿，然后用这两种纸巾将这 40 颗种子分别包起来，并放入可封口的塑料袋中。

(3) 在塑料袋外分别标明"淡水"和"咸水"。

(4) 两天后，观察所有的种子，统计两个塑料袋中已萌发的种子数，并记录观察结果。

2. 分析

(1) 在两种环境下，种子萌发率相同吗？如果不相同，请说明理由。

(2) 在这个实验中，测试了哪种非生物因素？该非生物因素影响了哪种生物因素？

(3) 所有的种子在淡水及盐水环境中是否作出相同的反应？你是如何发现的？

三、生物与环境关系

提出问题

举例说明生物不仅受环境的影响，也能够影响环境。

相关知识

(一) 环境对生物的作用

生物的起源、进化和发展都不能脱离环境。每个生物个体在发育的全过程中不断地与环境进行着物质和能量的交换，它从环境中取得必要的能量和营养物质建造躯体，同时又把不需要的代谢产物排放到环境中。

环境对生物的生理、形态和分布影响很大。生物在一个地区的生存是由该地区的温度、水分、地形等各种因素综合作用的结果，这就是环境的整体作用，其中的个别因素称为环境因素，都对生物产生影响。

1. 光

光是生物的基本能源，它提供光能使绿色植物进行光合作用合成有机物，动物则直接或间接依赖植物而生存。光的性质、强度和周期直接影响生物的生长发育和形态结构，如植物的开花、动物的繁殖和迁移都与光照的季节变化有关，最引人注意的是鸟类的迁徙现象，候鸟能准确无误地感知季节变化，春季北飞繁殖，秋季南迁越冬，是由于光照长短起了重要的信号作用。

2. 温度

温度与生物的发育、分布和生活习性更有直接的关系。随着气温上升，植物生长速度加快。热带和亚热带有利于各种生物生存，种类丰富；而极地或高山寒冷地区种属和个体都大大减少，如两栖类和爬行类属喜热狭温性动物，在我国南方广西分别有 57 种和 110 种，而到北方内蒙古仅有 8 种和 6 种。热带白天高温，许多动物具明显的夜行性或晨昏活动，而在寒带，动物则有冬眠习性或用较厚皮毛和羽毛来抵御寒冷。

3. 水

生命起源于水域环境，水是生物有机体的重要组成成分，没有水就没有生命。不同的水分环境造成了生物不同的生态特征。水生生物可直接生活在水中，海水中的动物具备适应盐分的调节机能。陆上潮湿的环境中植物一般叶大而薄，根系浅而弱，如水浮莲就是如此；相反，在干燥炎热的环境中，叶面往往缩小成针状、鳞片状或以干季落叶来减少水分蒸发，并且根系发达。沙漠中的骆驼刺地上茎才 5～60cm 高，主根却长达 5～6m。

4. 空气

空气的供氧量和空气的运动也对生物产生影响。沼泽地区土壤含氧不足，植物形成特殊的呼吸根伸出地面吸收大气中的氧；热带海岸红树林的呼吸根也很发达，用这些特殊形态增大供氧量。空气的运动产生风，风传播植物的花粉种子，但也增大了植物的蒸腾作用。风可造成植物的形态变异，甚至折断倒伏。

5. 土壤

植物生长在土壤上，从土壤中吸取其生长发育的养分，因此土壤的物理化学性质对植物的作用极大，植物生长也受土壤的限制。酸性土宜栽茶、橡胶等，中性土可栽培蔬菜、粮食等，碱性土则多为草原和荒漠植物。陆栖动物在土壤上活动，长期在开阔土地上行走的动物如羚羊、鸵鸟等长出了细长而健壮的腿，骆驼则以特殊的足趾适于在沙漠中生活。

（二）生物影响环境

环境与生物的相互关系，也表现在生物对环境的作用上。生物参与了环境中能量交换和物质循环过程，影响到地球各个圈层的物理化学变化。这一现象是十分普遍的。

1. 生物改变大气成分

原始大气中不含游离氧，是绿色植物的出现通过光合作用使原始大气从无氧大气变为有氧大气。同样，原始大气中氮的含量原本也不多，由于土壤微生物的固氮作用将火山喷发时带出的少量氮留在大气中，使氮成为现代大气的主要成分。现代人类的经济活动造成二氧化碳含量增加，出现温室效应。森林遭破坏覆盖面积大规模缩小也改变了大气的成分。

2. 生物影响水循环

在这方面，森林的作用是巨大的。森林通过树冠枝叶有截留雨量的作用，增加了林中湿度，减少了地表径流，能延长地表水流动时间，调节了局部地区的水循环，也改善了大气中的水分状况和含氧量，这有利于水土保持，因此必须保护森林。

3. 生物参与岩石和土壤的形成

组成地壳的部分岩石是生物作用形成的。石灰岩、珊瑚礁、硅藻土是海洋生物死亡后的残骸堆积而成的；石油、天然气和煤层都是有机生物体大量堆积掩埋后的产物。土壤发育的关键也是生物过程，土壤有机质是植物利用土壤中矿物营养构成的有机分子，它们是植物死亡后又经微生物分解形成的。通过植物进行养分循环造就了土壤。

（三）生物对环境的适应

在生物进化过程中，不同环境中的生物对其生存条件有明显的适应性，这表现在生物的形态结构、生理机能和行为特征上。即使环境变化，生物也会产生新的适应性。这是自然选择和适者生存的自然规律的作用，有利于生物的生存和繁衍。

1. 形态适应

许多动物借助保护色、警戒色和拟态等手段躲避捕食者而得以生存。生活在草地、池塘里的青蛙为绿色，活动在农田土丘一带的泽蛙是灰褐色，这可以保护自己。有些有毒生物体色非常艳丽，称为警戒色，作为对捕食动物的一种预先警告。有些昆虫的体色与体形与其所栖息的植物的叶子或嫩枝极为相似，如枯叶蝶、竹节虫等，使自身得到保护或得到其他益处，这称为拟态。

2. 生理适应

生物往往能适应特殊的条件。如骆驼极为耐干旱，有"沙漠之舟"的称号，十多天不喝水还能在沙漠中行走，其原因在于它的血液中有一种特殊的蛋白质能维持血液中的水分，同时在脂肪代谢过程中产生大量的水分，供其生理活动的需要。此外，骆驼多毛的外皮有隔绝温度的作用。这些都是在长期进化中适应环境的结果。

3. 行为适应

生物体具有在生理行为上与环境相协调、与时间相呼应的节律。生物具备高度精确的测定时间的能力，称为"生物钟"，如植物开花的时间，许多鸟类、兽类的起居、归巢都有严格的时间节律。麻雀早晨鸣叫的时间会有季节性变化，以适应光照的不同。

解释问题

例如：森林的蒸腾作用可以增加空气的湿度，进而影响降雨量；柳杉等植物可以吸收有毒气体，从而能够净化空气；鼠对农作物、森林和草原都有破坏作用；蚯蚓在土壤中钻来钻去，可以使土壤疏松，提高土壤的通气和吸水能力，它以腐烂的植物和泥土为食，排出物可以增加土壤的肥力；地衣能够分泌地衣酸、腐蚀岩石，使岩石表面逐渐龟裂和破坏，从而形成土壤，为其他植物的生存创造条件。

练习与思考

下列生物的适应现象，哪一种是保护色？哪一种是拟态？哪一种是警戒色？
（1）变色龙的体色能够随着环境色彩的变化而变化，并且与环境的色彩保持一致；
（2）生活在亚马逊河流域的南美鲈鱼形如败叶，浮在水面；
（3）瓢虫体表具有色彩鲜艳的斑点。

第二节　生态系统

本节学习要点

- 理解生态系统的概念；
- 掌握生态系统的组成与功能；
- 了解生态平衡的概念及特征，知道生态平衡调控的方法。

本节学习意义

- 通过理解生态系统的各组分的相互关系及食物网，渗透普遍联系的辩证观点；
- 通过引导学生归纳生态系统的组成成分，分析生态系统的能量流动过程和特点，培养学生分析、综合和推理的思维能力。
- 通过分析、讨论生态系统中物质循环的过程和特点，渗透生态系统是一个整体的观点。

在生物界，不论是同种的，还是不同种的生物，它们之间都是相互影响、相互依存的。在一定区域内，同种生物的个体组成种群；各种生物的种群组成群落。那么，生物群落与无机环境之间的关系是怎样的？如果把生物群落与无机环境作为一个整体来研究，又会发现一些什么规律？

一、生态系统的概念和组成

提出问题

生态系统一般由哪些部分组成？

（一）生态系统的概念

生态系统是指在一定的空间内，生物的成分和非生物的成分通过物质的循环和能量的流动互相作用、互相依存而构成的一个生态学功能单位。

人们可以形象地把生态系统比喻为一部机器，机器是由许多零件组成的，这些零件之间靠能量的传递而互相联系为一部完整的机器。生态系统是由许多生物和非生物成分组成的，这些生物之间靠能量的流动和物质的交换而联系为一个完整的，相对独立的功能单位。

在自然界，只要在一定空间内存在生物和非生物两种成分，并能互相作用，并达到某种机能上的稳定性，哪怕是短暂的，这个整体就可以视为生态系统。因此，在我们居住的这个地球上，有许多大大小小的生态系统，大至生物圈、海洋、陆地，小至森林、草原、湖泊和暂时性的小池塘（如图 5 - 1 - 1 所示）。除了自然生态系统外，还有人为生态系统，如农田、果园、宇宙飞船和用于验证生态学原理的各种封闭的微宇宙。这些微宇宙只需要从系统外输入光能，就好像是一个微小的生物圈。

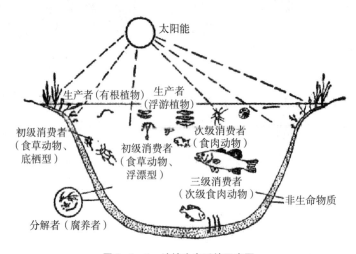

图 5 - 1 - 1　池塘生态系统示意图

生态系统，不论是自然的还是人为的，都具有下面一些共同特征：

（1）生态系统是生态学上的一个主要结构和功能单位。

（2）生态系统的结构同构成生态系统的物种多样性有关；生态系统结构越复杂，其中的物种数目也就越多。

（3）生态系统的功能离不开能量的流动和物质的循环，如图 5 - 1 - 2 所示。

（4）生态系统越复杂，能量传递的效率越高，而维持自身存在所需要的能量相对来说就越少。

（5）生态系统是一个动态系统，要经历一个从简单到复杂、从不成熟到成熟的演变过程。生态系统的未成熟阶段和成熟阶段特性不同。

（6）生态系统中环境的改变是对生物成分施加的一种压力，那些不能调整自己以适应变化了的环境的生物就会从生态系统中消失。

（二）生态系统的组成

生态系统包括生物和非生物环境两大部分，而生物部分则由生产者、消费者、分解者所组成（见图 5 - 1 - 1）。

1. 非生物环境

非生物环境主要指光、热、水、土、大气、岩石及非生命的有机物质等，即由物质和能量两部分构

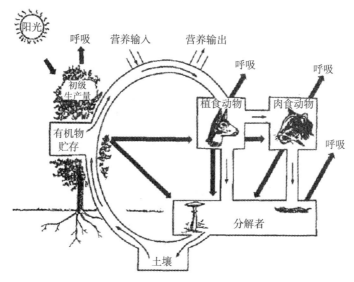

图 5 - 1 - 2　生态系统中的能量流动（粗箭头）和物质循环（细箭头）

成，其中物质分为无机物质和有机物质。非生物环境是生态系统中各种生物赖以存在的基础。

在陆地生态系统中，各种地质和地理特征对生物的数量和分布有明显的影响。土壤是地质过程的产物，土壤的酸碱性、营养成分和排水性能，对植物生长起着决定性的作用。各种地理特征，如山脉、河流、山谷和平原，对一个地区的天气、气候、温度、光照和雨量都有显著影响。

2. 生产者

生产者是生态系统中的自养生物，主要为绿色植物，也包括光合作用和化学能合成的某些细菌。绿色植物和光能合成细菌，通过光合作用，将二氧化碳、水和无机盐类或将二氧化碳、硫化物、分子氢等合成为有机物质，并把太阳能转变为化学能贮存在有机物质中。它的过程可用化学反应式来表示：

$$6CO_2 + 12H_2O \xrightarrow[673\ kcal\ 热量]{叶绿素} C_6H_{12}O_6 + 6O_2 + 6H_2O$$

化学能合成细菌则不利用太阳光能，而是靠氧化无机化合物取得能量后，将二氧化碳和水合成有机物质。生产者所生产的有机物质能成为自身和其他生物生命活动的食物和能源。

3. 消费者

消费者是生态系统中的异养生物，不能利用太阳光能和无机化合物中的能量，只能直接或间接地利用生产者所制造的有机物质，包括各种动物、寄生和腐生的菌类以及人类自身。

消费者包括所有以活的动植物为食的动物，它们归根结底都依靠植物为生（直接取食植物或间接猎食植物的动物）。直接吃植物的动物叫植食动物，又叫一级消费者（如牛、羊、兔）。以植食动物为食的动物叫二级消费者或一级肉食动物，以后还有二级肉食动物、三级肉食动物等，直到顶位肉食动物。肉食动物是专门以其他动物为食的动物。

消费者也包括那些既吃植物也吃动物的杂食动物。有些鱼类是杂食性的，它们吃水藻、水草，又吃水里的无脊椎动物。白足鼠主要是吃植物，但是也吃昆虫、小鸟和鸟卵。很多动物的食性是随着季节和年龄而变化的，麻雀在秋季和冬季以吃植物为主，但是到夏季的生殖季节就以吃昆虫为主。所有这些动物都是消费者。

寄生动物也是消费者，因为它们不是寄生在活的植物体内就是寄生在活的动物体内，靠取食其他生物的组织、营养物或分泌物为生。

4. 分解者

分解者又称还原者，也是生态系统中的异养生物，主要是微生物，如真菌、细菌等，也包括某些原生动物及腐食性动物，如吃枯木的甲虫、白蚁、蚯蚓和某些软体动物等。它们以动植物残体和排泄物中的有机物质作为维持自身生命活动的食物能源，将这些有机物质分解为简单的无机物质，归还到非生物环境中，供生产者再吸收利用。

根据以上叙述，我们可以把生态系统的组成成分概括如表 5 - 1 - 1 所示：

表 5 - 1 - 1　生态系统的组成成分

$$
生态系统
\begin{cases}
非生物
\begin{cases}
能源（日光能、有机物等）\\
无机物质（氧、二氧化碳、水、无机盐等）\\
有机物质（腐殖质等）\\
气候因子（温度、湿度、降雨等）
\end{cases}\\
生\ 物
\begin{cases}
生产者（绿色植物等）\\
消费者（各种动物）\\
分解者（细菌、真菌和食腐动物）
\end{cases}
\end{cases}
$$

非生物环境、生产者和分解者对于任何一个生态系统来说，都是必不可少的基本成分。假如没有非生物环境，则生产者没有光能来源和无机原料以及其他适宜的环境条件而无从生产，其他生物也就没有食物能源，因此就不可能存在任何形式的生命活动和各种生物。如果没有生产者，其他生物如消费者和分解者均不会存在，只可能是非生物环境的无机世界；如果没有分解者，死亡的有机体和排泄物在生态系统内不断积累，生产者最终因得不到所需的无机养分而消失，生态系统也就不能持续地运转和存在下去。动物作为消费者，虽然不是生态系统的必需成分，但对于生态系统的持续发展具有重要作用。如许多植物要靠昆虫传粉或靠其他动物传播种子；如果没有动物啃草，草原也会由于生长过盛而导致衰退。

解释问题

生态系统包括非生物的物质和能量、生产者、消费者和分解者四种成分。

练习与思考

以一个池塘为例，说明生态系统的组成。

三、食物链和食物网

提出问题

什么是生物富集？

相关知识

（一）食物链

生态系统中的能量主要来源于太阳辐射，极小部分来源于无机化合物的氧化。太阳辐射的能量被陆地上的绿色植物和水域中的藻类固定并转化为生物体内的化学能而进入生态系统。

生态系统中生产者所固定的能量和物质，通过一系列取食和被取食的关系在生态系统中传递，各种生物按其食物关系排列的链状顺序称为食物链，如图 5 - 1 - 3 所示。

食物链有长有短。最简单的食物链是由 2 个或 3 个环节组成的，如狐吃兔、兔吃草。在海洋里，金枪鱼吃较小的靖鱼，靖鱼吃更小的鲜鱼，鲜鱼吃甲壳动物，甲壳动物吃单细胞藻类。而人类吃金枪鱼，这就形成了有 6 个环节的食物链。

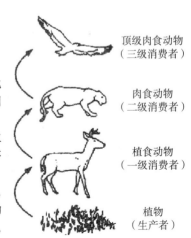

顶级肉食动物
（三级消费者）

肉食动物
（二级消费者）

植食动物
（一级消费者）

植物
（生产者）

图 5 - 1 - 3　食物链图解

（二）食物网

生态系统中的食物营养关系是很复杂的。由于一种生物常常以多种食物为食，而同一种食物又常常被多种消费者取食，于是食物链交错起来，多条食物链相连，形成了食物网，如图 5 - 1 - 4。

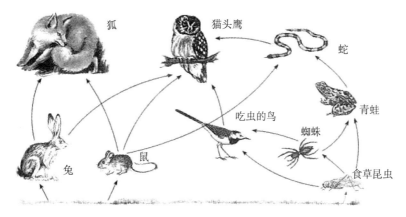

图 5 - 1 - 4　温带草原生态系统的食物网简图

食物链和食物网在生态系统中起着重要的作用。自然界的能量，从太阳能开始，经过绿色植物的固定，沿着食物链和食物网流动，最终由于生物的代谢、死亡和分解而以热的形式逐渐消散到周围空间中去。

食物链和食物网不仅维持着生态系统的相对平衡，并推动着生物的进化，成为自然界发展演变的动力。这种以营养为纽带，把生物与环境、生物与生物紧密联系起来的结构，称为生态系统的营养结构。

（三）生物富集

自然界的各种物质，包括越来越多的人造物质，经过由植物的摄取，也沿着食物链和食物网移动并且浓缩，最终随着生物的死亡腐烂和分解而重返无机自然界。由于这些物质可以被植物重新吸收和利用，所以它们周而复始循环不已。

食物链在陆地、淡水和海洋中的广泛存在，不仅为人类提供了取之不尽的植物产品，也源源不断地为人类提供了丰富的动物产品。但是，各种有毒物质也能沿着食物链逐渐累积、浓缩。这种现象称为生物富集，也称生态浓缩。

例如，第二次世界大战后，DDT 曾经被人们当成防治各种害虫的灵丹妙药而大量使用。虽然大部分 DDT 都只喷洒在仅占大陆面积 2% 的土地上，事实上 75% 的陆地面积从没有施用过 DDT，但是后来人们不仅在荒凉的北极格陵兰岛动物体内测出了 DDT，而且也在远离任何施药地区的南极动物企鹅体内发现了 DDT。在南极企鹅体内曾经测得 DDT 的浓度是 $0.015 \times 10^{-6} \sim 0.18 \times 10^{-6}$，而在一种食鱼鸟体内，DDT 的浓度竟高达 1×10^{-6}。

数百篇关于这一问题的研究报告表明，DDT 已经广泛进入了世界各地的食物链和食物网。目前，没有被污染的生物已经不多了。人类自己也受到了污染，人体内已经普遍含有 DDT。

DDT 和其他有害物质是怎样进入动物和人体的呢？DDT 可以通过大气、水和生物等途径被广泛传带到世界各地，然后再沿着食物链移动，并逐渐在生物体内累积起来，如图 5 - 1 - 5 所示。DDT 的一个基本特性是易溶于脂肪而难溶于水，并且性能稳定，难以分解。因此，它极容易被生物体内的脂肪组织吸收，并且具有逐渐浓缩的倾向。当 DDT 随着食物进入动物体内的时候，大部分都能滞留在脂肪组织中，并逐渐积累到比较高的浓度。越是沿着食物链向前移动，DDT 的浓度也就越大，最后，可使生物体内的 DDT 浓度比外界环境高几万至十几万倍。

DDT 在动物体内的浓缩，常会引起动物的死亡或有害于动物的生殖和遗传。据统计，全世界已经有 2/3 的鸟类生殖能力下降，有害物质通过食物链的浓缩是造成这种状况的重要原因之一。

解释问题

生物富集与食物链相联系，各种生物通过一系列吃与被吃的关系，把生物与生物紧密地联系起来，如自然界中一种有害的化学物质被草吸收，虽然浓度很低，但以吃草为生的兔子吃了这种草，而这种有害物质很难排出体外，便逐渐在它体内积累。而老鹰以吃兔子为生，于是有害的化学物质便会在老鹰体内进一步积累。这样，食物链对有害的化学物质有累积和放大的效应，这是生物富集直观的表达形式。

练习与思考

什么是食物链？举例说明食物链的真实现象。

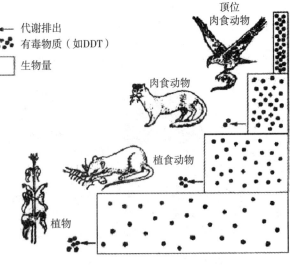

图 5 - 1 - 5　有毒物质沿着食物链逐渐浓缩

四、生态系统的功能

提出问题

生态系统的能量流动的特点是什么？

相关知识

生态系统具有三大功能：能量流动、物质循环和信息传递。

（一）生态系统的能量流动

一切生物的生命活动都需要能量，也就是说，如果没有能量的供给，生态系统就无法维持下去。

生态系统内能量最终的来源是太阳能。生产者通过光合作用将光能转变为化学能，并且将化学能贮存在有机物中。生产者所固定的能量并不能全部被初级消费者所利用，原因之一是其中一部分能量用于生产者自身的新陈代谢等生命活动，也就是通过呼吸作用被消耗掉了；原因之二是总有一部分植物未被动物采集。同样，初级消费者所获得的能量也不会全部被次级消费者所利用，依次类推，能量在沿食物链逐渐流动的过程中会越来越少。经广泛深入的研究和大量的统计分析，已经发现，在输入至一个营养级的能量中，只有10%～20%的能量能够流动到下一营养级。生产者和消费者的遗体和粪便等，则被分解者所利用，并且通过分解者的呼吸作用，将其中的能量放散到环境中去，如图5-1-6所示。

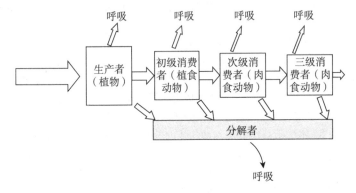

图 5 - 1 - 6　生态系统的能量流动图解

　　人类研究生态系统中能量流动的主要目的，是设法调整生态系统的能量流动关系，使能量流向对人类最有益的部分。例如，在森林中，最好想办法使能量多贮存在木材中；在草原牧场上，则最好想办法使能量多流向牛、羊等牲畜。

（二）生态系统的物质循环

　　在生态系统中，物质从无机环境开始，经生产者、消费者和分解者，又回到无机环境，完成一个由简单无机物到各种有机化合物，最终又还原为简单无机物的生态循环。通过该循环，生物得以生存和繁衍，无机环境得到更新并变得越来越适合生物生存的需要。在这个物质的生态循环过程中，太阳能以化学能的形式被固定在有机物中，供食物链上的各级生物利用。

　　生物维持生命所必需的化学元素虽然为数众多，但有机体的97%以上是由氧、碳、氢、氮和磷五种元素组成的。作为物质循环的例子，下面简单介绍碳的生态循环过程，如图 5 - 1 - 7 所示。

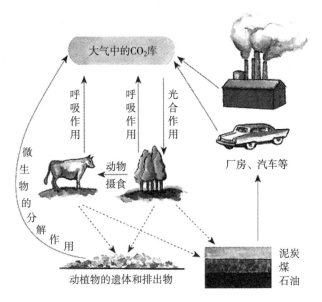

图 5 - 1 - 7　碳循环

　　碳是构成生物原生质的基本元素，虽然它在自然界中的蕴藏量极为丰富，但绿色植物能够直接利用的仅限于空气中的二氧化碳（CO_2）。生物圈中的碳循环主要表现在绿色植物从空气中吸收二氧化碳，经光合作用转化为葡萄糖，并放出氧气（O_2）这个过程中。在这个过程中少不了水的参与。有机体再利用葡萄糖合成其他有机化合物。碳水化合物经食物链传递，又成为动物和细菌等其他生物体的一部分。生物体内的碳水化合物一部分作为有机体代谢的能源经呼吸作用被氧化为二氧化碳和水，并释放其中储存的能量。由于这个碳循环，大气中的 CO_2 大约 20 年就会完全更新一次。

（三）信息传递

　　生态系统信息传递不像物质流那样是循环的，也不像能量那样是单向的，而往往是双向的，有输入至输出的信息传递，也有从输出向输入的信息反馈。在沟通生物部落内各种生物种群之间的关系、生物种群和环境之间的关系方面，生态系统的信息传递起着重要作用。生态系统中包含各种各样的信息，主要有四种：物理信息、化学信息、营养信息和行为信息。

　　物理信息由声、光、热、电、磁和颜色等构成。例如，动物的叫声可以传递惊慌、警告、安全、求偶、寻食等信息。含羞草在强烈声音的刺激下，就会表现出小叶合拢，叶柄下垂的运动。鳗鱼、鲑鱼等能按照洋流形成的地电流来选择方向和路线。在广阔的天空中，候鸟成群结队南北长途往返飞行都能准确到达目的地，特别是信鸽千里书传而不误。原野上，工蜂无数次将花蜜运回蜂巢。在这些行为中，动物主要依靠自己身上的电磁场，与地球磁场相互作用确定方向和方位。

化学信息由生物代谢产生的化学物质（如性激素、生长素等化学物质）构成。生物之间传递化学信息，有的相互制约，有的相互促进，有的相互吸引，有的则相互排斥。例如，蚂蚁爬行留下的化学痕迹，是为了让其他蚂蚁跟随。许多哺乳动物（虎、狗、猫等）以尿标记它们的领域。许多动物的雌性个体释放体外性激素招引种内雄性个体等。有些动物在遭遇天敌侵扰时，往往会迅速释放报警信息素，通知同类个体逃避。如七星瓢虫捕食棉蚜虫时，被捕食的蚜虫会立即释放警报信息素，于是周围的蚜虫纷纷跌落。

营养信息由食物和养分构成。食物链和食物网就是一个营养信息系统，各种生物通过营养关系联系成一个互相依存和相互制约的整体。通过营养交换把信息从一个种群传到另一个种群。最简单的例子是，在草原上羊与草这两个生物种群之间，当羊多时，草就相对少了；草少了，反过来又使羊减少。因此，从草的多少可以得到羊的饲料是否丰富的信息以及羊群数量的信息。例如，在草原牧区，草原的载畜量必须根据牧草的生长量而定，从而使牲畜数量与牧草产量相适应。如果不顾牧草提供的营养信息，超载放牧，就必定会因牧草饲料不足而使牲畜生长不良和引起草场退化。

生物不同的行为动作传递不同的行为信息。有的动物在需要传递某种信息时，常表现出有趣的行为方式。如蜜蜂发现蜜源时，就有舞蹈动作的表现，以"告诉"其他蜜蜂去采蜜，在蜜源较近时，作圆舞姿态，蜜源较远时，作摆尾舞等；其他工蜂则以触觉来感觉舞蹈的步伐，得到正确飞翔方向的信息。动物之间传送的信息可能是识别、威吓、警告、挑战，或从属信号，或者是配对的预兆等。这种信息表现在种内，但也可能为其他物种提供某种信息。

解释问题

生态系统的能量特点是单向流动、逐级递减、不循环的。

练习与思考

1. 碳元素在生态系统中是怎样循环的？
2. 生态系统的能量流动和物质循环有什么不同的特点？二者之间的关系是怎样的？

拓展阅读

生态农业简介

随着工业的发展和科学技术的进步，许多国家的农业都走上了高投入、高产出的道路，也就是投入大量的能源、农业机械、化肥和农药等，以获得农业的高产。这种做法在实现了农业高产的同时，也造成了能源和资源的大量消耗以及严重的环境污染。怎样才能以较低的投入获得较高的产量，同时又避免或减少对环境的污染呢？在这样的背景下，科学家们提出了发展生态农业的设想。

生态农业是指运用生态学原理，在环境与经济协调发展的思想指导下，应用现代科学技术建立起来的多层次、多功能的综合农业生产体系。我国从 20 世纪 80 年代初期就开始了生态农业的建设，经过 30 多年的发展，已经取得了令人瞩目的成就。我国有以下几种农业模式：

1. 北方"四位一体"能源生态农业模式

在一个 $150m^2$ 的塑膜日光温室一侧，建一个 $8 \sim 10m^3$ 的地下沼气池，其上建一个约 $20m^2$ 的猪舍和一个厕所，形成一个封闭状态下的能源生态系统。它把厌氧消化的沼气技术和太阳能热利用技术组合起来，充分利用太阳辐照和生物能资源。

以辽宁省为例，其主要的技术特点是：①圈舍的温度在冬天提高了 $3℃ \sim 5℃$，为禽畜提供了适宜的生长条件，使猪的生长期从 $10 \sim 12$ 个月下降到 $5 \sim 6$ 个月，存栏猪 $8 \sim 10$ 头，而年出栏量可达到 $18 \sim 20$ 头。由于饲养量的增加，又为沼气池提供了充足的原料。②猪舍下的沼气池由于得到了太阳热能而增温，解决了北方地区在寒冷冬季产气技术的难题，年产沼气提高了 $20\% \sim 30\%$，总量超过 $300m^3$ 以上，高效有机肥也增加了 60% 以上，年提供 $16m^3$。③猪呼出大量的 CO_2，使日光温室内的 CO_2 浓度提高了 $4 \sim 5$ 倍，大大改善了温室内蔬菜等农作物生长条件，再考虑到使用优质沼肥，因而蔬菜产量可增加 $20\% \sim 30\%$，质量也明显提高，成为一类绿色无污染的农产品。

2. 南方"猪—沼—果"能源生态农业模式

其模式的基本内容是"户建一口沼气池，人均年出栏 2 头猪，人均种好一亩果"。通过沼气的综合利用，可以创造可观的经济效益。大量的实践表明，用沼液加饲料喂猪，可使猪毛光皮嫩，增重快，猪可提前出栏，节省饲料约 20%，大大降低了饲养成本，激发了农民养猪的积极性；施用沼肥的脐橙等果树，要比未施沼肥的年生长量高 0.2m，多长 5 ~ 10 个枝梢，而且植株抗旱、抗寒和抗病能力明显增强，生长的脐橙等水果的品质提高 1 ~ 2 个等级。另外，每个沼气池每年还可节约砍柴工 150 个。作为南方"猪—沼—果"能源生态农业模式的发源地，江西省赣州和广西壮族自治区恭城县给全国提供了发展小型能源生态农业，特别是庭院式能源生态农业模式的思想。

3. 西北"五配套"能源生态农业模式

"五配套"能源生态农业模式是解决西北干旱地区的用水问题、促进农业持续发展、提高农民收入的重要模式。其主要内容是：每户建一个沼气池、一个果园、一个暖圈、一个蓄水窖和一个看营房。"五配套"模式以农户庭院为中心，以节水农业、设施农业与沼气池和太阳能的综合利用作为解决当地农业生产、农业用水和日常生活所需能源的主要途径，并以发展农户房前屋后的园地为重点，以塑料大棚和日光温室等为手段，来增加农民经济收入，实现脱贫致富奔小康的目标。这种模式的特点是以土地为基础，以沼气为纽带，形成以农带牧（副）、以牧促沼、以沼促果、果牧结合的配套发展和良性循环体系。据陕西省的调查统计，推广使用"五配套"模式技术以后，可使农户从每公顷的果园中获得增收节支 3 万元左右的效益。

多年的实践证明，各种能源生态农业模式为各地农业和农村经济的可持续发展带来了广泛的综合效益，增加了农民收入，繁荣了城乡市场，使日益恶化的农业环境也得到改善。

五、生态平衡

提出问题

生态平衡是否意味着生态系统中生物的种类和数量长期不变?

相关知识

（一）生态平衡的概念

生态系统发展到一定阶段，它的生产者、消费者和分解者之间能够较长时间地保持一种平衡，也就是说它的能量流动和物质循环能够较长时间地保持一种动态平衡，这种平衡状态就叫生态平衡。

生态平衡是指生态系统的稳定状态，它包括结构上的稳定、功能上的稳定和能量输入输出上的稳定。当然，这种稳定并不意味着死水一潭，而是处于一种动态平衡。人们已经知道，生态系统是由生产者、消费者和分解者三大功能类群以及非生物成分所组成的一个功能系统。一方面生产者通过光合作用不断地把太阳辐射能和无机物质转化为有机物质，另一方面消费者又通过摄食、同化和呼吸把一部分有机物质消耗掉，而分解者把动植物死后的残体分解和转化为无机物质，归还给环境供生产者重新利用。可见，能量和物质每时每刻都在生产者、消费者和分解者之间进行移动和转化。在自然条件下，生态系统都是朝着种类多样化、结构复杂化和功能完善化的方向发展，直到使生态系统达到成熟的最稳定阶段为止。我们通常所说的生态平衡就是指生态系统的这一最稳定阶段。

（二）生态平衡的内容

生态平衡包括生态系统内两个方面的稳定：一方面是生物种类（即生物、植物、微生物）的组成和数量比例相对稳定；另一方面是非生物环境（包括空气、阳光、水、土壤等）保持相对稳定。比如，生物个体会不断发生更替，但总体上看系统保持稳定，生物数量没有剧烈变化，而是在某个范围内来回变化。这同时也表明生态系统具有自我调节和维持平衡状态的能力。当生态系统的某个要素出现功能异常时，其产生的影响就会被系统做出的调节所抵消。生态系统的能量流和物质循环以多种渠道进行着，如果某一渠道受阻，其他渠道就会发挥补偿作用。对污染物的入侵，生态系统表现出一定的自净能力，也是系统调节的结果。生态系统的结构越复杂，能量流和物质循环的途径就越多，其调节能力，或者抵抗外力影响的能力就越强。反之，结构越简单，生态系统维持平衡的能力就越弱。农田和果园生态系统是脆弱生态系统的例子。

（三）影响生态平衡的因素

影响生态平衡的因素是多种多样的，可概括为自然因素和人为因素两大类。前者如火山喷发、地震、山洪、海啸、泥石流、雷电火烧，等等，都可使生态系统在短时间内受到严重破坏，甚至毁灭。但是，这些自然因素引起环境强烈变化的频率不高，而且在地理分布上有一定的局限性和特定性。因此，从全球范围来说，自然因素的突变对生态系统的危害还是不大的。后者是指人类的各种活动，它是生态系统中最活跃、最积极的因素。千百年来，人类的各种生产活动愈来愈强烈地干扰着生态系统的平衡，人类用自己强大的技术力量不断地向大自然索取财富，强烈地改变着自然生态系统的面貌。如果人类在不了解自然生态系统稳定性极限的情况下，盲目采取措施，势必导致生态系统平衡的破坏，而生态系统的反作用常常给人类造成无法弥补的损失。人类因素对生态系统平衡的影响，主要表现在滥用自然资源、环境污染与破坏、盲目引入新物种等。

（四）生态平衡的破坏

一个生态系统的调节能力是有限度的。外力的影响超出这个限度，生态平衡就会遭到破坏，生态系统就会在短时间内发生结构上的变化，比如一些物种的种群规模发生剧烈变化，另一些物种则可能消失，也可能会产生新的物种。但总的变化结果往往是不利的，它削弱了生态系统的调节能力。这种超限度的影响对生态系统造成的破坏是长远性的，生态系统重新回到和原来相当的状态往往需要很长的时间，甚至造成不可逆转的改变，这就是生态平衡的破坏。作为生物圈一分子的人类，对生态环境的影响力目前已经超过自然力量，而且主要是负面影响，成为破坏生态平衡的主要因素。人类对生物圈的破坏性影响主要表现在三个方面：一是大规模地把自然生态系统转变为人工生态系统，严重干扰和损害了生物圈的正常运转，农业开发和城市化是这种影响的典型代表；二是大量取用生物圈中的各种资源，包括生物的和非生物的，严重破坏了生态平衡，森林砍伐、水资源过度利用是其典型例子；三是向生物圈中超量输入人类活动所产生的产品和废物，严重污染和毒害了生物圈的物理环境和生物组分，包括人类自己，化肥、杀虫剂、除草剂、工业"三废"和城市"三废"是其代表。

（五）保护生态平衡的对策

1. 强化生态意识，确立全球观念

当前生态意识的核心就是人与自然的关系。人类是环境的一员，应该与大自然建立一种亲密无间的合作关系，与环境共同组成一个和谐的整体。人与环境息息相关，生死与共，人可以塑造环境，改造环境，但人对环境的开发和利用必须持谨慎态度，必须尊重生态规律。

当前生态危机是全球的，有必要做出全球性反应以有效地对付这个危机。为了系统地制订和贯彻全球性的环境政策和方案，必须有一个拥有有效的权力和权威的国际组织。当今有可能肩此重任的国际组织是联合国及其有关机构，它们是联合国环境规划署、联合国教科文组织及人与生物圈委员会、世界卫生组织、世界银行粮农组织等。近年来，它们在强化世界人民的生态意识，规划和协调全世界持续发展方面做了不少工作。

2. 用生态经济学观点指导发展

以住人们在发展中多半只重视经济在量上的增长，而无视质上的优化；只重视眼前，无视长远；只重视局部而无视整体；只注意产出而无视代价。生态经济学的观点，强调经济效益、环境效益和社会效益的统一。人类社会生产与周围环境的物质交换过程，如果符合自然和经济发展的客观规律，就会促进生产和发展，并赢得多方面的经济效益，同时，环境质量也会有所改善，反过来又为发展生产创造有利条件，形成良性循环。

3. 开展生态工程和生态工艺的设计

在农业生产和工业生产中开展生态工程和生态工艺设计，就是在生态学和生态经济学原理的指导下，

组织和安排生产，实现经济和环境的持续发展。

4. 控制人口

生态失调的根本原因是人口剧增导致的环境破坏和资源耗竭，控制人口数量、提高人口质量、改变消费观念，在解决生态失调问题中有重要意义。

解释问题

生态平衡是指生态系统内两个方面的稳定：一方面是生物种类（即生物、植物、微生物、有机物）的组成和数量比例相对稳定；另一方面是非生物环境（包括空气、阳光、水、土壤等）保持相对稳定。生态平衡是一种动态平衡。比如，生物个体会不断发生更替，但总体上看系统保持稳定，生物数量没有剧烈变化。

练习与思考

什么是生态平衡？如何保护生态平衡？

拓展阅读

野生动物的非法贸易活动

1998 年 5 月，美国鱼类及野生生物保护委员会和几家境外执法机构共同破获了一个国际走私集团。经过 3 年在十几个国家的追捕，代号为"丛林贸易行动"的侦破小组终于逮捕了走私集团的首脑。这些非法商人买卖的货物都是什么呢？它们不是钻石和毒品，而是珍稀鸟类及其他野生动物。

有人愿意花大价钱购买鹦鹉、热带鱼、猴子、蛇及蜥蜴等来充斥他们的动物收藏品，或者当作稀奇的宠物来养。无论这种做法是否合法，在全世界，无数的非法野生动物制品，从海龟壳制成的饰品到雪豹毛皮和蜥蜴皮带，每年都在野生动物的黑市上进行买卖。

当人们在各国纪念品市场上购买贝壳、珊瑚饰品、象牙饰物的时候，他们可能无意中支持了这种野生动物非法贸易。同样，购买动物皮毛制成的时尚用品也是对野生动物非法贸易的资助。

在某些国家，许多传统药物生产的原材料取自濒危物种的身体部分。这些传统药物的使用者相信，动植物的某些组织能有效增强他们的体格或改善他们的健康状况。然而事实上，对于这些濒危物种的黑市交易，这些使用者却并不知情。

《国际濒危野生动植物贸易公约》（CITES）已于 1975 年 7 月签订，其目的是保证野生动植物贸易绝对不能危及它们的生存。约有现存或灭绝的 5 000 种动物和 25 000 种植物及其相关制品受到该公约管制，目前已有 160 多个国家签署了该公约。但是尽管有了这项全球公约，野生动物非法贸易每年仍可牟取暴利。

野生动物非法贸易加速了许多物种的灭绝，并导致一些物种开始灭绝。地球上的生物多样性因此而减少。当一个物种灭绝后，非法贸易者就会转向另一个物种以填补市场的需求。要想打击野生动物非法贸易活动，不仅需要开展国际贸易法制教育与宣传，更需要当地执法机构的介入。

探究与实验

在教师的指导下，将少量小型动物（如螺蛳、小鱼等）和绿色植物（如金鱼藻等）放在盛有水的密闭的玻璃瓶内，观察玻璃瓶内动植物的生活情况。

第二章　环境保护

第一节　环境问题

随着人口的增长和工农业的发展，人类对环境的影响越来越大。由于人们在生产和生活中不断地向环境中排放有害物质，以及对自然资源的不合理利用，人类的生存环境出现了严重的危机。

一、环境问题及其发展

提出问题

环境问题的本质是什么？

相关知识

（一）环境问题的概念

环境问题是指由自然因素或人为因素引起的生态平衡破坏，以至直接或间接地影响人类的生存和发展的各种情况。由于自然因素引起的环境问题，如火山爆发造成空气质量下降，则称为原生环境问题，又称第一环境问题或自然灾害。由于人类生产或生活造成的生态破坏和环境污染，称为次生环境问题。人们通常所讲的环境问题主要是指次生环境问题。

从某种意义上说，环境问题的出现是必然的。因为，环境是非常复杂的，且处在不断的运动和变化之中，人类对环境及其运动规律的认识，在一定的历史时期都具有局限性。预测人类活动对环境所引起的近期的、直接的影响还比较容易，要预见到较远的、间接的影响是比较困难的。但是，人类可以通过调节自身活动，控制环境问题的发生、发展，并对已发生的环境问题进行科学治理。

（二）环境问题的发展

环境问题并非现代才有。从人类诞生起，人类为了生存和发展，就必须从环境中获取资源和能源，并对环境产生破坏作用，从而导致环境问题的产生。随着社会的发展，环境问题也在发展变化。

大约在1万年以前的漫长岁月里，人类主要靠采集和渔猎野生资源为生。环境问题主要是在某些地方因人口的自然增长和盲目的乱采乱捕、滥用资源，造成生活资源缺乏和饥荒。但从总体上看，人口极少，生存空间宽大无比，人类对环境的依赖十分突出，根本谈不上对环境的影响和破坏。随后，人类学会了培育植物和驯化动物。随着农业和畜牧业的发展，人类改造自然环境的作用也越来越明显地显示出来，与此同时，出现了水土流失、土壤沙化等问题。

18 世纪后期工业革命以后，社会生产力迅速发展，机器的广泛使用为人类创造了大量的财富，而工业生产排出的废弃物却造成了环境污染。一些工业发达的城市和工矿区的污染事件不断出现。至 20 世纪 60 年代止，世界上发生了有名的八大公害事件，如表 5 - 2 - 1 所示。

表 5 - 2 - 1　世界八大公害事件

事件名称	时间和地点	污染源及现象	主要危害
比利时马斯河谷事件	1930 年 12 月，比利时马斯河谷工业区	二氧化硫、粉尘蓄积于空气	约 60 人死亡，数千人患呼吸道疾病
美国洛杉矶光化学烟雾事件	1943 年，美国洛杉矶	晴朗天空出现蓝色的光化学烟雾，主要由汽车尾气经光化学反应所造成的烟雾	出现眼红、喉痛、咳嗽等呼吸道疾病
美国多诺拉事件	1948 年，美国宾夕法尼亚州的多诺拉镇	炼锌、钢铁、硫酸等工厂排放的废气，蓄积于深谷空气中	死亡 10 多人，约 6 000 人患病
英国伦敦烟雾事件	1952 年 12 月 5—8 日，英国伦敦	二氧化硫、烟尘在一定气象条件下形成刺激性烟雾	诱发呼吸道疾病，5 日内死亡 4 000 多人
日本四日气喘病事件	1995 年，日本四日市	炼油厂排放的废气	500 多人患哮喘病，死亡 30 多人
日本富山骨痛病事件	1955 年，日本富山县神迪川	锌冶炼厂排放含镉废水	引起骨痛病，患者 200 多人，多人因不堪痛苦而自杀
日本水俣事件	1956 年，日本水俣湾	化工厂排放含汞废水	使人中枢神经受到伤害，听觉、语言、运动失调，死亡 200 多人
日本米糠油事件	1968 年，日本	米糠油中残留多氯联苯	死亡 10 多人，中毒 10 000 余人

在 20 世纪 50—60 年代，世界上出现了环境问题的第一次高峰。在工业发达国家，环境污染已达到严重程度，直接威胁到人们的生命和安全，成为重大的社会问题，激起了广大人民的不满，并且也影响了经济的顺利发展。在这种历史背景下，1972 年 6 月在瑞典首都斯德哥尔摩召开了"联合国人类环境大会"，人类开始把环境问题摆上了议事日程，发达国家率先制定法律，建立专门机构，加强管理，采用新技术。70 年代中期，发达国家的环境污染得到了有效的控制。

20 世纪 80 年代，伴随首次环境污染和大范围生态破坏，出现了环境问题的第二次高峰。主要有三类环境问题：一是全球性、广域性的环境污染，如全球气候变暖、臭氧层被破坏等。二是大面积的生态破坏，如生物多样性锐减、大面积森林被毁、草场退化、土壤侵蚀和荒漠化等。三是突发性的严重污染事件迭起。例如：1984 年 12 月，印度的博帕尔农药泄漏事件；1986 年 4 月，苏联的切尔诺贝利核电站泄漏事故等，如表 5 - 2 - 2 所示。

表 5 - 2 - 2　20 世纪 70—80 年代突发性的严重公害事件

事　件	时　间	地　点	危　害	原　因
阿摩柯卡的斯油轮泄油	1978 年 3 月	法国西北部布列塔尼半岛	藻类、潮间带动物、海鸟灭绝，工农业生产、旅游业损失巨大	油轮触礁，22×10^4 吨原油入海

续表

事　件	时　间	地　点	危　害	原　因
三哩岛核电站泄漏	1979 年 3 月 28 日	美国宾夕法尼亚州	周围 80 km² 内 200 万人极度不安, 直接损失 10 多亿美元	核电站反应堆严重失水
威尔士饮用水污染	1985 年 1 月	英国威尔士	200 万居民饮水污染, 44% 的人中毒	化工公司将酚排入迪河
墨西哥油库爆炸	1984 年 11 月 9 日	墨西哥	4 200 人受伤, 400 人死亡, 300 栋房屋被毁, 10 万人被疏散	石油公司一个油库爆炸
博帕尔农药泄漏	1984 年 12 月 2 日	印度中央邦博帕尔市	1 408 人死亡, 2 万人严重中毒, 15 万人接受治疗, 20 万人逃离	45 吨异氰酸甲酯泄漏
切尔诺贝利核电站泄漏	1986 年 4 月 26 日	苏联、乌克兰	31 人死亡, 203 人受伤, 13 万人被疏散, 直接损失 30 亿美元	4 号反应堆机房爆炸
莱茵河污染	1986 年 11 月 1 日	瑞士巴塞尔市	事故段生物绝迹, 160 km² 内鱼类死亡, 480 km² 内的水不能饮用	化学公司仓库起火, 30 吨的硫、磷、汞等剧毒物入河
莫农格希拉河污染	1988 年 11 月 1 日	美国	沿岸 100 万居民生活受严重影响	石油公司油罐爆炸, $1.3 \times 10^4 \, m^3$ 原油入河
埃克森·瓦尔迪兹油轮漏油	1989 年 3 月 24 日	美国阿拉斯加	海域严重污染	漏油 $4.2 \times 10^4 \, m^3$

前后两次出现的环境问题高峰有很大的不同。第一次高峰主要出现在工业发达国家，是局部性、小范围的环境污染问题。第二次高峰则是大范围乃至全球性的环境污染和大范围的生态破坏，不但包括经济发达国家，也包括众多发展中国家，甚至有些情况在发展中国家更为严重。就危害后果而言，第二次高峰更为突出，不但明显损害人体健康，而且已威胁到全人类的生存与发展，阻碍了经济的持续发展。第二次高峰的污染来源也更为复杂，既有来自人类的经济再生产活动，也有来自人类的日常生活活动。解决这些环境问题需要靠众多国家，甚至全球人类的共同努力才行。第二次高峰中的严重污染事件还具有突发性、危害严重、经济损失巨大等特点。

解释问题

环境问题产生的主要原因有三个方面：

（1）人口压力。世界人口的迅猛增长，主要是发展中国家和地区人口增长过快，对物质资料需求的增长超出环境供给资源和消化废物的能力，进而出现种种资源和环境问题。

（2）资源的不合理利用。人口的持续增长和经济迅速发展超过了自然资源补给、再生和增殖的周期，加剧了资源的耗竭速度；掠夺式开发导致生态系统的破坏，自然生产力下降，导致恶性循环。如盲目扩大耕地面积、毁林开荒、过度放牧等。

（3）片面追求经济的增长。传统发展模式只关注经济本身，目标是产值和利润的增长，甚至损害环境以追求经济效益。先污染后治理，没有充分考虑污染给整个社会造成的实际代价，生活质量并不与经济效益成正比。因此，环境问题的本质是发展问题，是在发展过程中产生的，也必须在发展的过程中解决。

练习与思考

如何理解环境问题的概念？

二、目前的全球性环境问题

提出问题

目前中国的环境问题有哪些?

相关知识

(一) 全球性环境问题的现状

全球性环境问题是指在全球化背景下,当代国际社会面临的一系列超越国家和地区界限,由人类活动作用于环境而引发的、关系到整个人类生存和发展的问题。全球性环境问题可以分为环境污染和生态破坏两类。环境污染主要是由人类的各种活动向环境中排放各种污染物引起的,如气候变暖、臭氧层破坏、大气及酸雨污染、水体与海洋污染等。生态破坏是由人类对自然资源的不合理开发利用引起的,如生物多样性减少、森林锐减、土地荒漠化等。这些全球性环境问题是人为作用的结果,虽然每一种具体的环境问题有其各自的人为原因,但从整体来看,人类不当的生产模式、消费方式、贫穷、人口快速增长及不合理的国际经济秩序,是全球性环境问题产生的主要原因。

1. 全球变暖的危机——温室气体排放

人类的生存和文明的繁荣与气候条件密切相关,气候条件发生微小的变化,都可能会给人类带来严重的灾难性影响。近30年来,地球上的气候发生了异常的变化,全球变暖的步伐突然加快,北美出现了历史上少有的热浪,非洲长达7年的干旱,等等。这些气候异常现象及其给人类带来的严重影响,引起了人们的广泛关注。

研究结果表明,100年来地球表面温度已上升了 $0.3℃ \sim 0.6℃$。地表温度的升高,使得某些地区在短时间内发生急剧的气候变化,诸如高温天气、飓风、暴雨之类的极端天气的频率增多。地表温度的升高也将导致冰川融化,海平面上升。生态系统、人类健康和社会经济都对气候变化十分敏感。全球气候变化可能导致人体健康、水资源、森林、沿海地带、生物物种、农业生产等很多方面的影响。一些脆弱的生态系统如珊瑚礁正处于海温升高的危险之中。由于气候条件的不利变化,一些候鸟的种群已经有所减少。此外,气候变化很可能通过各种机制对人类健康和生存产生影响。例如,它会对淡水的利用率和粮食产量产生不利影响,对疟疾、登革热和血吸虫病等传染病的分布和季节传播起到促进作用。

经过大量观测,科学家们认为,温室效应增强是导致全球变暖的一个重要原因。由于化石燃料的燃烧和农业生产活动,人类向大气中排放大量温室气体,如图 5-2-1 所示,其所产生的温室效应直接影响到地球的辐射收支,导致地球表面温度升高。研究结果表明,几种温室气体所引起的温室效应增强的作用分别为:二氧化碳55%,氯氟烃24%,甲烷15%,一氧化二氮6%。联合国政府间气候变化专家委员会(IPCC)发布了多份报告肯定了这些结论,并主张:如果要把大气中的温室气体浓度稳定在目前水平,就必须立即大幅度减少二氧化碳的排放量。

图 5-2-1　工业生产过程中向大气排放大量温室气体

世界各国对温室气体的增加都负有责任。全世界30个工业化国家排放的温室气体占总排放量的55%。位于前50名的国家其温室气体排放量占全球排放总量的92%。这50个国家分布在世界各个地区,既有发达国家,也有发展中国家。显然,气候变暖已成为全球性问题,只有各国共同努力,才有希望稳定或减少温室气体的排放量。

2. 臭氧层的破坏与耗竭——臭氧损耗物质的恶果

20世纪70年代后半期以来，科学家发现在南极上空12~23km的大气平流层内，臭氧含量开始逐渐减少，在秋季（9—11月）更是大幅度减少。1985年10月，英国科学家法尔曼等人在南极南纬60°的哈雷湾观测站发现：在过去的10~15年，每到春天，南极上空的臭氧浓度就会减少约30%，近95%的臭氧被破坏。从地面上观测，高空的臭氧层已极其稀薄，后称臭氧空洞，直径达上千千米。美国"云雨7号"卫星观测表明，此洞呈椭圆形，大小与美国国土面积相似。日本环境厅发表的一项报告称，1998年，南极上空臭氧空洞面积已达到历史最高记录，为2 720万 km²，比南极大陆还大约1倍。近年来，美国、日本、英国、俄罗斯等国家联合观测后发现，北极上空臭氧层也减少了20%。中国大气物理及气象学者的观测也发现，被称为世界上"第三极"的青藏高原上空的臭氧正在以每10年2.7%的速度减少。根据全球总臭氧观测的结果表明，除赤道外，1978—1991年，总臭氧每10年间就减少1%~5%，如图5-2-2所示。

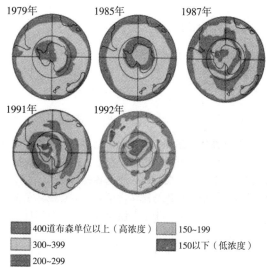

图5-2-2　南极臭氧空洞的演化

臭氧层遭到破坏，其吸收紫外线辐射的能力将大大减弱，导致到达地球表面的紫外线强度明显增强。紫外线辐射的增强，会使人体免疫功能下降，皮肤癌、白内障和呼吸病患者增加；同时会导致海洋浮游生物、虾蟹幼体大量死亡，小麦、水稻等农作物减产，气温上升，给人类健康和生态环境带来严重危害。

进一步的研究表明，臭氧层的破坏主要是由制冷剂、发泡剂、推进剂、洗净剂和膨胀剂中所含人工合成的卤碳化合物的大量排放造成的，这些物质被称为臭氧损耗物质（ODS），在对流层中十分稳定，寿命可长达几十年甚至上百年。该化合物随大气团运动上升到平流层后，在强烈的紫外线照射下分解出含氯的自由基。这些自由基与臭氧分子发生反应，使臭氧分子成为普通氧分子，从而导致臭氧层的破坏。

地球臭氧层耗竭现在已达到前所未有的严重水平。在过去30年中，地球的臭氧层保护已成为人类面临的主要挑战之一，并涉及环境、贸易、国际合作和可持续发展等多个领域。经过国际社会的不断努力，现在全球ODS消耗量已明显下降，预计臭氧层将在未来10年或20年内开始恢复。如果世界各国能够遵守《蒙特利尔议定书》中所有的未来控制措施，那么到21世纪中叶，臭氧层将可能恢复到1980年以前的水平。

3. 生态系统服务功能的丧失——生物多样性锐减

生物多样性是指所有来源的形形色色的生物体，这些来源包括陆地、海洋和其他水生生态系统及其所构成的生态综合体，它包括物种内部（遗传多样性）、物种之间（物种多样性）和生态系统的多样性。现存的生物能提供多种环境服务，如调节大气中的气体组成、保护海岸带、调节水循环和气候、形成并保护肥沃土壤、分散和分解废弃物、吸收污染物等。生物多样性也为食物和农业提供遗传资源，构成了世界食物安全的生物基础并维持人类的生计。然而，生物所提供的环境服务多数既不为人所知，也没有得到适当的经济评价。生物多样性对于人类社会经济的发展具有历史的、现实的和未来的价值。

全球生物多样性正在以空前的速率发生改变。这种改变的主要驱动力，是土地植被覆盖的变化、气候改变、环境污染、对自然资源的掠夺性获取以及外来物种的侵入。在过去30年间，物种多样性的减少（如表5-2-3所示的全球各地区受威胁的脊椎动物数量）凸显为主要的环境问题。引起物种减少的最重要因素是栖息地的减少和退化。例如，森林和草地开垦为耕地可导致当地动植物物种的灭绝。在过去30年里，全世界约有120万 km²的陆地被开垦为耕地。在最近的全球调查中发现，栖息地的减少是影响83%的濒危哺乳动物和85%的濒危鸟类的主要因素。

表 5 – 2 – 3　全球各地区受威胁的脊椎动物数量

种

地　　区	哺乳动物	鸟　类	爬行动物	两栖动物	鱼　类	合　计
非洲	294	217	47	17	148	723
亚太地区	526	523	106	67	247	1 469
欧洲	82	54	31	10	83	260
拉美和加勒比地区	275	361	77	28	132	873
北美洲	51	50	27	24	117	269
西亚	0	24	30	8	9	71
极地	0	6	7	0	1	14

　　生物多样性的减少将威胁到人类的食物供应，木材、医药和能源的来源，娱乐与旅游的机会，并且干扰了生态的基本作用，如调整水流量、水土保持、消纳污染物、净化水质以及碳和营养物的循环等。

4. 河流与海洋污染的威胁——污水废水排放

　　世界主要河流半数以上已经遭到严重的耗竭和污染，河流周围的生态系统受到破坏，威胁着人们的健康和生计。人类生活、工业和农业的发展是造成河流污染的主要原因。城市的发展伴随着严重的水污染问题，如不完备的污水处理系统或未经处理的城市污水给水体带入大量营养物质、金属和有机污染物；工业生产过程中排放的各种污染物，工业跑冒滴漏或工业和运输发生的事故性污染造成的水污染；现代农业大量使用农用化学物，有很多途径可以使农用化学物质，如农药、化肥等也转移到了水体中。

　　海洋污染是一种全球性污染现象。南极企鹅体内脂肪中已检出 DDT，说明污染影响范围之广。石油污染加剧了这种情况，引起公众的关切。最近几十年来，随着人类开发利用海洋活动的日益加强，海洋污染问题日益严重。造成海洋污染最主要的原因，是石油勘探开发和船舶的海损事故，如油轮搁浅、触礁、船舶碰撞、石油井喷、石油管道破裂等。另外，大批港口、城市的兴起和扩建，大量有害有毒物质倾泻于近海，超过了近海自身的净化能力，使优美纯净的海洋环境及海洋资源受到严重污染。海洋石油污染给海洋生态带来了一系列的有害影响，其中包括：海洋产氧量减少，影响藻类以及其他海洋生物的生长与繁殖，从而对整个海洋生态系统产生影响；对浮游生物、甲壳类动物、鱼苗的生长等产生影响；降低海洋生产力，从而对人类产生影响等。如图 5 – 2 – 3 所示为由于水污染造成生物的死亡。

图 5 – 2 – 3　由于水污染造成生物的死亡

5. 土地生产力的减弱——土地退化的压力

　　土地是动植物生命的支持系统和工业生产的基础，对保护地球上的生物多样性、调节水循环、碳存储和循环起着至关重要的作用。土地是初级原料的存储地、固态和液态废物的堆放地、人类居住和交通活动的基础。土地退化是指土地生产力的衰减或丧失，其表现形式有土壤侵蚀、土地沙化、土壤次生盐渍化和次生潜育化、土地污染等。土地退化的影响范围不仅涉及耕地，而且也涉及林土、牧地等所有具有一定生产能力的土地。

　　当前，因各种不合理的人类活动所引起的土壤和土地退化问题，已严重威胁着世界农业发展的可持续性。据统计，全球土壤退化面积达 1 965 万 km²。就地区分布来看，地处热带、亚热带地区的亚洲，非洲土壤退化尤为突出，约 300 万 km² 的严重退化土壤中有 120 万 km² 分布在非洲，110 万 km² 分布在亚洲；就土壤退化类型来看，土壤侵蚀退化占总退化面积的 84%，是造成土壤退化的最主要原因之一；就退化等级来看，土壤退化以中度、严重和极严重退化为主，轻度退化仅占总退化面积的 38%。自 1972 年以来，不断增长的食物生产一直是造成土地资源压力的主要因素。发展中国家的农业土地在稳步增长，而发达国家并没有出现这种现象。发达国家农业土地削减的主要原因包括：居住区建造过多、农业生产价格降低等一些经济因素。另外，政策失效和农业活动不规范、杀虫剂的盲目使用以及灌溉活动等也加重了土地压力。

土地退化导致土地生产能力大大削弱。土地退化的主要原因是不合理的人类活动，如不可持续的农业土地利用、落后的土壤和水资源管理方式、森林砍伐、自然植被破坏、大量使用重型机械、过度放牧及落后的轮作方式和灌溉方式等。

6. 危险废物的转移与扩散——发展的不平衡

危险废物的越境转移与扩散，包括有害废物的越境转移和有害化学品的国际贸易及异地生产等，是国际社会最关注的环境问题之一。

随着废物产生量的剧增和工业国家控制废物污染的法规越来越严厉，废物处置费用大幅度上升，一些国家开始寻求境外处置废物的途径。由于发展中国家的相关法规不严，废物处理费用便宜，因此大量危险废物从工业国家转移到了缺乏监控和处置手段的发展中国家。1986—1991年，世界上最富有的10个国家把近2×10^8吨的有害废物投入了世界市场，其中绝大部分进入发展中国家。

研究表明，1976—1991年，北美土地填埋的废物平均处置费用已从每吨低于10美元上升到每吨250美元，污泥焚烧费用从每吨大约50美元上升到2 600美元以上。在美国，商业化土地填埋的费用已达每吨250~750美元，有毒液体物的焚烧达每吨500~1 000美元，污泥和固态物焚烧高达每吨1 000~3 000美元。与之相比，在欧洲一些地区，固态有害废物仍沿用土地填埋处理法，其处置费用也远低于北美，有的地方每吨仅20美元；在一些发展中国家，有害废物处置费用更是低至每吨5~50美元，诱使一些工业国家频繁输出有害废物，即使加上长途运输的耗费，其每吨废物处置费用也可节省200~2 500美元之多。

发展中国家是有害废物越境转移的主要受害者。发展中国家缺乏必要的监控手段和管理有害废物的经验，有关机构和法规亦不完善。大量危险废物的涌入在给发展中国家带来可观的经济收益的同时，也有可能导致污染的扩散和更大的污染危害。例如，广东沿海的贵屿镇已经成为世界上重要的电子废弃物终点站之一，当地居民面临着生活富庶和环境恶化矛盾的冲击。

（二）潜在的环境问题

潜在的环境问题是指目前没有从总体上认识，但在一定时期后会对人类产生巨大影响的环境问题。这类环境问题可能是从未听说过的，或在表面上曾经被科学家讨论并给予警告的。例如，臭氧层空洞、水资源危机等。更多的潜在的环境问题则是随着社会的进步和科技的发展，外部经济、文化和环境条件的变化，其潜在的危害程度也随之发展并在一定时期后爆发，威胁人类。

因此，为了能够更好地应对潜在的环境问题可能产生的后果，在20世纪末，联合国环境规划署（UN-EP）要求国际科学理事会（ICSU）下属的环境问题科学委员会（SCOPE）在制定《全球环境展望——2000》的计划时，确定一些"潜在的"重点环境问题，并提出在未来的10年，这些潜在的问题可能出现的新威胁。

1. 环境诱变剂

基因是一切生物中世代相传的遗传信息的载体，是生命的基本物质。凡是能引起生物体遗传物质发生突然或根本的改变，使其基因突变或染色体畸变达到自然水平以上的物质，统称为诱变剂。当各种诱变剂被人为地强加于地球环境中之后，生物基因的情报系统由于诱变剂的作用受到损伤而发生紊乱，不能正确地传递遗传信息，具体地说，就是发生了突变。这类诱变剂则被认为是环境诱变剂。未经人工处理而发生的突变称为自发突变，经过人工处理而发生的突变称为诱发突变。

（1）环境诱变剂的种类。

一般来说，环境诱变剂可以分为3大类型：物理性环境诱变剂（例如电离辐射、紫外线、电磁波等）、化学性环境诱变剂（主要是一些人工合成的化学品，包括药品、农药、食品添加剂、调味品、化妆品、洗涤剂、塑料、着色剂、化肥、化纤等）和生物性环境诱变剂（真菌的代谢产物、病毒、寄生虫等）。除了上面所说的外源性环境诱变剂之外，还有一些内源性的环境诱变剂。内源性的环境诱变剂是在人体健康异常的情况下产生的，如遗传因素、内分泌紊乱等。在各种不同的环境诱变剂中，最令人不安的是人工合成的化学物质。

（2）环境诱变剂的利弊。

1927 年，美国遗传学家 H. J. Muller 首次利用 X 射线成功地诱发了果蝇突变，开拓了诱发突变的新领域。从此以后，人们利用诱发突变进行育种工作，取得了极大的成功，并在农学、工业微生物学、生物学、医学等领域也都取得了巨大的成绩。然而，当时的人们并不明白环境诱变剂也会对人体产生"三致"（致癌、致畸、致突变）的严重后果，故人类也为此承受了不少的伤害。目前，在深入研究、积极监测、严加防护的前提下，合理利用环境诱变剂仍然可以造福于人类。例如，随着太空科技的发展，利用太空飞行器搭载作物种子进行"太空育种"已经操作了一段时间；核能的和平利用，已为人类作出了巨大的贡献；我国又计划利用"核爆炸"实现藏水北调，将雅鲁藏布江的水引到位于青藏高原东北方面的青海、新疆和甘肃，以改变我国大西北的生态环境。

（3）环境诱变剂对人体健康的潜在危害。

从接触诱变剂到产生有害后果，有时需要很长时间；如果是作用于生殖细胞的话，那么要在下一代，甚至几代以后才表现出来。例如，长期遭受日光照射的海员、渔民、牧民，在身体暴露处发生皮肤癌的几率较大，发病期可能在 10～40 年以后，平均发病年龄在 70 岁以上，开始是色素沉着和角质增生，继之发生癌变。

2. 物种入侵

对物种一词有多种解释，目前较公认的概念是："物种是生物分类的基本单位，是具有一定的形态和生理特征以及一定的自然分布区的生物类群。"物种概念中，重要内容之一是物种有着一定的自然分布区。例如，大熊猫仅产于我国的四川、甘肃等地，是我国特有的珍贵物种。

（1）物种的引进。

引进外来物种的好处不言而喻。它个仅对人类的生存、社会经济的发展、人们生活质量的提高起着十分重要的作用，同时也能极大地丰富引进国的生物多样性，对改善生态环境带来巨大的效益。例如，花生原产于南美热带地区，很早就传到了北半球。600 多年前，花生被引进到我国。现今中国、印度、西非和美国已经是世界上最大的商品化花生生产基地。玉米原产地也是美洲，400 多年前引入中国，现在玉米在中国的粮食作物中排名第三。同样，中国的物种也被大量地引到国外，如荷兰 40% 的花木是从中国引进的。此外，诸如荷兰乳牛、安哥拉长毛绒兔、乌克兰猪、巴西红木、加拿大糖槭等也是众所周知的引进物种。

但是，当人类从引种工作中获得了丰厚的利益，并继续从地球上把一种生物引来移去的时候，常常会出现一些使自己意料不到、事与愿违，甚至教训惨痛的事情。

（2）物种入侵。

物种是在自然界中长期演变而成的。在物种形成的过程中，各个物种与其周围环境相互协调，与其天敌相互制约，将各自的种群限制在一定的栖息环境和数量内，因而形成该地区稳定、平稳的生态系统。当一个物种传入一个新的生境后，一方面在适宜的气候、土壤、水分及传播条件下合理生长；另一方面又由于缺乏原产地天敌的抑制，该外来物种就会在新的生境中大肆繁殖和扩散，形成大面积的单优群落，排斥和危及本地部分物种的生存，严重时还会引起一系列的生态学变化或灾难。因此人们把这种由于外来物种的存在而使本地物种的生存安全受到威胁的现象称为"物种入侵"或"生物入侵"。这种入侵比化学污染的隐患更大，因为生物能繁殖，会不断扩张，甚至喧宾夺主，破坏本地的生物多样性和生活环境，造成重大的经济损失，有时还会危及人体健康和生命安全。

诸多事例证明，引进物种的初衷是好的，将物种带入境的途径和方式也是五花八门。物种的转移除了极少数是自然条件造成的以外，大多数是人为因素造成的。由于人们在怀着善良的愿望和为社会谋福利的初衷劳心费力地引进外来物种时，大多只注意其经济效益和眼前利益，忽视了其负面影响，尤其是引入外来物种对生态系统结构和功能的影响往往被忽略，因而造成难以逆转的生态灾难。此外，在少数情况下，由于人们对某个物种的一己之需，往往设法通过走私或其他途径蒙混过关，有些则是无意间通过风力、水力、鸟类等动物、动植物产品、装载容器、包装物、铺垫材料、邮件、运输工具、大型远洋轮船的压水仓、旅客随身携带的宠物、食品、礼物甚至一束鲜花等渠道，潜伏进出。为此，世界各国纷纷制定了有关法规，设立了检疫机构。发达国家普遍建立了完善的动植物检疫体系，严格控制外来物种的入侵。

在生物入侵产生的后果中，最大的是生物多样性的丧失和生态系统遭到破坏，其损失无法估计。

物种入境并不等于物种入侵，也不等于入侵成功。外来物种入侵成功需要经过几个阶段：引进、入侵、建立和传播（变成有害种）。从上一个阶段转变到下一个阶段的成功率为 10%，这是物种入侵的规律。了解物种入侵的规律，再结合应用多种综合的办法，就可以达到有效控制外来物种的目的。

另外，物种入侵不只是专指越国界的入侵。对于幅员广阔的国家来说，在自己国土不同地区之间也存在物种入侵的问题。

认真对待物种入侵，并不亚于认真对待人类社会的敌寇入侵，因为物种入侵危及生态安全，而生态安全又是国家安全的一个组成部分。此外，外来物种对环境的破坏及对生态系统的威胁与人类活动所造成的破坏与威胁是不同的，前者更持久。当一个外来物种停止传入一个生境后，已传入的该物种个体并不会自动消失，大多会利用其逃脱了原有天敌控制的优势在新的环境中大肆繁殖和扩散，对其的控制或清除往往十分困难。而由于外来物种的排斥、竞争导致灭绝的特有物种则是不可恢复的。

解释问题

根据《中国环境保护 21 世纪议程》和《1996 年中国环境状况公报》公布的数据，中国目前的环境状况问题主要有大气环境、水资源和水环境、固体废弃物、环境噪声、乡镇工业污染排放惊人、土地资源、草原资源、森林资源、近海环境、生物多样性与物种保护、气候变暖与自然灾害等。

练习与思考

1. 全球性的环境问题有哪些？
2. 谈谈你对物种入侵的认识。

第二节　环境保护和治理

本节学习要点

- 理解环境保护的概念和主要内容；
- 了解自然灾害的概念、类型和特点，理解防灾减灾工作的重要性。

本节学习意义

- 通过我国对防治环境污染的对策学习，增强学生的法治观念；
- 通过本节的学习，增强热爱自然、热爱生命、珍惜生命的意识。

无论是发达国家还是发展中国家，都面临着环境问题所带来的后果，而造成这种局面的根本原因就在于对环境的价值认识不足，缺乏妥善的经济发展规划。环境是人类生存发展的物质基础和制约因素，随着人口的增长，从环境中取得食物、资料、能源的数量必定增加。而环境的承载能力和环境容量是有限的，如果人口的增长、生产的发展不考虑环境条件的制约作用，超出了环境的容许极限，就会导致环境的污染与破坏，造成资源的枯竭和人类健康的损害。因此，环境问题的实质是由于盲目发展、不合理开发资源而造成的环境质量恶化和资源浪费，甚至枯竭和破坏。

一、环境保护

提出问题

"限塑令"的真正目的是什么？

相关知识

（一）环境保护的概念

环境保护的基本内容和任务在世界各国不尽相同，同一个国家在不同时期，其内容和任务也有变化。概括地讲，就是指人类为解决现实的或潜在的环境问题，协调人类与环境的关系，保障经济社会的持续发展而采取的各种行动的总称。其方法和手段有工程技术的、行政管理的，也有法律的、经济的、宣传教育的等。

（二）环境保护的主要内容

1. 防治由生产和生活活动引起的环境污染

包括防治工业生产排放的"三废"（废水、废气、废渣）、粉尘、放射性物质以及产生的噪声、振动、恶臭和电磁微波辐射，交通运输活动产生的有害气体、废液、噪声，海上船舶运输排出的污染物，工农业生产和人民生活使用的有毒有害化学品，城镇生活排放的烟尘、污水和垃圾等造成的污染。

2. 防止由建设和开发活动引起的环境破坏

包括防止由大型水利工程、铁路、公路干线、大型港口码头、机场和大型工业项目等工程建设对环境造成的污染和破坏，农垦和围湖造田活动、海上油田、海岸带和沼泽地的开发、森林和矿产资源的开发对环境的破坏和影响，新工业区、新城镇的设置和建设等对环境的破坏、污染和影响。

3. 保护有特殊价值的自然环境

包括对珍稀物种及其生活环境、特殊的自然发展史遗迹、地质现象、地貌景观等提供有效的保护。

另外，城乡规划，控制水土流失和沙漠化，植树造林，控制人口的增长和分布，合理配置生产力等，也都属于环境保护的内容。

（三）我国的环境保护工作

1. 环境保护是我国的一项基本国策

我国于 1983 年将环境保护确定为我国的一项基本国策，这说明我国对环境保护工作的高度重视。这项基本国策成为我国在制定重大方针政策时的重要指导。为了保证这一基本国策的贯彻执行，我国制定和颁布了一系列环境保护的法律、法规。

2. 我国的环境保护方针

我国的环境保护工作方针经历了以下的发展和变化过程：

（1）"32 字"方针。

"32 字"方针确立于 1973 年召开的全国第一次环境保护会议上。主要内容是："全面规划、合理布局、综合利用、化害为利、依靠群众、大家动手、保护环境、造福人民"。

（2）"三同步"方针。

该方针于 1983 年召开的全国第二次环境保护会议上提出来，是"32 字"方针的发展，也是我国提出的"协调发展理论"的具体体现。从内容上可以看出，它与后来的可持续发展理论有相似的地方。"三同步"战略是指"经济建设、城乡建设与环境建设同步规划、同步实施、同步发展，实现经济效益、社会效益与环境效益的统一"。

（3）环境与发展的十大对策。

结合我国进一步改革开放的需要，也是为了具体贯彻《21 世纪议程》中关于实施可持续发展战略的要求，我国于 1996 年提出了环境与发展的十大对策：实行可持续发展战略；采取有效措施，防治工业污染；深入开展城市环境综合整治，认真治理城市"四害"（烟尘、污水、废物和噪声）；提高能源利用效率，改善能源结构；推广生态农业，坚持不懈地植树造林，切实加强生物多样性的保护；大力推广科技进步，加强环境科学研究，积极发展环保产业；运用经济手段保护环境；加强环境教育，不断提高全民族的环境意识；健全环境法制，强化环境管理；参照国际社会环境与发展精神，制订我国的行动计划。

⊕ 解释问题

塑料购物袋是日常生活中的易耗品，我国每年都要消耗大量的塑料购物袋。塑料购物袋在为消费者提供便利的同时，由于过量使用及回收处理不到位等原因，也造成了严重的能源、资源浪费和环境污染。特别是超薄塑料购物袋容易破损，大多被随意丢弃，成为"白色污染"的主要来源。我国国务院办公厅于2007 年 12 月 31 日发布了关于限制生产、销售、使用塑料购物袋的通知。国家实行"限塑令"是为了限制和减少塑料袋的使用，遏制"白色污染"。

⊕ 练习与思考

我国在环境保护方面做了哪些工作？

⊕ 探究与实验

某些保护措施有时会引起争议的原因

人们有时会尝试着把一些野生动物从一个地方迁往另一个地方或进行人工圈养，目的是保护这些野生物种。然而，有些物种的放归项目却产生了预想不到的后果。

解决问题：

案例一：1998 年 3 月，美国鱼类与野生生物保护管理局将 11 只墨西哥灰狼放到亚利桑那州的森林中。这种灰狼于 20 年前已经在这个区域灭绝。然而，当地法律规定，如果这些灰狼伤害家畜，牛仔们仍可以将它们杀死。

案例二：1995 年，一群灰狼在加拿大被捕获，然后被引入黄石国家公园。一段时间后，灰狼的数目迅速增长，而且咬死了许多奶牛。1997 年 12 月，美国众议院法庭裁定这些灰狼必须立即迁出黄石公园。然而，一些社团对这些裁定不服，继续上诉，而灰狼未来的家至今仍未定夺。

理性思维：

（1）假设你是案例一中描述的一个牛仔，对 1998 年的放归项目，你将提出哪些疑义？

（2）在案例一中，请提出你支持放归项目的观点和论据。

（3）在案例二中，请描述科学家在灰狼未来住所的选择中扮演怎样的角色。

二、自然灾害

⊕ 提出问题

自然灾害有哪些类型？

⊕ 相关知识

（一）自然灾害概述

1. 自然灾害的概念

"自然灾害"是人类依赖的自然界中所发生的异常现象，对人类社会所造成的危害往往是触目惊心的。它们之中既有地震、火山爆发、泥石流、海啸、台风、洪水等突发性灾害；也有地面沉降、土地沙漠化、干旱、海岸线变化等在较长时间中才能逐渐显现的渐变性灾害；还有臭氧层变化、水体污染、水土流失、酸雨等人类活动导致的环境灾害。这些自然灾害和环境破坏之间有着复杂的相互联系。

2. 自然灾害的形成与发展

灾害的发生原因主要有两个：一是自然变异，二是人为影响。因此，通常把以自然变异为主因的灾害称为自然灾害，如地震、风暴、海啸；将以人为影响为主因的灾害称为人为灾害，如人为引起的火灾、交通事故和酸雨等。

许多自然灾害，特别是等级高、强度大的自然灾害发生以后，常常诱发出一连串的其他灾害接连发生，这种现象叫灾害链。灾害链中最早发生并起作用的灾害称为原生灾害；而由原生灾害所诱导出来的灾害则称为次生灾害。自然灾害发生之后，破坏了人类生存的和谐条件，由此还可以导生出一系列其他灾害，这些灾害泛称为衍生灾害。如大旱之后，地表与浅部淡水极度匮乏，迫使人们饮用深层含氟量较高的地下水，从而导致了氟病，这些都称为衍生灾害。

3. 自然灾害的特征

自然灾害是突然且不可预测的。自然灾害通常是剧烈的，其破坏力极大，持续时间有长有短。灾难包括了很多因素，它们会引起受伤和死亡、巨大的财产损失以及相当程度的混乱。一次灾难事件持续时间越长，受害者受到的威胁就越大，事件的影响也就越大。影响灾难程度的主要特征，是人们是否获得了足够的预警。

4. 自然灾害影响行为和精神健康的方式

灾难会带来实质性的创伤和精神障碍；绝大多数的痛苦会在灾后一两年内消失，人们能够自我调整；灾难引起的慢性精神障碍非常少见；有些灾难的整体影响可能是正面的，因为它可能会增加社会的凝聚力；灾难会扰乱组织、家庭以及个体生活。

（二）自然灾害的类型

我国是世界上自然灾害种类最多的国家，其中对我国影响最大的自然灾害有七大类：气象灾害、海洋灾害、洪水灾害、地震灾害、农作物生物灾害、森林生物灾害和森林火灾。与我们日常生活关系密切的灾害主要有：

1. 气象灾害

主要种类有：暴雨、雨涝、干旱、干热风、高温、热浪、热带气旋、冷害、冻害、冻雨、结冰、雪害、雹害、风害、龙卷风、雷电、连阴雨（淫雨）、浓雾、低空风切变、酸雨等20余种。

2. 海洋灾害

主要种类有：风暴潮、海啸、海浪、赤潮、海岸带灾害、厄尔尼诺等。

3. 洪水灾害

主要种类有：暴雨灾害、山洪、融雪洪水、冰凌洪水、溃坝洪水、泥石流与水泥流洪水等。

4. 地震灾害

主要种类有：构造地震、陷落地震、矿山地震、水库地震等。

5. 农作物生物灾害

农作物病害主要有水稻病害240多种，小麦病害50种，玉米病害40多种，棉花病害40多种及大豆、花生、麻类等多种病害；农作物虫害主要有水稻虫害252种，小麦虫害100多种，玉米虫害52种，棉花虫害300多种及其他各种作物的多种虫害；农作物草害约8 000多种以及鼠害等。

6. 森林生物灾害

主要种类有：森林病害2 918种、森林虫害5 020种、森林鼠害160余种。

7. 森林火灾

森林火灾是一种突发性强、破坏性大、处置救助较为困难的自然灾害。1950年以来，我国年均发生森林火灾13 067起，受害森林面积653 019公顷，因灾伤亡580人。其中1988年以前，全国年均发生森林火灾15 932起，受害森林面积947 238公顷，因灾伤亡788人（其中受伤678人，死亡110人）。1988年以后，全国年均发生森林火灾7 623起，受害森林面积94 002公顷，因灾伤亡196人（其中受伤142人，死亡54人），分别下降52.2%、90.1%和75.3%。

（三）自然灾害及疫病

自然灾害破坏了人与其生活环境间的生态平衡，形成了传染病易于流行的条件，因而控制传染病便成为抗灾工作的一个重要组成部分。

由于自然灾害对传染病发病机制的影响，在自然灾害之后，传播病的发病可能呈现一种阶段性的特点。在突发性自然灾害发生时，首当其冲的是饮用水和食品的来源遭到破坏，因此，肠道传染病是在早期的主要威胁。特别是水源污染和食物中毒，往往累及大量的人口，应是灾后早期疾病控制的重点。

房屋的破坏使大量人口露天居住，容易受到吸血节肢动物的侵袭。但由于节肢动物的数量和传染源数量需要有一个积累过程，因此，虫媒传染病的发生通常略晚，可能是一个渐进的过程。

人口的过度集中，使通过密切接触的传染病发病率上升。如果灾害的规模较大，灾区人口需要在检疫条件下生活较长的时间，当寒冷季节来临时，呼吸道传染病的发病率也将随之上升。

人口迁徙可能造成两个发病高峰。第一个高峰由人口外流引起，但由于病人散布在广泛的非受灾地区之内，这个发病高峰往往难以察觉，不能得到相应的重视。当灾区重建开始，外流的灾区人口重返故乡时，将出现第二个发病高峰，并往往以儿童的发病率高为特征。

最后，灾后实际上是一个生态平衡重建的过程，这一时期可能要持续二三年甚至更长一些时间，在此期间，人与动物共患的传染病、通过生物媒介传播的传染病，都可能呈现出与正常时间不同的发病特征，并可能具有较高的发病率。

🔵 解释问题

自然灾害主要有气象灾害、海洋灾害、洪水灾害、地震灾害、农作物生物灾害、森林生物灾害和森林火灾七大类。

🔵 练习与思考

自然灾害的特点是什么？

三、防灾减灾

🔵 提出问题

防灾减灾十大法则是什么？

🔵 相关知识

中国是世界上自然灾害最严重的国家之一。近40年来，每年由气象、海洋、洪涝、地震、地质、农业、林业七大类灾害造成的直接经济损失约占国民生产总值的3%～5%，平均每年因灾死亡数万人。此外，经济发展、人口增长和生态恶化，尤其是灾害高风险区内人口、资产密度迅速提高，使自然灾害的发生频率、影响范围与危害程度均在增长，成为一些地区长期难以摆脱贫困的重要制约因素。

中国自然灾害的多发性与严重性是由其特有的自然地理环境决定的，并与社会、经济发展状况密切相关。中国大陆东濒太平洋，面临世界上最大的台风源，西部为世界地势最高的青藏高原，陆海大气系统相互作用，关系复杂，天气形势异常多变，各种气象与海洋灾害时有发生；中国地势西高东低，降雨时空分布不均，易形成大范围的洪、涝、旱灾害；中国位于环太平洋与欧亚两大地震带之间，地壳活动剧烈，是世界上大陆地震最多和地质灾害严重的地区；中国约有70%以上的大城市、半数以上的人口和75%以上的工农业产值分布在气象灾害、海洋灾害、洪水灾害和地震灾害都十分严重的沿海及东部平原丘陵地区，所以灾害的损失程度较大；中国具有多种病、虫、鼠、草害滋生和繁殖的条件，随着近期气候温暖化与环境污染加重，生物灾害亦相当严重。另外，近代大规模的开发活动，更加重了各种灾害的风险度。

中国人民在长期与自然灾害的斗争中积累了丰富的经验，制定了"预防为主，防治结合""防救结合"等一系列方针政策。20世纪50年代初，组织了大规模的江河治理，逐步建立起具有一定规模的防洪、防潮、排涝、灌溉工程体系，使常遇洪、涝、旱灾得到了初步控制。70年代中期唐山大地震后，加强了地震灾害监测、预防的组织领导。80年代以来注重建立健全有关防灾减灾的法律、规划及对自然灾害的管理工作。经过长期的艰苦努力，中国已初步建立了防御各种自然灾害的工作体系，形成了一支具有一定实践经验、学科基本配套、门类比较齐全的科技队伍。监测主要自然灾害的台网已初具规模，取得了大批有科研价值的观测资料。对主要自然灾害的形成、发展规律有了一些认识，积累了一定的预测、预报经验，并取得了一批有价值的科技成果，其中一些成果达到了国际先进水平，对一些重大自然灾害做出了较成功的预测、预报。各项防灾工程的设计施工技术有了一定进步。这些都是今后加强防灾减灾工作，开展国际交流合作的重要基础。

从基本国情出发，中国既难以像一些人口密度低的国家那样采取严厉限制向灾害高风险区发展的策略，也无力在短期内大幅度增加投资来降低灾害的风险度。针对中国自然灾害的基本特点与保障社会、经济可持续发展的需要，加强防灾减灾工作的总目标是以下三点：

（1）建立与社会、经济发展相适应的自然灾害综合防治体系，综合运用工程技术与法律、行政、经济、管理、教育等手段，提高减灾能力，为社会安定与经济可持续发展提供更可靠的安全保障。

（2）加强对灾害科学的研究，提高对各种自然灾害孕育、发生、发展、演变及时空分布规律的认识，促进现代化技术在防灾体系建设中的应用，因地制宜地实施减灾对策和协调灾害对发展的约束。

（3）在重大灾害发生的情况下，努力减轻自然灾害的损失，防止灾情扩展，避免因不合理的开发行为导致的灾难性后果，保护有限而脆弱的生存条件，增强全社会承受自然灾害的能力。

解释问题

人生命，要守护，十条法则要记住，一旦灾害发生时，及时应用心有数。

（1）地震：遇地震，先躲避，桌子床下找空隙，靠在墙角曲身体，抓住机会逃出去，远离所有建筑物，余震蹲在开阔地。

（2）火灾：火灾起，怕烟熏，鼻口捂住湿毛巾，身上起火地上滚，不乘电梯往下奔，阳台滑下捆绳索，盲目跳楼会伤身。

（3）洪水：洪水猛，高处行，土房顶上待不成，睡床桌子扎木筏，大树能拴救命绳，准备食物手电筒，穿暖衣服度险情。

（4）台风：台风来，听预报，加固堤坝通水道，煤气电路检修好，临时建筑整牢靠，船进港口深抛锚，减少出行看信号。

（5）泥石流：下暴雨，泥石流，危险处地是下游，逃离别顺沟底走，横向快爬上山头，野外宿营不选沟，进山一定看气候。

（6）雷击：阴雨天，生雷电，避雨别在树下站，铁塔线杆要离远，打雷家中也防患，关好门窗切电源，避免雷火屋里窜。

（7）暴雪：暴雪天，人慢跑，背着风向别停脚，身体冻僵无知觉，千万不能用火烤，冰雪搓洗血循环，慢慢温暖才见好。

（8）龙卷风：龙卷风，强风暴，一旦袭来进地窖，室内躲避离门窗，电源水源全关掉，室外趴在低洼地，汽车里面不可靠。

（9）疫情：对疫情，别麻痹，预防传染做仔细，发现患者即隔离，通风消毒餐用具，人受感染早就医，公共场所要少去。

（10）防化：化学品，有危险，遗弃物品不要捡，预防烟火燃毒气，报警说明出事点，运输泄漏别围观，人在风头要离远。

练习与思考

我国防灾减灾的方针和对策是什么？

第六篇
科学技术与人类

■■■■■■■■■■■■■■■

第一章 科技改变生活

第一节 伟大的粮食工程

本节学习要点

- 了解世界粮食短缺问题；
- 了解现代科学技术在粮食生产上的应用。

本节学习意义

- 通过对现代科学技术在粮食生产上的应用的学习，正确理解科学、技术、社会之间的关系，激发学生对现代科学技术的学习兴趣。

国以土为本，民以食为天。获取食物是人类赖以生存和繁衍的一个基本前提。如果人类不能获得足够的食物，那么要想开展任何其他活动都是不可能的。吃饭问题，既是一个古老的问题，又是一个至今仍然困扰着人类的问题。尽管今天世界各地时时都有人在讴歌人类创造的高度物质文明和精神文明，然而具有讽刺意义的是，这个文明世界从来就没有哪一天是它的每一个成员都吃饱了的。

吃饭问题，实质上就是人类对营养的需求问题。营养来自食物，食物包括粮食、油脂、水果、蔬菜、肉蛋、乳制品、水产品，甚至饮料，等等，其中粮食居最重要的地位。食物中包含各种营养成分，如蛋白质、脂肪、糖类、水分，以及各种维生素和矿物元素。科学的食物构成，应该既避免各种营养成分的不足，又避免各种养分搭配的不合理。科学的营养比例大体为：蛋白质占 11% ~ 12%，脂肪占 20% ~ 22%，碳水化合物占 63% ~ 69%。

生物系统中能量流动和物质循环的渠道是食物链、食物网。正是这种"链"和"网"，将生命系统中的一切生命形式连接成一个不可分割的整体。这个整体中所有成员之间的相互关系就是一种食物关系、营养关系、吃与被吃的关系。食物就是生命系统中能量、物质存在的形式，能量、物质正是通过生物之间吃与被吃的取食关系才得以不停地流动、传递、循环，保证着生态系统功能的充分实现。

人，是一种生命形式，是一个生物物种，人类进食实质上就是从环境中获取能量和物质的过程。因此，人作为自然界食物链中的一个环节，作为生态金字塔中的一个组成部分，参与了生态系统的能量流动和物质循环。因此，人类如果因自身数量不断增多而向自然界索取过多的食物，一旦超出了生态系统的负载能力，必然会在人类社会中引发危机。

一、粮食短缺问题

提出问题

为什么吃饭问题是当代人类面临的一个重大问题？世界粮食日是哪天？

相关知识

尽管人类社会出现了农业和畜牧业，人类食物的来源不断扩大，然而由于世界人口过度增长，对食物的需求量超过了生态系统的负载能力，同时也因为食物生产和食物消耗的不平衡，进一步加深了人类食物危机的严重性。现在世界上有 8.56 亿人口在挨饿，非洲的一半地区、亚洲的个别地区正在闹粮荒。吃饭问题是当代人类面临的一个重大问题，这已成为许多国家，特别是发展中国家在经济、政治、科学发展战略中必须首先解决的棘手问题，也是对各个发展中国家政府和领导人的严峻考验。一个英明的政府和领导人总是将吃饭问题和提高人民"吃"的水平问题摆在首要位置，对发展中国家的政府和领导人来说，尤其如此。

1945 年联合国成立了粮农组织（FAO），其宗旨是提高人民的营养和生活水平。为了唤起世界各国对发展粮食生产和节约用粮的重视，1979 年 11 月，联合国粮农组织大会做出一项庄严的决定：把 1981 年 10 月 16 日作为首次世界粮食日。自此，每年的 10 月 16 日，世界各国都以不同的形式来纪念这个不同寻常的日子。

🔍 解释问题

由于世界人口过度增长，对食物的需求量超过了生态系统的负载能力，同时也因为食物生产和食物消耗的不平衡，进一步加深了人类食物危机的严重性。

每年的 10 月 16 日为世界粮食日。

二、现代科学技术在粮食生产上的应用

🔍 提出问题

现代科学技术在粮食生产上有哪些应用？

🔍 相关知识

科学技术是第一生产力。近年来，随着现在科学技术的不断发展，很多国家已经将其应用于粮食生产、仓储、加工和粮油食品检测等各个领域，并取得了良好的社会效益和经济效益。

（一）杂交新技术

以诺贝尔奖获得者勃劳格为首的小麦育种家，利用具有日本"农林 10 号"矮化基因的品系与抗锈病的墨西哥小麦进行杂交，育成了"皮蒂克""盘加莫"等 30 多个矮秆、半矮秆小麦品种。这些品种具有抗倒伏、抗锈病及高产的突出优点。当时人们将墨西哥小麦的育成、传播和普遍获得高产这种现象称为"绿色革命"，勃劳格也被誉为"绿色革命之父"。国际水稻研究所成功地将我国台湾省的"低脚乌尖"品种所具有的矮秆基因导入高产的印尼品种"皮泰"中，培育出第一个半矮秆、高产、抗倒伏、穗大、粒多的奇迹稻"IR8"（国际稻 8 号），每公顷①产量可达 6 000 ~ 7 500kg。以后又相继育成 IR5、IR26 等系列良种，并在抗病害、适应性等方面有了改进。自墨西哥从 1960 年推广矮秆小麦以来，在短短 3 年的时间内，该品种小麦达到占种植面积的 95%，总产量接近 2.0×10^6t，比 1944 年提高了 5 倍，并部分出口。印度尼西亚 1966 年从墨西哥引进高产小麦品种，至 1980 年使粮食总产量翻了一番，由粮食进口国变为出口国。菲律宾从 1966 年推广水稻高产品种后，到 1976 年实现了大米自给。在推广绿色革命的 11 个国家中，从 20 世纪 70 年代到 80 年代，水稻每公顷产量由 2 025kg 提高到 3 315kg，产量增长 63%。

1974 年，中国杂交水稻之父袁隆平运用种间杂交优势，培育出籼型杂交水稻——南优 2 号，使中国水稻由新中国成立时平均每公顷产量 1 890kg 猛增至 7 500kg，最高可达 14 250kg。据联合国粮农组织的计算，如果全球水稻面积有一半改种此品种，一年产量可多养活 2 亿多人。这种大幅度增产的杂交水稻，很快被 20 多个国家引种。这种稻种被专家们赞为"东方魔稻"，杂交水稻的发明被誉为"第二次绿色革命"，袁隆平被推举为世界先进科学家、杰出发明家、中国杂交水稻之父。1979—1990 年，我国杂交水稻累计种植约 2.4×10^7 公顷，增产水稻 2.35×10^{11}kg，农民因此而增收 400 多亿元。如今，袁隆平所在的湖南中国杂交水稻研究中心，已是全世界水稻研究者的"圣地麦加"，袁隆平正是"使只长一穗的庄稼长出两个穗"寓言的实践者。一粒种子可以改变世界的名言，在这里又一次得到证实。现任中国杂交水稻研究中心主任的袁隆平，始终未停止向新的科学高峰攀登的脚步，他主持和领导的两系法水稻又获得突破性进

---

① 1 公顷 = 0.01 平方千米

展，一批更加高产优质的水稻新品种——"东方魔稻"新一代又将问世，为这个极需要粮食的生命星球带来了更大的福音。一位美国教授汤·巴来伯（Tang Baleb）在其著作《走向丰衣足食的世界》一书中写道："袁隆平在中国赢得了可贵的时间，他增产的粮食实质上使人口增长率下降，他在农业科学上的成就击败了饥饿的威胁，领导着人们走向丰衣足食的世界。"

就在袁隆平培育出杂交水稻的同时，中国还有一位青年农民李登海也培育出了高产玉米良种。这种玉米在国内被命名为"掖单号"，在国外被称为"李氏玉米"，农学界称它为"紧凑玉米"，因为其叶面积系数大，光合效率高，每公顷产量可达 15 694.35kg。由于这种玉米形态紧凑，穗多粒重，抗病性、适应性强，其金色种子已风靡世界，使一向引种国外玉米良种的中国，却能出口玉米良种，这在世界上刮起了中国的绿色旋风。在我国育种领域，也有"南袁北李"之说。"南袁"是指杂交水稻之父袁隆平，"北李"就是指李登海，紧凑型玉米研究的创始者，被称为"杂交玉米之父"。

2007 年度河北省山区创业奖开发个人二等奖获得者——赵治海，是张家口市农业科学院谷子研究所所长、研究员。自 1982 年至今，赵治海一直在张家口农科院从事农业科研工作。25 年来，他坚持从事优质杂交谷子的育种和推广工作，通过不懈的努力，运用谷子光温敏两系技术，解决了"谷子杂交种利用"这一世界性难题。共选育谷子品种 15 个，通过国家审（鉴）定品种 3 个。"张杂谷 1 号"的育成开创了我国谷子杂交种优势利用研究的新纪元，标志着我国在杂交谷子研究上的新突破，填补了国内外空白。目前，已从河北北部推广到山西、内蒙古、陕西、宁夏、甘肃等省市。"张杂谷 3 号"为抗除草剂杂交种，可解决谷子除草难的问题；"张杂谷 5 号"是集优质抗除草剂高产的谷子杂交种。2007 年，在张家口大旱的条件下"张杂谷 5 号"创造了亩产 810kg 的世界纪录。选育出谷子光温敏不育系"821"，为谷子杂交种的应用奠定了基础；选育出了抗旱、适应性好、抗除草剂、优质、高产的谷子杂交种，降低了种子生产成本；首次研制成功"谷子综合动态基因库育种技术"，提高育种效率 10 倍。培育的品种推广到 8 个省区，在张家口推广面积占 60%，并取得各级各类成果 40 余项，为农民增收 41 666.7 万元。在谷子方面获国际领先水平成果 5 项、国内领先成果 1 项，发表论文 21 篇，获省科技进步二等奖 1 项，三等奖 2 项。赵治海荣获全国"五一"劳动奖章、全国科技扶贫先进个人称号、省有突出贡献专家。

我国自 1983 年以来，通过实施国家科技攻关计划，团结协作，又育成了常规水稻新品种 62 个，推广近 600 多万公顷；杂交水稻新组合 33 个，较好地解决了早熟、中熟配套问题；小麦新品种 42 个，推广近 533 万公顷；玉米抗病新品种 43 个，推广效果显著；适宜生产种植的谷子新品种 6 个，其产量高、米质好；棉花新品种 45 个，使其纤维品质、丰产性、抗病性明显提高；大豆新品种 42 个，累计推广 160 万公顷，早熟品种的育成和应用使大豆栽培区向北推进 100km 多。总之，我国绿色革命不仅处于世界领先地位，而且形成了自己的特点，实行良种两系法结合，现代科技与精耕细作相结合，并向高产和优质高效相结合的方向发展。

（二）人工种子

目前一种新型的像一粒粒小胶丸一样的人工种子，正雄心勃勃地带领着古老的种植业迈向新时代。它为解决日益困难的粮食问题带来了新曙光。现代遗传学研究证明，植物细胞具有全能性，每一个细胞都有可能生成一株完整的植株。1958 年，美国科学家斯蒂伍德将一棵胡萝卜根须上的细胞取下，经人工培养成了完整的胡萝卜植株并开花结果，这种方法是在玻璃试管中完成的，从此开创了"试管苗"的先河。但是，这种试管苗的培育环境是无菌的，而且要求营养丰富，把试管苗移种大田，条件的变化使其成活率非常低。目前的人工种子可有效解决上述难题，这种人工种子是在农作物的植株上选切一块组织片，经营养液培养出胚胎，再用有机肥料把细胞胚胎包裹起来而获得的。人工种子有许多优点：

（1）它的体细胞是无性繁殖的产物，能够忠实地保持母本的遗传性，不易退化。

（2）它的繁殖速度快，20 天内，胡萝卜体细胞胚可制出 1 000 万株人工种子。如此高的速度，是其他育种法望尘莫及的。

（3）种苗整齐一致。人工种子来源于同一植株的体细胞，变异不大，一个长相。

（4）种内物质丰富，生命机能旺盛。因为种子外部包裹着人工配制的全面、足够的营养物质，加入的农药、微生物可防治病虫，加入的除草剂可杀灭草害。

（5）人工种子便于储藏、运输和机播。

人工种子的这种诱人之处，吸引了各国农业专家致力于这方面的研究。美国率先投入大量人力物力使其在人工蔬菜及玉米种子上获得成功，这些人工种子不久就可全面商业化生产。人工种子成本虽比天然种子要高 60%，但由于内有生长激素和杀虫剂，后期管理成本大降，足以抵消制作成本，经济上还是较为合算的。法国、瑞士和德国等欧洲国家也不甘落后，相继开发了人工种子。我国也在积极研制，上海复旦大学已研制出芹菜、花椰菜的人工种子。相信在不久的将来，人工种子工厂将大批生产各种优良种子，这无疑会对解决粮食生产不足问题带来新的希望。

（三）太空种子

"枝叶粗大，果大肉厚，一个就有 1 斤左右！"这不是什么特别的果子，仅仅是我们常见的青椒。不过，它的种子上过太空，受过宇宙高能粒子的辐射。这种"太空青椒"单季亩产达到了 3 500～4 000kg，比普通的青椒增产 20%～30%。经中科院遗传所检测，它的维 C 含量比普通青椒多了 20%。

在深圳一家农业科技公司的太空作物园内，除了这种硕大的"太空青椒"，还有"太空黄瓜"，藤壮瓜多，瓜体很大，一条黄瓜往往能达到两斤左右。虽然皮厚了点，但瓜肉清凉爽口，汁多肉嫩。

我国有 13 亿人口，随着城市化加快、工矿业的发展，土地资源越来越紧张，粮食问题越来越突出。于是，买一个就够全家吃的"太空育种产物"，成为了一项新探索。

"太空育种，实际上是一种辐射诱变育种。过去的辐射育种是地面上的钴 60 照射，现在把种子送到太空中，利用宇宙中高能粒子的辐射以及失重的环境，进行诱变。"中科院遗传与发育生物学研究所育种专家刘敏说，"在太空失重环境及高能粒子辐射下，种子的变异率比地面上高。但太空辐射的剂量是变量，目前地面上无法模拟。"

早在 1960 年，搭乘苏联卫星式飞船到太空游了一圈的小麦、豌豆和玉米种子发芽后，细胞分裂过程和生长过程比地球上的明显加快。大葱种子仅在飞船上住了一宿，回来后就急不可待地提早出芽。在太空遨游的菌类的生长速度比常规快 6 倍。自此，向太空索取农作物新品种的序幕拉开了。据不完全统计，美国在 1957—1994 年，发射空间卫星 113 个，搭乘植物种子 37 种。

中国自 1987 年开始空间技术育种，就是利用返回式卫星或高空气球所能达到的空间环境，对农作物进行种子诱变，使其产生有益的变异。10 多年来，我国先后把小麦、大麦、玉米、水稻、高粱、大豆、向日葵等作物种子和食用菌送到太空去"修炼"。经过 300 多项实验，证明空间育种有以下突出优点：变异幅度大、变异增多、育种进程较快和品质质量提高。种子从太空归来后，出苗率高，长势好，精神焕发，充满活力。变异后的红豆豆荚增长，粒大，增产 30% 以上。食用菌经太空旅行后，出菇时间提早 7～10天，增产 15% 以上。但例外的是，高粱种子的萌发却受到了抑制。

（四）种子的新衣裳——种衣剂

种子播入土壤后，有时因为水分不足，养分不够，机械损伤或草虫危害，也不能萌发、生长。于是，人们想出了一个给种子穿上衣裳的妙法子，使种子丸粒化。在种子外面包上一层物质，既保护种子，又供养种子。这样，种衣剂就研制出来了。

种衣剂作为国际市场上的一种新型农药，符合现代农业发展的要求。其优点表现为以下几点：

1. 高效农药

种衣剂是一种高效农药，它作用于植物生长发育的关键时期，在害虫生长最薄弱的环节，从植物的根部开始有效防治病（虫）害，防治效果较好。

2. 经济方便

种衣剂紧贴种子表面，形成保护屏障，使周围害虫难以生存，并且药力集中包覆在种子周围，药效缓慢释放，利用效率高，且包衣不需其他药剂就能达到很好的防治、保苗效果。

3. 使用安全

种衣剂采用高科技技术加工而成，使用先进助剂，对种子安全，种子包衣后在小范围内发挥药效，对大气环境、土壤环境无污染，不伤害天敌。

4. 残效期长

由于加工过程中加入先进助剂，在种衣剂包衣种子之后，农药不会迅速向土壤扩散，而是缓慢地释放，不易受外界环境影响，延长了残效期。

5. 利于播种

包衣后的种子表面光滑，利于机械播种，同时包衣剂可以调节种子颗粒大小，提高机械播种效率。

用科学的种衣剂包裹的种子，防治玉米黑穗病的效果达 70% 以上，防治水稻恶苗病的效果达 95% 以上，茄子包衣保苗效果达 90% 左右。我国科学家们在 1990 年推出药肥复合型种子 24 个系列，均达世界先进水平，并在全国试点推广。仅 1990—1993 年就累计推广 813.3 万公顷，增产粮油 4.393×10^9 kg，增产皮棉 4.8×10^7 kg，增加总产值达到 31.91 亿元。伴随着种子的更新换代，种衣剂也将日益创新。

（五）转基因农作物

生物工程用于农业领域虽然只有 30 年左右的时间，但其所显示的魅力相当可观，已培育出多种多样的新品种，包括小麦、玉米、芝麻等，产量一般可提高 10% 以上。

1. 植物基因工程担当重任

以往的绿色革命往往采用杂交、人工诱变等办法来获得新品种，耗时很长，培育一个新品种往往需要几年甚至更长的时间。而在实验室里应用基因工程，可能在几天内就完成这一过程。而且更为重要的是，应用基因工程技术，能够突破不同物种的限制，可以随意地实现不同物种向优良性状转移。其中最重要的当数植物细胞全能性的发现和植物克隆技术的日臻完善。

科学家们发现，从植株任意部位分离出的小片段物质，只要给予适当的条件，均可长成一个成熟的植株，这就表明植物细胞是全能细胞。通过这种无性繁殖方式得到的植株称为克隆，也就是基因复制体。应用克隆方法，曾经使非常珍贵的兰花被成千上万地克隆出来。这种克隆技术使得大批量快速地生产稀有、珍贵的植株成为可能。但是，这种方法使得克隆小麦、水稻和玉米等农作物变得困难。近些年来，科学家又发现了一种新方法，即利用一种从真菌中提取出来的酶来溶解掉细胞壁，使植物细胞只剩下一层薄薄的细胞膜，由此得到植物的原生质体。然后，把原生质体放在适宜的条件下培养，便可以得到上述农作物的克隆体。

2. 抗病、抗虫害的转基因农作物

用基因工程方法已相继开发出了大有潜力的农作物分子育种新领域。到目前为止，主要培育出了具有抗病性、抗虫害、抗除草剂型、蛋白质含量提高、抗逆性、延缓衰老型等优良特性的新的转基因农作物。这些转基因农作物的开发和利用，必将大大提高农作物的产量，使世界上更多的人不虞饥饿。

近年来，最令人鼓舞的业绩就是抗病性基因作物的培育成功。病毒是农作物的天敌，它们的入侵使许多农作物产量大大降低，仅此一项，全世界每年农作物平均减产 12%。靠大量喷洒农药来抵抗病害，不仅造成对人的危害和对环境的污染，而且对许多病毒、细菌来说也是无济于事的。1987 年，美国华盛顿大学的比奇，构建了一个中间宿主——烟草花叶病毒的外壳蛋白基因，将其转移到烟草和番茄植物细胞中去，由此制造出转基因植物。这些受到上述病毒感染的植物获得了对高浓度病毒的抵抗力。此后，科学家们相继又创造出了多抗病毒的农作物品种。1990 年，美国新泽西的一家 DNA 植物技术公司，发明了一种能有效地把一种壳多糖酶病毒的基因导入植物的方法而获专利。用这种方法生产的转基因植物，能有效地抵抗真菌的入侵。

植物转基因作物的另一个重要目标是培育能抗虫害的农作物，特别是棉花、马铃薯、小麦等易受害虫侵害的重要农作物。众所周知，每年因虫害使全世界损失数千亿公斤的粮食。过去，主要是靠杀虫剂来抵抗虫害。为了减少对杀虫剂的用量，科学家们利用虫害的天敌来除害虫，这对于人与其他动物无毒害，但缺点是价格较贵。20 世纪 80 年代中期，科学家们培育出转基因作物，仅棉花的杀虫剂用量就减少了 40% ~ 60%。

1991 年，从美国七个实验点做的实验表明，具有抗甲虫的转基因马铃薯对甲虫具有免疫力。另外，科学家还发现能有效抵抗寄生线虫的基因，一些专家正试图在海藻上研制出一种杀虫剂蛋白以控制疟疾。

3. 消灭田间杂草

农作物除了病毒和虫害危害之外，还面临着杂草的威胁。在杂草蔓生的农田中，农作物一般要减少

30%以上的产量。人工除草费工、费时，而且劳动强度大。若使用除草剂，其识别能力差，往往除草的同时也杀死了庄稼。为此，科学家们又成功研究出抗除草剂转基因作物。

美国科学家已成功地将抗草甘膦的 EPSP 合成酶转基因引入到烟草中，使转化的植株获得抗草甘膦的能力。抗草甘膦的番茄、油菜，以及抗阿特拉津的烟草也获得转基因植株。现在，这些成果已投入大面积生产。

自 1983 年首例转基因植物——烟草问世，至今全球已有 120 多种植物获得转基因植株。国家知识产权局知识产权发展研究中心的一份报告显示：短短几年时间，全球转基因植物种植面积增加了 33.5 倍，由 1996 年的 170 万公顷跃升到 2002 年的 5 870 万公顷。这份报告的撰写者之一——中国农科院农业经济研究所蒋和平教授在接受记者采访时说："这一高增长率反映了发达国家和发展中国家的农民对于转基因农作物的接受程度都在迅速增加。"

美国是世界上第一个批准转基因农作物商业化种植的国家，其转基因作物种植面积一直居世界首位。2000 年美国转基因作物种植面积达 3 030 万公顷，占世界转基因作物种植面积的 68%。目前，美国最主要的转基因作物是大豆和玉米，这两种作物的种植面积大约占全球转基因作物总面积的 80%。其中转基因大豆约占全球转基因作物面积的 60%，转基因棉花和油菜的种植面积位居第三和第四。

转基因作物给人类带来了巨大的经济效益。1995 年，世界转基因农产品的销售额大约为 0.84 亿美元，1999 年达到 30 亿美元左右。世界转基因农产品市场销售额在 5 年间增长了 36 倍。科学研究和实践都表明，目前主要产业化的抗除草剂和抗虫转基因农作物可有效地防治杂草和虫害，可大幅减少人工投入，大幅降低了化学杀虫剂的用量，并在保护环境和提高农民收入等方面发挥作用，其社会效益和经济效益十分显著。专家预计，今后包括转基因抗虫棉在内的全球转基因农作物面积将会进一步增长。

解释问题

现代科学技术在粮食生产方面的应用有：杂交技术、人工种子、太空种子、种衣剂、转基因农作物等。

练习与思考

1. 人工种子是怎样培育出来的？有什么优点？
2. 什么是种衣剂？种衣剂有什么优点？
3. 试述转基因农作物的用途。

第二节　网尽天下——计算机与网络

本节学习要点

- 了解计算机网络的产生、发展；
- 认识计算机网络的组成、分类、功能用途。

本节学习意义

- 通过学习使学生认识网络的相关知识，提高学生学习网络知识的兴趣。

我们知道，当今社会是信息化社会，信息化社会最主要的标志之一就是计算机的大范围普及，特别是计算机网络的处处延伸。离开计算机网络这一高速信息传输通道，信息化是根本无从谈起的。因此也有人说，当今社会是一个以计算机网络为中心的社会。借助于计算机网络，全世界不同民族、不同地域的人才能跨越地域障碍进行各种信息交流。人类从来没有像现在这样如此紧密地联系在一起。

提出问题

互联网为什么能让人们信息共享？

🌀 **相关知识**

一、计算机网络的产生与发展

计算机网络（Computer Network）是计算机（Computer）技术和通信（Communication）技术紧密结合的产物。它的发展过程经历了从简单到复杂、从单机到多机的演变过程。其形成与发展可以分为三个阶段：

第一阶段：以单个计算机为中心的远程联机系统，构成面向终端的计算机系统；

第二阶段：多个主计算机通过通信电路互联形成计算机网络的雏形；

第三阶段：在第二阶段的基础上，形成统一的网络体系结构，形成真正的计算机网络。

计算机诞生的初期与通信是没有任何联系的。那时的计算机个个都是庞然大物，又很娇贵，必须放置在专用机房之内，周围环境温度、湿度、噪声、灰尘度等都有严格要求，否则就有罢工的可能。再加上操作的难度、价格的昂贵，当时的计算机只能用于军事、政府部门及一些大的科研机构。用户如果想要利用这种科技成果，只能将自己写好的程序送到机房工作人员手中，由工作人员依据某种原则（时间顺序或重要程序）逐一输入进行运算。用户送去源程序后往往要等待若干小时甚至一两天才能取到结果。用我们现在人的眼光看，这种操作方法真是奇笨无比，但当时只能这样。显然，这种方法对用户的时间

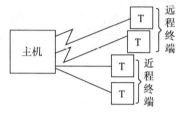

图6-1-1　面向终端的计算机系统

（特别是远程用户）是一种极大的浪费，因此到了20世纪60年代，随着操作系统的发展，出现了远程终端系统，如图6-1-1所示。远程终端通过电话线与主机相连，远程用户的数据通过远程终端、电话线送入主机，主机执行后将结果通过电话线送到远程终端上。从这时开始，计算机和通信就发生了关联，这种简单的"计算机—通信线路—终端"系统，构成了计算机网络的雏形。它是由一台主计算机连接大量在地理位置上处于分散的终端构成的系统，在这种系统中，除主计算机具有独立的数据处理能力外，系统中所连接的终端均无独立处理数据的功能。因此，这种系统还不能称之为计算机网络，一般称为"面向终端的联机系统"。

在联机系统中，要利用电话在主计算机和终端之间传送。对于主机来讲，计算机原本的主要作用是进行数据处理和计算，并没有考虑到要进行与远程终端的通信，因此，联机系统的主机必须增设一个通信控制部件，这个控制部件叫做线路控制器，其作用就是进行串行和并行的转换，因为计算机内部信号的传输是并行传输，而通信线路上信号的传输是串行传输，另一个作用就是进行简单的传输控制。

综上所述，面向终端的联机系统其简单的结构如图6-1-2所示。

随着与主机相连的远程终端数的增加，线路控制器的负担越来越重，线路控制器又是在主机的控制下工作的，因此，计算机既要承担数据处理任务，又要控制与终端之间的通信。主机的负担过于沉重，影响了它的工作效率。为了解决这个问题，人们推出了通信处理机（或称前端处理机）。通信处理机是一台具有独

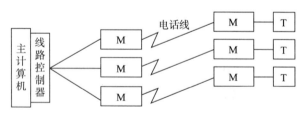

图6-1-2　联机系统结构示意图

立处理数据能力的计算机，用来专门负责数据通信工作，从而实现了数据处理与通信控制的分工，使主计算机能够更好地发挥出它的数据处理能力。

另一方面，为了节省通信费用，提高通信效率，在终端比较集中的地方可以设置集中器。集中器也是一台独立的计算机，它的作用是把终端发来的信息收集起来，再用高速线路传给前端处理机，当主机把信息发给用户时，集中器先接收由前端处理机发来的信息，经过处理后再分发给用户。

不论是通信处理机还是集中器，都是具有独立处理数据能力的计算机，因此，这种系统就称为面向终

端的多机系统，其逻辑结构如图 6 - 1 - 3 所示。

随着计算机应用的发展，出现了多台计算机互联的需求。这些需求主要来自军事、科学研究及大型企业。他们希望将分布在不同地点的计算机系统通过通信线路互联起来，于是出现了能够互联的阿帕（AR-PANET）。1969 年，美国国防部高级研究计划局提出将多个大学和研究机构的主计算机互联的课题，当年 ARPANET 就研制成功，当时只有 4 个主节点，1973 年发展到 40 个节点，到 1983 年，其节点数已超过 100 多个，覆盖了从美国本土到夏威夷、欧洲的广阔地域。ARPANET 的投入运行，标志着计算机网络的真正诞生，它在概念、结构及网络设计方面都为以后计算机网络的蓬勃发展打下了基础。

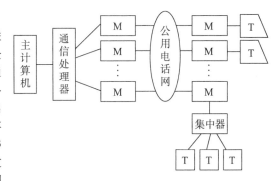

图 6 - 1 - 3　面向终端的多机系统

ARPANET 的研究成果对推动计算机网络的发展具有深远的意义。在它的基础上，20 世纪 70—80 年代，计算机网络得到了迅猛的发展，出现了大量的广域网和局域网。计算机网络逻辑结构如图 6 - 1 - 4 所示。

广域网如美国的 Telnet、加拿大的 DATAPAC、日本的 Dox 等。局域网如 Ethernet、剑桥环等都是 20 世纪 70 年代研制出来的。

与此同时，一些大的计算机公司纷纷开展了计算机网络研究工作，提出各种网络体系结构及网络协议。总之，计算机网络从一出现，就以迅猛不可阻挡

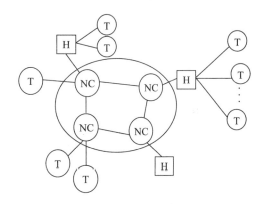

图 6 - 1 - 4　计算机网络逻辑结构

之势得到了飞速发展。20 世纪 70 年代发展起来的很多网络系统，经过适当修改与补充后目前仍在使用。到 70 年代末，计算机网络的发展出现了危机，这是由于各个国家、各个公司都按照自己制定的网络体系结构和协议标准发展自己的网络。彼此之间不统一，彼此之间要想进行通信变得很难，而且给用户的选择带来很大的难度，用户一经选用某一公司的产品，就被限定了所有的部件只能选用该公司的产品，否则寸步难行。现实使大家认识到，网络体系结构及网络协议只有走国际标准化的道路，才能进一步发展。

因此，20 世纪 80 年代，ISO 和 CCITT 等国际标准化组织制定了一系列网络协议标准，加速了网络体系结构与协议国际标准化的研究与应用。符合国际标准是衡量一个网络能否生存下去的首要条件。

二、计算机网络的定义与组成

计算机网络是计算机技术与通信技术紧密结合的产物，是计算机应用到一定程度的必然产物。那么，什么是计算机网络呢？它又由哪些最基本的部件组成？

关于计算机网络，曾经有过好几种定义，目前网络界基本上倾向于资源共享的观点。根据资源共享的观点，计算机网络是通过通信介质，把各个具有独立功能的计算机连接起来建立的系统，它实现了计算机与计算机之间的资源共享。这个定义中最重要的有两点：一是联网的计算机具有独立功能，其意思是，联网的计算机在不入网时仍可作为一台独立的机器使用。这一点与联机系统有本质的区别，在联机系统中终端依附于主机而存在，不能独立工作。该定义的第二个核心是，建立计算机网络的主要目的是实现资源共享。网络用户可以使用本地资源，也可以通过网络访问远程联网计算机资源。

既然计算机网络的主要目的是资源共享，那么计算机网络就应提供数据处理和数据通信两大基本功能。为了完成这两个功能，它的组成从结构上可以分成两部分：负责数据处理的计算机以及负责数据通信的通信处理机。

典型的计算机网络组成如图 6 - 1 - 5 所示，从逻辑上可分为两个子网：通信子网和资源子网。

资源子网又称为用户子网，因为它直接面向广大上网用户。资源子网主要负责全网的数据处理任务，向网络用户提供各种网络资源与网络服务。资源子网主要由计算机、终端、各种联网外设及各种数据资源组成。

联网的主机可以是大、中、小及微型计算机，通过通信线路与通信子网的通信处理机直接相连。用户可以通过主机的终端入网，也可以直接通过主机入网。随着微机的广泛应用，入网微机数已大大超过了大中型机。微机可以作为主机直接通过通信处理机联入网内，也可以通过联网到大、中型机，间接进入网内。

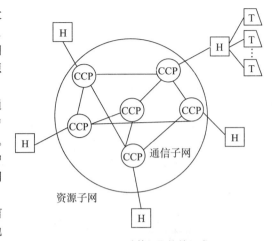

图 6-1-5　计算机网络的组成

通信子网主要完成全网数据的存储、转发等通信处理工作，主要由通信处理机（CCP）通信线路及其他通信设备组成。

通信处理机是计算机网络中完成通信控制功能的专用计算机，一般由小型机或微型机配置通信控制硬件和软件构成。在不同的应用场合，通信处理机有不同的名字，存储转发处理机、集中器、网络协议转换器等均属于通信处理机。通信处理机一方面作为资源子网与通信网的接口节点，将资源子网的主机，终端等联入网内，另一方面作为通信子网中的报文分组存储转发节点，完成分组的转发、存储、校验等功能，使没有直接相连的节点之间的信息交换成为可能。通信线路为各个部件之间提供通信信道。用于计算机网络的通信线路种类很多，常见的有双绞线、同轴电缆、光导纤维及微波与卫星通信等。

三、计算机网络的分类

计算机网络的分类方法很多，但最主要的有两种分类法：一种是按照网络的拓扑构形进行分类，另一种常用的方法是按照网络覆盖地理范围的大小进行分类。

（一）计算机网络的拓扑分类

"拓扑"是图论（几何学的一个分支）中的定义。那么，什么是拓扑呢？简单地说，网络拓扑就是指网络节点通过通信线路连接所形成的几何构形，或者说，这个网络从几何图形的角度看是什么样子的。

计算机网络拓扑主要是指通信子网的拓扑构形。按照网络的拓扑构形来分，计算机网络可分为星形网、环形网、总线形网和网状形网，如图 6-1-6 所示。

1. 星形网的主要特点是星形拓扑

如图 6-1-6（a）所示，在这种构形中，存在一个中心节点。任意一个节点与中心节点之间都通过单独的通信线路连接。中心节点控制全网的通信，任意两节点之间的通信都要通过中心节点。星形拓扑构形简单，实现容易，且便于进行管理。但任意节点之间的通信都要经过中心节点，中心节点出现故障，将会造成全网的瘫痪，这样就要求中心节点的可靠性要非常高，否则后患无穷。

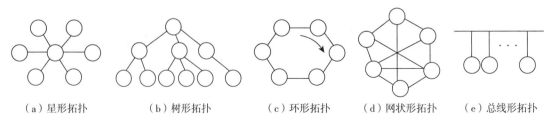

　（a）星形拓扑　　　　（b）树形拓扑　　　　（c）环形拓扑　　　　（d）网状形拓扑　　　（e）总线形拓扑

图 6-1-6　常见网络拓扑

因此我们说星形网的可靠性相对较低，而且信道的利用率极不充分。典型的星形网络有以电话交换机为中心，通过拨号电话线路构成的 PABX 网。在 PABX 中，交换机是中心节点，网络的工作受它的集中控制。星形拓扑的扩展形式称为树形拓扑，如图 6 - 1 - 6（b）所示。在树形拓扑的构形中，节点按层次进行连接，信息交换主要应该在上下节点之间进行，相邻及层层节点之间进行极少量的数据交换。

2. 环形网

环形拓扑网如图 6 - 1 - 6（c）所示，网中各节点由各段线路连接成环状构形，信息在环内单方向流动。环形网络具有以下两个突出特点：

（1）环路上的信息必须单方向流动。

（2）任一节点发送的信息都必须经过每一个节点，即必须绕环一周。

因此，环形网的传输延迟（即信息从发送节点到达接收节点所耗费的时间）是可以确定的，但由于信息的传送要经过每个节点，任一节点出现故障，都将造成网络瘫痪。为保证环的正常工作，需要较为复杂的维护处理。

3. 网状形网

网状拓扑结构网又称为无规则形，如图 6 - 1 - 6（d）所示，正如它的名字那样，网状结构网的节点之间连接成网形，无任何规律可言。网状拓扑的主要优点是系统可靠性高，但结构复杂，维护困难，大型计算机网络一般采用网状结构。

4. 总线形网

以上几种网络都属于点—点连接网，即发送节点和接收点是一一对应的，包括中转过程在内，发送节点发送的信息总是有明确的接收者。而总线形网则属于广播型网，发送者发送出去的信息，网中所有节点都能收到，就如广播一样。发送者和接收者之间是一对多的关系。总线形网的结构如图 6 - 1 - 6（e）所示，网中的各个节点都挂接在一条公共的总线上，这条总线是任意节点对之间通信的公共信道。总线形网络最突出的特点是拓扑形式简单，易于扩充，是目前局域网中最常见的一种拓扑。关于它的工作过程，将在局域网一章里作详尽的介绍。

（二）网络的地理范围分类

计算机网络的地理范围分类法是按照网络覆盖地理范围的大小而划分的，可以分为局域网、城域网和广域网。

1. 局域网

局域网（Local Area Network，LAN）的作用范围一般限于几千米，用于较小范围内（如一个实验室，一栋大楼，整个校园等）的各种计算机及外部设备互联成网。局域网的作用范围小，入网设备便宜，网络管理简单，再加上微机的日益普及，局域网成为发展最迅猛、应用最广泛的一种廉价网，是计算机网络中最活跃的领域之一。它有自己独特的一套网络标准和体系结构。

2. 城域网

城域网（Metropolitan Area Network，MAN），又称为城市地区网。即它的覆盖范围一般是一个城市。城域网是介于广域网与局域网之间的一种大范围的高速网络。城域网设计的主要目标是满足几十千米范围内的计算机联网需求，实现大量用户、多种信息（数据、声音、图像等）传输的综合性信息网络。城域网目前还处于研究阶段。已经制定出完备的网络标准和技术规范，主要包括分布式队列总线、光纤分布式数据接口及交换多兆位数据服务。其中，光纤分布式数据接口已得到大量应用，而其余两种还未得到广泛普及。

3. 广域网

广域网（Wide Area Network，WAN）也称远程网，它所覆盖的地理范围从几十千米到几千甚至几万千米，覆盖一个地区、国家，甚至延伸至全世界。计算机网络出现的初期，就是以广域网的面目出现的，局域网和城域网都是在广域网技术已经成熟后才出现的。因此大量的网络标准及技术规范都是针对广域网的，像 ISO 的 OSI/RM、X25、TCP/IP 等，这一点请大家注意。网络覆盖的地理范围不同，它所采用的技术就不同，因此形成了不同的网络技术特点与网络服务功能。当然，覆盖的地理范围越大，采用的技术越复杂，管理就越难，造价也就越高。

四、计算机网络的功能

（一）实现计算机系统的资源共享

对于用户所在站点的计算机来讲，无论是硬件还是软件，性能总是有限的。但只要这台计算机联入网络，用户就可以像使用自己所在地的机器一样，使用网中的某一台高性能计算机来处理自己提交的某个大型复杂问题，也可以使用网上的高速打印机、绘图仪，更重要的是可以享用网上大量的软件资源。用户可以使用网上已有的软件（有些大型软件根本不是用户机器能够运行的）解决某个问题，可以读取大量的文件和数据，各种各样的数据库更是取之不尽。随着计算机网络覆盖地域的扩大，信息交流越来越不受地理范围及工作时间的限制，使得人类对所拥有的资源都能够互通有无，大大提高了资源的利用率，提高了信息的处理能力。

（二）实现信息的快速传输

计算机网络是现代通信技术与计算机技术紧密结合的产物。

分布在不同地区的计算机系统可以及时、高速地传递各类信息，这对于像股票行情、期化交易等经济贸易活动来说是急需的。

（三）进行数据信息的集中和综合处理

当今社会是信息化社会，无论是商业、金融、文化、教育，还是科技领域，每时每刻都在产生大量的信息并在大量地处理信息。

将分散在各地的计算机中的数据资料适时集中或分级管理，并经综合处理后形成各种各样的统计资料，提供给管理者或决策者分析和参考。如政府部门的计划统计系统、金融财政系统、地质资料的采集与处理系统以及自动订票系统，等等。

（四）均衡负载、分布处理

当网中某个计算机系统任务过重时，可以通过网络将某些任务传送到网中空闲的计算机中处理，以调节忙闲不均的现象。

地球上不同地区的时差现象也为计算机网络的任务调配带来很大的灵活性，一般计算机白天的任务较多，晚上的任务较少。时差正好为计算机网络提供了半个地球的调度余地。另外，对于综合性的大型问题还可以采用适当的方法，将任务分散到网中的不同计算机上进行分布式处理。

五、**Internet** 网简介

Internet 是世界上规模最大、用户数最多、影响最大的计算机互联网络。到 2008 年年底，全球互联网用户人数超过了 15 亿，超过现在全球人口总数 67 亿的 22%，而且这些数字仍呈直线上升之势。Internet 的足迹已遍及全球，其应用范围已不限于教育和科研部门，而是广泛应用于政府、团体、公司、医疗、旅游等许多领域，且已进入寻常百姓之家。

什么是 Internet 呢？一般认为，Internet 是指以美国国家科学基金会（Nationd Science Foundation）主干网 NSFnet 为基础的全球最大的计算机互联网，所有入网的网络及主机共同遵守 TCP/IP 协议。

（一）Internet 发展简史

Internet 的历史可追溯到 40 多年前。当时美国国防部高级计划研究局 DARPA（Defense Advanced Research Project Agency）为了实现异种网（遵循不同网络体系结构的网）之间的互联，大力资助网络互联技术的研究，如图 6 - 1 - 7 所示。1969 年，DARPA 建立了著名的 ARPANET 网。

ARPANET 的成功极大地推进了网络互联技术的发展，到 1983 年，ARPANET 上已连上了 300 多台计算机，供美国的政府部门和研究机构使用。1984 年，ARPANET 分解成两个网络：一个仍称为 ARPANET，用于民用科研；另一个是军用计算机网络 MILNET。由于这两个网络都是由许多网络互联而成，因此它们都称为 Internet。后来，ARPANET 成为 Internet 的主干。

美国国家科学基金会认识到计算机网络对科学研究的重要性，因此于 1986 年建立了国家科学基金网 NSFNET，它的主干网由 6 个大型计算中心连接而成，主干网下属地区网，地区网下属校园网，这样，NSFNET 就覆盖了全美主要的大学和研究机构。NSFNET 同时也与 ARPANET 相连，并逐渐成为 Internet 中的主要部分。到 1990 年，鉴于 ARPANET 的实验任务已经完成，ARPANET 宣布正式关闭。

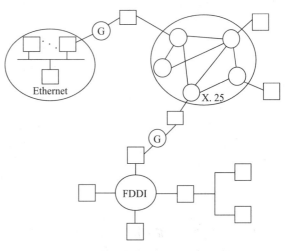

图 6-1-7　互联网络互表示意图（G—网关）

1991 年，NSF 和美国其他政府机构认识到，Internet 终将不会限于大学和研究机构，而且随着 Internet 上通信量的急剧加大，Internet 的容量也不够用了。于是美国政府决定将 Internet 主干网交由私人公司经营，并开始对接入 Internet 的单位和个人进行收费。于是，IBM、MERIT 和 MCI 三家公司合作建立一个新的 Internet 主干网，其中 MCI 公司提供长途传输线路，IBM 公司提供网络中使用的计算机及软件，MERIT 管理新建立的网络。这个网络仍然沿用"NSFNET"这一老名称，但其主干网传输速率高达 45Mbps。目前，NSF 已和 MCI 签订合同建造另一个更高速率（155 Mbps）的主干网。

目前，几乎所有发达的国家都建设有自己国家级的教育和科研计算机网络，并且都与 Internet 互联在一起，中国也不例外。由于 Internet 上具有极丰富的资源，它突破了地理位置的限制，为广大的入网人员提供了一个很好的计算机环境，大大加快了人们之间的信息交流和合作。可以说，Internet 拉近了人们彼此之间的距离。

（二）Internet 的结构

Internet 是由成百上千个大大小小的网络互联而成，如此多的网络要想协调一致地工作，除了共同遵循 TCP/IP 协议之外，在硬件连接上采用分层连接的方式，管理上也是按照分层管理的原则进行的。

整个 Internet 可以分为两部分：主干与外围。主干的主要部分包括主干网络和连接主干与外围的网关（核心网关）。为了便于 Internet 的扩充与管理，Internet 的外围部分又划分为若干个自治系统。自治系统的编号由 Internet 管理机构统一分配和管理。每个自治系统对下属连接的网络进行独立管理。一般情况下，一个自治系统往往对应于一个组织实体（比如一个地区、一个公司等），该组织实体内所有网络的进网、退网以及管理由本实体的管理者进行。不论是主干网络与自治系统之间，还是自治系统内部各局域网之间，均通过一种称为网关（Gateway，G）的计算机互联起来，网关的作用是使所有的网络都能够按照 TCP/IP 协议进行通信。

（三）Internet 的功能

由于 Internet 覆盖全球，再加上高质量通信技术的发展和多媒体技术的应用，Internet 的功能非常强大，其作用可以说无处不在。归纳起来主要有以下八项功能。

1. 传递电子邮件

所谓电子邮件，是指通过计算机网络传递的邮件。正如我们平常所说的邮件一样，电子邮件可以是一封信、一篇学术内容，甚至一个通知、一张名片等，只要是文本文件写就的都可以作为电子邮件通过计算机网络进行传递。电子邮件简单快捷，不会丢失，还能做到同时分发给众多的亲友而不需重复书写，也不需另加邮费。随着 Internet 家庭化的普及，电子邮件在邮件中所占比重也越来越大。

2. 交换文件

这里的文件指计算机文件（文本文件或可执行文件），通过计算机网络实现异地计算机之间传输文件是计算机网络的基本功能，其他功能都是以此为基础推广的。举个简单的例子，我们可以把存放在学校机器里面的 BASIC 程序传送到家里的机器上。

3. 远程调用

在 Internet 上，连接了许多的计算机系统，在这些联网的计算机之间，可以通过自己的键盘使用远地的计算机，也就是说，联网用户可以调用 Internet 上任意地方的计算机系统为自己服务，感觉就像这台机器在自己面前一样。当然，这种远程调用，必须征得异地计算机主人的同意，而且用户还必须拥有远程调用权。

4. 收看和发送电子新闻

通过网络，可以看到世界各地的网络用户在网络上公开的各种各样的新闻及图片报道，也能看到世界上的风土民情、商品供求及广告信息，还可以把自己的信息发布到网上，供其他用户阅读。除此之外，还可以通过 Internet 收看天气预报，看到世界各地的重大体育比赛的新闻报道和情况分析。网络上既有文字，也有图片，趣味性非常强。如果你的机器带有麦克风，还能从网上收听到伴随着图片、文字的解说。

5. 传递和接收声音、图片、动画和电影

随着计算机多媒体技术的发展，Internet 网上的用户还可以收看、收听到世界各地的电影、电视和图像资料及有声资料。

6. 进行实时"笔谈"

利用计算机与世界各地见过面或未见过面的朋友通过 Internet 进行实时"笔谈"，在 Internet 世界已经司空见惯。所谓实时"笔谈"，即是通过键盘键入自己想说的话，很快就能从屏幕上读到对方的回答，十分方便有趣。

7. 召开电子会议

可以利用 Internet 进行声音和图像的同步传送。利用这一特性，分散在世界各地的用户可以召开网络会议。

8. 情报检索和学术交流

学术信息包括有关科学研究的课题及论文，图书馆的藏书及各类杂志等的文字和图像资料。通过网络，Internet 的用户可以检索和查询与网络相连的世界各地已经公开的学术资料，还可以与对方进行资料交换等。除学术交流外，还可以通过 Internet 进行商业情报检索，比如专利情报的检索，就是 Internet 上比较成功的情报检索。

纵观 20 世纪的科技发展之旅，计算机和网络无疑是最为耀眼、最具生命力的明星了。1984 年，美国一家杂志曾列举了 20 世纪以来对人类生活影响最大的科技成果，包括塑料、相对论、原子裂变、计算机、激光在内共 20 项。但若问"20 世纪最引人注目的技术是什么"，相信大多数人的回答会是"计算机"；如果问"21 世纪的领头技术将是什么"，回答仍然是"计算机"。做出这种回答的理由，就在于计算机和网络是信息技术；而信息技术是当今高科技群的领头技术，是信息时代的核心技术。

有人说："19 世纪是铁路的时代，20 世纪是高速公路的时代，21 世纪是网络的时代。"计算机网络是继语言形成、文字出现、印刷发明以及电话普及之后人类所创造的最伟大的奇迹，它对人类的影响已经远远超出了技术的范畴。

解释问题

当信息作为一种资源服务于大众，在公共场所展示时，就成为共享资源，为大家分享。自 20 世纪 90 年代开始，人类逐步进入了一个以互联网为代表的崭新世界。作为信息高速公路的先导，互联网将全球几千万台各式各样的电脑，相互连接在一起，使人们可以更有效地利用信息，更加充分地共享信息资源。每个用户既是信息的提供者，又是信息的消费者，他们可以迅速处理、传递信息，又能最大限度地共享信息。

练习与思考

1. 什么是计算机网络？它是怎样产生的？
2. 一个计算机网络必须包括哪些组成部分？又具备哪些功能？
3. 简述 Internet 的功能。

第三节　新世纪之光——激光

本节学习要点

- 受激辐射与激光的产生；
- 激光的四大特性及其在各领域的应用；
- 了解激光器的结构。

本节学习意义

- 通过了解激光对人类的巨大贡献，认识到学科学、用科学的重要性；
- 现代社会的发展离不开科学家坚持不懈的辛勤劳动。

激光的最初中文名叫做"镭射""莱塞"，是它的英文名称 LASER 的音译，是取自英文 Light Amplification by Stimulated Emission of Radiation 的各单词的头一个字母组成的缩写词，意思是"受激辐射的光放大"。它一出现就创造了许多奇迹，真可谓"一鸣惊人"。

什么叫做"受激辐射"？它基于伟大的科学家爱因斯坦在 1916 年提出了的一套全新的理论。这一理论是说在组成物质的原子中，有不同数量的粒子（电子）分布在不同的能级上，在高能级上的粒子受到某种光子的激发，会从高能级跳到（跃迁）到低能级上，这时将会辐射出与激发它的光相同性质的光，而且在某种状态下，能出现一个弱光激发出一个强光的现象，就叫做"受激辐射的光放大"，简称激光。激光主要有四大特性：高亮度、高方向性、高单色性和高相干性。

20 世纪有四项重大科学发现：半导体、原子能、计算机、激光。激光是世界上"最快的刀""最准的尺""最亮的光"。激光的问世开辟了科学技术研究和应用的新领域。它在经济、技术、科学研究、社会生活和国防等方面引起了一系列革命性的变革，成果累累，对人类社会的进步做出了巨大的贡献。人们很早就研究光，但是，人们对光的研究的范围在长时期内仅仅局限在照明、成像等方面，激光的出现，才使对光的研究翻开了新的一页。激光作为一门应用性很强的技术，已站在当代科学技术的前沿，必在 21 世纪照亮我们的科学、文化和日常生活，图 6 - 1 - 8 是科学家在实验室对激光进行科学测量。

图 6 - 1 - 8　科学家在实验室对激光进行科学测量

激光能得到迅速的发展，是因为它作为一种光源，具有和普通光源很多不同的性质。

提出问题

你知道激光治疗近视眼的手术方法及原理吗？

（） **相关知识**

一、激光的特点

（一）高方向性

普通光源发出的光沿四面八方传播，无论采用怎样的聚光技术，光束仍然有一定的散开角度。激光具有高度的方向性，激光的发光可以限制在很小的角度内，使得在照射方向上的照度提高了千万倍。

（二）高亮度

激光的亮度很高，因为激光光束的发散角极小，具有高度的方向性，在发射方向的空间内，光能量高度集中，同时在时间上也可以做到高度集中，能在瞬间以脉冲的形式发射出去，产生巨大的光热。在光源功率相同的情况下，它可以照亮极远距离的物体，从地球上发射的激光可以照亮月球的表面。一台普通的红宝石激光器发出激光亮度，比太阳亮度高 8 个数量级（几千万倍），强激光甚至可产生上亿度的高温。地球上任何一种已知材料，无论其熔点多高，在强激光照射下 1 秒钟之内即会开始气化。任何一种金属或钻石，不管其硬度多大，激光均可轻而易举地对它打孔。

（三）单色性

任何光源所发出的光波都有一定的频率（或波长）范围，在此范围内，各种频率（或波长）所对应的强度是不同的。光波所对应的波长范围越窄，光的单色性越好。激光辐射的能量，通常集中在十分窄的光谱波段或频率范围内。

（四）高相干性

从光的干涉可以知道，从同一光源发出的两列光波，如果具有相同的波长，在它们相遇交叠的某些地方，会出现增强或减弱光亮度的明暗变化条纹。激光具有高方向性和高单色性，激光器发出的光具有相同的相位、频率和振动方向。由激光产生的波列有高度的整齐性，导致激光通过光学干涉仪的装置，尽管有较大的光程差，仍然相干涉。

二、激光的产生

激光的现用名是由我国著名科学家钱学森院士建议，经中国科学院技术科学部讨论，于 1964 年正式确定的。

1910—1911 年，英国著名物理学家卢瑟福和他的学生做的实验表明，物质由原子组成。原子的中心是原子核，原子核由质子和中子组成。质子带有正电荷，中子则不带电。原子的外围布满着带负电的电子，绕着原子核运动。电子数恰好等于原子核中的质子数，因而整个原子在正常情况下是中性的。

1913 年丹麦物理学家玻尔根据光谱实验的结果，提出一个理论模型，认为原子具有类似太阳系的结构，即电子沿着一些确定的轨道围绕原子核运转，如同行星围绕太阳旋转一样，但不同的是电子的轨道半径只能是某些分立的数值，这种现象叫做轨道量子化。按照玻尔的模型，原子中的电子只能沿若干轨道之一绕核运转。在确定的电子轨道上绕核运动的电子具有一定的能量，即原子处于一定的能级状态。由于电子轨道是量子化的，原子各状态所对应的能量也是量子化的、不连续的。原子处于能量最小的状态叫基态，其他状态叫激发态。原子处于基态时最稳定，处于较高能级时会自发地向较低能级跃迁，经过一次或几次跃迁到达基态，跃迁时以光子的形式放出能量。当原子受到某种激励时，电子可以从一个轨道跃迁到另一个轨道，为了从较低能级跃迁到较高的能级，原子的电子必须从外界吸收能量；而当原子中的电子从较高能级跃迁到较低能级时，它将向外界释放能量。如果原子中有一个或几个电子受到外界激励而跃迁到较高能级，则原子处于激发态，这种过程称为受激吸收。原子激发态的寿命很短，被激发的原子中的电子不能长时间处于高能态，而是会很快按两种方式跃迁回到基态。当没有外界作用时，原子中的电子会自发地由激发态跃迁到低能态，并辐射一个光子，这种过程称为自发辐射跃迁。当外界有光照射这个原子时，处于高能态的原子受到外来辐射的激励，原子中的电子由高能态跃迁到低能态，发射出一个与辐射光子具有相同能量的光子，这种过程称为受激辐射跃迁。

　　1917 年，著名物理学家爱因斯坦首次提出受激吸收和受激辐射。普通光源的发光是一种自发辐射过程，经受激吸收跃迁到高能态的原子，在没有外界作用下自发地由高能态回到低能态，并将多余的能量以光子的形式向四周辐射。由于原子彼此独立地进行辐射，不同原子辐射的光是不相关的。而受激辐射不同，由于它是在入射光的控制下发生的，辐射光必然与入射光有某种联系。理论与实验都证明，受激辐射光与入射光具有相同的频率、相位和偏振态，并沿相同的方向传播，因而是相互关联的，这就是激光具有四个特点的根本原因。

　　在通常情况下，原子是不发光的。这是由于绝大多数的原子处于低能级，处于高能级的原子数极少，这种粒子分布，称为粒子数正常分布。要想产生激光，首先要使用某种外力，强迫大量处于低能级的原子跃迁到高能级上，使处于高能级上的原子数目远远多于低能级上的原子数目，这种现象称为粒子数反转分布状态，这是产生激光的先决条件。

（一）自发吸收

电子通过吸收光子从低能级跃迁到高能级，如图 6 - 1 - 9（a）所示。

（二）自发辐射

电子自发地通过释放光子从高能级跃迁到较低能级，如图 6 - 1 - 9（b）所示。

（三）受激辐射

光子射入物质，诱发电子从高能级跃迁到低能级，并释放光子。入射光子与释放的光子有相同的波长，此波长对应于两个能级的能量差。一个光子诱发一个原子发射一个光子，最后就变成两个相同的光子，如图 6 - 1 - 9（c）所示。

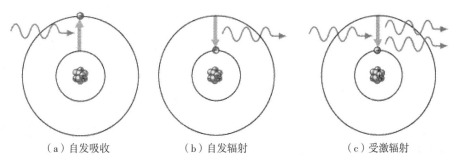

（a）自发吸收　　　　　　　（b）自发辐射　　　　　　　（c）受激辐射

图 6 - 1 - 9　自发吸收、自发辐射、受激辐射

三、激光器

（一）激光器的发明

　　1960 年，梅曼制成了世界上第一台用红宝石作为工作物质的激光器——红宝石激光器（如图 6 - 1 - 10 所示）。激光器的发明经历了一个漫长的历程。振荡器的长度要与波长相同，在当时的条件下，很难制造出这种尺寸的振荡器，美国物理学家肖洛提出了创造性的设想，把谐振腔的大部分腔壁去掉，用两个反射镜代替腔体，使沿轴线来回的光波振荡。开始时，原子以自发辐射为主，但是，有一部分光在传播的过程中，遇到其他的受激原

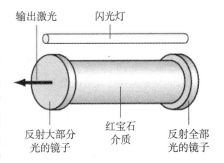

图 6 - 1 - 10　红宝石激光器

子，会感应出更多的频率方向相同的光子。在反射镜处，一部分光子又返回到工作物质，参与沿轴向的受激辐射过程，因此，同频率的光子数越来越多。于是，从光腔的一端输出，形成激光。1958 年，肖洛和汤斯在《物理评论》上发表了《红外线和光的微波激射》的论文，提出了用光腔代替微波共振腔的设想。成功地解决了粒子数反转、选择工作物质及泵浦源的难题。1959 年，梅曼开始激光器的研制，1960 年，美国休斯公司将梅曼研制成功世界上第一台激光器的消息公布，梅曼被称为"激光器之父"。

（二）激光器的构造

一台激光器是由工作物质、泵浦源和谐振腔组成。

1. 工作物质

工作物质具有一定的能级结构，用来实现粒子数反转。不同的激光器工作物质不同。

2. 泵浦源

泵浦源是向工作物质输入能量的装置。要使工作物质处于粒子数反转分布状态，就需要向工作物质提供能量，泵浦源就是提供能量的装置。常用的泵浦源有普通光源、气体放电、电子束、化学反应能等。

3. 谐振腔

谐振腔是由两块面对面的反射镜组成的光学系统，其中一块反射镜的反射率是 100%，另一块反射镜约有 95% 的反射率，激光可以从这块反射镜输出。谐振腔可以让工作物质产生的受激辐射来回通过工作物质，增加强度。

（三）激光器的分类

按工作物质不同，激光器可以分为固体激光器、气体激光器、液体激光器等。

固体激光器是以固态物质为工作物质的激光器，世界上第一台激光器所用的工作物质是红宝石，固体激光器具有能量大、峰值功率高、结构紧凑、牢固耐用的优点，可以广泛用于工业、国防、医疗、科研等方面。

气体激光器是以气体为工作物质。气体激光器是目前种类最多、输出激光波长最丰富、应用最广的激光器。气体激光器的特点是输出波长范围较宽、气体的光学均匀性较好，现已广泛地应用在通信、雷达、信息等方面。

液体激光器的工作物质是液体，最常见的液体激光器是以有机溶液为工作物质的染料激光器。染料激光器的特点是输出激光谱线宽，光束发散角度小，激活粒子密度大，可以得到较高的输出功率等。在光谱学、光化学、光生物学、医疗和光通信等方面得到了广泛应用。

四、激光的应用

激光技术问世以来，引起人们极大的兴趣和高度的重视，迅速地在农业、工业、军事、医学、通信和科学研究等各个方面获得极其广泛的应用。

（一）激光在工业上的应用

激光加工技术开始于 1963 年，是在工业生产中最早应用的激光技术之一。激光加工是指用高能激光束对金属或非金属材料进行加工。其工作机理大体可分为两类：一类是利用材料吸收激光能量产生的快速热效应进行的加工过程，如切割、焊接、打孔、划片以及表面热处理等；另一类是利用光化学反应和伴随的热效应进行的加工过程，如半导体工艺中的光化学相沉积、激光刻蚀、掺杂和氧化等。后一类加工与前一类加工的差异在于激光的作用除了被加工材料的加热、气化外，还促进了化学反应的发生和进行。激光加工的实质是将激光束照射到被加工物体的表面，去除或者熔化材料以及改变物体表面性能，从而达到加工的目的，如图 6 – 1 – 11 所示。

（二）激光存储技术

由于计算机技术和通信技术的飞跃发展，人类社会已进入了信息时代，信息的存储和管理已成为人们社会生活中的重要组成部分。光存储技术是 20 世纪 70 年代开发出来的一种新的信息存储手段。由于它的存储量大，可靠性高，所以得到飞跃发展。如图 6 - 1 - 12 所示。

图 6 - 1 - 11　大型激光切割机在加工金刚石锯片　　　　图 6 - 1 - 12　目前世界上最先进的存储——激光 DVD、HD - DVD

光盘是利用激光写入信息和利用激光读出信息的光学信息存储器。在光盘上写入信息是利用具有很高的相干性和单色性的激光束，经透镜汇聚到光存储介质上，使光照区域的光学性质与未照射的周围介质有很大的反衬度。要存储的信息用调制激光束载入，在光存储介质上产生记录花样。

从光盘上读出信息时也是用激光束。读出时采用连续激光束从介质上反射回来的信号，经解调取出信息。

（三）激光通信技术

激光通信就是采用激光作为信息载体的通信技术。激光技术具有很多显著的特点。科学家的研究表明，信息通道的容量可与载波的频率成正比。用光波作通信载波，其容量可达微波的 10 万倍，或中长波的 10 亿倍，如果全球人口按 50 亿计算，全世界的人同时用一束激光电话通话还绰绰有余。激光可以用的频率为 $10^7 \sim 10^9 \text{MHz}$，比微波高 10 ~ 100 万倍。若每路电话频带宽度以 4 000MHz 计，则一束激光可容纳 100 亿路电话。

激光通信的特点是：①通信质量高。激光通信抗干扰强，失真度小。通电话，声音清晰；传输数据，准确无误；传递图像，色彩逼真。②保密性能好。由于激光几乎是一束平行而准直的细线，在空间传播时发散角极小，稍一偏离其传播方向就接受不到信号，要想截获犹如大海捞针，因而具有很好的保密性。

现代激光通信可以分为两大类：一类是光纤激光通信；常见的光纤线缆如图 6 - 1 - 13 所示。另一类是太空激光通信。前者主要适用于大多数地面目标之间或海底通信，后者适用于太空之间及地面与太空之间的通信。

（四）激光在医疗卫生领域的应用

随着激光技术的发展，一门崭新的应用学科——激光医学应运而生，激光医学包括用激光技术去研究、预防、诊断和医治疾病，它解决了许多传统医学所不能解决的问题。

1. 激光技术用于医学诊断

由于人体正常组织和病变组织对激光的荧光反应不同，通过激光诱发的荧光，可以发现癌细胞，测量血糖、血氧，以此诊断疾病。

2. 激光手术刀

以前医生动手术离不开手术刀，现在有一种新式手术刀，它不是金属材料或者非金属材料做的，而是用激光，通常也就称为激光刀。激光用于外科手术的机理是激光的热作用。在激光的照射下，

图 6 - 1 - 13　常见的光纤线缆

处于作用区域的人体组织被加热而迅速气化并断开，从而实现组织切除。动手术时，医生利用激光来切开人体组织。一束经过透镜聚集的激光照射在皮肤上，激光的能量会立即把生物组织加热并且发生气化，留下一条凹沟；当光束移动时，凹沟随着光束延伸，把组织切开，如同是用金属刀子切开组织一样。激光手术具有流血少、基本无痛苦、术后恢复快的特点。

3. 矫正视力

用激光矫正近视、远视和散光，这是近几年迅速发展的新技术。眼睛的视力出现缺陷，主要是角膜的曲率半径发生了变化，利用激光束做手术刀，修正眼睛角膜的曲率半径，可以矫正视力。用光学系统聚集成直径很细的激光点，它可以成为非常精细的眼科手术刀，用它给眼睛动手术，很少伤害其他部位的组织，而且激光脉冲时间很短（小于毫秒），用激光对眼球做手术，每个手术动作前后的时间不足千分之一秒。现在，用激光可以治疗许多眼科疾病，如图 6 - 1 - 14 所示。

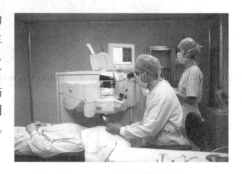

图 6 - 1 - 14　近视激光手术

（五）激光在武器与战争中的作用

1. 激光测距

激光测距的原理是由激光发射系统发射激光，激光束穿过大气达到目标，经目标反射后返回，由探测器接收，测出来回的时间，就可以求出目标的距离。激光测距仪测得准，误差小，尤其是计算机化的激光瞄准镜，最大限度地提高了火炮的发射精度和有效距离。因为激光测距仪能很快而准确地知道目标与武器之间的距离，因此，很多国家的军队都装备了激光测距仪。除了在军事上发挥作用以外，激光测距仪在其他方面也可以发挥作用，如地形测绘。

2. 激光雷达

雷达已成为现代战争必不缺少的工具。雷达可以测量战场中每一点的距离，由此构造整幅图像。雷达根据多普勒效应，能够测出目标的距离和速度。由于电磁波在传播的过程中，遇到尺寸比波长小的物质时，将会发生衍射现象，反射回来可以供雷达接收的能量很少，无线电雷达无法探测到小型目标。激光雷达发出的激光的波长，只有微米的量级，在传播的过程中遇到物质的尺寸都大于波长，一般不会发生衍射现象，所以，激光雷达可以探测现在军事上发现的任何目标。

3. 激光制导

精密制导武器具有摧毁力大、命中率高等特点。精密制导方式很多，有微波雷达制导、惯性制导和激光制导等。激光制导是近来出现的一种制导方式。由于激光的相干性好、单色性强、方向性好、能量集中，激光制导已经成为激光在军事领域中的重要项目之一。在激光制导技术中，发展较为成功的是半主动式的激光制导。激光发射器发射出的激光，照射军事目标，由目标反射回来的激光被激光制导炸弹接收，再聚焦到探测器上，经处理后变为控制信号，操纵炸弹的飞行方向，大大提高了炸弹的命中率。人们把激

光制导炸弹称为"长了眼睛的炸弹"。在该炸弹的前端安有的激光搜索器便是炸弹的眼睛。

4. 激光武器

激光由于其高能量、高单色性、高方向性等特性而引起了军事装备的革命，使其在军事领域中具有摧毁能力强、瞄准精度和分辨率高、信息容量大、抗干扰和保密性能好等优点。激光武器以激光器为核心，加上瞄准系统、跟踪系统和直接摧毁目标的硬件的武器系统。激光武器大致可以分为三类：一类是激光致盲武器和眩晕武器；二类是战术激光武器；三类是战略激光武器，如图 6 - 1 - 15 所示。

图 6 - 1 - 15　激光制导导弹

激光致盲武器和激光眩晕武器是利用激光束对敌方人员的视觉造成严重干扰，使其眩晕。激光战术武器包括击穿装甲车辆、飞机、战术导弹等破坏性武器；激光战略武器包括击毁远程导弹、洲际导弹和卫星的激光武器系统。

解释问题

近视眼是由于眼球的前后径太长、眼睛角膜前表面太凸，外界光线不能准确会聚在眼底所致。准分子激光矫正近视是用电脑精确控制的准分子激光，根据近视度数和有无散光在瞳孔区的角膜基质层进行刻蚀，使眼角膜前表面稍稍变平。从而使外界光线能够准确地在眼底视网膜上会聚成像，达到矫正近视的目的。

练习与思考

1. 激光是如何产生的？它有哪四大特点？
2. 你能找到身边更多的激光吗？举例说明。
3. 什么是自发辐射和受激辐射？
4. 激光技术在农业、工业、军事、医学、通信等各个方面有哪些应用？

探究与实验

寻找身边的激光

1. 激光指示器

它又称为激光笔、指星笔等，如图 6 - 1 - 16 所示，是把可见激光设计成便携、手易握、激光模组（二极管）加工成的笔型发射器。常见的激光指示器有红光、绿光、蓝光和蓝紫光等。通常在汇报、教学、导游人员中都会使用它来投映一个光点或一条光线指向物体，但它可能会破坏或影响导览物的场所，例如艺术馆（有些画作怕光）、动物园等都不宜使用。

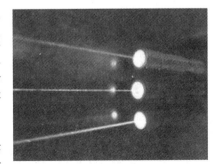

图 6 - 1 - 16　可见波长激光指示器

2. 激光打印机

它是利用激光扫描成像技术、计算技术、电子照相技术的高质量打印设备，较其他打印设备具有打印速度快、成像质量高等优点，但使用成本相对高昂，如图 6 - 1 - 17 所示。

3. 激光切割机

所谓激光切割就是将激光束照射到工件表面时，利用其释放的能量来使工件熔化并蒸发，以达到切割和雕刻的目的，具有精度高，切割快速，切口平滑，加工成本低等特点，金属激光切割机如图 6 - 1 - 18 所示。

图 6 - 1 - 17　激光打印机

图 6 - 1 - 18　金属激光切割机

　　激光器的问世使整个自然科学及相关技术发生了天翻地覆的变化，它正在做着人们昨天无法想象的事情，明天定将做出更多今天人们无法想象的事情！让我们关注身边的科技，不断地学习和探索。

第四节　材料的开发与利用

> ### 本节学习要点
>
> - 了解我们周围的材料都有哪些种类；
> - 学会比较常见材料的硬度、韧性、吸水性等；
> - 知道复合材料、金属、陶瓷等生活必需材料的主要性能。

　　材料，是指人类能用来制作有用物体的物质，是人类生产和生活的物质基础，也是社会进步的标志。历史学家根据不同时期的标志性材料将人类历史分为石器时代、青铜器时代、铁器时代和电子材料时代。材料的品种繁多，若按材料的基本化学组成来分，可以分为：金属材料、无机非金属材料、有机高分子材料和复合材料四大类；按材料的应用对象来分，又可分为信息材料、能源材料、建筑材料、电子材料和航天航空材料；如果按用途分，则可以分为结构材料和功能材料两大类。

一、金属、合金材料

提出问题

合金有哪些有用的性质？

相关知识

（一）金属材料

　　在 6 000 多年以前，人们就学会了制造比石器锋利的铜刀等铜制工具。但是这样的金属较软，容易弯曲并且难以保持锋利。大约 5 000 年以前，金属制造者发现了改良工具的方法，即把铜和锡按一定比例混合后能生成更坚硬、更牢固的金属，用这些金属制造的工具经长时间使用后，仍能保持锋利的刀刃。这一发明开创了青铜时代，青铜是最早的合金，如图 6 - 1 - 19 所示。合金是由两种或两种以上元素组成的具有金属性质的物质，在合金中，至少有一种金属元素。

图 6 - 1 - 19　中国古代青铜器

1. 金属的性质

　　金属很容易根据外观来辨认。把密度大于 4.5g/cm³ 的金属称为重金属材料，把密度小于 $4.5g/cm^3$ 的金属称为轻金属材料。根据颜色一般分为黑色金属材料和有色金属材料两大类。黑色金属材料包括铁、铬、锰以及它们的合金。而除这三种以外的称为有色金属材料。金属质硬、有光泽。在室温下，除水银外的所有金属都是固体，它们能导电，能被拉成细丝。例如，铜拉成细线后，可做成导线。金属还能被压成薄片，例如，铝可以压成铝箔，而玻璃就没有这些性质。

2. 合金的性质

合金和组成它的组分在性质上有很大的不同，合金往往硬度比纯金属要硬，所以在制造金饰品时往往掺入铜或银等金属。因为合金比纯金属硬，并且不与空气或水反应，所以使用频率比纯金属高。铁暴露在空气和水中就会生锈，但是不锈钢做的餐具一次又一次洗涤也不会生锈。不锈钢是用铁、碳、镍、铬做成的合金，它不像铁那样容易与空气、水反应。通过在宇宙飞船上对合金和金属的研究、探索，已发现合金的其他用途。

（二）常见的几种金属材料

1. 闪耀历史光辉的金属材料——铜

铜是人类最早发现和使用的金属之一，紫红色，比重 $8.89g/cm^3$，熔点 $1\,083.4℃$。铜及其合金由于导电率和热导率好，抗腐蚀能力强，易加工，抗拉强度和疲劳强度好而被广泛应用，在金属材料消费中仅次于钢铁和铝，成为国计民生和国防工程乃至高新技术领域中不可缺少的基础材料和战略物资。在电气工业、机械工业、化学工业、国防工业等部门具有广泛的用途。现在我们常说的"以史为鉴"就是从"以铜为鉴"演变而来的，"鉴"就是镜子的意思。

铜是在地壳中的含量居第 22 位的金属，大约为 0.017%（质量分数），主要以矿石存在，且大多数具有漂亮的颜色，如金黄色的黄铜矿（$CuFeS_2$）、鲜绿色的孔雀石 [$CuCO_3 \cdot Cu(OH)_2$]、深蓝色的蓝铜矿 [$Cu(OH)_2 \cdot CuCO_3$] 等，这些矿石若与碳一起燃烧，就可生成铜。

2. 最重要的金属——铁

铁在地壳中的含量为 4.2%，仅次于氧、硅和铝，居第四位。它在周期表中位于第四周期第Ⅷ族。纯净的铁是银白色的金属，富有延展性。它的熔点比较高，密度也比较大，约为 $7.8g/cm^3$。

铁通常有 +2 和 +3 两种化合价，这是因为在不同的化学反应条件下，铁不仅可以失去最外层的两个电子，还可以失去次外层的一个电子。我们把 +2 价的铁称为亚铁。铁的化学性质比铜活泼，它能和稀硫酸、稀盐酸反应放出氢气，遇到稀硝酸时则被氧化为硝酸铁，遇浓硫酸或浓硝酸则发生钝化，生成致密的保护膜，所以人们可以用铁制容器来盛装和运输浓硫酸、浓硝酸。

钢铁工业是国家的基础工业，钢产量是衡量一个国家工农业发展水平的重要指标，中华人民共和国成立以后，我国的钢产量飞速发展，1949 年，我国的钢产量仅居世界第 26 位；1996 年，我国的钢产量已经跃居世界首位。

3. 地球上最多的金属——铝

地壳中最多的金属是铝，占整个地壳总重量的 7.45%，以化合态的形式存在于矿石中，最重要的铝矿是铝土矿。铝虽然储藏量比铁多，但是，人们炼铝比炼铁晚得多。现在我们所用的铝是用电解铝的方法生产的。

铝凭借自己多方面的才能，在材料界和宇航事业中发挥着巨大作用。人类可以用铝来制造"人造小月亮"，因为其反射能力比银还强，只要制作一个面积达几十平方千米的巨大反射镜，并在镜面上镀一层铝，把它发射到太空，人造月亮就做成了。通过它把太阳光反射给地球，可以使夜晚的亮度为满月时的 $10\sim100$ 倍。那时，人们夜晚就可以不用照明灯，直接在室外读书、写字、娱乐和工作了。

铝制品的成功研制使保温和制冷材料如虎添翼。用它制成的外衣、帐篷等用品备受人们的喜爱。它们在冬天特别保暖，而夏季又特别防热，这是由于织物上的铝膜在夏天可以把外界的热反射出去，在冬天又可以把散出的辐射热反射回来。捷克曾制造出一种毯子，是一种非常理想的"恒温室"，而且非常轻，只有 55g 重，可折叠起来，装进一个香烟盒里。

对航空航天工业有重大意义的铝，在其中加入少量的镁、铜、锰等，便形成坚硬的铝合金，称为硬铝。硬铝具有坚硬耐用、轻巧美观、长久不锈的优点，是制造航空用品的理想材料。我国第一颗人造地球卫星"东方红一号"的外壳就是用铝合金制成的。导弹的用铝量占总质量的 10%～50%。美国的阿波罗Ⅱ号宇宙飞船使用的金属材料中，铝和铝合金占 75%。航天飞机的骨架和舱壁绝大部分都是用铝合金制造的。

（三）新型金属材料

新型金属材料是在传统金属材料的基础上不断推陈出新而制造出来的新材料。它的种类繁多，下面介绍几种有代表性的新金属材料。

1. 未来钢材——钛

钛在地壳中含量约为 0.6%，仅次于铝、铁、镁，居金属含量的第四位。1791 年英国化学家格雷戈尔就发现了钛元素，但直到 1910 年，英国人亨特才第一次在爆炸器中用钠还原四氧化钛，制得不到 1 克的纯金属钛。因为钛在高温时化学性质活泼，所以必须在与空气和水隔绝的环境中进行冶炼，或在真空或惰性气体中提纯。因为冶炼技术困难，所以直到 1947 年，全世界才生产出 2 吨钛。

钛的主要特点是密度小而强度大。钛的密度只有钢的一半，但强度比钢高；和铝相比，钛的密度虽然略大一些，机械强度却比铝好得多。它抗腐蚀性强，甚至能抗王水的腐蚀。它熔点高，比黄金还高 600℃左右。如此优异的综合性能，在金属中少见，因此钛受到重视。

钛是属于太空时代的金属。它的高强度、小比重的性能，特别适用于生产超音速飞机和航天器。美国 70% 的钛用于航空航天，美国 YF-12A 型战斗机，用钛量达 93%，如图 6-1-20 所示。

钛的耐高温性能好，是制造涡轮喷气发动机的理想材料，它几乎可以取代不锈钢和铝合金。利用钛合金代替不锈钢，可使发动机的重量减轻 40%～50%。

由于钛的抗腐蚀性能好，可用它制造深海潜艇，去探索海底的秘密。钛也可用于生产化工行业的反应器等设备。

钛目前存在的问题是冶炼困难，产量低。如果在冶炼技术上取得突破，钛就有可能代替钢铁。因而它被称为"21 世纪的金属"。

图 6-1-20 制造"黑鸟"飞机时用了很多钛合金

2. 形状记忆合金

记忆合金是另一种神奇的材料。我们都知道人有记忆，动物也有记忆，故而有"老马识途"之说。可是在我们的理解中，记忆都是有生命的特性，那合金的记忆又是怎么回事呢？有一类合金能够记住本来的面目，科学家们把这一类神奇材料称为记忆合金。

为什么会出现形状记忆效应呢？原来每种形状记忆合金都具有一定的转变温度。在转变温度以上，金属晶体结构是稳定的；在转变温度以下，晶体处于不稳定的结构状态，而一旦加热升温到转变温度以上，金属晶体就会回到稳定结构状态时的形状。形状记忆合金可以分为三种：①单程记忆效应：形状记忆合金在较低的温度下变形，加热后可恢复变形前的形状。②双程记忆效应：某些合金加热时恢复高温相形状，冷却时又能恢复低温相形状，称为双程记忆效应。③全程记忆效应：加热时恢复高温相形状，冷却时变为形状相同而取向相反的低温相形状，称为全程记忆效应，如图 6-1-21 所示。

形状记忆合金的重要特征有：①确定的转变温度。例如，镍钛合金的转变温度为 40℃，当温度达到转变温度时，它会被立即"唤醒"，恢复"知觉"，还原到本来面目。②超弹性。在外力的作用下，它发生很大的形变，但当温度达到转变温度时，会狠狠地弹回原来的形状。③抗疲劳性。形状记忆合金可以 100% 恢复形状，并且反复变形 500 万次，也不会产生疲劳断裂。④良好的耐腐蚀和耐磨损性能。⑤良好的生物相容性等。

图 6-1-21 镍钛合金"花瓣"在相应温度下慢慢绽放

解释问题

合金是几种金属或金属和非金属组成的一类物质，其硬度高，熔点较低，因此合金的使用频率比纯金属高，用途更广。

练习与思考

1. 列举金属的三个性质。结合具体金属，各举一例加以说明。
2. 金属铜在生活中有哪些主要的应用价值？
3. 为什么人们常常用掺入了其他金属的黄金做首饰？

探究与实验

三种钢变化相同吗？

首先，用纸巾将一把凿子（低碳钢）、一根钉子（高碳钢）和一个不锈钢螺丝包在一起。接着，将纸巾包放在塑料袋里，再倒入一杯盐水，封好袋子。1～2 天后，拿出比较，观察它们的变化相同吗？三种类型的钢各发生了什么变化？哪种变化最小？哪种变化最大？为什么会有这些差别？

二、非金属材料——玻璃和陶瓷

提出问题

我们身边哪些物品是陶瓷或玻璃产品，它们的哪些性质使它们变得有用？它们的主要用途是什么？

相关知识

在温暖的日子里，如果站在一条河水缓慢流动的小溪里，你会发现，脚底的泥软软的，在脚趾之间滑动。挖起一把泥，用手去捏它，泥能变成各种形状。如果把这些泥在太阳下晒干，它就变硬。这些都是泥的特性。泥捏成块后可以烧成砖，也可在其中掺入一些稻草做成泥坯，然后将它弄干。如果你住的地方没有太多雨水，就能用这些泥坯做成房屋，一千多年前，印第安人就是用这种方式建造房屋的，直到今天，还有一部分这样的房屋保留下来，而且仍然很牢固。传统的无机非金属材料主要指含有二氧化硅酸性氧化物的硅酸盐材料。陶瓷、玻璃、砖瓦、耐火材料、水泥等都是人们所熟悉的硅酸盐材料。

（一）陶瓷

几千年以前，人们发现黏土干燥后有很多用途。将这些黏土加热到 1 000℃，它就变得又硬又牢固。陶瓷（ceramics）就是用黏土和其他矿物材料做成坯，经烧结制成的。黏土含有硅、铝、氧等很小的矿物粒子。泥土中也存在其他元素，如镁、铁等。黏土是岩石碎裂后经长期风化形成的。未经烧制的黏土含有水分，泥坯烧制时，其中的水分大部分蒸发，最后泥土粒子粘在一起，这就是烧制砖和花盆的过程。这些陶瓷一旦凉下来，其结构中就有了微小的空隙，可以吸收并且保持水分。用这种花盆种养植物，浇水后，盆的外表面就很潮湿。如果在陶瓷表面涂以二氧化硅薄层后再加热，陶瓷的表面就会有一层釉，这一层釉光亮且防水。所以上过釉的陶瓷更适合存储汤水类食物。若在陶瓷表面绘上色彩丰富、形象生动的图案，就成了一件精美的艺术品。

（二）陶瓷的性质和用途

你听到过"公牛窜进了陶瓷店"这样的俗语吗？可以想象陶瓷器店被破坏的场景。陶瓷器品是易碎的，能被打得粉碎；但它们仍有很多优点而被广为使用，陶瓷器抗潮湿，不导电，并且比某些金属器具更耐高温。

数千年来，人们用陶瓷器存储食物，既可防止食物受潮，又能免于被动物偷吃。瓦、砖、下水管道则是经久耐用的陶瓷制品。陶瓷制品还作为绝缘体用在电气设备上。

陶瓷制品的新用途还在陆续被开发出来。炼钢或其他金属的高炉炉墙就是用一种在铁熔化的温度下也不会熔化的耐火砖砌的。陶瓷制的防护片是唯一能承受航天飞机发射时，因为大气摩擦而产生 1 600℃以上高温的材料。这些防护片可以隔绝太空高温，保护宇航员。

（三）几种新型陶瓷材料

新型陶瓷，也称精细陶瓷，是指采用人工合成的高纯超细粉末原料，以精确选定的组成配比，在严格控制的条件下，经过成型、烧结和其他处理而制成的具有微细结晶组织的无机材料。

新型陶瓷若按化学成分来划分，可分为氧化物陶瓷、氮化物陶瓷、碳化物陶瓷、氟化物陶瓷、硅化物陶瓷等；若按使用性能来划分，可分为结构陶瓷和功能陶瓷两大类。结构陶瓷以耐高温、超硬度、高强度、耐磨损、抗腐蚀等机械力学性能为主要特征，在能源、机械、冶金、宇航等领域有重要作用。功能陶瓷以电、磁、光、热和力学性能以及相互转换为主要特征，在通信电子、自动控制、集成电路、信息处理等方面的应用日益普及。下面介绍几种新型的陶瓷材料，如图 6 - 1 - 22 所示。

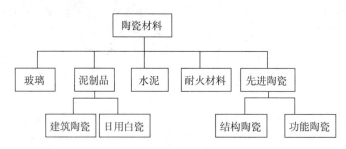

图 6 - 1 - 22　主要陶瓷材料

1. 高温结构陶瓷

它是用纯度很高的氮化硅、碳化硅、氧化锆等粉末原料，在 1 700℃的高温下烧结而成的。目前的陶瓷发动机，就是用高温结构陶瓷制成的。汽车发动机一般用铸铁制造，耐热性有一定的限度，由于需要冷却水冷却，热能损失严重，热效率只有30%左右。如果采用高温结构陶瓷材料制造陶瓷发动机，则该发动机的工作温度可以稳定在 1 300℃左右，而且热效率大大提高。另外，用陶瓷材料做发动机，还可减轻汽车的质量。这对航天航空事业更具吸引力，用高温陶瓷取代高温合金来制造飞机上的涡轮发动机的效果会更好。

2. 透明陶瓷

一般陶瓷是不透明的，但光学陶瓷像玻璃一样透明，故称透明陶瓷。一般陶瓷不透明的原因是其内部存在杂质和气孔，前者能吸收光，后者令光产生散射，所以就不透明了。因此如果选用高纯原料，并通过工艺手段排除气孔就可能获得透明陶瓷。早期就是采用这样的办法得到透明的氧化铝陶瓷，后来陆续研究出如烧结白刚玉、氧化镁、氧化铍、氧化钇、氧化钇—二氧化锆等多种氧化物系列透明陶瓷。现在又研制出非氧化物透明陶瓷，如砷化镓（GaAs）、硫化锌（ZnS）、硒化锌（ZnSe）、氟化镁（MgF_2）、氟化钙（CaF_2）等。

这些透明陶瓷不仅有优异的光学性能，而且耐高温，一般它们的熔点都在 2 000℃以上。如氧化钍—氧化钇透明陶瓷的熔点高达 3 100℃，比普通硼酸盐玻璃高 1 500℃。透明陶瓷的重要用途是制造高压钠灯，它的发光效率比高压汞灯提高一倍，使用寿命达 2 万小时，是使用寿命最长的高效电光源。

3. 生物陶瓷

生物陶瓷是新型陶瓷的一个重要分支，指用于生物医学及生物化学工程的各种陶瓷材料。生物陶瓷目前主要用于人体器官组织的修复。生物陶瓷作为生物植入材料，与其他材料相比，它和骨组织的化学组成比较接近，生物相容性好，在体内的化学稳定性、生物力学相容性和组织亲和性等也较好，因此越来越受到重视。

生物硬组织代用材料有体骨、动物骨，后来发展到采用不锈钢和塑料，由于这些生物材料在生物体中使用时，不锈钢存在溶析、腐蚀和疲劳问题，塑料存在稳定性差和强度低的问题。目前世界各国相继发展了生物陶瓷材料，它不仅具有不锈钢和塑料所具有的特性，而且具有亲水性、能与细胞等生物组织表现出良好的亲和性。因此生物陶瓷具有广阔的发展前景。生物陶瓷除用于测量、诊断治疗等外，主要是用作生物硬组织的代用材料。可用于骨科、整形外科、牙科、口腔外科、心血管外科、眼外科、耳鼻喉科及普通外科等方面。生物陶瓷作为硬组织的代用材料，主要分为生物惰性和生物活性两大类。

（1）生物惰性陶瓷材料。

生物惰性陶瓷主要是指化学性能稳定，生物相溶性好的陶瓷材料。这类陶瓷材料的结构都比较稳定，分子中的键力较强，而且都具有较高的机械强度，耐磨性以及化学稳定性，它主要有氧化铝陶瓷、单晶陶瓷、氧化锆陶瓷、玻璃陶瓷等。

（2）生物活性陶瓷材料。

生物活性陶瓷包括表面生物活性陶瓷和生物吸收性陶瓷，又叫生物降解陶瓷。生物表面活性陶瓷通常含有羟基，还可做成多孔性，生物组织可长入并其表面发生牢固的键合；生物吸收性陶瓷的特点是能部分吸收或者全部吸收，在生物体内能诱发新生骨的生长，如用生物陶瓷制造的人造关节，如图6-1-23所示。生物活性陶瓷有生物活性玻璃（磷酸钙系）、羟基磷灰陶瓷、磷酸三钙陶瓷等几种。

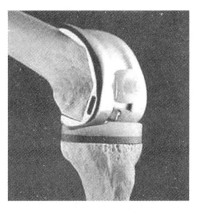

图6-1-23　用生物陶瓷制造的人造关节

4. 玻璃

你曾仔细观察过滑过指间的沙子吗？几千年以前，人们发现了沙与石灰石混合熔融后能得到热的黏稠液体。大多数沙含有微小、坚硬的石英颗粒，它是一种二氧化硅矿物。当加热到1 600℃时，石英沙就变成了蜜糖一样的黏稠液体，如果液体快速冷下来，就变成了不再有晶体结构的、透明的、稳定的材料——玻璃。

最初，玻璃制品是利用泥土模子做的。大约2 000年以前，古老的波斯玻璃工发明了玻璃吹制法。玻璃工把一个熔化的玻璃球放在一根铁管的末端，通过管子吹气，就能产生各种玻璃容器。如果在一个木制模具内吹玻璃，就能制造出有美丽外形的各种罐和花瓶。

在玻璃中加入不同的材料，可以使它具有各种特殊的用途。最初，玻璃工在熔化的沙中掺入碳酸钙和碳酸钠，这种混合物可以在比纯沙的熔点还低的温度下熔化，因此更容易操作。瓶子、窗玻璃等都是用这类玻璃制造的。

掺入氧化铅后可以制造折光率很高的玻璃。这种玻璃可用来制造眼镜、望远镜和显微镜中的透镜。掺入氧化硼的玻璃比普通玻璃更抗热，可用来制造厨具和可加热仪器。彩色玻璃是在熔融的玻璃中掺入了不同金属做成的。如掺入硒和黄金能生产红色玻璃，掺入钴能得到美丽的深蓝色玻璃。

5. 光导纤维

现在，人们已经用光学纤维来传输信息了。光纤是能传送信号的玻璃纤维丝。入射光在光纤的一端发光，通过光纤传送到另一端。这一过程与在铜线上传送电子相似。当你对着电话机说话时，你的声音信号被变换成在光纤中传输的光信号；在另一端，光信号变换成电信号，再还原成声音。

光能透过玻璃，这就是为什么你能通过一扇窗户看到外面景色的原因。但是光在光纤中传送时，在光纤内被反复反射，因而不会透射到光纤的表面。因此，信息从一端发送到另一端时，几乎没有损失！

一根像人的头发丝那样细的光纤，能一次传送625 000路电话。1/4磅光纤能代替2吨铜导线。在海底铺一条远距离传输信息的光缆时，这种差别表现出极大的优越性。正因为光纤具有如此优越的性能，所以正日益代替传输电话和有线电视中的电缆中的铜线。光纤的另一优点是稳定性。由于玻璃不会像金属一样被腐蚀，所以光缆更容易维护。

　　解释问题

利用陶瓷或玻璃的绝缘性和抗腐蚀等性质，它可以被广泛地应用在生活中。

练习与思考

1. 在陶瓷花瓶的表面上釉的目的是什么？
2. 查找资料，交流讨论生活中的玻璃种类及其异同。
3. 试着解释光导纤维用于通信的原理。

探究与实验

它变湿了吗？

取两个相同的陶瓷花盆，一个上过釉，一个没上过釉，称出它们的质量，记下数据。
（1）把两个盆子放在水里浸 10 分钟。
（2）将两个盆子从水中取出，用纸巾轻轻地擦干水和污迹。
（3）再次称出并记录两个花盆的质量。
（4）计算每个花盆变化的质量百分比。
思考哪个花盆的质量增加较多？推断上釉对花盆质量增加的影响。

三、复合材料

提出问题

聚合物是如何制成的？为什么复合材料比单组分聚合物更有用？

相关知识

你在夏天的柏油马路上走过吗？柏油是一种有臭味的黑色黏稠状物质，能粘住鞋底。柏油是从原油或煤中提炼出来的，可以制成绳索、绝缘材料和安全工具等。看一看房间内有多少物品是由塑料制得的？想一想，在还没有发明塑料时，这些物品是由什么材料做的？许多曾经需要用铁、玻璃或木材制造的东西现在都可以用塑料来做。

碳链、碳环及其他塑料与人体内的细胞有许多共同之处，它们都是含碳的化合物。这些碳的化合物是由相互连接的碳原子和另外一些原子组成的。目前已知的含碳化合物有 2000 多种，之所以能形成如此众多的物质，原因在于它有两个特性：一是碳原子可以形成四个共价键；二是碳原子之间可以相互连接成链状或环状。碳的化合物中另一种常见元素是氢，此外还有氧、氮、磷等元素。

（一）碳的化合物组成聚合物

聚合物是一种由较小分子相互连接而成的复杂的大分子。组成聚合物大分子的小分子称为单体。当大量的单体以一种重复的方式通过化学键结合在一起便形成了聚合物。一个聚合物分子往往由几百到数千个单体分子组成。多数聚合物由不断重复的同一单体组成。像一列火车中相互连接的同类车厢。有时，两种或多种单体分子也可以以交替的方式相互连接，形成巨大的网状分子。

1. 天然聚合物

自然界的聚合物几乎是与生命同时出现的。植物、动物和其他生物都能制造由聚合物分子组成的各种材料。

2. 植物类聚合物

仔细看一块粗纸巾，可发现它是由长长的纤维丝组成的。纤维素就是一种聚合物，性质柔软而有弹性，它可使植物细胞形成一定的形状。在植物中，糖类化合物聚合而生成纤维素，后者形成细胞结构。

3. 动物类聚合物

轻轻地触摸一张蜘蛛网，它会拉长但不会断。蜘蛛网是由蜘蛛体内分泌的多种化学物质织成的丝状聚合物。蜘蛛用这些丝来织网，人类则利用动物生产的聚合物制成衣服，如用蚕丝织造的丝绸，这些聚合物还可以纺成线或织成布。

人类的身体也能产生聚合物。用指甲轻弹桌面，这指甲和使手指运动的肌肉都是由蛋白质构成的，蛋白质就是一种聚合物。在你的体内，蛋白质由更小的单体分子——氨基酸聚合而成。蛋白质的性质取决于氨基酸的种类和排列顺序，如形成指甲的蛋白质、运输氧的血红蛋白、头发等都是不同的蛋白质。

4. 合成聚合物

元素或化合物混合后可以发生聚合反应生成复杂化合物，制造聚合物的原料来自煤或石油。塑料是最常见的合成聚合物，可被加工成各种形状的物品。还有许多其他的产品，如地毯、衣服、胶水等都可以用合成的聚合物来做。合成聚合物可以在很多方面代替昂贵的天然材料，减小天然材料的消耗。如心脏起搏器、自行车轮胎等，这些都是由人工合成的聚合物制成的。

（二）复合材料

复合材料是将两种或两种以上组分材料，以一定的形式组合起来，使它们取长补短，综合发挥优异特性的人工合成材料。复合材料具有强度高、重量轻、刚性大、抗疲劳、减振性和耐温性好等特点，所以在人类生活中起着重要的作用。

最原始的复合材料是黏土泥浆中掺稻草而制成的土砖；在灰泥中掺马鬃或在熟石膏里加纸浆，可以制成纤维增强的复合材料。而现在的复合材料已经有了新的内涵，所用的原材料包括高分子材料、金属材料和无机非金属材料等。

复合材料包括三大要素，即基体材料、增强剂、复合方式。

1. 树脂基复合材料

树脂基复合材料指以高分子树脂为基体，以无机粉体或纤维来增强的复合材料。由于无机粉体对树脂的增强效果不大，往往是以降低成本为主要目的，因此树脂基复合材料通常狭义地指纤维增强的复合材料。纤维增强树脂基复合材料常用的树脂为环氧树脂和不饱和聚酯树脂。目前常用的有：热固性树脂、热塑性树脂。热塑性树脂可以溶解在溶剂中，也可以在加热时软化和熔融变成黏性液体，冷却后又变硬。热固性树脂只能一次加热和成型，在加工过程中发生固化，形成不熔和不溶解的网状交联型高分子化合物，因此不能再生。

2. 金属基复合材料

树脂基复合材料通常只能在350℃以下的不同温度范围内使用。金属基复合材料是以金属或合金为基体与各种增强材料复合而制得的复合材料。增强材料可为纤维状、颗粒状和晶须状的碳化硅、硼、氧化铝及碳纤维。金属基体除金属铝、镁外，还有有色金属钛、铜、锌、铅、铍超合金和金属间化合物，以及黑色金属。金属基复合材料除了和树脂基复合材料同样具有高强度、高模量的特点外，它还能耐高温，同时不燃、不吸潮、导热导电性好、抗辐射。金属基复合材料是令人注目的航空航天用高温材料，可用作飞机涡轮发动机和火箭发动机热区和超音速飞机的表面材料。目前在不断发展和完善的金属基复合材料中以碳化硅颗粒铝合金发展最快。这种金属基复合材料的比重只有钢的1/3，为钛合金的2/3，与铝合金相近。它的强度比中碳钢好，与钛合金相近而又比铝合金略高。其耐磨性也比钛合金、铝合金好。目前已小批量应用于汽车工业和机械工业。在5～15年内有商业应用前景的是汽车活塞、制动机部件、连杆、机器人部件、计算机部件、运动器材等。金属基复合材料存在的主要问题是金属复合材料制造工艺复杂、造价昂贵，尚未能在工业生产中大规模应用。近些年来正在迅速开发研究适用于350℃～1 200℃使用的各种金属基复合材料。

3. 陶瓷基复合材料

它是刚兴起的一种高比强、高比模、耐高温、抗氧化、耐磨损及热稳定性较好的新材料，是以陶瓷为基体与各种纤维复合的一类复合材料。基体陶瓷有Si_3N、SiC、Al_2O_3和SiO_2等。增强材料有碳纤维、碳化硅纤维和碳化硅晶须。这些先进陶瓷具有耐高温、高强度和刚度、相对重量较轻、抗腐蚀等优异性能，但其致命的弱点是具有脆性，处于应力状态时，会产生裂纹，甚至断裂导致材料失效。而采用高强度、高弹性的纤维与基体复合，则是提高陶瓷韧性和可靠性的一个有效方法。纤维能阻止裂纹的扩展，从而得到有优良韧性的纤维增强陶瓷基复合材料。

陶瓷基复合材料具有优异的耐高温性能，主要用作高温及耐磨制品。陶瓷基复合材料已广泛用来制作滑动构件、航空航天部件、能源构件等。法国已将长纤维增强碳化硅复合材料应用于制造高速列车的制动件，显示出其优异的耐摩擦磨损特性，并取得满意的使用效果。

解释问题

复合材料是由两种或多种性质不同的物质合成一种更有用的物质，所以性质比单一的聚合物更优越。如玻璃纤维就不仅能防锈，还耐腐蚀。

练习与思考

1. 单体和聚合物有什么联系？
2. 复合材料和组分材料相比有什么优点？
3. 将你在家里找到的聚合物列成表，并将它们按天然材料或合成材料分类。

四、超导材料

提出问题

输电线路能够实现零损耗吗？

相关知识

1911 年荷兰科学家温奈斯（H. K. Onnes）用液氦在零下 269.03℃ 的低温下冷却水银时，发现水银电阻完全消失，出现零电阻现象，接着又发现了其他一些金属也有这种现象。温奈斯把这种导体呈现零电阻的现象称为超导现象，能够产生超导现象的材料叫超导材料。电阻变为零的温度称为临界温度。

超导材料可以是元素超导材料、合金超导材料、化合物超导材料、陶瓷超导材料。超导材料和常规导电材料的性能有很大的不同，主要有：①零电阻性（零电阻效应）：超导材料处于超导态时电阻为零，能够无损耗地传输电能。如果用磁场在超导环中引发感应电流，这一电流可以毫不衰减地维持下去。②完全抗磁性（迈斯纳效应）：1933 年，法国科学家迈斯纳（W. F. Meissner）发现当超导材料处于超导状态时，它始终保持内部磁场为零，外磁场的磁力线将无法穿透并被统统排斥到体外，超导材料内的磁场恒为零。因此超导电性和完全抗磁性是超导体的两个重要特征。

超导材料的研究是从"低温"超导开始的，主要是多种合金，如铌锆合金、铌钛合金、钒镓合金等。"低温"超导材料要用液氦做冷却剂才能呈现超导态，因此在应用上受到很大的限制。多年来，科学家们积极进行了高温超导的研究。1973 年，人们发现的超导铌锗合金临界温度为 23.2K，1986 年，美国 IBM 公司的研究中心报道了一种氧化物（镧—钡—铜—氧）具有 35K 的高温超导性，1986 年年底，美国贝尔实验室研究的氧化物超导材料，其临界温度达到 40K，液氮的"温度壁垒"（40K）被跨越。1987 年年底，临界温度提高到了 125K，高温超导材料的不断问世，为超导材料从实验室走向应用铺平了道路。

超导材料的研究不仅具有重大的科学价值，而且其在非常广泛的领域内也有着实际应用的价值，如图 6 - 1 - 24 所示，目前主要用于以下几个方面：

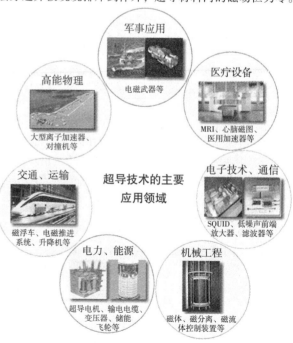

图 6 - 1 - 24　超导材料的用途

（一）超导输电线路

因为超导体没有电阻，在电流流过时就不会因为发热而损失电能，因此采用超导电线可以实现远距离无损耗输电，这样电站就可以远离居住区，使我们的生活区更加洁净。

（二）超导发电机

制造大容量的发电机，关键部件是线圈和磁体。由于导体存在电阻，造成线圈严重发热，因此如何使线圈冷却便成为难题。如果用超导材料制造超导发电机，线圈是由无电阻的超导材料绕成的，根本不会发热，而且发电效率将会提高50%。

（三）磁悬浮高速列车

超导磁悬浮技术被广泛用于交通领域，其中以超导磁悬浮高速列车最引人注目。科学家们利用超导材料开发研制的磁悬浮列车，时速每小时已达550km，是陆地上行驶速度最快的交通工具。其原理是把超导磁体装在列车内，在地面轨道上设铝环，利用它们之间的相对运动，使铝环中产生感应电流，从而产生磁排斥作用，把列车托起离地面约10cm，使列车浮在地面上高速前进。这种列车已在日本、德国、英国、法国等国制造成功。我国于1995年研制出了第一台磁悬浮列车。如图6-1-25所示。2002年12月31日磁悬浮列车在从上海龙阳路地铁站至浦东国际机场这条世界首条磁悬浮商业运行线

图6-1-25　我国上海磁悬浮列车

路上开始首次正式运行，全程只需8分钟，是世界第一条商业运营的磁悬浮专线。设计时速430km/h，实际时速约380km/h，现已降速至301km/h，转弯处半径达8 000m，肉眼观察几乎是一条直线，最小的半径也达1 300m，乘客不会有不适感。

以上所列举的例子，仅仅是超导材料应用领域的一部分。另外，超导材料还会引起电子通讯、医疗、军事等各方面的巨大变化，它的应用前景十分令人神往。

◎ 解释问题

随着超导材料的研制成功，若材料出现超导现象的温度能够接近常温，输电线路在输送电时就能实现零损耗，节能减排就能实现。

◎ 练习与思考

1. 什么是超导？
2. 什么是超导体？
3. 举例说明超导材料在现实生活中有哪些应用和实际意义？

五、纳米材料

◎ 提出问题

从理论上分析，有没有一种材料能在地球和月球之间架起一架天梯呢？

◎ 相关知识

（一）纳米

什么是纳米？"纳米"是"nanometer"的译名，即为毫微米，它是长度的度量单位，用符号nm表示。

它是十亿分之一（10^{-9}）米，相当于4个原子的大小，万分之一头发的粗细。

（二）纳米技术

纳米技术（如图6-1-26所示）是指在纳米尺度的范围内，通过直接操纵和安排原子、分子来创造新物质材料的技术，即研究100~0.1nm这个微观范围内物质所具有的特异现象和特异功能，并在此基础上制造新材料、研究新工艺的方法与手段。简单地说，纳米世界就是一个微观世界，纳米技术是我们操纵微观世界要使用的技术。

图6-1-26　纳米技术——操纵原子画出最小的汉字中国

（三）纳米材料

纳米材料是由尺寸在1~100nm的超细颗粒构成的有优异性质的一类新材料。

1. 特殊的光学性质

金属超微颗粒对光的反射率很低，而吸收率很高。利用这一性质，可作高效率光热、光电转换材料，制作太阳能电池、红外敏感器、隐身元件等。

2. 特殊的热学性质

超微颗粒的熔点将显著降低。例如，金的常规熔点为1 064℃，当其颗粒的尺寸减小到10nm时，熔点会降低27℃，而减小到2nm尺寸时的熔点仅为327℃左右；银的常规熔点为670℃，而超微银颗粒的熔点可低于100℃。

3. 特殊的磁学性质

磁性超微颗粒实质上就是一个生物磁罗盘。通过电子显微镜观察表明，生活在水中的趋磁细菌体内通常含有直径约为微米级的磁性氧化物颗粒，趋磁细菌就依靠它而游向营养丰富的水底。人们发现小尺寸磁性超微颗粒与大块磁性材料有显著不同，随着超微颗粒尺寸减小，它会呈现出超顺磁性。利用磁性超微颗粒的这个特性，已制成高储存密度的磁记录磁粉，大量应用于磁带、磁盘、磁卡以及磁性钥匙等。

4. 特殊的力学性质

纳米陶瓷材料具有良好的韧性。呈纳米晶粒的金属要比传统的粗晶粒金属硬3~5倍。金属—陶瓷复合纳米材料则可在更大的范围内改变材料的力学性质。

5. 特殊的电学性质

金属材料中的原子间距会随颗粒减小而变小。因此，当金属晶粒处于纳米范畴时，其密度随之增加。这样，金属中自由电子移动的路程将会变小，使电导率降低。因此，原来的金属良导体就转变为绝缘体，这种现象称之为尺寸诱导的金属—绝缘体转变。

正是因为纳米材料具有这些奇特的性质，与宏观物体迥然不同，由此人们可以制造出各种性能优良的特性材料。

（四）纳米陶瓷

普通陶瓷坚硬质脆，易于破碎，没有足够的韧性。如果将其磨碎，使它变为纳米颗粒，然后再制成纳米微晶陶瓷，这种陶瓷坚韧，有塑性、耐磨、永不生锈，比金属材料优越得多。如果用纳米陶瓷做成发电机的轮子，将广泛用于未来的汽车和高速列车。

（五）纳米金属

纳米铁材料由6nm的铁晶体压制而成，比普通钢铁强度提高12倍，硬度提高2~3个数量级。利用纳米铁材料，可以制成高强度、高韧性的特殊钢材。随着金属颗粒的减小，金属的熔点会降低。例如，金的熔点为1 063℃，而纳米金的熔点只有330℃，熔点降低近700℃。纳米金属熔点的降低不仅使低温烧结制备合金成为现实，而且可使不互溶的金属冶炼成合金。

（六）碳纳米管

碳纳米管是纳米技术研究的一大热点。1991 年被科学家研制的碳纳米管，是由石墨碳原子层卷曲而成的从一层到几十层不等的同轴圆管，如图 6 - 1 - 27 所示。管的直径一般为几个纳米到几十个纳米，5 万个这种碳管并排起来只有一根头发丝那么粗，其质量是同体积钢的 1/6，强度却是钢的 100 倍，热导与金刚石相仿，电导高于铜。碳纳米管存在着潜在的应用前景，将成为未来高能纤维的首选材料，并广泛用于制造超微导线、开关以及纳米级电子线路，也是理想的储氢材料。

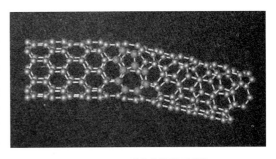

图 6 - 1 - 27　碳纳米管微观结构

以上只是纳米材料在几方面的应用，它的应用远不止这些。纳米材料在各个方面的应用，充分显示了这种材料在材料科学中有着举足轻重的作用，纳米材料将成为 21 世纪的主要材料。

解释问题

随着纳米技术的成熟，纳米材料的进一步研制成功，利用它的高强度和低密度，人们在地球和月球之间架设起天梯的梦想就该是纳米材料了。

练习与思考

1. 什么是纳米？什么是纳米材料？它比传统材料有哪些优异性能？
2. 在生活中寻找纳米技术及纳米材料的应用，并一起交流讨论。

六、新材料技术展望

无论哪一代新技术的形成与发展，很多都依赖于材料工业的发展。在现代文明社会中，高新技术的发展更是紧密依赖于新材料的发展。新材料是发展信息、航天、能源、生物等高技术的重要物质基础。许多新材料技术本身已经成为当代高技术的重要组成部分。各发达国家都把新材料的研究与开发放在突出的地位。我国也很重视新材料的研究与开发，从而保证了尖端技术"两弹一星"的顺利发展。在"863"计划中，我国把新材料定为重要研究发展领域之一。当前，材料技术的发展有以下几个趋势：

（一）从均质材料向复合材料发展

以前人们只使用金属材料、高分子材料等均质材料，现在开始越来越多地使用复合材料以满足不同要求和特殊要求。

（二）由以结构材料为主向功能材料、多功能材料并重的方向发展

以前讲材料，实际上都是指结构材料。但是随着高技术的发展，其他高技术要求材料技术为它们提供更多更好的功能材料，而材料技术也越来越有能力满足这些要求。所以现在各种功能材料越来越多，相信有一天，功能材料将同结构材料一起在材料领域平分秋色。

（三）材料结构的尺度向越来越小的方向发展

各种纳米材料甚至纳米复合材料正以惊人的速度快速发展。

（四）由被动性材料向具有主动性的智能材料方向发展

过去的材料不会对外界环境的作用作出反应，是被动的。新的智能材料能够感知外界条件变化，进行判断并主动做出反应。

（五）通过仿生途径来发展新材料

生物通过千百万年的进化，在严峻的自然环境中经过优胜劣汰、适者生存的规律发展到今天，自有其独特之处。

总之，我们可以满怀信心地相信，材料科学技术必将在当代科学技术迅猛发展的基础上，朝着高功能化、超高性能化、复杂化和智能化的方向发展，从而为人类社会的物质文明建设做出巨大的贡献。

第五节　机器人的研究与开发

本节学习要点

- 认识机器人；
- 机器人的分类；
- 机器人的应用。

本节学习意义

- 扩大学生视野，了解当今种类繁多的机器人。

提出问题

- 什么是机器人？

相关知识

随着人类社会工业化、信息化脚步的加快，"机器人"已经变成了人们耳熟能详的一个词汇，而对这个词的熟悉过程，恰好是伴随着人工智能逐步发展并被越来越多的人接受的过程。无论是在科幻小说、电影电视，还是在现实生活中；无论是在工业、娱乐、医疗、安防，还是在探险中；无论是上天、入地、下水，还是在人类无法深入的各种环境中，都有机器人恪尽职守、任劳任怨的身影。

一、认识机器人

（一）机器人一词的来源

机器人是 20 世纪才出现的新名词。1920 年，捷克剧作家卡雷尔·卡佩克（Kapel Capek）在他的《罗萨姆万能机器人公司（R. U. R）》剧本中，第一次提出了机器人（robot）这个词。robot 是从古代斯拉夫语 robota 一词演变而来的。robota 本是强制劳动的意思，卡雷尔·卡佩克，在 20 世纪工业革命后技术和生产快速发展的背景下，根据它造出具有"奴隶机器"含义的新词 robot，它反映着人类希望制造出像人一样会思考，有劳动能力的机器代替自己工作的愿望。但在当时，机器人一词也仅仅具有科幻意义，并不具备现实意义，真正使机器人成为现实的是 20 世纪工业机器人出现以后。

（二）机器人的定义

在科技界，科学家会给每一个科技术语一个明确的定义，但机器人问世已有几十年了，机器人的定义仍然仁者见仁，智者见智，没有一个统一的意见。原因之一是机器人还在发展，新的机型、新的功能不断涌现。根本原因主要是机器人涉及了人的概念，成为一个难以回答的哲学问题。就像机器人一词最早诞生于科幻小说中一样，人们对机器人充满了幻想。也许正是由于机器人定义的模糊，才给了人们充分的想象和创造空间。

其实并不是人们不想给机器人一个完整的定义，自机器人诞生之日起人们就不断地尝试着说明到底什么是机器人。但随着机器人技术的飞速发展和信息时代的到来，机器人所涵盖的内容越来越丰富，机器人的定义也在不断充实和创新。

国际上关于机器人的定义有许多，举例如下。

1. 英国简明牛津字典

机器人是"貌似人的自动机，具有智力的，顺从于人的，但不具有人格的机器"。这一定义并不完全正确，因为还不存在与人类相似的机器人在运行，这是一种理想的机器人。

2. 美国机器人协会（RIA）

机器人是"一种用于移动各种材料、零件、工具或专用装置的，通过可编程动作来执行各种任务的，并具有编程能力的多功能操作机（manipulator）"。尽管这一定义较为实用，但并不全面。这里指的是工业机器人。

3. 日本工业机器人协会（JIRA）

工业机器人是"一种装备有记忆装置和末端执行器的，能够转动并通过自动完成各种移动来代替人类劳动的通用机器"。或者分两种情况来定义：其一，工业机器人是"一种能够执行与人的上肢（手和臂）类似动作的多功能机器"。其二，智能机器人是"一种具有感觉和识别能力，并能够控制自身行为的机器"。

4. 美国国家标准局（NBS）

机器人是"一种能够进行编程并在自动控制下执行某些操作和移动作业任务的机械装置"。这也是一种比较广义的工业机器人的定义。

5. 国际标准化组织（ISO）

"机器人是一种自动的、位置可控的、具有编程能力的多功能操作机，这种操作机具有几个轴，能够借助于可编程序操作来处理各种材料、零件、工具和专用装置，以执行各种任务"。显然这一定义与RIA的定义相似。

而随着机器人技术研究的深入和应用领域的迅速拓展，很多科学家给出了机器人的定义。

（1）森政弘与合田周平在1967年日本召开的第一届机器人学术会议上提出："机器人是一种具有移动性、个体性、智能性、通用性、半机械半人性、自动性、奴隶性等7个特征的柔性机器"。从这一定义出发，森政弘又提出了用自动性、智能性、个体性、半机械半人性、作业性、通用性、信息性、柔性、有限性、移动性等10个特性来表示机器人的形象。

（2）加藤一郎在同一次会议上提出："具有如下三个条件的机器称为机器人：第一，具有脑、手、脚等三要素的个体。第二，具有非接触传感器（用眼、耳接受远方信息）和接触传感器。第三，具有平衡觉和固有觉的传感器。"该定义强调了机器人应当仿人的含义，即它靠手进行作业，靠脚实现移动，由脑来完成统一指挥的作用。非接触传感器和接触传感器相当于人的五官，使机器人能够识别外界环境，而平衡觉和固有觉则是机器人感知本身状态所不可缺少的传感器。这里描述的不是工业机器人而是自主机器人。

（3）我国科学家对机器人的定义是："机器人是一种自动化的机器，所不同的是这种机器具备一些与人或生物相似的智能能力，如感知能力、规划能力、动作能力和协同能力，是一种具有高度灵活性的自动化机器"。

各国科学家对它的定义都有所不同，而且随着时代的变化，机器人的定义也在不断发生变化。在这些定义中，抛开对外形、作业目的等的差异，不难发现，在核心机制方面已经从"可编程"逐步转向了"智能"的要求，这也是当今智能机器人迅速发展的写照，也使得机器人与人工智能的联系越来越紧密，人类的运作方式与机器的运作方式比较如图6-1-28所示。

（三）机器人的组成

机器人应该是"能自动工作的机器"，它们有的功能比较简单，有的却非常复杂，但必须具备以下三个特征：

1. 身体

是一种物理状态，具有一定的形态，机器人的外形究竟是什么样子，这取决于人们想让它做什么样的工作，其功能设定决定了机器人的大小、形状、材质和特征，等等。

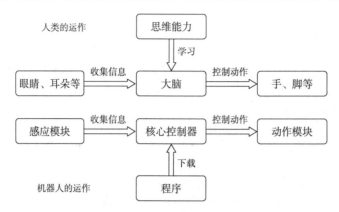

图 6 – 1 – 28　人类的运作方式与机器人的运作方式比较

2. 大脑

就是控制机器人的程序或指令组，当机器人接收到传感器的信息后，能够遵循人们编写的程序指令，自动执行并完成一系列的动作。控制程序主要取决于下面几种因素：使用传感器的类型和数量、传感器的安装位置、可能的外部激励以及需要达到的活动效果。

3. 动作

就是机器人的活动，有时即使它根本不动，也是它的一种动作表现，任何机器人在程序的指令下要执行某项工作，必定是靠动作来完成。

二、机器人的分类

关于机器人如何分类，国际上没有制定统一的标准，有的按负载重量分，有的按控制方式分，有的按自由度分，有的按结构分，有的按应用领域分，其分配方式如表 6 – 1 – 1 所示。

表 6 – 1 – 1　机器人一般的分类方式

分类名称	释　义
示教再现型机器人	通过引导或其他方式，先教会机器人动作，输入工作程序，机器人则自动重复进行作业
数控型机器人	不必使机器人动作，通过数值、语言等对机器人进行示教，机器人根据示教后的信息进行作业
感觉控制型机器人	利用传感器获取的信息控制机器人的动作
适应控制型机器人	机器人能适应环境的变化，控制其自身的行动
学习控制型机器人	机器人能"体会"工作的经验，具有一定的学习功能，并将所"学"的经验用于工作中
智能机器人	以人工智能决定其行动的机器人

我国的机器人专家从应用环境出发，将机器人分为两大类：工业机器人和特种机器人。所谓工业机器人，就是面向工业领域的多关节机械手或多自由度机器人。而特种机器人则是除工业机器人之外的、用于非制造业并服务于人类的各种先进机器人。

目前，国际上的机器人学者，从应用环境出发将机器人也分为两类：制造环境下的工业机器人和非制造环境下的服务与仿人型机器人，这和我国的分类是一致的。

三、机器人的应用

机器人技术作为 20 世纪人类最伟大的发明之一，自 20 世纪 60 年代初问世以来，经历 40 多年的发展已取得长足的进步。工业机器人在经历了诞生—成长—成熟期后，已成为制造业中不可少的核心装备，世界上约有近百万台工业机器人正与工人朋友并肩战斗在各条战线上。特种机器人作为机器人家族的后起之秀，由于其用途广泛而大有后来居上之势，仿人机器人、农业机器人、服务机器人、水下机器人、医疗机器人、军用机器人、娱乐机器人等各种用途的特种机器人纷纷面世，并且正以飞快的速度向实用化迈进。

（一）工业机器人

据国际机器人联合会（IFR）的统计，目前全球至少有 80 万台工业机器人。其中日本拥有量约 35 万台，将近 25 万台在欧洲，北美约为 11.2 台。在欧洲，德国拥有量最大（11.27 万台），以下依次为意大利（5 万台）、法国（26 万台）、西班牙（2 万台）、英国（1.4 万台）。

1. 机械加工机器人

机械加工自动化正在以数控（numerical control，NC）机床为中心推开，由于机床传统的手工操作被 NC 自动化所取代，因此劳动生产率和产品质量都得以大幅度提高。机械加工自动化经历了从数控机床单机自动化到系统自动化的发展过程。把工业机器人、大型托盘自动更换装置（automatic pallet changer，APC）等与 NC 机床连接起来，组成的能自动上下料、长时间无人运转的自动化加工系统称为加工单元。加工单元是全加器（FA）的基本组成部分。由单元控制器充当中央管理装置，集中管理数台加工单元是 FA 的基本形式，它已被许多工厂用来组织多品种小批量生产。

2. 焊接机器人

工业机器人中有半数为焊接机器人。焊接机器人通常有弧焊机器人和点焊机器人，如图 6-1-29 所示，焊接机器人的应用范围很广，除汽车行业之外，在通用机械、金属结构等许多行业都有应用。

到目前为止，焊接机器人大致可分为三代：第一代是基于示教再现工作方式的焊接机器人，具有操作简便，不需要环境模型，示教时可修正机械结构带来的误差等特点，在焊接生产中得到大量使用；第二代是基于一定传感器信息的离线编程焊接机器人；第三代是指装有多种传感器，接受作业指令后能根据客观环境自行编程的高度适应智能机器人。我国在 20 世纪 70 年代末开始研究焊接机器人，经过 20 多年的发展，在焊接机器人技术领域取得了长足的进步，对国民经济的发展起到了积极的推动作用。

图 6-1-29 焊接机器人

3. 喷涂机器人

国际上机器人在喷绘领域的应用已有 20 多年的历史。较早运用该技术的有美国的 Minhit 公司、德国的 Hatel 公司、美国的 Fudge 公司等，对机器人和印刷业的发展产生过深远的影响。它们使用的是 MK 的 h16 机器人，采用的是气体和液体相结合的流量控制系统。20 世纪 80 年代起，Hatel 公司在 h16 机器人上首次采用气压控制的间或流量控制系统，装有抽吸装置的内置阀，可避免初始污染。

90 年代初，美国首次在 Berserlahr 机器人自动喷绘设备上试装了涂料流量控制装置，使喷涂质量有了质的飞跃。随着喷涂机器人的技术不断创新，喷涂精度空前提

图 6-1-30 喷涂机器人

高，在世界发达国家喷涂机器人得到了广泛的应用。90 年代起，随着经济的发展，喷涂机器人在我国也得到运用和推广，如图 6-1-30 所示。

喷涂机器人广泛用于汽车车体、高层建筑、家电产品和各种塑料制品的喷涂作业。

4. 装配机器人

机器人正式进入装配作业领域是在"机器人普及元年"的 1980 年前后，现在日本许多厂商都在生产电伺服装配机器人，它较之前的液压机器人制造简单，价格低廉，因此更利于普及。据日本产业机器人协会统计，在 1982—1991 年的 10 年中，日本用于装配作业的机器人为 17.75 万台，居工程应用数量之首。

装配机器人由以下几大部分组成：手臂、手（手爪）、控制器、示教盒、传感器，如图 6-1-31 所示。

5. 检查、测量机器人

检查、测量机器人集三种功能于一身：机械手的运动功能、对象状态的感知功能，以及对所采集到的信息进行分析、判断和决策的功能等。在制造业中引入这类机器人，对改善产品质量、节省检查工时、减少尘埃以及减轻检查员的劳动强度具有重要意义。该类机器人可用于形状测量、装配检查、动作试验和缺陷检查。

图 6 - 1 - 31　工业装配机器人

6. 移动式搬运机器人

在工厂常用移动式搬运机器人（transfer robot）、无人搬运车（unmanned transfer vehicle）、无人台车（unmanned carriage）、自动导引小车（autonomous guided vehicle, AGV）装载工件或其他物品。移动式搬运机器人既与传统流水线大批量生产的传送带加搬运机器人的概念不同，也有别于传统柔性的概念，是一种针对路径多岔、搬运对象多变、中批量生产规模的运输手段。在 FA、FMS 中，移动式搬运机器人也是不可缺少的。

7. 码垛机器人

码垛就是按照集成单元化的思想，将单一的物件，按照一定的模式，一件件地堆码成垛，以便使单元化的物垛实现物料的搬运、存储、装卸运输等物流活动。20 世纪 80 年代以前，码垛工作都是由人工完成的。随着工业化大生产规模的扩大，促使码垛自动化，以加快物流的速度，保护工人的安全和健康，同时也能获得整齐一致的物垛，并减少物料的破损和浪费。70 年代末，日本顺应社会发展的潮流，将机器人技术用于码垛过程，从此，作为一门物流自动化的新兴技术——机器人码垛技术的研究开发获得了迅速的发展。我国在 80 年代引进的大型石化装置，首次应用了机器人码垛。随后在 90 年代初，我国开始了码垛机的研制开发。图 6 - 1 - 32 是清华大学精密仪器与机械学系为其自动化研究室研制成功的 TH - 50 空间关节高速码垛机器人。

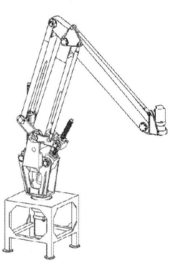

图 6 - 1 - 32　清华大学研制的
TH - 50 码垛机器人

（二）特种机器人

特种机器人是除工业机器人之外的、用于非制造业并服务于人类的各种先进机器人，包括服务机器人、水下机器人、娱乐机器人、军用机器人、农业机器人、机器人化机器人等。在特种机器人中，有些分支发展很快，有独立成体系的趋势，如服务机器人、水下机器人、军用机器人、微操作机器人等。

1. 消防机器人

进入 21 世纪后，机器人技术的不断发展使得机器人的应用领域不断扩展，从以往主要应用于工业领域而渐渐融入人们的生活。消防机器人作为消防部队中的新兴力量，加入了抢险救灾的行列，如图 6 - 1 - 33 所示。从 1986 年日本东京消防厅首次在灭火中采用了"彩虹 5 号"机器人后，消防机器人就逐渐在灭火救灾领域得到广泛的应用，消防机器人技术也得到快速的发展。国际上消防机器人的研制主要可分为三代：第一代是程序控制消防机器人；第二代是具有感觉功能的消防机器人；第三代是智能化消防机器人。目前发达国家正在加快开发具有不同功能的实用型的第二代消防机器人和第三代低级智能化消防机

图 6 - 1 - 33　消防机器人

器人，着手研究第三代高级智能消防机器人。

20世纪90年代，我国在消防机器人领域也获得了可喜的成果，由国家科学技术委员会正式立项的国家"863"高科技计划研究发展项目——"消防机器人"研究课题，在公安部上海消防科学研究所通过专家组验收。这一历时三年的研制项目的顺利完成，标志着我国第一代消防机器人正式诞生。该机器人本体由行走部分、遥控消防炮、防爆系统、图像传输系统、探测系统和冷却自卫系统等构成。我国消防机器人技术的发展不但是对消防部队抢险救灾能力的提高，起到减少国家财产损失和灭火救援人员伤亡的作用，同时也对我国机器人技术、通信控制技术、计算机技术等多学科领域技术的发展起到积极的作用和深远的影响。

2. 核工业机器人

核工业机器人是应用在辐射环境下的特种机器人。现在全世界核能发电量占总发电量的17%以上，核能的利用越来越受到世界各国的重视，但如果人类长期工作在强放射性辐射的环境中，极易引起如白内障、失明、生命迟缓、脑损伤甚至出现癌变等致命性影响。基于此，世界各国均致力于研制适合在危险环境下工作的核工业机器人来替代人类的工作，如美国的SAMSIN、德国的EMSM系列、法国的MA23-SD系列等，这些机器人能够部分或全部取代在危险环境中人类的工作，减少或避免人员的辐射时间，大大提高工作的安全性。核工业机器人是一种十分灵

图6-1-34 ATOM核工业机器人

活、能做各种姿态运动以及可以操作各种工具的设备，对危险环境有着极好的应变能力。图6-1-34所示为美国联邦调查局（FBI）所属的核事故应急搜救小组（Nuclear Emersency Search Team，NEST）针对核恐怖活动装备的ATOM核工业机器人。

3. 水下机器人

随着海洋开发利用的发展，一般潜水技术已经无法胜任高深度、远距离的与海洋相关的作业任务，不论是沉船打捞、海上救生、光缆铺设，还是资源勘探和开采。于是各国相继开展了水下作业机器人的研发。图6-1-35所示为英国水下机器人MOHICAN。

水下机器人小巧灵活，操作简便，通过控制台上的多个旋钮即可控制机器人前进、后退、转弯、上升、下沉，灯光强弱和摄像头焦距，云台俯仰等。机器人可携带定位声呐、图像扫描声呐、多参数水质检测传感器、辐射传感器、机械手、金属测厚计等，可实时进行水下视频检测和观测。水下机器人已广泛应用于丢失武器装备的搜寻，协助水下基阵或结构的安装和日常检查检修；水下锚、推进器、船底探查；

图6-1-35 英国水下机器人MOHICAN

水利水电行业的船闸、坝体、桥墩、排沙口、拦污栅、病险水库等的水下检查；水下工程质量监控、犯罪物证搜索和涉水事故调查；海洋石油钻井平台等水下结构的检修；救助打捞，近海搜索；水下考古，水下沉船考察，海洋生物科学研究等。

4. 医疗机器人

医疗机器人系统基于XRAY、CT、MRI等医学图像导航，对医疗外科手术进行规划和虚拟操作，最后实现多传感器机器人的辅助定位和手术操作。目前已经在医疗外科手术规划模拟、微损伤精确定位操作、无损伤诊断与检测、新型手术医学治疗方法等方面得到了广泛的应用。医疗机器人在精确定位手术、微创伤手术、提高手术质量等方面带来了一系列的技术变革。图6-1-36所示为天津大学研发的"妙手"医疗机器人系统，该机器人系统是外科手术机器人的一种，可以完成直径1mm以下的微细血管剥离、缝合

和打结等各种手术操作。

医疗机器人的应用方向主要有：辅助外科机器人和辅助介入手术机器人。

医疗机器人是目前国外机器人研究领域中最活跃、投资最多的方向之一，其发展前景非常好。近年来，医疗机器人技术已引起美国、法国、德国、意大利、日本等国家学术界的极大关注，研究工作蓬勃兴起。20世纪90年代起，国际先进机器人计划（IARP）已召开过多届医疗外科机器人研讨会，美国国防高级研究计划局（DARPA）已经立项，开展基于遥控操作的外科研究，用于战伤模拟手术、手术培训、解剖教学。欧盟、法国国家科学研究中心也将机器人辅助外科手术、虚拟外科手术仿真系统作为重点研究发展的项目之一。在发达国家已经出现医疗外科手术机器人市场化产品，并在临床上开展了大量的病例应用研究。

5. 军事机器人

军事方面的机器人则忠于职守，可以完成各种艰巨复杂的任务，如图6-1-37所示。除了打仗之外，这些机器人还可用来代替人类从事各种危险的工作，例如扫雷、深海探险、进入放射性污染区以及其他形式的严重污染环境等。排雷机器人不仅可以加快扫雷破障的速度，而且能大大降低了人员的伤亡。排弹机器人在拆除恐怖分子安放的各种类型的炸弹工作中屡建奇功，备受欢迎。在高技术条件下的战场环境更加复杂，使用侦察机器人不仅可以进入难以涉足的恶劣环境中侦察，而且一旦机器人不幸被"俘"，还可以通过惯先设置的程序自动引爆，"以身殉职"。地面微型机器人体积小，生存能力强，具有广泛的用途。我国现已研制出一种只有昆虫大小的名叫"扁虱"的机器人，它可附在敌人装备的部件上，混入敌人防线，侦察敌人的目标；也可向敌人的通信系统中注入一个功率脉冲进行干扰，或钻到敌人的装备中去，破坏发动机等关键部位。

6. 仿人机器人

模仿人的形态和行为而设计制造的机器人就是仿人机器人，一般分别或同时具有仿人的四肢和头部（如图6-1-38所示）。仿人机器人具有人类的外观，可以适应人类的生活和工作环境，代替人类完成各种作业，并可以在很多方面扩展人类的能力，在服务、医疗、教育、娱乐等多个领域得到广泛应用。

仿人机器人研究集机械、电子、计算机、材料、传感器、控制技术等多门科学于一体，代表着一个国家的高科技发展水平。从机器人技术和人工智能的研究现状来看，要完全实现高智能、高灵活性的仿人机器人，还有很长的路要走，而且人类对自身也没有彻底地了解，这些都限制了仿人机器人的发展。

7. 教育机器人

这是一类应用于教育领域的机器人，它一般具备以下特点：首先是教学的适用性，符合教学使用的相关需求；其次是具有良好的性能价格比，特定的教学用户群决定了其价位不能过高；再次就是它的开放性和可扩展性，可以根据需要方便地增、减功能模块，进行自主创新；此外，它还应当有友好的人机交互界面。

图6-1-36 "妙手"医疗机器人系统

图6-1-37 美国第一台军用机器人

图6-1-38 能打太极拳的机器人

事实上，教育机器人（如图 6 - 1 - 39 所示）也是一种十分典型的数字化益智玩具，适用于各个年龄阶段的人群，并且能够以不同角度、通过多样的形式发挥其教育功能，达到"寓教于乐"的目的。当前，教育机器人相关的课外活动形式主要包括：课外兴趣小组，以小组为单位，进行组装与程序的编写，组成完成某种功能的机器人；各种层次和类型的机器人竞赛，等等。该类活动对于培养学生的创新精神、创新意识与创新能力有着积极的意义，通过该项活动，孩子们可以进行计算机编程、工程设计、动手制作与技术构建，同时也可以结合他们的日常观察、积累，去寻求最完美的解决问题的方案，发展自己的创造力。

图 6 - 1 - 39　教育机器人

解释问题

我国科学家对机器人的定义是："机器人是一种自动化的机器，所不同的是，这种机器具备一些与人或生物相似的智能能力，如感知能力、规划能力、动作能力和协同能力，是一种具有高度灵活性的自动化机器。"

机器人是一种模仿人类行动的机器，它可以完成许多对人来说太危险和太单调的工作。机器人把人类从沉重烦闷的工作中解脱出来。它们从事固定而有规律性的工作，如工业上的喷漆和焊接。它们也可用在危险的环境中，例如有毒环境和火山周围地区。装有电眼的机器人也可以用来检查货物或给货物分类。机器人还被广泛应用于工厂，机械手可把元件焊接到电子线路板上。现在正在发展机器人在工业以外的用途。1990 年，美军采用了机器间谍，它是一种装备有摄像机的遥控地形车，可在敌方阵地上漫游，把有关火力和武器装备的情况发送回来。1991 年，澳大利亚采用了剪羊毛机器人，它比人工剪羊毛几乎要快 2 倍。1993 年，荷兰的一个奶牛场第一个安装了挤奶机器人，它是由电脑控制的。

拓展阅读

《机器人》作者：（英）梅隆著，刘荣等译；出版社：科学普及出版社；出版时间：2008 - 01 - 01。

这是一本机器人大全。本书从自己制作（DIY）的机器人玩具到航天探测器，向读者介绍了各式各样的机器人，堪称是机器人博物馆。本书从早期的玩具到最先进的工作机器人，向读者展示了当代的科学技术和流行文化。本书介绍了许多知名的机器人，以及它们的功能、构造，技术指标和制造者，让读者了解机器人的过去、现在和未来。本书是青少年学习科学、动手制作的工具书，也是机器人爱好者不可不读的佳作。

练习与思考

1. 你认为机器人必须具备哪些功能？
2. 我们为什么要研究发展机器人？

第二章　科学技术是把双刃剑

第一节　核能与核污染

● 了解核能利用的负面影响。

本节学习意义

● 认识到原子核科学技术是典型的"双刃剑"，它能给人类造福，也能给人类带来灾难。

提出问题

核能的发展是有很大隐患的，核污染对人类安全可以造成严重的威胁？人类是否应该从此放弃核电？

相关知识

由于核电技术日趋成熟和它具有突出的优点，加上世界能源供应的紧张形势，使核电得到越来越迅速的发展。如今，核能已作为一种安全、清洁、经济的新能源而为人类服务了。法国政府已宣布，今后只建核电站而不再建火电站。到 2000 年，法国核电站装机容量已占总装机容量的 90%。意大利国家电力公司决定，今后几十年内新建电站全部或绝大部分是核电站。一些第三世界国家如印度、阿根廷、巴基斯坦和巴西等国同样对核电很重视，已建成了自己的核电站，其他发展中国家也在加紧筹建核电站。我国自行设计建造的秦山 30 万 kW 的压水堆核电站已投入运行，在广东省还将引进两座 90 万 kW 的核反应堆，并决定在华东地区建设大型核电站。

从第一座核电站建成以来，全世界已投入运行的核电站已近 450 座。然而，在大力发展核电站热潮的背后，核污染的威胁仍然存在。

核污染是指由于各种原因产生核泄漏甚至核爆炸而引起的放射性污染。其危害范围大，对周围生物的破坏极为严重，持续时期长，事后处理危险复杂。如 1986 年 4 月，苏联切尔诺贝利核电站发生核泄漏事故，13 万人被疏散，经济损失达 150 亿美元。

原子弹、氢弹在爆炸时会产生极高的温度和穿透性很强的辐射，为人类带来巨大的灾难。此处讲的核污染并不是核爆炸时产生的瞬间核辐射直接造成的破坏，而是指爆炸时产生的大量放射性核素所带来的影响，即剩余核辐射对人的危害。

核爆炸产生的放射性核素可以对周围产生很强的辐射，形成核污染。放射性沉降物还可以通过食物链进入人体，在体内达到一定剂量时就会产生有害作用。人会出现头晕、头疼、食欲不振等症状，发展下去会出现白细胞和血小板减少等症状。如果超剂量的放射性物质长期作用于人体，就能使人患上肿瘤、白血病及遗传障碍等疾病。

放射性物质不仅沉降在爆炸点附近，还能飘落到非常遥远的地方，而且它对环境的辐射污染时间相当长，几千年甚至上万年都不会消失。

一件精品制造出来时，往往会留下一些"下脚料"。玉雕精品的下脚料，可以用作耳坠这类的小玩意。木器精品的下脚料，至少可以作燃料。制造核武器产生的"下脚料"，却是一种对人类危害很大的污染源。

科学家们一心一意研制原子弹时，大概没有精力去思考今天成为一个社会问题的核废料。可是，世界上每一枚原子弹诞生时，一些国家在开发和利用核能源时，不可避免地会留下一些核废料、核残料。日积月累，这些核废料也像一种无形的原子弹，以特殊的方式威胁人类的生存环境。在美国地下，就有大约 50 颗"原子弹"在活动，那是核残料积蓄起来的原子弹。美国从事核研究至今，一些核武器工厂和重要军事设施中面临的对辐射和化学废料的清理问题，已成为美国历史上最庞大、最棘手、最昂贵的生态复原工作。有关专家认为，这项工作可能要花费 1 300 亿美元，在技术上的难度不次于当年轰动世界的阿波罗登月和太空船计划。

苏联的核废料积剩也相当多。1949 年，苏联为了在研制核武器方面赶上美国，在车里雅宾斯克市 65 号建立了第一个军用钚（bù 音）生产基地。多年来，在这个生产基地里，没有经过处理的含有高浓度辐射的废水大量排入附近地区，形成了一种潜在的污染源，使这个地区的辐射总量高达 4.44×10^{18} Bq，比切尔诺贝利核电站爆炸事故发生后释放的辐射总量还要多 3.7×10^{18} Bq。哈萨克斯坦共和国在一份环境调查报告中透露，在指定的弃置场地以外倒放的放射性废弃物质，已经多达 2.3 亿吨，其中 800 万吨是高浓度的废弃物质，会放射出 1.77×10^{16} Bq 的辐射。据检测，哈萨克斯坦西部一些油井的地下水受到污染，有的甚至有高于正常值数百倍的辐射。1995 年，俄罗斯总统的环境顾问曾经说，俄罗斯目前有 400 万人生活在环境极其恶劣的地区，这个数字占全国人口的 40%。

核废料的积累如此之多，这绝不是开发和利用核能源的初衷。今天，它已成为国际社会中不得不妥善解决的一个重要问题。

清理核废料，清除核污染，不但耗费惊人，以当前的科技水平也难以完全达到。美国在未来几年里，要清理的不仅有能源部所属 17 个老迈陈旧的核工厂所使用的 3 000 多个有毒废料堆积场，还有散布在 600 多个军事设施的 6 000 个高危险废料区，国防部曾经使用过的地面上 7 200 个禁区，以及其他污染严重的地点。但是，清理和消除上述地点的核废料需要先进的技术，更需要千亿元巨款。如何发展这种技术，如何得到这笔巨款，成为美国政府很费脑筋的一个大问题。

为了避开清理核废料技术上的难题，为了避免泄露核武器研制中的关键性技术，一些有核国家采用了一种最简单的处理方法：悄悄地向大洋里倾倒核废料。1946 年，美国第一次这样做了。不久，其他国家也纷纷效仿这种既省事又省钱的处理办法。但是，由此带来了另一个严重问题，大洋深处，不知不觉地形成了一个又一个污染源。

在这个过程中，大西洋受害最严重。美国在 1949—1967 年，一共向大西洋的 11 个海域倾倒了 3.12 万个集装箱的核废料。英国在 1949—1982 年，向大西洋的 15 个海域以及英吉利海峡、比斯开湾、加内里群岛附近的海域倾倒了 7.4 吨集装箱核废料。荷兰在 1967—1982 年，向北大西洋的 3 个海域倾倒了大量的放射性废料。

太平洋也没有幸免。美国在 1949—1967 年，一共在太平洋的 18 个海域倾倒了 56.02 万个集装箱的核废料。深受原子弹袭击之害的日本在 1956—1969 年，在离自己国土不远的太平洋中的 6 个海域倾倒了 3 301 个集装箱的放射性核废料。

北冰洋、白海等海域，也不得不接受核废料。1959 年 9 月，苏联向白海倾倒了 600m³ 的核废料。从 1960 年开始，苏联定期向海洋里倾倒液体核废料。第一批 100m³ 的液体放射性废料倾倒在芬兰湾里的格拉兰德岛附近海域。1964 年以来，苏联定期向北冰洋和远东地区的海域倾倒核废料。比利时向英吉利海峡和比斯开湾倾倒了 5.5 万个集装箱的放射性废料。德国、意大利、新西兰等国也向大洋倾倒了放射性物质。不仅是海洋，地壳也遭受到同样的灾难。苏联在 30 多年的时间里，曾经悄悄地把几十亿加仑的核废料直接喷射在伏尔加河附近的季米特洛夫格勒、鄂毕河附近的托木斯克、叶塞尼河附近的克拉斯诺亚尔斯克这三个区域的地下，而不是把这些污染物装在不渗水的容器里，倒进海里。喷射到地层的核废料的放射性达 30 亿居里（1.11×10^{19} Bq），它是切尔诺贝利核电站核泄漏的 6 倍，这是多么值得警惕的警报！

但是，人们对此并没有像火山爆发、地震警报那样引起足够的重视。国际社会中，在进行核裁军的同时，核废料也在不声不响地增加。时至今日，全球已经提取或存在于核废料中的钚大约有 930 吨。核武器废钚约有 270 吨。

善良的人们也许不知道，1940 年发现的钚这种放射性元素，有剧毒，它的放射性半衰期是 2.43 万年。目前，发达国家也没有找出一种切实可行的处理钚核废料的方案。如果没有一种好办法，这将在多长时间内影响地球的生态呢?

俄国人曾经宣称,他们在陆地上处理的核废料已经射入地壳层下面,从理论上说,它同地球表面完全隔绝。因此,这种处理方法是非常安全的。但是,美国的科学家却认为,这将是对人类环境的最大破坏,它的影响远至几个世纪。

难道这只是科学家之间的学术争论吗?

解释问题

任何事物的发展都是有利有弊的,核能也一样。随着地球上化工燃料的逐渐减少,我们急需找到一种新的清洁能源。核能,正好满足了我们这个需求,它是人类最具希望的未来能源。

人类的智慧发掘了核能潜力,只要本着"核能开发,安全第一"的首要原则,本着维护人类共同利益的精神和互利共赢的态度,人类的智慧一定能够趋利避害,安全驾驭核这把"双刃剑",为世界持久和平、可持续发展作出贡献。

探究与实验

(1)器材:准备火柴若干
(2)过程:
将火柴按下图6-2-1所示摆放在空旷的地面,点燃最左边的火柴,链式反应就开始了。

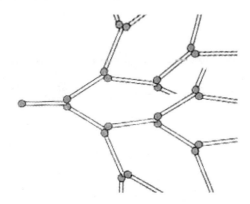

图6-2-1　用火柴模拟链式反应

拓展阅读

秦山核电站

秦山核电站位于东海之滨美丽富饶的杭州湾畔,是中国第一座依靠自己的力量设计、建造和运营管理的30万kW压水堆核电站。1985年3月浇灌第一罐核岛底板混凝土,1991年12月首次并网发电,1994年4月投入商业运行,1995年7月通过国家验收。它的建成投产结束了祖国大陆无核电的历史,是我国和平利用核能的光辉典范,同时也使我国成为继美国、英国、法国、苏联、加拿大、瑞典之后世界上第七个能够自行设计、建造核电站的国家。

秦山核电站始终坚持自力更生,自主进行研究设计,同时也十分重视吸收国外先进经验。在建设中,尽量利用国内技术和条件,同时引进了一些国内一时难以解决的关键设备和材料;设备按台件统计,国产占95%,进口占5%;按资金统计,国产占70%,进口占30%。这种建设模式被证明是成功的,对我国以后的核电发展具有深远意义,增强了我们走自主发展核电道路的决心。秦山核电站投入运行10年来,运行业绩良好,截至2002年4月,已累计发电175亿kW/h,平均负荷因子为65.51%。实现销售收入近50亿元,上缴各种税费近8亿元,创造了良好的社会效益和经济效益。10年来,我们依靠自己的力量,不断地探索和总结经验,不仅逐步建立起较完善的安全质量管理体系,而且通过一系列的材料整治和技术改造,确保了电站安全、可靠、经济地运行。2001年是电站并网发电10周年,机组连续功率运行331天,创 10 年运行的最好成绩，为推广核电国产化新形象作出了贡献。10 年的安全稳定运行充分说明：我国有能力设计制造核电站，也能运行管理好核电站。秦山核电站无愧于"国之光荣"的称号。

安全是核电站的生命，核电站的安全可靠运行离不开行之有效的管理。根据国家核安全法规及有关国际核安全导则等文件的要求，秦山核电站确立了一套能够有效运作的组织机制，建立了较完善的质量保证体系。为保证电站的安全生产，制定了质保、核安全、辐射防护、环境监测、应急、住备、培训、维修、在役检查、废物管理等领域的管理大纲。每个管理大纲都明确规定管理目标、原则、内容方法、要求程序、组织和指挥体系、职责分工等。编制了与之相适应的各种管理制度、细则、规程、程序等各类管理文件。经过 10 年的发展和完善，电站现有 13 类 165 个生产管理制度，14 类 61 个行政管理制度，22 类 203 份运行规程，8 类 22 份运行图，5 类 19 份运行手册，11 类 150 份试验规程，23 类 428 份维修规程，2 类 7 份维修图册。完善的管理制度使电站运行做到了有章可循，有法可依，保证了核电站的安全运行。

目前，秦山核电站三道屏障完整，三废排放控制有效。放射性物质年排放总量低于国家规定的排放限值，达到国际同类核电站的先进水平。环境监测结果表明，秦山核电站是安全的、清洁的，未对其周围辐射环境产生任何可察觉的影响。2001 年被评为国家级环保企业。

10 年的安全运行积累了大量的宝贵经验，为中国核电的后续发展培养和锻炼了一批优秀的管理人才和运行、维修技术人才，达到了原先设想"掌握技术、培养队伍、积累经验，为中国进一步发展核电打好基础"的目的。

秦山核电站从建设之初，就备受党和国家领导的关怀和重视，不少中央领导同志都先后视察过秦山核电站，并对秦山核电站的建设给予了充分的肯定。

中国核电从秦山起步，秦山核电站将继续秉承中国核工业的光荣传统，坚持"安全第一、质量第一、科学至上"的原则，展中国核电国产化能力，树核能安全环保形象，为核工业发展再创辉煌。

(2002.4)

练习与思考

1. 对于核能，为什么说科学技术的发展是把"双刃剑"？
2. 为什么说核电是安全清洁的能源？

第二节　基因工程与基因安全

本节学习要点

- 了解基因工程的概念及基因工程操作的基本步骤；
- 了解转基因生物的安全性问题。

本节学习意义

- 关注转基因生物及转基因食品安全性；
- 形成对待转基因生物安全性问题的理性、求实的态度。

提出问题

转基因食品安全吗？

相关知识

一、基因工程的定义

基因工程又称基因拼接技术和 DNA 重组技术，是在分子生物学和分子遗传学等学科综合发展的基础上，于 20 世纪 70 年代诞生的一门崭新的生物技术科学。所谓的基因工程，是在分子水平上对基因进行操作的复杂技术，是用人工方法提取或合成不同生物的遗传物质，在体外切割、拼接形成重组 DNA，然后将重组的 DNA 与载体的遗传物质重新组合，再将其引入到没有该 DNA 的受体细胞中，进行复制和表达，生产出符合人类需要的产品或创造出生物的新性状，并使之稳定地遗传给下一代，如图 6-2-2 所示。按目的基因的克隆和表达系统，分为原核生物基因工程、酵母基因工程、植物基因工程和动物基因工程。

二、基因工程包括的主要内容和步骤

（1）从复杂的生物有机体基因组中，经过酶切消化或 PCR 扩增等步骤，分离出带有目的基因的 DNA 片段。

（2）在体外，将带有目的基因的外源 DNA 片段连接到能够自我复制的并具有选择记号的载体分子上，形成重组 DNA 分子。

（3）将重组 DNA 分子转移到适当的受体细胞（亦称寄主细胞），并与之一起增殖。

（4）从大量的细胞繁殖群体中，筛选出获得了重组 DNA 分子的受体细胞克隆。

（5）从这些筛选出来的受体细胞克隆，提取出已经得到扩增的目的基因，供进一步分析研究使用。

（6）将目的基因克隆到表达载体上，导入寄主细胞，使之在新的遗传背景下实现功能表达，产生出人类所需要的物质。

基因工程有两个重要的特征：①外源核酸分子在不同的寄主生物中进行繁殖，能够跨越天然物种屏障，把来自任何一种生物的基因放置到与其毫无亲缘关系的新的寄主生物细胞中；②一种确定的 DNA 小片段在新寄主细胞中进行扩增，为制备到大量纯化的 DNA 片段提供了可能，拓宽了分子生物学的研究领域。

（右侧图说明）
（1）从细胞中分离出DNA
DNA
大肠杆菌细胞
人体细胞
（2）限制酶截取 DNA 片段
（3）分离大肠杆菌细胞中的质粒
人体基因片段
质粒
ampR
（4）DNA重组
重组质粒
（5）用重组质粒转化大肠杆菌细胞
（6）培养大肠杆菌，克隆大量人类基因

图 6-2-2　基因工程的基本步骤

基因工程具有广泛的应用价值，如图 6-2-3 所示，为工农业生产和医药卫生事业开辟了新的应用途径，也为遗传病的诊断和治疗提供了有效方法。基因工程还可应用于基因的结构、功能与作用机制的研究，有助于生命起源和生物进化等重大问题的探讨。

自 20 世纪 80 年代初第一例转基因植物问世以来，以基因工程为中心的现代生物技术得到了迅猛发展并广泛地应用于农作物品种改良

图 6-2-3　基因工程的应用价值

以及农业研究的其他领域。一个被称为"基因革命"的新兴生物技术革命在解决世界粮食不足的问题上确实给予了人们极大的帮助。然而，科学是一把无情的"双刃剑"，转基因生物技术在为人类带来福音的同时，也带来了一系列的生物安全问题，并越来越受到人们的关注。

三、基因工程潜在的危险

到目前为止，基因工程改造过的生物及产品基本都是安全的，这当然与各国政府制定相关法规以及各

国科学家的共同努力分不开。以农业上应用的基因工程为例，迄今为止，只发现一例有明显的副作用，即巴西坚果中有一种基因，它制造一种称为清蛋白的蛋白质，科学家们把这种基因转到农作物中以期提高农产品中的蛋白质含量从而提高品质。结果发现，蛋白质含量提高了，但有些人对这种新加入的蛋白质过敏，因此，这种基因后来不再用于基因工程。

有的人还担心有些基因工程改造过的生物，其危害恐怕不是短时间内可以看到的，例如在农业上人们已经通过基因工程获得了抗各种除草剂的农作物，这种基因工程使农作物种到地里，洒上除草剂，杂草全被杀死，农作物照样苗壮成长，但是有人担心，随着这种基因工程农作物的花粉四散飘飞，与其他的杂草进行授粉，几代以后杂草就有可能抗除草剂，如果这样，杂草就更加难以杀死了。还有例如棉铃虫的毒素蛋白基因，它对人及其他哺乳动物的毒害作用目前还没有看到，但又有谁肯定有长期效用呢？用含有这种毒素蛋白的棉花织成布，穿在人身上整天在身上蹭来蹭去，是否有害？历史上很多事例说明，有些副作用是人们难以及时发觉的，如 DDT 农药、使用四环素造成的四环素牙等。

还有一些反对基因工程的人士主要是由于宗教信仰等其他原因。例如有人信教，认为物种都是上帝创造的，改造物种和 DNA，就是要改变上帝创造的物种，因而坚决反对；有的人是素食主义者，不食荤是他们的一种生活原则，而把动物的某种基因转入植物，使它们在食素时"无意"中吃到了"动物蛋白"，这显然违背了他们的原则；还有的人是动物保护主义者，他们认为任意对动物进行基因改造，侵害了动物的"人权"等。

1972 年人类第一次成功地进行重组 DNA 实验之后，就引起了许多科学家的担心。1974 年，美国遗传工程师伯格曾指出，基因工程是改变生物遗传性状的，在人类尚不清楚生物基因调节控制的全部机制之前，任意进行 DNA 重组是否会得到自然的惩罚？比如说，是否可能重组出一种对人类极端有害的细菌或病毒来？是否会使某些生物在生物进化史上一直关闭着的致病（如癌）基因也受到无穷无尽的扩大而释放出来？这些人类制造和释放出来的大敌，由于没有受到严格的监控和它的不可预测性，将给人类带来空前的灾难！即使人类制造或释放的基因对人类没有直接威胁，至少也会打破生物界的相互协调关系——生态平衡，从而间接地危害人类在地球上的生存。

伯格的观点立即在科学界引起轩然大波，科学家们纷纷要求制定法律，限制基因工程的发展。虽然有众多争议，基因工程的发展仍然日新月异。在有些国家，基因工程农产品已经上市，我国也很快会有基因工程农产品上市。应该说，只要完善基因工程研究和开发的管理，严格遵守有关基因工程操作和适当的法律法规，就能把基因工程的危险降至最小（如果有的话），从而使其更好地为人类造福。

四、生物转基因技术的安全问题

生物转基因工程是新兴的科学工程，目前对基因的活动方式了解还不够透彻，也没有十足的把握控制基因调整后的结果，生物转基因技术的应用安全性问题具有许多不确定性因素，引起人们的种种疑虑，转基因食品的上市流通，使人们对其安全性问题更疑虑重重。

（一）生物转基因对食物的影响

在欧洲，一些社会团体和组织呼吁在科学家确认转基因食品的安全性之前暂停种植转基因作物。英国、法国之间爆发的牛肉战实际上是一场转基因食品贸易纠纷；"绿色和平"组织成员在英国等地毁坏转基因作物的农田以示抗议。由于欧洲公众对转基因食品可能危害健康和环境的担忧不断增长，1998 年 4 月，欧盟暂停批准在 15 个成员国经营新的转基因农产品；1999 年，欧盟又进一步决定暂停转基因农作物的种植和销售。一些发展中国家也担心发达国家很可能将本国不能接受的转基因食品出口到经济不发达或转基因食品研究能力弱的国家和地区，从而引发影响其食物的安全性问题。

转基因食物可能对人类健康的危害有：转基因作物中的毒素可引起人类急、慢性中毒或产生致癌、致畸、致突变作用；作物中的免疫或敏感物质可使人类机体产生变态或过敏反应；转基因产品中的主要营养成分、微量营养成分及抗营养因子的变化，会降低食品的营养价值，使其营养结构失衡。不过，这些也都只是假设。

（二）生物转基因对生态环境的影响

科学家担心，如果转基因作物在种植过程中，其基因随花粉转移，并与野生杂草结合，很可能会繁殖出很难防治的"超级杂草"，这种基因转移的结果可能是产生比农田杂草更具危害的新种。

1. 转基因作物对生物多样性的影响

如转基因作物在杀死害虫的同时也可能杀死害虫的天敌，可能使害虫产生抗体，如用转基因抗虫棉喂饲的害虫，其结果可能是，生物多样性的平衡发生变化，害虫本身抗性增加，其天敌数量却减少。

2. 转基因作物还可能对土壤产生影响

如转基因作物掠夺性地吸收土壤中的养分，可能引起土壤肥力水平逐渐降低。

关于生物工程转基因的安全性问题，进行基因工程研究的大型跨国公司监管问题，转基因生物对人体的危害问题等无不成为人们关注的问题。但并不能因为担忧这些问题的发生而禁锢生物工程技术的发展，既要发展生物工程技术，又要保障其安全性，这就需有完善的法律制度来保障其顺利发展。

解释问题

转基因食品（Genetically Modified Foods，GMF）是利用现代分子生物技术，将某些生物的基因转移到其他物种中去，改造生物的遗传物质，使其在形状、营养品质、消费品质等方面向人们所需要的目标转变。以转基因生物为直接食品或为原料加工生产的食品就是"转基因食品"。

目前，大多数专家认为，已经投入商品化生产的转基因番茄、玉米等农产品都是安全的。迄今为止，尚无食用转基因生物产品引起任何严重问题的科学报道。

练习与思考

1. 何为基因工程？您对基因安全问题怎么看待？

拓展阅读

被妖魔化的转基因食品

认为转基因食品是反自然的食品，这种先入为主的观念是人们抗拒转基因食品的最初原因。

从转基因食品诞生的那一天起，有关它的争论就从未停息过。

1. 欧美形成两大阵营

各国对待转基因食品的态度明显不同。目前，世界上已经形成了两大阵营。一个阵营以美国为代表，包括加拿大和阿根廷等国支持转基因食品。据国际农业生物技术应用服务组织报告，2009 年，全球 1.34 亿公顷的转基因作物中，美国占到了 47.8%，居全球之首。

另一个阵营以欧盟为代表，包括澳大利亚、新西兰、日本、英国等国反对转基因食品。欧盟的转基因作物种植面积还不到全球的 0.3%。不过，近来欧盟的态度有所改变。一个显著的标志是 2010 年 3 月 2 日，欧盟委员会批准了一种转基因土豆的种植。

2. 中国形成三大派别

在中国，关于转基因食品的争论也是一波接一波。2010 年 3 月，争论再掀高潮。导火索是 2009 年年底颁发的转基因水稻和转基因玉米的安全证书。这波争论的焦点是转基因水稻。原因很简单，水稻是中国人的主要粮食。

（1）反对派。

代表人物：绿色和平组织食品与农业项目组主任方立峰。

主要观点：

①转基因水稻的长期安全性还没有定论，不能让中国人冒险。

②种植了转基因作物后，其花粉与周围的其他植物，特别是该作物的野生品种进行杂交，造成"基因污染"。野生品种往往有抗病虫害、抗逆、优质和高产等性状。"基因污染"可能会造成宝贵的野生遗传资源的丢失。

③中国最接近商业生产的八种转基因水稻都不同程度地涉及国外专利。这会威胁我国的粮食安全。

（2）支持派。

代表人物：抗虫害转基因水稻研发者张启发院士与科普作家方舟子。

主要观点：

①主要转基因食品在被批准上市前经过了严格的安全性检测，获得了联合国粮农组织、世界卫生组织、国际科学理事会等国际权威机构的肯定。

②美国人吃转基因食品已经有十几年的历史，迄今未发现一例不良反应。张启发和方舟子等支持者用自己的亲身经历（食用转基因食品很多年）证明，转基因食品很安全。

③转基因技术对环境的影响被夸大了。"基因污染"并非转基因作物特有的问题。种植传统的作物同样有可能造成"基因污染"，比如杂交水稻。

④种植转基因作物能减少农药、除草剂的使用，有利于环境保护。

（3）谨慎派。

代表人物：中国杂交水稻之父袁隆平。

主要观点：

①由于基因不同，不同转基因食品的安全性也不同。有的转基因食品已经被证明是安全的。不能将所有转基因食品一棍子打死。

②至于抗病抗虫的转基因食品对人类到底有没有问题，目前唯一的办法是用人来做实验。而且，必须证明志愿者和志愿者的下一代都没有问题。如果两代人都没有问题的话，就证明这种转基因食品可以大胆地吃。

中国民众对转基因食品缺乏了解。

在中国，关于转基因食品的争论，不止停留于学界。很多调查显示，民间对转基因食品的反对声音远远多于支持的声音。但是，这其中存在一个明显的问题，那就是人们对转基因食品缺乏了解。

因为不了解，人们可能产生一些错误的判断。很多谣言也就有了市场。也因为人们不了解，"非转基因"反倒成了商家可以利用的卖点。去超市转转就会发现，大豆粉、色拉油等常见转基因原料加工而成的商品，外包装上很少标注"转基因"字样。反而有很多商品在醒目位置标明"非转基因"字样。

第三节　太空资源开发与太空垃圾

本节学习要点

- 了解可供人类利用的太空资源有哪些；
- 认识太空垃圾的危害。

本节学习意义

- 科学技术是把双刃剑，太空资源的开发利用，促进了人类社会的进步，但同时也玷污了原本洁净的太空，威胁人类安全；
- 拓宽看问题的思路，在这个科学的时代能够理性地对待科学。

人类的活动范围，经历了从陆地到海洋，从海洋到大气层，再从大气层到外层空间的逐步扩展过程。空间资源的开发利用促进了人类社会的进步，改变了人们的观念和生活。大规模开发利用太空资源，是21世纪人类拓展生存空间的有效手段。

提出问题

太空垃圾存在什么样的危害？会不会给人类未来的生活带来隐患？

相关知识

一、太空资源开发

茫茫太空，一片待开垦的绿洲。

资源是人类生产资料和生活资料的天然来源，它来自人类所处的天然环境。空间环境中蕴藏着极其丰富的空间资源，仅就地球引力和地球卫星作用范围这一最小的外空领域看，现已探明可供利用和开发的空间资源大致有：航天器相对于地球表面的高位置资源；高真空和超洁净资源；微重力环境资源；太阳能资源；强宇宙粒子射线资源；月球及其他行星资源。这些资源都极其丰富和极有利用价值，对其中任何一项开发都会给人类带来巨大的利益。

（一）高位置资源

航天器相对于地表的高远位置，是空间轨道上的一种具有巨大价值的资源。人站在地面上即使天气再好，视野再开阔，充其量也只能看到几十千米的地方。乘飞机能看到方圆数十千米，甚至数百千米的地方。站在珠穆朗玛峰上，能看到 0.07% 的地球表面，在离地球 200km 轨道上的人造卫星，可以看到 14% 的地球表面，在距地面 35 786km 的地球静止轨道上的航天器，则可以观察到 42% 的地球表面，这种位置是一种宝贵的资源。今天，人类依靠这种位置资源发射的通信卫星、气象卫星等各类卫星，克服了由于受建筑物、山体等障碍物的遮挡，对声波、电波传播的影响，为人类提供无与伦比的通信、气象、导航定位、对地观测等各种服务，给信息社会插上了腾飞的翅膀，极大地促进了人类社会的发展。

遥感卫星发射成功后，人们应用卫星遥感技术监测森林砍伐、森林再造、土地使用变化情况；用于研究水涝和盐化、沙漠化、海岸线动态、干旱和农产品估算等；用于评估和开发水资源、自然资源勘探、污染监测和更新地图等，遥感卫星解决了人类用常规手段无法观测或观测不足的难题，不仅大大提高了效率，而且大大提高了观测精度、范围和准确性。

利用通信卫星，人类实现了全球通信、电视转播，以至于今天的人类，离开了通信卫星就无法生活。在现代人类社会，有 100 多种业务靠通信卫星完成，从传送语言到文字，从资料到各种控制信号，几乎人们的通信需要什么，它就能提供什么。优越的通信能力和极高的投资效益比，使通信卫星的应用成为国际通信业的大走势，并每年以 20%～30% 的速度递增。通信卫星营造了一个遍地是黄金的市场，从而形成 150 亿美元的通信卫星产业。

气象卫星在进行天气预报、探测和跟踪台风和旋风、研究和监测地表以及海洋生物量等方面发挥了重要作用。还为洪涝灾害预警和赈灾等提供服务。据有关资料统计，在今天，人类依靠气象卫星每年避免天气灾害损失达数千亿美元。

导航定位卫星不仅为飞机、船舶、公路、铁路交通提供导航服务，还为搜索与救援进行准确定位。利用卫星建立交通系统，使航天、航空、航海、铁路、公路相结合，建立现代化的高速立体交通管制网络。卫星导航定位系统广泛应用于舰船、飞机、车辆，为交通安全与提高运输效率提供有力的保证。农业是人类生存的保证，提高农作物产量的根本出路在于依靠科技进步。在人类进入 21 世纪的今天，通信广播卫星、资源卫星、气象卫星、导航定位卫星在农业现代化中均获得了广泛应用，作物产量如何，有无病虫害，种植面积多少，旱涝情况，等等，通过卫星一目了然。这些信息，对指导作物种植面积，及早发现病虫害，确定产品价格，以及解决农业发展中出现的重大问题，推进高产、优质、高效农业的发展做出新的贡献。

（二）高真空、微重力环境资源

在距地面 100km 以上的高度，没有空气，是"真空地带"。在这个硕大的"真空罐"里，没有氧和其他气体，这种空间高真空状态体积硕大，且纯净无污染。在绕地轨道上运行的航天器中的物体，既受到地球引力的作用，又受到惯性离心力的作用，这两种力达到平衡，等效于重力消失，只受到其他微小干扰力的作用，而处于微重力状态。此时，航天器里物体的重量，只有地面的十万分之一或百万分之一，物体可悬浮空中飘忽不定。空气、水受热后，不会处于上下对流的情况，液体也没有固定的水平面。比重不同的液体，可以在一起和平共处。不难想象，这种奇特的环境，对新材料加工、微生物、细胞、蛋白质晶体的生长与培养是十分有利的，它将使微生物发生遗传变异，其结果不仅使其尺寸大小发生变化，而且纯度也会变高。

苏联从 1980 年至 1990 年在空间站上进行了 500 项材料加工实验，范围涉及金属和合金、光学材料、超导体、电子晶体、陶瓷和蛋白质晶体等。如今，空间生长砷化镓晶体，已成为最有希望的商品。在微重力流体科学方面，通过对当代物理学许多前沿理论、实践课题的研究，如临界点现象、表面行为、液滴燃烧、颗粒云等，揭示出许多新的规律，一些新兴产业由此应运而生。在加工工艺方面，已取得的新工艺有皮壳工艺、无熔器加工工艺、电泳工艺等，这些工艺既进一步促进空间材料生产的发展，又为改进地面材料生产指明了方向。如电泳工艺，可提高分离速度 400～700 倍，目前，这一工艺被认为是空间材料加工中最有经济效益的项目之一。这些无疑将对未来人类社会产生深远的影响。

有资料称，几十年来，宇航员在太空中进行了一系列生物学实验，主要是对生物体物质、能量循环及调节研究的生物圈研究；利用微重力促进生命进程研究及对微重力环境如何影响地球上生物机体的形成、功能与行为研究的重量生物学研究；对暴露在空间高能环境中的生物体损伤与防护研究的辐射生物学研究。

在空间材料生产上，中国科学家已经在中国返回式卫星上生长出掺碲砷化镓单晶体，其生长速度比地面快，杂质却明显减少，成分分布均匀，用所获得的单晶制成了低噪声金属栅场效应管，与地面上生长的同类器件相比，噪声系数低 31%，相关增益高 23%，展示了空间生长单晶的美好应用前景，使我国在大功率微波元器件和大规模集成电路应用方面取得了突破性成果。在钢镓锑晶体生长及扩散机制的实验中，钯、镍、磷非晶的生长，金属合金空间重凝研究，锑化镓材料在熔化和凝固过程中，熔滴形状及其和基体的接触角的研究等，也取得了理想的结果。在空间生命科学上，进行了多次空间细胞培养、蛋白质晶体生长、空间育种等方面的研究，都取得了积极的成果。例如，我国科学家发现空间飞行后的纤维素霉和葡萄糖苷酶活力提高 28% 以上，黑曲霉糖化力和葡萄糖苷酶活力提高 80% 以上，在三年多的使用过程中活力稳定。用这种菌种和发酵物配制的饲料，已成为一种新饲料，对梅花鹿等动物进行饲喂试验，可节省饲料，使鹿的发病率降低，鹿茸产量增加 16%。经空间飞行的酵母菌，获得了诱变株酶活力提高 29%，发酵周期缩短 8～10 天，在啤酒工业上有广阔应用前景。

（三）强宇宙粒子射线辐射

所谓辐射，就是看不见的高能粒子流，它能穿过人体，杀死细胞，如医学上使用的放射疗法和 X 光透视等。太空中充满着各种强烈的辐射，如银河宇宙线、太阳电磁辐射、太阳宇宙线和太阳风等，充满着能量和万有引力场。

人类所居住的地球，被大气层包裹着。这团大气层如同一张天幕，遮去了部分太阳光，这张天幕被物理学家称为大气阻尼。宇宙空间，由于没有大气阻尼，宇宙射线可以非常自由自在里边穿行，因此宇宙射线几乎没有什么损失。在宇宙空间，太阳光辐射强度比地面高出若干倍，特别是宇宙高能重粒子，由于大气阻尼和吸引，到地面几乎已经绝迹，而在宇宙空间却极其丰富。科学研究已经发现，这种环境将使种子、微生物以及各种细胞等地球生物的遗传密码，在排列上发生变化，可从中产生更有价值的新的物质。

（四）月球及其他天体资源

科学研究已经知道，宇宙空间的许多行星上，都存在着大量的铁、硅等资源，特别是月球资源，人们对它早已不再陌生，且情有独钟。

月球是近地空间除地球外唯一的大型天体。据目前已经进行的科学探测表明，月球上至少存在着丰富的氧、硅、铝、铁等资源。月球上没有大气层对光线和电波的吸收、散射和折射，直接承受太阳的辐射，没有尘埃污染，没有磁场，月球的背面没有人造光源和射电的干扰，地震很微小，有漫长的黑夜，黑夜温度很低，是天文观测、生物科学和高能物理等实验的理想场所。

月球上有丰富的能源。通过探测发现，月球表面覆盖着一层岩屑、粉尘、角砾岩和冲击玻璃组成的细小颗粒物质。这层月壤富含由太阳风粒子积累所形成的气体，如氢、氦、氖、氮等。这些气体在加热到700℃时，就可以全部释放出来。其中，氦3气体是进行核聚变反应发电的高效燃料，在月壤中的资源总量可以达到100万~500万吨。30吨这样的尘埃，经热核反应产生的能源，可相当于美国一年生产能源的总和，如果每年从月球上开采1500吨氦3，就能满足世界范围内能源的需要。利用氦3进行热核反应，产生的放射性最低、具有经济安全两大优点。另据计算，从月球中每提炼出一吨氦3，还可以获得6300吨氢气、700吨氮气和1600吨含碳气体。所以，通过采取一定的技术来获得这些气体，对于人类找到新的能源和维持永久性月球基地十分重要。

由于月球几乎没有引力，因此，还可以作为飞向火星的中转站，从那里发射航天器，只需要地球上1/6的能源。

据报道，美国已经出现计划发展太空采矿业的机构，正计划发射无人驾驶探测器，在环绕太阳运行的某一颗小行星上着陆，在最接近地球的小行星上遥控勘探矿藏，并通过仪器将探测到的照片和其他资料传回到地面控制中心，科学家们将利用这些资料分析小行星上的贵重稀有金属的分布情况。该组织估计，平均每颗小行星上蕴藏着价值1万亿~4万亿美元的黄金、白银、钴等贵重稀有金属。

（五）太阳能资源

作为脾气暴躁的大火球，太阳每时每刻都在进行剧烈的反应，从而产生巨大的能源流。据测算，太阳每秒钟将81万亿kW的热能量送给地球。晴天，太阳每秒钟照射地球每平方米为1度电量，每秒带给地球的总热量相对于现今全世界每秒发电量的数万倍。地球每秒钟所获得的太阳能量相当于燃烧500万吨优质煤所发出的能量。因此，太阳是一个取之不尽、用之不竭的洁净能源宝库，充分利用太阳能前途无量。

太阳所散发的热量中只有二十二亿分之一的能量到达地球，在太空建立太阳能电站，可以克服由于太阳光被地球大气层反射、折射、散射和吸收后损失的能量，还可以克服晚上没有太阳和阴天、雨天减少的可利用的能量。其独特的优势，使太空发电前景非常广阔。

随着人口的急剧增长，地球人正面临着能源危机，在新世纪，人类正在计划向月球和太阳要能源。因此，重返月球和充分利用太阳能，建造太空发电厂的计划被提上了日程。设想中的太阳能发电系统由太阳能发电装置、空间微波或激光转换发射装置、地面接收和转换装置三个基本部分组成。太阳能发电装置将太阳能转换为电能；空间转换装置将电能转换成微波或激光并利用天线向地面发送能束；地面接收系统通过天线接收空间来的能束，将其转换成电能。

二、太空垃圾

能够把触角伸入太空去开发利用宇宙资源，无疑是人类文明的伟大进步和科技的巨大飞跃，不过，这种进步和飞跃已使人类活动玷污了原本洁净的太空。太空作为最后一个被开发的领域，已经逐渐变成了"垃圾场"，这个在人类把触角伸向宇宙时不曾想到的问题，实实在在地摆在了人类面前，并且日益尖锐。

（一）太空垃圾的概念

太空垃圾（debris）的英文原意是碎片，是指人类在空间开发活动中留在太空里的一些废弃物，大到废弃的卫星和各种航天器的金属部件，小到航天器解体产生的碎片。在地球引力的作用下，它们按一定的轨道环绕地球飞行，形成一条危险的垃圾带，如图6-2-4所示。

1957年10月4日，苏联成功地发射了第一颗人造地球卫星，揭开了人类空间时代的序幕，同时也为太空送去了第一批垃圾。当时，宇航员完成飞行任务后，把卫星的装载舱、备用舱、仪器设备及其他遗弃物都留在了卫星轨道上。此后，随着人类太空史上的一次次壮举，太空垃圾与日俱增。人类先后已将4000余颗卫星送入太空，目前仍在运转

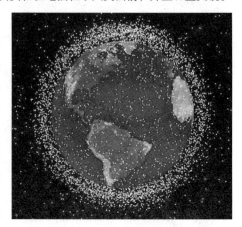

图6-2-4　太空垃圾正对地球形成包围

的仅有 400 余颗，其余的或坠毁于地球表面，或遗留在太空而成为太空垃圾。据统计，目前约有 5 000 吨太空垃圾在环绕地球飞奔，而其数量正以每年 2% ~5% 的速度增加。科学家们预测：太空垃圾以此速度增加，将会导致灾难性的连锁碰撞事件发生，如此下去，到 2300 年，任何东西都将无法进入太空轨道了。

（二）太空垃圾的危害

太空垃圾已成为人类航空航天活动的巨大障碍，成为威胁人类安全的新隐患，是宇宙事故的"肇事者"，已经成为人类面临的新的环境问题。从总体来说，太空垃圾的危害表现在三个方面：

1. 威胁宇航安全

太空垃圾之所以受到如此重视，是因为它们严重威胁着航天器和宇航员的安全。一小块碎片在太空的飞行速度能达到时速数万英里，即使与航天器之间发生轻微的碰撞，也会给航天器造成巨大损坏。专家认为，任何一个厘米级的垃圾与卫星碰撞足以使其丧失工作能力。倘若这颗卫星上安装有核动力装置，那么这样的事故就会造成难以预测的灾难。因此说，太空垃圾虽然有的体积不大，但其杀伤力却非常惊人。根据科学家的说法，一颗迎面而来的直径为 0.5mm 的金属片与实施太空行走的宇航员相撞，足以击穿密闭的宇航服，宇航员会立时毙命；一颗直径为 0.1cm、飞行速度为 10km/s 的螺母或螺钉足以击毁核动力装置而酿成大祸。越来越多的太空垃圾已开始影响到人类对太空的探索与开发，威胁人类宇航安全。

2. 威胁地球安全

太空中一些体积较大的碎片极有可能进入地球大气层，一部分会由于大气摩擦而烧毁掉，另一部分则会降落到地面，从而直接威胁人类的生命财产安全。据美联社 2007 年 3 月 29 日报道，当地时间 27 日晚 10 时左右，一架由智利圣地亚哥飞往新西兰奥克兰市的民航客机，飞行至南太平洋上空时，险些被从天而降的太空垃圾击中。

3. 导致大气污染

太空垃圾中有相当部分的核爆炸物，这些核爆炸废弃物尤其是核动力发动机的脱落更具危险性，它们会对地球造成严重的放射性污染。据统计，目前太空中的核装置多达 100 个，含有 1 吨以上的放射性物质。另外，人类在发射导弹时，核爆炸可在地球大气层中形成巨大的氢气蘑菇云。这种蘑菇云能够破坏大气层的冷暖、磁和化学成分，导致大气污染，并最终改变蘑菇云下面地球表面的气候。更让人感到可怕的是，如果人类对于太空垃圾数量增加的问题采取听之任之的态度，地球周围将出现一个太空物体形成的环，当然，这不会是一个美丽的光环，而是同覆盖大城市上空的污浊空气相类似的覆盖、包围地球的垃圾层。到那个时候，人类有可能会同蓝天、白云、星星和月亮告别。

（三）太空垃圾的防治

由于研究经费和科技水平的限制，目前人类尚不能直接解决太空垃圾问题，只能想办法尽量避免太空垃圾的增加以及对现存的太空垃圾进行防御。为了预防太空垃圾，保护人类安全，各国科学家特别是宇航专家提出了许多针对太空垃圾的对策，归纳起来可以用"避、减、消、禁"四个字来概括。

1. 避

就是即加速发展现代太空监视系统，对太空垃圾进行严密的监视与跟踪，并采取有效的技术手段，使航天器及时避开太空垃圾。

20 世纪 90 年代，美国"发现者"号航天飞机就曾经差一点与在轨道上横冲直撞的火箭残骸相撞，幸亏地球上的观察指挥系统及时发来警告信号，才避免了悲剧的发生。

2004 年 11 月，一个专门针对"太空垃圾"的观测中心——"中国科学院空间目标与碎片观测研究中心"在中科院紫金山天文台投入使用，从而为我国航天领域建起安全预警系统。北京时间 2009 年 2 月 11 日 0 时 55 分 59 秒，美俄两国卫星在西伯利亚上空、距离地球大约 788km 的位置发生碰撞。欧洲航天局估计，目前有大约超过 1.2 万片碎片从碰撞点散向四面八方，正以约 8km/s 的速度围绕着地球运转——瞬间成为目前正在围绕地球运转的航天器的"第一杀手"。这些碎片是否会对我国在用卫星造成影响？未来发生影响又该如何规避？碰撞发生之后，中国科学院空间目标与碎片观测研究中心第一时间启动了"空间碎片预警机制"，将密切关注这些碎片对我国在用卫星可能造成的影响。

2. 减

就是发射航天器的国家应采取措施，尽量减少太空垃圾的增加。

目前，世界上许多国家的科学家和航天工程师，都正在积极从事这方面技术的研究与开发工作，而其中的一些已经投入到实际的应用之中。例如，在发射过程末期，将运载火箭中多余的燃料焚毁或排放掉，以降低火箭爆炸成无数碎片的危险。另外，航天器的设计者们也在考虑和研究使用无缝接合技术制造航天器，以便不再使用以前那种会使螺栓和其他零件脱落进入轨道的设计。

3. 清

就是发展太空垃圾清除技术，对已完成任务的运载火箭末级，采取转移轨道的措施，使其返回大气层烧毁；对已达到预定寿命的卫星，让其获得逃逸速度，远离近地空间。例如，对 2001 年光荣完成使命的"和平号"宇宙飞船，就是趁着燃料即将用尽之际，赶紧让它坠落地面，而不至于成为巨大的太空垃圾，变成一颗在太空中的不定时炸弹。

4. 禁

就是国际上制定有关空间法规，禁止在空间进行试验和部署各种武器，限制发射核动力卫星，使太空成为为人类文明服务的和平空间。

目前，包括中国在内的一些航空航天大国都正在积极倡导制定国际太空法律法规，对人类开发太空的行为进行约束和规范。

现在看来，日益严重的太空垃圾问题已经引起各航天大国专家乃至政府的重视，他们正在加大保证空间安全、保护地外空间环境的力度。因此我们有理由相信，随着人类科技的发展以及对太空环保的重视，总有一天，太空垃圾问题会被彻底解决，到那时，人类将重新获得一个皎洁无瑕的太空。

解释问题

太空垃圾威胁宇航安全、威胁地球安全，导致大气污染，给人类未来的生活带来隐患。

练习与思考

1. 人类已开发的空间资源有哪些？
2. 什么是太空垃圾？它有什么样的危害？应如何防治？

第四节　反思塑料

本节学习要点

- 了解塑料的分类及其主要性能；
- 合理地使用塑料制品；
- 思考生活中是否有其他材料能部分替代塑料制品。

本节学习意义

- 能认识塑料的性质，从而合理地使用塑料，养成保护环境的习惯。

提出问题

在食品店里，为了把所买的食品带走，是选择纸袋还是塑料袋？还有别的选择吗？

相关知识

一、塑料概述

塑料是一种具有密度小、强度高、化学性能稳定、电绝缘性好、耐摩擦等优点的材料。根据性质我们可以将塑料分为两类：一类是热塑性塑料，可以多次经加热、冷却成型；另一类是热固性塑料，它在模型中成型，但只能被浇铸一次。

目前塑料中产量最大的是聚乙烯塑料，另一些产量比较大的塑料大致也可以根据用途分类。

（一）通用塑料

聚乙烯、聚丙烯、聚氯乙烯。

（二）工程塑料

聚酰胺、聚甲醛、有机玻璃、ABS 塑料。

（三）特种塑料

含氟塑料、有机硅塑料、离子交换树脂。

如此众多的塑料又是通过什么方法制造出来的呢？现在制造塑料的方法主要是利用聚合反应。它有两种：加聚反应和缩聚反应。什么是加聚反应呢？通俗地讲，就是一种通过连接分子量小的分子来制造分子量大的聚合物的反应。构成聚合物的小分子就称为"单体"，如在高温高压和催化剂的条件下，许多乙烯分子相互反应，打开了双键，可连接成一条长链，形成聚乙烯大分子。乙烯就是聚乙烯的单体。不同的塑料是通过改变单体而制得的，聚氯乙烯塑料（PVC）就是氯乙烯（$CH_2 = CHCl$）聚合以后的产物。

聚乙烯塑料是最常见的塑料之一，它的化学性质十分稳定，除了氧化性酸以外，它能耐大多数酸碱的侵蚀，在60℃以下不溶于任何溶剂，又因为它的分子链中不含极性基团，因此吸水性极低。因而聚乙烯塑料常用在纸张或者织物以及金属表面作为保护层。同时聚乙烯塑料的热塑性很好，所以我们把聚乙烯塑料制造成薄膜，大量用于食品袋等包装材料，还可以制成各种管材、板材、容器、玩具等。

聚氯乙烯塑料现在仍然是国内外最大的塑料品种之一。它突出的优点是耐化学腐蚀、不易燃烧、成本低廉、加工容易，广泛用于制造农用、民用薄膜及包装材料、日常生活用品等。但是这种塑料耐热性差，有一定毒性，所以不能用于食品包装。但现在对这种塑料改性后也可以得到无毒聚氯乙烯塑料，它应用的范围就大多了。

人们熟悉的一次性饭盒许多是聚苯乙烯塑料经发泡后生产的。这种发泡塑料有良好的隔热、隔音、防震等性能，所以也广泛用作精密仪器的包装和隔热材料。在苯乙烯中加入颜料，就可以得到色彩鲜艳的制品，用来制造各种玩具等。

1927 年美国的罗姆—哈斯公司制造出了聚甲基丙烯酸甲酯，这是一种高度透明的塑料，质轻而不易破碎，它不是玻璃而胜似玻璃，所以也被称为有机玻璃。常用于制造日常生活中透明的塑料制品，如图 6-2-5 所示。

有机含氟塑料的发明，是人类在 20 世纪的一大重要成就。含氟塑料主要指聚四氟乙烯、聚三氟乙烯和聚全氟丙烯

图 6-2-5　家用塑料制品

以及它们的共聚物等。其中 1938 年首次合成的聚四氟乙烯性能最佳。它特别耐化学腐蚀，除了熔融的碱金属以外，不和任何化学药品反应，所以被冠以"塑料王"的美称。"塑料王"在室外风吹雨打、日晒雨淋不会"损伤"，零下 269.3℃不会"冻伤"，300℃的高温不会"烧伤"。把"塑料王"镀在锅底，就成了深受大家欢迎的"不粘锅"。此外，它还可以被制成各种医疗器具，如胃镜钳导管、人工器官等。

二、反思塑料

科学家经过几十年不懈的努力，使得目前的合成塑料都具有很高的化学稳定性，它们耐酸耐碱，不蛀不霉，把它们埋入地下，上百年也不会腐烂。因此其耐久的优点也是它致命的缺点，现在废弃的塑料已经

成为污染环境的罪魁祸首之一，如图 6 - 2 - 6 所示为某小区附近成堆的白色垃圾。因此，人们呼唤一种比较容易降解、对环境友好的塑料——可降解塑料。

可降解塑料是指在生产过程中加入一定量的添加剂（如淀粉、改性淀粉或其他纤维素、光敏剂、生物降解剂等），稳定性下降，较容易在自然环境中降解的塑料。

试验表明，大多数可降解塑料在一般环境中暴露 3 个月后开始变薄、失重、强度下降，逐渐裂成碎片。如果这些碎片被埋在垃圾或土壤里，则降解效果不明显。

图 6 - 2 - 6　某小区附近成堆的白色垃圾

形形色色的塑料制品极大地丰富了人们的生活，但废弃塑料在自然界里分解得很慢，完全分解要几十年，甚至上百年，因而塑料的降解和重新利用问题摆在了当今所有环境化学家面前。然而有趣的是，可降解塑料却不是科学家们研制塑料的初衷。目前科学家们正在研制或已经研制成功的可降解塑料应用范围还比较窄，仍然无法取代大众塑料。

另外，使用可降解塑料有四个不足：一是多消耗粮食；二是使用可降解塑料制品仍不能完全消除"视觉污染"；三是由于技术方面的原因，使用可降解塑料制品不能彻底解决对环境的"潜在危害"；四是可降解塑料由于含有特殊的添加剂而难以回收利用。

三、我国限塑令的实施（图 6 - 2 - 7）

塑料购物袋是日常生活中的易耗品，中国每年都要消耗大量的塑料购物袋。塑料购物袋在为消费者提供便利的同时，由于过量使用及回收处理不到位等原因，也造成了严重的能源、资源浪费和环境污染。特别是超薄塑料购物袋容易破损，大多被随意丢弃，成为"白色污染"的主要来源。目前越来越多的国家和地区已经限制塑料购物袋的生产、销售、使用。为落实科学发展观，建设资源节约型社会和环境友好型社会，从源头上采取有力措施，督促企业生产耐用、易于回收的塑料购物袋，引导、鼓励群众合理使用塑料购物袋，促进资源综合利用，保护生态环境，进一步推进节能减排工作，我国国务院办公厅于 2007 年 12 月 31 日下发了《国务院办公厅关于限制生产销售使用塑料购物袋的通知》。这份被群众称为"限塑令"

图 6 - 2 - 7　限塑令的实施

的通知明确规定："从 2008 年 6 月 1 日起，在全国范围内禁止生产、销售、使用厚度小于 0.025mm 的塑料购物袋""自 2008 年 6 月 1 日起，在所有超市、商场、集贸市场等商品零售场所实行塑料购物袋有偿使用制度，一律不得免费提供塑料购物袋"。

国家实行"限塑令"是为了限制和减少塑料袋的使用，遏制"白色污染"。

解释问题

去超市购物时用的杂货袋应该选择纸的还是塑料的呢？仅在美国，每年都要消耗 320 多亿只杂货袋，这些袋子中大约有 80% 是塑料做的，20% 是纸做的。制塑料袋的原料来自石油，这是一种不能再生的资源。

另一方面，制造纸袋的木材是一种可再生资源，但种植它们需要时间。纸袋和塑料袋最后都成为垃圾。在食品店里，你选择纸袋还是塑料袋？

（1）人们应该选择什么袋子？

纸袋比塑料袋能装更多物品。如果普通的纸袋能容纳 12 样物品，那么塑料袋大约只能装 5 样。一棵大树大约能生产 700 个袋子，但是一个超市不到一小时就能消耗 700 个袋子！在生产纸袋时，需要使用危险的化学品。木材和部分有毒的化学品一起被加热成混合物，后者经过蒸煮后变成纸浆，再被压成纸张。通常，纸张是可生物降解的，这意味着微生物可破坏它们。但如果只是填埋，那么纸袋也不易被分解。

塑料袋重量轻，体积小，还能防水。填埋时可比相等数量的纸袋节约 80% 的体积。但大多数塑料袋是不可生物降解的，它们在自然过程中不会被分解，填埋后能保持很长时间。在把石油变成燃料的过程中，部分化合物制成了塑料袋。塑料袋成为垃圾后常常被抛弃或烧掉，大多数塑料能被再利用，但目前仅仅只有10%的塑料产品被再利用，大多数不回收。

一些人希望制定这样的法律条文，要求工厂利用回收物品生产所有的袋子（纸袋和塑料袋）。造纸者说，无论如何，再生纸的纤维太短了，它会使袋子的强度下降。

（2）哪一个是正确的选择呢？

袋子的正确选择可能取决于你的社区对垃圾的处理方式。是回收纸，还是回收塑料，或者两者都回收？纸袋和塑料袋两者都能用各种方式被再利用，例如用于贮藏或存放垃圾。而最好的选择可能是既不用纸袋也不用塑料袋。一个可重复使用的布袋能够代替上百个纸袋或塑料袋。

练习与思考

1. 简述塑料在日常生活中的应用，并试述其利和弊。

2. 我国限塑令的内容是什么？限塑令的实施有什么实际意义？

3. 用你的话来说明选择纸袋还是塑料袋，列出使用塑料袋和纸袋的正反论点。

参 考 文 献

〔1〕李强. 力学. 初中物理〔M〕. 重庆：重庆出版社，2008.
〔2〕毕毓俊. 自然科学基础知识〔M〕. 北京：高等教育出版社，2008.
〔3〕郝京华. 物质科学精要〔M〕. 北京：高等教育出版社，2004.
〔4〕徐丕玉. 现代自然科学技术概论〔M〕. 北京：首都经济贸易大学出版社，2004.
〔5〕张平柯，陈日晓. 自然科学基础〔M〕. 北京：人民教育出版社，2006.
〔6〕袁运开. 现代自然科学概论〔M〕. 上海：华东师范大学出版社，2002.
〔7〕叶勤. 人类与自然〔M〕. 北京：高等教育出版社，2009.
〔8〕王直华. 未来的微观世界〔M〕. 南宁：广西科学技术出版社，2000.
〔9〕王晋海、徐红. 点石成金的魔棒——化学〔M〕. 沈阳：沈阳出版社，1997.
〔10〕〔美〕帕迪利亚. 科学探索者〔M〕. 胡跃明，曹增节，译. 杭州：浙江教育出版社，2010.
〔11〕〔美〕阿西莫夫，亚原子世界探秘〔M〕. 朱子延，朱佳瑜，译. 上海：上海科技教育出版社，2011.
〔12〕〔美〕美国国家研究理事会科学数学及技术教育中心. 科学探究与国家科学教育标准〔M〕. 罗星凯，等，译. 北京：科学普及出版社，2004.
〔13〕〔美〕奥尔顿·比格斯，等. 科学发现者〔M〕. 廖苏梅，等，译. 杭州：浙江教育出版社，2008.
〔14〕人民教育出版社生物自然室. 生物学（幼儿师范学校教科书试用本）〔M〕. 北京：人民教育出版社，2011.
〔15〕汪忠. 生命科学精要〔M〕. 北京：高等教育出版社，2003.
〔16〕钱易，唐孝炎. 环境保护与可持续发展（第2版）〔M〕. 北京：高等教育出版社，2010.
〔17〕张民生. 自然科学基础（第2版）〔M〕. 北京：高等教育出版社，2008.
〔18〕人民教育出版社物理室. 物理·幼儿师范物理〔M〕. 北京：人民教育出版社，1998.
〔19〕人民教育出版社物理室. 中等师范物理〔M〕. 北京：人民教育出版社，1998.
〔20〕温宁花，温盛伟. 物理〔M〕. 南昌：江西高校出版社，2012.
〔21〕吴成基. 自然地理学〔M〕. 北京：科学出版社，2008.
〔22〕Feather, J. R. M, 等. 地球科学·地球构成〔M〕. 杭州：浙江科学出版社，2011.
〔23〕Feather, J. R. M, 等. 地球科学·变化的地球〔M〕. 杭州：浙江科学出版社，2011.
〔24〕Feather, J. R. M, 等. 地球科学·人类的生存环境〔M〕. 杭州：浙江科学出版社，2011.
〔25〕Feather, J. R. M, 等. 地球科学·地球与宇宙〔M〕. 杭州：浙江科学出版社，2011.
〔26〕F·赫斯，等. 科学发现者·地质学、环境与宇宙〔M〕. 杭州：浙江教育出版社，2008.
〔27〕Padilla. M. J. 科学探险者·地球内部〔M〕. 杭州：浙江教育出版社，2003.
〔28〕Padilla. M. J. 科学探险者·地表的演变〔M〕. 杭州：浙江教育出版社，2003.
〔29〕Padilla. M. J. 科学探险者·天气与气候〔M〕. 杭州：浙江教育出版社，2003.
〔30〕Padilla. M. J. 科学探险者·地球上的水〔M〕. 杭州：浙江教育出版社，2003.
〔31〕L. H. Daniel, 等. 科学启蒙·地球科学〔M〕. 杭州：浙江教育出版社，2010.
〔32〕人民教育出版社地理社会室. 地理〔M〕. 北京：人民教育出版社，1999.
〔33〕刘德华. 小学科学课程与教学〔M〕. 北京：中国人民大学出版社，2009.